Elemente der Mathematik

BERLIN

9. Schuljahr

Herausgegeben von

Heinz Griesel

Helmut Postel

Friedrich Suhr

Schroedel

ELEMENTE DER MATHEMATIK 9
Berlin

Herausgegeben von
Prof. Dr. Heinz Griesel, Prof. Helmut Postel, Friedrich Suhr

Bearbeitet von
Christine Fiedler, Reinhard Kind, Werner Ladenthin, Prof. Dr. Matthias Ludwig, Prof. Helmut Postel, Heinz Klaus Strick, Friedrich Suhr

Für Berlin bearbeitet von
Werner Ladenthin, Birgit Mielke, Manfred Nitzsche, Kurt-Anton Reiff, Dirk Schiefelbein, Claus Verworrn, Reiner Wethekam

Abgestimmt auf dieses Unterrichtswerk sind umfangreiche Unterrichtsmaterialien entwickelt worden:
Unterrichtsmaterialien Band 1 Best.-Nr. 87001
Unterrichtsmaterialien Band 2 Best.-Nr. 87002
Unterrichtsmaterialien Band 3 Best.-Nr. 87003
Unterrichtsmaterialien Band 4 Best.-Nr. 87004
Zum Schülerband erscheint: Lösungen Best.-Nr. 87023

Druck A[5] / Jahr 2014
Alle Drucke der Serie A sind im Unterricht parallel verwendbar.

Redaktion: Claus Peter Witt
Herstellung: Reinhard Hörner
Umschlagentwurf: Loeper & Wulf, Hannover
Illustrationen: Dietmar Griese
Zeichnungen: Günter Schlierf; Langner & Partner
Satz: Triltsch, Print und digitale Medien GmbH, Ochsenfurt
Druck und Bindung: Westermann Druck Zwickau GmbH

ISBN 978-3-507-**87019**-2

Inhaltsverzeichnis

Zum Aufbau des Buches 5

Bleib fit im Umgang mit Flächeninhalt und Volumen 7

1. Quadratwurzeln – Reelle Zahlen 11

1.1 Quadratwurzeln 12
1.2 Reelle Zahlen 20
1.3 Zusammenhang zwischen Wurzelziehen und Quadrieren 22
1.4 Rechenregeln für Quadratwurzeln und ihre Anwendung 26
1.5 Umformen von Wurzeltermen **Zum Selbstlernen** 31
1.6 Überblick über die reellen Zahlen 34
Im Blickpunkt: Wie viele rationale und irrationale Zahlen gibt es? 37
1.7 Wurzelgleichungen 39
1.8 Aufgaben zur Vertiefung 41
Bist du fit? 42

Bleib fit im Umgang mit Termen und Gleichungen .. 43

2. Satz des Pythagoras 45

2.1 Satz des Pythagoras 46
2.2 Berechnen von Streckenlängen 51
2.3 Umkehrung des Satzes des Pythagoras 61
2.4 Höhensatz und Kathetensatz des Euklid 63
2.5 Kreisgleichung 67
2.6 Aufgaben zur Vertiefung 69
Bist du fit? 70

3. Ähnlichkeit 71

3.1 Ähnliche Vielecke 72
3.2 Zentrische Streckung – Eigenschaften 81
3.3 Ähnlichkeit bei beliebigen Figuren 90
Im Blickpunkt: Irrationale Längenverhältnisse . 92
3.4 Ähnlichkeitssatz für Dreiecke – Beweise – Konstruktionen 93
Im Blickpunkt: Selbstähnlichkeit 97
3.5 Strahlensätze 99
3.6 Berechnen von Längen mithilfe der Strahlensätze **Zum Selbstlernen** 108
3.7 Umkehrung des 1. Strahlensatzes für Halbgeraden 112
3.8 Aufgaben zur Vertiefung 115
Bist du fit? 116

Bleib fit im Umgang mit arithmetischen Mittel und Median und Modalwert 117

4. Statistische Auswertungen 119

4.1 Klasseneinteilung bei Daten 120
4.2 Kumulierte Häufigkeitsverteilung **Zum Selbstlernen** 124
4.3 Streuung von Daten 127
4.4 Typische Fehler und irreführende Darstellungen in der Statistik 133
4.5 Falsche und irreführende Anwendung des arithmetischen Mittels 138
4.6 Aufgaben zur Vertiefung 141
Bist du fit? 142

5. Quadratische Funktionen und Gleichungen 143

5.1 Quadratfunktion – Eigenschaften der Normalparabel 144
5.2 Quadratische Gleichungen – Grafisches Lösungsverfahren 148
5.3 Verschieben der Normalparabel 153
5.4 Strecken und Spiegeln der Normalparabel 167
5.5 Strecken und Verschieben der Normalparabel .. 174
Im Blickpunkt: Bremsen und Anhalten von Fahrzeugen 181
5.6 Optimierungsprobleme mit quadratischen Funktionen 183
5.7 Lösen quadratischer Gleichungen – Verschiedene Wege 187
5.8 Modellieren – Anwenden von quadratischen Gleichungen **Zum Selbstlernen** 191
Im Blickpunkt: Goldener Schnitt 194
5.9 Satz von Vieta und seine Anwendungen 196
Im Blickpunkt: Parabeln im Sport 200
5.10 Quadratwurzelfunktionen – Umkehrfunktionen 202
5.11 Aufgaben zur Vertiefung 207
Bist du fit? 208

6. Potenzen und Potenzfunktionen 209

6.1 Potenzen mit ganzzahligen Exponenten 210
6.2 Potenzgesetze für ganzzahlige Exponenten und ihre Anwendung 220
Im Blickpunkt: Kleine Anteile – große Wirkung 231
6.3 n-te Wurzeln 233
6.4 Lösungsmenge von Potenzgleichungen **Zum Selbstlernen** 237
6.5 Potenzen mit rationalen Exponenten 240
6.6 Potenzgesetze für rationale Exponenten 244
Im Blickpunkt: Stimmung einer Tonleiter 247
6.7 Potenzfunktionen 248
6.8 Wurzelfunktionen 257

6.9 Aufgaben zur Vertiefung 258
Bist du fit? 259

Projekte

Pythagoras 260
Quadratisch, parablisch, gut! 262

Anhang

Lösungen zu Bist du fit? 264
Verzeichnis mathematischer Symbole 271
Stichwortverzeichnis 272

Symbole

3. Das Unterlegen einer Aufgabennummer mit einem grünen Zettel kennzeichnet eine Übungsaufgabe, die auch als **alternativer Einstieg** geeignet ist.

5. Rote Aufgabennummern kennzeichnen Aufgaben, die die Selbstständigkeit und Problemlösefähigkeit der Schülerinnen und Schüler in besonderer Weise herausfordern.

7. Blaue Aufgabennummern (und Überschriften) kennzeichnen Zusatzstoffe.

DGS Hier bietet sich der Einsatz eines dynamischen Geometrie-Systems an.

TAB Hier bietet sich der Einsatz eines Tabellenkalkulations-Programmes an.

CAS Hier bietet sich der Einsatz eines Computer-Algebra-Systems an.

PLOT Hier bietet sich der Einsatz eines grafikfähigen Taschenrechners bzw. eines Programms zum Darstellen von Funktionsgraphen an.

A In den Einheiten zum Selbstlernen kennzeichnet dieses Symbol einen Auftrag.

Bildquellenverzeichnis

Umschlagfoto IFA-Bilderteam, Ottobrunn; Seite 7, 16, 33, 59 (Tetrapack), 60 (Kinder mit Getränkedose), 61, 73, 80, 96, 119, 120, 122 (Junge wiegt ein Hühnerei), 128, 151, 179 (Mann mit Wasserschlauch), 212 (Taschenrechnertasten), 215 (Memory-Stick), 232 (Sonnenschutzmilch, Hygrometer), 235 (Kerzen), 243 Michael Fabian, Hannover; Seite 9 (Baumumfang), 15, 45 (Fließenleger), 58, 75 (Bild), 87 Torsten Warmuth, Berlin; Seite 9 (Autoreifen) Suhr, Lüneburg; Seite 36, 37, 45 (Pythagoras von Samos), 48, 64, 92 (Pythagoreer), 95, 193, 195, 247 (Pythagoreer) AKG, Berlin; Seite 52 (Dachziegel) Arge Ziegeldach, Bonn; Seite 52 (Kirche), 126, 143 (Parabelrutsche), 194 (Leipziger Rathaus), 207 dpa – picture-alliance, Frankfurt; Seite 55, 127, 143 (Vulkanausbruch), 232 (Öltanker) age – Mauritius, Mittenwald; Seite 56, 219 (Heißluftballon) Vidler – Mauritius, Mittenwald; Seite 59 (Wasserburg Heidenreichstein) Geiersperger – Mauritius, Mittenwald; Seite 60 (Walmdach) Rose – Corbis, Düsseldorf; Seite 70 Hackenberg – Mauritius, Mittenwald; Seite 72, 133, 136, 181, 191, 202 Langner & Partner, Hemmingen; Seite 75 (Zwei Frauen) Stephanie Degenhardt, Hannover; Seite 76 Alfred Buellesbach – Visum, Hamburg; Seite 78 (Barbiepuppe) Mattel GmbH, Dreieich; Seite 78 (Playmobilfigur) Playmobil, Zirndorf; Seite 78 (Hermes und Dionysus), 140 Bridgemanart; Seite 78 (Leonardo da Vinci Idealproportionen des Menschlichen Körpers) akg-images – picture-alliance, Frankfurt; Seite 91 M. C. Escher's „Circle Limit I" © 2008 The M. C. Escher Company-Holland. All rights reserved. www.mcescher.com; Seite 91 (Nautilus) Botanica – Mauritius, Mittenwald; Seite 92 (Platon) Alfredo Dagli Orti – Bildarchiv Preussischer Kulturbesitz, Berlin; Seite 107 Haff, Pfronten; Seite 108 aus: Jules Vernes, DIE GEHEIMNISVOLLE INSEL, Verlag Bärmeier & Nikel, Seite 91–93; Seite 122 (Rennwagen), 200 Sven Simon, Mülheim; Seite 129 Robot Foto und Electronics GmbH, Düsseldorf; Seite 142 (Lottokugeln) Haag + Kropp – Mauritius, Mittenwald; Seite 142 (Abfüllanlage) Becker's Bester, Nörten-Hardenberg; Seite 143 (Brunnen Monte Carlo) D. Weber/MAURIMIT – Mauritius, Mittenwald; Seite 143 (Brücke Dänemark) Günter Rossenbach – Mauritius, Mittenwald; Seite 143 (Viadukt) A. Bartel – Mauritius, Mittenwald; Seite 144, 155 Faber Castell, Stein; Seite 172 Stadt Solingen; Seite 173 (Fallschirmspringen) Kalt – Mauritius, Mittenwald; Seite 173 (Formationssprung) Photri – Mauritius, Mittenwald; Seite 179 (Mercedes Benz SLK vor Schloß Kranzbach) Beck – Mauritius, Mittenwald; Seite 186 H. Tegen, Hambühren; Seite 194 (Statue) Bildarchiv Preussischer Kulturbesitz, Berlin; Seite 197, 219 (Atommodell) Deutsches Museum, München; Seite 209 (DNA-Molekül) Atelier tigercolor Tom Menzel, Rohlsdorf; Seite 209 (Haare), 212 (Salmonellen), 214, 217 (Salmonellen), 242 Phototake – Mauritius, Mittenwald; Seite 210, 215 (Hefezellen), 240 Ca. Biological/Phototake – Okapia, Frankfurt; Seite 217 (Grünalge) Karly, München; Seite 223 Sigemi Numezawa – Astrofoto, Sörth; Seite 224 Manfred P. Kage – Okapia, Frankfurt; Seite 232 (Tanklastzug) Rosenfeld – Mauritius, Mittenwald; Seite 232 (Stausee) Leinauer – Mauritius, Mittenwald; Seite 232 (Bodensee) Bodenbender – Mauritius, Mittenwald; Seite 259 van Eupen, Hemmingen; Seite 260 Ullstein, Berlin; Seite 262, 263 (Parabolantenne) Ludwig, Würzburg; Seite 263 (Turm von Pisa) Mauritius, Mittenwald

Es war nicht in allen Fällen möglich, die Inhaber der Bildrechte ausfindig zu machen und um Abdruckgenehmigung zu bitten. Berechtigte Ansprüche werden selbstverständlich im Rahmen der üblichen Konditionen abgegolten.

Zur allgemeinen Zielsetzung

Elemente der Mathematik ist auf die Bedürfnisse und Anforderungen eines gymnasialen Mathematikunterrichts am Anfang des 21. Jahrhundert auf der Basis des Rahmenlehrplans für die Sekundarstufe I aus dem Jahr 2006 zugeschnitten. Insbesondere wurden auch Ergebnisse und Schlussfolgerungen aus der TIMS- und der PISA-Studie angemessen berücksichtigt. Daher werden den Unterrichtenden konkrete Hilfen an die Hand gegeben, um problem- und handlungsorientierte Lernsituationen zu schaffen, in denen die Schüler und Schülerinnen altersangemessen ihr mathematisches Wissen möglichst eigenständig entwickeln und strukturieren können. Beim gemeinsamen Entdecken, Erforschen, Beschreiben und Erklären erfahren die Schülerinnen und Schüler, dass nicht nur die Lösung eines Problems, sondern auch der Lösungsweg wichtig ist und dass dabei insbesondere die Analyse von Fehlern hilfreich ist. Besonderer Wert wird so auf die prozessbezogenen mathematischen Kompetenzen gelegt: Argumentieren, Probleme lösen, Modellieren, Verwenden von Darstellungen, Umgang mit formalen und technischen Elementen der Mathematik und Kommunizieren.

Zu den Lerninhalten

Zu den in den Bildungsstandards vorgesehenen Leitideen und Inhalten werden in Klasse 9 behandelt:

Kapitel 1: Quadratwurzeln – Reelle Zahlen – Leitidee „Zahl"
Am geometrischen Problem der Bestimmung der Seitenlänge eines Quadrates mit vorgegebenem Flächeninhalt erfahren die Schüler die Unvollständigkeit der rationalen Zahlen; hier wird die Notwendigkeit einer erneuten Zahlbereichserweiterung deutlich. Für Quadratwurzeln werden iterativ Näherungswerte bestimmt und Regeln für Termumformungen mit ihnen erarbeitet. Zum Abschluss des Kapitels wird das Lösen von Wurzelgleichungen erarbeitet.

Kapitel 2: Satz des Pythagoras – Leitideen „Raum und Form" sowie „Messen"
Der Satz des Pythagoras wird aus einem Berechnungsproblem gewonnen und mithilfe eines Zerlegungsbeweises begründet. Im Vordergrund stehen die vielfältigen Anwendungen in ebenen und räumlichen Figuren. Zum Abschluss des Kapitels werden der Höhensatz und der Kathetensatz sowie deren Zusammenhang zum Satz des Pythagoras behandelt. Ferner wird die Kreisgleichung thematisiert.

Kapitel 3: Ähnlichkeit – Leitideen „Raum und Form" sowie „Messen"
Ausgehend vom maßstäblichen Verkleinern und Vergrößern wird die Ähnlichkeit zunächst für Vielecke definiert und auf ihre Eigenschaften hin untersucht. Die zentrische Streckung wird als Abbildung eingeführt, mit der zu einer beliebigen Figur eine dazu ähnliche konstruiert werden kann. Der Ähnlichkeitssatz für Dreiecke wird beim Konstruieren und Beweisen angewendet. Die Strahlensätze gestatten dann die Berechnung von Steckenlängen in vielfältigen Anwendungssituationen, ohne eine zentrische Streckung oder zueinander ähnliche Dreiecke angeben zu müssen.

Kapitel 4: Statistische Auswertungen – Leitideen „Daten und Zufall" sowie „Zahl"
Zunächst wird das Aufbereiten von erhobenen Daten durch Klassieren und Kumulieren behandelt. Die Streuung von Daten wird mithilfe von Spannweite und Boxplots beschrieben. Der Schwerpunkt liegt auf dem kritischen Umgang mit bildlichen Darstellungen und Auswertungen in der beschreibenden Statistik.

Kapitel 5: Quadratische Funktionen und Gleichungen – Leitideen „Zahl" sowie „Funktionaler Zusammenhang"
Allgemeine quadratische Funktionen werden durch Verschieben, Spiegeln und Strecken der Normalparabel eingeführt. Parallel dazu wird schrittweise über die Nullstellenproblematik ein Verfahren zum Lösen quadratischer Gleichungen entwickelt. Die Verwendung quadratischer Funktionen beim Modellieren und beim Lösen von Optimierungsproblemen wird ausführlich behandelt. Quadratwurzelfunktionen werden im Zusammenhang mit dem Umkehren einer quadratischen Funktion – ausgehend von einem Anwendungsproblem – eingeführt.

Kapitel 6: Potenzen und Potenzfunktionen – Leitideen „Zahl" sowie „Funktionaler Zusammenhang"
Zunächst werden Potenzen mit natürlichem Exponenten betrachtet, die Erweiterung auf negative ganze und rationale Exponenten (einschließlich der Definition n-ter Wurzeln) erfolgt schrittweise durch Beschreibung von Zwischenwerten bei einem Wachstumsprozess. Anschließend werden die Potenzgesetze und ihr Zusammenhang zu Wurzelgesetzen herausgestellt. Anschließend werden Potenzfunktionen mit ganzzahligen Exponenten und Wurzelfunktionen systematisiert.

Zum methodischen Aufbau

1. Jedes Kapitel beginnt mit einer Einstiegsseite, die an die Erfahrungen der Schüler(innen) anknüpft und Aktivitäten ermöglicht. Diese Seite eignet sich für einen offenen Einstieg und gibt einen Ausblick auf das Thema des Kapitels.
2. Die Erarbeitung des Lernstoffes erfolgt in den einzelnen Lerneinheiten, die durchnummeriert und mit einer Überschrift versehen sind. Sie sind jeweils untergliedert in einen Theorieteil und einen Übungsteil.
   Zum Theorieteil:
   Der Theorieteil beginnt häufig mit einer **Aufgabe** und deren vollständiger **Lösung**. Ist der mathematische Inhalt jedoch so, dass die Schülerinnen und Schüler kaum eine Chance haben, selbstständig die Lösung des zu behandelnden Problems zu finden, so beginnt der Theorieteil mit einer **Einführung**. Diese kann einen Lehrtext oder ein vollständig durchgeführtes Beispiel darstellen; in jedem Fall ist auch dieser Einstieg aktivitätsbezogen, da Mathematik nur über eigene Tätigkeit erlernt werden kann. Um alle Theorieanteile übersichtlich beieinander zu haben, folgen schon hier **weiterführende Aufgaben**, die im Unterricht in aller Regel erst nach einer erfolgten Festigung der zuerst behandelten Inhalte an einigen Übungsaufgaben behandelt werden sollten. Sie dienen der Abrundung und Weiterführung der Theorie. Ihr Thema wird den Unterrichtenden in einer Überschrift genannt. In aller Regel sollten weiterführende Aufgaben im Unterricht bearbeitet werden und nicht als Hausaufgaben gestellt werden.
   Der Theorieteil enthält häufig eine **Information**, in der Begriffe eingeführt werden, Rückblicke und Ausblicke gegeben werden. Wesentliche Inhalte werden dabei optisch deutlich in einem Kasten mit einem roten Rahmen hervorgehoben. Hier wird großer Wert gelegt auf prägnante, altersgemäße Formulierungen, die auch beispielgebunden sein können.
   Zum Übungsteil:
   Der Übungsteil beginnt in aller Regel mit einer Übungsaufgabe, die einen **alternativen Einstieg** zu dem im Theorieteil dargestellten ermöglicht. Da seine Lösung im Buch nicht dargestellt ist, kann er oftmals auch offener angelegt sein. Der alternative Einstieg wird im Layout hervorgehoben durch eine mit einem Zettel unterlegte Aufgabennummer. Die folgenden Übungen dienen zur Festigung des Gelernten, der operativen Durcharbeitung und der Vernetzung der Lerninhalte mit denen früherer Themen; dabei sind überall offene Aufgaben integriert. Zur soliden Durcharbeitung wird konsequent das Analysieren typischer Schülerfehler und entsprechendes Argumentieren gefordert.
   Einige Aufgaben enthalten in einem blauen Rahmen Musterbeispiele für Schreibweisen und Lösungswege. Manche Aufgaben enthalten Selbstkontroll-Möglichkeiten für die Schüler(innen). Aufgaben, die die Selbstständigkeit und Problemlösefähigkeit in besonderer Weise herausfordern, sind durch eine rote Aufgabennummer gekennzeichnet.
   An geeigneten Stellen sind auch **Spiele** für Übungsphasen in spielerischer Form angegeben.
3. Abschnitte mit der Überschrift **Vermischte Übungen** finden sich an den Stellen eines Kapitels, an denen eine besonders starke Vermischung der bisher erworbenen Qualifikationen angebracht ist.
4. Am Kapitel-Ende folgt dann der Abschnitt **Aufgaben zur Vertiefung**, der neben einer Vernetzung auch eine Ergänzung des Lehrstoffes auf einem erhöhten Niveau zum Ziel hat.
5. Den Abschluss eines jeden Kapitels bildet der Abschnitt **Bist du fit?**, in dem in besonderer Weise die erworbenen Grundqualifikationen getestet werden. Die Lösungen dieser Aufgaben sind im Anhang des Buches angegeben, so dass sie von den Schülerinnen und Schüler gut zum eigenständigen Üben für eine Klassenarbeit verwendet werden können. Zwischen den Kapiteln befinden sich Abschnitte **Bleib fit in …**, in denen ausgewählte Inhalte früherer Schuljahre sowohl bezüglich der Grundvorstellungen als auch der Grundfähigkeiten wiederholt werden.
6. Unter der Überschrift **Im Blickpunkt** werden innermathematische, aber insbesondere auch fachübergreifende, komplexere Themen, die von besonderem Interesse sind und in engem Zusammenhang mit dem Lerninhalt des Kapitels stehen, als Ganzes behandelt. Diese Abschnitte eignen sich auch zur Differenzierung und Förderung von eigenständigen Schüleraktivitäten über einen etwas größeren Zeitraum.
7. Um Schüler und Schülerinnen im eigenständigen Erarbeiten mathematischer Themen zu schulen, enthält jedes Kapitel eine Lerneinheit **Zum Selbstlernen**, in der das Thema so aufbereitet ist, dass es von den Lernenden ganz selbstständig bearbeitet werden kann.
8. Am Ende des Buches befinden sich Vorschläge für **Projekte**. Diese können zu verschiedenen Zeitpunkten im Unterricht eingesetzt werden und ermöglichen auch einen offenen Einstieg in das entsprechende Kapitel. Diese Projekte sind für die eigenständige Arbeit der Schüler mehrfach erprobt und erfahren zudem eine Unterstützung mit Zusatzmaterialien, die kostenlos über das Internet abgerufen werden können: www.elemente-der-mathematik.de

Bleib fit im ...
Umgang mit Flächeninhalt und Volumen

Zum Aufwärmen

1. Berechne für den im Schrägbild dargestellten Körper den Oberflächeninhalt und das Volumen.

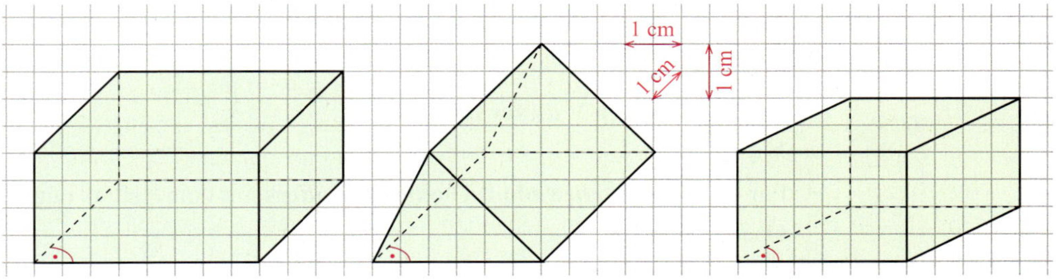

2. a) Erläutere am Quadrat rechts den Zusammenhang zwischen den Flächeninhaltseinheiten mm^2 und cm^2.

b) Erläutere ebenso am Würfel rechts den Zusammenhang zwischen den Volumeneinheiten mm^3 und cm^3.

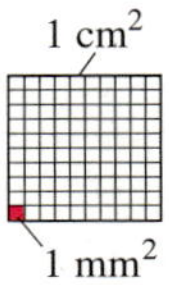

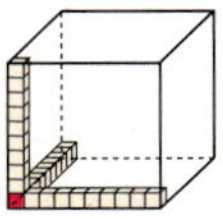

$\pi \approx 3{,}14$

3. a) Skizziere ein Netz der Konservendose und berechne den Materialbedarf.

b) Berechne das Fassungsvermögen der Konservendose. Wandle das Ergebnis auch in die Einheit *l* um.

Zum Erinnern

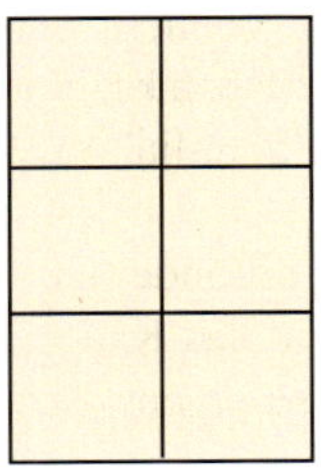

(1) Flächeninhalt und Umfang von Figuren

Der Flächeninhalt A einer Figur gibt an, wie viele Einheitsquadrate in der Figur enthalten sind. Das Rechteck links enthält 6 Quadrate der Seitenlänge 1 cm, sein Flächeninhalt beträgt 6 cm^2. Will man andere Figuren lückenlos überdecken, muss man die Einheitsquadrate geeignet zerteilen.

Rechteck	Parallelogramm	Dreieck	Trapez	Kreis
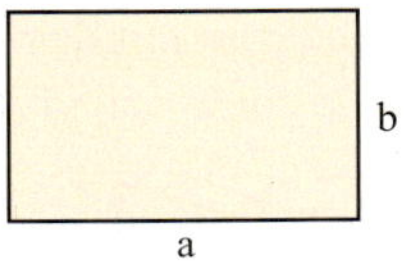	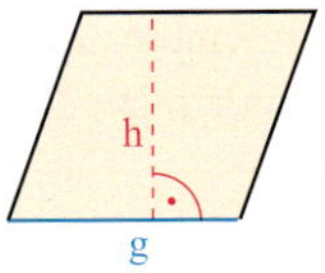	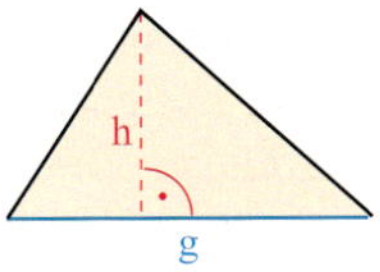	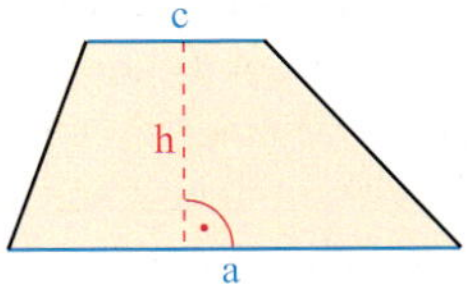	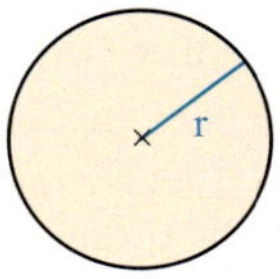
$A_R = a\,b$	$A_P = g\,h$	$A_D = \frac{1}{2}\,g\,h$	$A_T = \frac{1}{2}(a + c) \cdot h$	$A_K = \pi r^2$

Der Umfang u eines Vielecks ist die Summe der Seitenlängen.
Für den Kreis gilt: $u_K = 2\pi r$

(2) Oberflächeninhalt und Volumen von Prismen und Zylindern

Der Oberflächeninhalt O eines Körpers ist die Summe der Flächeninhalte aller Begrenzungsflächen; er gibt z. B. an wie viel Pappe zur Herstellung eines Flächenmodells des Körpers benötigt wird. Das Volumen V eines Körpers gibt an, wie viele Einheitswürfel lückenlos in ihn passen.

Für den **Oberflächeninhalt O eines Prismas** mit dem Grundflächeninhalt G, der Höhe h und dem Umfang u der Grundfläche gilt:

$\mathbf{O = 2 \cdot G + u \cdot h}$

Für das **Volumen V dieses Prismas** gilt:

$\mathbf{V = G \cdot h}$

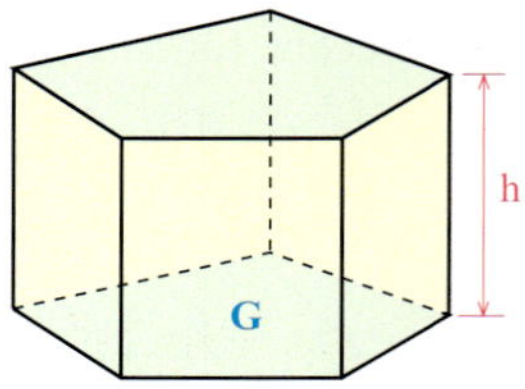

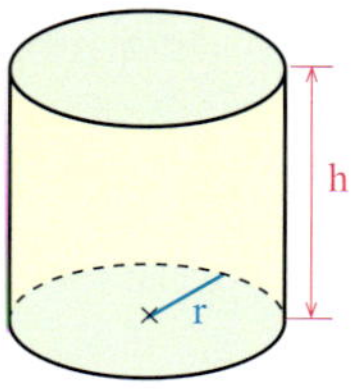

Für den **Oberflächeninhalt O eines Zylinders** mit dem Radius r und der Höhe h gilt:

$\mathbf{O = 2\pi r^2 + 2\pi r h}$

Für das **Volumen V dieses Zylinders** gilt: $\mathbf{V = \pi r^2 h}$

(3) Umwandeln von Flächeninhalts- und Volumeneinheiten

Die Umwandlungszahl der Längeneinheiten ist 10 (z. B. 10 mm = 1 cm; 10 dm = 1 m). Man benötigt daher z. B. 10 · 10 Quadrate der Größe 1 dm², um ein 1 m² großes Quadrat auszulegen. Entsprechend benötigt man 10 · 10 · 10 Würfel der Kantenlänge 1 dm³, um einen 1 m³ Würfel damit zu füllen.

Bei Flächeninhaltseinheiten: Umwandlungszahl 100

$1\,\text{mm}^2 \xrightarrow{\cdot 100} 1\,\text{cm}^2 \xrightarrow{\cdot 100} 1\,\text{dm}^2 \xrightarrow{\cdot 100} 1\,\text{m}^2 \xrightarrow{\cdot 100} 1\,\text{a} \xrightarrow{\cdot 100} 1\,\text{ha} \xrightarrow{\cdot 100} 1\,\text{km}^2$

$100\,\text{mm}^2 = 1\,\text{cm}^2$
$100\,\text{cm}^2 = 1\,\text{dm}^2$
$100\,\text{dm}^2 = 1\,\text{m}^2$
$100\,\text{m}^2 = 1\,\text{a}$
$100\,\text{a} = 1\,\text{ha}$
$100\,\text{ha} = 1\,\text{km}^2$

Bei Volumeneinheiten: Umwandlungszahl 1 000

$1\,\text{mm}^3 \xrightarrow{\cdot 1\,000} 1\,\text{cm}^3 \xrightarrow{\cdot 1\,000} 1\,\text{dm}^3 \xrightarrow{\cdot 1\,000} 1\,\text{m}^3$

$1\,000\,\text{mm}^3 = 1\,\text{cm}^3$
$1\,000\,\text{cm}^3 = 1\,\text{dm}^3$
$1\,000\,\text{dm}^3 = 1\,\text{m}^3$

$1\,l = 1\,\text{dm}^3$
$1\,\text{ml} = 1\,\text{cm}^3$
$1\,l = 1\,000\,\text{ml}$

Zum Trainieren

4. Ein Fußballfeld ist mindestens 90 m lang und 45 m breit und höchstens 120 m lang und 90 m breit. Wie groß ist ein Fußballfeld mindestens, wie groß höchstens?

5. Die Fläche soll neu getäfelt werden. Berechne die Kosten. Runde sinnvoll.

a) *Wohnzimmerdecke*
87,90 € pro m²

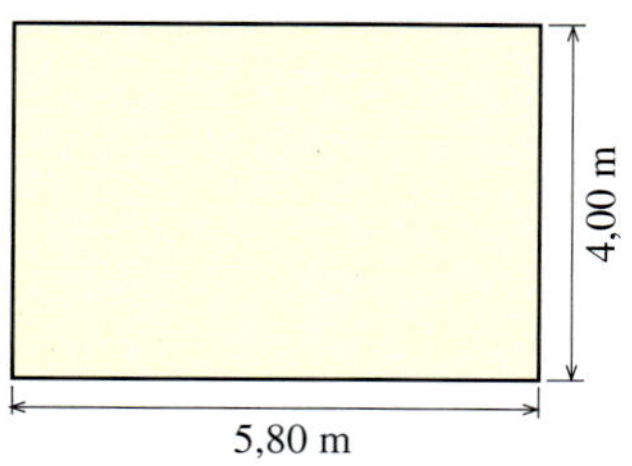

b) *Trennwand Dachgiebelzimmer*
55,70 € pro m²

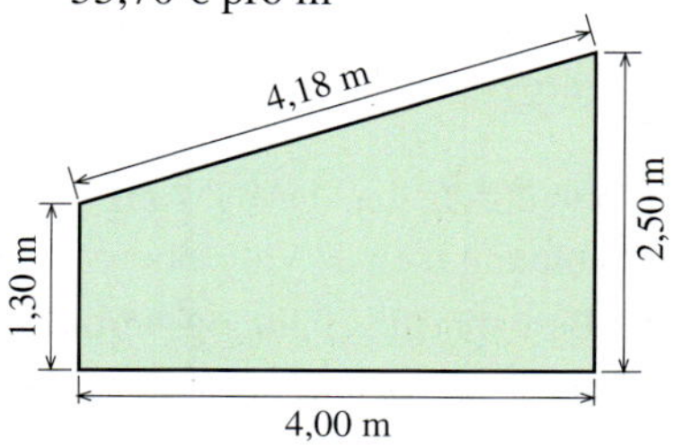

c) *Treppenhauswand*
64,20 € pro m²

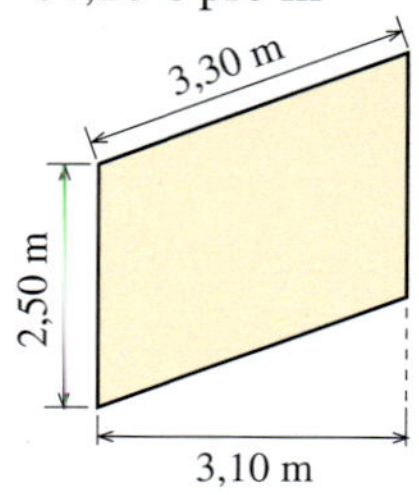

6. Rechts sind Grundstücke eines Neubaugebietes skizziert. 1 m^2 kostet 110 €.
Berechne die Preise der vier Grundstücke.

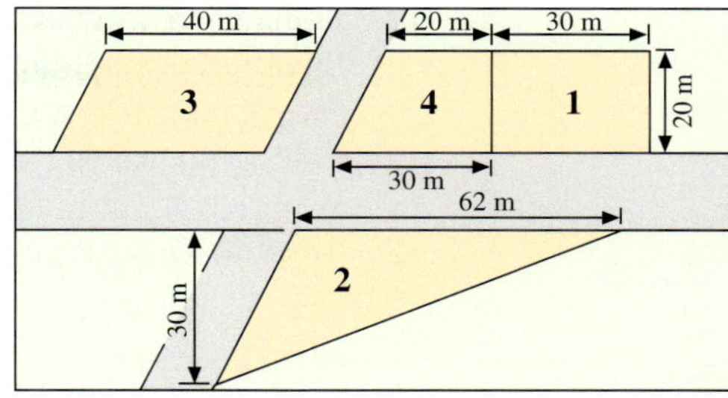

7. Verwandle in die angegebene Einheit.

a) 7 cm^2	(mm^2)	**b)** 5 m^3	(dm^3)
890 dm^2	(m^2)	750 cm^3	(dm^3)
5 m^2	(cm^2)	3 *l*	(mm^3)
3,2 m^2	(dm^2)	2,9 cm^3	(mm^3)

8. Die Baumsatzung mancher Städte schreibt vor:
Bäume (außer Obstbäume) mit einem Durchmesser von mindestens 19 cm (in 1 m Höhe) dürfen nur mit behördlicher Genehmigung gefällt werden.
Auf einem Grundstück stehen verschiedene Bäume, deren Umfang mit einem Meterband festgestellt wurde:

(1) Eiche: 151 cm (2) Buche: 65 cm (3) Birke: 56 cm (4) Pappel: 61 cm

Welche dieser Bäume dürfen nur mit Genehmigung gefällt werden?

9. Um einen Baum wird eine kreisrunde Pflanzscheibe mit Durchmesser 1,60 m angelegt.

a) Berechne den Flächeninhalt der Pflanzscheibe.

b) Berechne die Länge des Randes der Pflanzscheibe, die mit Kantsteinen eingefasst wird.

10.

Reifenbezeichnungen
und was sie bedeuten

Eigenschaften eines Reifens sind in einer weltweit geltenden Verschlüsselung am Reifen eingeprägt. Am Beispiel 175/65 R 14 82 T im Foto sehen Sie, wie Sie diese Bezeichnung lesen können:

175	Reifenbreite beträgt 175 mm
65	Verhältnis Reifenhöhe : Reifenbreite in % (Reifenhöhe = 65 % von 175 mm)
R	Radialreifen
14	Felgendurchmesser in Zoll (1 Zoll = 25,4 mm)
82	Kennzahl für Reifentragfähigkeit (z. B. 82 für 475 kg pro Reifen)
T	Symbol für zulässige Geschwindigkeit (z. B. T für bis zu 190 km/h)

L & P / 2666

a) Rechne mit den Daten nach, dass der äußere Durchmesser dieses Reifens 583 mm beträgt.

b) Wie lang ist der Weg, den ein Fahrzeug mit diesem Reifen bei einer Radumdrehung zurücklegt?

c) Der Wagen hat einen Weg von 1 km zurückgelegt. Wie oft hat sich das Rad gedreht?

d) Der Wagen fährt mit einer Geschwindigkeit von 150 $\frac{km}{h}$.
Berechne die Anzahl der Radumdrehungen pro Minute [pro Sekunde].

11. Eine Süßigkeiten-Verpackung hat die Form eines dreiseitigen Prismas.

a) Berechne das Fassungsvermögen der Verpackung.

b) Berechne den Materialbedarf der Verpackung.

12. In einer verkehrsberuhigten Straße sollen acht gleich große Pflanzkübel mit Blumenerde gefüllt werden. Ihre Grundfläche ist ein regelmäßiges Sechseck (Maße im Bild in cm). Die Erde soll innen 60 cm hoch sein.
Wie viel m^3 Erde müssen gekauft werden? Berücksichtige dabei die Dicke der Wände nicht.

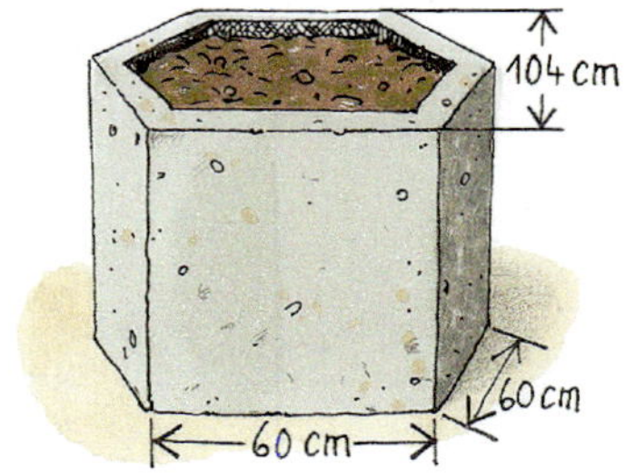

13. Der Durchmesser eines 1,40 m langen Fasses für Dieselöl beträgt 90 cm (Innenmaße). Das leere Fass wiegt 26 kg. 1 dm^3 Dieselöl wiegt 0,94 kg.
Wie schwer ist das Dieselölfass, wenn es halb gefüllt ist? Wie schwer wäre es, wenn es mit Wasser gefüllt wäre?

1 Zoll
1" = 25,4 mm

14. Der Flachkollektor einer Solaranlage enthält ein Kupferrohr mit 20 m Länge und einem Innendurchmesser von $\frac{3}{4}$ Zoll. In diesem Rohr wird Wasser erwärmt.
Wie viel *l* Wasser können im Flachkollektor gleichzeitig erwärmt werden?

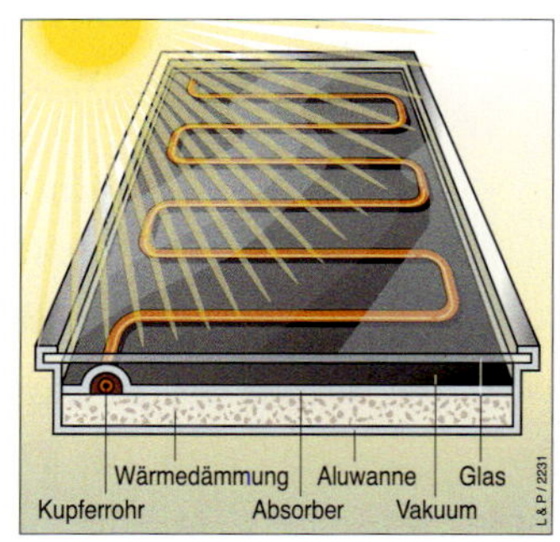

15. Manche Bakterien wie die Erreger von Tuberkulose haben die Gestalt eines Zylinders. Der Durchmesser beträgt 0,00094 mm und die Länge 0,0038 mm.
Gib das Volumen und die Größe der Oberfläche des Bakteriums an.

16. Deutschlands längste Autoröhre, der Rennsteigtunnel, besteht aus zwei getrennten Röhren, die annähernd die Form von Halbzylindern besitzen. Eine Röhre ist 7 920 m lang und in Höhe der Fahrbahn 9,50 m breit.

Verschalen mit Brettern verkleiden

a) Wie viel m^3 Gestein mussten etwa herausgebohrt werden? Welche Kantenlänge hätte ein Würfel mit dem gleichen Volumen?

b) Die Innenwände des Tunnels wurden verschalt. Wie groß war die zu verschalende Fläche?

17. Dem abgebildeten Längsschnitt bzw. Querschnitt kann man die Maße einer Welle aus Stahl entnehmen (Maße in mm).

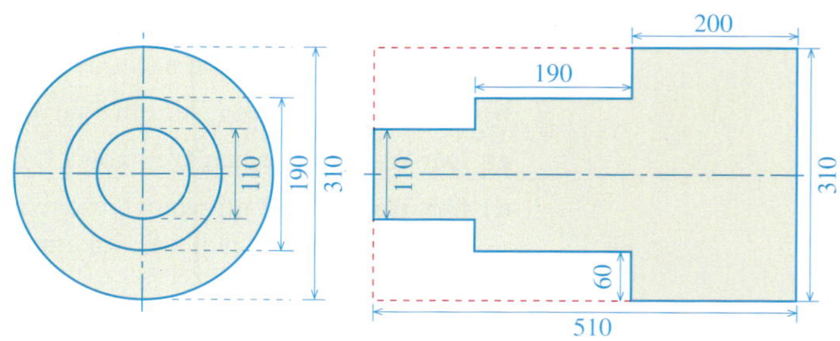

a) 1 cm^3 Stahl wiegt 7,94 g. Wie schwer ist die Welle?

b) Wie viel Abfall entsteht, wenn die Welle aus einem Rundstahl (rote Linien) gefräst wird?

c) Berechne die Größe der Oberfläche der Welle.

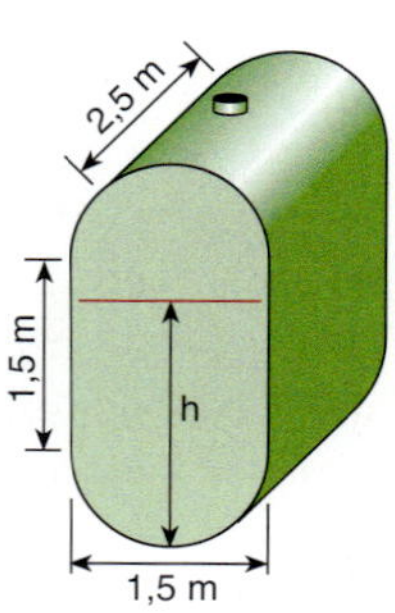

18. Der Öltank links ist zu $\frac{3}{4}$ gefüllt. Wie hoch steht das Öl im Tank?

1. QUADRATWURZELN – REELLE ZAHLEN

Familie Müller und Familie Jess haben zwei Grundstücke, die an dieselbe Straße angrenzen. Am Jahresende bekommen beide Familien eine Rechnung vom Reinigungsamt der Stadt; die Kosten für Straßenreinigung sollen bezahlt werden.
Familie Jess wundert sich:
Obwohl ihr Grundstück kleiner ist als das der Familie Müller, soll sie einen höheren Betrag bezahlen! Wie ist das zu erklären?

Das Reinigungsamt berechnet die Kosten nach der Länge der Grundstücksseite, die an die Straße angrenzt, also nach der Länge der „Straßenfront".
Man nennt dieses Abrechnungsverfahren *„Straßenfront-Maßstab"*.
Im nächsten Jahr soll ein neues Berechnungsverfahren eingeführt werden, das für mehr Gerechtigkeit sorgen soll:
Man denkt sich jedes Grundstück in ein quadratisches Grundstück verwandelt, wobei der Flächeninhalt gleich bleiben soll.
Nach der Seitenlänge dieses quadratischen Grundstücks sollen dann die Gebühren berechnet werden.
Das neue Berechnungsverfahren heißt *„Quadratwurzel-Maßstab"*.

- Welches der beiden Verfahren findest du gerechter? Denke z. B. auch an Eckgrundstücke.

Was die Quadratwurzeln mit einem Quadrat zu tun haben und wie man mit Quadratwurzeln rechnet, lernst du in diesem Kapitel.

1.1 Quadratwurzeln

1.1.1 Einführung der Quadratwurzeln

Aufgabe 1

Das Grundstück der Familie Müller aus dem Einführungsbeispiel auf Seite 11 ist 961 m^2 groß. Bestimme die Seitenlänge eines quadratischen Grundstücks gleicher Größe.

Lösung

Man erhält den Flächeninhalt eines Quadrates, indem man die Seitenlänge a quadriert: $A = a^2$
Hier ist der Flächeninhalt 961 m^2 gegeben, gesucht ist die Seitenlänge.
Wir suchen also eine Maßzahl, für die gilt: $961 = a^2 = a \cdot a$
Die gesuchte Maßzahl muss etwas größer als 30 sein, denn $30 \cdot 30 = 900$ ist kleiner als 961.
Wir finden 31, denn $31 \cdot 31 = 961$.
Ergebnis: Die gesuchte Seitenlänge beträgt 31 m.

Information

Radix ⟨lat.⟩
Wurzel, Basis

Definition

Gegeben ist eine nichtnegative Zahl a.
Unter der **Quadratwurzel** aus a (kurz: *Wurzel* aus a) versteht man diejenige nichtnegative Zahl, die mit sich selbst multipliziert die Zahl a ergibt. Für die Quadratwurzel aus a schreibt man $\sqrt{a}$.
Die Zahl a unter dem Wurzelzeichen heißt **Radikand.** Das Bestimmen der Quadratwurzel heißt **Wurzelziehen** (**Radizieren**).

Wurzelzeichen
$\sqrt{a}$
Radikand

Beispiele: $\sqrt{961} = 31$, denn $31 \cdot 31 = 961$ und $31 \geq 0$
$\sqrt{0{,}09} = 0{,}3$, denn $0{,}3 \cdot 0{,}3 = 0{,}09$ und $0{,}3 \geq 0$
$\sqrt{\frac{4}{25}} = \frac{2}{5}$, denn $\frac{2}{5} \cdot \frac{2}{5} = \frac{4}{25}$ und $\frac{2}{5} \geq 0$
$\sqrt{0} = 0$, denn $0 \cdot 0 = 0$ und $0 \geq 0$

Beachte:

(1) Eine Quadratwurzel ist stets nichtnegativ. Es ist also z. B. $\sqrt{9} = +3$, obwohl auch $(-3) \cdot (-3) = 9$ ist. Man möchte vermeiden, dass z. B. $\sqrt{9}$ zwei verschiedene Zahlen bezeichnet.
(2) Quadratwurzeln kann man nur aus nichtnegativen Zahlen bilden, denn das Produkt zweier gleicher Zahlen kann niemals negativ sein. $\sqrt{-4}$ ist oben nicht definiert.

Übungsaufgaben

2. Der USA-Staat Wyoming hat eine Größe von ungefähr 250 000 km^2. Seine Fläche kann näherungsweise als Quadrat betrachtet werden.
Wie lang ist die Grenze von Wyoming ungefähr?

3. Berechne die Quadratzahlen 1^2; 2^2; 3^2; …; 24^2; 25^2. Sie helfen dir bei den folgenden Aufgaben.

4. Gib die Seitenlänge eines Quadrates mit dem gegebenen Flächeninhalt an.
a) $36\ cm^2$ **b)** $144\ cm^2$ **c)** $324\ cm^2$ **d)** $196\ cm^2$ **e)** $6{,}25\ cm^2$ **f)** $12{,}25\ cm^2$ **g)** $56{,}25\ cm^2$ **h)** $7{,}84\ cm^2$ **i)** $146{,}41\ dm^2$ **j)** $182{,}25\ dm^2$

5. Berechne die Wurzeln im Kopf, wenn es sie gibt:
a) $\sqrt{49}$ **b)** $\sqrt{225}$ **c)** $\sqrt{144}$ **d)** $\sqrt{81}$ **e)** $\sqrt{0}$ **f)** $\sqrt{484}$ **g)** $\sqrt{-64}$ **h)** $\sqrt{289}$ **i)** $\sqrt{121}$ **j)** $\sqrt{1}$ **k)** $\sqrt{-196}$ **l)** $\sqrt{361}$ **m)** $\sqrt{169}$ **n)** $\sqrt{576}$ **o)** $\sqrt{-900}$ **p)** $\sqrt{10\,000}$ **q)** $\sqrt{6\,400}$ **r)** $\sqrt{14\,400}$ **s)** $\sqrt{22\,500}$ **t)** $\sqrt{1\,000\,000}$ **u)** $\sqrt{1\,225}$

6. **a)** $\sqrt{\frac{1}{4}}$ **b)** $\sqrt{\frac{1}{9}}$ **c)** $\sqrt{\frac{16}{100}}$ **d)** $\sqrt{\frac{81}{225}}$ **e)** $\sqrt{\frac{81}{100}}$ **f)** $\sqrt{\frac{25}{144}}$ **g)** $\sqrt{\frac{169}{196}}$ **h)** $\sqrt{\frac{49}{225}}$ **i)** $\sqrt{\frac{361}{324}}$ **j)** $\sqrt{\frac{36}{289}}$ **k)** $\sqrt{-\frac{4}{256}}$ **l)** $\sqrt{\frac{324}{121}}$ **m)** $\sqrt{\frac{400}{441}}$ **n)** $\sqrt{\frac{484}{64}}$

7. Nimm Stellung zu den Behauptungen rechts.

8. **a)** $\sqrt{0{,}25}$ **b)** $\sqrt{0{,}16}$ **c)** $\sqrt{0{,}01}$ **d)** $\sqrt{0{,}09}$ **e)** $\sqrt{2{,}56}$ **f)** $\sqrt{6{,}25}$ **g)** $\sqrt{-3{,}24}$ **h)** $\sqrt{0{,}0225}$ **i)** $\sqrt{0{,}0049}$ **j)** $\sqrt{0{,}0004}$ **k)** $\sqrt{0{,}0576}$ **l)** $\sqrt{0{,}0289}$

9. Berechne. Was fällt dir auf?
a) $\sqrt{144}$; $\sqrt{14\,400}$; $\sqrt{1{,}44}$; $\sqrt{0{,}0144}$
b) $\sqrt{324}$; $\sqrt{3{,}24}$; $\sqrt{32\,400}$; $\sqrt{0{,}0324}$

10. Schreibe als Quadratwurzel, wenn es geht.
a) 12 **b)** 17 **c)** −32 **d)** 300 **e)** 0,7 **f)** $\frac{5}{7}$

$4 = \sqrt{16}$

11. Berechne. Was fällt dir auf?
a) $\sqrt{10^6}$; $\sqrt{10^{10}}$; $\sqrt{10^{26}}$; $\sqrt{2^6}$ $\sqrt{2^{10}}$
b) $\sqrt{\frac{1}{10^4}}$; $\sqrt{\frac{1}{10^6}}$; $\sqrt{\frac{1}{10^{14}}}$; $\sqrt{\frac{1}{2^6}}$; $\sqrt{\frac{1}{2^{16}}}$

$\sqrt{3^8} = 3^4$
denn $3^4 \cdot 3^4 = 3^8$

12. **a)** Welche Wurzel ist größer: $\sqrt{25}$ oder $\sqrt{36}$?
b) Begründe an der Figur rechts:
(1) Wenn a größer wird, wird $\sqrt{a}$ auch größer.
Wenn a kleiner wird, wird $\sqrt{a}$ auch kleiner.
(2) Wenn $\sqrt{a}$ größer wird, wird a auch größer.
Wenn $\sqrt{a}$ kleiner wird, wird a auch kleiner.

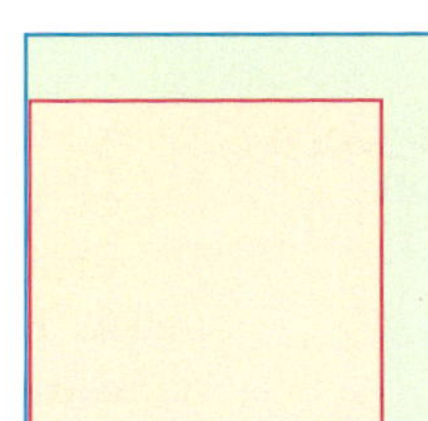

13. Kontrolliere die Hausaufgaben.

a) $\sqrt{256} = 16$ b) $\sqrt{-1024} = 32$ c) $\sqrt{1024} = 32$ d) $\sqrt{1000} = 33{,}4$ e) $\sqrt{0{,}04} = -0{,}2$

14. **a)** $\sqrt{\sqrt{81}}$ **b)** $\sqrt{\sqrt{16}}$ **c)** $\sqrt{\sqrt{256}}$ **d)** $\sqrt{\sqrt{1\,296}}$ **e)** $\sqrt{\sqrt{1}}$

$\sqrt{\sqrt{625}} = \sqrt{25} = 5$

15. Welche der Zahlen sind gleich? Schreibe als Gleichungsketten.

a) $16;\ 2^2;\ 4 \cdot 4;\ \sqrt{4};\ 2;\ \sqrt{16};\ 2 \cdot 2;\ \sqrt{\sqrt{16}}$

b) $0{,}1;\ \frac{1}{100};\ \frac{1}{10};\ 0{,}01;\ \sqrt{\frac{1}{100}};\ (\frac{1}{10})^2;\ \frac{10}{100};\ \sqrt{0{,}01}$

16. Ein quadratischer Bauplatz ist 841 m^2 groß. Er soll mit einem Bauzaun umgeben werden. Für die Einfahrt sollen 4 m frei bleiben. Wie viel m Zaun benötigt man?

17. Die Oberfläche eines Würfels ist 54 dm^2 [150 dm^2; 16 224 cm^2] groß. Wie groß ist sein Volumen?

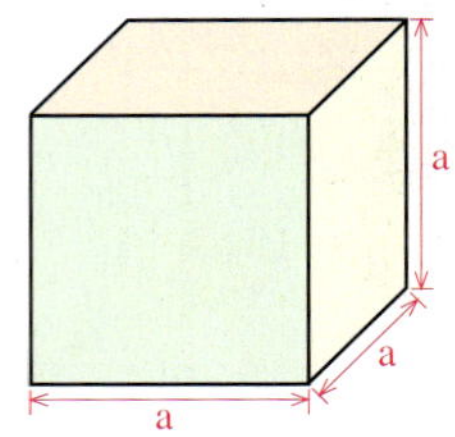

18. Berechne im Kopf.

a) $3 \cdot \sqrt{100}$ **c)** $\sqrt{100 - 51}$ **e)** $\sqrt{9 \cdot \sqrt{16}}$

b) $\sqrt{6 + 19}$ **d)** $\sqrt{30 + \frac{1}{2} \cdot 12}$ **f)** $\sqrt{0{,}1 : \sqrt{\frac{1}{100}}}$

1.1.2 Näherungsweises Berechnen von Quadratwurzeln

Einführung

Für die Straßenreinigungsgebühren nach dem Quadratwurzelmaßstab denkt man sich das 750 m^2 große Grundstück von Familie Jess auf Seite 11 in ein Quadrat verwandelt. Welche Seitenlänge hat dieses Quadrat dann?

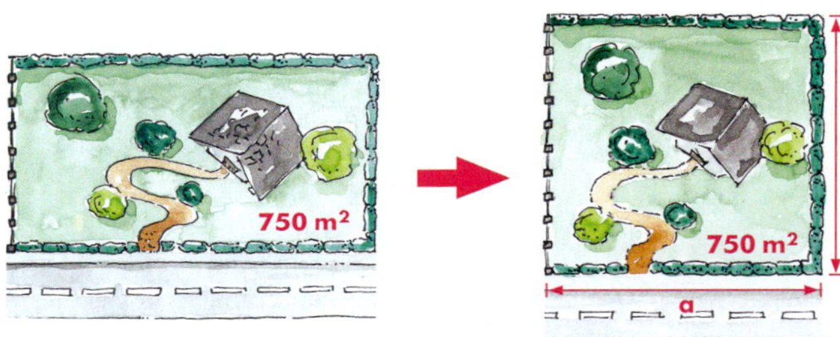

Es ist also $\sqrt{750}$ gesucht.

Durch Probieren finden wir, dass die Seitenlänge a des Quadrates zwischen 27 m und 28 m liegen muss, denn $27^2 = 729$ und $28^2 = 784$.

Um die Seitenlänge in der Einheit dm genau anzugeben, probieren wir, zwischen welchen der Zahlen $27{,}1^2;\ 27{,}2^2;\ \ldots;\ 27{,}9^2$ die Zahl 750 liegt.

Wir finden: $27{,}3 < \sqrt{750} < 27{,}4$, denn $27{,}3^2 = 745{,}29 < 750 < 750{,}76 = 27{,}4^2$.

Auch auf volle cm genau können wir die Seitenlänge angeben:

$27{,}38 < \sqrt{750} < 27{,}39$, denn $27{,}38^2 = 749{,}6644 < 750 < 750{,}2121 = 27{,}39^2$.

Die gesuchte Seitenlänge liegt zwischen 27,38 m und 27,39 m. Der Fehler beträgt höchstens 1 cm. Man könnte die gesuchte Seitenlänge noch genauer bestimmen.

Information

(1) Dezimalbruch-Darstellung von Wurzeln

Bei dem Grundstück von Familie Müller auf Seite 11 konnten wir die Seitenlänge ganz genau angeben. Können wir dies auch bei dem obigen Grundstück der Familie Jess tun? Wir betrachten dazu in jedem Schritt eine weitere Dezimalstelle:

Zu kleine Zahl x	Begründung x^2	Zu große Zahl y	Begründung y^2	Differenz (Genauigkeit)
27,386	749,992996	27,387	750,047769	0,001
27,3861	749,99847321	27,3862	750,00395044	0,0001
27,38612	749,9995 … 4	27,38613	750,0001 … 9	0,00001
⋮	⋮	⋮	⋮	⋮

Mit dem in der Tabelle benutzten Verfahren können wir immer weitere Dezimalstellen für $\sqrt{750}$ berechnen. Aber auch der Taschenrechnerwert 27,38612788 ist nicht genau $\sqrt{750}$. Das kann man nachweisen, indem man 27,38612788 mit sich selbst multipliziert. Dabei reicht es aus, die letzte Stelle zu betrachten:

Kann es sein, dass man irgendwann auf einen abbrechenden Dezimalbruch a stößt, dessen Quadrat exakt 750 ergibt?
Da man Endnullen weglässt, sind die möglichen Endziffern von a dann 1, 2, …, 9. Beim Quadrieren erhält man die Endziffern 1, 4, 9, 6, 5, 6, 9, 4, 1. Wir erhalten für a^2 nie 750,0.
Allgemein gilt:

> Die Wurzel aus einer natürlichen Zahl n ist entweder eine natürliche Zahl (falls n eine Quadratzahl ist) oder ein nichtabbrechender Dezimalbruch.

(2) Intervallschachtelung für Wurzeln

Ziel eines Verfahrens wie oben ist es, den Wert für die Wurzel immer genauer zwischen zwei Zahlen einzuschachteln. Auf diese Weise gelingt es, immer weitere Stellen der Dezimalbruchdarstellung für die Wurzel zu ermitteln.
Will man ausdrücken, dass z. B. $\sqrt{750}$ zwischen 27 und 28 liegt, so sagt man:
$\sqrt{750}$ liegt im **Intervall** von 27 bis 28;
geschrieben [27; 28].
Ein Intervall ist also eine Zahlenmenge der Form $[27; 28] = \{x \mid 27 \leq x \leq 28\}$.

Zahlengerade	Intervall
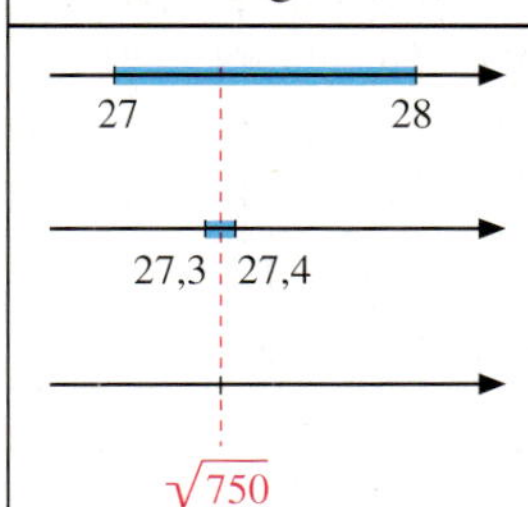	[27; 28]
	[27,3; 27,4]
	[27,38; 27,39]
	⋮

(3) Bestimmen von Wurzeln mit dem Taschenrechner

Bei Taschenrechnern verschiedenen Typs gibt es unterschiedliche Tastenfolgen zum Wurzelziehen. Probiere mit deinem Taschenrechner, wie du Quadratwurzeln ermitteln kannst. Kontrolliere deine Ergebnisse durch Quadrieren.

Weiterführende Aufgabe

1. *Gesicherte Ziffern einer Zahl*

In der Einführung auf Seite 14 hast du ermittelt, dass die gesuchte Seitenlänge des Quadrats zwischen 27,38 m und 27,39 m liegen muss. Die Dezimalbruchdarstellung der Maßzahl muss daher mit 27,38 beginnen. Diese Ziffern sind gesichert.

> $27{,}38 < \sqrt{750} < 27{,}39$
> liefert $\sqrt{750} = 27{,}38\ldots$

Bestimme anhand der Tabelle der Information (1) weitere gesicherte Ziffern für $\sqrt{750}$.

Übungsaufgaben

2. Zeichne ein Quadrat mit der Seitenlänge 1 dm. Zeichne wie im Bild rechts ein Quadrat mit einem doppelt so großen Flächeninhalt 2 dm^2.
Miss die Seitenlänge des neuen Quadrates. Versuche, diese Seitenlänge noch genauer anzugeben.

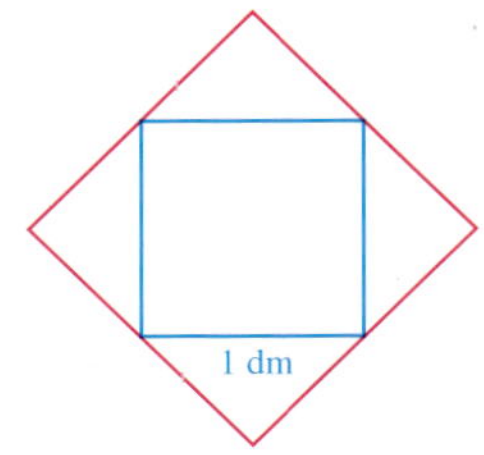

3. Bestimme im Kopf, zwischen welchen natürlichen Zahlen die Quadratwurzel liegt.

a) $\sqrt{10}$ **c)** $\sqrt{60}$ **e)** $\sqrt{102}$ **g)** $\sqrt{143}$
b) $\sqrt{40}$ **d)** $\sqrt{200}$ **f)** $\sqrt{29}$ **h)** $\sqrt{390}$

$4 < \sqrt{20} < 5$

4. Bestimme mit der Wurzeltaste die Quadratwurzeln. Runde auf Tausendstel.
$\sqrt{53}$; $\sqrt{105}$; $\sqrt{363}$; $\sqrt{66{,}4}$; $\sqrt{5{,}396}$; $\sqrt{\frac{56}{13}}$; $\sqrt{82\frac{4}{7}}$; $\sqrt{\frac{6-\frac{1}{3}}{5}}$

5. Bestimme mithilfe des Taschenrechners $\sqrt{2\,000}$. Begründe, warum der angezeigte Wert nicht der exakte Wert sein kann.

Flächeninhalt eines Kreises:
$A = \pi r^2$
Volumen eines Zylinders:
$V = \pi r^2 h$

6. Die Querschnittsfläche eines Kupferdrahtes beträgt 12,8 mm^2 [26,1 mm^2; 47,5 mm^2]. Wie groß sind der Radius r und der Durchmesser d der Querschnittsfläche? Überschlage zunächst.

7. Lies den Ausschnitt aus dem nebenstehenden Zeitungsbericht über einen Tankerunfall. Angenommen, die Ölfläche ist kreisförmig.
Wie groß ist dann der Durchmesser des Ölteppichs am ersten Tag, am zweiten Tag?

Tanker verliert weiter Öl
Bei dem Tankerunfall hatte sich nach allen Seiten schnell ein Ölteppich ausgebreitet. Der Ölteppich hatte am ersten Tag die Größe von 4 km^2, am zweiten Tag war er bereits auf 6 km^2 angewachsen.

8. Verschiedene zylinderförmige Verpackungen für Konfekt sollen alle das Volumen 150 cm^3 haben. Die Höhen sind 6 cm, 10 cm und 12 cm. Welchen Radius haben die Grundflächen?

9. **a)** Beweise wie in der Information auf Seite 15, dass kein abbrechender Dezimalbruch gleich $\sqrt{2}$ sein kann.
b) Warum versagt der Beweis aus Teilaufgabe a) bei $\sqrt{4}$?

10. Erläutere den folgenden Satz: Die Quadratwurzel aus einer natürlichen Zahl n ist eine natürliche Zahl, wenn n eine Quadratzahl ist. Andernfalls ist $\sqrt{n}$ kein abbrechender Dezimalbruch.

Primzahl:
Natürliche Zahl mit genau zwei Teilern.

11. Begründe: Die Wurzel aus einer Primzahl ist nie eine natürliche Zahl.

12. Nimm auf deinem Taschenrechner die kleinste verfügbare Zahl größer als 9 (zum Beispiel 9,000000001). Berechne dann deren Wurzel.
Erkläre das Ergebnis und begründe erneut, dass der Taschenrechner nicht alle Quadratwurzeln genau angeben kann.

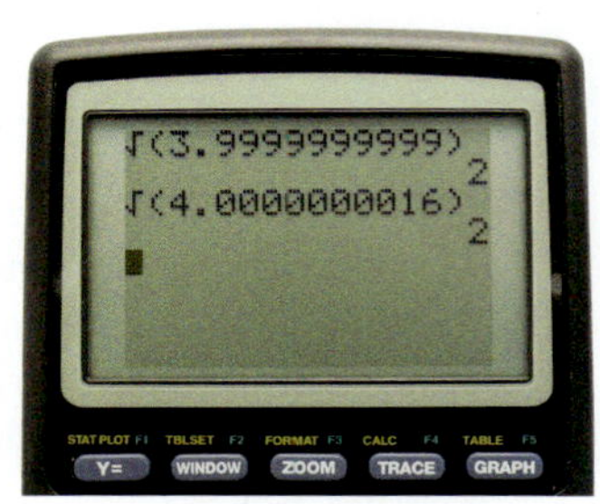

13. *Partnerarbeit:* Findet mehrere verschiedene Zahlen, die auf eurem Taschenrechner die gleiche Anzeige für ihre Wurzel bewirken.

1.1.3 Irrationale Wurzeln

Einführung

Im Abschnitt 1.1.2 haben wir beim näherungsweisen Berechnen von Wurzeln gezeigt, dass $\sqrt{2}$ nicht durch einen abbrechenden Dezimalbruch darstellbar ist. Kann aber irgendwann einmal wie z. B. bei der Umwandlung von $\frac{5}{6}$ in einen Dezimalbruch eine Periode auftreten? Wir versuchen also $\sqrt{2}$ als Bruch $\frac{m}{n}$ zu schreiben, wobei m eine ganze Zahl und n eine von null verschiedene natürliche Zahl ist. Ein vollständig gekürzter Bruch kann nur dann eine ganze Zahl darstellen, wenn der Nenner n gleich 1 ist (z. B. $\frac{51}{17} = \frac{3}{1} = 3$). Quadriert man einen gekürzten Bruch, dann ist das Ergebnis auch nicht weiter kürzbar (z. B. $\left(\frac{5}{18}\right)^2 = \frac{5 \cdot 5}{18 \cdot 18} = \frac{25}{324}$).
Wenn $\sqrt{2}$ eine Bruchzahl ist, dann müsste sie sich als vollständig gekürzter Bruch $\frac{m}{n}$ darstellen lassen. Da $\sqrt{2}$ zwischen 1 und 2 liegt, ist $\sqrt{2}$ sicherlich keine natürliche Zahl. Folglich ist n ungleich 1. Nimmt man $\frac{m}{n} = \sqrt{2}$ an und quadriert beide Seiten der Gleichung, so ergibt sich $\frac{m \cdot m}{n \cdot n} = 2$. Da der Nenner $n \cdot n$ ungleich 1 ist und der Bruch bereits gekürzt ist, kann $\frac{m \cdot m}{n \cdot n}$ nicht gleich der natürlichen Zahl 2 sein. Also ergibt sich:

$\sqrt{2}$ kann nicht als Bruch dargestellt werden.

Aufgabe 1

Wir wissen einerseits, dass $\sqrt{2}$ nicht als abbrechender Dezimalbruch geschrieben werden kann. Andererseits haben wir auch gezeigt, dass $\sqrt{2}$ nicht als Bruch geschrieben werden kann.
Daher soll im Folgenden der Zusammenhang zwischen Brüchen und Dezimalbrüchen genauer untersucht werden.

a) Verwandle die Brüche $\frac{53}{40}$ und $\frac{20}{7}$ in Dezimalbrüche.

b) Begründe, warum jeder Bruch $\frac{m}{n}$ mit $m, n \in \mathbb{N}^*$ entweder einen abbrechenden oder einen periodischen Dezimalbruch liefert.

c) Verwandle nun umgekehrt den abbrechenden Dezimalbruch 23,68 zurück in einen gewöhnlichen Bruch.

d) Verwandle den periodischen Dezimalbruch $0{,}0\overline{18}$ zurück in einen gewöhnlichen Bruch.
Anleitung: Vergleiche $1\,000 \cdot 0{,}0\overline{18}$ und $10 \cdot 0{,}0\overline{18}$.

Lösung

a) (1) 53 : 40 = 1,325
40
130
120
100
80
200
200
0

Der Rest ist Null.

Ergebnis: $\frac{53}{40} = 1{,}325$. Dies ist ein **abbrechender** Dezimalbruch.

Bruchstrich ist ein Divisionszeichen!

(2) $20 : 7 = 2{,}\overline{857142}$
14
60
56
40
35
50
49
10
7
30
28
20
14
6

Der Rest 6 wiederholt sich. Folglich wiederholt sich auch die Rechnung in dem roten Feld und damit die Ziffernfolge 857142.

Ergebnis: $\frac{20}{7} = 2{,}\overline{857142}$. Dies ist ein **periodischer** (nicht abbrechender) Dezimalbruch.

b) Die möglichen Reste, die bei der Division m : n auftreten können, sind die Zahlen 0, 1, 2, 3, …, n – 2 und n – 1. Also muss spätestens im n-ten Schritt der Rest 0 erscheinen oder aber es muss ein Rest erscheinen, der schon vorher vorgekommen ist, da es nur n mögliche Reste gibt.
Das bedeutet aber, dass der Dezimalbruch nach spätestens n – 1 Nachkommastellen abbricht oder aber eine Periode hat, die aus höchstens n – 1 Ziffern besteht.

c) An der 1. Stelle nach dem Komma stehen die Zehntel, an der 2. die Hundertstel, usw.
Also gilt:
$23{,}68 = 23 + \frac{6}{10} + \frac{8}{100} = \frac{2300 + 60 + 8}{100} = \frac{2368}{100} = \frac{592}{25}$

d) Es ist $1000 \cdot 0{,}0\overline{18} = 18{,}\overline{18}$
und $10 \cdot 0{,}0\overline{18} = 0{,}\overline{18}$
Diese beiden Ergebnisse stimmen in allen Nachkommastellen überein. Also erhalten wir durch Subtraktion

$$\begin{array}{rl} 1000 \cdot 0{,}0\overline{18} = 18{,}\overline{18} & \\ 10 \cdot 0{,}0\overline{18} = 0{,}\overline{18} & | - \\ \hline 990 \cdot 0{,}0\overline{18} = 18 & \end{array}$$

Daraus ergibt sich $0{,}0\overline{18} = \frac{18}{990} = \frac{1}{55}$.

Information

(1) Charakterisierung rationaler Zahlen

In Aufgabe 1 haben wir an Beispielen gesehen:

(a) Wandelt man einen Bruch in einen Dezimalbruch um, so ist dieser entweder abbrechend, oder er wird periodisch.

(b) Umgekehrt lässt sich jeder abbrechende aber auch jeder periodische Dezimalbruch in einen gewöhnlichen Bruch umwandeln.

Folglich gilt:

Rationale Zahlen sind die Zahlen, die sich mit Brüchen angeben lassen. Gibt man sie mit Dezimalbrüchen an, so sind diese abbrechend oder periodisch.

Beispiele: $\frac{13}{4} = 3{,}75$ abbrechender Dezimalbruch
$-\frac{2}{3} = -0{,}66666\ldots = -0{,}\overline{6}$ sofortperiodischer Dezimalbruch
$\frac{7}{45} = 0{,}15555\ldots = 0{,}1\overline{5}$ nicht sofortperiodischer Dezimalbruch

(2) Unzulänglichkeit der rationalen Zahlen zum Wurzelziehen

In der Einführung auf Seite 17 haben wir eine erstaunliche Entdeckung gemacht:

$\sqrt{2}$ ist nicht als gewöhnlicher Bruch darstellbar; $\sqrt{2}$ ist keine rationale Zahl.

In der gleichen Weise lässt sich zeigen, dass alle Wurzeln aus natürlichen Zahlen, die keine Quadratzahlen sind, keine rationalen Zahlen sein können (siehe Aufgabe 10 auf Seite 16).
Auf Seite 20 werden wir deshalb einen erweiterten Zahlbereich einführen. Ein derartiges Vorgehen (Zahlbereichserweiterung) hast du schon zweimal kennen gelernt: von den natürlichen Zahlen zu den Bruchzahlen (positiven rationalen Zahlen) und von den positiven rationalen Zahlen zu den rationalen Zahlen.

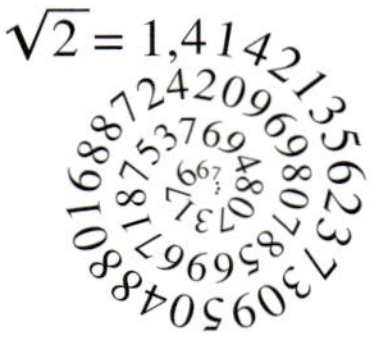

$\sqrt{2}$, $\sqrt{3}$, $\sqrt{5}$ sind Beispiele für **irrationale Zahlen** *(nichtrationale Zahlen)*. Sie lassen sich nicht als Bruch darstellen. Als Dezimalbruch geschrieben sind solche Zahlen nichtabbrechend und auch nichtperiodisch: $\sqrt{2} = 1{,}4142135623\ldots$

Beachte: $\sqrt{4}$ und $\sqrt{\frac{25}{9}}$ sind keine irrationalen Zahlen, sondern rationale, denn $\sqrt{4} = 2$ und $\sqrt{\frac{25}{9}} = \frac{5}{3}$.

Weiterführende Aufgabe

2. *Neunerperioden*

Verwandle den periodischen Dezimalbruch $0{,}\overline{9}$ in einen gewöhnlichen Bruch. Du erhältst ein Ergebnis, das zunächst unglaublich erscheint. Überlege, dass es dennoch korrekt ist.

Übungsaufgaben

3. Beweise: $\sqrt{10}$ ist nicht als Bruch darstellbar.
Tipp: Nimm an: $\sqrt{10} = \frac{m}{n}$; folgere daraus $10 \cdot n \cdot n = m \cdot m$ und überlege, wie viele Endnullen eine Zahl auf den beiden Seiten dieser Gleichung haben kann.

4. Beweise wie in der Einführung, dass es keine Bruchzahl gibt, die genau $\sqrt{8}$ [$\sqrt{18}$; $\sqrt{1\,000}$] ist.

5. Wende die Schritte des Beweises für die Irrationalität von $\sqrt{2}$ aus der Einführung auf Seite 17 auf $\sqrt{25}$ [$\sqrt{100}$; $\sqrt{1\,024}$] an. Was stellst du fest?

6. Bestimme (mit dem Taschenrechner) die Dezimalbruchdarstellung der Zahlen. Gib dann die ersten vier Intervalle einer Schachtelung für die Zahl wie in den Beispielen an.

a) $\sqrt{23}$ **b)** $\sqrt{110}$ **c)** $\sqrt{1{,}3}$ **d)** $\frac{8}{3}$ **e)** 12,1 **f)** $\frac{125}{16}$ **g)** $0{,}\overline{9}$ **h)** $\sqrt{\sqrt{10}}$

$\sqrt{56} = 7{,}48331\ \ldots$
[7; 8]; [7,4; 7,5]; [7,48; 7,49]; [7,483; 7,484]
$\frac{5}{4} = 1{,}25$
[1; 2]; [1,2; 1,3]; [1,24; 1,25]; [1,249; 1,250]

7. Schreibe als Dezimalbruch: $\frac{2}{22}$; $-\frac{7}{25}$; $\frac{19}{22}$; $\frac{100}{999}$; $-\frac{2}{3}$; $-\frac{5}{14}$

$\frac{8}{11} = 8 : 11 = 0{,}7272\ldots = 0{,}\overline{72}$

8. Schreibe als gewöhnlichen Bruch: 14,75; 0,033; −17,05; −8,290

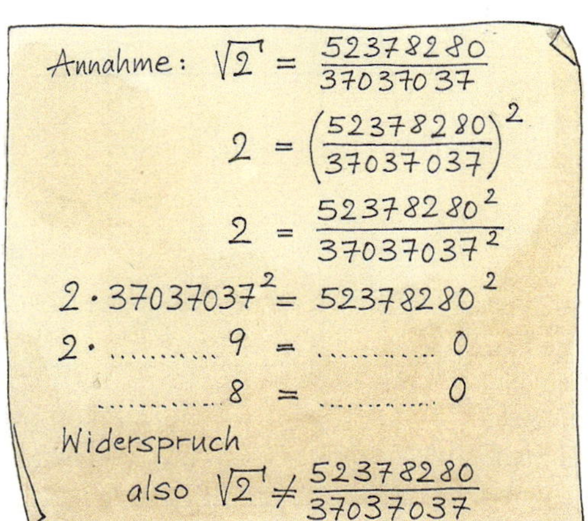

9. Wandle den periodischen Dezimalbruch in einen gewöhnlichen Bruch um; kürze:

a) $2{,}\overline{7}$ **b)** $0{,}\overline{24}$ **c)** $22{,}3\overline{5}$ **d)** $2{,}\overline{07}$ **e)** $0{,}\overline{240}$ **f)** $19{,}19\overline{1}$ **g)** $0{,}1\overline{9}$ **h)** $7{,}24\overline{9}$

10. a) Tobias betrachtet den vom Taschenrechner angezeigten Wert 1,414213560 für $\sqrt{2}$ und überlegt, ob $\sqrt{2} = 1{,}\overline{414213560}$ gilt. Erläutere seine Überlegungen links.

b) Nimm an $\sqrt{2}$ könnte als ungekürzter Bruch $\sqrt{2} = \frac{m}{n}$ mit m, $n \in \mathbb{N}^*$ geschrieben werden. Folgere daraus eine Gleichung und beweise deren Unlösbarkeit durch Endziffernbetrachtungen.

1.2 Reelle Zahlen

Aufgabe 1

Erläutere, warum an der markierten Stelle x auf der Zahlengeraden die irrationale Zahl $\sqrt{2}$ liegt.

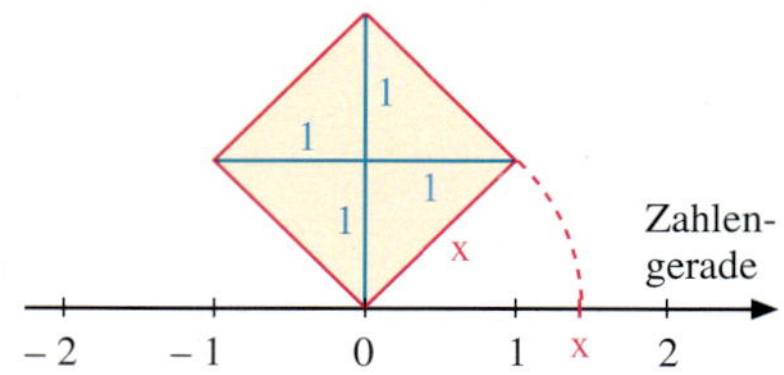

Lösung

Der Flächeninhalt des Quadrates hat die Maßzahl 2, denn es setzt sich zusammen aus vier zueinander kongruenten Dreiecken, die jeweils den Flächeninhalt $\frac{1}{2} \cdot 1 \cdot 1$, also $\frac{1}{2}$ haben.
Die Seitenlänge hat demnach die Maßzahl $\sqrt{2}$.
Sie wurde mithilfe eines Zirkels auf die Zahlengerade übertragen.

Information

(1) Reelle Zahlen

In früheren Schuljahren haben wir nur Punkte auf der Zahlengeraden betrachtet, die rationalen Zahlen zugeordnet waren. In Aufgabe 1 haben wir gesehen, dass man der irrationalen Zahl $\sqrt{2}$ genau einen Punkt auf der Zahlengeraden zuordnen kann. Es gibt also Punkte auf der Zahlengeraden, denen keine rationale Zahl zugeordnet ist. Will man jeden Punkt der Zahlengeraden durch eine Zahl erfassen, so muss man eine neue Zahlenmenge betrachten; die rationalen Zahlen reichen nicht mehr aus.

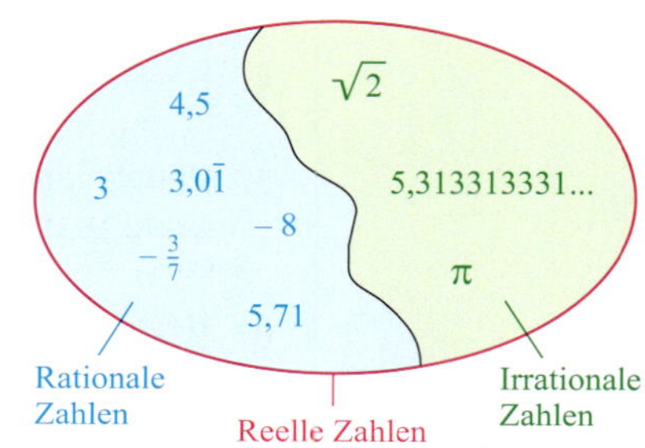

Rationale und irrationale Zahlen fasst man zur **Menge ℝ der reellen Zahlen** zusammen.

> Jeder Punkt auf der Zahlengeraden stellt eine reelle Zahl dar. Umgekehrt gehört zu jeder reellen Zahl ein Punkt auf der Zahlengeraden.

(2) Vom Punkt auf der Zahlengeraden zur Dezimalbruchentwicklung

Betrachten wir einen beliebigen Punkt P auf der Zahlengeraden, so können wir zur zugehörigen Zahl x die Dezimalbruchentwicklung angeben. Wir betrachten dazu eine Folge von Intervallen.
Für das erste Intervall wählen wir ganze Zahlen als Grenzen. Fällt x mit einer solchen Grenze zusammen, dann ist x eine ganze Zahl. Andernfalls teilen wir das Intervall in 10 gleiche Teile.
Auch nun kann x mit einem dieser Teilungspunkte übereinstimmen oder nicht. Dieses Verfahren führen wir weiter durch.
Wenn x irgendeinmal mit einem solchen Teilungspunkt übereinstimmt, handelt es sich um den entsprechenden abbrechenden Dezimalbruch. Andernfalls erhält man eine Intervallschachtelung, die sich auf eine bestimmte Zahl mit einer nicht abbrechenden Dezimalbruchentwicklung „zusammenzieht“.

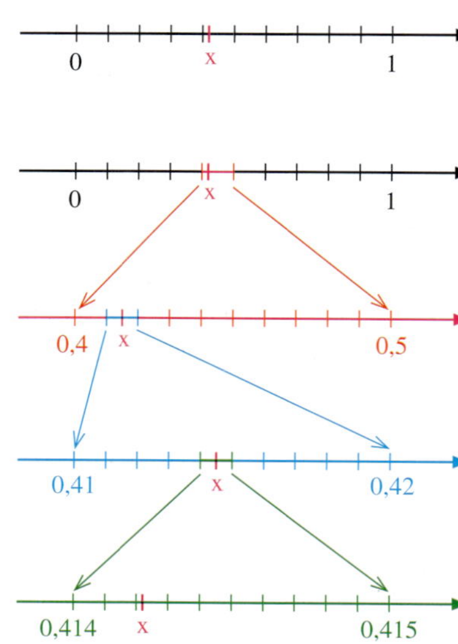

(3) Von der Dezimalbruchentwicklung zum Punkt auf der Zahlengeraden

Auch umgekehrt können wir zu jeder Dezimalbruchentwicklung (z. B. $\sqrt{2}$) einen Punkt auf der Zahlengeraden finden. Bisher kannten wir nur Punkte, die rationalen Zahlen zugeordnet waren. Statt der geometrischen Konstruktion kann man auch eine Intervallschachtelung für die genaue Festlegung des Punktes nutzen. Diese Methode kann man bei jeder Zahl anwenden, deren Dezimalbruchentwicklung bekannt ist, egal ob sie abbrechend, nichtabbrechend, periodisch oder nichtabbrechend und nichtperiodisch ist, wie z. B. 5,313313331 … Die Intervallgrenzen sind rationale Zahlen, die wir markieren können. Da die Intervalle ineinander geschachtelt sind und die Intervallgrenzen beliebig klein werden, ziehen sich diese Intervalle auf einen Punkt zusammen.
Wir können also eine irrationale Zahl beliebig genau durch rationale Zahlen annähern. Wichtig ist, dass durch eine solche Intervallschachtelung die entsprechende Zahl eindeutig bestimmt ist.
Es können nie zwei verschiedene Zahlen a und b zu allen Intervallen einer Intervallschachtelung gehören. Das Intervall zwischen den beiden Zahlen hat immer die Länge b – a. Diese Länge wird aber bei einer Invervallschachtelung irgendwann unterschritten, da die Intervalllängen beliebig klein werden.

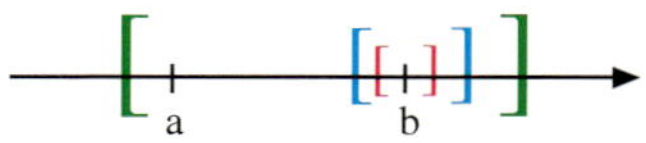

Jede Intervallschachtelung erfasst genau eine reelle Zahl. Diese ist irrational, wenn die Dezimalbruchentwicklung nichtabbrechend und nichtperiodisch ist, oder rational, wenn die Dezimalbruchentwicklung abbrechend oder periodisch ist.

Merke: Du kannst eine irrationale Zahl beliebig genau durch eine Dezimalbruchentwicklung darstellen. Der Taschenrechner zeigt nur den Anfang einer solchen Entwicklung an.

Übungsaufgaben

2. Konstruiere die Zahlen $\sqrt{2}$ und $5 \cdot \sqrt{2}$ sowie $\frac{1}{2} \cdot \sqrt{2}$ auf der Zahlengeraden.

3. **a)** Zeige, dass man mit der Figur rechts $\sqrt{50}$ konstruieren kann.
b) Konstruiere ebenso: $\sqrt{8}$.
c) Gib drei weitere Radikanden an, deren Wurzeln man ebenso ermitteln kann. Konstruiere ebenso.
d) Warum kannst du $\sqrt{14}$ nicht auf diese Weise konstruieren?

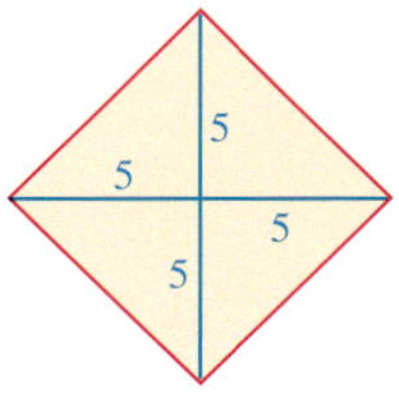

4. **a)** Setze 0,12233344445 … zu einem nichtabbrechenden Dezimalbruch fort, sodass er
(1) eine rationale Zahl darstellt; (2) eine irrationale Zahl darstellt.
Formuliere jeweils mehrere geeignete Anweisungen zur Fortsetzung; gib Begründungen an.
b) Formuliere eine nahe liegende Vorschrift zur Fortsetzung des Dezimalbruchs. Entscheide dann, ob er eine rationale oder eine irrationale Zahl darstellt.
(1) 3,181811111 … (3) 3,1881818181 … (5) 0,5152152152 …
(2) 3,181881888 … (4) 0,414243444546 … (6) 0,1515251525152 …

5. *Teamarbeit:* Die Pythagoreer waren der Meinung, dass man alle Maße mit Verhältnissen natürlicher Zahlen ausdrücken könnte. Der griechische Mathematiker Hipposos widerlegte dies am Fünfeck. Recherchiert im Internet nach der Bedeutung der Irrationalität in der griechischen Mathematik.
Erstellt ein Plakat mit euren Ergebnissen und bereitet einen kleinen Vortrag darüber vor.

1.3 Zusammenhang zwischen Wurzelziehen und Quadrieren

Aufgabe 1

a) Führe für die Zahlen 9; 6,25; 2; $\frac{1}{4}$; 0; -1; -4; $-\frac{25}{4}$ folgende Anweisungsfolge durch, sofern möglich.
(1) Ziehe zuerst die Wurzel aus der Zahl und quadriere dann dieses Ergebnis.
(2) Quadriere zuerst die Zahl und ziehe dann die Wurzel aus dem Ergebnis.
Notiere deine Ergebnisse jeweils in Form einer Tabelle.

b) Was fällt auf? Formuliere sowohl für (1) als auch für (2) eine Regel.

Lösung

a) (1) Wurzelziehen → Quadrieren

a	$\sqrt{a}$	$(\sqrt{a})^2$
9	3	9
6,25	2,5	6,25
2	$\sqrt{2}$	2
$\frac{1}{4}$	$\frac{1}{2}$	$\frac{1}{4}$
0	0	0
-1	nicht möglich	–
-4	nicht möglich	–
$-\frac{25}{4}$	nicht möglich	–

(2) Quadrieren → Wurzelziehen

a	a^2	$\sqrt{a^2}$
9	81	9
6,25	39,0625	6,25
2	4	2
$\frac{1}{4}$	$\frac{1}{16}$	$\frac{1}{4}$
0	0	0
-1	1	1
-4	16	4
$-\frac{25}{4}$	$\frac{625}{16}$	$\frac{25}{4}$

b) (1) Diese Anweisungsfolge ist nur für positive Zahlen und die Zahl 0 durchführbar. Sie liefert als Endergebnis wieder die Ausgangszahl.
Für negative Zahlen ist die Wurzel nicht definiert, daher ist die Anweisungsfolge nicht durchführbar.

(2) Diese Anweisungsfolge ist dagegen für *alle* Zahlen durchführbar. Für nichtnegative Zahlen liefert sie als Endergebnis wieder die Ausgangszahl.
Für negative Zahlen liefert sie deren Gegenzahl.
Zusammengefasst kann man sagen, dass diese Anweisungsfolge als Ergebnis den Betrag der Zahl liefert.

$\sqrt{(-4)^2} = |-4|$

Information

Die Lösung der Aufgabe 1 zeigt:

$a \in \mathbb{R}$ bedeutet: a ist eine reelle Zahl.

Satz

(1) Für alle $a \in \mathbb{R}$ gilt: $\sqrt{\mathbf{a^2}} = |\mathbf{a}|$

(2) Für alle $a \in \mathbb{R}$ mit $a \geq 0$ gilt:

(a) $\sqrt{\mathbf{a^2}} = \mathbf{a}$

Das Quadrieren wird durch das Wurzelziehen rückgängig gemacht:

Quadrieren
$a \rightleftarrows a^2$
Wurzelziehen

(b) $(\sqrt{\mathbf{a}})^2 = \mathbf{a}$

Für $a < 0$ ist $\sqrt{a}$ nicht definiert

Das Wurzelziehen wird durch das Quadrieren rückgängig gemacht:

Wurzelziehen
$a \rightleftarrows \sqrt{a}$
Quadrieren

$|-3| = 3 = -(-3)$

Beweis:

(1) $\sqrt{a^2}$ ist definiert als diejenige nichtnegative Zahl, die quadriert a^2 ergibt.
$|a|$ ist nichtnegativ.
Um $\sqrt{a^2} = |a|$ zu beweisen, müssen wir noch zeigen, dass $|a|^2 = a^2$ ist.
Für $a \geq 0$ gilt: $|a| = a$, also $|a|^2 = a^2$.
Für $a < 0$ gilt: $|a| = -a$, also $|a|^2 = (-a)^2 = a^2$.

Für $a < 0$ ist $|a| = -a$

(2a) Ist ein Spezialfall von (1): Für alle $a \geq 0$ ist $|a| = a$.

(2b) Für nichtnegative Zahlen a ist $\sqrt{a}$ definiert als die Zahl, die quadriert a ergibt.

Weiterführende Aufgaben

2. *Definitionsmenge von Wurzeltermen*

a) Jonas hat im **y=**-Editor eines CAS-Rechners den Term $\sqrt{8x - 12}$ eingegeben. Als er sich die Wertetabelle anschaut, wundert er sich. Was meinst du dazu?

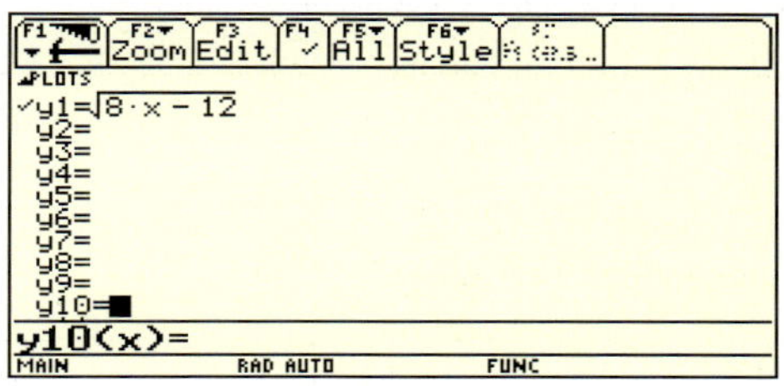

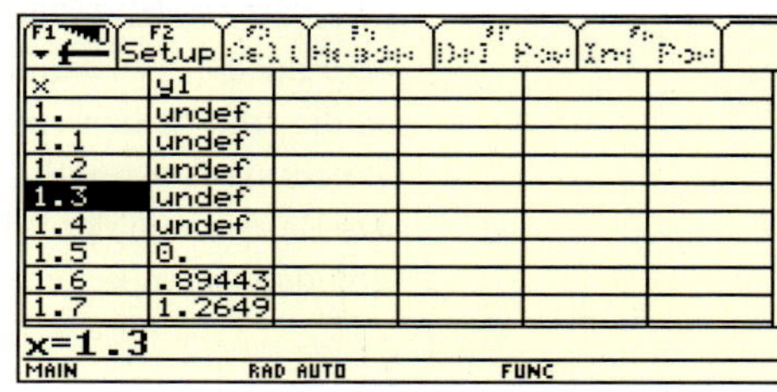

b) Für welche reellen Zahlen x ist die Wurzel definiert?
Bestimme die Definitionsmenge wie im Beispiel.

(1) $\sqrt{3x + 12}$ (3) $\sqrt{-|x|}$

(2) $\sqrt{x^2 + 1}$ (4) $\sqrt{-2 - x^2}$

> $\sqrt{5x - 12}$ ist nur definiert, falls: $5x - 12 \geq 0$
> Umgeformt: $5x \geq 12$, also $x \geq 2{,}4$
> Definitionsmenge: $D = \{x \in \mathbb{R} \mid x \geq 2{,}4\}$

3. *Vereinfachen von Wurzeltermen*

Bestimme die Definitionsmenge des Terms. Vereinfache dann den Wurzelterm.

a) $\left(\sqrt{2a + 1}\right)^2$ **c)** $\sqrt{4z^2}$

b) $\left(-\sqrt{2x + 4}\right)^2$ **d)** $\sqrt{(-(a + 1))^2}$

> $\sqrt{25(x+3)^2}$, $D = \mathbb{R}$
> $= \sqrt{(5(x+3))^2}$
> $= |5(x+3)|$
> $= 5|x+3|$, da $5 > 0$

4. *Lösungsmenge der Gleichung $x^2 = a$*

Bestimme die Lösungsmenge der Gleichung.

a) $x^2 = 16$ **c)** $x^2 = 0$

b) $x^2 = 5$ **d)** $x^2 = -25$

> $x^2 = 7$ | Wurzelziehen
> $|x| = \sqrt{7}$
> $x = \sqrt{7}$ *oder* $x = -\sqrt{7}$
> $L = \{-\sqrt{7}; \sqrt{7}\}$

Information

(1) Lösungsmenge einer Gleichung der Form $x^2 = a$

Die Gleichung $x^2 = 2$ hat in der Grundmenge $\mathbb{Q}$ keine Lösung, da $\sqrt{2}$ irrational ist. In der Grundmenge $\mathbb{R}$ hat die Gleichung $x^2 = 2$ dagegen zwei Lösungen: $\sqrt{2}$ und $-\sqrt{2}$.
Ab jetzt wählen wir $\mathbb{R}$ als Grundmenge für Gleichungen, sofern es nicht anders vereinbart wird.

Satz: *Lösungsmenge der Gleichung $x^2 = a$*

(1) Für $a > 0$ hat diese Gleichung genau zwei Lösungen, die sich nur durch das Vorzeichen unterscheiden, nämlich $\sqrt{a}$ und $-\sqrt{a}$, also $L = \{-\sqrt{a};\ \sqrt{a}\}$.

(2) Für $a = 0$ hat diese Gleichung genau eine Lösung, nämlich 0, also $L = \{0\}$.

(3) Für $a < 0$ hat diese Gleichung keine Lösung, also $L = \{\ \}$.

Beachte: $\sqrt{4} = 2$, aber $\sqrt{4} \neq -2$.

(2) Unterschied zwischen dem Bestimmen der Lösungsmenge einer Gleichung der Form $x^2 = a$ und dem Wurzelziehen

$\sqrt{7}$ ist ein Name für eine Zahl, nämlich für diejenige nichtnegative Zahl, die quadriert 7 ergibt. Bei Bedarf kann man diese irrationale Zahl näherungsweise angeben: $\sqrt{7} \approx 2{,}646$.
Beim Lösen der Gleichung $x^2 = 7$ sucht man alle Zahlen, die diese Gleichung erfüllen.
$\sqrt{7}$ ist eine solche Zahl, denn $\left(\sqrt{7}\right)^2 = 7$.
Aber auch $-\sqrt{7}$ ist eine solche Zahl, denn auch $\left(-\sqrt{7}\right)^2 = 7$.
Da dies die beiden einzigen Zahlen sind, die quadriert 7 ergeben, ist die Lösungsmenge der obigen Gleichung $L = \{-\sqrt{7};\ \sqrt{7}\}$.
Das Bestimmen der Lösungsmenge der Gleichung $x^2 = a$ und das Wurzelziehen aus a sind also verschiedene Tätigkeiten, die man nicht verwechseln darf.

Übungsaufgaben

5. Marina hat einen längeren Term mit einem einfachen Taschenrechner berechnet. Nachdem das Ergebnis schon in der Anzeige erschienen war, ist sie versehentlich auf die x^2-Taste gekommen. Muss sie den ganzen Term noch einmal neu berechnen?

6. Bestimme ohne Taschenrechner.

a) $\left(\sqrt{125}\right)^2$
b) $\left(\sqrt{0{,}0016}\right)^2$
c) $\left(-\sqrt{33}\right)^2$
d) $\left(\sqrt{\frac{1}{168}}\right)^2$
e) $\sqrt{325^2}$
f) $\sqrt{17{,}5^2}$
g) $-\sqrt{17{,}5^2}$
h) $\sqrt{\left(-\frac{25}{144}\right)^2}$
i) $\left(\sqrt{2}\right)^2$
j) $\left(\sqrt{2^2}\right)^2$
k) $\left(\sqrt{(-3)^2}\right)^2$
l) $\sqrt{\left(\sqrt{2}\right)^2}$
m) $\sqrt{\sqrt{2^2}}$
n) $-\left(\sqrt{\sqrt{3}}\right)^2$
o) $\sqrt{\left(-\sqrt{3}\right)^2}$

7. Bestimme die Definitionsmenge des Wurzelterms.

a) $\sqrt{x+5}$
b) $\sqrt{a-3}$
c) $\sqrt{5-a}$
d) $\sqrt{7+p}$
e) $\sqrt{4+2x}$
f) $\sqrt{7-5x}$
g) $\sqrt{2x+18}$
h) $\sqrt{\frac{3}{4}x-18}$
i) $\sqrt{3v+7-8v}$
j) $\sqrt{(x-3)^2-(x^2+1)}$
k) $\sqrt{(x-1)\cdot 4+(x+2)\cdot 5}$
l) $\sqrt{z^2+1-(z-1)^2}$

8. Bestimme die Definitionsmenge des Wurzelterms.

a) $\sqrt{x^2-4}$
b) $\sqrt{4-x^2}$
c) $\sqrt{x^2+4}$
d) $\sqrt{x^3+1}$
e) $\sqrt{\sqrt{x+3}}$
f) $\sqrt{\sqrt{x}+3}$
g) $\sqrt{\sqrt{x-3}}$
h) $\sqrt{3-\sqrt{x}}$
i) $\sqrt{|x|}$
j) $\sqrt{|x|-2}$

9. Bestimme zunächst die Definitionsmenge des Terms. Vereinfache dann.

a) $\sqrt{c^2}$
b) $\sqrt{(-c)^2}$
c) $-\left(\sqrt{c}\right)^2$
d) $\left(-\sqrt{c}\right)^2$
e) $-\left(\sqrt{(-c)^2}\right)^2$
f) $\sqrt{(3r)^2}$
g) $\sqrt{(-3r)^2}$
h) $-\sqrt{(3r)^2}$
i) $\sqrt{(2-a)^2}$
j) $\left(\sqrt{1-a}\right)^2$

10. Prüfe die folgende Behauptung.
Für alle $x \in \mathbb{R}$ gilt:

a) $\sqrt{x^2} = x$ **c)** $\sqrt{(-x)^2} = x$ **e)** $\sqrt{(-x)^2} = -|x|$ **g)** $\sqrt{x^2} = -x$

b) $\sqrt{(-x)^2} = -x$ **d)** $\sqrt{x^2} = |x|$ **f)** $\sqrt{(-x)^2} = |-x|$ **h)** $\sqrt{x^2} = |-x|$

11. Bestimme die Lösungsmenge (ohne Taschenrechner).

a) $x^2 = 1\,600$ **d)** $x^2 = 196$ **g)** $x^2 = 8\,100$ **j)** $x^2 = 4{,}84$ **m)** $x^2 = 0$

b) $x^2 = -256$ **e)** $x^2 = 3$ **h)** $x^2 = 10\,000$ **k)** $x^2 = -12{,}25$ **n)** $x^2 = \frac{9}{100}$

c) $x^2 = -3$ **f)** $x^2 = 625$ **i)** $x^2 = 6{,}25$ **l)** $x^2 = 2$ **o)** $x^2 = \frac{49}{81}$

12. Kontrolliere folgende Hausaufgaben.

13. Bestimme die Lösungsmenge (ohne Taschenrechner).

a) $x^2 = 3^2$ **c)** $x^2 = -3^2$ **e)** $x^2 = -\sqrt{3}$ **g)** $x^2 = 3^4$

b) $x^2 = (-3)^2$ **d)** $x^2 = \sqrt{3}$ **f)** $x^2 = (\sqrt{3})^2$ **h)** $x^2 = 3^3$

14. Bestimme die Lösungsmenge.

a) $\sqrt{x^2} = |x|$ **b)** $\sqrt{x^2} = x$ **c)** $\sqrt{x^2} = -|x|$ **d)** $\sqrt{-x^2} = |x|$

15. Bestimme die Lösungsmenge.

a) $x^2 - 9 = 0$ **c)** $2u^2 - 50 = 0$ **e)** $3x^2 + 12 = 0$ **g)** $3x^2 = 2x^2 + 4$

b) $z^2 + 4 = 0$ **d)** $-3x^2 = -27$ **f)** $2x^2 - 13 = 9$ **h)** $5p^2 = 7p^2 - 18$

16. Gib eine Gleichung der Form $x^2 = a$ an, welche die folgende Lösungsmenge hat.

a) $\{-7;\ 7\}$ **b)** $\{-\sqrt{5};\ \sqrt{5}\}$ **c)** $\{\ \}$ **d)** $\{-\frac{3}{4};\ \frac{3}{4}\}$ **e)** $\{-1{,}2;\ 1{,}2\}$ **f)** $\{0\}$

17. Gibt es eine Gleichung $x^2 = a$ mit $a \in \mathbb{N}$, deren Lösungsmenge aus

a) zwei ganzen Zahlen besteht;

b) zwei nichtganzen rationalen Zahlen besteht;

c) zwei irrationalen Zahlen besteht;

d) einer rationalen und einer irrationalen Zahl besteht;

e) einer reellen Zahl besteht?

Wenn ja, nenne eine solche Gleichung. Wenn nein, begründe dies.

1.4 Rechenregeln für Quadratwurzeln und ihre Anwendung

Einführung

Michael hat die nebenstehenden Aufgaben im Kopf gerechnet, Nora hat mithilfe des Taschenrechners kontrolliert.

Aufgabe	Michael	Nora
$\sqrt{18}+\sqrt{2}$	$\sqrt{20}$	5,656854249
$\sqrt{18}-\sqrt{2}$	$\sqrt{16}=4$	2,828427125
$\sqrt{18}\cdot\sqrt{2}$	$\sqrt{36}=6$	6
$\sqrt{18}:\sqrt{2}$	$\sqrt{9}=3$	3

Nora überlegt: „Die ersten beiden Rechnungen von Michael können gar nicht stimmen:
$\sqrt{20}$ ist nämlich kleiner als 5;
ebenso ist 4 nicht gleich 2,8…
Die anderen Ergebnisse sind erstaunlich:
Die Faktoren $\sqrt{18}$ und $\sqrt{2}$ haben unendlich viele Stellen nach dem Komma, das Produkt jedoch keine einzige. Ebenso ist es beim Quotienten. Sind diese Ergebnisse genau oder Näherungswerte?"
Michael schlägt vor: „Machen wir doch die Probe bei der dritten Aufgabe. Wenn ihr Ergebnis wirklich $\sqrt{36}$ ist, muss das Quadrat von $\sqrt{18}\cdot\sqrt{2}$ genau 36 sein.

$$(\sqrt{18}\cdot\sqrt{2})^2=(\sqrt{18}\cdot\sqrt{2})\cdot(\sqrt{18}\cdot\sqrt{2})=\sqrt{18}\cdot\sqrt{18}\cdot\sqrt{2}\cdot\sqrt{2}=18\cdot 2=36$$

$\sqrt{18}\cdot\sqrt{2}$ ergibt quadriert 36 und ist auch nichtnegativ.

Daher muss es die Wurzel von 36, also 6 sein."

Aufgabe 1

a) Begründe, dass $\frac{\sqrt{18}}{\sqrt{2}}$ genau $\sqrt{9}$, also gleich 3 ist.

b) Formuliere einfache Regeln für die Berechnung des Produktes und des Quotienten zweier Wurzeln. Welche Ergebnisse erwartest du für (1) $\sqrt{80}\cdot\sqrt{5}$; (2) $\frac{\sqrt{5}}{\sqrt{80}}$; (3) $\sqrt{80}:\sqrt{5}$?

Kontrolliere anschließend mit dem Taschenrechner.

c) Bestätige an den Beispielen von $\sqrt{9}+\sqrt{16}$ und $\sqrt{100}-\sqrt{36}$, dass keine ähnlich einfachen Regeln für die Summe und die Differenz von Wurzeln gelten.

Lösung

a) Um zu überprüfen, ob $\frac{\sqrt{18}}{\sqrt{2}}$ die Wurzel aus 9 ist, berechnen wir das Quadrat von $\frac{\sqrt{18}}{\sqrt{2}}$:

$\left(\frac{\sqrt{18}}{\sqrt{2}}\right)^2=\frac{\sqrt{18}}{\sqrt{2}}\cdot\frac{\sqrt{18}}{\sqrt{2}}=\frac{\sqrt{18}\cdot\sqrt{18}}{\sqrt{2}\cdot\sqrt{2}}=\frac{18}{2}=9$. Das Quadrat von $\frac{\sqrt{18}}{\sqrt{2}}$ ist also 9.

Da $\frac{\sqrt{18}}{\sqrt{2}}$ ferner nichtnegativ ist, ist $\frac{\sqrt{18}}{\sqrt{2}}$ die Wurzel aus 9, also tatsächlich $\frac{\sqrt{18}}{\sqrt{2}}=\sqrt{9}=3$.

b) Wenn zwei Wurzeln multipliziert werden sollen, kann man zunächst nur die Radikanden multiplizieren und aus diesem Ergebnis die Wurzel ziehen.
Wenn zwei Wurzeln dividiert werden sollen, kann man zunächst nur die Radikanden dividieren und aus diesem Ergebnis die Wurzel ziehen.

(1) $\sqrt{80}\cdot\sqrt{5}=\sqrt{80\cdot 5}=\sqrt{400}=20$

(2) $\frac{\sqrt{5}}{\sqrt{80}}=\sqrt{\frac{5}{80}}=\sqrt{\frac{1}{16}}=\frac{1}{4}$

(3) $\sqrt{80}:\sqrt{5}=\sqrt{80:5}=\sqrt{16}=4$

Der Taschenrechner liefert genau diese Ergebnisse.

c) $\sqrt{9}+\sqrt{16}=3+4=7$, aber $\sqrt{9+16}=\sqrt{25}=5$.

$\sqrt{100}-\sqrt{36}=10-6=4$, aber $\sqrt{100-36}=\sqrt{64}=8$.

Beachte also: Für die Summe und die Differenz von Wurzeln gelten *keine* einfachen Regeln.

Information

Wurzelgesetze für Produkte und Quotienten

(W1) Man kann zwei Wurzeln multiplizieren, indem man die Radikanden multipliziert und dann die Wurzel zieht.

Für alle $a \geq 0$, $b \geq 0$ gilt: $\sqrt{\mathbf{a}} \cdot \sqrt{\mathbf{b}} = \sqrt{\mathbf{a} \cdot \mathbf{b}}$

(W2) Man kann zwei Wurzeln dividieren, indem man die Radikanden dividiert und dann die Wurzel zieht.

Für alle $a \geq 0$, $b > 0$ gilt: $\frac{\sqrt{\mathbf{a}}}{\sqrt{\mathbf{b}}} = \sqrt{\frac{\mathbf{a}}{\mathbf{b}}}$

Beweis von (W1):

Die Behauptung $\sqrt{a} \cdot \sqrt{b} = \sqrt{a \cdot b}$ bedeutet: $\sqrt{a} \cdot \sqrt{b}$ ist die Wurzel aus dem Produkt $a \cdot b$.
Dazu müssen wir zeigen:

(a) Das Quadrat von $\sqrt{a} \cdot \sqrt{b}$ ist $a \cdot b$.

(b) $\sqrt{a} \cdot \sqrt{b}$ ist nichtnegativ.

Zu (a):

Assoziativ- und Kommutativgesetz angewandt

$$\left(\sqrt{a} \cdot \sqrt{b}\right)^2 = \left(\sqrt{a} \cdot \sqrt{b}\right) \cdot \left(\sqrt{a} \cdot \sqrt{b}\right) = \sqrt{a} \cdot \sqrt{a} \cdot \sqrt{b} \cdot \sqrt{b} = a \cdot b$$

Zu (b):

Da $\sqrt{a}$ und $\sqrt{b}$ nichtnegativ sind, ist auch das Produkt $\sqrt{a} \cdot \sqrt{b}$ nichtnegativ.

Aus (a) und (b) folgt: $\sqrt{a} \cdot \sqrt{b} = \sqrt{a\,b}$

Beweis von (W2):

Die Behauptung $\frac{\sqrt{a}}{\sqrt{b}} = \sqrt{\frac{a}{b}}$ bedeutet: $\frac{\sqrt{a}}{\sqrt{b}}$ ist die Wurzel aus dem Quotienten $\frac{a}{b}$.
Dazu müssen wir zeigen:

(a) Das Quadrat von $\frac{\sqrt{a}}{\sqrt{b}}$ ist $\frac{a}{b}$.

(b) $\frac{\sqrt{a}}{\sqrt{b}}$ ist nichtnegativ.

Zu (a):

$$\left(\frac{\sqrt{a}}{\sqrt{b}}\right)^2 = \frac{\sqrt{a}}{\sqrt{b}} \cdot \frac{\sqrt{a}}{\sqrt{b}} = \frac{\sqrt{a} \cdot \sqrt{a}}{\sqrt{b} \cdot \sqrt{b}} = \frac{a}{b}.$$

Zu (b):

Da $\sqrt{a}$ und $\sqrt{b}$ nichtnegativ sind, ist auch der Quotient $\frac{\sqrt{a}}{\sqrt{b}}$ nichtnegativ.

Aus (a) und (b) folgt: $\frac{\sqrt{a}}{\sqrt{b}} = \sqrt{\frac{a}{b}}$

Weiterführende Aufgaben

2. *Vereinfachen von Wurzeltermen mit den Wurzelgesetzen*

Bestimme zunächst die Definitionsmenge des Terms. Vereinfache ihn dann.

a) $\sqrt{5a} \cdot \sqrt{20a^3}$

b) $\frac{\sqrt{3b^3}}{\sqrt{27b}}$

c) $\frac{\sqrt{8(x-1)^3}}{\sqrt{2(x-1)}}$

d) $\sqrt{15b} \cdot \frac{\sqrt{5}}{\sqrt{3b^3}}$

$\sqrt{3(x-1)} \cdot \sqrt{27 \cdot (x-1)^3}$ (für $x \geq 1$)
$= \sqrt{3(x-1) \cdot 27 \cdot (x-1)^3}$ (W1)
$= \sqrt{81\,(x-1)^4}$
$= \sqrt{81} \cdot \sqrt{(x-1)^4}$ (W1)
$= 9 \cdot (x-1)^2$

pars ⟨lat.⟩
Teil

3. *Teilweises (partielles) Wurzelziehen*

CAS **a)** Die Lehrerin zeigt der Klasse die nebenstehende Anzeige eines CAS-Rechners. Sie meint: „Ihr könnt die vom Computer-Algebra-System vorgenommenen Umformungen sogar beweisen.“

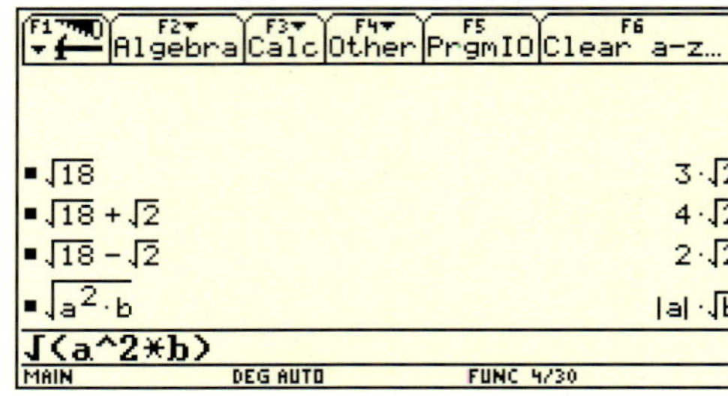

b) Beweise die folgenden Gesetze für teilweises Wurzelziehen.

(1) $\sqrt{\mathbf{a^2b}} = |\mathbf{a}| \cdot \sqrt{\mathbf{b}}$ (für $b \geq 0$)

(2) $\sqrt{\frac{\mathbf{a}}{\mathbf{b^2}}} = \frac{\sqrt{\mathbf{a}}}{|\mathbf{b}|}$ (für $a \geq 0,\ b \neq 0$)

(3) $\sqrt{\frac{\mathbf{a^2}}{\mathbf{b}}} = \frac{|\mathbf{a}|}{\sqrt{\mathbf{b}}}$ (für $b > 0$)

c) Ziehe teilweise die Wurzel.

(1) $\sqrt{50}$ (2) $\sqrt{4b}$ (5) $\sqrt{ab^2c^3}$

(2) $\sqrt{\frac{3}{16}}$ (4) $\sqrt{\frac{a}{9}}$ (6) $\sqrt{\frac{2u^2v}{9w^3}}$

$$\sqrt{\frac{2x^2y^3}{9z^4}} = \sqrt{\frac{x^2 \cdot y^2 \cdot 2y}{9z^4}} = \frac{|x| \cdot y}{3z^2}\sqrt{2y}$$
(für $y \geq 0,\ z \neq 0$)

4. *Addition und Subtraktion von Termen mit Wurzeln*

Es gibt keine allgemeinen einfachen Gesetze für die Summe und die Differenz von Wurzeln. In einigen besonderen Fällen kann man aber doch vereinfachen.

a) Erläutere die Rechnungen. Was für eine Umformung wurde vorgenommen?

(1) $5 \cdot \sqrt{6} + 7 \cdot \sqrt{6} = 12 \cdot \sqrt{6}$ (2) $7 \cdot \sqrt{5} - 2 \cdot \sqrt{5} = 5 \cdot \sqrt{5}$ (3) $5 \cdot \sqrt{6} - \sqrt{6} = 4 \cdot \sqrt{6}$

b) Beweise die folgenden Behauptungen durch teilweises Wurzelziehen.

(1) $\sqrt{3} + \sqrt{12} = \sqrt{27}$ (2) $\sqrt{12} - \sqrt{3} = \sqrt{3}$ (3) $|a| \cdot \sqrt{b} - \sqrt{4a^2b} + \sqrt{a^2b} = 0$

Übungsaufgaben

CAS **5.** Lucas hat mit dem CAS-Rechner seiner großen Schwester Marie Aufgaben mit Wurzeln berechnet.
Marie sagt: „Guck doch mal genau hin. Das kannst du doch genauso gut im Kopf!“
Kannst du Regeln für das Rechnen mit Wurzeln erkennen und begründen?

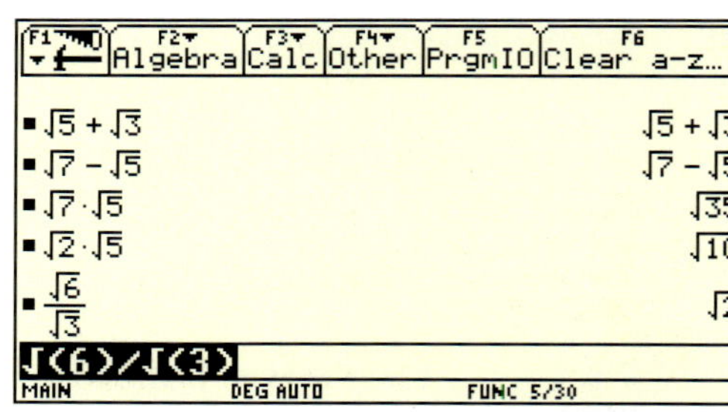

6. Berechne mithilfe des Wurzelgesetzes (W1).

a) $\sqrt{8} \cdot \sqrt{18}$ **d)** $\sqrt{5} \cdot \sqrt{20}$ **g)** $\sqrt{2{,}4} \cdot \sqrt{0{,}6}$

b) $\sqrt{2} \cdot \sqrt{32}$ **e)** $\sqrt{10} \cdot \sqrt{16{,}9}$ **h)** $\sqrt{\frac{1}{3}} \cdot \sqrt{48}$

c) $\sqrt{60} \cdot \sqrt{15}$ **f)** $\sqrt{1{,}6} \cdot \sqrt{1\,000}$ **i)** $\sqrt{\frac{4}{5}} \cdot \sqrt{80}$

$$\sqrt{3} \cdot \sqrt{27} = \sqrt{3 \cdot 27} = \sqrt{81} = 9$$

7. **a)** $\sqrt{25 \cdot 9}$ **d)** $\sqrt{169 \cdot 144}$ **g)** $\sqrt{9 \cdot 16 \cdot 49}$

b) $\sqrt{36 \cdot 16}$ **e)** $\sqrt{0{,}16 \cdot 49}$ **h)** $\sqrt{(-4) \cdot (-16)}$

c) $\sqrt{64 \cdot 225}$ **f)** $\sqrt{0{,}81 \cdot 121}$ **i)** $\sqrt{(-36) \cdot (-81)}$

$$\sqrt{49 \cdot 81} = \sqrt{49} \cdot \sqrt{81} = 7 \cdot 9 = 63$$

8. Zerlege zuerst den Radikanden in kleine Quadratzahlen.

a) $\sqrt{676}$ **c)** $\sqrt{1\,521}$ **e)** $\sqrt{1\,089}$ **g)** $\sqrt{2\,025}$

b) $\sqrt{1\,296}$ **d)** $\sqrt{6\,084}$ **f)** $\sqrt{1\,764}$ **h)** $\sqrt{784}$

$\sqrt{1\,444} = \sqrt{4 \cdot 361} = \ldots$

9. Berechne mithilfe des Wurzelgesetzes (W2).

a) $\sqrt{20} : \sqrt{5}$ **d)** $\sqrt{147} : \sqrt{3}$ **g)** $\sqrt{0{,}8} : \sqrt{0{,}2}$

b) $\sqrt{75} : \sqrt{3}$ **e)** $\sqrt{40} : \sqrt{2{,}5}$ **h)** $\sqrt{7{,}2} : \sqrt{0{,}05}$

c) $\sqrt{360} : \sqrt{10}$ **f)** $\sqrt{30} : \sqrt{1{,}2}$ **i)** $\sqrt{10{,}8} : \sqrt{1{,}2}$

$$\sqrt{125} : \sqrt{5} = \sqrt{125 : 5} = \sqrt{25} = 5$$

10. Berechne die Wurzel durch Anwenden des Wurzelgesetzes (W2) von rechts nach links.

a) $\sqrt{\frac{49}{9}}$ **c)** $\sqrt{6\frac{1}{4}}$ **e)** $\sqrt{\frac{0{,}25}{0{,}49}}$ **g)** $\sqrt{\frac{1{,}69}{2{,}56}}$

b) $\sqrt{\frac{625}{4}}$ **d)** $\sqrt{\frac{1{,}44}{25}}$ **f)** $\sqrt{\frac{6{,}25}{2{,}25}}$ **h)** $\sqrt{\frac{0{,}0025}{0{,}0049}}$

$\sqrt{\frac{4}{25}} = \frac{\sqrt{4}}{\sqrt{25}} = \frac{2}{5} = 0{,}4$

11. Vereinfache.

a) $\sqrt{y} \cdot \sqrt{y}$ **c)** $\sqrt{x} \cdot \sqrt{xy^2}$ **e)** $\sqrt{3b} \cdot \sqrt{3a^2b}$ **g)** $\sqrt{0{,}2u} \cdot \sqrt{0{,}05u}$

b) $\sqrt{y} \cdot \sqrt{y^3}$ **d)** $\sqrt{5y} \cdot \sqrt{20y}$ **f)** $\sqrt{45z} \cdot \sqrt{\frac{16}{5}z}$ **h)** $\sqrt{0{,}9x^2} \cdot \sqrt{0{,}4x^2}$

12. **a)** $\sqrt{x^3} : \sqrt{x}$ **b)** $\sqrt{x^2y} : \sqrt{y}$ **c)** $\sqrt{a} : \sqrt{ab^2}$ **d)** $\sqrt{uv} : \sqrt{u^3}$

13. **a)** $\sqrt{9x^2}$ **c)** $\sqrt{36a^4}$ **e)** $\sqrt{p^2q^2r^2}$ **g)** $\sqrt{1{,}96x^2y^4}$

b) $\sqrt{x^2y^2}$ **d)** $\sqrt{81m^2n^2}$ **f)** $\sqrt{9m^4n^4}$ **h)** $\sqrt{25u^2v^4w^6}$

14. Für welche Zahlen a und b gilt: (1) $\sqrt{a} - \sqrt{b} = \sqrt{a - b}$; (2) $\sqrt{a} + \sqrt{b} = \sqrt{a + b}$?

15. Vereinfache durch teilweises Wurzelziehen.

a) $\sqrt{12}$ **c)** $\sqrt{72}$ **e)** $\sqrt{125}$ **g)** $\sqrt{360}$ **i)** $\sqrt{720}$ **k)** $\sqrt{1\,331}$ **m)** $\sqrt{\frac{7}{25}}$

b) $\sqrt{32}$ **d)** $\sqrt{180}$ **f)** $\sqrt{192}$ **h)** $\sqrt{525}$ **j)** $\sqrt{980}$ **l)** $\sqrt{\frac{3}{16}}$ **n)** $\sqrt{\frac{3}{400}}$

16. **a)** $\sqrt{7a^2}$ **d)** $\sqrt{12c^2}$ **g)** $\sqrt{z^5}$ **j)** $\sqrt{3a^2b^4}$ **m)** $\sqrt{\frac{30}{a^2}}$ **o)** $\sqrt{\frac{2a^2}{b^2}}$ **q)** $\sqrt{\frac{a^3}{b^4}}$

b) $\sqrt{2b^2}$ **e)** $\sqrt{x^2y}$ **h)** $\sqrt{25x^3}$ **k)** $\sqrt{10a^3b^2}$

c) $\sqrt{4x}$ **f)** $\sqrt{cd^2}$ **i)** $\sqrt{18ab^2}$ **l)** $\sqrt{0{,}81xz^3}$ **n)** $\sqrt{\frac{a}{49}}$ **p)** $\sqrt{\frac{a}{b^4}}$ **r)** $\sqrt{\frac{8r^4}{s^3}}$

17. *Partnerarbeit:* Jeder denkt sich fünf Terme aus, bei denen teilweises Wurzelziehen möglich ist. Der Partner formt die Terme entsprechend um.

18. Bringe den Vorfaktor unter das Wurzelzeichen.

a) $2 \cdot \sqrt{17}$ **c)** $0{,}5 \cdot \sqrt{28}$ **e)** $\frac{11}{6} \cdot \sqrt{\frac{6}{11}}$ **g)** $10 \cdot \sqrt{17{,}33}$

b) $7 \cdot \sqrt{10}$ **d)** $\frac{3}{4} \cdot \sqrt{11}$ **f)** $2 \cdot \sqrt{3{,}25}$ **h)** $2{,}5 \cdot \sqrt{\frac{1}{50}}$

$2 \cdot \sqrt{3} = \sqrt{4} \cdot \sqrt{3} = \sqrt{12}$

19. Bringe den Vorfaktor unter das Wurzelzeichen.

a) $a \cdot \sqrt{b}$ **b)** $2c \cdot \sqrt{d^2}$ **c)** $uv \cdot \sqrt{\frac{u}{v}}$ **d)** $abc \cdot \sqrt{\frac{a}{bc}}$ **e)** $x^2y \cdot \sqrt{\frac{x}{y}}$ **f)** $\frac{p}{q} \cdot \sqrt{\frac{q}{p}}$

20. **a)** Berechne – soweit möglich – ohne Taschenrechner. Was fällt auf?

$\sqrt{0{,}09}$; $\sqrt{0{,}9}$; $\sqrt{9}$; $\sqrt{90}$; $\sqrt{900}$; $\sqrt{9\,000}$; $\sqrt{90\,000}$

b) Begründe: Wird der Radikand verhundertfacht [durch 100 dividiert], so wird die Quadratwurzel verzehnfacht [durch 10 dividiert].

c) Formuliere die Regel aus Teilaufgabe b) als Kommaverschiebungsregel.

21. Berechne im Kopf.

a) $\sqrt{62\,500}$ **d)** $\sqrt{48\,400}$ **g)** $\sqrt{0{,}000036}$

b) $\sqrt{810\,000}$ **e)** $\sqrt{0{,}0025}$ **h)** $\sqrt{0{,}000625}$

c) $\sqrt{49\,000\,000}$ **f)** $\sqrt{0{,}0121}$ **i)** $\sqrt{0{,}000004}$

$$\sqrt{14\,400} = \sqrt{144 \cdot 100} = 12 \cdot 10 = 120$$

22. Setze das Komma so, dass eine wahre Aussage entsteht. Ergänze gegebenenfalls Nullen.

a) $\sqrt{1{,}5129} = 123$ **c)** $\sqrt{980\,100} = 99$ **e)** $\sqrt{200} \approx 14\,142$

b) $\sqrt{605{,}16} = 246$ **d)** $\sqrt{0{,}3025} = 55$ **f)** $\sqrt{0{,}03} \approx 1\,732$

23. Kontrolliere Julians Hausaufgaben.

a) $\sqrt{p^2+q^2} = \sqrt{p^2}+\sqrt{q^2} = |p|+|q|$

b) $\sqrt{p^2 \cdot q^2} = \sqrt{p^2}\cdot\sqrt{q^2} = p \cdot q$

c) $\sqrt{\frac{p^2}{16}} = \frac{\sqrt{p^2}}{\sqrt{16}} = \frac{|p|}{4}$

d) $\sqrt{p^2-1} = \sqrt{p^2}-\sqrt{1} = p-1$

24. Vereinfache durch Zusammenfassen gleichartiger Glieder.

a) $3\sqrt{5}+8\sqrt{5}$ **d)** $3{,}5\sqrt{6}-1{,}4\sqrt{6}$ **g)** $3\sqrt{3}-6\sqrt{3}+\sqrt{3}+9\sqrt{3}$

b) $5\sqrt{7}-9\sqrt{7}$ **e)** $\frac{3}{4}\sqrt{7}+\frac{1}{2}\sqrt{7}$ **h)** $\sqrt{10}-6\sqrt{10}+10\sqrt{10}$

c) $6\sqrt{5}-\sqrt{5}$ **f)** $\frac{5}{6}\sqrt{2}-\frac{7}{8}\sqrt{2}$ **i)** $7{,}2\sqrt{2}-9{,}1\sqrt{3}+4{,}3\sqrt{2}-4{,}4\sqrt{3}$

25. Vereinfache wie im Beispiel.

a) $\sqrt{2}+\sqrt{32}$ **d)** $3\sqrt{2}-2\sqrt{8}$ **g)** $7\sqrt{27}+4\sqrt{48}$

b) $\sqrt{27}-\sqrt{3}$ **e)** $6\sqrt{3}+\sqrt{12}$ **h)** $8\sqrt{63}-6\sqrt{28}$

c) $\sqrt{45}-\sqrt{20}$ **f)** $-8\sqrt{5}+3\sqrt{20}$ **i)** $3\sqrt{44}-7\sqrt{99}$

$$\sqrt{27}+\sqrt{147} = \sqrt{9\cdot 3}+\sqrt{49\cdot 3} = 3\sqrt{3}+7\sqrt{3} = 10\sqrt{3}$$

26. Überprüfe die Rechnungen.

a) $\sqrt{3}+\sqrt{27}=\sqrt{48}$ d) $\sqrt{28}-\sqrt{7}=\sqrt{7}$ g) $\sqrt{2}-\sqrt{18}=-\sqrt{2}$

b) $\sqrt{50}-\sqrt{2}=\sqrt{32}$ e) $\sqrt{28}+\sqrt{63}=\sqrt{175}$ h) $\sqrt{3}-\sqrt{27}=-2\sqrt{3}$

c) $\sqrt{5}+\sqrt{20}=\sqrt{45}$ f) $\sqrt{147}-\sqrt{75}=\sqrt{12}$ i) $\sqrt{0{,}5}-\sqrt{2}=-\sqrt{0{,}5}$

27. **a)** $\sqrt{2}-\sqrt{18}+\sqrt{50}$ **c)** $\sqrt{3}+\sqrt{12}+\sqrt{27}+\sqrt{48}$ **e)** $\sqrt{1\,200}-\sqrt{800}+\sqrt{400}$

b) $\sqrt{27}+\sqrt{75}-\sqrt{108}$ **d)** $4\sqrt{28}+5\sqrt{112}-9\sqrt{175}$ **f)** $7\sqrt{45}-8\sqrt{405}+3\sqrt{605}$

28. **a)** $7\sqrt{x}+4\sqrt{x}$ **d)** $3{,}5\sqrt{z}-1{,}3\sqrt{z}$ **g)** $7\sqrt{4y}-5\sqrt{9y}$

b) $5\sqrt{a}-7\sqrt{a}$ **e)** $\sqrt{25a}+\sqrt{a}$ **h)** $5\sqrt{r}-7\sqrt{s}+4\sqrt{r}+4\sqrt{s}$

c) $-\sqrt{b}+3\sqrt{b}$ **f)** $\sqrt{36x}-\sqrt{49x}$ **i)** $\sqrt{121a}-\sqrt{9b}+\sqrt{49b}-\sqrt{25a}$

1.5 Umformen von Wurzeltermen *Zum Selbstlernen*

Ziel

Du kannst schon mithilfe des Distributivgesetzes Terme umformen, in denen Summen multipliziert werden. Hier erweiterst du dein Wissen auf solche Terme, in denen auch Wurzeln vorkommen.

Anwenden des Distributivgesetzes

Verwandle folgende Terme in Summen:

(1) $(10+\sqrt{2})\sqrt{2}$ (2) $\sqrt{a}(\sqrt{a}-b)$ (3) $(\sqrt{3x}-\sqrt{x}+1)\sqrt{x}$

Distributivgesetz
$a \cdot (b+c) = a \cdot b + a \cdot c$

Durch Anwenden des Distributivgesetzes erhältst du:

(1) $(10+\sqrt{2})\cdot\sqrt{2} = 10\cdot\sqrt{2}+\sqrt{2}\cdot\sqrt{2} = 10\sqrt{2}+2$

(2) $\sqrt{a}(\sqrt{a}-b) = \sqrt{a}\cdot\sqrt{a}-\sqrt{a}\cdot b = a - b\sqrt{a}$

(3) $(\sqrt{3x}-\sqrt{x}+1)\cdot\sqrt{x} = \sqrt{3x}\cdot\sqrt{x}-\sqrt{x}\cdot\sqrt{x}+1\cdot\sqrt{x} = \sqrt{3x^2}-x+\sqrt{x}$
$= \sqrt{3}x - x + \sqrt{x}$
$= (\sqrt{3}-1)x+\sqrt{x}$

Anwenden der binomischen Formeln

Verwandle folgende Terme in Summen:

(1) $(\sqrt{2}+\sqrt{18})^2$ (2) $(\sqrt{a}-\sqrt{b})^2$ (3) $(\sqrt{a}+\sqrt{b})\cdot(\sqrt{a}-\sqrt{b})$

Binomische Formeln
$(a+b)^2 = a^2+2ab+b^2$
$(a-b)^2 = a^2-2ab+b^2$
$(a+b)(a-b) = a^2-b^2$

Durch Anwenden der binomischen Formeln erhältst du:

(1) $(\sqrt{2}+\sqrt{18})^2 = \sqrt{2}^2+2\sqrt{2}\sqrt{18}+\sqrt{18}^2 = 2+2\sqrt{36}+18 = 2+2\cdot 6+18 = 32$

(2) $(\sqrt{a}-\sqrt{b})^2 = \sqrt{a}^2+2\sqrt{a}\sqrt{b}+\sqrt{b}^2 = a-2\sqrt{ab}+b$

(3) $(\sqrt{a}+\sqrt{b})(\sqrt{a}-\sqrt{b}) = \sqrt{a}^2-\sqrt{b}^2 = a-b$

Beseitigen von Wurzeln im Nenner

Marc hat in einen CAS-Rechner Terme mit Wurzeln im Nenner eingegeben (linke Spalte). Die Ausgaben in der rechten Spalte überraschen ihn zunächst.
Welche Umformungen hat der CAS-Rechner vorgenommen?

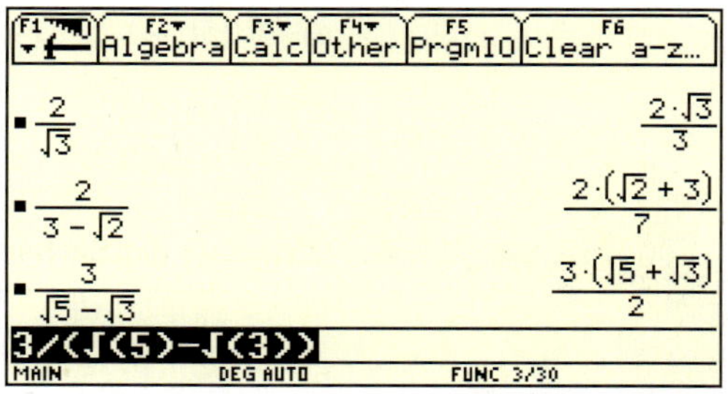

Der CAS-Rechner hat die Brüche so erweitert, dass keine Wurzeln mehr im Nenner erscheinen:

(1) $\frac{2}{\sqrt{3}} = \frac{2\cdot\sqrt{3}}{\sqrt{3}\cdot\sqrt{3}} = \frac{2\sqrt{3}}{3}$

(2) $\frac{2}{3-\sqrt{2}} = \frac{2(3+\sqrt{2})}{(3-\sqrt{2})(3+\sqrt{2})} = \frac{2(3+\sqrt{2})}{3^2-\sqrt{2}^2} = \frac{2(\sqrt{2}+3)}{9-2} = \frac{2(\sqrt{2}+3)}{7}$

(3) $\frac{3}{\sqrt{5}-\sqrt{3}} = \frac{3(\sqrt{5}+\sqrt{3})}{(\sqrt{5}-\sqrt{3})(\sqrt{5}+\sqrt{3})} = \frac{3(\sqrt{5}+\sqrt{3})}{\sqrt{5}^2-\sqrt{3}^2} = \frac{3(\sqrt{5}+\sqrt{3})}{5-3} = \frac{3(\sqrt{5}+\sqrt{3})}{2}$

Zum Üben

1. Vereinfache durch Ausmultiplizieren bzw. Dividieren.

a) $\sqrt{7} \cdot (1 + \sqrt{7})$ **d)** $(2 \cdot \sqrt{6} + 0{,}5) \cdot \sqrt{6}$ **g)** $(\sqrt{50} + \sqrt{20}) : \sqrt{2}$

b) $3 \cdot \sqrt{5} \cdot (3 + \sqrt{20})$ **e)** $(0{,}5 \cdot \sqrt{44} - 1{,}5) \cdot 2 \cdot \sqrt{11}$ **h)** $(3 \cdot \sqrt{75} - \sqrt{30}) : (-\sqrt{3})$

c) $\sqrt{6} \cdot (6 \cdot \sqrt{6} - 5 \cdot \sqrt{24})$ **f)** $(\sqrt{5} + \sqrt{7}) \cdot (-\sqrt{7})$ **i)** $(5 \cdot \sqrt{55} + 7 \cdot \sqrt{77}) : \sqrt{11}$

2. Klammere aus.

a) $a\sqrt{5} - b\sqrt{5}$ **d)** $x\sqrt{z} - y\sqrt{z}$ **g)** $\sqrt{7x^3} - \sqrt{28x^5}$ **j)** $\sqrt{r} + \sqrt{rs}$

b) $x\sqrt{7} + y\sqrt{7}$ **e)** $5\sqrt{a} - a^2\sqrt{a}$ **h)** $\sqrt{ab^3} - \sqrt{a^3b}$ **k)** $\sqrt{ab^2} - \sqrt{ac^2}$

c) $a\sqrt{b} + 2\sqrt{b}$ **f)** $3\sqrt{x^3} - a\sqrt{x^3}$ **i)** $\sqrt{7a} + \sqrt{4a}$ **l)** $\sqrt{7xy^2} + \sqrt{7x^2y}$

3. **a)** $x\sqrt{5} - 5\sqrt{x} + 3x\sqrt{5} - 7\sqrt{x}$ **d)** $w\sqrt{uv^3} - v\sqrt{u^3v} + u\sqrt{uv}$

b) $a\sqrt{b} - 4a\sqrt{b} + b\sqrt{a} + 2a\sqrt{b}$ **e)** $\sqrt{u^3vw} - \sqrt{uv^3} - \sqrt{uvw^3}$

c) $(x + 1)\sqrt{y} - (x - 1)\sqrt{y}$ **f)** $a\sqrt{c^5} + bc\sqrt{c^3} + c^2\sqrt{c}$

4. Frau Lindemann verblüfft ihre Klasse mit einem Rechentrick. Sie ist in der Lage, aus dem Ergebnis sofort die gedachte Zahl anzugeben.
Wie geht sie vor? Begründe ihr Vorgehen.

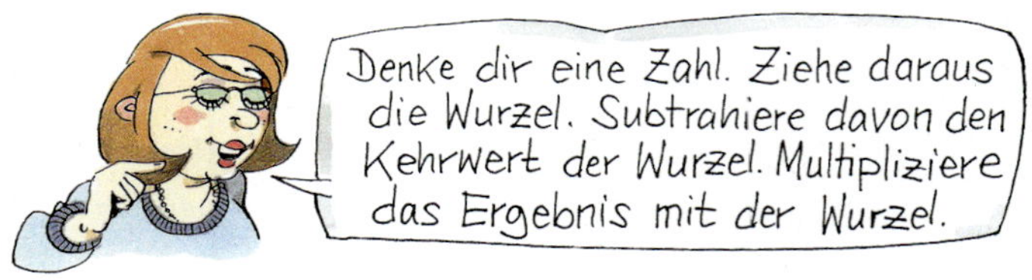

5. Vereinfache durch Ausmultiplizieren.

a) $(\sqrt{4c} + \sqrt{81c}) \cdot \sqrt{c}$ **c)** $\sqrt{x} \cdot (\sqrt{x} + \sqrt{x^3} + \sqrt{x^5})$ **e)** $\sqrt{x} \cdot (\sqrt{xyz} + \sqrt{xy})$

b) $(\sqrt{9a} + 3) \cdot \sqrt{9a}$ **d)** $(\sqrt{uv} - v) \cdot \sqrt{u}$ **f)** $(3\sqrt{a} - 7\sqrt{b})(5\sqrt{b} + 8\sqrt{a})$

6. Vereinfache.

a) $(\sqrt{25b} + \sqrt{25c}) - (\sqrt{16b} + \sqrt{16c})$ **d)** $\sqrt{u}(\sqrt{v} - \sqrt{u}) - \sqrt{v}(\sqrt{u} - \sqrt{v})$

b) $(\sqrt{ab^3} - \sqrt{a^3b}) + (\sqrt{ab^5} - \sqrt{a^5b})$ **e)** $\sqrt{ac}(\sqrt{a} - \sqrt{b}) + \sqrt{ac}(\sqrt{b} - \sqrt{a})$

c) $\sqrt{x} + \sqrt{x^2} + \sqrt{x^3} + \sqrt{x^4} + \sqrt{x^5} + \sqrt{x^6}$ **f)** $(\sqrt{a} + \sqrt{b})\sqrt{ab^2} + (\sqrt{a} - \sqrt{b})\sqrt{a^2b}$

7. Vereinfache den Term.

a) $5 \cdot \sqrt{a} + 7 \cdot \sqrt{a}$ **d)** $a^2 \cdot \sqrt{b} - \sqrt{b}$ **g)** $(\sqrt{3} + \sqrt{2q}) \cdot \sqrt{2q}$

b) $3 \cdot \sqrt{z-1} - 5 \cdot \sqrt{z-1} + \sqrt{z-1}$ **e)** $(v + \sqrt{7}) \cdot \sqrt{7}$ **h)** $(\sqrt{uv} + \sqrt{uw}) \cdot \sqrt{u}$

c) $a^2 \cdot \sqrt{c} + ab \cdot \sqrt{c} + ac \cdot \sqrt{c}$ **f)** $(r - \sqrt{rs}) \cdot \sqrt{s}$ **i)** $\sqrt{x}(\sqrt{x^3} + \sqrt{x})$

8. Vereinfache zunächst; berechne dann im Kopf.

a) $(5 + \sqrt{13}) \cdot (5 - \sqrt{13})$ **c)** $(5\sqrt{7} + \sqrt{10}) \cdot (5\sqrt{7} - \sqrt{10})$ **e)** $(\sqrt{6} - \sqrt{24})^2$

b) $(\sqrt{6} - \sqrt{5}) \cdot (\sqrt{6} + \sqrt{5})$ **d)** $(\sqrt{20} + \sqrt{5})^2$ **f)** $(5\sqrt{8} - 3\sqrt{2})^2$

9. Berechne im Kopf.

a) $(\sqrt{3} - \sqrt{27})^2$ **b)** $(\sqrt{7} - \sqrt{13}) \cdot (\sqrt{7} - \sqrt{13})$ **c)** $\sqrt{169 - 2 \cdot 13 \cdot 17 + 289}$

Zum Selbstlernen

10. Vereinfache.

a) $\left(\sqrt{a}-\sqrt{b}\right)^2$ **b)** $\left(\sqrt{h+1}+\sqrt{h-1}\right)^2$ **c)** $\left(v+\sqrt{w}\right)\cdot\left(v-\sqrt{w}\right)$ **d)** $\left(\sqrt{a+b}+\sqrt{a-b}\right)^2$

11. **a)** $\left(\frac{\sqrt{t}}{2}+3\right)^2$ **b)** $\left(\sqrt{r}-\frac{1}{\sqrt{r}}\right)^2$ **c)** $\left(\frac{a}{\sqrt{b}}+\frac{b}{\sqrt{a}}\right)^2$ **d)** $\left(\sqrt{s}+\frac{1}{\sqrt{s}}\right)\cdot\left(\sqrt{s}-\frac{1}{\sqrt{s}}\right)$

12. **a)** $\left(\sqrt{p+1}+\sqrt{p-1}\right)\cdot\left(\sqrt{p+1}-\sqrt{p-1}\right)$ **b)** $\left(\sqrt{\sqrt{a}}+\sqrt{\sqrt{b}}\right)\cdot\left(\sqrt{\sqrt{a}}-\sqrt{\sqrt{b}}\right)$

13. **a)** $\sqrt{1+2a+a^2}$ **c)** $\sqrt{4t^2+4tr+r^2}$ **e)** $\sqrt{v+2\sqrt{vw}+w}$ **g)** $\sqrt{x^3z+2x^2z^2+xz^3}$

b) $\sqrt{x^2+14x+49}$ **d)** $\sqrt{u^4+4u^2+4}$ **f)** $\sqrt{e^2-6ec+9c^2}$ **h)** $\sqrt{a^3-2a^2b+ab^2}$

14. Kontrolliere Sarahs Hausaufgaben.

a) $(\sqrt{p}+\sqrt{q})^2$
$=(\sqrt{p})^2+(\sqrt{q})^2$
$=p+q$

b) $(\sqrt{r}-\sqrt{s})^2$
$=(\sqrt{r})^2-\sqrt{r}\sqrt{s}-\sqrt{s}^2$
$=r-\sqrt{rs}-s^2$

c) $\sqrt{1+2r+r^2}$
$=\sqrt{1}+\sqrt{2r}+\sqrt{r^2}$
$=1+\sqrt{2}\sqrt{r}+|r|$

15. Beseitige zuerst die Wurzel im Nenner.
Verwende dann $\sqrt{3}\approx 1{,}7$ und $\sqrt{5}\approx 2{,}2$ für die Berechnung von Näherungswerten.
Was ist einfacher, die ungeformten Terme zu berechnen oder die gegebenen?

a) $\frac{10}{\sqrt{5}}$ **b)** $\frac{1}{3+\sqrt{5}}$ **c)** $\frac{1}{\sqrt{3}+\sqrt{5}}$ **d)** $\frac{2}{3-\sqrt{5}}$ **e)** $\frac{1}{\sqrt{5}-\sqrt{3}}$ **f)** $\frac{2}{\sqrt{3}-\sqrt{5}}$

16. **a)** $\frac{7}{\sqrt{30}}$ **c)** $\frac{\sqrt{2}}{\sqrt{10}}$ **e)** $\frac{\sqrt{10}-\sqrt{20}}{\sqrt{2}}$ **g)** $\frac{\sqrt{5}}{3+\sqrt{5}}$ **i)** $\frac{6}{\sqrt{7}+\sqrt{2}}$ **k)** $\frac{\sqrt{7}-\sqrt{2}}{\sqrt{7}+\sqrt{2}}$

b) $\frac{1}{3\sqrt{6}}$ **d)** $\frac{1+\sqrt{20}}{\sqrt{20}}$ **f)** $\frac{2}{3+\sqrt{5}}$ **h)** $\frac{3+\sqrt{5}}{3-\sqrt{5}}$ **j)** $\frac{\sqrt{7}}{\sqrt{7}-\sqrt{2}}$ **l)** $\frac{3}{\sqrt{6}-\sqrt{5}}$

17. Beseitige die Wurzeln im Nenner.

a) $\frac{a}{\sqrt{a}}$ **d)** $\frac{a\sqrt{b}-b\sqrt{a}}{\sqrt{ab}}$ **g)** $\frac{1}{a-\sqrt{b}}$ **j)** $\frac{\sqrt{a}+\sqrt{b}}{\sqrt{a}-\sqrt{b}}$ **m)** $\frac{3\sqrt{a}+5\sqrt{b}}{3\sqrt{a}-5\sqrt{b}}$

b) $\frac{a^2}{\sqrt{a}}$ **e)** $\frac{a^2\sqrt{b}+b^2\sqrt{a}}{\sqrt{ab}}$ **h)** $\frac{1}{\sqrt{a}-\sqrt{b}}$ **k)** $\frac{a-b}{\sqrt{a}-\sqrt{b}}$ **n)** $\frac{a}{\sqrt{3}-\sqrt{a}}$

c) $\frac{a^3}{\sqrt{a}}$ **f)** $\frac{a^3\sqrt{b}-b^3\sqrt{a}}{\sqrt{ab}}$ **i)** $\frac{\sqrt{a}-\sqrt{b}}{\sqrt{a}+\sqrt{b}}$ **l)** $\frac{a-b}{\sqrt{a}+\sqrt{b}}$ **o)** $\sqrt{\frac{a}{\sqrt{a}-\sqrt{b}}}$

18. Untersuche die Wirkung der Umformung $\frac{1}{\sqrt{a}-\sqrt{b}}=\frac{\sqrt{a}+\sqrt{b}}{a-b}$ im Fall $a\approx b$, $a\neq b$ für das Rechnen mit dem Taschenrechner. Setze dazu etwa $a=456{,}78$; $b=456{,}77$.
Welche Form des Terms ist für genaues Rechnen günstiger?
Denke an die Ungenauigkeit beim Dividieren durch sehr kleine gerundete Zahlen.

19. Beweise: **a)** $\sqrt{3-2\sqrt{2}}=\sqrt{2}-1$ **b)** $\sqrt{7+4\sqrt{3}}=2+\sqrt{3}$ **c)** $\sqrt{5+2\sqrt{6}}=\sqrt{2}+\sqrt{3}$

20. Bilde alle Produkte, bei denen ein Faktor aus der linken und der andere aus der rechten Schale stammt.

Zum Selbstlernen

1.6 Überblick über die reellen Zahlen

1.6.1 Rechnen mit reellen Zahlen

Aufgabe 1

a) Vereinfache den Term $3 \cdot (\sqrt{8} + 4) + 7 + 5 \cdot \sqrt{8}$. Notiere, welche Rechengesetze du anwendest.

b) Welches Rechengesetz wurde rechts benutzt?

$7 \cdot 0{,}1234\ldots + 3 \cdot 0{,}1234\ldots$
$= 10 \cdot 0{,}1234\ldots = 1{,}234\ldots$

Lösung

a)

$3 \cdot (\sqrt{8} + 4) + 7 + 5 \cdot \sqrt{8}$	
$= 3 \cdot \sqrt{8} + 12 + 7 + 5 \cdot \sqrt{8}$	Distributivgesetz
$= 3 \cdot \sqrt{8} + 19 + 5 \cdot \sqrt{8}$	Assoziativgesetz
$= 3 \cdot \sqrt{8} + 5 \cdot \sqrt{8} + 19$	Kommutativgesetz
$= 8 \cdot \sqrt{8} + 19$	Distributivgesetz

b) Es wurde das Distributivgesetz verwendet.

Information

In der Aufgabe 1 wurde so gerechnet, wie du es bei den **rationalen Zahlen** kennen gelernt hast. Nachstehend sind die Rechengesetze noch einmal aufgeführt.

Rechengesetze: Für alle rationalen Zahlen a, b und c gilt:

Kommutativgesetze:	$\mathbf{a + b = b + a}$	$\mathbf{a \cdot b = b \cdot a}$
Assoziativgesetze:	$\mathbf{(a + b) + c = a + (b + c)}$	$\mathbf{(a \cdot b) \cdot c = a \cdot (b \cdot c)}$
Distributivgesetze:	$\mathbf{a \cdot (b + c) = a \cdot b + a \cdot c}$	

Die **reellen Zahlen** haben wir als Punkte auf der Zahlengeraden kennen gelernt. Ebenso hatten wir die rationalen Zahlen auf der Zahlengeraden gekennzeichnet.

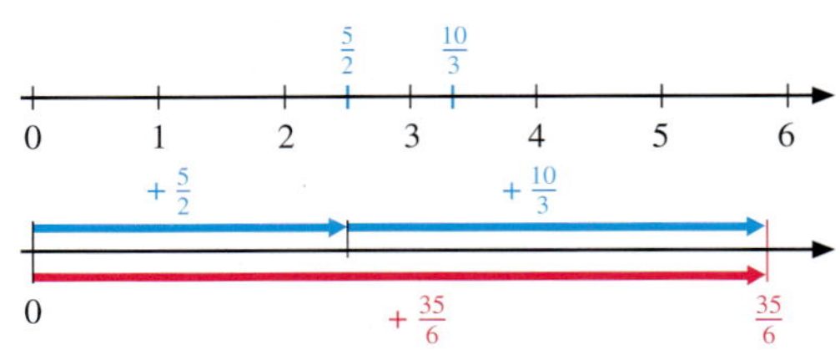

Die Addition rationaler Zahlen wurde als das Hintereinanderlegen der entsprechenden Pfeile veranschaulicht. Der Summe $\frac{5}{2} + \frac{10}{3}$ konnten wir dann die Zahl $\frac{35}{6}$ zuordnen.

Auch für die Summe von $\sqrt{6}$ und $\sqrt{10}$ ergibt sich auf dieselbe Weise eine Stelle auf der Zahlengeraden. Für sie können wir aber keine vereinfachte Schreibweise angeben. Der Name dieser Zahl ist $\sqrt{6} + \sqrt{10}$.

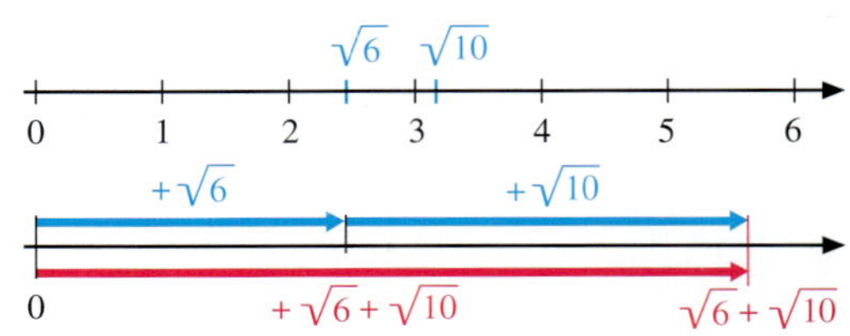

Wie bei rationalen Zahlen wollen wir die Subtraktion (als Addition der Gegenzahl), die Multiplikation (als Streckung eines Pfeils) und die Division (als Multiplikation mit dem Kehrwert) auf reelle Zahlen übertragen. Wegen der gleichartigen Darstellung auf der Zahlengeraden gilt:

Satz

Mit reellen Zahlen kann man nach denselben Gesetzen rechnen wie mit den rationalen Zahlen.

Übungsaufgaben

2. Vereinfache den Term $(7 + x) \cdot \sqrt{2} - \sqrt{2} \cdot x$. Notiere, welche Rechengesetze du anwendest.

3. Vereinfache. Notiere die Rechengesetze, die du anwendest.

a) $\sqrt{5} + \sqrt{5} + \sqrt{5}$ **c)** $\sqrt{5} \cdot (a - 3) - a \cdot \sqrt{5}$ **e)** $\sqrt{14} + \sqrt{14} - 3\sqrt{14}$

b) $\sqrt{11} - 8 \cdot \sqrt{11}$ **d)** $(\sqrt{2} \cdot b) \cdot (a \cdot \sqrt{2})$ **f)** $z \cdot (\sqrt{20} + 4) - 12 - \sqrt{20} \cdot z$

4. Stelle durch Pfeile dar, wie man den Punkt zur angegebenen Zahl auf der Zahlengeraden findet.

a) $\frac{3}{2} - 4$ **b)** $4{,}383883883\ldots - \sqrt{12}$ **c)** $1{,}5 \cdot 2{,}4414441\ldots$

5. a) Auch die Umformungsregeln für Gleichungen gelten in $\mathbb{R}$. Nenne sie.

b) Isoliere x. Welche Umformungsregeln wendest du an?

(1) $\sqrt{7} + 6x = \sqrt{10}$

(2) $\sqrt{20} \cdot x - 4 = -\sqrt{6}$

(3) $\sqrt{45} - \sqrt{5} \cdot x = 0$

(4) $x - 0{,}202002000\ldots = 10$

$$\sqrt{3} \cdot x = 4 + \sqrt{5} \cdot x \quad | -\sqrt{5} \cdot x$$
$$\sqrt{3} \cdot x - \sqrt{5} \cdot x = 4$$
$$x \cdot (\sqrt{3} - \sqrt{5}) = 4 \quad | : (\sqrt{3} - \sqrt{5})$$
$$x = \frac{4}{\sqrt{3} - \sqrt{5}}$$
Erweitern mit $\sqrt{3} + \sqrt{5}$
$$x = -2(\sqrt{3} + \sqrt{5})$$

1.6.2 Vergleich der Zahlbereiche $\mathbb{N}$, $\mathbb{Q}_+$, $\mathbb{Q}$ und $\mathbb{R}$

Einführung

Du hast bereits verschiedene Zahlbereiche kennen gelernt:
Menge $\mathbb{N}$ der natürlichen Zahlen (einschließlich 0);
Menge $\mathbb{Q}_+$ der Bruchzahlen (das sind die nichtnegativen rationalen Zahlen);
Menge $\mathbb{Q}$ der rationalen Zahlen;
Menge $\mathbb{R}$ der reellen Zahlen.

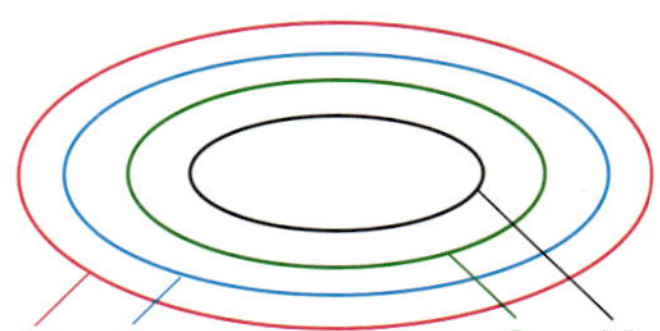

Schrittweise hast du den dir jeweils bekannten Zahlbereich erweitert: $\mathbb{N}$ ist in $\mathbb{Q}_+$ enthalten; $\mathbb{Q}_+$ ist in $\mathbb{Q}$ enthalten und $\mathbb{Q}$ ist schließlich in $\mathbb{R}$ enthalten.

Wir wollen nun rückblickend gemeinsame und unterschiedliche Eigenschaften dieser Zahlbereiche zusammenstellen:

(1) Gemeinsame Eigenschaften der Zahlbereiche

(a) In der Menge $\mathbb{N}$ erhält man beim Addieren und Multiplizieren stets wieder eine natürliche Zahl. Man sagt: Die Addition und die Multiplikation sind in $\mathbb{N}$ *stets ausführbar*.
Entsprechendes gilt für die Addition und die Multiplikation jeweils in $\mathbb{Q}_+$, $\mathbb{Q}$ und $\mathbb{R}$.

(b) Es gelten folgende Rechengesetze:

Kommutativgesetze	**Assoziativgesetze**	**Distributivgesetz**
(Vertauschungsgesetze)	*(Verbindungsgesetze)*	*(Verteilungsgesetz)*
$a + b = b + a$	$a + (b + c) = (a + b) + c$	$a \cdot (b + c) = a \cdot b + a \cdot c$
$a \cdot b = b \cdot a$	$a \cdot (b \cdot c) = (a \cdot b) \cdot c$	

(2) Unterschiedliche Eigenschaften der Zahlbereiche

(a) In der Menge $\mathbb{N}$ erhält man beim Dividieren nicht immer eine natürliche Zahl:
$12 : 4 \in \mathbb{N}$, aber $12 : 5 \notin \mathbb{N}$. Die Division ist in $\mathbb{N}$ *nicht immer* ausführbar.
Dagegen ist in $\mathbb{Q}_+$, $\mathbb{Q}$ und $\mathbb{R}$ die Division durch eine von 0 verschiedene Zahl immer ausführbar.

(b) In den Mengen $\mathbb{N}$ und $\mathbb{Q}_+$ erhält man beim Subtrahieren nicht immer eine natürliche Zahl bzw. eine Bruchzahl:
$7 - 3 \in \mathbb{N}$, aber $3 - 7 \notin \mathbb{N}$ bzw. $\frac{3}{4} - \frac{1}{2} \in \mathbb{Q}_+$, aber $\frac{1}{2} - \frac{3}{4} \notin \mathbb{Q}_+$.
Die Subtraktion ist in $\mathbb{N}$ bzw. $\mathbb{Q}_+$ *nicht immer* ausführbar.
Dagegen ist die Subtraktion in $\mathbb{Q}$ und $\mathbb{R}$ *immer* ausführbar.

(c) Bei $\mathbb{N}$ ist auf der Zahlengeraden links von 0 keinem Punkt eine Zahl zugeordnet; ferner liegt zwischen zwei natürlichen Zahlen *nicht immer* eine natürliche Zahl, z. B. nicht zwischen 2 und 3.
Bei $\mathbb{Q}_+$ ist ebenfalls links von 0 keinem Punkt eine Zahl zugeordnet; aber zwischen zwei Bruchzahlen liegt immer wieder eine Bruchzahl, dort liegen sogar unendlich viele Bruchzahlen.
Bei $\mathbb{Q}$ sind auch Punkte links von 0 Zahlen zugeordnet, und zwischen zwei rationalen Zahlen liegen unendlich viele solcher Zahlen.
Jedoch gibt es unendlich viele Punkte auf der Zahlengeraden, denen keine rationale Zahl zugeordnet ist (siehe dazu Seite 20).

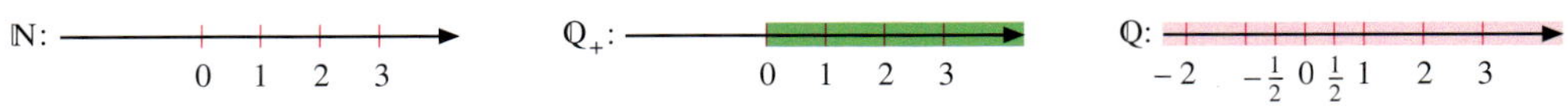

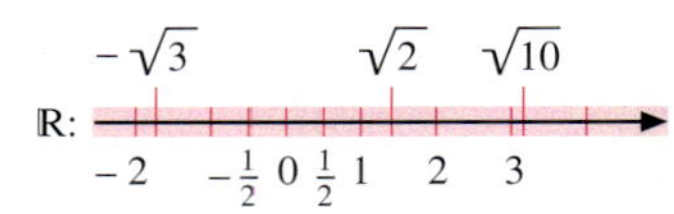

Bei $\mathbb{R}$ ist jedem Punkt auf der Zahlengeraden eine reelle Zahl zugeordnet und umgekehrt. Die Zahlen aus $\mathbb{R} \setminus \mathbb{Q}$, die irrationalen Zahlen, sind nicht nur die Quadratwurzeln aus positiven rationalen Zahlen.
Der deutsche Mathematiker Richard **Dedekind** (1831–1916) hat als Erster eine befriedigende mathematische Theorie der reellen Zahlen entwickelt. Berühmt sind seine Schriften „Stetigkeit und irrationale Zahlen“ (1872) und „Was sind und was sollen die Zahlen?“ (1888).
Dedekind lehrte als Professor zunächst in Göttingen, später in seiner Heimatstadt Braunschweig.

Übungsaufgaben

1. Ergänze das Diagramm so, dass es auch die Mengen $\mathbb{Z}$ (der ganzen Zahlen) und $\mathbb{R}_+$ (der nichtnegativen reellen Zahlen) enthält. Das vervollständigte Diagramm hat sechs getrennte Gebiete. Beschreibe jedes dieser Gebiete mit Worten. Nenne aus jedem drei Zahlen.

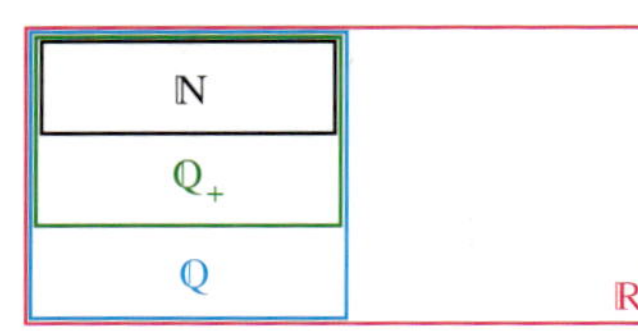

2. Begründe an der Zahlengeraden das Rechengesetz: Für alle $a \in \mathbb{R}$, $b \in \mathbb{R}$, $c \in \mathbb{R}$ gilt:
a) Wenn $a < b$, dann $a + c < b + c$.
b) Wenn $a < b$ und $c < 0$, dann $a \cdot c > b \cdot c$.

3. **a)** Gib eine rationale Zahl an, die zwischen den irrationalen Zahlen $a = 3{,}525225222\ldots$ und $b = 3{,}52552555\ldots$ liegt.
b) Kann man zu zwei verschiedenen reellen Zahlen immer eine rationale [irrationale] Zahl angeben, die dazwischen liegt? Begründe deine Aussage.

4. Beweise: **a)** $\sqrt{\sqrt{2}}$ ist irrational. **b)** Wenn a irrational und positiv ist, dann ist $\sqrt{a}$ irrational.

5. Begründe: Der Kehrwert einer irrationalen Zahl ist auch irrational.

6. Du hast ausgehend von der Menge $\mathbb{N}$ der natürlichen Zahlen die Menge $\mathbb{B}$ der Bruchzahlen, die Menge $\mathbb{Q}$ der rationalen Zahlen und schließlich die Menge $\mathbb{R}$ der reellen Zahlen kennen gelernt. Nenne Gründe für jede dieser Erweiterungen.

Im Blickpunkt
Im Blickpunkt

Wie viele rationale und irrationale Zahlen gibt es?

Rationale Zahlen kennst du seit Klasse 7. Du hast damals gedacht, dass die Zahlengerade lückenlos mit rationalen Zahlen gefüllt ist. Mit den Wurzeln aus natürlichen Zahlen, die keine Quadratzahlen sind, hast du erste Lücken auf der Zahlengeraden entdeckt. Als nichtperiodische Dezimalbrüche hast du weitere irrationale Zahlen kennen gelernt. Wir wollen untersuchen, ob die rationalen Zahlen auf der Zahlengeraden mehr Platz einnehmen als die irrationalen Zahlen.

Georg Cantor

1. **a)** Zu jeder ganzen Zahl kannst du eine unmittelbar darauf folgende nächstgrößere angeben. Untersuche, ob das auch bei den rationalen Zahlen möglich ist. Begründe deine Behauptung.

b) Man kann die rationalen Zahlen dennoch in einer Reihenfolge aufzählend angeben. Der deutsche Mathematiker Georg Cantor (1845 – 1918) hat hierfür einen Trick gefunden.

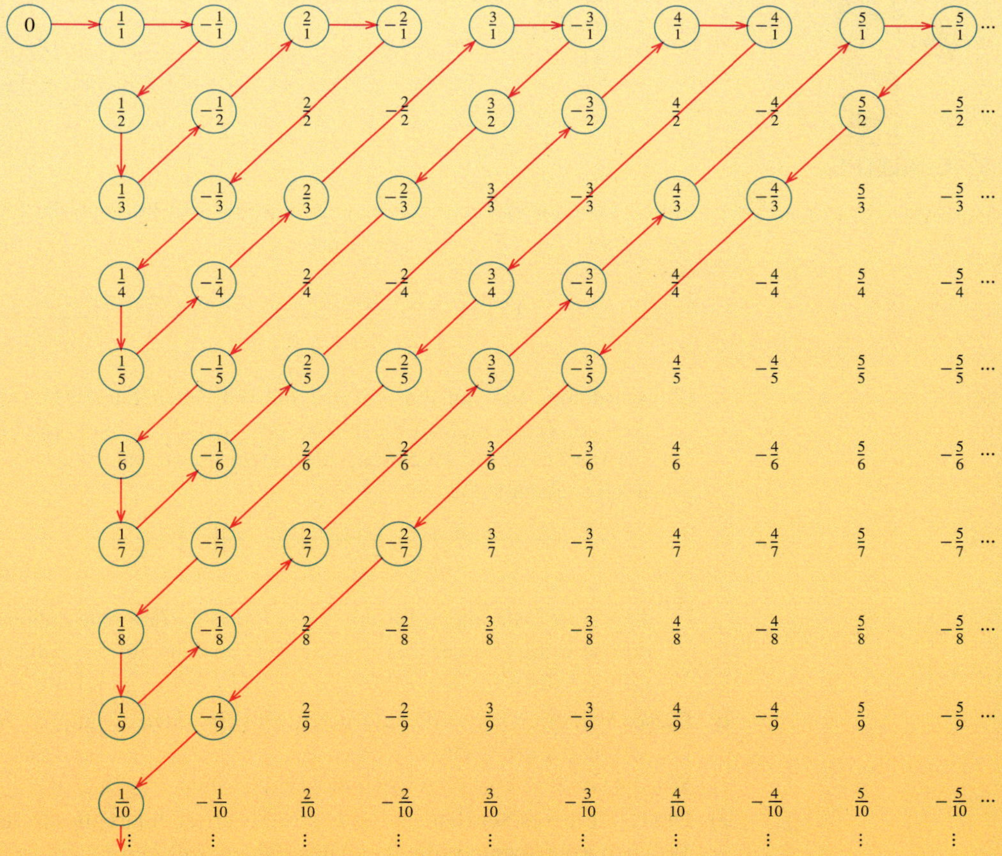

(1) Übertrage das Zahlenschema in dein Heft; erweitere es dabei um zwei Spalten und zwei Zeilen. Erläutere, warum es für jede rationale Zahl mindestens einen Platz in diesem Zahlenschema gibt.

(2) Durch diagonales Abzählen in diesem Schema kann man nun eine eindeutige Reihenfolge aller rationalen Zahlen festlegen, dabei müssen aber die ungekürzten Brüche übersprungen werden. Dadurch wird jedoch jede rationale Zahl genau einmal erfasst. Jede rationale Zahl hat dann einen eindeutigen Platz in der mit dem *Cantor'schen Diagonalverfahren* bestimmten Reihenfolge:

$0;\ 1;\ -1;\ \frac{1}{2};\ \frac{1}{3};\ -\frac{1}{2};\ 2;\ -2;\ -\frac{1}{3};\ \frac{1}{4};\ \frac{1}{5};\ -\frac{1}{4};\ \frac{2}{3};\ 3;\ -3;\ \frac{3}{2};\ -\frac{2}{3};\ -\frac{1}{5};\ \frac{1}{6};\ \ldots$

In dieser Reihenfolge sind die rationalen Zahlen allerdings nicht nach ihrer Größe geordnet; eine solche Reihenfolge gibt es nicht.
Setze diese Reihenfolge so weit fort, wie es dein Zahlenschema im Heft ermöglicht.

(3) Kinder, die noch nicht zählen können, entscheiden, ob eine Anzahl von Bonbons mit einer Anzahl von Kindern übereinstimmt so: Sie geben jedem Kind einen Bonbon und stellen fest, ob Bonbons oder Kinder ohne Bonbons übrig bleiben. Über solch eine umkehrbar eindeutige Zuordnung wird entschieden, ob die Anzahlen der Elemente zweier Mengen übereinstimmen.
Bei Mengen mit unendlich vielen Elementen wie $\mathbb{N}$ oder $\mathbb{Q}$ kann man die Anzahl der Elemente nicht mit einer Zahl angeben. Erläutere, dass das Cantor'sche Diagonalverfahren eine umkehrbar eindeutige Zuordnung der natürlichen Zahlen zu den rationalen Zahlen liefert.
Was ergibt sich daraus für die „Anzahl" der natürlichen Zahlen im Vergleich zur „Anzahl" der rationalen Zahlen? Dieses Ergebnis erscheint paradox. Erläutere, warum.

2. a) Zeichne eine Zahlengerade, bei der die Strecke von 0 bis 1 die Länge 1 dm hat. Benutze dann für die rationalen Zahlen die Reihenfolge, die sich aus dem Cantor'schen Diagonalverfahren ergibt. Lege um die erste rationale Zahl (die 0) ein Intervall der Länge 1 dm, um die zweite (die 1) ein Intervall der Länge 0,1 dm, um die dritte (die –1) ein Intervall der Länge 0,01 dm usw.

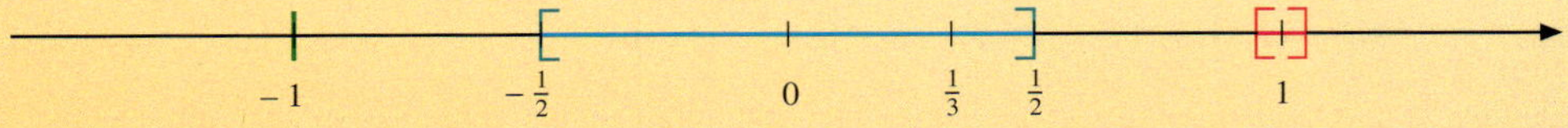

(1) Begründe, dass auf diese Weise alle rationalen Zahlen von den Intervallen überdeckt werden. Zeige auch an Beispielen, dass sich diese Intervalle überschneiden.

(2) Fertige eine neue Zeichnung an, indem du die Intervalle so verschiebst, dass sie nur noch aneinanderstoßen.

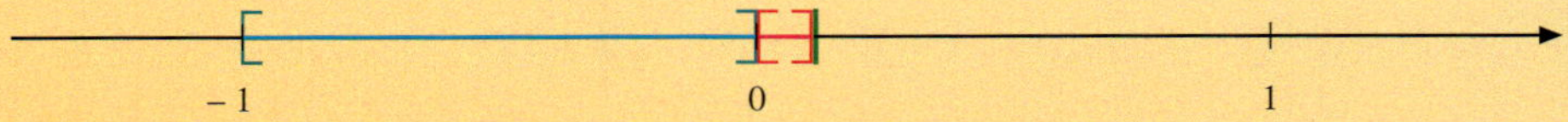

Begründe: Alle Intervalle, mit denen sämtliche rationale Zahlen (und natürlich auch noch etliche irrationale) erfasst wurden, decken dann auf der Zahlengeraden eine Strecke der Länge 1 dm + 0,1 dm + 0,01 dm + 0,001 dm + … = $1,\overline{1}$ dm ab.

b) Dieses Verfahren lässt sich natürlich noch verbessern, wenn man für das erste Intervall eine Länge von 0,1 dm wählt.
Welche Gesamtlänge ergibt sich nun für alle Intervalle?

c) Denke dir dieses Verkleinern der Länge des ersten Intervalles fortgesetzt.
Welchen Anteil nehmen die rationalen Zahlen, welchen Anteil die irrationalen Zahlen an der Zahlengeraden ein?

1.7 Wurzelgleichungen

Einführung

Wir wollen die Lösungsmenge der Wurzelgleichung $1 + \sqrt{17 - 2x} = x$ bestimmen.
Um die Gleichung nach x auflösen zu können, muss die Wurzel beseitigt werden. Das kann man durch Quadrieren erreichen.
Allerdings ist es nicht sinnvoll, die Gleichung in der gegebenen Form zu quadrieren, da man dann auf der linken Seite wieder einen Wurzelterm erhält. Probiere das aus.
Um die Wurzel zu beseitigen, formen wir die Gleichung zunächst so um, dass die Wurzel isoliert auf einer Seite steht.

$1 + \sqrt{17 - 2x} = x \quad | -1$

$\sqrt{17 - 2x} = x - 1 \quad |$ (Quadrieren beider Seiten)

$17 - 2x = (x - 1)^2 \quad |$ (2. binomische Formel)

$17 - 2x = x^2 - 2x + 1 \quad | +2x - 1$

$16 = x^2$

$x = 4$ *oder* $x = -4$

Probe:

$1 + \sqrt{17 - 2 \cdot 4} = 4$ (w?)	
LS: $1 + \sqrt{17 - 2 \cdot 4}$ $= 1 + \sqrt{9}$ $= 1 + 3$ $= 4$	RS: 4

4 ist Lösung der Gleichung.
Lösungsmenge: $L = \{4\}$

$1 + \sqrt{17 - 2 \cdot (-4)} = -4$ (w?)	
LS: $1 + \sqrt{17 - 2 \cdot (-4)}$ $= 1 + \sqrt{25}$ $= 1 + 5$ $= 6$	RS: −4

−4 ist *nicht* Lösung der Gleichung.

Die Rechnung liefert 4 und −4, aber −4 ist keine Lösung der Wurzelgleichung. Woran liegt das?
Ein Umformungsschritt muss keine Äquivalenzumformung sein, d.h. mit ihm hat sich die Lösungsmenge verändert.
Von allen anderen Umformungsschritten außer dem Quadrieren wissen wir, dass es sich um Äquivalenzumformungen handelt. Wir untersuchen daher den Schritt des Quadrierens sowohl für 4 als auch für −4.

Beim Quadrieren einer Gleichung kann also aus einer falschen Aussage eine wahre erzeugt werden. Daher kann die Lösungsmenge der quadrierten Gleichung mehr Lösungen besitzen als die der Ausgangsgleichung, jedoch nicht weniger, d.h. es geht keine Lösung verloren.

Gleichung	Einsetzen von 4 für x	Einsetzen von −4 für x
$\sqrt{17 - 2x} = x - 1$	$\sqrt{9} = 3$ (wahr)	$\sqrt{25} = -5$ (falsch)
$17 - 2x = (x - 1)^2$	$9 = 9$ (wahr)	$25 = 25$ (wahr)

(Quadrieren ↓)

Information

(1) Quadrieren einer Gleichung ist keine Äquivalenzumformung

Wenn zwei Zahlen übereinstimmen, dann sind ihre Quadrate gleich: Wenn $a = b$, dann $a^2 = b^2$.
Die Umkehrung dieser Wenn-dann-Aussage ist: Wenn $a^2 = b^2$, dann $a = b$.
Dies ist eine falsche Wenn-dann-Aussage, denn z. B. ist $3^2 = (-3)^2$, aber $3 \neq -3$.
Das hat zur Folge, dass nicht jede Lösung der quadrierten Gleichung eine Lösung der Wurzelgleichung sein muss. Beim Quadrieren einer Gleichung kann zwar keine Lösung verloren gehen, aber es kann eine Zahl hinzukommen, die keine Lösung ist.

(2) Lösungsverfahren einer Wurzelgleichung

Schritte beim Lösen einer Wurzelgleichung

(1) Die Gleichung wird zuerst so umgeformt, dass der Wurzelterm alleine auf einer Seite steht (Isolieren).
(2) Beide Seiten der Gleichung werden nun quadriert, um den Wurzelterm zu beseitigen (Quadrieren).
(3) Mit allen Lösungen muss die Probe durchgeführt werden, da das Quadrieren einer Gleichung keine Äquivalenzumformung ist, also Lösungen dazukommen können.
(4) Angabe der Lösungsmenge.

Übungsaufgaben

1. Tim stellt das Zahlenrätsel rechts.

2. Bestimme die Lösungsmenge der Wurzelgleichung.

a) $\sqrt{x^2+5} = x + 1$
b) $\sqrt{2x^2-1} = \sqrt{x^2+8}$
c) $x = 1 + \sqrt{1-2x}$
d) $\sqrt{2y^2-1} = y$
e) $\sqrt{5x^2-3} = 2x$
f) $\sqrt{2u+1} - 1 = u$

3. Kontrolliere folgende Hausaufgaben.

Jan
$\sqrt{4z-4} + 4 = 0$
$\sqrt{4z} - \sqrt{4} + 4 = 0$
$\sqrt{4z} = 2$
$4z = 4$
$z = 1$
$L = \{1\}$

Nora
$\sqrt{4z-4} + 4 = 0$
$4z - 4 + 16 = 0$
$4z = -12$
$z = -3$
$L = \{-3\}$

Marc
$\sqrt{x+1} - \sqrt{x-2} = 1$
$x + 1 + x - 2 = 1$
$2x - 1 = 1$
$x = 1$
$L = \{1\}$

4. Jamina stellt gerne Zahlenrätsel.

a) Ich denke mir eine Zahl, quadriere sie und subtrahiere 75. Ziehe ich daraus die Wurzel, so erhalte ich die Hälfte der Zahl.
b) Ich denke mir eine Zahl, quadriere sie und addiere 32. Ziehe ich daraus die Wurzel, so erhalte ich dasselbe, als wenn ich zur gedachten Zahl 2 addiere.
c) Ich denke mir eine Zahl und addiere 17. Ziehe ich daraus die Wurzel, so erhalte ich dasselbe, als wenn ich aus meiner Zahl die Wurzel ziehe und 1 addiere.

1.8 Aufgaben zur Vertiefung

1. Beweise zunächst die angegebenen Formeln. Setze dann die Folge um zwei Formeln fort und formuliere eine Gesetzmäßigkeit.

a) Für alle $a \geq 0$ gilt: (1) $\sqrt{a^3} = a \cdot \sqrt{a}$ (2) $\sqrt{a^5} = a^2 \cdot \sqrt{a}$ (3) $\sqrt{a^7} = a^3 \cdot \sqrt{a}$

b) Für alle $a \in \mathbb{R}$ gilt: (1) $\sqrt{a^4} = a^2$ (2) $\sqrt{a^6} = |a| \cdot a^2$ (3) $\sqrt{a^8} = a^4$

2. a) Bestätige an Beispielen mit dem Taschenrechner und beweise dann für $a > b > 0$:
Wenn b klein gegenüber a ist, gilt die Näherungsaussage $\sqrt{a+b} \cdot \sqrt{a-b} \approx a$.

b) Berechne mit dem Ergebnis aus Teilaufgabe a) näherungsweise im Kopf.
(1) $\sqrt{81} \cdot \sqrt{79}$ (2) $\sqrt{20} \cdot \sqrt{21}$ (3) $\sqrt{1{,}99} \cdot \sqrt{2{,}01}$ (4) $\sqrt{250} \cdot \sqrt{260}$

3. Begründe die Näherungsrechnung. Berechne dann näherungsweise im Kopf und prüfe das Ergebnis mit Taschenrechner.

$$\frac{1}{\sqrt{101} - \sqrt{99}} = \frac{\sqrt{101} + \sqrt{99}}{2} \approx \sqrt{100} = 10$$

a) $\frac{1}{\sqrt{65} - \sqrt{63}}$ **b)** $\frac{1}{\sqrt{37} - \sqrt{35}}$ **c)** $\frac{1}{\sqrt{26} - \sqrt{24}}$ **d)** $\frac{1}{\sqrt{17} - \sqrt{15}}$ **e)** $\frac{1}{\sqrt{10} - \sqrt{8}}$

4. Prüfe die Gleichungen des historischen Rechenbuchs (Leonardo von Pisa, um 1220):

(1) $\frac{20 - \sqrt{96}}{\sqrt{8}} = \sqrt{50} - \sqrt{12}$ (2) $\frac{100}{4 + \sqrt{7}} = 44\frac{4}{9} - 11\frac{1}{9} \cdot \sqrt{7}$

5. Berechne den Term $\frac{1}{\sqrt{a} - 1} - \frac{\sqrt{a}}{a - 1}$ $\left[\text{den Term } \frac{1}{\sqrt{a} + 1} - \frac{\sqrt{a}}{a - 1}\right]$ für verschiedene Werte von $a > 1$.
Was fällt auf? Beweise deine Vermutung.

6. a) Gegeben sind die reellen Zahlen $a = 0{,}408\ldots$; $b = 0{,}2931\ldots$ Begründe die beiden Einschachtelungen rechts.

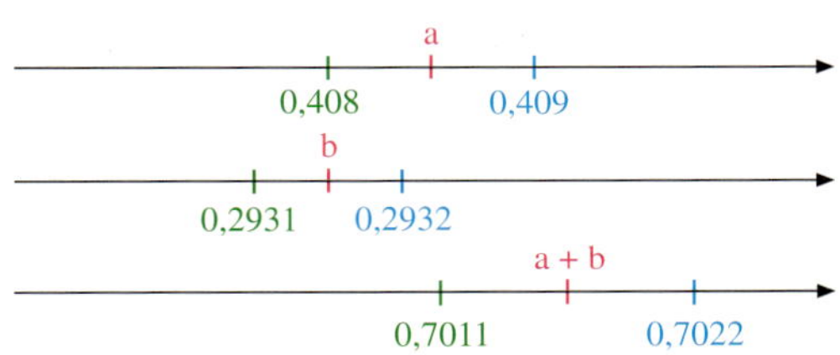

b) Erläutere, warum für die Summe a + b die Darstellung rechts gilt. Gib die Summe mit möglichst vielen gesicherten Dezimalstellen an.

c) Erläutere die Darstellung rechts für das Produkt $a \cdot b$. Zwischen welchen Werten liegt folglich das Produkt $a \cdot b$? Gib das Produkt $a \cdot b$ mit möglichst vielen gesicherten Dezimalstellen an.

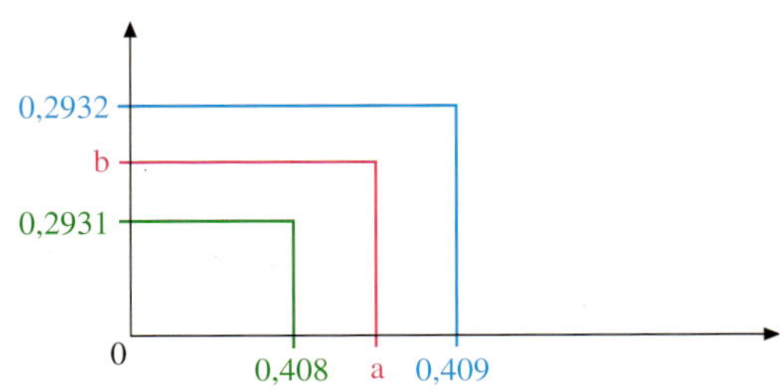

d) Begründe, warum a – b zwischen 0,1148 und 0,1159 liegt. Gib a – b mit möglichst vielen gesicherten Dezimalstellen an.

e) Gib den Quotienten a : b mit möglichst vielen gesicherten Dezimalstellen an.

7. Die Länge a und die Breite b eines Rechtecks sind auf Millimeter gerundet angegeben:
$a \approx 32{,}7$ cm; $b \approx 18{,}9$ cm [$a \approx 29{,}7$ cm; $b \approx 21{,}0$ cm]. Berechne so genau wie möglich

a) den Umfang; **b)** den Flächeninhalt; **c)** das Seitenverhältnis a: b.

Bist du fit?

1. Berechne im Kopf: **a)** $\sqrt{81}$ **b)** $\sqrt{0{,}25}$ **c)** $\sqrt{\frac{64}{121}}$ **d)** $\sqrt{40000}$ **e)** $\sqrt{6{,}25}$

2. Gib die Seitenlänge eines Quadrates mit dem angegebenen Flächeninhalt an.
a) 49 cm^2 **b)** 169 cm^2 **c)** 7,29 dm^2 **d)** 8 m^2 **e)** 150 ha

3. Berechne Kantenlänge und Volumen des Würfels im Kaufhaus Kastens.

STADTKU

Kaufhaus Kastens in Oberstadt neu eröffnet

Blickfang für die Käufer ist ein im Treppenhaus an einer Ecke aufgehängter Würfel, der mit 3 m^2 echtem Blattgold beschichtet wurde.

4. **a)** Bestimme ohne Verwendung der Wurzeltaste des Taschenrechners einen Näherungswert für $\sqrt{7}$, der auf 2 Nachkommastellen genau ist.
b) Begründe, dass $\sqrt{7}$ kein abbrechender Dezimalbruch ist.
c) Beweise, dass $\sqrt{7}$ irrational ist.

5. Welche der Zahlen sind rational? Gib für sie eine Darstellung als gewöhnliche Bruchzahl an.
a) 3,4 **c)** 3,404004000… **e)** 3,40 **g)** $\sqrt{4}$ **i)** $3 \cdot \sqrt{4}$ **k)** 3,04
b) $3{,}\overline{4}$ **d)** 3,39 **f)** $\sqrt{3}$ **h)** $4 \cdot \sqrt{3}$ **j)** 3,040440404404044… **l)** 3,040

6. Beschreibe: Woran erkennt man rationale [irrationale] Zahlen in der Dezimalbruchdarstellung?

7. Bestimme die Lösungsmenge der Gleichung.
a) $x^2 = 144$ **b)** $z^2 = 1{,}69$ **c)** $x^2 = -4$ **d)** $u^2 = 0$

8. Bestimme die Definitionsmenge des Wurzelterms.
a) $\sqrt{2x - 6}$ **b)** $\sqrt{x^2 + 4}$ **c)** $\sqrt{9 - x^2}$ **d)** $\sqrt{\frac{1}{x+1}}$

9. Vereinfache: **a)** $\sqrt{20} \cdot \sqrt{5}$ **b)** $\sqrt{20} : \sqrt{5}$ **c)** $(\sqrt{20} + \sqrt{5})^2$ **d)** $\sqrt{20} + \sqrt{5}$

Denke an die einschränkende Bedingung!

10. **a)** $\sqrt{9a^2}$ **d)** $\sqrt{6uv} \cdot \sqrt{3v} \cdot \sqrt{8u}$ **g)** $\sqrt{y^2} \cdot \sqrt{y}$ **j)** $(1 + \sqrt{a}) \cdot \sqrt{a}$
b) $(\sqrt{5x})^2$ **e)** $\sqrt{0{,}81x^2y^4}$ **h)** $\sqrt{\frac{169a^2}{4b^2c^2}}$ **k)** $(\sqrt{a} + \sqrt{3b})^2$
c) $\sqrt{360} : \sqrt{10}$ **f)** $\sqrt{x^9} \cdot \sqrt{x^3}$ **i)** $\sqrt{a} + \sqrt{4a} - \sqrt{9a^3}$ **l)** $\sqrt{25 - 10z + z^2}$

11. Ziehe teilweise die Wurzel.
a) $\sqrt{12}$ **b)** $\sqrt{45}$ **c)** $\sqrt{5a^2}$ **d)** $\sqrt{169a^4b^2c}$ **e)** $\sqrt{1{,}44x^2y}$

12. Beseitige die Wurzel im Nenner.
a) $\frac{5}{\sqrt{3}}$ **b)** $\frac{6}{\sqrt{2}}$ **c)** $\frac{a}{\sqrt{z}}$ **d)** $\frac{7}{4 - \sqrt{2}}$ **e)** $\frac{a}{b - \sqrt{c}}$ **f)** $\frac{\sqrt{2}}{\sqrt{3} - \sqrt{5}}$

13. Bestimme die Lösungsmenge der Wurzelgleichung.
a) $\sqrt{x^2 + 1} = 3$ **b)** $\sqrt{x^2 + 1} = 3x$ **c)** $x - \sqrt{17 - 2x} = 1$

Bleib fit im ...
Umgang mit Termen und Gleichungen

Zum Aufwärmen

1. Der abgebildete Schwimmbecken-Typ wird in mehreren Größen hergestellt. Diese unterscheiden sich nur in der Länge x der längsten Seite (Abmessungen in m).
Für die Grundfläche A (in m^2) des Schwimmbeckens wurden drei verschiedene Terme aufgestellt:
David: $A = (6 + 4) \cdot x - 4 \cdot (x - 6)$
Emilie: $A = 6 \cdot x + 4 \cdot 6$
Frank: $A = (6 + 4) \cdot 6 + 6 \cdot (x - 6)$

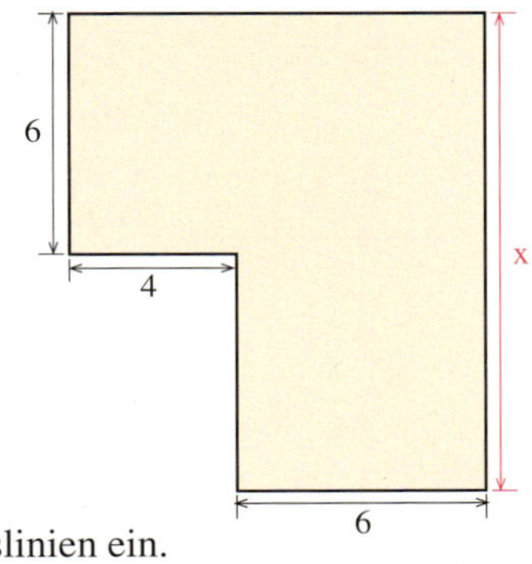

a) Überprüfe durch Einsetzen, ob alle drei Terme dieselben Ergebnisse liefern.
b) Erläutere diese Terme an der Figur; zeichne dazu auch Hilfslinien ein.
c) Zeige durch Umformen, dass alle drei Terme wertgleich sind.
d) Das Schwimmbecken soll 120 m^2 groß sein. Wie lang muss die längste Seite sein?

Zum Erinnern

(1) Terme – Wertgleichheit – Termumformung

Ein **Term** gibt einen Rechenweg an. Setzt man anstelle einer jeden Variablen Zahlen ein, so entsteht ein Term mit Zahlen. Als Ergebnis der Rechnung erhält man dann eine Zahl, den Wert des Terms.
Zwei Terme heißen **wertgleich**, wenn sich bei *jeder* beliebigen Einsetzung übereinstimmende Werte ergeben. Bei einer **Termumformung** wird ein Term in einen anders aufgebauten, aber wertgleichen Term umgeformt. Man verbindet beide Terme durch ein Gleichheitszeichen.

(2) Zusammenfassen gleichartiger Glieder

Man addiert (subtrahiert) gleichartige Glieder, indem man die Zahlfaktoren (Koeffizienten) addiert (subtrahiert).
Additions- und Subtraktionsschritte darf man dabei vertauschen.

Zahlfaktor 1 denken

$8x - x = 7x$

$8ab - 8c + 2ab$
$= 8ab + 2ab - 8c$
$= 10ab - 8c$

(3) Multiplizieren (Dividieren) eines Produktes

Man multipliziert ein Produkt mit einem Term, indem man *nur einen* Faktor mit dem Term multipliziert. Man dividiert ein Produkt, indem man *nur einen* Faktor dividiert.

$4a \cdot (3a \cdot 2b)$
$= 4 \cdot 3 \cdot 2 \cdot a \cdot a \cdot b$
$= 24a^2b$

$14u^2v : 2$
$= (14 : 2)u^2v$
$= 7u^2v$

(4) Multiplizieren einer Summe bzw. Differenz

Man multipliziert eine Summe (Differenz) mit einem Term, indem man jedes Glied der Summe (Differenz) mit dem Term multipliziert. Die Vorzeichen + und – werden dabei nach den Vorzeichenregeln gesetzt.
Ein Minuszeichen vor der Klammer bedeutet eine Multiplikation mit (–1).

$7 \cdot (4x + 3y) = 7 \cdot 4x + 7 \cdot 3y$
$= 28x + 21y$

$-2x \cdot (3y - 6z) = -2x \cdot 3y + 2x \cdot 6z$
$= -6xy + 12xz$

$-(-3a + 2bc) = (-1) \cdot (-3a + 2bc)$
$= (-1)(-3a) + (-1)(2bc)$
$= 3a - 2bc$

(5) Multiplizieren von Summen (Differenzen) miteinander

Jedes Glied der einen Klammer wird mit jedem Glied der anderen Klammer multipliziert.
Als Spezialfall ergeben sich daraus auch die **binomischen Formeln**.

1. Binomische Formel: $\mathbf{(a + b)^2 = a^2 + 2ab + b^2}$
2. Binomische Formel: $\mathbf{(a - b)^2 = a^2 - 2ab + b^2}$
3. Binomische Formel: $\mathbf{(a + b) \cdot (a - b) = a^2 - b^2}$

$$\begin{aligned}&(3a - 2b) \cdot (2a - b + 4c)\\ &= 6a^2 - 3ab - 12ac - 4ab + 2b^2 - 8bc\\ &= 6a^2 - 7ab - 12ac + 2b^2 - 8bc\end{aligned}$$

(6) Strategie beim Bestimmen der Lösungsmenge einer Gleichung

Um die Variable auf einer Seite der Gleichung zu isolieren, geht man in folgenden Schritten vor:

- *Anwenden von Termumformungsregeln* zum Vereinfachen der beiden Seiten.
- *Sortieren* der Summanden: mit Variable auf eine Seite, ohne Variable auf die andere Seite der Gleichung. Dazu darf man auf beiden Seiten der Gleichung denselben Term addieren bzw. subtrahieren.
- *Isolieren* der Variablen: Dazu multipliziert bzw. dividiert man beide Seiten der Gleichung mit dem Vorfaktor der Variablen.

$$\begin{aligned}(x - 2)(x - 1) - x &= x^2 - 2x - 7 + x\\ x^2 - x - 2x + 2 - x &= x^2 - x - 7\\ x^2 - 4x + 2 &= x^2 - x - 7 \quad | - x^2\\ -4x &= -x - 9 \quad | + x\\ -3x &= -9 \quad | : (-3)\\ x &= 3\end{aligned}$$

Lösungsmenge $L = \{3\}$

Zum Trainieren

2. Berechne den Wert des Termes $3x - 4xy$ für: **a)** $x = 1; \quad y = 2$ **b)** $x = -1; \quad y = 2$

3. Vereinfache durch Zusammenfassen:
a) $15z^2 - 15 + 4z + 8z - 8 + 4z^2 + 4z$ **b)** $1{,}2x + 1{,}2x^2 - 0{,}8x - 0{,}8 + 2x(x - 2)$

4. **a)** $(5 - x) - (x - 7)$ **c)** $x(y + 3) + (y - 3)$ **e)** $75x - (18x - 9y) - 3(y - 2x)$
b) $6(a + b) - 4(a - b)$ **d)** $(x - 4) \cdot (5 - x)$ **f)** $(3x - 8)(2x + 3) + 5x + 24$

5. Bestimme die Lösungsmenge.
a) $3x - 4 = 11$ **d)** $2x + 4 = 6(2x + 4)$ **g)** $8(x - 1) + 3(x + 8) = 2(x + 5)$
b) $2x + 7x = 45 : 9 + 1$ **e)** $6x + 1 - 2x = 2x + 17$ **h)** $(x + 5)(x - 4) = x^2 - 15$
c) $2x + 4 = 6(2x - 4)$ **f)** $4(y - 3) - 2y = 5(3y + 1)$ **i)** $(x - 1)^2 + (x + 4)^2 = (x - 2)^2 + (x + 3)^2$

6. Die Gleichung $5x + 5 = 5(x + 1)$ hat unendlich viele Lösungen. Wie erkennst du das?

7. Drei Erwachsene gehen am 7.4. mit fünf Jugendlichen ins Erlebnisbad. An der Kasse bezahlt einer den Gesamtpreis von 38 Euro. Als sie später im Bad die Kosten aufteilen wollen, erinnern sie sich noch daran, dass ein Erwachsener zwei Euro mehr kostet als ein Jugendlicher. Passt die Gleichung $3x + 5(x - 2) = 26$ zu dieser Situation? Was kosten die Einzeleintritte?

8. Malte schreibt bei seinem Mathelehrer viele Tests. Die Notenskala in jedem Test ist gleich: 24 bis 22 Punkte ergibt Note 1; bis 20 Punkte Note 1/2; bis 18 Punkte Note 2; usw. in Stufen von je zwei Punkten. In den letzten beiden hatte er insgesamt 62 von 72 Punkten erreicht. Im letzten Test war er leider um 3 Punkte schlechter als im vorletzten, im drittletzten Test war er noch 2 Punkte besser als im vorletzten. Welche Noten hatte er in den drei Tests?

2. SATZ DES PYTHAGORAS

Rechte Winkel oder rechtwinklige Dreiecke im Heft zu zeichnen, ist nicht schwer, wenn man ein Geodreieck oder zumindest Zirkel und Lineal hat. Aber auch überall in unserer Umgebung werden rechte Winkel benötigt und dort ist es oft nicht so einfach, sie herzustellen.
Handwerker verwenden keine Geodreiecke.
Wie stellen sie rechte Winkel her?
Auf dem Bild siehst du einen Fliesenleger mit drei Leisten, die 30 cm, 40 cm und 50 cm lang sind.

- Zeichne ein solches Dreieck im Maßstab 1 : 10. Was stellst du fest?

Man nimmt an, dass auch schon im alten Ägypten eine Lösung für solche Aufgaben bekannt war: Seilspanner benutzten 12-Knoten-Seile, um rechtwinklige Dreiecke aufzuspannen. Diese wurden unter anderem bei der Ausrichtung von Altären und Bauwerken benutzt.

- Ihr könnt die Methode überprüfen. Markiert auf einem langen Seil 12 gleich große Abschnitte. Einer von euch hält Anfang und Ende zusammen, zwei andere versuchen, die Markierungen zu finden, mit denen sich ein rechtwinkliges Dreieck aufspannen lässt. Wie müssen sie auf die Dreieckseiten verteilt werden?

Das Erzeugen eines rechten Winkels hat etwas zu tun mit Sätzen über rechtwinklige Dreiecke, die du in diesem Kapitel kennen lernst. Einer dieser Sätze ist nach Pythagoras benannt, der ein bedeutender Philosoph, Mathematiker und Naturwissenschaftler im alten Griechenland war. Gefunden oder bewiesen hat Pythagoras ihn aber nicht. *Der Satz des Pythagoras* war vermutlich schon lange zuvor in Babylon und Indien bekannt.
Mehr über Pythagoras, seine Anhänger, die Pythagoreer, findest du im Internet.

Pythagoras von Samos,
etwa 580 bis etwa 500 v. Chr.

2.1 Satz des Pythagoras

Einführung

Der Bebauungsplan einer Gemeinde schreibt Satteldächer mit einer Dachneigung von 45° vor. Familie Werner plant ein Haus, das 8,00 m breit sein soll.
Wie lang müssen dann die Dachsparren sein, wenn sie 60 cm überstehen sollen?
Wir wollen diese Aufgabe zunächst zeichnerisch und dann rechnerisch lösen.

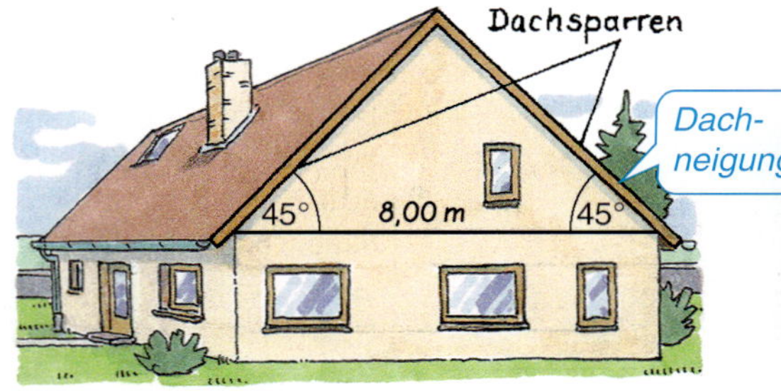

(1) Zeichnerische Lösung

Vorüberlegung: Der Dachgiebel ist ein Dreieck. Da beide Dachneigungen gleich groß sind, ist das Dreieck gleichschenklig. Aus dem Winkelsummensatz folgt, dass der Winkel an der Spitze 90° groß ist. Das Dreieck ist also auch rechtwinklig. Von diesem Dreieck ABC sind die Basis $\overline{AB}$ und die beiden anliegenden Basiswinkel α und β gegeben (Kongruenzsatz wsw).

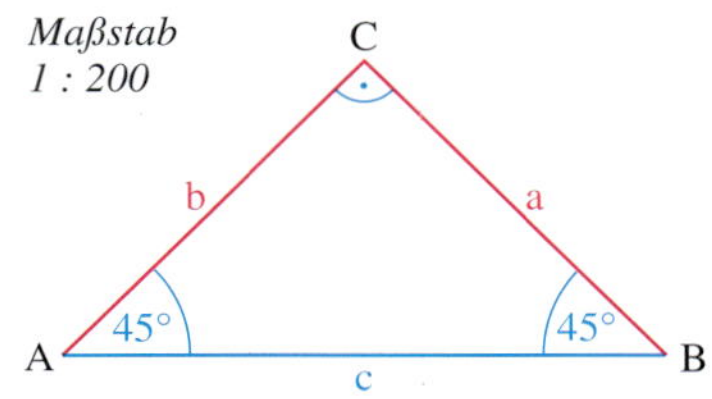

Durch Messen der Strecke $\overline{BC}$ bzw. $\overline{AC}$ erhalten wir: $a = b \approx 5{,}6$ m.
Dazu kommt jeweils noch 0,6 m für den Überstand.

Ergebnis: Die Dachsparren müssen etwa 6,20 m lang sein.

(2) Rechnerische Lösung

Um aus der gegebenen Länge c der Basis des rechtwinklig-gleichschenkligen Dreiecks ABC die gesuchte Schenkellänge a (= b) zu berechnen, müssen wir einen formelmäßigen Zusammenhang zwischen den Längen c und a finden.
Dazu legen wir vier Exemplare des Dreiecks zu einem Quadrat zusammen. Deren Flächeninhalt können wir mithilfe von zwei verschiedenen Formeln angeben:

- Das Quadrat hat die Seitenlänge c, also den Flächeninhalt $A_Q = c^2$.
- Das Quadrat setzt sich aus vier gleichschenklig-rechtwinkligen Dreiecken zusammen, deren Flächeninhalt $A_D = \frac{1}{2}a \cdot b = \frac{1}{2}a \cdot a = \frac{1}{2}a^2$ beträgt.
  Daraus folgt $A_Q = 4 \cdot \frac{1}{2}a^2 = 2a^2$.

Durch den Vergleich dieser beiden Berechnungen des Flächeninhalts des Quadrats erhalten wir:

$2a^2 = c^2 \quad | :2$

$a^2 = \frac{1}{2}c^2$

$a = \sqrt{\frac{1}{2}c^2}$

$a = \frac{c}{2}\sqrt{2}$

teilweises Wurzelziehen und Wurzel im Nenner beseitigen

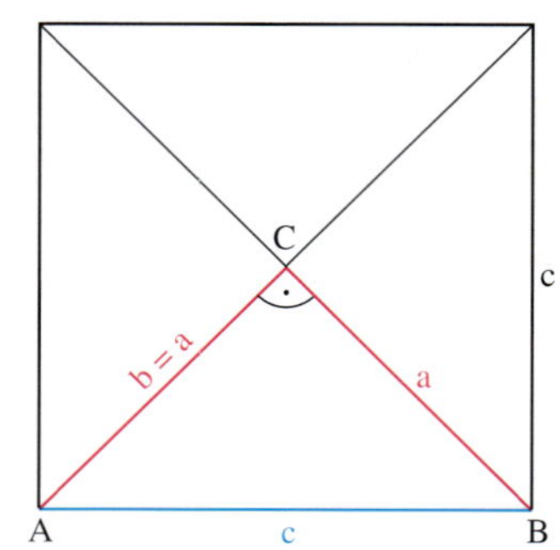

Wir setzen ein: $a = \frac{8\text{ m}}{2} \cdot \sqrt{2} \approx 5{,}66$ m

Dazu kommen noch 0,60 m für den Überstand.

(3) Ergebnis: Die Dachsparren müssen ungefähr 6,26 m lang sein.

Information

Flächensatz für gleichschenklig-rechtwinklige Dreiecke

Bei der Lösung der Aufgabe 1 auf Seite 46 haben wir für ein gleichschenklig-rechtwinkliges Dreieck mit der Basislänge c und der Schenkellänge a durch Betrachtung von Flächeninhalten folgende Gleichung gewonnen:

$c^2 = 2a^2$

Die Figur rechts zeigt uns eine geometrische Deutung dieser Gleichung als Flächensatz.

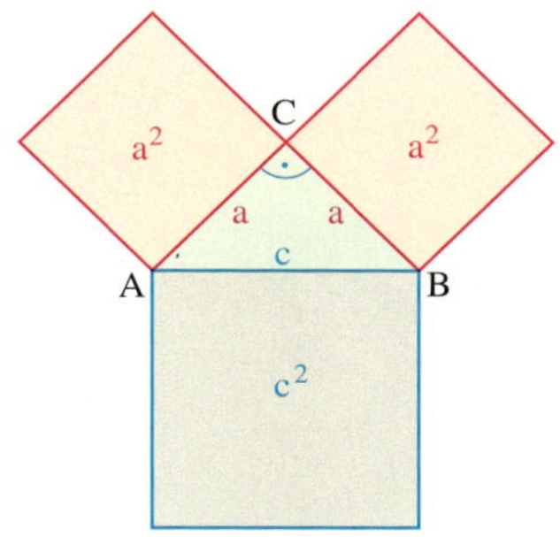

> *Flächensatz für gleichschenklig-rechtwinklige Dreiecke*
> Wenn das Dreieck ABC gleichschenklig und rechtwinklig mit $\gamma = 90°$ ist, dann gilt:
> Der Flächeninhalt des Quadrates über der Seite $\overline{AB}$ ist gleich der Summe der Flächeninhalte der beiden Quadrate über den Seiten $\overline{BC}$ und $\overline{AC}$.

Aufgabe 1

Wir wollen im Folgenden untersuchen, ob der obige „Flächensatz" nicht nur für gleichschenklig-rechtwinklige Dreiecke, sondern allgemein für rechtwinklige Dreiecke gilt. Zeichne rechtwinklige Dreiecke ABC mit $\gamma = 90°$ und den Seitenlängen

(1) a = 6 cm und b = 9 cm;
(2) a = 5 cm und b = 8,5 cm;
(3) a = 5 cm und b = 6 cm.

Miss die Länge der dritten Seite. Überprüfe, ob der oben formulierte Flächensatz auch für beliebige rechtwinklige Dreiecke gilt.

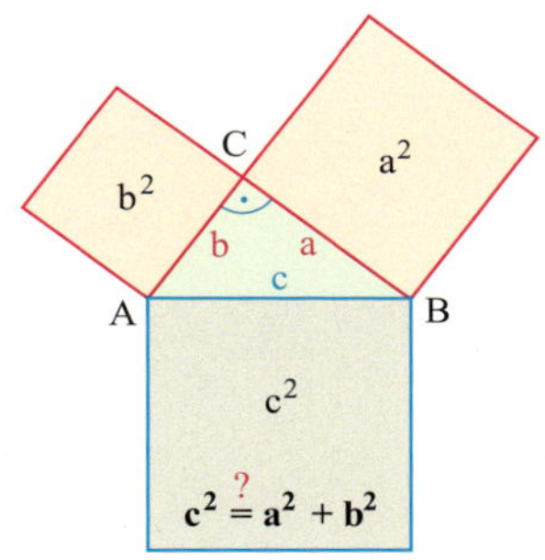

Lösung

Die Dreiecke sind hier verkleinert gezeichnet.

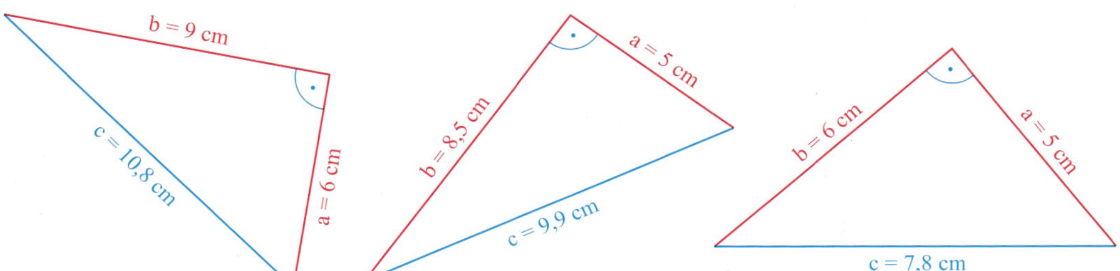

Durch Messen erhalten wir: (1) c = 10,8 cm; (2) c = 9,9 cm; (3) c = 7,8 cm

Überprüfen des Satzes:

(1) $(6\text{ cm})^2 + (9\text{ cm})^2 = 117\text{ cm}^2$ und $(10{,}8\text{ cm})^2 = 116{,}64\text{ cm}^2$
$117\text{ cm}^2 \approx 116{,}64\text{ cm}^2$

(2) $(5\text{ cm})^2 + (8{,}5\text{ cm})^2 = 97{,}25\text{ cm}^2$ und $(9{,}9\text{ cm})^2 = 98{,}01\text{ cm}^2$
$97{,}25\text{ cm}^2 \approx 98{,}01\text{ cm}^2$

(3) $(5\text{ cm})^2 + (6\text{ cm})^2 = 61\text{ cm}^2$ und $(7{,}8\text{ cm})^2 = 60{,}84\text{ cm}^2$
$61\text{ cm}^2 \approx 60{,}84\text{ cm}^2$

Die Beispiele legen nahe, dass die Gleichung $a^2 + b^2 = c^2$ für alle rechtwinkligen Dreiecke gilt.

Information

> **Hypotenuse** ⟨griech.⟩
> hypo – unten
> teinein – spannen
> **Kathete** ⟨griech.⟩
> Kathetos – Senkblei

(1) Begriffe am rechtwinkligen Dreieck

Bevor wir die gefundene Vermutung allgemein formulieren, führen wir zwei Begriffe am rechtwinkligen Dreieck ein:

Die dem rechten Winkel gegenüberliegende Seite nennt man **Hypotenuse**, die dem rechten Winkel anliegenden Seiten heißen **Katheten**.

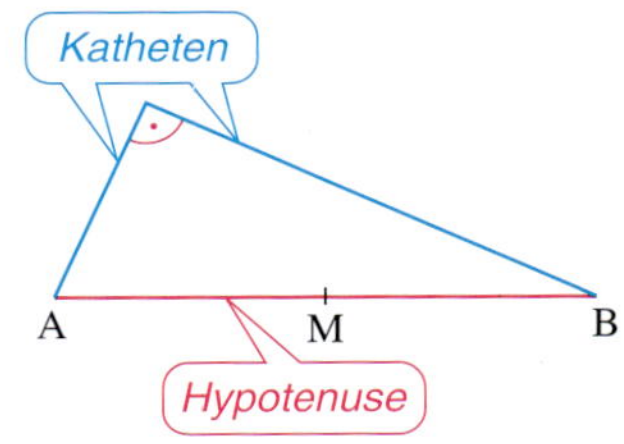

(2) Satz des Pythagoras

Aus den Beispielen der Aufgabe 1 ergibt sich:

Pythagoras von Samos,
etwa 580 bis etwa 500 v. Chr.

> **Satz des Pythagoras**
>
> Wenn das Dreieck ABC *rechtwinklig* ist, dann ist der Flächeninhalt des Hypotenusenquadrates gleich der Summe der Flächeninhalte der beiden Kathetenquadrate:
>
> $\mathbf{c^2 = a^2 + b^2}$ (für $\gamma = 90°$)

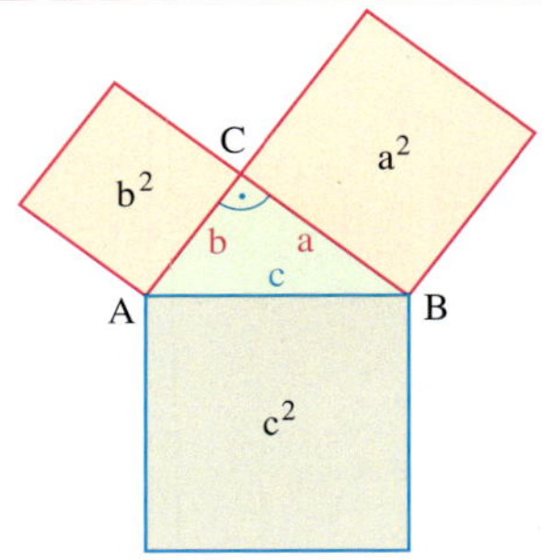

Wir wollen diesen Satz nun allgemein beweisen.

Beweis des Satzes des Pythagoras:

Von einem Quadrat PQRS mit der Seitenlänge a + b werden vier rechtwinklige Dreiecke mit den Kathetenlängen a und b abgeschnitten. Die vier abgeschnittenen Dreiecke stimmen in den Kathetenlängen und dem eingeschlossenen rechten Winkel überein. Sie sind nach dem Kongruenzsatz sws zueinander kongruent.
Folglich hat die Restfigur vier gleich lange Seiten, deren Länge wir mit c bezeichnen.
Des weiteren gilt aufgrund des Winkelsummensatzes im Dreieck:
$\alpha + \beta + 90° = 180°$, also $\alpha + \beta = 90°$.
Ebenso gilt: $\alpha + \beta + \varphi = 180°$, also $\varphi = 90°$.
Damit ist gezeigt, dass die Restfigur TUVW ein Quadrat mit der Seitenlänge c ist. Das Quadrat TUVW hat den Flächeninhalt $A = c^2$.

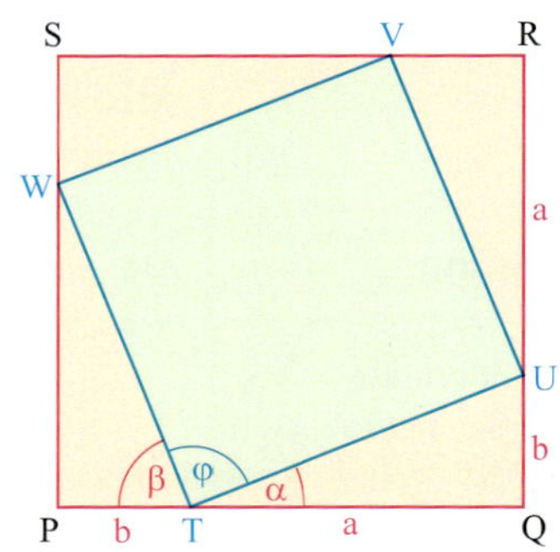

Wir berechnen nun diesen Flächeninhalt auf andere Weise:

> 1. binomische Formel
> $(a+b)^2 = a^2 + 2ab + b^2$

Flächeninhalt von PQRS — Flächeninhalt der vier Dreiecke

$$c^2 = (a + b)^2 - 4 \cdot \tfrac{1}{2} a b$$
$$= a^2 + 2ab + b^2 - 2ab$$
$$= a^2 + b^2$$

Damit ist bewiesen, dass der oben gefundene Flächensatz (Satz des Pythagoras) allgmein für rechtwinklige Dreiecke gilt.

Weiterführende Aufgabe

2. *Konstruktion von Strecken mit irrationaler Länge*

Konstruiere eine Strecke der Länge $\sqrt{5}$ cm.
Anleitung: Konstruiere ein geeignetes Dreieck.

Übungsaufgaben

3. **a)** Rechts siehst du eine Bordüre aus hellen und dunklen Granit-Platten.
Für welchen Streifen benötigt man mehr hellen Granit?

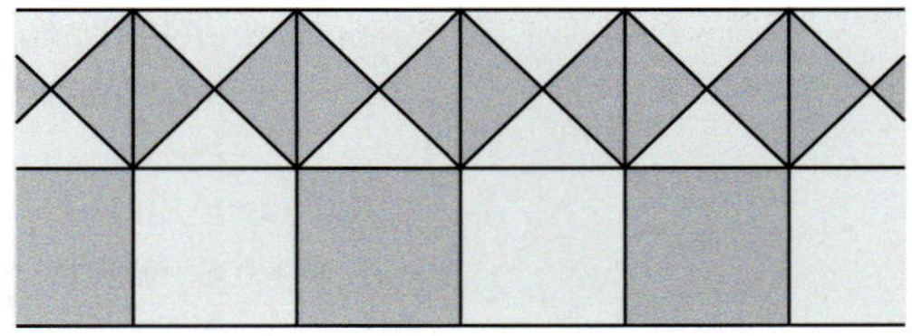

b) Formuliere dein Ergebnis aus Teilaufgabe a) als ein Ergebnis über Quadrate an den Seiten eines rechtwinklig-gleichschenkligen Dreiecks.

DGS **c)** Untersuche, ob das Ergebnis von Teilaufgabe b) für beliebige rechtwinklige Dreiecke zutrifft. Lasse dazu von einem dynamischen Geometrie-System ein rechtwinkliges Dreieck zeichnen.
Konstruiere dann an jeder Dreieckseite ein Quadrat. Lasse auch den Flächeninhalt dieser Quadrate berechnen.
Verändere die Form des Dreiecks und beobachte dabei die Flächeninhalte.
Was stellst du fest?

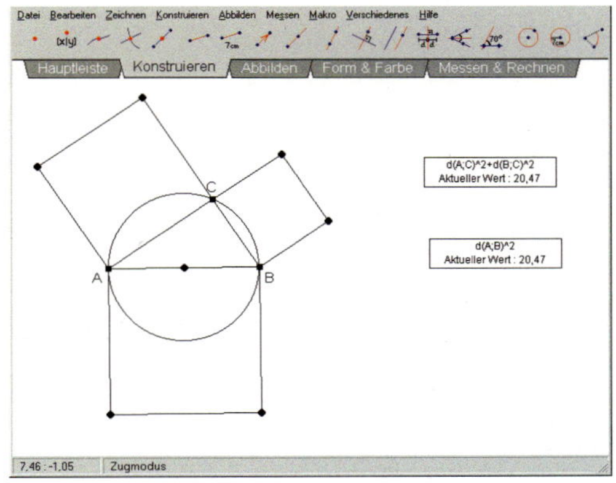

4. Gib für das rechtwinklige Dreieck jeweils die Gleichung nach dem Satz des Pythagoras an. Zeichne zunächst die Dreiecke ab; färbe die Katheten rot, die Hypotenuse blau.

(1) (2) (3)

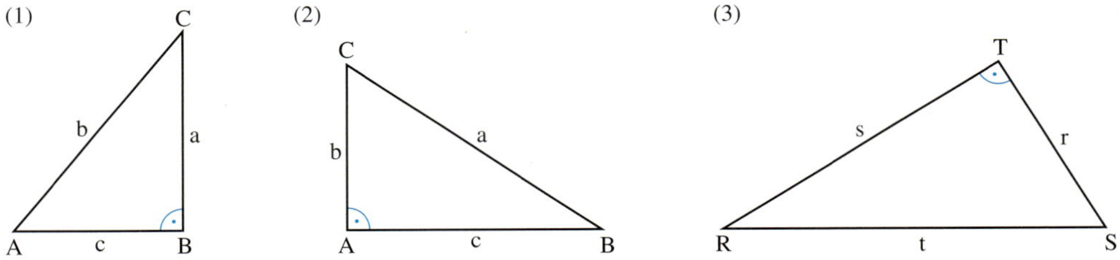

5. Kontrolliere die angegebenen Gleichungen. Berichtige gegebenenfalls.

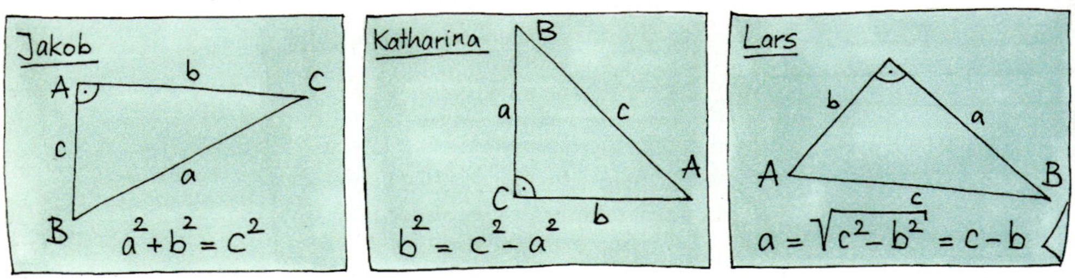

6. Berechne die Länge x der roten Strecke (Maße in cm).

a)

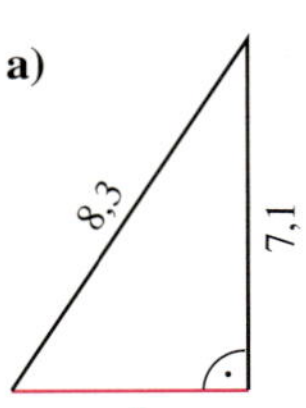

b)

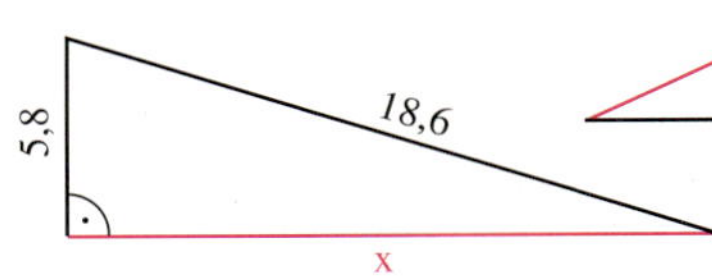

c)

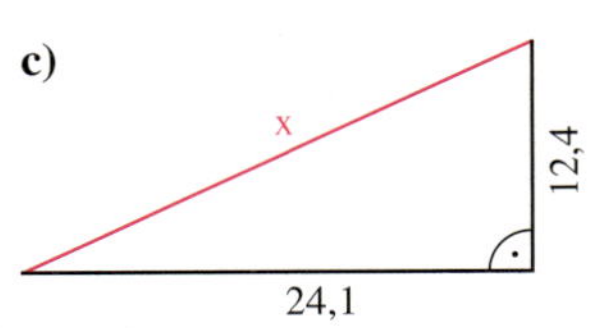

d)

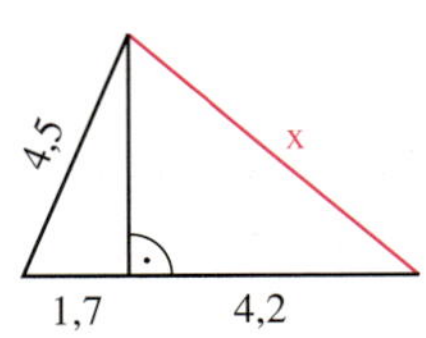

7. Notiere drei Formeln, mit denen man im rechtwinkligen Dreieck ABC aus zwei Seiten die dritte berechnen kann, falls **a)** $\gamma = 90°$; **b)** $\beta = 90°$; **c)** $\alpha = 90°$.

8. In der Figur findest du mehrere rechtwinklige Dreiecke. Notiere sie und gib jeweils nach dem Satz des Pythagoras den Zusammenhang zwischen den Seitenlängen an.

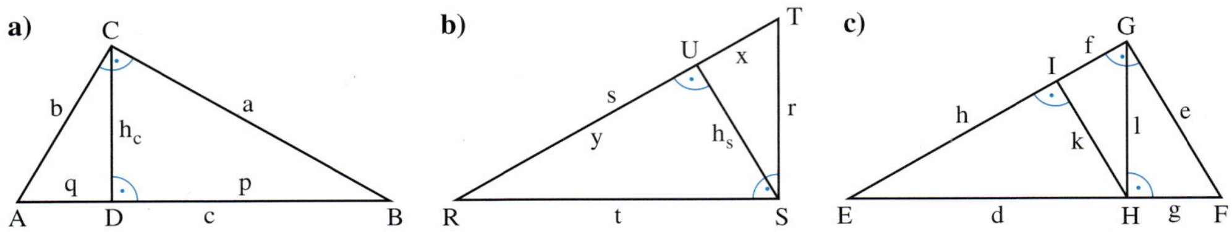

9. Berechne die dritte Seite sowie den Umfang und den Flächeninhalt des Dreiecks ABC.

a) a = 12 cm b = 16 cm $\gamma = 90°$	**c)** c = 10 cm a = 6 cm $\gamma = 90°$	**e)** a = 10 dm c = 6 dm $\alpha = 90°$	**g)** b = 4,1 km c = 3,5 km $\alpha = 90°$	**i)** a = 3,4 cm c = 51 mm $\beta = 90°$
b) a = 7 cm b = 5 cm $\gamma = 90°$	**d)** c = 13 cm b = 5 cm $\gamma = 90°$	**f)** a = 7 cm b = 3 cm $\alpha = 90°$	**h)** a = 8 m b = 12 m $\beta = 90°$	**j)** b = 13,4 dm c = 95 cm $\beta = 90°$

10. Konstruiere mithilfe des Satzes des Pythagoras eine Strecke der Länge $\sqrt{10}$ $[\sqrt{20}; \sqrt{2}]$.

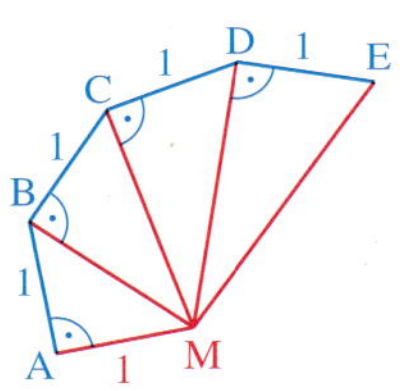

11. Berechne in der Figur links die Länge der Strecken $\overline{MB}$, $\overline{MC}$, $\overline{MD}$, $\overline{ME}$, usw. Setze die *Quadratwurzelspirale* fort. Was fällt auf?

12. **a)** Zeichne ein rechtwinklig-gleichschenkliges Dreieck mit der Basis c = 4 cm. Konstruiere das Hypotenusenquadrat und die beiden Kathetenquadrate. Ergänze die Figur wie im Bild rechts.

b) Setze die in Teilaufgabe a) erhaltene Figur um eine weitere Stufe fort. Wie groß sind alle Quadrate zusammen? Berechne auch den Umfang der Gesamtfigur.

c) Du kannst die Figur weiter fortsetzen. Was vermutest du über den Flächeninhalt und den Umfang der Gesamtfigur?

13. Die beiden nebenstehenden Figuren zeigen einen weiteren Beweis des Satzes des Pythagoras. Erläutere den Beweis im Einzelnen.

Anmerkung: Weitere Beweise findest du z. B. im Internet unter dem Stichwort „Satz des Pythagoras".

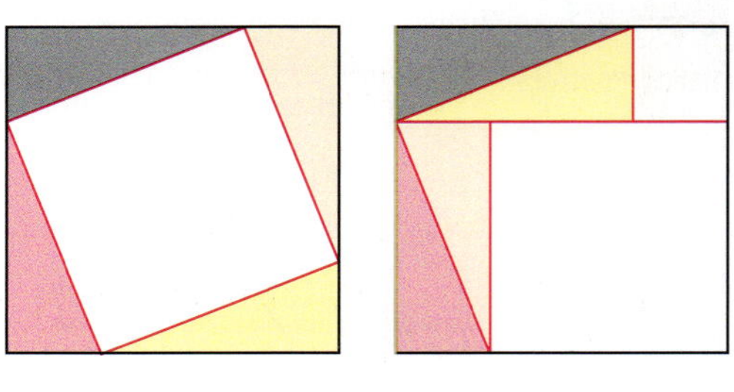

2.2 Berechnen von Streckenlängen

Aufgabe 1

Berechnungen am gleichschenkligen Dreieck

In einer Feriensiedlung werden Dachhäuser wie im Bild errichtet.

a) Wie hoch sind die Dachhäuser?

b) Die Giebelfläche soll mit Holz verschalt werden.
Wie viel m^2 Holz werden für eine Seite benötigt?

Löse die Aufgaben auch allgemein und leite somit jeweils eine Formel her.

Lösung

Die Giebelfläche ist ein gleichseitiges Dreieck, da die beiden Dachneigungen und damit auch der Winkel an der Spitze jeweils 60° betragen.

a) Die Höhe h zur Seite $\overline{AB}$ zerlegt das gleichseitige Dreieck ABC in zwei rechtwinklige Dreiecke ADC und DBC; außerdem halbiert sie die Seite $\overline{AB}$.
Wir betrachten das rechtwinklige Dreieck ADC und wenden den Satz des Pythagoras an:

(1) Berechnen von h

$\left(\frac{a}{2}\right)^2 + h^2 = a^2$

$\left(\frac{7}{2}\ \text{m}\right)^2 + h^2 = (7\ \text{m})^2$

$h^2 = 49\ \text{m}^2 - 12{,}25\ \text{m}^2$

$h^2 = 36{,}75\ \text{m}^2$

$h = \sqrt{36{,}75}\ \text{m}$

$h \approx 6{,}06\ \text{m}$

(2) Formel für die Höhe h

$\left(\frac{a}{2}\right)^2 + h^2 = a^2$

$h^2 = a^2 - \left(\frac{a}{2}\right)^2$

$h^2 = a^2 - \frac{a^2}{4}$

$h^2 = \frac{3}{4}a^2$

$h = \sqrt{\frac{3}{4}a^2}$

$h = \frac{a}{2}\sqrt{3}$

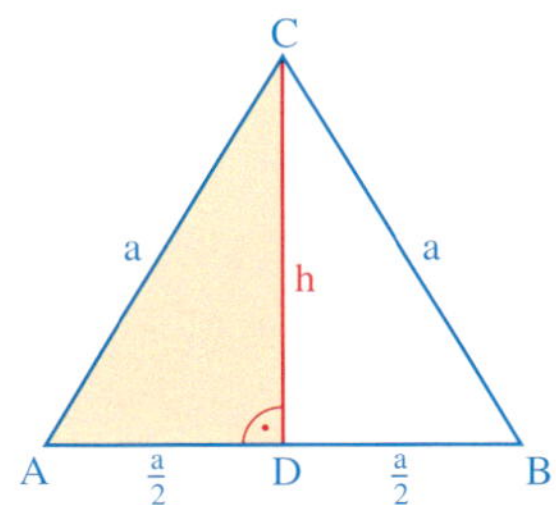

Ergebnis: Die Dachhäuser sind 6,06 m hoch.

b) *(1) Berechnen des Flächeninhalts*

$A = \frac{1}{2} \cdot a \cdot h$

$A = \frac{1}{2} \cdot 7\ \text{m} \cdot \sqrt{36{,}75}\ \text{m}$

$A \approx 21{,}2\ \text{m}^2$

(2) Formel für den Flächeninhalt

$A = \frac{1}{2} \cdot a \cdot h$

$A = \frac{1}{2} \cdot a \cdot \frac{a}{2}\sqrt{3}$

$A = \frac{a^2}{4}\sqrt{3}$

Ergebnis: Es werden mindestens 21,2 m^2 Holz benötigt.

Information

Satz

Bei einem *gleichseitigen* Dreieck mit der Seitenlänge a gilt

(1) für die Höhe: $\mathbf{h = \frac{a}{2}\sqrt{3}}$

(2) für den Flächeninhalt: $\mathbf{A = \frac{a^2}{4}\sqrt{3}}$

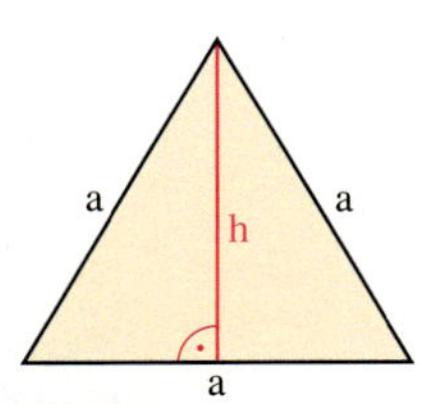

Aufgabe 2

Berechnen von Längen in räumlichen Figuren

Das Bild zeigt eine Kirche mit einem quadratischen Turm und einem pyramidenförmigen Dach. Die Länge der Grundkante des Daches beträgt 9 m, die Höhe des Daches 6 m.

a) Das Turmdach soll neu mit Biberschwanz-Ziegeln (siehe links) gedeckt werden. Für 1 m^2 Dachfläche werden 36 Ziegel benötigt. Wie viele Dachziegel müssen geliefert werden?

b) Die schrägen Kanten sollen mit Firstziegeln gedeckt werden. Für eine 1 m lange Kante benötigt man 4 Firstziegel.
Berechne die Länge der Kanten.
Wie viele Firstziegel müssen geliefert werden?

Lösung

a) *(1) Berechnen der Größe der Dachfläche*

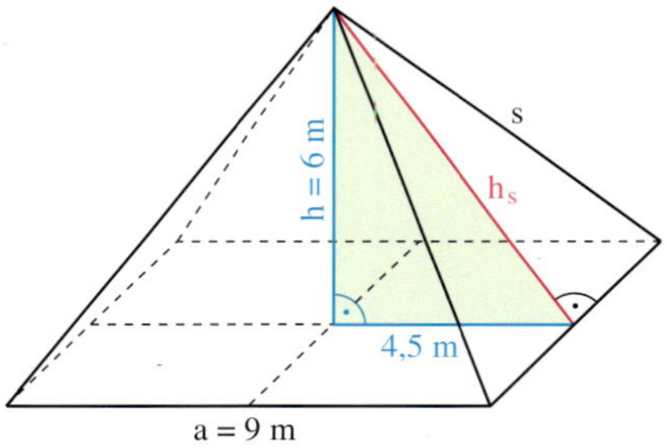

Die Dachfläche besteht aus vier zueinander kongruenten gleichschenkligen Dreiecken. Jedes dieser Dreiecke hat den Flächeninhalt $\frac{a \cdot h_s}{2}$.

Somit folgt für die Dachfläche:

$A = 4 \cdot \frac{a \cdot h_s}{2} = 2 \cdot a \cdot h_s$

Die Kantenlänge a der Pyramide ist bekannt. Die Dreieckshöhe h_s der Seitenfläche müssen wir noch berechnen; sie ist die Hypotenuse in dem grün gefärbten Dreieck.
Nach dem Satz des Pythagoras gilt dann:

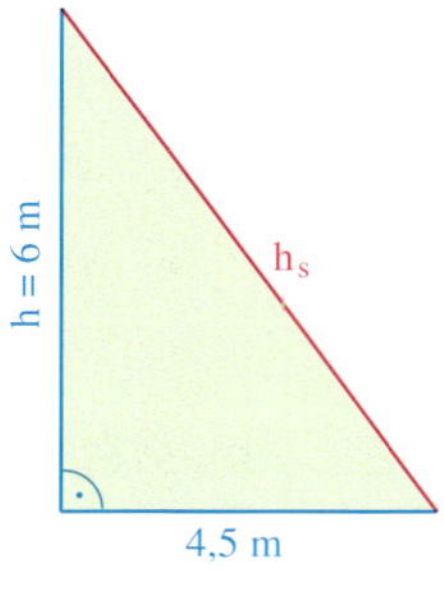

$h_s^2 = (6\text{ m})^2 + (4{,}5\text{ m})^2$
$= 36\text{ m}^2 + 20{,}25\text{ m}^2 = 56{,}25\text{ m}^2,$

also:

$h_s = 7{,}5\text{ m}$

Damit erhalten wir für die Größe der Dachfläche:

$A = 2 \cdot 9\text{ m} \cdot 7{,}5\text{ m} = 135\text{ m}^2$

(2) Berechnen der Anzahl der Dachziegel

Für 1 m^2 Dachfläche werden 36 Ziegel benötigt. Für 135 m^2 sind es dann 135 · 36 = 4 860 Dachziegel.

Ergebnis: Für das Decken des Daches müssen mindestens 4 860 Dachziegel bestellt werden.

b) *(1) Berechnen der Kantenlänge*

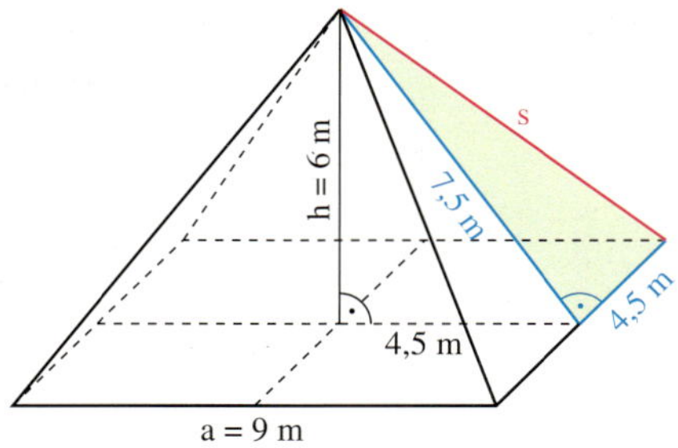

Das Dach hat vier schräge Kanten mit jeweils der Länge s. Sie ist die Länge der Hypotenuse in dem grün gefärbten Dreieck. Nach dem Satz des Pythagoras gilt:

$s^2 = (4{,}5\text{ m})^2 + (7{,}5\text{ m})^2$
$= 20{,}25\text{ m}^2 + 56{,}25\text{ m}^2$
$= 76{,}5\text{ m}^2$
$s \approx 8{,}75\text{ m}$

Gesamtlänge der schrägen Kanten:

$4 \cdot s \approx 4 \cdot 8{,}75\text{ m} = 35\text{ m}$

Ergebnis: Die vier schrägen Kanten sind insgesamt 35 m lang.

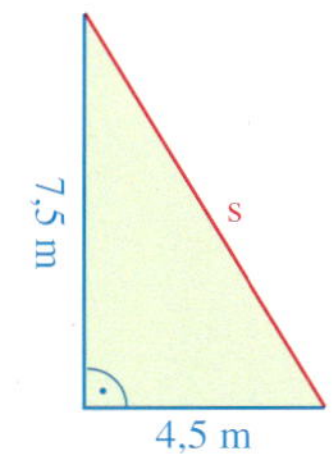

(2) Berechnen der Anzahl K der Firstziegel

$K = 35 \cdot 4 = 140$

Ergebnis: Es werden mindestens 140 Firstziegel benötigt.

Information

Strategie zum Berechnen von Längen

Der Satz des Pythagoras ermöglicht es, bei einem rechtwinkligen Dreieck aus zwei Seitenlängen die dritte Seitenlänge zu berechnen.

Man kann mithilfe des Satzes des Pythagoras Seitenlängen in Vielecken und Körpern berechnen. Dazu muss man rechtwinklige Dreiecke aufsuchen oder durch eine geeignete Hilfslinie ein rechtwinkliges Dreieck einzeichnen. Als Hilfslinien verwendet man häufig die Höhen.

Übungsaufgaben

3. Eine Stehleiter ist zusammengeklappt 2,10 m lang. Wenn sie aufgestellt ist, sind die Fußenden 1,40 m weit voneinander entfernt. Wie hoch reicht die Leiter?

4. Von den beiden Seitenlängen a und b eines Rechtecks sowie der Länge e einer Diagonalen sind zwei gegeben. Berechne die dritte Länge.

a) a = 8 cm; b = 5 cm **c)** e = 5,9 dm; b = 4,7 dm

b) a = 1,4 dm; e = 3,8 dm **d)** a = 12 cm; b = 20 cm

5. a) Von einem gleichseitigen Dreieck ist die Seitenlänge a = 7 cm [1,4 m] gegeben. Berechne die Höhe h und den Flächeninhalt A.

b) Von einem gleichseitigen Dreieck ist die Höhe h = 5 m [4,8 cm] gegeben. Berechne die Seitenlänge a, den Flächeninhalt A und den Umfang u.

c) Von einem gleichseitigen Dreieck ist der Flächeninhalt $A = 35\text{ cm}^2$ [$0{,}50\text{ m}^2$] gegeben. Berechne die Seitenlänge a, die Höhe h und den Umfang u.

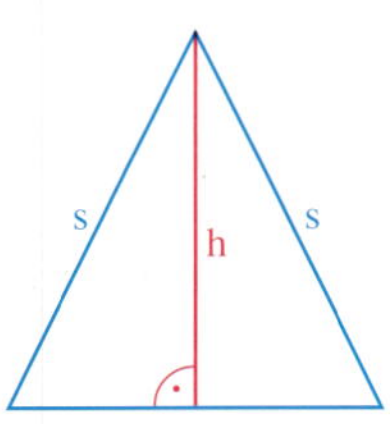

6. Von den drei Größen g, s und h eines gleichschenkligen Dreiecks sind zwei gegeben. Berechne die dritte Größe sowie den Flächeninhalt A und den Umfang u.

a) g = 6 cm; s = 4 cm **b)** s = 5 dm; h = 3 dm **c)** h = 24 mm; g = 45 mm

7. Ein Neubau ist 11,20 m breit. Die dreieckige Giebelwand hat die Höhe 3,20 m. Die Dachbalken sollen 70 cm überstehen.
Wie lang müssen die Dachbalken sein?

8. Ein gleichschenkliges Dreieck ist durch die Basislänge g und eine Schenkellänge s gegeben.
Leite eine Formel für die Höhe h und den Flächeninhalt A her.

9. Von A nach B führt eine schmale, meist stark befahrene Straße.
Um wie viel Prozent ist der Umweg auf den beiden Hauptstraßen $\overline{AC}$ und $\overline{CB}$ länger als die Abkürzung $\overline{AB}$?

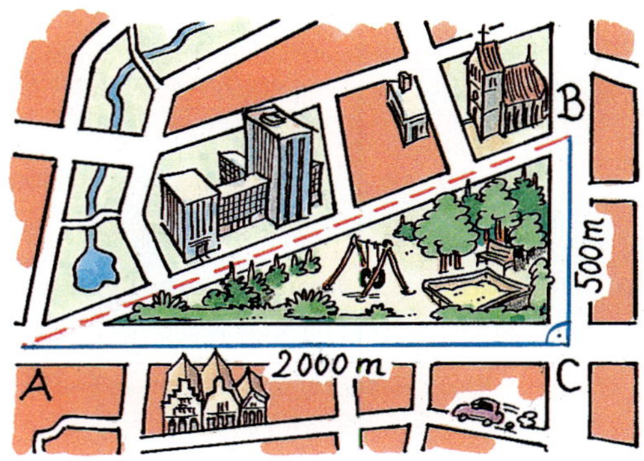

10. Durch einen Sturm ist eine 40 m hohe Fichte in 8,75 m Höhe abgeknickt.
Wie weit liegt die Spitze etwa vom Stamm entfernt?
Welche Vereinfachung musst du zur Berechnung vornehmen?

11. Im Koordinatensystem mit der Einheit 1 cm sind die beiden Punkte A und C gegeben. Berechne die Länge der Strecke $\overline{AC}$.
Gib auch den Umfang und den Flächeninhalt des Dreiecks ABC an.

a) A(−3|1) C(3|4) **c)** A(−6|3) C(2|−5) **e)** A(−7|−3) C(−2|−1)

b) A(2|7) C(7|4) **d)** A(−4|−6) C(7|4) **f)** $A(x_1|y_1)$ $C(x_2|y_2)$

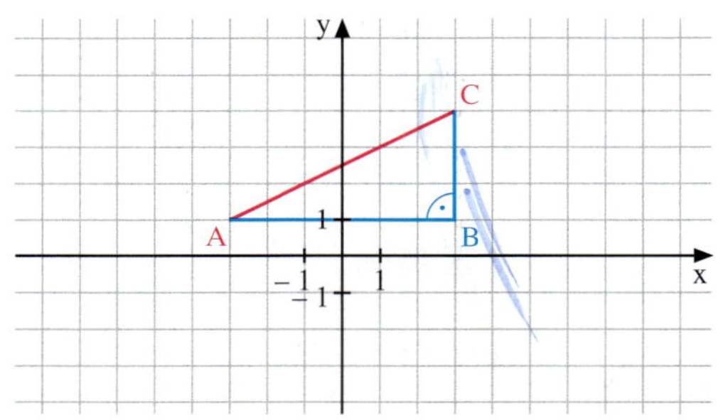

12. Welchen Abstand haben die Punkte A(3|4), B(7|9), C(−1|5), D(2|−4), E(−3|−1) vom Ursprung eines Koordinatensystems mit der Einheit 1 cm?

13. **a)** In einem Koordinatensystem mit der Einheit 1 cm sind die Punkte A, B und C gegeben. Berechne den Umfang des Dreiecks ABC.
(1) A(1|2); B(6|4); C(4|7) (2) A(−4|−2); B(5|−4); C(0|3)

b) Gegeben ist in einem Koordinatensystem mit der Einheit 1 cm ein Viereck ABCD mit A(1|4), B(9|6), C(8|8) und D(3|7). Berechne den Umfang des Vierecks.

14. In der Mitte zwischen zwei gegenüberliegenden Masten einer Straße ist eine Straßenlaterne befestigt. Der Abstand der Masten beträgt 12 m. Das Befestigungsseil ist 12,10 m lang.
Wie viel hängt das Seil in der Mitte durch? Welche Modellannahmen musstest du zur Lösung des Problems machen?

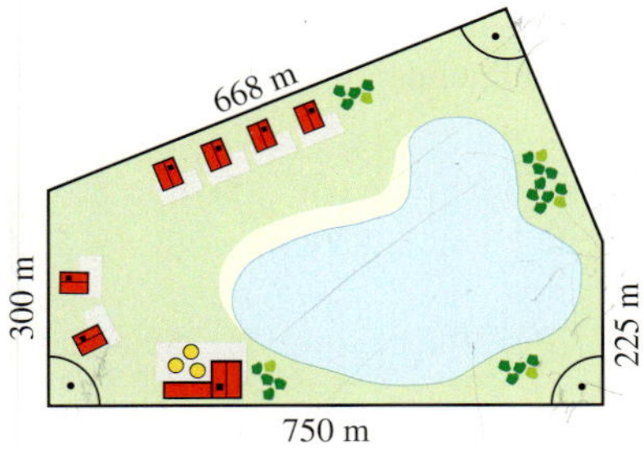

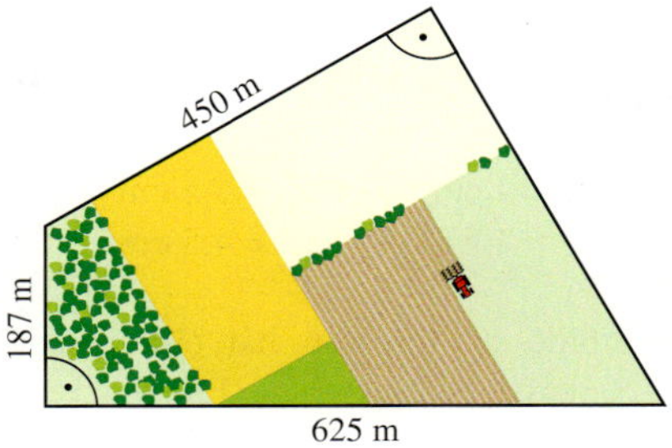

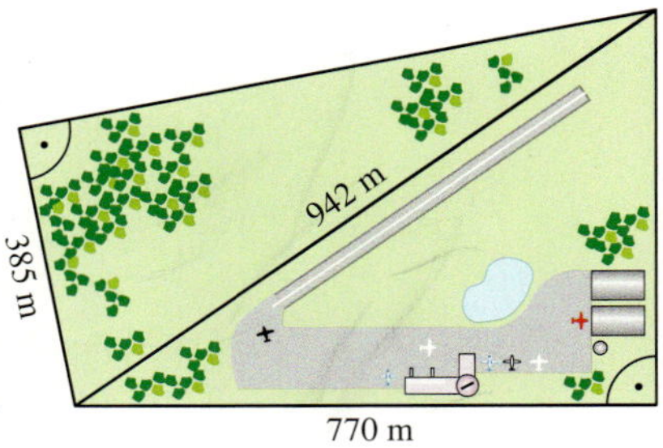

15. Berechne den Umfang und den Flächeninhalt der Grundstücke.

16. Das Bild zeigt den Querschnitt eines 3 m hohen Schutzwalls an einem Fluss.
Die Böschungen sind 4 m und 8,50 m lang und die Dammkrone 2,60 m.
Wie lang ist die Dammsohle?

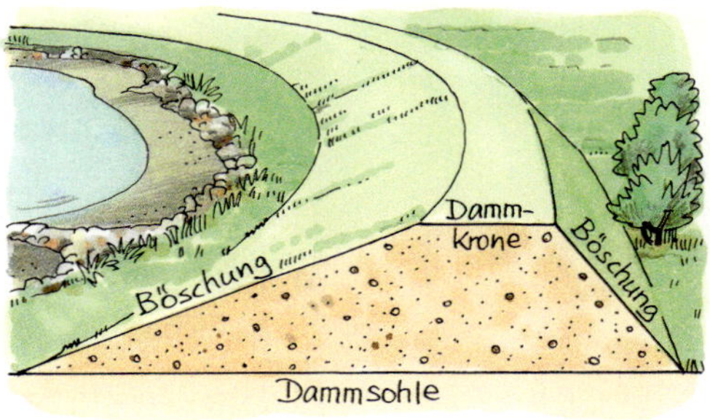

17.

Der Louvre in Paris, bis zur französischen Revolution königliche Residenz, ist heute ein weltberühmtes Kunstmuseum.
Als Haupteingang dient seit einigen Jahren eine 21,6 m hohe gläserne Pyramide mit quadratischer Grundfläche, dessen Seite 35,4 m lang ist.
Die Außenfläche wird regelmäßig von Fensterputzern gereinigt.
Wie groß ist diese Fläche?

18. **a)** Gegeben ist eine Pyramide mit quadratischer Grundfläche mit der Grundkante a und der Seitenkante s. Die Spitze liegt orthogonal über dem Mittelpunkt des Quadrates (*quadratische Pyramide*).
Leite eine Formel her für
(1) die Körperhöhe h;
(2) die Höhe h_s einer Seitenfläche;
(3) den Oberflächeninhalt O der Pyramide.

b) Bei einer quadratischen Pyramide ist die Grundkante a = 15 cm und die Seitenkante s = 20 cm lang.
Berechne mithilfe der Formeln aus a) die Körperhöhe h, die Höhe h_s einer Seitenfläche und den Oberflächeninhalt O der Pyramide.

c) Bei einer quadratischen Pyramide ist die Grundkante a = 40 m und die Körperhöhe h = 30 m lang.
Berechne die Länge s der Seitenkanten sowie die Höhe h_s der Seitenflächen.

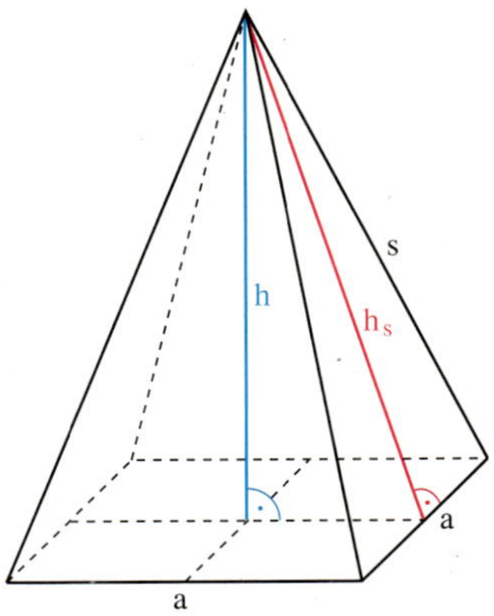

19. Von einer quadratischen Pyramide sind von den Größen a, s, h, h_s zwei Größen gegeben. Berechne die übrigen Größen sowie die Oberflächengröße O (Bezeichnungen wie in Aufgabe 18 auf Seite 55).

a) a = 3 cm; s = 5 cm **b)** a = 4 cm; h_s = 4,5 cm **c)** s = 5,5 cm; h_s = 4,5 cm **d)** a = 4,4 cm; h = 4,8 cm **e)** s = 6 cm; h = 4,5 cm **f)** h_s = 5,5 cm; h = 3,5 cm

20. Die Cheopspyramide in Ägypten hat eine quadratische Grundfläche mit der Seitenlänge a = 227 m. Die Seitenkanten haben die Länge s = 211 m.

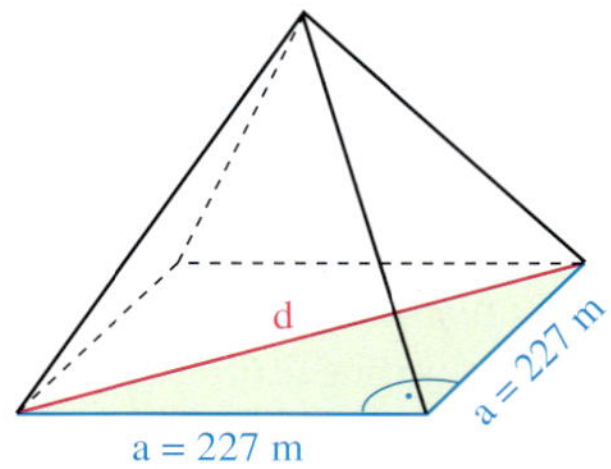

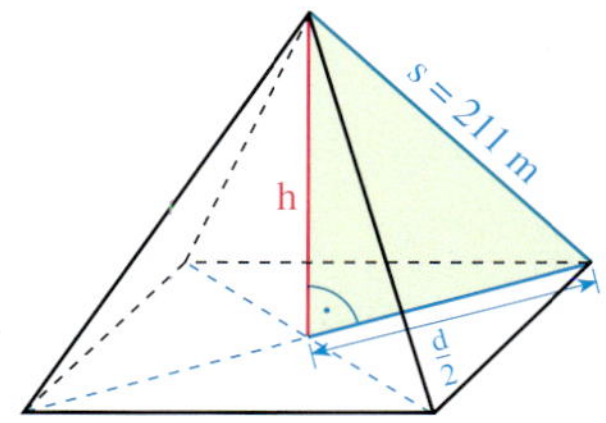

a) Berechne zunächst die Diagonalenlänge d der Grundfläche (Bild Mitte). Runde auf Meter. Berechne dann die Höhe h der Cheopspyramide (Bild rechts). Runde auf Meter.

b) Die Grundkante der Cheopspyramide war ursprünglich 230,3 m, ihre Seitenkante 219,1 m lang. Wie hoch war diese Pyramide ursprünglich?

c) Wie viel Prozent ist die Cheopspyramide heute niedriger als ursprünglich?

21. Ein Wanderer befindet sich an der Stelle A. Von A aus führt ein fast gerader Weg zur Hütte. Auf der Karte mit dem Maßstab 1 : 25 000 ist der Weg (Luftlinie) 2,3 cm lang. Die Höhen sind in m über NN angegeben.
Wie lang ist der Weg in Wirklichkeit?
Hinweis: Beachte die Höhenlinien.

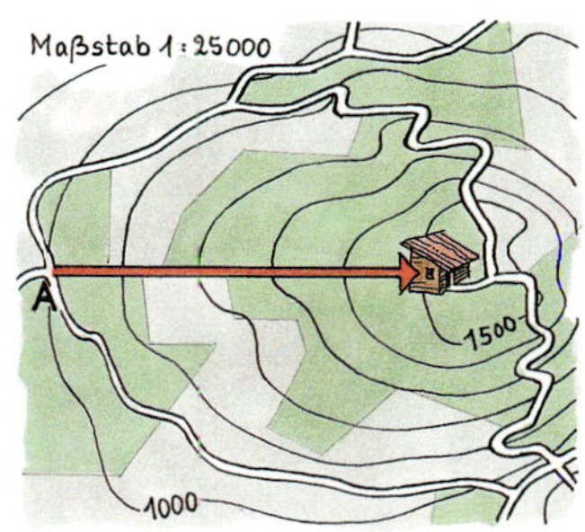

22.

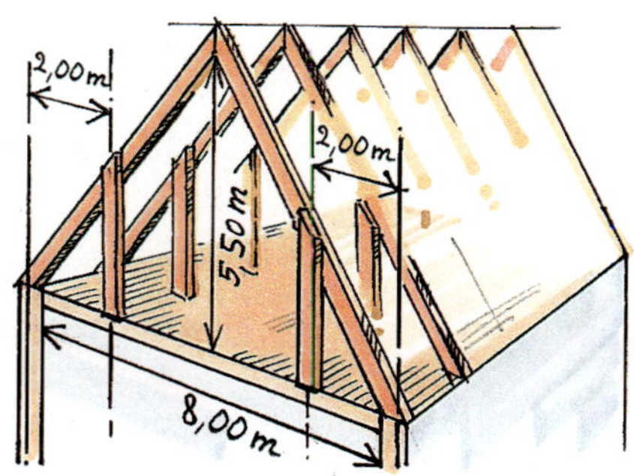

a) Ein Carport hat die in der Zeichnung angegebenen Maße. Die Dachsparren des Pultdaches stehen links und rechts je 30 cm über.
Wie lang sind die Dachsparren?

b) Die Maße eines Satteldaches sind im Bild gegeben.
Berechne die Länge der Dachsparren und der Stützpfosten.

23.

Fernseher-Kauf: 16:9 oder 4:3, Röhre, Plasma oder LCD?

Röhren-TV ade? So scheint es. Zwei völlig neuartige TV-Technologien haben bei den Verbrauchern die Nase vorne: Plasma-TV und LCD-Fernsehen.

Formatfrage: 16:9 oder 4:3

Generell gilt: Fernseher mit dem Bildformat 16:9 sind für den Heimkino-Einsatz gedacht, Geräte mit 4:3 für Bilder von PC oder TV, es sei denn Sie schauen gerne Fußballübertragungen. Denn solange die meisten TV-Sendungen in HDTV-Qualität noch Mangelware sind, hat TV in Deutschland ein Bildseitenverhältnis von 4:3. Auch für DVDs, auf die altes Videomaterial überspielt wurde, empfiehlt sich das 4:3-Format. Aber schließlich vermittelt allein 16:9 richtiges Heim-Kino-Feeling.

Schlanke Riesen: Plasma-TVs

Plasma-Fernseher sind gut im Bild, Größe und Technik. Wer Brillanz und Zukunftssicherheit will, wird bei seinen Überlegungen ohne Zweifel auch die Plasma-TVs in Erwägung ziehen. Das Bild des Plasma-Displays wirkt ruhig, scharf und ist auch in den Ecken nicht verzerrt. 106 / 107 cm (42 Zoll) Diagonale sind für Plasma-TVs Standard. So viel Größe hat nicht nur seinen Preis, sondern erfordert auch große Räume. Als Faustregel gilt: Der Sehabstand sollte die 3-fache Bildhöhe betragen. 50-Zoll-Bildschirme sollten aus gut fünf Metern Entfernung betrachtet werden. Sonst stört das unruhige Bild. Plasma-TVs haben immer ein Format von 16:9.

Flüssigkristall: LCD-Fernseher

LCD-Displays sind Flüssigkristall-Bildschirme, wie man sie vom PC her kennt. Sie gelten als kostengünstigere, aber weniger brillante Alternative zum Plasma-TV. Doch bei HDTV zeigen die Flüssigkristall-Fernseher genauso detailreiche, klare und helle Bilder. Kein Wunder: die Auflösung ist mit 1366 x 768 Bildpunkten bei Geräten um die 2000 Euro enorm hoch. Geräte mit 107 cm Bilddiagonale zaubern zudem Kino-Feeling ins Wohnzimmer. Selbst bei schrägen Einblicken zeigt das Display noch ein kontrastreiches und klares Bild ohne Farbverfälschung. Daher erlaubt ein LCD-Fernseher bei fast allen Lichtverhältnissen problemloses Fernsehen - egal ob bei hellem Sonnenlicht oder in abgedunkelten Räumen. Doch bei schnellen Kameraschwenks flimmern immer noch schräge Kanten. Ebenso werden feine Strukturen nicht flimmerfrei dargestellt.

Beide Formate 4 : 3 und 16 : 9 beschreiben das Verhältnis von Länge zu Breite des Bildschirms. Bestimme für beide Formate bei einer Bildschirmdiagonale von 107 cm

a) den empfohlenen Sehabstand zum Fernseher,

b) die Größe des Bildes.

24. Auf die Dachreling eines Pizza-Taxis sollen zwei rechteckige Platten für Werbung aufgeschraubt und oben verbunden werden. Das Auto mit Dachreling ist 1,43 m hoch, die Holme der Dachreling sind 2,10 m lang und 1,39 m voneinander entfernt.
Das Auto soll unter einem 3,00 m hohen Carport stehen. Der Sicherheitsabstand in der Höhe soll 10 cm betragen.
Fertige eine Skizze an und berechne: Wie groß dürfen die Platten höchstens sein?

25. Ein Gartenpavillon hat einen quadratischen Grundriss mit der Seitenlänge 3 m. Die Wände sind 2 m hoch. Das Dach ist eine Pyramide; deren Firstbalken sind 3,82 m lang.
Fertige eine Skizze an und berechne: Wie hoch ist der Pavillon insgesamt?

26. Eine Tür ist 0,82 m breit und 1,97 m hoch. Eine 2,10 m breite und 3,40 m lange Holzplatte soll durch die Tür getragen werden. Ist das möglich?

27. **a)** Gegeben ist ein Quadrat durch die Seitenlänge a. Begründe die nebenstehende Formel für die Länge d der Diagonalen.

b) Gegeben ist ein Quadrat durch die Diagonale d. Leite eine Formel für den Flächeninhalt A her.

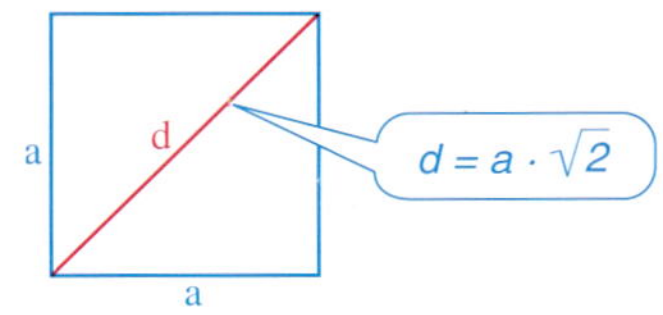

28. **a)** Von einem Quadrat ist die Seitenlänge a = 7 cm [0,8 m] gegeben. Berechne die Länge der Diagonalen.

b) Von einem Quadrat ist die Länge der Diagonalen d = 12 cm [2 m] gegeben. Berechne die Seitenlänge a und den Flächeninhalt A.

Eine Raute ist ein Viereck mit vier gleich langen Seiten.

29. Von den drei Größen a, e und f einer Raute sind zwei gegeben. Berechne die dritte Größe. Berechne auch den Flächeninhalt und den Umfang der Raute.

a) e = 5 cm; f = 7 cm

b) a = 6 mm; e = 9 mm

c) a = 4,8 km; f = 3,1 km

d) e = 4,7 m; f = 3,3 m

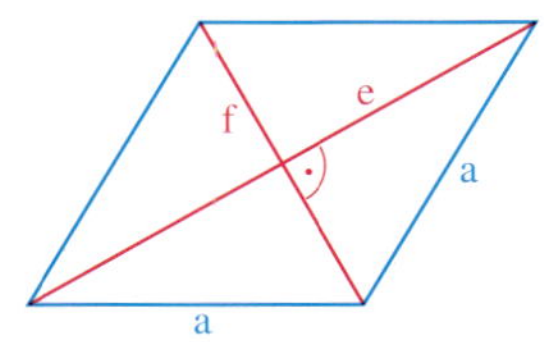

30. Der Flächeninhalt einer Raute beträgt 48 cm². Die Diagonale e ist $1\frac{1}{2}$-mal so lang wie die Diagonale f. Berechne die Seitenlänge der Raute.

31. **a)** Ein regelmäßiges Sechseck ist durch die Seitenlänge a gegeben. Leite eine Formel für den Flächeninhalt des Sechsecks her.

b) Die Seitenlänge eines regelmäßigen Sechsecks beträgt 4 cm [3 cm]. Berechne seinen Flächeninhalt.

c) Der Flächeninhalt eines regelmäßigen Sechsecks beträgt 90 cm².
Wie lang sind seine Seiten und der Umfang?

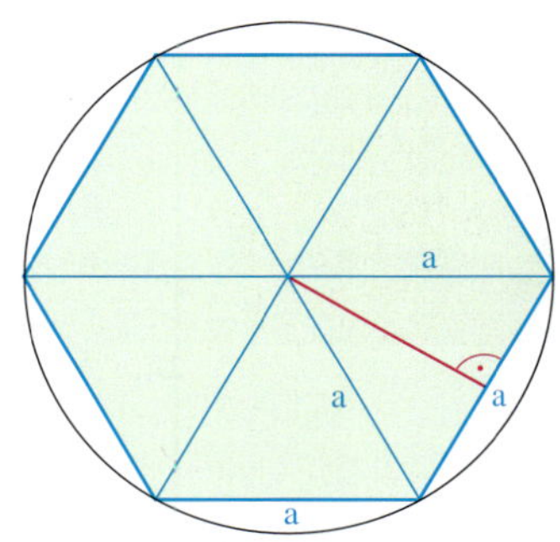

d) Die Pflanzfläche eines Blumenkübels ist ein regelmäßiges Sechseck. Die sechseckige Pflanzfläche hat eine Seitenlänge von 36 cm. Der Kübel soll im Herbst mit Stiefmütterchen bepflanzt werden. Man rechnet mit 45 Pflanzen pro m².
Wie viele Stiefmütterchen müssen gekauft werden?

32. Einem Kreis mit dem Radius r ist ein gleichseitiges Dreieck ABC einbeschrieben (siehe Bild).
Begründe: M ist der Schnittpunkt der Seitenhalbierenden des Dreiecks.
Wie lang ist die Dreieckseite a?
Leite eine Formel zur Berechnung der Länge a der Dreieckseite aus dem Radius her.

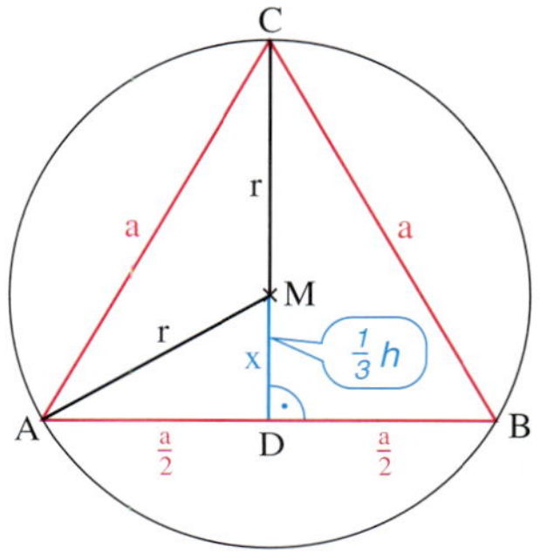

33. **a)** Ein Quader ist durch die Kantenlängen a, b, c gegeben. Leite die Formel für die Länge d der Raumdiagonalen her.

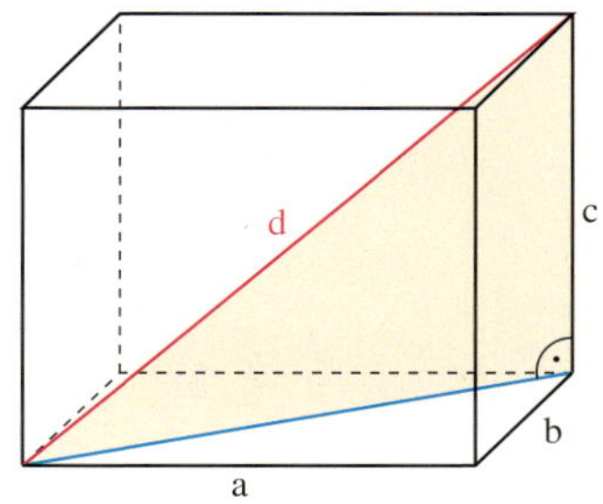

b) Berechne die Längen der Diagonalen der Seitenflächen sowie die Länge der Raumdiagonalen eines Quaders.

(1) a = 7 cm; b = 5 cm; c = 4 cm

(2) a = 6,4 cm; b = 8,9 cm; c = 1,9 cm

c) Von den vier Größen a, b, c und d eines Quaders sind drei gegeben. Berechne die vierte.

(1)	(2)	(3)
a = 2 cm	a = 2,4 cm	b = 4,9 cm
b = 4 cm	c = 1,8 cm	c = 3,7 cm
c = 6 cm	d = 4,6 cm	d = 9,5 cm

34. **a)** Wie lang ist die Raumdiagonale in einem Würfel mit der Kantenlänge a? Leite eine Formel her.

b) Berechne die Länge einer Flächendiagonalen und die Länge einer Raumdiagonalen eines Würfels mit der Kantenlänge a = 5 cm [a = 3,5 m].

c) Berechne die Kantenlänge und die Länge einer Flächendiagonalen eines Würfels, dessen Raumdiagonale 8 cm [5,3 cm] lang ist.

35. **a)** Von einem Kegel sind der Radius r der Grundfläche sowie die Länge s einer Mantellinie gegeben. Leite eine Formel für die Höhe h des Kegels her.

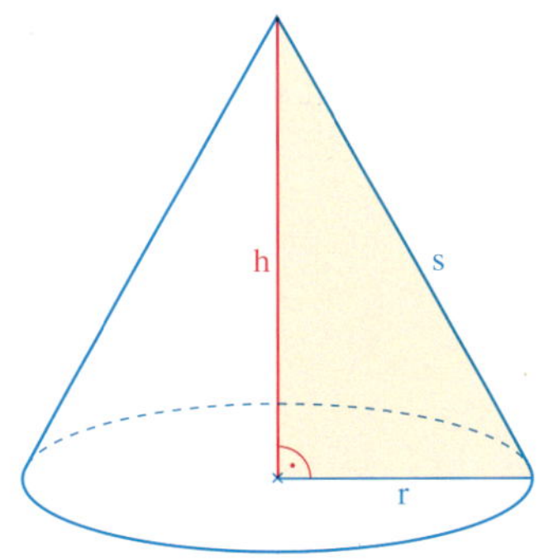

b) Von den drei Größen r, s und h eines Kegels sind zwei gegeben. Berechne die dritte.

(1) r = 2 cm; s = 4 cm (4) r = 2,5 cm; s = 7,2 cm

(2) r = 3 cm; h = 5 cm (5) r = 4,1 m; h = 9,6 m

(3) s = 6 cm; h = 4,5 cm (6) s = 5,8 m; h = 3,7 m

36. Ein *Tetraeder* ist eine von vier gleichseitigen, kongruenten Dreiecken begrenzte Pyramide.

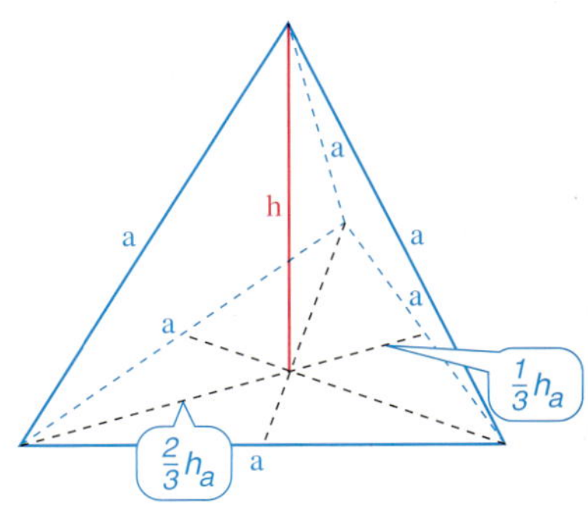

a) Berechne die Höhe h des Tetraeders aus der Kantenlänge a. Beachte, wie der Höhenschnittpunkt H die Seitenhalbierenden im Dreieck teilt.
(Der Höhenschnittpunkt H ist der Schwerpunkt des Grundflächendreiecks).

b) Gegeben ist ein Tetraeder mit der Kantenlänge a = 4 cm. Wie hoch ist das Tetraeder?
Berechne auch die Höhe einer Seitenfläche sowie die Größe der Oberfläche.

c) Gegeben ist ein Tetraeder mit der Körperhöhe h = 6 cm. Berechne Kantenlänge und Höhe einer Seitenfläche.

d) Bei einem Tetraeder ist eine Seitenfläche 6 cm [5,7 cm] hoch. Berechne die Länge der Seitenkante sowie die Körperhöhe des Tetraeders.

37. Von den fünf Größen a, b, c, s und h eines Walmdaches sind vier gegeben.
Berechne die fehlende Größe.

a) a = 13 m; b = 7 m; h = 8 m; c = 9 m

b) a = 10,5 m; b = 6,1 m; h = 5,2 m; s = 7,2 m

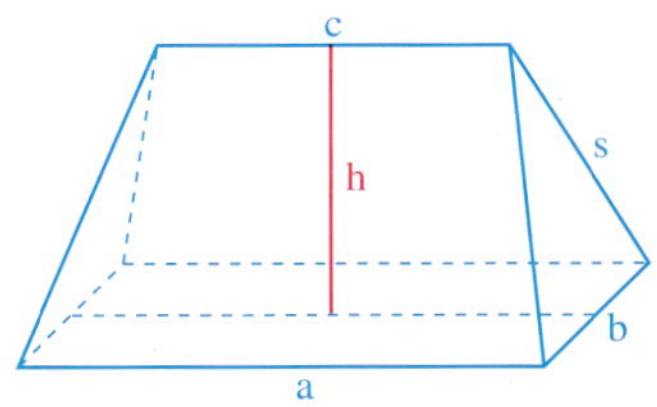

38. Ein *Oktaeder* mit der Kantenlänge a ist von acht gleichseitigen, kongruenten Dreiecken mit der Seitenlänge a begrenzt.

a) Wie viele Raumdiagonalen besitzt ein Oktaeder? Gib jeweils eine Formel für ihre Länge an.

b) Von einem Oktaeder ist die Kantenlänge a = 4,8 cm [a = 6,4 cm] gegeben. Berechne die Länge der Raumdiagonalen sowie den Oberflächeninhalt.

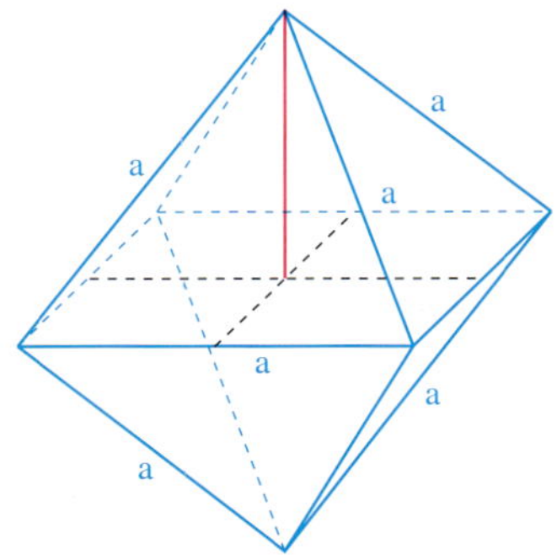

39. In einem gleichschenklig-rechtwinkligen Dreieck ist eine Kathete 25 cm lang, der Umfang beträgt 150 cm.
Wie lang ist die Hypotenuse?

40. In einer Turnhalle hängt ein Kletterseil so, dass noch 50 cm dieses Seils auf dem Boden liegen. Zieht man das untere Seilende 2,50 m zur Seite, so berührt es gerade noch den Boden. Wie lang ist das Seil? Fertige eine Skizze an.

41. Ein 16 m hoher Baum ist bei einem Sturm in einer bestimmten Höhe abgeknickt; die Baumspitze berührt 12 m vom Stammende den Boden.
In welcher Höhe ist der Baum abgeknickt? Fertige eine Skizze an.

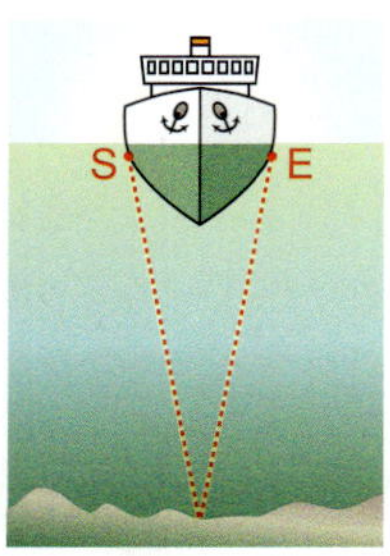

42. Beim Echoloten sendet man Schallwellen mit einem Sender S zum Meeresgrund und empfängt die reflektierten Wellen mit einem Empfänger E. Je tiefer das Meer ist, desto länger dauert es, bis die Schallwellen zurückkehren. Sender und Empfänger befinden sich 1 m unter dem Wasserspiegel am Schiffsrumpf und sind 10 m voneinander entfernt. Im Wasser legt der Schall 1,5 km pro Sekunde zurück. An einer bestimmten Stelle benötigt der Schall $\frac{1}{10}$ Sekunde. Bestimme wie tief an dieser Stelle das Meer ist.

43. Sofia möchte mit einem 14 cm langen Strohhalm aus einer Limonaden-Dose trinken. Diese hat einen Durchmesser von 6 cm und ist 11 cm hoch. Sie befürchtet, dass der Strohhalm in der Dose versinken könnte.
Ihr Freund Robin meint: „Das glaube ich nicht. Ich schätze, dass mindestens 2 cm des Strohhalms aus der Dose herausgucken."
Kontrolliere, wer von beiden Recht hat. Gib dazu an, von welchen Annahmen du bei deinen Überlegungen ausgegangen bist.

2.3 Umkehrung des Satzes des Pythagoras

Einführung

Rechte Winkel werden überall in unserer Umgebung benötigt und dort ist es oft nicht so einfach, sie herzustellen.
Handwerker verwenden keine Geodreiecke.
Wie stellen sie rechte Winkel her?
Auf dem Bild siehst du einen Fliesenleger mit einem Winkel. Drei Leisten bilden ein Dreieck mit den Seitenlängen 30 cm, 40 cm und 50 cm.
Zeichne ein solches Dreieck im Maßstab 1:10. Was stellst du fest?

Information

Umkehrung des Satzes des Pythagoras

Geht man nach dem Satz des Pythagoras von einem rechtwinkligen Dreieck ABC mit $\gamma = 90°$ aus, so gilt für die Seitenlängen $a^2 + b^2 = c^2$. Der Fliesenleger geht *umgekehrt* vor: Er legt ein Dreieck ABC, für dessen Seitenlängen $a^2 + b^2 = c^2$ gilt. Er erhält dann ein rechtwinkliges Dreieck.
Der Fliesenleger verwendet also die *Umkehrung* des Satzes des Pythagoras:

Kehrsatz des Satzes des Pythagoras
Für jedes Dreieck ABC gilt: Wenn $c^2 = a^2 + b^2$, dann $\gamma = 90°$.

Beweis: Wir können ohne Winkelmessung begründen, dass diese Umkehrung gilt.
Zur Begründung gehen wir von einem rechtwinkligen Dreieck ABC aus (Bild Mitte).
Nach dem Satz des Pythagoras gilt dann: $a^2 + b^2 = c^2$

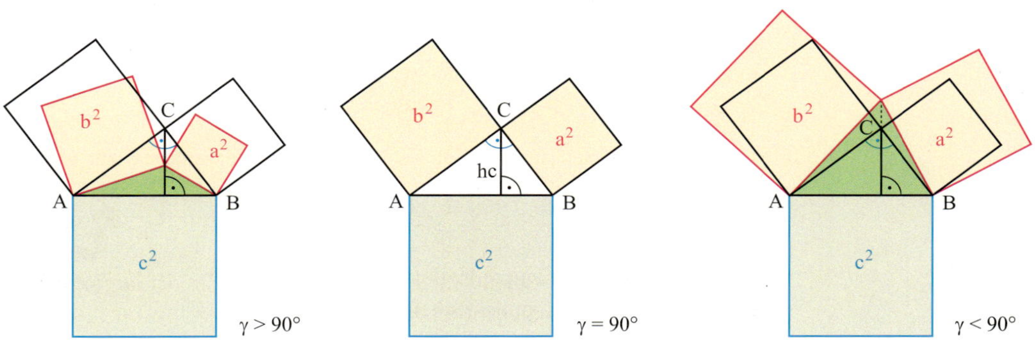

(1) Wir verschieben den Punkt C längs der Höhe nach *unten* (Bild links); es entsteht ein *stumpfwinkliges* Dreieck ($\gamma > 90°$). Die Seiten a und b werden *kürzer*, also $a^2 + b^2 < c^2$.
(2) Wir verschieben den Punkt C längs der Höhe nach *oben* (Bild rechts); es entsteht ein *spitzwinkliges Dreieck* ($\gamma < 90°$). Die Seiten a und b werden *länger*, also $a^2 + b^2 > c^2$.

Aus beiden Überlegungen folgt: Wenn Winkel $\gamma \neq 90°$ ist, dann gilt $a^2 + b^2 \neq c^2$. Nur im Falle $\gamma = 90°$ gilt somit $c^2 = a^2 + b^2$.

Wenn $a^2 + b^2 < c^2$, dann besitzt das Dreieck ABC bei C einen stumpfen Winkel.
Wenn $a^2 + b^2 > c^2$, dann besitzt das Dreieck ABC bei C einen spitzen Winkel.

Übungsaufgaben

DGS

1. Zeichne mit einem dynamischen Geometrie-Programm ein Dreieck ABC.
Konstruiere dann über den Seiten Quadrate und lasse deren Flächeninhalte berechnen.
Verändere die Form des Dreiecks und untersuche, für welche Dreiecke $a^2 + b^2 = c^2$ gilt.

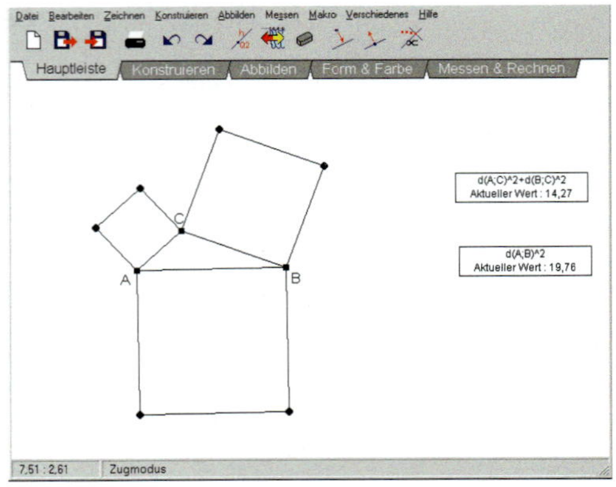

2. Entscheide, ob das Dreieck ABC rechtwinklig, stumpfwinklig oder spitzwinklig ist.

a) a = 8 cm;	b = 6 cm;	c = 10 cm
b) a = 7 m;	b = 9 m;	c = 11 m
c) a = 5 cm;	b = 4 cm	c = 3 cm
d) a = 13 dm	b = 5 dm;	c = 12 dm
e) a = 23 mm;	b = 17 mm;	c = 29 mm

3. Auf einem Baugrundstück sind vier Pfähle A, B, C und D gesetzt worden, um die Ecken des zu bauenden Hauses abzustecken. Das Haus soll einen rechteckigen Grundriss mit den Seitenlängen 16 m und 12 m haben. Die Pfähle haben die in der Zeichnung angegebenen Abstände. Der Abstand zwischen C und D wurde nicht vermessen.
Welcher der Winkel bei A bzw. B ist ein rechter Winkel, welcher nicht? Welcher Pfahl steht falsch?

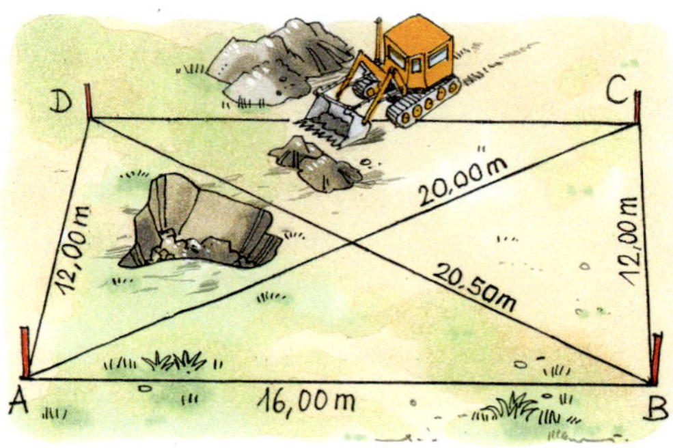

4. **a)** Im alten Ägypten benutzten Seilspanner 12-Knoten-Seile, um rechtwinklige Dreiecke aufzuspannen. Erläutere ihr Vorgehen.

b) Kann man mit einem „30-Knotenseil" ein rechtwinkliges Dreieck abstecken? Begründe.

c) Findest du andere Knotenseile, um rechtwinklige Dreiecke abzustecken?

5. **a)** Prüfe, ob das Dreieck ABC mit a = 6 cm, b = 8 cm und c = 10 cm rechtwinklig ist. Begründe.

b) Man nennt das Zahlentripel (6|8|10) aus natürlichen Zahlen **pythagoreisches Zahlentripel**. Ebenso ist (3|4|5) ein solches Zahlentripel.
Entscheide, ob pythagoreische Zahlentripel vorliegen.
(1) (9|12|15) (2) (15|20|25) (3) (5|12|13) (4) (7|18|19)

c) Bilde pythagoreische Zahlentripel: (8|15|□), (□|30|34), (24|□|26), (14|48|□).

d) *Gruppenarbeit:* Findet weitere pythagoreische Zahlentripel. Versucht, Gesetzmäßigkeiten zu entdecken.

6. Du kennst verschiedene Möglichkeiten, einen rechten Winkel zu erzeugen. Beschreibe sie.

2.4 Höhensatz und Kathetensatz des Euklid

Aufgabe 1

Höhensatz des Euklid

Es soll ein Tunnel mit halbkreisförmigem Querschnitt gebaut werden. Die zweispurige Straße soll 11,00 m breit, die beidseitigen, nicht befahrbaren Seitenstreifen jeweils 1,50 m breit sein. Für Lkw, die den Tunnel befahren dürfen, soll in der Höhe ein Sicherheitsabstand von 30 cm angenommen werden.

Was für ein Verkehrsschild zur Höhenbegrenzung muss also am Tunnel angebracht werden?

Entwickle auch eine Formel zur Berechnung der Höhe h.

Lösung

Die geringste Höhe über der Fahrbahn ist über dem Fahrbahnrand bei D. Das Dreieck ABC ist nach dem Satz des Thales rechtwinklig mit dem rechten Winkel bei C, da C auf dem Thaleskreis über der Seite $\overline{AB}$ liegt. Die Höhe zerlegt die Hypotenuse in zwei Hypotenusenabschnitte q und p.

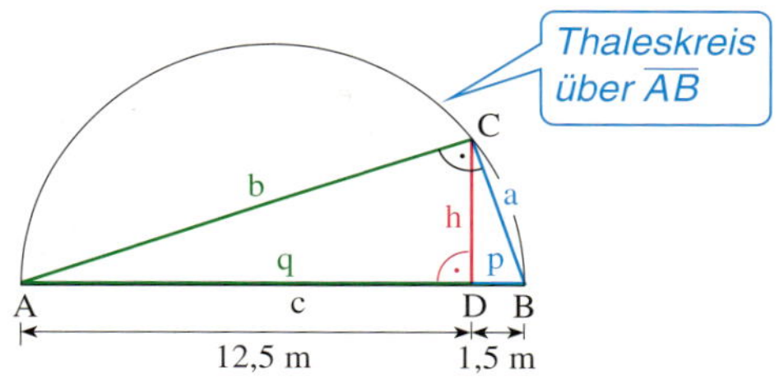

Wir kennen im Dreieck ABC die Längen der beiden Hypotenusenabschnitte:

$p = 1{,}5\text{ m}$ und
$q = 11\text{ m} + 1{,}5\text{ m} = 12{,}5\text{ m}$

Wir wollen die Höhe h berechnen.

Nach dem Satz des Pythagoras gilt für das

(1) Dreieck ADC: $h^2 + (12{,}5\text{ m})^2 = b^2$	$h^2 + q^2 = b^2$
(2) Dreieck DBC: $h^2 + (1{,}5\text{ m})^2 = a^2$	$h^2 + p^2 = a^2$
(3) Dreieck ABC: $a^2 + b^2 = (1{,}5\text{ m} + 12{,}5\text{ m})^2$	$a^2 + b^2 = c^2$

Durch Einsetzen von a^2 und b^2 aus den Gleichungen (1) und (2) in die Gleichung (3) erhalten wir:

$$\begin{aligned}(h^2 + 2{,}25\text{ m}^2) + (h^2 + 156{,}25\text{ m}^2) &= 196\text{ m}^2\\ 2h^2 + 158{,}5\text{ m}^2 &= 196\text{ m}^2\\ 2h^2 &= 37{,}5\text{ m}^2\\ h^2 &= 18{,}75\text{ m}^2\\ h &= \sqrt{18{,}75\text{ m}^2}\\ h &\approx 4{,}33\text{ m}\end{aligned}$$

$$\begin{aligned}(h^2 + p^2) + (h^2 + q^2) &= c^2\\ 2h^2 + p^2 + q^2 &= c^2\\ 2h^2 + p^2 + q^2 &= (p+q)^2\\ 2h^2 + p^2 + q^2 &= p^2 + 2pq + q^2\\ 2h^2 &= 2pq\\ h^2 &= pq\\ h &= \sqrt{pq}\end{aligned}$$

$c = p + q$

Wir runden sinnvoll.

Ergebnis: Bis zu 4 m hohe Lkws dürfen den Tunnel befahren.

Information

(1) Weitere Bezeichnungen im rechtwinkligen Dreieck

Die Höhe zur Hypotenuse zerlegt die Hypotenuse in zwei **Hypotenusenabschnitte:**
p ist die Länge des Hypotenusenabschnitts, der zur Kathete a gehört.
q ist die Länge des Hypotenusenabschnitts, der zur Kathete b gehört.

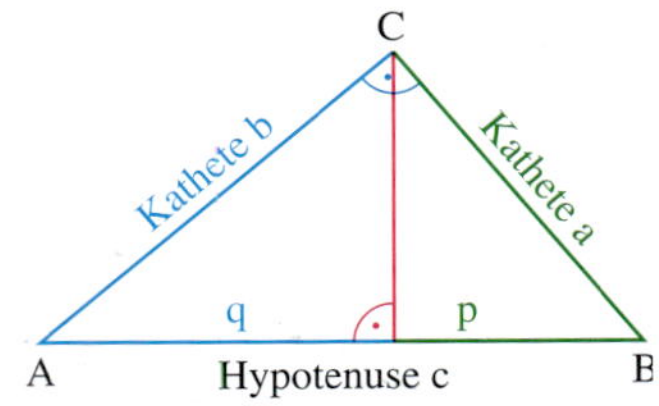

(2) Höhensatz des Euklid

In der Lösung der Aufgabe 1 haben wir die Formel

$h^2 = p \cdot q$ erhalten.

Diese Gleichung können wir wieder geometrisch deuten:

h^2 gibt den Flächeninhalt eines Quadrates über der Höhe an, das Produkt $p \cdot q$ den Flächeninhalt eines Rechtecks aus den beiden Hypotenusenabschnitten.

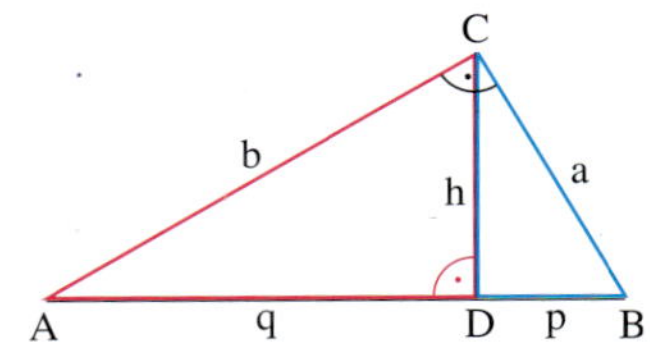

Höhensatz des Euklid

Wenn ein Dreieck *rechtwinklig* ist, dann hat das Höhenquadrat denselben Flächeninhalt wie das Rechteck aus den beiden Hypotenusenabschnitten.

$\mathbf{h^2 = p \cdot q}$

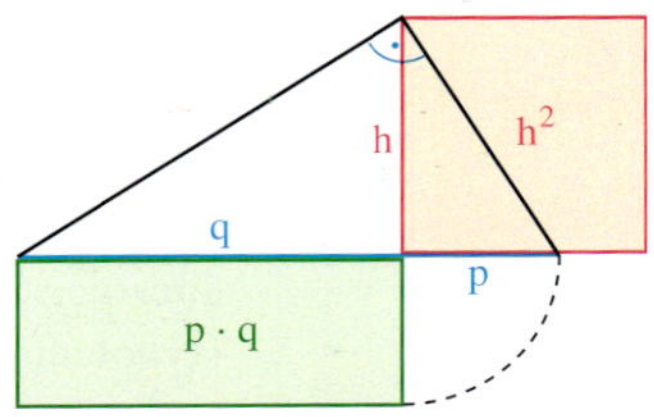

Weiterführende Aufgabe

2. *Kathetensatz des Euklid*

Rechts siehst du ein Sägedach, wie man es oft bei Fabrikhallen findet. Der Dachgiebel ist ein Dreieck. Diese Dächer sind oft teilweise verglast.
Für den Bau eines solchen Daches wird festgelegt:
Der Querschnitt soll aus rechtwinkligen Dreiecken mit den angegebenen Maßen bestehen.
Wie lang müssen die Dachsparren sein?
Entwickle auch eine Formel zur Berechnung einer Kathete.

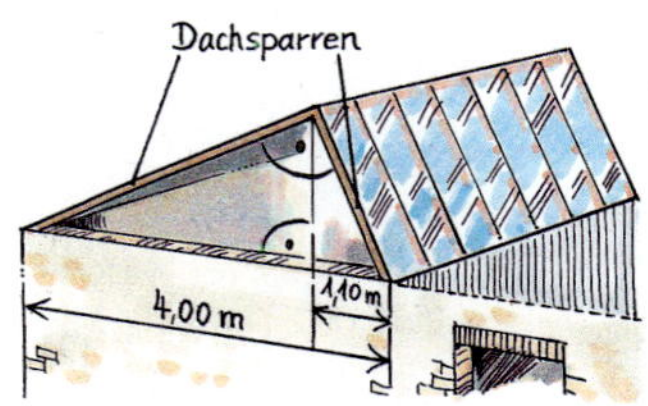

Information

Kathetensatz des Euklid

Wenn ein Dreieck *rechtwinklig* ist, dann hat das Quadrat über einer Kathete denselben Flächeninhalt wie das Rechteck aus der Hypotenuse und dem zur Kathete gehörenden Hypotenusenabschnitt.

$\mathbf{a^2 = c \cdot p}$ und $\mathbf{b^2 = c \cdot q}$ (für $\gamma = 90°$)

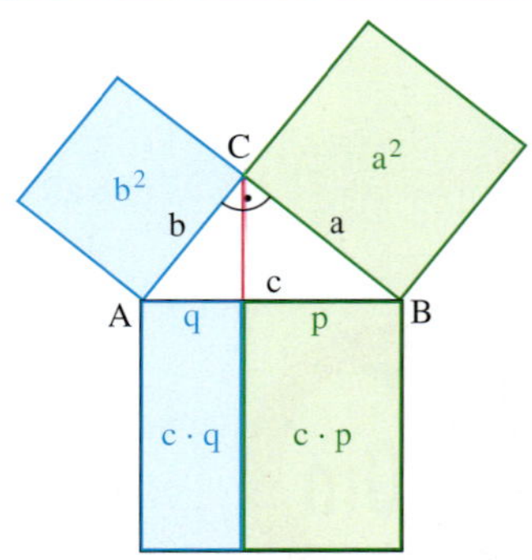

Übungsaufgaben

3. Aus einem 3 cm dicken Rundstab soll eine Leiste mit nebenstehender Querschnittsfläche hergestellt werden. Dazu werden seitlich jeweils 0,5 cm abgeschliffen.
Wie lang ist die Seitenkante $\overline{AB}$ der Leiste?

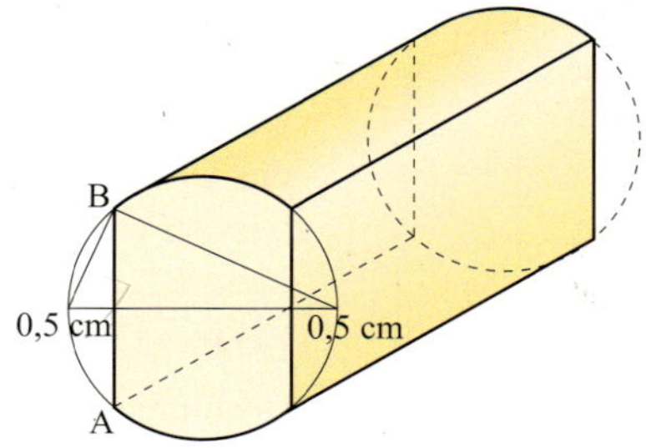

4. Gib für das rechtwinklige Dreieck ABC in den Figuren (1) bis (3) jeweils die Gleichung nach dem Höhensatz an, in Figur (3) auch für die Teildreiecke ADC und DBC.

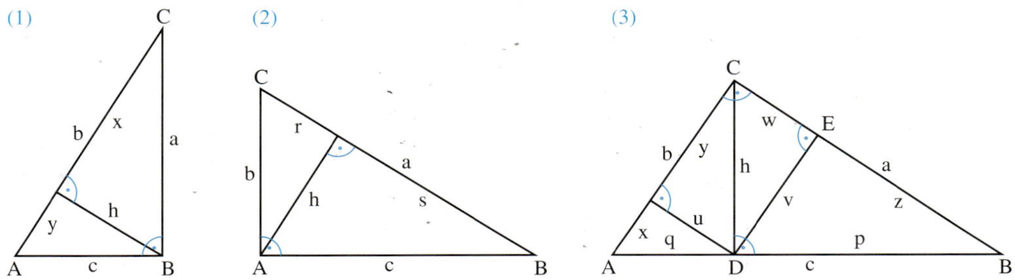

5. Berechne die Länge x der roten Strecke (Maße in cm).

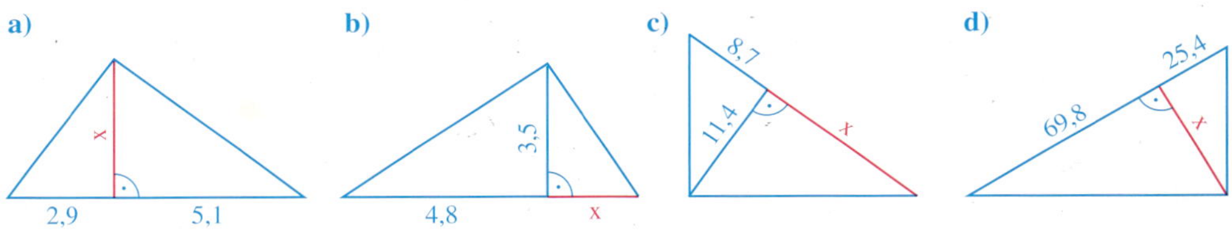

6. Berechne die dritte der drei Längen p, q und h in einem rechtwinkligen Dreieck.

a) p = 13 cm; q = 9 cm **b)** h = 7 cm; p = 5 cm **c)** h = 20 cm; q = 16 cm **d)** p = 8 cm; q = 1,8 dm **e)** h = 5,1 cm; p = 22 mm

Berechne auch den Flächeninhalt des Dreiecks.

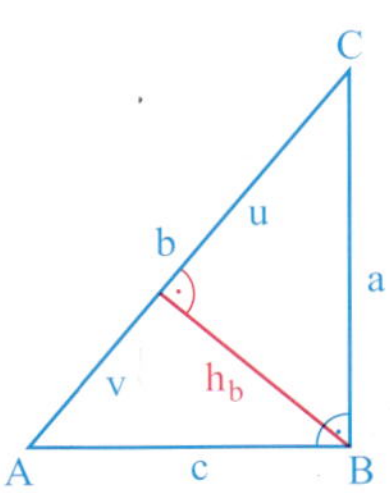

7. Gegeben ist ein Dreieck ABC mit $\beta = 90°$. Berechne die dritte der drei Längen u, v und h_b sowie den Flächeninhalt.

a) u = 12 cm; v = 7 cm **b)** h_b = 22 mm; v = 15 mm; **c)** h_b = 9,1 m; v = 6,6 m

8. Ein halbkreisförmiges Fenster soll vergittert werden.
Die senkrechten Stäbe sollen 5 cm in das Mauerwerk eingelassen werden.
Wie viel Material wird benötigt?

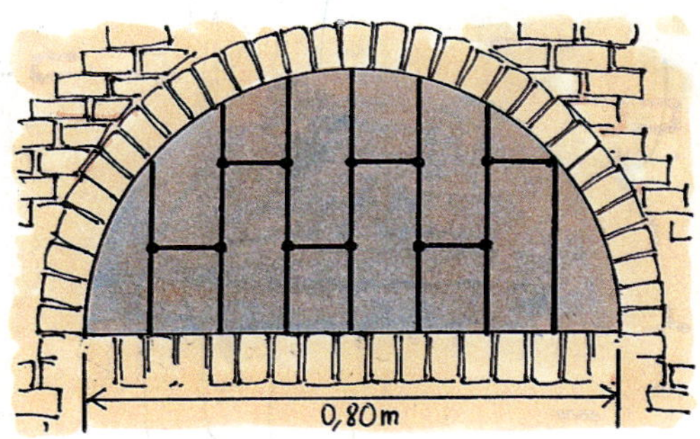

9. Die Entfernung zweier Anlegestellen B und C eines Sees soll bestimmt werden. Dazu wird eine Strecke $\overline{AB}$ so abgesteckt, dass das Dreieck ABC rechtwinklig bei C ist. Es werden dann die Strecken $\overline{AD}$ und $\overline{DB}$ gemessen:

$|AD| = 340$ m; $|DB| = 130$ m.

Bestimme die Entfernung zwischen B und C.

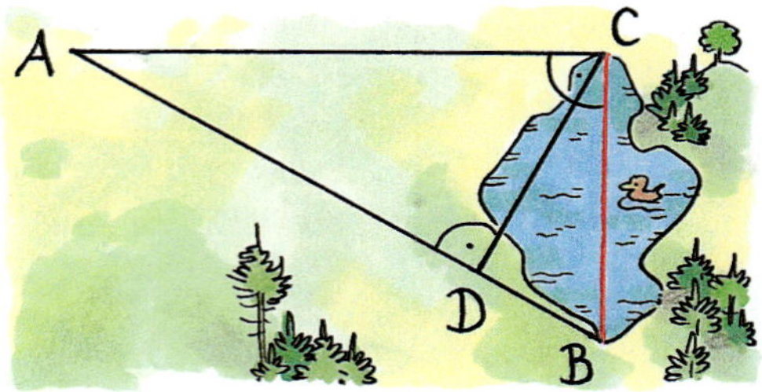

10. Gib für das rechtwinklige Dreieck ABC in den Figuren (1) bis (3) jeweils die Gleichungen nach dem Kathetensatz an, in Figur (3) auch für die Dreiecke ADC und DBC. Zeichne zunächst das Dreieck ab, färbe die Katheten blau und die Hypotenuse rot.

(1)

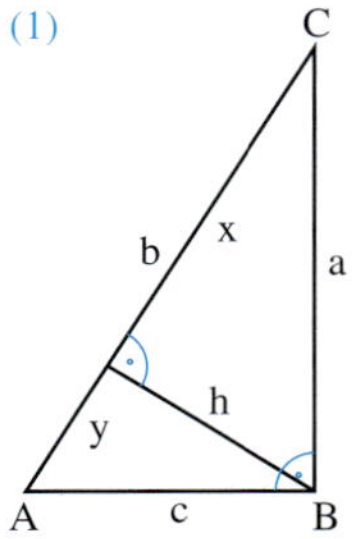

(2)

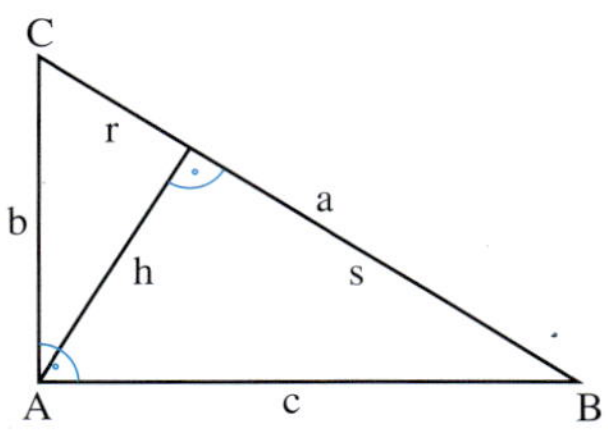

(3)

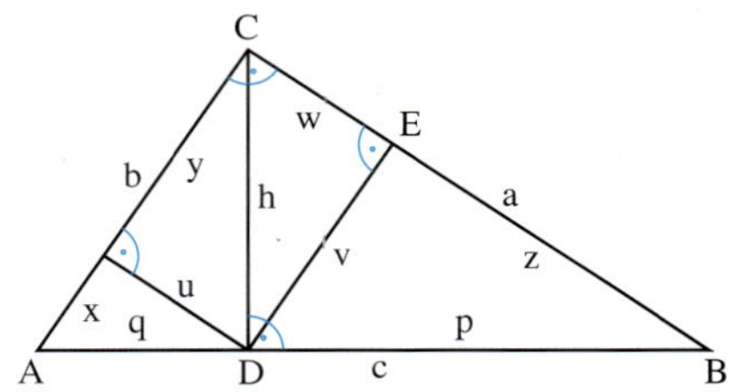

11. Kontrolliere die angegebenen Gleichungen. Berichtige gegebenenfalls.

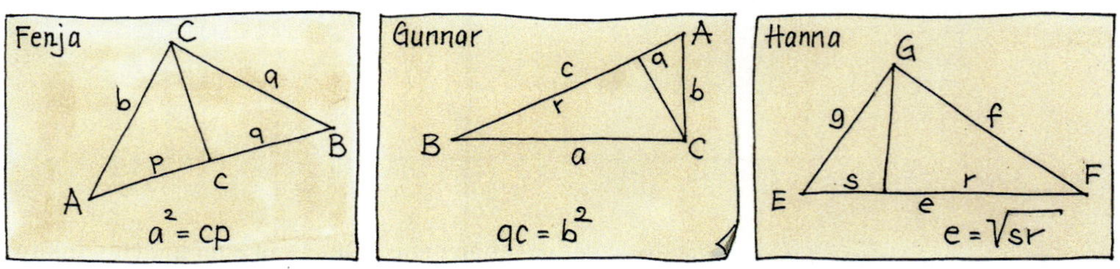

12. In einem Dreieck ABC mit $\gamma = 90°$ sind die Hypotenusenabschnitte $p = 3$ cm und $q = 5$ cm gegeben.

a) Berechne die drei Seitenlängen a, b und c.

b) Konstruiere das Dreieck. Kontrolliere das Ergebnis zu Teilaufgabe a) an der Zeichnung.

c) Berechne den Flächeninhalt des Dreiecks ABC.

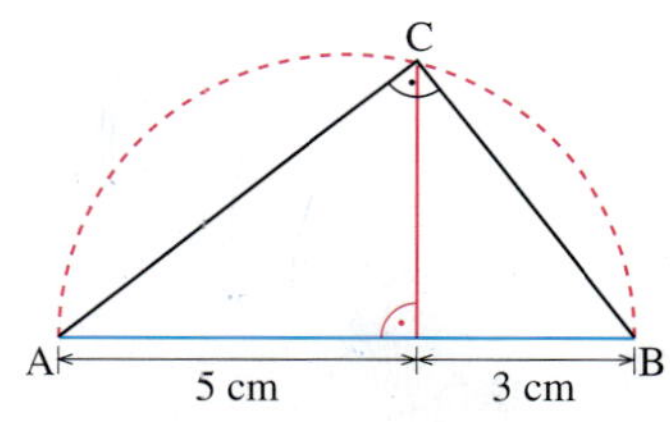

13. In einem rechtwinkligen Dreieck ABC mit $\alpha = 90°$ sind gegeben:

a) $b = 5$ cm, $r = 3$ cm **b)** $c = 36$ mm, $s = 7$ mm **c)** $r = 6$ km, $a = 15$ km

Berechne die übrigen der fünf Längen a, b, c, r, s und den Flächeninhalt des Dreiecks.

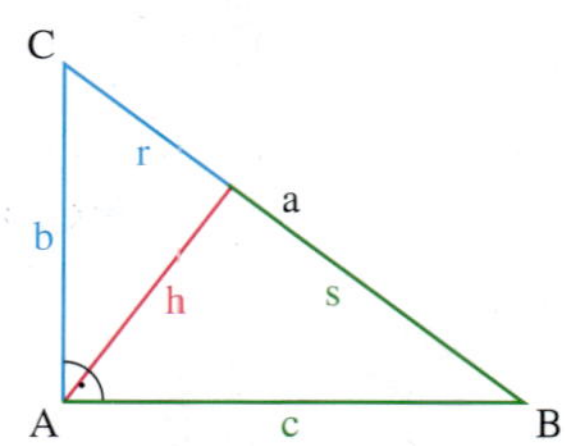

14. Gegeben ist ein rechtwinkliges Dreieck ABC mit den Hypotenusenabschnitten 2,5 cm und 4,5 cm sowie $\alpha = 90°$. Berechne die Seitenlängen a, b und c.

2.5 Kreisgleichung

Aufgabe 1

Ein dynamisches Geometrie-System kann geometrische Figuren auf dem Bildschirm darstellen. Dazu verwendet das Programm Gleichungen, die diese Figuren in einem Koordinatensystem beschreiben.
Erstelle eine Gleichung, die für alle Punkte $P(x|y)$ auf einem Kreis mit dem Radius 5 um den Ursprung gilt.

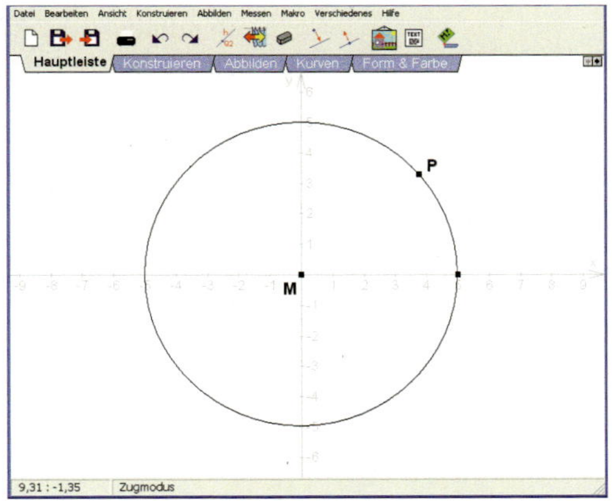

Lösung

Zu einem Punkt $P(x|y)$ auf dem Kreis lässt sich ein rechtwinkliges Dreieck mit den weiteren Eckpunkten $O(0|0)$, $Q(x|0)$ zeichnen.

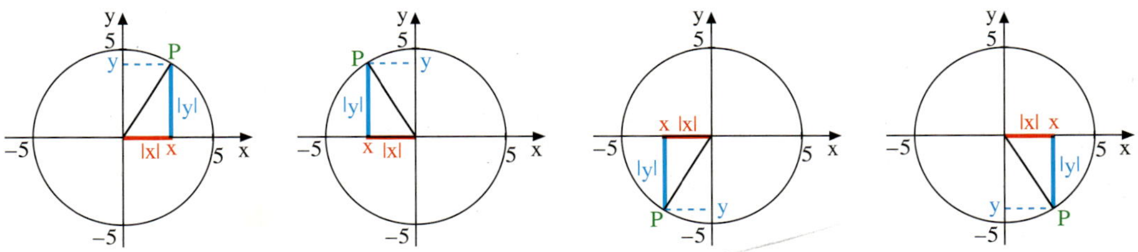

Dieses rechtwinklige Dreieck hat Katheten mit den Längen $|x|$ und $|y|$ sowie als Hypotenuse den Kreisradius der Länge 5. Nach dem Satz des Pythagoras gilt daher:

$|x|^2 + |y|^2 = 5^2$

Da das Quadrat einer Zahl stets nichtnegativ ist, kann man diese Gleichung vereinfachen zu:

$x^2 + y^2 = 25$

Für die Kreispunkte auf der x-Achse, also $A(5|0)$ und $B(-5|0)$ gibt es kein solches rechtwinkliges Dreieck, aber ihre Koordinaten erfüllen offensichtlich auch die obige Gleichung. Diese gilt daher für die Koordinaten aller Punkte auf dem Kreis mit dem Radius 5 um den Ursprung.

Information

Die Überlegungen der Aufgabe 1 lassen sich verallgemeinern für einen Kreis um den Ursprung mit beliebigen Radius r. In diesem Fall hat die Hypotenuse des Dreiecks die Länge r statt 5. Entsprechend gilt:

Gleichung eines Kreises um den Ursprung

Für alle Punkte $P(x|y)$ auf einem Kreis mit dem Radius r um den Ursprung des Koordinatensystems gilt:

$$\mathbf{x^2 + y^2 = r^2}$$

Diese Gleichung nennt man **Kreisgleichung**.

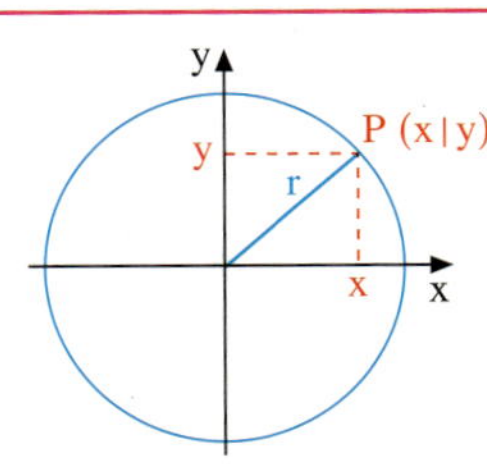

Weiterführende Aufgaben

Verwende ZoomDec oder ZoomSqr für gleiche Einteilung auf beiden Achsen.

2. *Funktionsgleichung für den oberen bzw. unteren Halbkreis*

a) Begründe, dass der Kreis kein Funktionsgraph ist.

b) Begründe, dass aber der obere Halbkreis ein Funktionsgraph ist.
Erstelle dann die Gleichung dieser Funktion.

c) Verfahre entsprechend mit dem unteren Halbkreis.

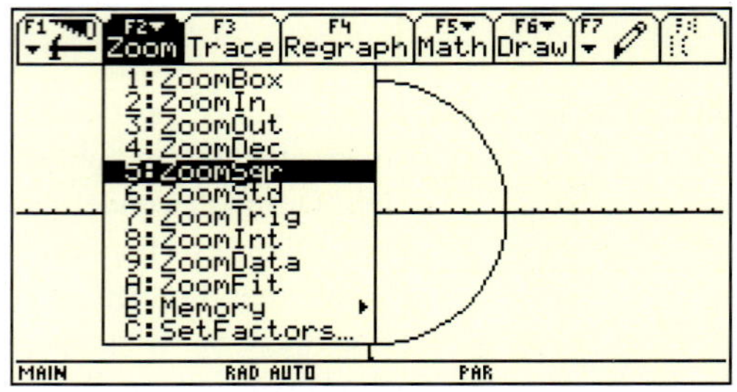

d) Zeichne mit dem Rechner mithilfe dieser Funktionsgleichungen einen Kreis.

3. *Gleichung eines Kreises um einen beliebigen Mittelpunkt*

Begründe:

Für alle Punkte P(x|y) auf einem Kreis mit dem Radius r um den Mittelpunkt M(d|e) gilt:

$$(x - d)^2 + (y - e)^2 = r^2$$

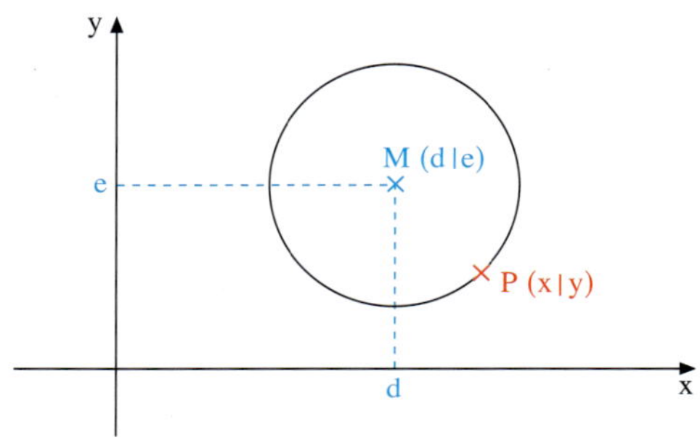

Übungsaufgaben

4. Untersuche zeichnerisch und rechnerisch, ob die Punkte P(4|0), Q(−2,4|3,2), R(−3,2|−2,4), S(1,9|3,5) und T(3,7|−1,4) auf einem gemeinsamen Kreis um den Ursprung liegen.

5. Gib die Gleichung eines Kreises mit dem Radius r um den Ursprung an.

a) $r = 2$ **b)** $r = 6$ **c)** $r = 1{,}5$ **d)** $r = \sqrt{3}$

6. Beschreibe einen Kreis mit dem Radius 5 um den Ursprung mithilfe von zwei Funktionen. Gib deren Gleichungen an.

7. Gib die Gleichung eines Kreises mit dem Radius r um den Mittelpunkt M an.

a) M(3|1), $r = 2$ **b)** M(−2|4), $r = 3$ **c)** M(0|−2), $r = 4$

8. Beschreibe einen Kreis mit dem Radius 4 um den Mittelpunkt M(−4|3) mithilfe von zwei Funktionen. Gib deren Gleichungen an.

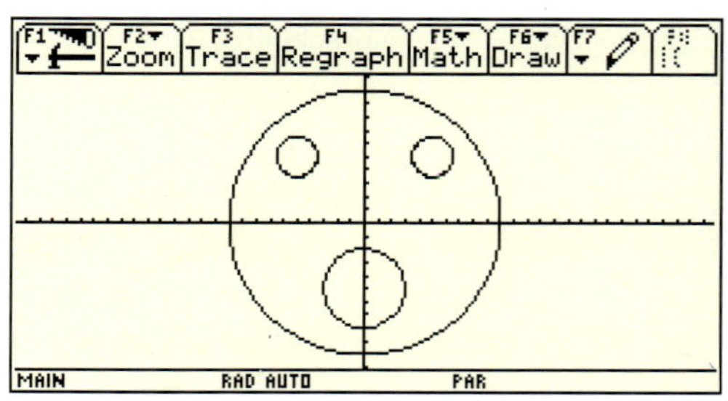

9. Zeichne mit einem Rechner das Bild rechts.

10. *Partnerarbeit:* Zeichne mit einem Rechner ein hübsches Bild oder Muster aus Kreisen. Dein Partner soll die Gleichungen der von dir benutzten Kreise ermitteln.

2.6 Aufgaben zur Vertiefung

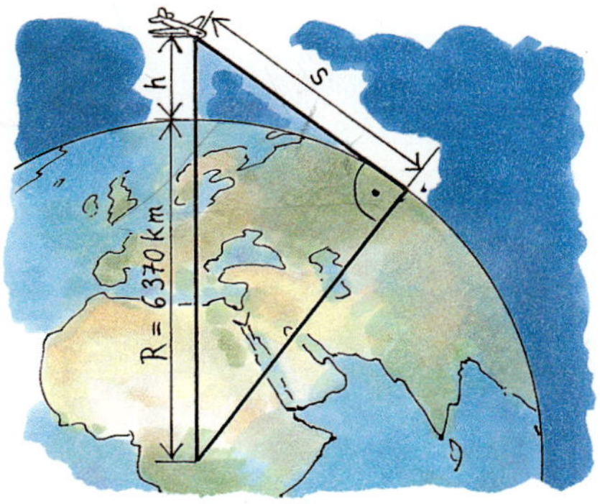

1. **a)** Am Strand der Nordsee fliegt ein Sportflugzeug in 150 m Höhe. Bis zu welcher Entfernung s kann die Pilotin noch Schiffe bis zur Wasserlinie sehen?

b) Wie hoch muss das Flugzeug fliegen, damit die Pilotin 100 km weit sehen kann?

c) Wie weit kann ein Mensch mit der Augenhöhe 1,70 m ins Meer hinaus sehen?

d) Stelle weitere Fragen und beantworte sie.

Hinweis: Die Lichtbrechung wird nicht berücksichtigt. Die Lichtstrahlen sollen geradlinig sein.

2. **a)** Konstruiere nur mit Zirkel und Lineal mithilfe des Kathetensatzes zu einem Quadrat mit der Seitenlänge 3 cm ein flächeninhaltsgleiches Rechteck, dessen eine Seitenlänge 2 cm beträgt.

b) Konstruiere mithilfe des Kathetensatzes zu einem Rechteck mit den Seitenlängen 3,5 cm und 5,5 cm ein flächeninhaltsgleiches Quadrat.

c) Konstruiere ein Quadrat mit dem Flächeninhalt 15 cm^2.

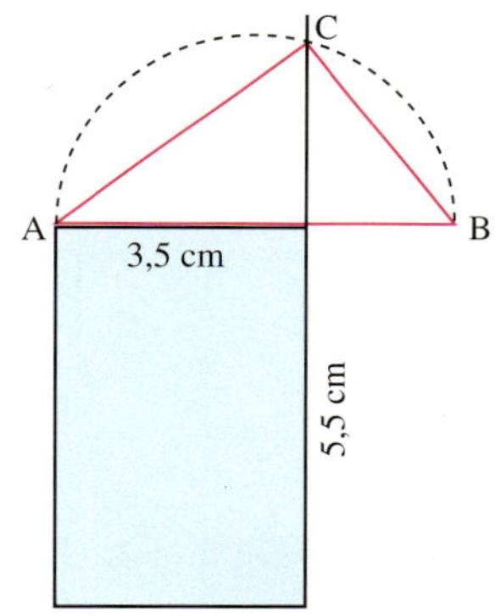

3. Gegeben ist ein Quadrat mit der Seitenlänge 5 cm. Konstruiere zu dem Quadrat mithilfe des Höhensatzes ein flächeninhaltsgleiches Rechteck, dessen eine Seite b ist.

a) b = 4 cm **b)** b = 5 cm **c)** b = 7,5 cm

Wie lang ist die andere Seite des Rechtecks? Miss; kontrolliere das Messergebnis durch Rechnen.

4. **a)** Gegeben ist die Gleichung $y = -\frac{3}{5}x + 3$ einer Geraden. Berechne den Flächeninhalt der Fläche zwischen der Geraden und den beiden Koordinatenachsen.

b) Gegeben sind Gleichungen $y = \frac{4}{3}x - \frac{8}{3}$ und $y = -0{,}5x + 4{,}5$ zweier Geraden. Berechne den Flächeninhalt der Fläche zwischen den beiden Geraden und der x-Achse.

5. Gegeben ist das Dreieck ABC in einem Koordinatensystem.

a) Bestimme den Flächeninhalt.

b) Berechne die Seitenlängen des Dreiecks.

c) Berechne die Höhen h_a, h_b und h_c. Verwende die Ergebnisse der Teilaufgaben a) und b).

d) Zeige: Wenn die Koordinaten der Eckpunkte des Dreiecks ganzzahlig sind, dann ist der Flächeninhalt ein ganzzahliges Vielfaches von $\frac{1}{2}$.

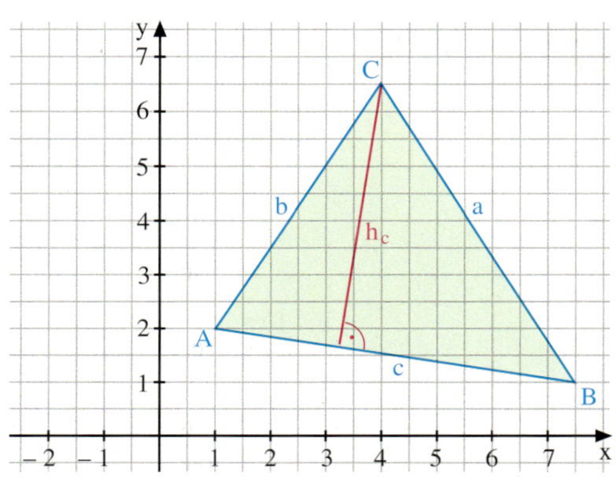

Bist du fit?

1. Berechne die Länge der roten Seite.

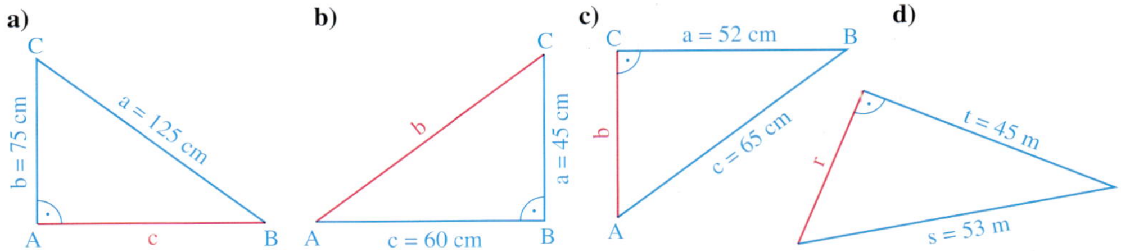

2. Berechne die Höhe und bestimme den Flächeninhalt für

a) ein gleichschenkliges Dreieck mit Schenkellänge s = 85 cm und Basis g = 72 cm;

b) ein gleichseitiges Dreieck mit der Seitenlänge a = 26 cm.

3. Berechne die Längen der rot eingezeichneten Strecken.

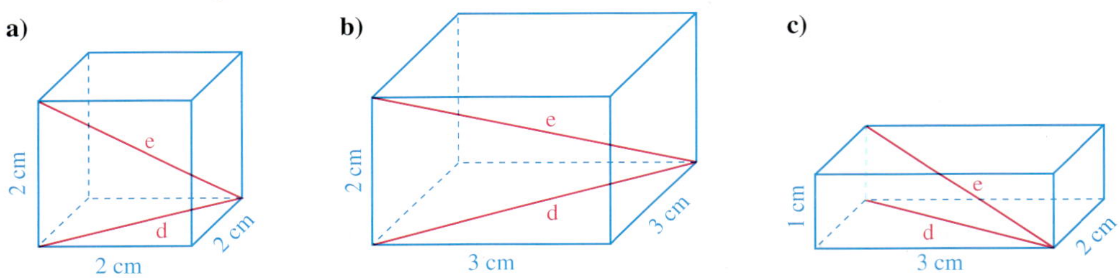

4. Ein 120 m hoher Sendemast soll durch vier Stahlseile abgesichert werden, die in $\frac{3}{4}$ der Höhe befestigt sind. Die Seile sollen 60 m vom Mast entfernt im Boden verankert werden.
Wie viel m Seil werden benötigt?
(Das Durchhängen der Seite soll unberücksichtigt bleiben.)

5. An einer Straße wird ein 60 m langer Lärmschutzwall geplant, dessen Querschnittsfläche ein gleichschenkliges Trapez sein soll.

a) Berechne die Länge s einer Böschung.

b) Beide Böschungen sollen bepflanzt werden. Das Bepflanzen kostet 36 € pro m^2 zusätzlich 19 % Mehrwertsteuer. Berechne die Kosten.

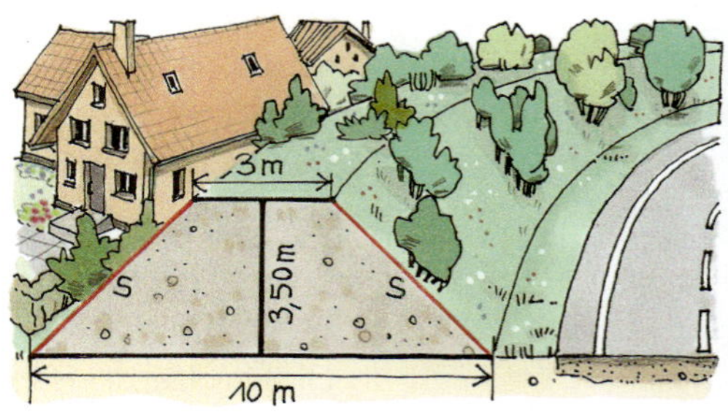

6. Ein Dreieck ABC hat einen rechten Winkel bei C. Berechne die übrigen der sechs Längen a, b, c, p, q und h. Kontrolliere durch Zeichnung. Berechne auch den Flächeninhalt des Dreiecks.

a) b = 6 cm; q = 4 cm **b)** p = 3 cm; q = 4 cm

7. Gegeben ist ein Rechteck mit den Seitenlängen 7 cm und 5 cm. Konstruiere ein dazu flächeninhaltsgleiches Quadrat mithilfe des Kathetensatzes [mithilfe des Höhensatzes].

3. ÄHNLICHKEIT

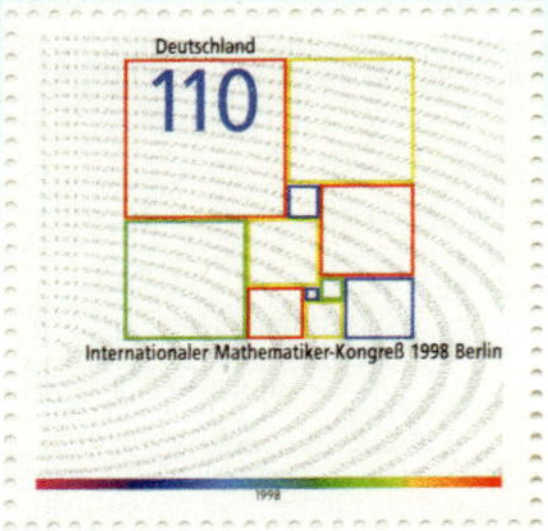

Nicole will im Unterricht ein Referat über Zerlegungen eines Quadrates in Quadrate halten. Als Vorlage dient ihr eine Briefmarke, die 1998 zum Internationalen Mathematikerkongress in Berlin von der Deutschen Post ausgegeben wurde.
Sie zeichnet die Zerlegung des Quadrates mit einem Geometrieprogramm ab.

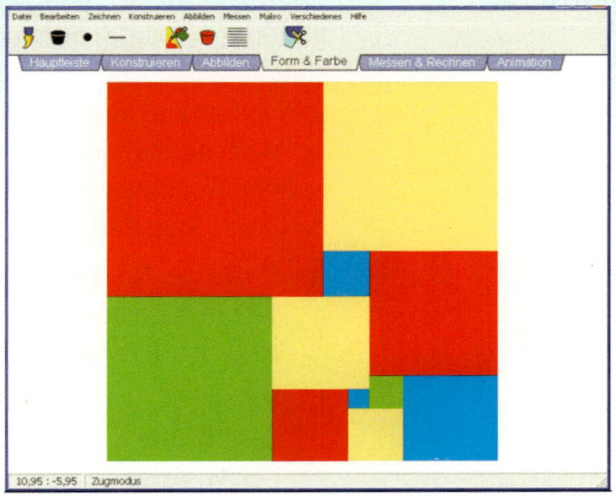

Bei der Projektion der Zeichnung mithilfe eines Beamers erhält Nicole zunächst das linke Bild. Nachdem sie den Beamer anders aufgestellt hat, erhält sie das Bild rechts.

- Was hat Nicole bei der linken Projektion falsch gemacht?
- Vergleiche die Zerlegung des Quadrats in der Zeichnung rechts oben mit den Projektionen auf der Wand.

Das projizierte Bild rechts ist eine maßstäbliche Vergrößerung der Zeichnung oben rechts.
Man sagt dann auch: Beide Bilder sind *ähnlich* zueinander.

Mehr über maßstäblich vergrößerte oder verkleinerte, also zueinander ähnliche Figuren, ihre Konstruktion, ihre Eigenschaften und ihre Anwendungen erfährst du in diesem Kapitel.

3.1 Ähnliche Vielecke

3.1.1 Ähnlichkeit bei Vielecken – Längenverhältnisse

Aufgabe 1

Jakob hat im Urlaub viele Fotos mit seiner Digitalkamera aufgenommen. Er möchte einige seiner Urlaubsbilder auf Postkarten drucken und außerdem eine Auswahl der Bilder auf seine Website stellen. Für den Ausdruck der Urlaubsbilder bietet der Drucker die nebenstehende Größe standardmäßig an.

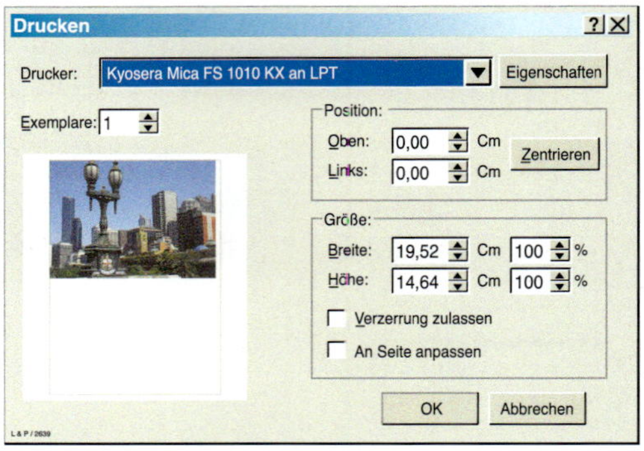

a) Prüfe, ob ein Ausdruck im Postkartenformat 10 cm × 15 cm angefertigt werden kann, ohne dass Teile des Bildes verloren gehen.

b) Prüfe, ob zugeschnitten werden muss, um das Bild in den vorgesehenen Rahmen auf der Website (3 cm × 4 cm) einzupassen.

Lösung

Sowohl für den Ausdruck auf einer Postkarte als auch für den Rahmen auf der Website benötigt man ein kleineres Bild als vom Drucker vorgegeben. Dieses soll nicht verzerrt sein, es muss sich also um eine maßstäbliche Verkleinerung handeln. Dazu muss sowohl die Länge der Seite $\overline{AB}$ als auch die Länge der Seite $\overline{BC}$ mit *demselben* Faktor k verkleinert werden. Folglich muss gelten:

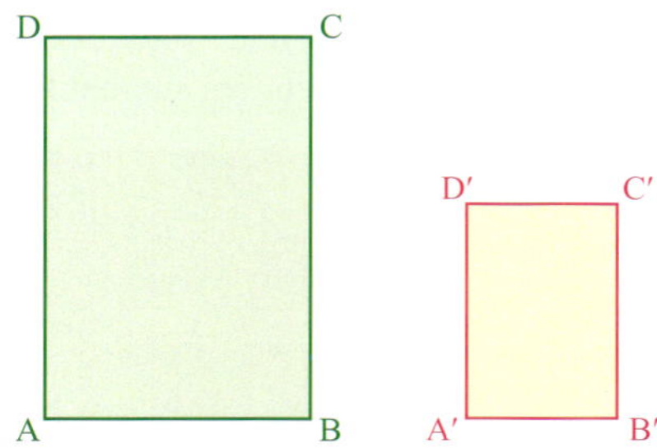

$|A'B'| = k \cdot |AB|$ *und* $|B'C'| = k \cdot |BC|$,

also: $k = \frac{|A'B'|}{|AB|}$ *und* $k = \frac{|B'C'|}{|BC|}$.

Wir prüfen dies nach, indem wie die Verkleinerungsfaktoren für die Seiten einzeln berechnen und vergleichen.

a) Für das Postkartenformat ergeben sich die Verkleinerungsfaktoren:

$k_1 = \frac{10}{14{,}64} \approx 0{,}683; \qquad k_2 = \frac{15}{19{,}52} \approx 0{,}768$

Diese beiden Verkleinerungsfaktoren stimmen nicht überein. Also müsste man für die Postkarte an der kürzeren Seite mit Verlust rechnen, es würde oben oder unten etwas vom Bild abgeschnitten, oder an der längeren Seite bliebe ein weißer Rand.

b) Für die Website ergeben sich die Verkleinerungsfaktoren:

$k_1 = \frac{3}{14{,}64} \approx 0{,}205; \qquad k_2 = \frac{4}{19{,}52} \approx 0{,}205$

Die Näherungswerte stimmen überein. Rechnet man mit Brüchen, so erkennt man sogar die exakte Übereinstimmung:

$k_1 = \frac{3}{14{,}64} = \frac{300}{1464} = \frac{25}{122}; \qquad k_2 = \frac{4}{19{,}52} = \frac{400}{1952} = \frac{25}{122}$

In den Websiterahmen passt das Bild vollständig hinein und es füllt ihn ganz aus.

Weiterführende Aufgaben

2. *Längenverhältnisse der Seiten eines Vielecks*

In der Lösung der Aufgabe 1 wurden Verkleinerungsfaktoren für die einzelnen Seiten bestimmt und verglichen. Löse diese Aufgabe auch auf andere Weise folgendermaßen: Bei der Postkarte ist die lange Seite offensichtlich 1,5-mal so lang wie die kurze. Vergleiche diesen Wert mit dem entsprechenden beim Druckerbild und bei dem Website-Rahmen.

3. *Vergrößern einer Figur*

Mit einem Fotokopierer kann man nicht nur verkleinerte, sondern auch vergrößerte Kopien herstellen. Eine rechteckige Zeichnung mit den Maßen 5 cm × 8 cm soll mit dem Faktor 120 % vergrößert werden. Zeichne sowohl für die Zeichnung als auch für die Vergrößerung ein Rechteck.

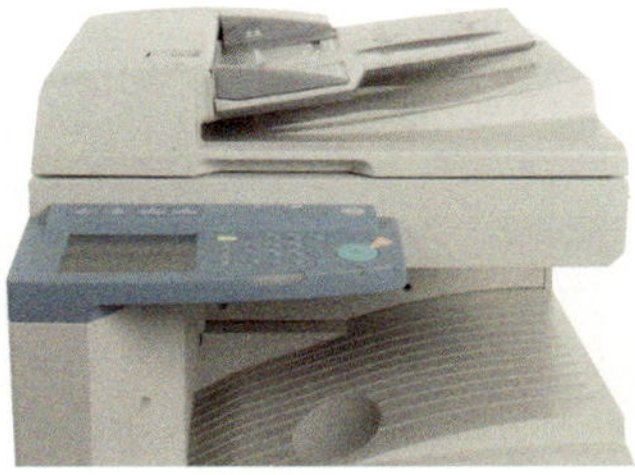

4. *Maßstab bei Zeichnungen und Karten*

Der **Maßstab** bei einer Bauzeichnung oder einer Landkarte gibt das Längenverhältnis einer Strecke in der Zeichnung zu der Strecke in der Wirklichkeit an.

a) Auf einer Landkarte im Maßstab 1:25 000 ist der Wanderweg zwischen zwei Burgen 32 cm lang. Wie lang ist der Wanderweg in der Wirklichkeit?

b) Auf einer Hinweistafel wird ein Rundwanderweg mit 12,5 km angegeben.
Wie lang ist er auf der Wanderkarte im Maßstab 1:25 000?

c) Welche Beziehung besteht zwischen dem Maßstab und dem Verkleinerungsfaktor?

Information

(1) Maßstäbliche Vergrößerungen und Verkleinerungen – Zueinander ähnliche Vielecke

Ein Beamer vergrößert; ebenso kann man mit einem Fotokopiergerät vergrößern, aber auch verkleinern. Beim maßstäblichen Vergrößern ist der Faktor k größer als 1, beim maßstäblichen Verkleinern liegt der Faktor zwischen 0 und 1.

Das maßstäbliche Vergrößern bzw. Verkleinern (ohne Verzerren) bedeutet:

- Die Größen einander entsprechender Winkel bleiben erhalten.
- Die Längen aller Strecken werden mit *demselben* positiven Faktor multipliziert.

Definition

Zwei Vielecke F und G heißen **ähnlich** zueinander, wenn sich ihre Eckpunkte so einander zuordnen lassen, dass gilt:

(1) Entsprechende Winkel sind gleich groß.

(2) Alle Seiten des Vielecks G sind k-mal so lang wie die entsprechenden Seiten des Vielecks F (mit *derselben* positiven Zahl k multipliziert).

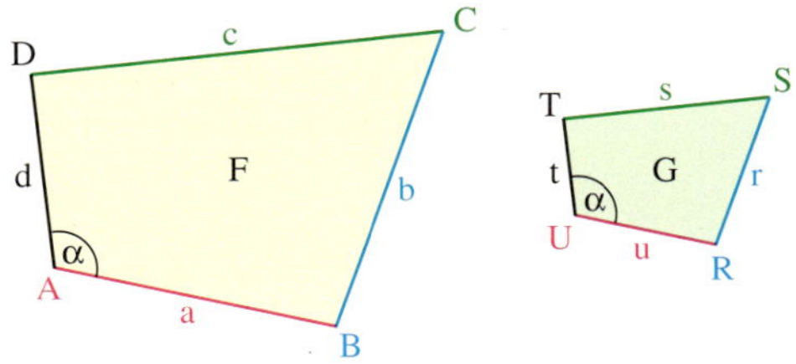

Ähnlichkeitsfaktor $k = \frac{1}{2}$

Sind die Vielecke F und G ähnlich zueinander, so schreibt man kurz:
F ~ G, gelesen: F ist ähnlich zu G.
Der Faktor k heißt **Ähnlichkeitsfaktor**.

(2) Längenverhältnis

Bei der Lösung der Aufgabe 1 und auch bei den Weiterführenden Aufgaben haben wir Längen miteinander verglichen, indem wir Quotienten von Seitenlängen gebildet haben. Wir haben also das Verhältnis zweier Längen a und b gebildet. Ein solches Vorgehen kennst du auch schon für andere Größen.

Definition

Beim Vergleich zweier Längen a und b bezeichnet man den Bruch $\frac{a}{b}$ bzw. den Quotienten a : b auch als **Längenverhältnis** oder kurz als *Verhältnis*.
Den Bruch $\frac{a}{b}$ bzw. den Quotienten a : b liest man dann auch: *a zu b.*

Beispiel: Gegeben: $|AB| = 0{,}9$ cm und $|CD| = 1{,}5$ cm. Dann gilt:

$$\frac{|AB|}{|CD|} = \frac{0{,}9\text{ cm}}{1{,}5\text{ cm}} = \frac{9}{15} = \frac{3}{5} = 0{,}6 \quad \text{bzw.} \quad |AB| : |CD| = 0{,}9 : 1{,}5 = 9 : 15 = 3 : 5 = 0{,}6$$

Eine Gleichung wie $|AB| : |CD| = 3 : 5$ liest man auch: *|AB| verhält sich zu |CD| wie 3 zu 5.*
Eine solche Gleichung nennt man *Verhältnisgleichung* oder auch *Proportion*.

Beachte: Das Verhältnis zweier Längen ist eine Zahl.

Proportion (lat.)
entsprechendes Verhältnis

Mit dem Längenverhältnis lässt sich der Begriff Ähnlichkeit auch folgendermaßen formulieren.

Satz 1

Wenn sich bei zwei Vielecken F und G ihre Eckpunkte so einander zuordnen lassen, dass gilt:

(1) Entsprechende Winkel sind gleich groß und
(2) die Längenverhältnisse entsprechender Seiten stimmen überein,

dann sind die beiden Vielecke ähnlich zueinander, sonst nicht.

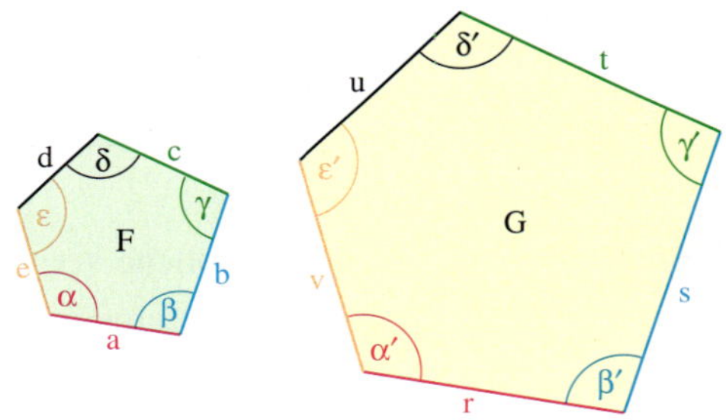

z.B.: $\alpha = \alpha'$; $\gamma = \gamma'$; $\frac{a}{r} = \frac{b}{s}$; $\frac{c}{t} = \frac{d}{u}$

(3) Längenverhältnis zweier Seiten derselben Figur

Die Lösung der Weiterführenden Aufgabe 2 führt auf folgenden Satz.

Satz 2

Zwei Vielecke F und G sind zueinander ähnlich, wenn

(1) das Längenverhältnis je zweier Seiten des Vielecks F und das Längenverhältnis der entsprechenden Seiten des Vielecks G übereinstimmen und
(2) entsprechende Winkel gleich groß sind,

sonst nicht.

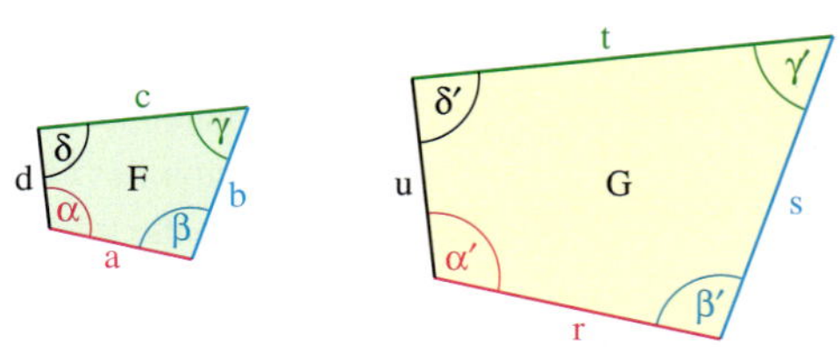

z.B.: $\frac{b}{a} = \frac{s}{r}$; $\frac{a}{c} = \frac{r}{t}$; $\frac{c}{b} = \frac{t}{s}$; $\alpha = \alpha'$

Übungsaufgaben

5. Das Bild des Künstlers ist eingerahmt worden. Das Bild allein ist ein Rechteck; ebenso das Bild zusammen mit dem Rahmen. Vergleiche beide Rechtecke.
Welche Bedingung muss erfüllt sein, damit das eine Rechteck eine maßstäbliche Vergrößerung des anderen Rechtecks ist?

6. a) Vergrößere die Figur maßstäblich mit dem Faktor 2.

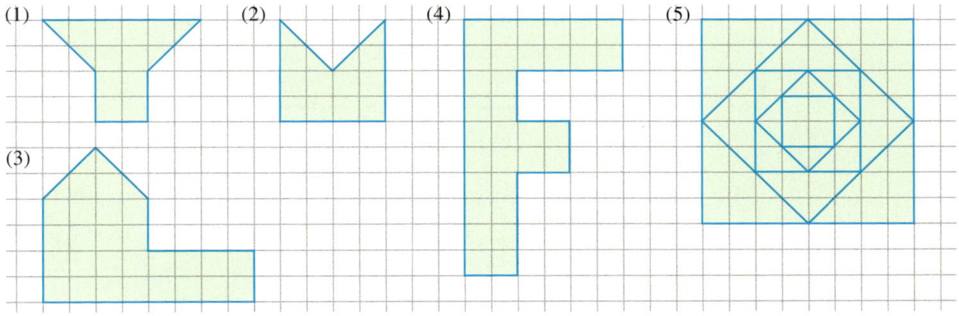

b) Wähle eine Figur aus Teilaufgabe a). Verkleinere sie maßstäblich mit dem Faktor $\frac{1}{2}$.

7. Auf dem Foto siehst du eine Mutter mit ihrer Tochter. Man sagt: Beide sehen sich ähnlich. Vergleiche diesen Begriff „ähnlich“ mit dem aus der Mathematik.

8. Prüfe, ob die beiden Vielecke ähnlich zueinander sind. Gib gegebenenfalls auch den Ähnlichkeitsfaktor an.

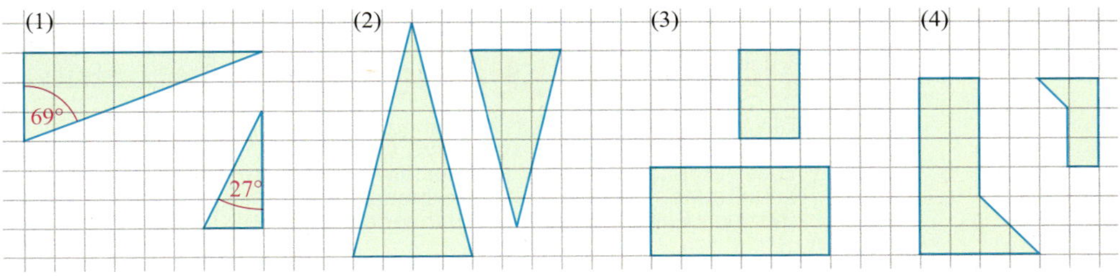

9. Hier siehst du verschiedene Figuren. Suche zwei zueinander ähnliche Figuren heraus. Zeichne die beiden Figuren ins Heft und markiere jeweils einander entsprechende Punkte, entsprechende Winkel und Seiten in derselben Farbe. Begründe dann die Ähnlichkeit. (Es gibt mehrere Möglichkeiten.) Bestimme auch den Ähnlichkeitsfaktor.
Suche weitere Paare von Figuren heraus und verfahre entsprechend.

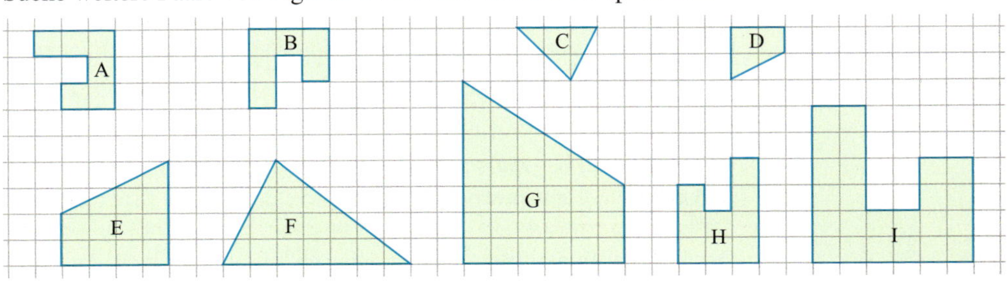

10. Zeichne zwei Parallelogramme [zwei Rauten], die nicht zueinander ähnlich sind. Begründe.

11. Entscheide, ob die Aussage wahr oder falsch ist.
(1) Alle Quadrate sind zueinander ähnlich.
(2) Alle Rechtecke sind zueinander ähnlich.
(3) Alle gleichseitigen Dreiecke sind zueinander ähnlich.

12. Begründe: Wenn zwei Vielecke kongruent zueinander sind, dann sind sie auch ähnlich zueinander. Gib auch den Ähnlichkeitsfaktor an.

13. Entnimm der Zeichnung das Längenverhältnis $\frac{|PQ|}{|UV|}$, ohne mit dem Lineal zu messen.

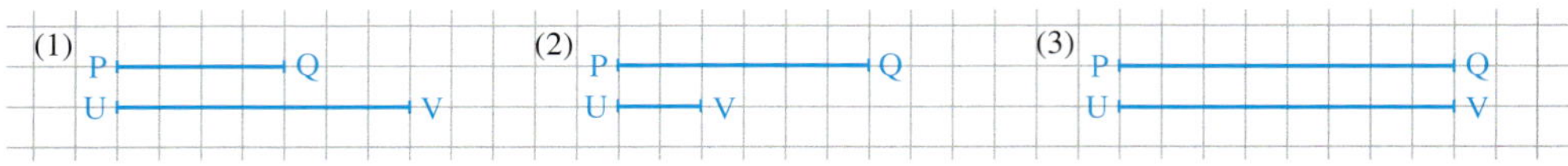

14. Zeichne zwei Strecken $|AB|$ und $|CD|$ mit dem Längenverhältnis:

a) $|AB| : |CD| = 3 : 4$ **b)** $|AB| : |CD| = 5 : 2$ **c)** $\frac{|AB|}{|CD|} = \frac{3}{2}$ **d)** $\frac{|AB|}{|CD|} = 0{,}4$

15. **a)** Bestimme das Längenverhältnis der Strecke $|AB|$ zur Strecke $|CD|$.
(1) $|AB| = \frac{5}{2} \cdot |CD|$ (2) $2 \cdot |CD| = 5 \cdot |AB|$ (3) $|AB| = |CD|$ (4) $7 \cdot |AB| = |CD|$

b) Gegeben ist das Längenverhältnis zweier Strecken: (1) $a : b = 2 : 3$; (2) $a : b = 1 : \sqrt{2}$
Schreibe sowohl a als Vielfaches von b als auch b als Vielfaches von a.

16. Das Längenverhältnis $|UV| : |XY|$ zweier Strecken beträgt (1) $4 : 5$; (2) $1 : \sqrt{3}$.
Berechne die fehlende Länge für: **a)** $|UV| = 1{,}2$ m **b)** $|XY| = 16$ cm

17.

Modelleisenbahnen

Die Maßstäbe der Modelleisenbahnen werden mit Buchstaben und Zahlen abgekürzt. Diese werden vom Verband der Modelleisenbahner und Eisenbahnfreunde Europas in der Normentabelle NEM (**N**ormen **E**uropäischer **M**odellbahnen) festgelegt.

Nenngröße	Maßstab	Spurweite
HO	1 : 87	16,5 mm
N	1 : 160	9,0 mm
Z	1 : 220	6,5 mm

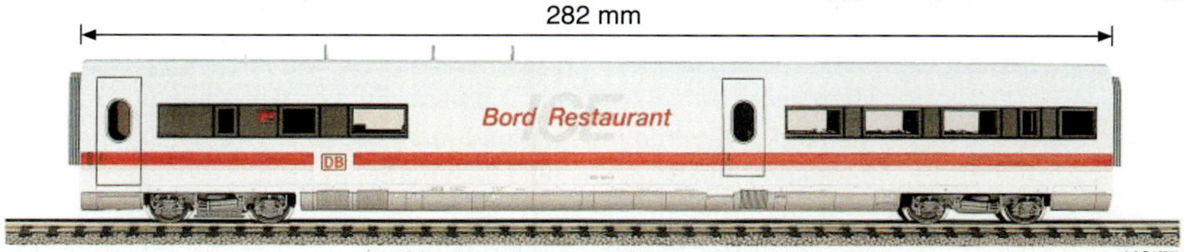

ICE - Bord-Restaurant-Wagon Spur HO

a) Wie lang ist der ICE-Bord-Restaurant-Wagen in der Wirklichkeit?

b) Berechne die Länge des ICE-Wagens für die Spur N [Spur Z].

c) Eine Tür des ICE-Wagens ist 1 050 mm breit. Berechne das Maß für Spur N [H0; Z].

d) Das Modell des Endwagens eines ICE 3 hat in der Spur H0 die Länge 295 mm. Berechne die Länge eines entsprechenden Modells in der Spur N [Spur Z].

18. Der Berliner Funkturm („Langer Lulatsch") ist 147 m hoch, der Berliner Fernsehturm ist 368 m hoch. Welchen Maßstab musst du wählen, damit du diese Gebäude in dein Heft (DIN A4) zeichnen kannst?

> 1 pm, gelesen 1 Pikometer, ist der billionste Teil eines Meters.

19. Ein Eisenatom hat einen Radius von 125 pm. Mit welchem Faktor muss es vergrößert werden, damit es so groß ist wie ein Stecknadelkopf mit r = 1 mm [Ball mit r = 8 cm]?

20. Beweise **a)** Satz 1 von Seite 74; **b)** Satz 2 von Seite 74.

21. Die beiden Dreiecke sind zueinander ähnlich. Schreibe gleiche Längenverhältnisse auf. Beachte dabei die Sätze auf Seite 74.

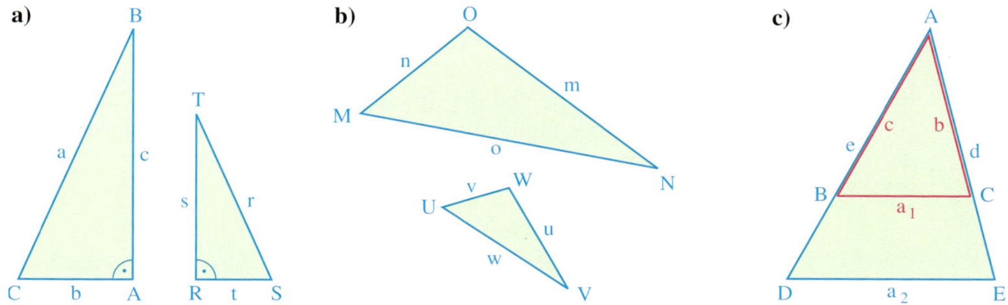

22. Berechne die fehlenden Seitenlängen der zueinander ähnlichen Dreiecke ABC und A′B′C′.

a)	**b)**	**c)**	**d)**
a = 3 cm	a = 4 cm	a = 5 cm	a = 60 mm
b = 4 cm	b = 6 cm	b = 7 cm	a′ = 45 mm
c = 6 cm	c = 8 cm	c = 9 cm	b′ = 90 mm
a′ = 9 cm	c′ = 2 cm	a′ = 7,5 cm	c′ = 90 mm

23. Kontrolliere Fenjas Aufgabe zu zwei zueinander ähnlichen Dreiecken ABC und DEF.

$\frac{4\text{ cm}}{d} = \frac{5\text{ cm}}{6\text{ cm}}$

$d = \frac{5\text{ cm} \cdot 4\text{ cm}}{6\text{ cm}}$

$d = 3\frac{1}{3}\text{ cm}$

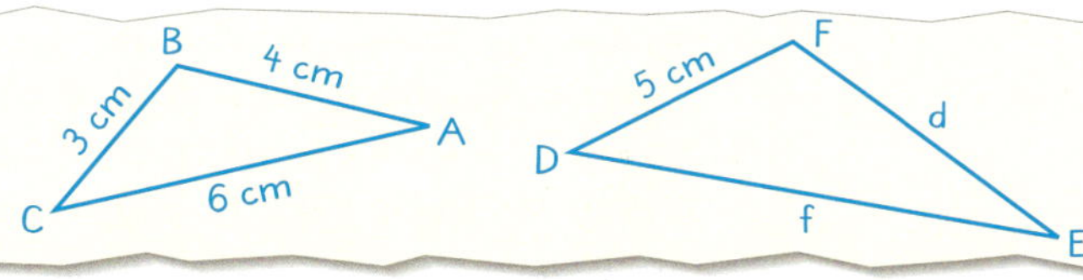

24. Gegeben ist ein Rechteck mit den Seitenlängen 4 cm und 6 cm. Zeichne ein dazu ähnliches Rechteck, dessen eine Seite 9 cm [5 cm] lang ist.

25. Der Kartenausschnitt ist im Maßstab 1 : 5 000 000 gezeichnet. Gib die Luftlinienentfernung der beiden Orte an.

a) Berlin – Prag
b) Potsdam – Magdeburg
c) Leipzig – Dresden
d) Jena – Erfurt
e) Berlin – Cottbus
f) Braunschweig – Chemnitz
g) Hannover – Wolfsburg
h) Würzburg – Berlin
i) Göttingen – Eisenach

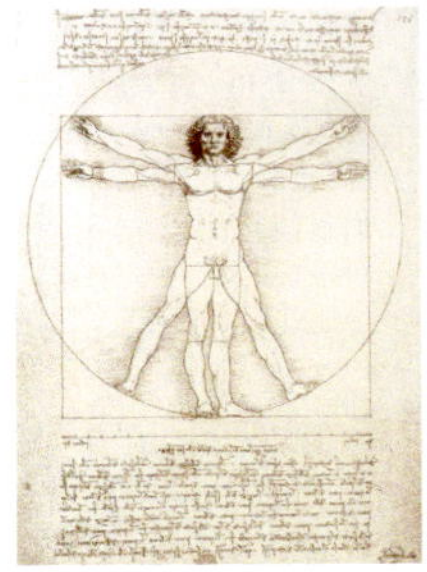

26. **a)** Sind die Puppe und die Spielfigur einem Menschen ähnlich? Vergleiche dazu Längenverhältnisse der Figur mit entsprechenden Längenverhältnissen bei deinen Mitschülern, z.B. $\frac{\text{Gesamtlänge}}{\text{Armlänge}}$ oder $\frac{\text{Kopfhöhe}}{\text{Handlänge}}$ usw.

b) In welchem Maßstab ist die Spielfigurenwelt modelliert?

c) In der idealen Proportion der Maler der Renaissance und der Bildhauer der Antike wäre das Längenverhältnis $\frac{\text{Abstand vom Scheitel bis zum Bauchnabel}}{\text{Abstand vom Bauchnabel bis zur Fußsohle}} \approx 0{,}6.$

Prüfe, ob dies bei den Puppen beachtet wurde und mache eventuell Verbesserungsvorschläge.

3.1.2 Flächeninhalt bei zueinander ähnlichen Figuren

Aufgabe 1

a) Von dem Negativ eines Fotos soll ein Poster hergestellt werden. Ein Fotolabor hat nebenstehendes Angebot. Ist der Preis für das größere Poster gegenüber dem kleineren Poster durch den erhöhten Materialverbrauch gerechtfertigt?

b) Gegeben sei ein Rechteck ABCD mit der Seitenlängen a und b. Das Rechteck A′B′C′D′ entsteht aus ABCD durch Vergrößerung bzw. Verkleinerung mit dem Faktor k. Welche Beziehung besteht zwischen dem Flächeninhalt des Rechtecks ABCD und dem Flächeninhalt des Rechtecks A′B′C′D′?

Lösung

a) Der Preis für das größere Poster ist etwa dreimal so hoch.
Wir vergleichen nun den Materialverbrauch für das Fotopapier. Das 20 cm × 30 cm große Poster ist 600 cm^2 groß, das 40 cm × 60 cm große Poster 2 400 cm^2, d.h. der Materialverbrauch beim größeren Poster ist viermal so groß.

Ergebnis: Anteilmäßig ist die Preiserhöhung geringer als der zusätzliche Materialverbrauch.

b) Das Rechteck ABCD besitzt den Flächeninhalt $A_R = a \cdot b$. Es gilt: $a' = k \cdot a$ und $b' = k \cdot b$. Für den Flächeninhalt des Bildrechtecks A′B′C′D′ gilt dann:

$$\begin{aligned} A_{R'} &= a' \cdot b' \\ &= k \cdot a \cdot k \cdot b \\ &= k^2 \cdot a \cdot b \\ &= k^2 \cdot A_R \end{aligned}$$

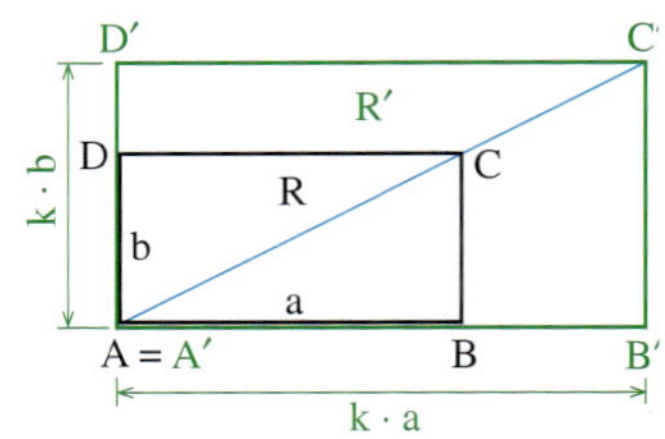

Ergebnis: Der Flächeninhalt des Rechtecks A′B′C′D′ ist k^2-mal so groß wie der Flächeninhalt des Rechtecks ABCD.

Weiterführende Aufgabe

2. *Beweis des Zusammenhangs zwischen den Flächeninhalten bei zueinander ähnlichen Vielecken*

a) Beweise: Ist das Dreieck D ähnlich zum Dreieck D* und entsteht D* aus D durch maßstäbliches Vergrößern bzw. Verkleinern mit dem Ähnlichkeitsfaktor k, so ist der Flächeninhalt von D* dann k^2-mal so groß wie der Flächeninhalt von D.

b) Beweise den folgenden Satz.

Satz

Ist das Vieleck F ähnlich zum Vieleck G und entsteht G aus F durch maßstäbliches Vergrößern bzw. Verkleinern mit dem Ähnlichkeitsfaktor k, so ist der Flächeninhalt des Vielecks G genau k^2-mal so groß wie der Flächeninhalt des Vielecks F:

$$A_G = k^2 \cdot A_F$$

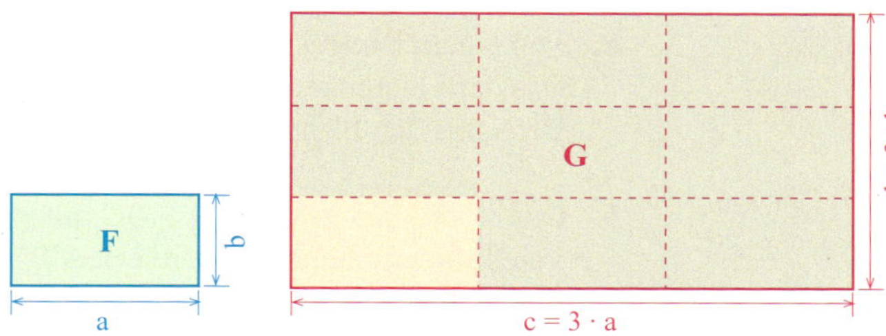

$A_G = 9 \cdot A_F$

Längenverhältnis: k
Flächenverhältnis: $\frac{A_G}{A_F} = k^2$

Übungsaufgaben

3. Im Oktober 2004 kostete 1 Barrel Rohöl 50 US-Dollar, im Januar 2008 schon doppelt so viel.
Ein Grafiker hat diese Preisentwicklung durch nebenstehende Grafik veranschaulicht. Was meinst du dazu?

2004

2008

4. a) Für die beiden Poster in Aufgabe 1 (Seite 78) soll ein Rahmen hergestellt werden. Vergleiche auch die Gesamtlänge der Leiste für das größere Poster mit der Länge der Leiste für das kleinere Poster.

b) Begründe: Sind zwei Rechtecke ähnlich zueinander mit dem Ähnlichkeitsfaktor k, so ist das Verhältnis der Umfänge beider Rechtecke ebenfalls k.

c) Verallgemeinere den Satz in Teilaufgabe b) auf Vielecke und begründe ihn.

5. Ein Fotogeschäft bietet nebenstehende Vergrößerungen von einem Fotonegativ zu den angegebenen Preisen an.
Vergleiche die Preise.

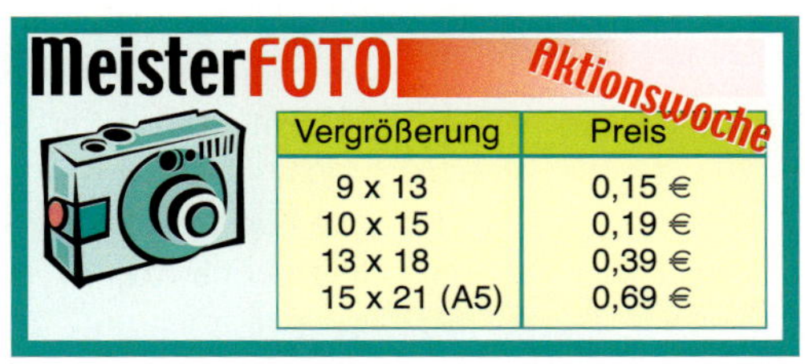

Vergrößerung	Preis
9 x 13	0,15 €
10 x 15	0,19 €
13 x 18	0,39 €
15 x 21 (A5)	0,69 €

6. Das Rechteck ABCD besitzt die Seitenlängen a = 6,6 cm und b = 3,9 cm. Das dazu ähnliche Rechteck A′B′C′D′ entsteht durch den Ähnlichkeitsfaktor

a) $k = 4$; **b)** $k = \frac{1}{2}$; **c)** $k = \frac{2}{3}$; **d)** $k = \frac{3}{2}$.

Berechne auf zwei verschiedenen Wegen den Flächeninhalt des Rechtecks A′B′C′D′.

7. In einem Dreieck ABC ist c = 6 cm und die zur Seite c gehörende Höhe $h_c = 4$ cm.
Das dazu ähnliche Dreieck A′B′C′ entsteht aus ABC durch den Ähnlichkeitsfaktor k.
Berechne auf zwei verschiedenen Wegen den Flächeninhalt des Dreiecks A′B′C′.

a) k = 2 **b)** $k = \frac{3}{4}$ **c)** k = 2,5

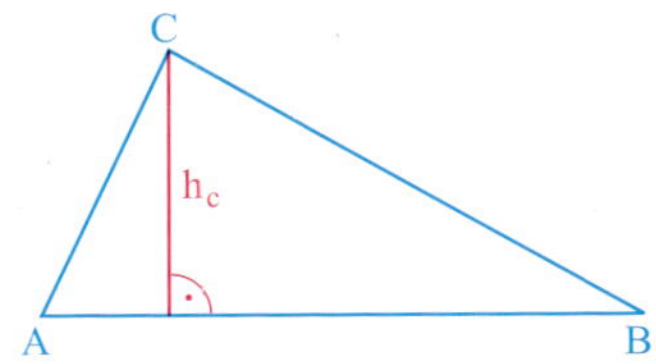

8. Von einem Dreieck ABC ist bekannt: a = 4,8 cm; $h_a = 2,5$ cm.
Das dazu ähnliche Dreieck A′B′C′ besitzt die Höhe $h'_a = 3,25$ cm.
Berechne den Flächeninhalt des Dreiecks A′B′C′ auf zwei verschiedenen Wegen.

9. Das rechtwinklige Dreieck ABC mit $\gamma = 90°$ besitzt die Seitenlängen a = 4,5 cm und b = 6 cm.
Von dem dazu ähnlichen Dreieck A′B′C′ kennt man a′ = 3,6 cm.
Berechne auf zweierlei Weise den Flächeninhalt und den Umfang des Dreiecks A′B′C′.

10. Ein Viereck ABCD hat den Flächeninhalt 60 cm^2. Berechne den Flächeninhalt des dazu ähnlichen Vierecks A′B′C′D′ bei dem Ähnlichkeitsfaktor

a) k = 3; **b)** $k = \frac{4}{5}$; **c)** $k = \frac{9}{4}$; **d)** $k = \sqrt{2}$.

11. Je nach Verwendungszweck wählt man bei der Herstellung von Zeichnungen oder Karten einen geeigneten Maßstab.

a) Wie viel cm (bzw. m bzw. km) in der Wirklichkeit entsprechen 1 cm auf der Zeichnung bzw. Karte?

b) Wie viel cm^2 (bzw. m^2 bzw. km^2) in der Wirklichkeit entsprechen 1 cm^2 auf der Zeichnung bzw. Karte?

Maßstab	Verwendung
1 : 10	Möbelzeichnung
1 : 100	Bauplan
1 : 2 500	Flurkarte
1 : 10 000	Stadtplan
1 : 25 000	Wanderkarte
1 : 50 000	Wanderkarte
1 : 200 000	Fahrradkarte
1 : 300 000	Autokarte

12. Ein Vieleck besitzt den Flächeninhalt 144 cm^2. Das dazu ähnliche Vieleck hat den angegebenen Flächeninhalt. Berechne den Ähnlichkeitsfaktor.

a) 81 cm^2 **c)** 36 cm^2 **e)** 288 cm^2 **g)** 24 cm^2
b) 64 cm^2 **d)** 576 cm^2 **f)** 48 cm^2 **h)** 144 cm^2

13. Der Fotokopierer rechts hat fest eingestellte Vergrößerungs- bzw. Verkleinerungsfaktoren. Bestimme für jeden Faktor, mit welchem Faktor der Flächeninhalt eines kopierten Rechtecks vergrößert bzw. verkleinert wird.

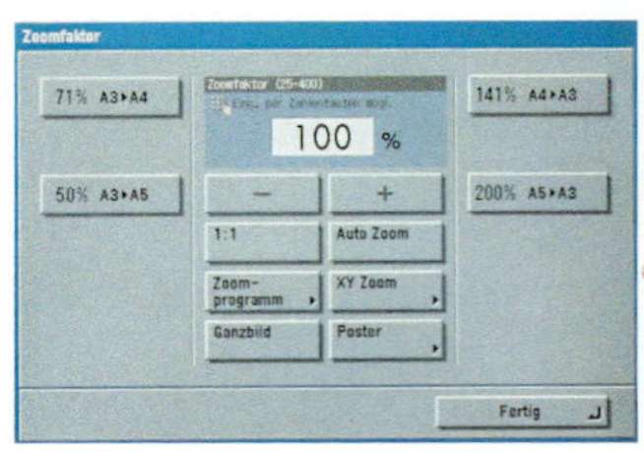

14. Die Flächeninhalte zweier zueinander ähnlicher Vielecke verhalten sich wie

a) 4 : 1; **b)** 16 : 9; **c)** 4 : 3; **d)** 4 : 5.

In welchem Verhältnis stehen die Seiten zueinander?

15. **a)** Alle Längen eines Vielecks werden um 20 % verlängert [verkürzt].
Um wie viel Prozent vergrößert [verkleinert] sich sein Flächeninhalt?

b) Alle Längen eines Vielecks werden um 30 % verkürzt. Um wie viel Prozent verkleinert sich sein Flächeninhalt?

3.2 Zentrische Streckung – Eigenschaften

3.2.1 Begriff der zentrischen Streckung – Konstruktion der Bildfigur

Um zu einer Figur ein kongruentes Bild zu erzeugen, kennen wir mehrere Konstruktionsverfahren: die Spiegelung an einer Achse oder an einem Punkt, die Verschiebung und die Drehung.
Wir suchen nun eine Abbildung, die zu einer Figur ein dazu ähnliches Bild erzeugt. Um eine Konstruktionsvorschrift zu erarbeiten, wählen wir eine einfache geometrische Figur, nämlich ein Dreieck. Dabei kann uns ein Steckbrett helfen.

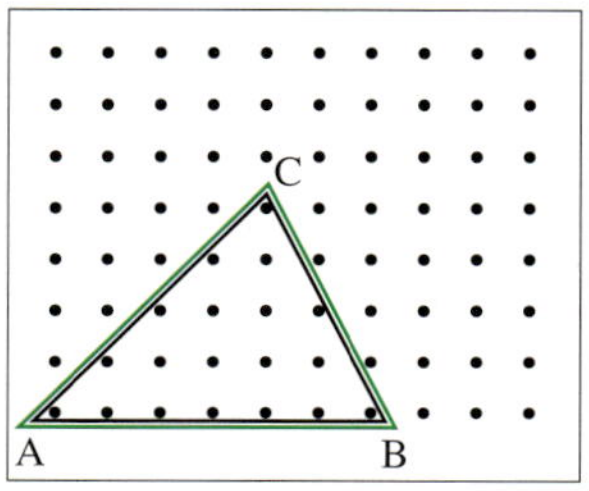

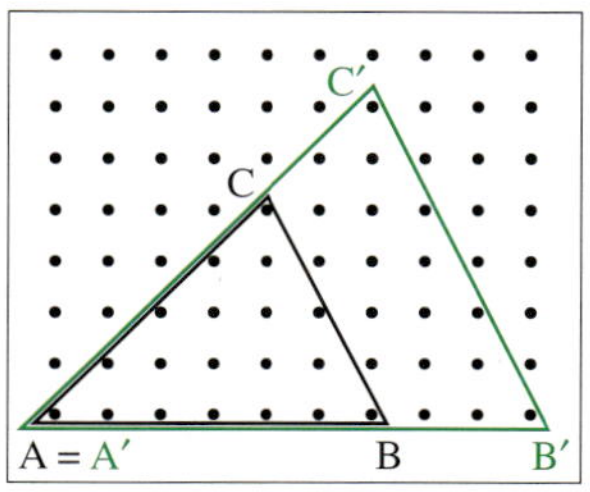

Mit einem schwarzen und einem grünen Gummiring ist ein Dreieck gespannt. Wir halten das grüne Dreieck bei A fest und ziehen bei B und bei C so weit nach rechts bzw. nach schräg oben, bis die Seiten $\overline{A'B'}$ und $\overline{A'C'}$ des Dreiecks A′B′C′ $1\frac{1}{2}$-mal so lang sind wie die Seiten $\overline{AB}$ und $\overline{AC}$ des schwarzen Dreiecks ABC.
Wir fassen das grüne Dreieck A′B′C′ als Bild des schwarzen Dreiecks ABC bei einer *Streckung* auf; dabei ist der Punkt A das *Streckzentrum* und $\frac{3}{2}$ der *Streckfaktor*.
Ob dabei die Seite $\overline{B'C'}$ auch $1\frac{1}{2}$-mal so lang ist wie die Seite $\overline{BC}$, werden wir später untersuchen.

Aufgabe 1

Gegeben ist ein Dreieck ABC. Konstruiere durch Streckung ein dazu vergrößertes Bilddreieck A′B′C′ mit dem Streckfaktor (Vergrößerungsfaktor) $\frac{3}{2}$. Wähle als Streckzentrum

a) den Eckpunkt A,

b) einen Punkt Z außerhalb des Dreiecks.

Beschreibe, wie du die Bildpunkte A′, B′, C′ erhältst.

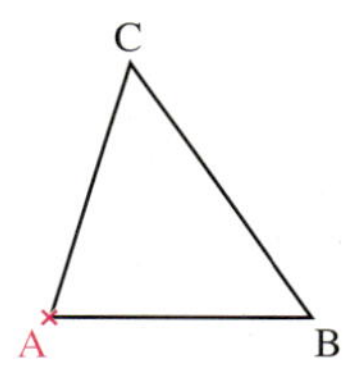

Lösung

a) *Konstruktionsbeschreibung:*
(1) Der Eckpunkt A ist das Zentrum der Streckung. Die Punkte A und A′ stimmen also überein.
(2) Zeichne die Halbgerade $|\overline{AB}$ und markiere auf dieser Halbgeraden den Punkt B′ so, dass die Strecke $\overline{A'B'}$ $\frac{3}{2}$-mal so lang ist wie die Strecke $\overline{AB}$.
(3) Konstruiere entsprechend den Punkt C′.
(4) Verbinde die Punkte B′ und C′.
A′B′C′ ist das gewünschte Dreieck.

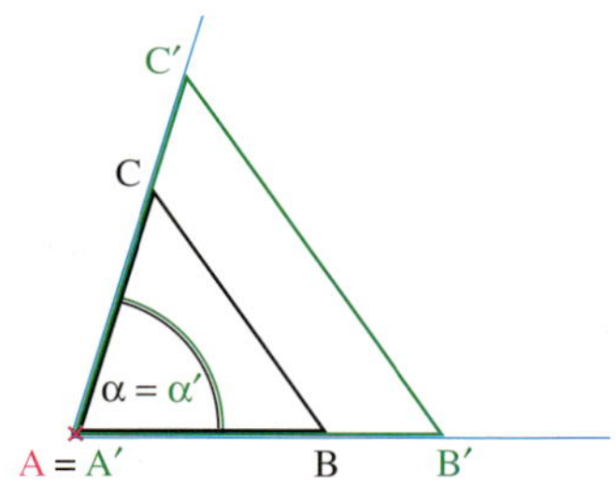

b) *Konstruktionsbeschreibung:*
(1) Zeichne die Halbgerade $|\overline{ZA}$ und markiere auf dieser Halbgeraden den Punkt A′ so, dass die Strecke $\overline{ZA'}$ $\frac{3}{2}$-mal so lang ist wie die Strecke $\overline{ZA}$.
(2) Konstruiere entsprechend die Punkte B′ und C′.
(3) Verbinde die Punkte A′ und B′, B′ und C′ sowie A′ und C′.
A′B′C′ ist das gesuchte Dreieck.

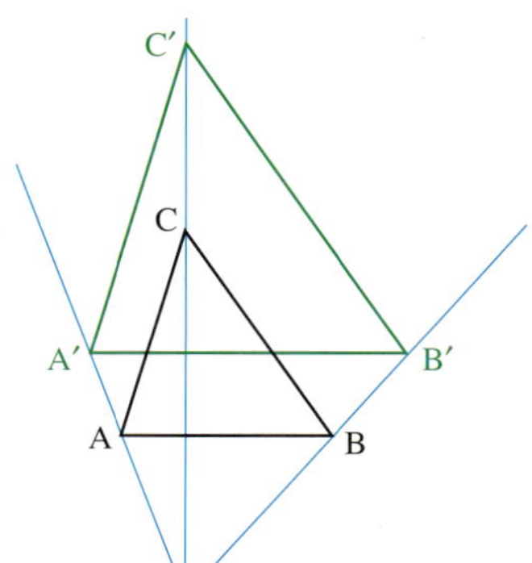

Information

Wir fassen die Punkte A′, B′, C′ als Bildpunkte von A, B, C bei einer neuen Abbildung auf. Diese Abbildung heißt *zentrische Streckung* mit dem *Streckzentrum* A und dem *Streckfaktor* $\frac{3}{2}$. Das Dreieck A′B′C′ ist das Bilddreieck von Dreieck ABC bei dieser zentrischen Streckung. Der Streckfaktor $\frac{3}{2}$ ist hier größer als 1; wir erhalten ein vergrößertes Bild.
Umgekehrt können wir das Dreieck ABC als verkleinertes Bild des Dreiecks A′B′C′ auffassen. Der Streckfaktor ist dann $\frac{2}{3}$, also kleiner als 1.
Wir lösen uns nun von speziellen Figuren wie dem Dreieck und definieren allgemein:

Definition

Eine **zentrische Streckung** wird festgelegt durch das **Streckzentrum Z** und den positiven **Streckfaktor k**.
Zu einem Punkt erhältst du den Bildpunkt wie folgt:

(1) Wenn der Punkt P nicht mit dem Zentrum Z zusammenfällt, dann erhält man den Bildpunkt P′ wie folgt:
   (a) Zeichne die Halbgerade $\overline{ZP}$.
   (b) Zeichne den Punkt P′ auf der Halbgeraden $\overline{ZP}$ so, dass gilt: $|ZP'| = k \cdot |ZP|$

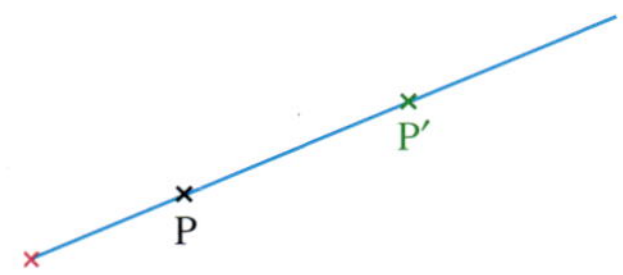

(2) Der Bildpunkt Z′ von Z fällt mit Z zusammen: $Z' = Z$.

Wir werden in Abschnitt 3.2.2 auf Seite 87 zeigen, dass eine zentrische Streckung tatsächlich zu einem Vieleck ein dazu ähnliches Bild erzeugt.

Weiterführende Aufgaben

2. *Fixelemente bei einer zentrischen Streckung*

a) Welche Punkte werden bei einer zentrischen Streckung auf sich abgebildet (*Fixpunkte*)?

b) Welche Geraden werden bei der zentrischen Streckung auf sich abgebildet (*Fixgeraden*)? Untersuche, ob jeder Punkt einer solchen Geraden selbst Fixpunkt ist.

Satz

Für jede *zentrische Streckung* gilt:
(a) Das Zentrum ist Fixpunkt.
(b) Jede Gerade durch das Zentrum ist eine Fixgerade.

3. *Zentrische Streckung mit negativem Streckfaktor*

Gegeben ist ein Dreieck ABC und ein Punkt Z.

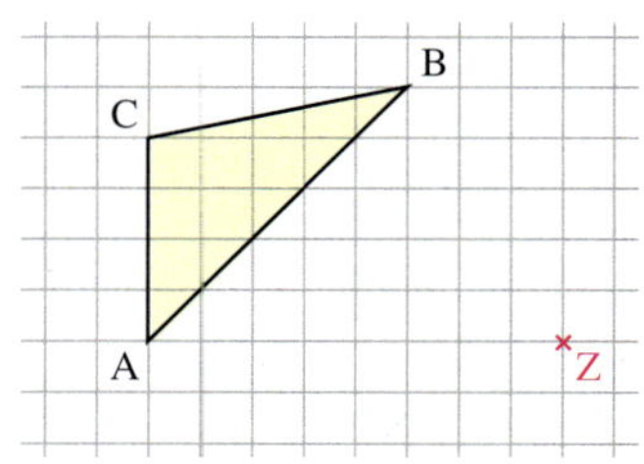

a) Führe zuerst die zentrische Streckung mit dem Streckzentrum Z und dem Streckfaktor $k = \frac{3}{2}$ durch.
Bilde nun das Bilddreieck A*B*C* durch eine Punktspiegelung (Halbdrehung) am Punkt Z ab.
Du erhältst das Bilddreieck A′B′C′.

b) Löse Teilaufgabe a) ohne das Zwischenbild A*B*C*. Beschreibe die Konstruktion.

c) Überlege, ob der obige Satz über die Fixpunkte und Fixgeraden auch für die Verkettung von zentrischer Streckung und Punktspiegelung (mit gleichem Zentrum) gilt.

d) Welche Abbildung erhält man, wenn man zuerst die Punktspiegelung und dann die zentrische Streckung jeweils mit dem Zentrum Z durchführt? Prüfe das am Beispiel dieser Aufgabe.

Information

Zentrische Streckung mit negativem Streckfaktor

A′B′C′ ist das Bild vom Dreieck ABC bei der **Verkettung** der zentrischen Streckung mit dem Streckzentrum Z und dem Streckfaktor $\frac{3}{2}$ und der anschließenden Punktspiegelung an Z. Die Verkettung der zentrischen Streckung mit der Punktspiegelung ist eine *neue* Abbildung. Wir nennen sie eine zentrische Streckung mit Streckzentrum Z und dem negativen Streckfaktor $-\frac{3}{2}$.

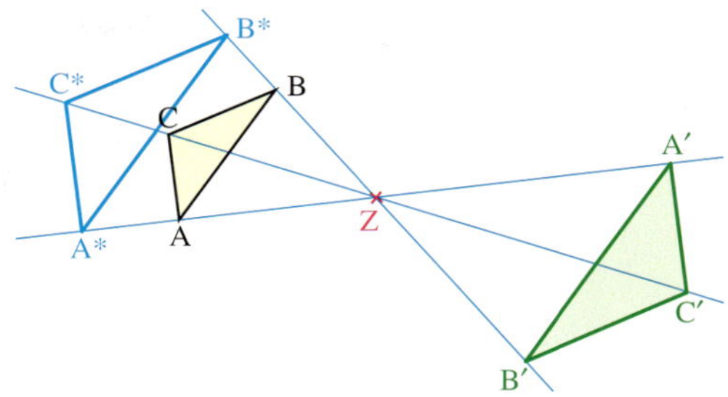

Definition

Eine **zentrische Streckung mit dem Streckzentrum Z und dem negativen Streckfaktor k** ($k < 0$) ist folgende Abbildung:
Man führt zunächst eine zentrische Streckung mit dem Streckzentrum Z und dem positiven Streckfaktor $|k|$, anschließend die Punktspiegelung am Zentrum Z durch.

Übungsaufgaben

4. Zeichne ein Rechteck ABCD mit a = 5,8 cm und b = 3,5 cm. Konstruiere ein dazu maßstäblich vergrößertes Bild A′B′C′D′ mit dem Vergrößerungsfaktor 2. Finde verschiedene Möglichkeiten. Beschreibe jeweils, wie du die Bildpunkte A′, B′, C′, und D′ erhältst.

5. Gib jeweils den Bildpunkt bzw. die Bildfigur bei der zentrischen Streckung mit dem Streckzentrum Z und dem Streckfaktor 2 an.

a)		**b)**	
A ⟶	▢	$\overline{AB}$ ⟶	▢
B ⟶	▢	$\overline{ZB}$ ⟶	▢
Z ⟶	▢	$\overline{ZA}$ ⟶	▢
AC ⟶	▢	$\overrightarrow{CA}$ ⟶	▢
BC ⟶	▢	$\overrightarrow{BC}$ ⟶	▢
ZB ⟶	▢	$\overrightarrow{CZ}$ ⟶	▢

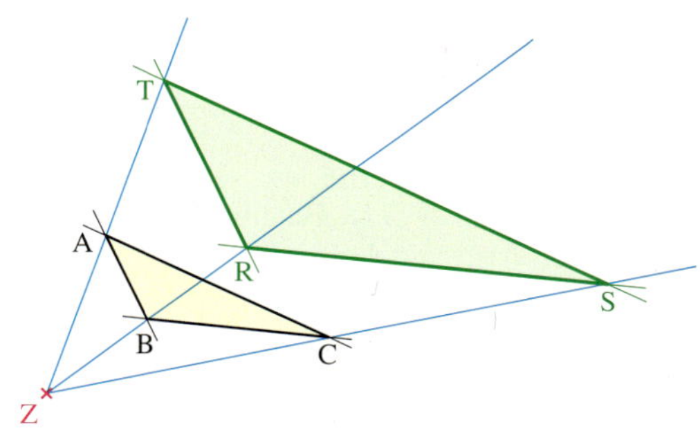

c) Welche der Geraden sind Fixgeraden, welche der Punkte sind Fixpunkte?

6. Gegeben sind das Viereck ABCD und der Punkt Z.

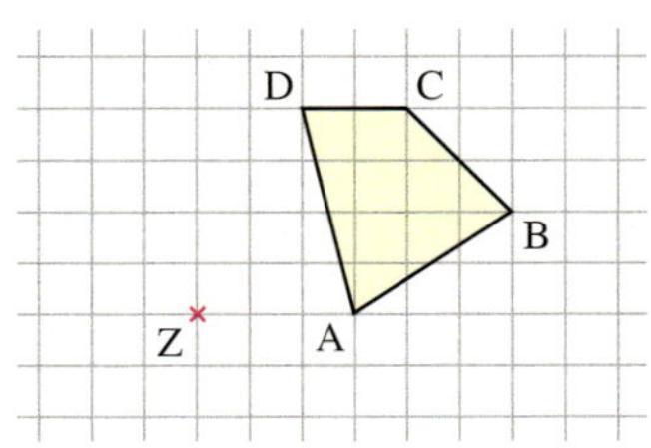

a) Konstruiere das Bild des Vierecks ABCD bei der zentrischen Streckung mit dem Streckzentrum Z und dem Streckfaktor $\frac{3}{2}$.

b) Wähle weitere Punkte innerhalb und außerhalb des Vierecks ABCD und konstruiere auch ihre Bildpunkte bei der zentrischen Streckung aus Teilaufgabe a).

c) Wähle als Zentrum Z einen Punkt (1) innerhalb des Vierecks; (2) auf der Seite $\overline{AB}$. Konstruiere nun das Bild des Vierecks ABCD bei der zentrischen Streckung mit dem Streckzentrum Z und dem Streckfaktor 3.

d) Konstruiere das Bild des Vierecks ABCD bei einer zentrischen Streckung mit dem Streckzentrum Z mit dem Streckfaktor:

(1) $k = \frac{1}{2}$ (2) $k = \frac{5}{2}$ (3) $k = 2$ (4) $k = 3$ (5) $k = 1$

7. Zeichne die Figur ins Heft. Konstruiere dann die Bildfigur bei der zentrischen Streckung mit dem Streckzentrum Z und dem Streckfaktor k = 2 [$k = \frac{1}{2}$; k = – 1,5]. Beschreibe die Konstruktion.

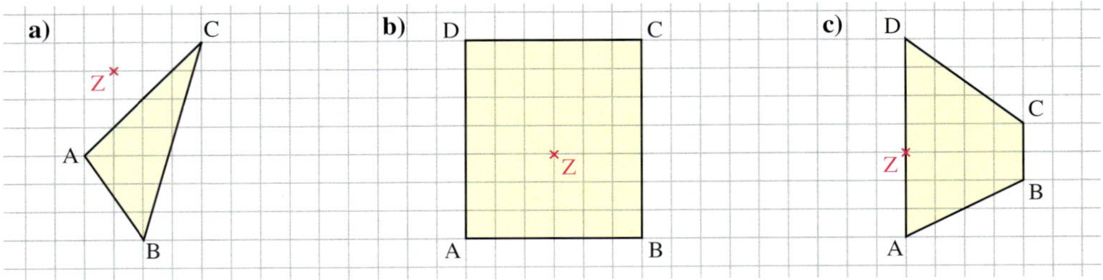

8. Zeichne in einem Koordinatensystem mit der Einheit 1 cm das Viereck ABCD mit A(– 2|0), B(4|0), C(4|2) und D(0|4). Ferner ist der Punkt Z(0|– 2) gegeben.
Konstruiere dann das Bild von ABCD bei der zentrischen Streckung mit A [mit Z] als Zentrum und k als Streckfaktor.

a) k = 2 **b)** k = 3 **c)** $k = \frac{1}{2}$ **d)** $k = -\frac{3}{2}$ **e)** k = – 0,5 **f)** $k = -\frac{3}{4}$

9. Konstruiere ein Dreieck ABC aus c = 4,4 cm; β = 55°, a = 3,2 cm.
Konstruiere dann die Bildfigur des Dreiecks ABC bei der zentrischen Streckung mit k = 1,5 [k = 0,5]. Beschreibe die Konstruktion. Das Zentrum Z ist

a) der Eckpunkt A; **b)** der Schnittpunkt der Mittelsenkrechten; **c)** die Mitte der Seite $\overline{BC}$.

10. Der Punkt P′ ist das Bild des Punktes P bei der zentrischen Streckung mit Streckzentrum Z. Bestimme den Streckfaktor k.

a) P(4|6), P′(6|9), Z(0|0) **b)** P(1|3), P′(0|5), Z(2|1) **c)** P(–7|2), P′(–2|–1), Z(3|–4)

11. Bestimme den Streckfaktor.

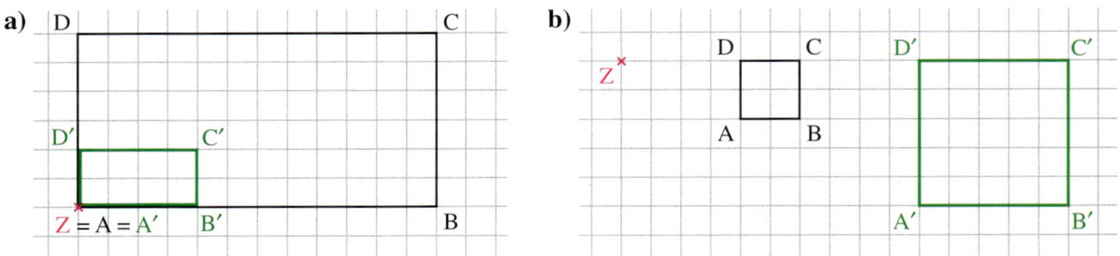

12. Die Punkte P′ und Q′ sind die Bilder von P bzw. Q. Bestimme das Streckzentrum Z sowie den Streckfaktor k.

a) P(4|– 1), P′(8|1), Q(1|–1), Q′(– 1|1)
b) P(2|0), P′(5|– 6), Q(0|0), Q′(– 3|– 6)
c) P(2|0), P′(5|– 6), Q(0|– 8) Q′(6|– 2)

13. Untersuche, ob das Dreieck PQR das Bilddreieck des Dreiecks ABC bei einer zentrischen Streckung ist. Falls ja, gib Streckzentrum und Streckfaktor an.

a) A(– 6|0), B(6|0), C(–2|8), P(5|–3), Q(0|1), R(– 2|– 3)
b) A(0|0), B(8|0), C(4|8), P(2|1), Q(4|5), R(6|1)
c) A(– 2|– 2), B(6|0), C(0|0), P(– 4|0), Q(10|4), R(0|4)

14. Q ist der Bildpunkt von P bei der zentrischen Streckung mit dem Streckzentrum Z und dem Streckfaktor k.

a) Was kannst du über den Streckfaktor k aussagen?

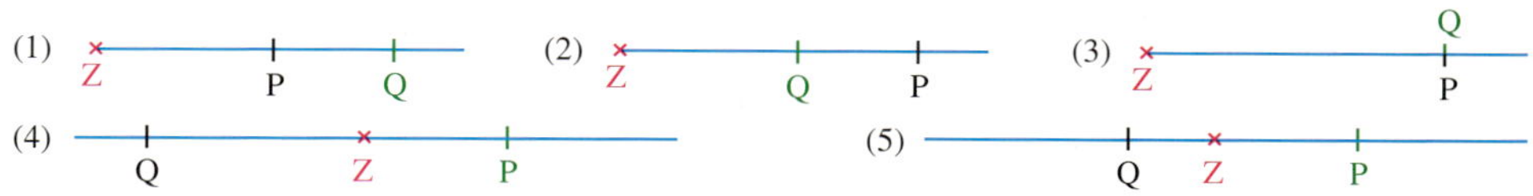

b) Wie ändert sich k, wenn der Punkt Q auf P zuwandert [von P wegwandert]?

c) Welche zentrische Streckung mit dem Zentrum Z bildet umgekehrt Q auf P ab?

DGS **15.** Zeichne mit einem dynamischen Geometrie-System ein Viereck und ein Streckzentrum Z. Erzeuge zur Eingabe des Streckfaktors k im Menü *Messen und Rechnen* ein Zahlobjekt. Im Menü *Abbilden* kannst du dann das Viereck am Zentrum Z strecken. Verändere den Streckfaktor. Wie verändert sich das Bildviereck und seine Lage?

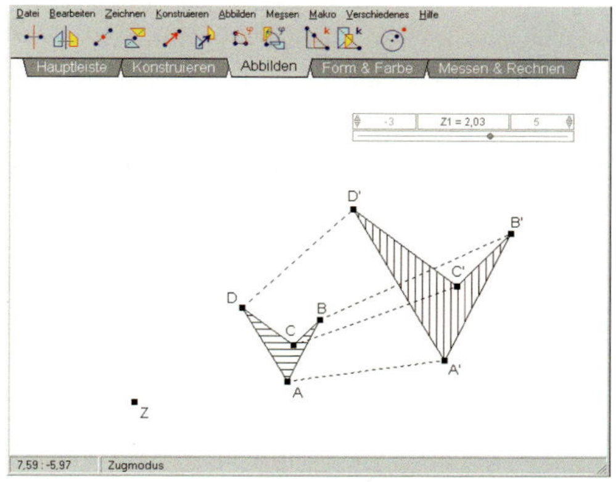

3.2.2 Eigenschaften der zentrischen Streckung

Wir haben die zentrische Streckung eingeführt, um zu einem Vieleck ein dazu maßstäblich vergrößertes oder verkleinertes Vieleck zu konstruieren. Wir wollen nun zeigen, dass die im vorigen Abschnitt 3.2.1 erklärte Abbildung dies tatsächlich leistet. Dazu beschäftigen wir uns zunächst mit Eigenschaften der zentrischen Streckung.

Aufgabe 1 Entscheide, ob die grüne Figur die Bildfigur der schwarzen Figur bei einer zentrischen Streckung sein kann. Begründe.

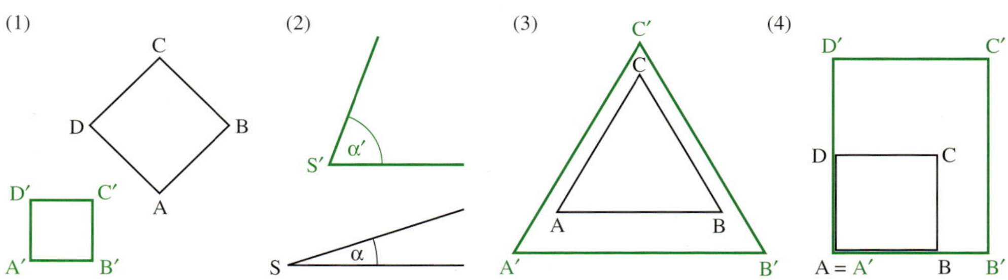

Lösung Bei (1) handelt es sich *nicht* um eine zentrische Streckung, da z. B. die Seite $\overline{AB}$ und die Seite $\overline{A'B'}$ nicht parallel zueinander sind. Bei den bisherigen Konstruktionen im Abschnitt 3.2.1 haben wir die Erfahrung gemacht, dass bei einer zentrischen Streckung eine Strecke und ihre Bildstrecke bzw. eine Gerade und ihre Bildgerade stets parallel zueinander sind.

Ebenso liegt bei (2) *keine* zentrische Streckung vor, da z. B. α und α' verschieden groß sind. Bei den bisherigen Konstruktionen haben wir erfahren, dass bei einer zentrischen Streckung sich die Größe eines Winkels nicht ändert. Die Schenkel von α und α' müssen nämlich paarweise parallel zueinander sein.

Bei (3) liegt offenbar eine zentrische Streckung vor (siehe Bild rechts). Der gemeinsame Schnittpunkt Z der Geraden A′A, B′B und C′C ist das Streckzentrum, der Streckfaktor beträgt etwa $\frac{3}{2}$.
Bei (4) liegt wiederum *keine* zentrische Streckung vor, denn: Die Strecke $\overline{A'B'}$ ist $\frac{3}{2}$-mal so lang wie die Strecke $\overline{AB}$, aber $\overline{A'D'}$ ist doppelt so lang wie $\overline{AD}$. Bei einer zentrischen Streckung mit dem Streckfaktor k ist erfahrungsgemäß das Bild einer Strecke stets k-mal so lang wie die Strecke selbst.

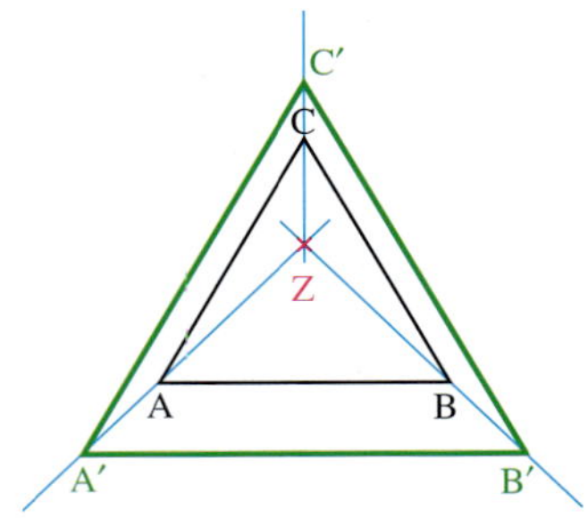

Information

(1) Eigenschaften der zentrischen Streckung

Bei Lösung der Aufgabe 1 haben wir mit den folgenden Eigenschaften der zentrischen Streckung argumentiert.

Satz

Für jede *zentrische Streckung* mit einem positiven Streckfaktor k gilt:

(a) Gerade und Bildgerade sind zueinander parallel.
(b) Eine Bildstrecke ist k-mal so lang wie die Originalstrecke.
(c) Winkel und Bildwinkel sind gleich groß.

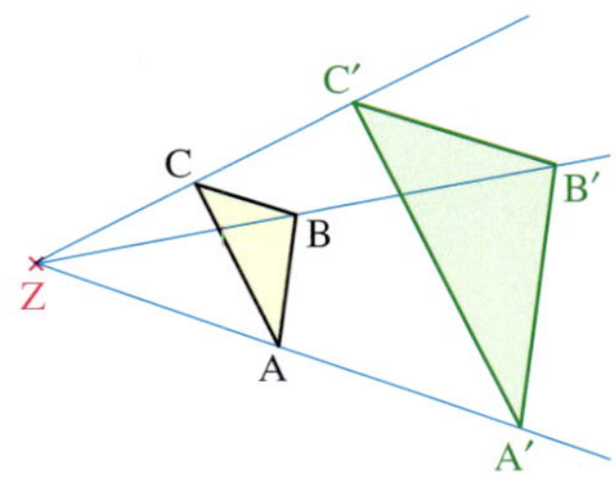

(2) Beweis der Eigenschaften der zentrischen Streckung

Wir wollen nun beispielhaft die Eigenschaft (c) beweisen:

α' soll der Bildwinkel von Winkel α bei einer zentrischen Streckung mit dem Streckfaktor k und dem Streckzentrum Z sein.
Dabei wird der Scheitel A auf den Scheitel A′ abgebildet.
Nach Satz (a) sind die Schenkel paarweise parallel zueinander.
Nach dem Stufenwinkelsatz gilt dann:

$\beta = \beta'$ und $\gamma = \gamma'$

Da nun $\alpha = \gamma - \beta$ und $\alpha' = \gamma' - \beta'$ folgt:

$\alpha' = \gamma' - \beta' = \gamma - \beta = \alpha$

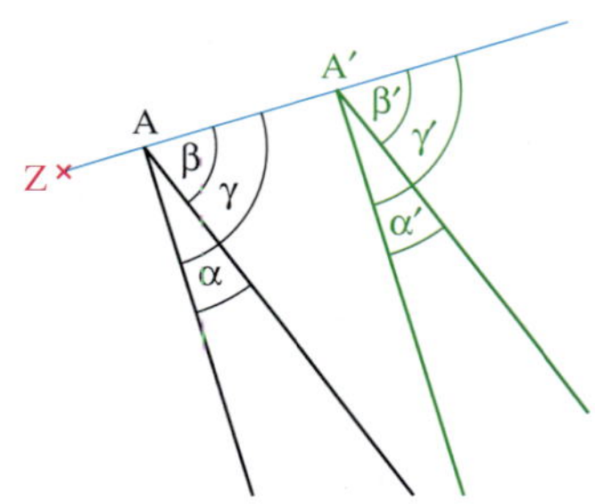

(3) Ähnlichkeit von Vieleck und Bildvieleck bei zentrischer Streckung

Wir betrachten noch einmal die Lösung von Aufgabe 1.
Nach Konstruktion ist $\alpha' = \alpha$.
Aufgrund des Satzes (c) ist auch: $\beta' = \beta$ und $\gamma' = \gamma$.
Ferner ist nach Konstruktion:

$|A'B'| = \frac{3}{2} \cdot |AB|$ und $|A'C'| = \frac{3}{2} \cdot |AC|$.

Nach dem Satz (b) ist auch:

$|B'C'| = \frac{3}{2} \cdot |BC|$.

Also ist das Dreieck A′B′C′ ähnlich zum Dreieck ABC.

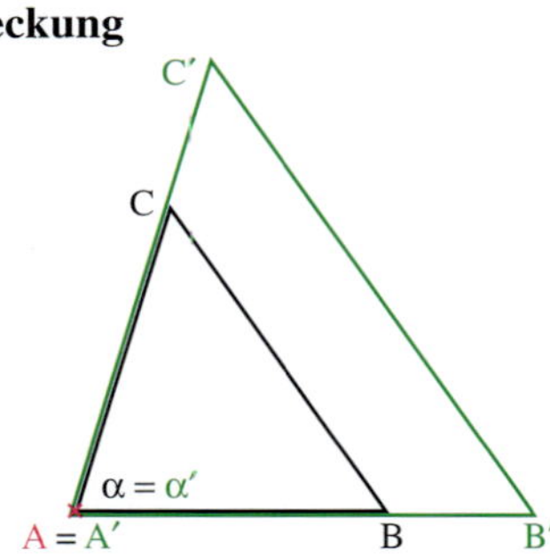

Satz

Für jede *zentrische Streckung* mit dem positiven Streckfaktor k gilt:
(a) Vieleck V und Bildvieleck V′ sind ähnlich zueinander.
(b) Ist V′ das Bildvieleck von V, so ist der Flächeninhalt von V′ k^2-mal so groß wie der Flächeninhalt von V.

Weiterführende Aufgaben

2. *Eigenschaften der zentrischen Streckung mit negativem Streckfaktor*

a) Betrachte die Eigenschaften für eine zentrische Streckung mit positivem Streckfaktor in den Sätzen auf Seite 86 und Seite 87. Welche dieser Eigenschaften treffen auch für die zentrische Streckung mit negativem Streckfaktor zu?

b) Wie liegen eine Halbgerade und ihre Bildhalbgerade zueinander
(1) bei einer zentrischen Streckung mit positivem Streckfaktor;
(2) bei einer zentrischen Streckung mit negativem Streckfaktor?

Die zentrische Streckung mit negativem Streckfaktor besitzt dieselben Eigenschaften wie die mit positivem Streckfaktor, wenn man die Eigenschaften über die Länge von Strecke und Bildstrecke wie folgt abändert:
(b*) Eine Bildstrecke ist $|k|$-mal so lang wie die Originalstrecke.

3. *Der Storchschnabel als zentrischer Strecker*

Das Gerät im linken Bild heißt *Storchschnabel* (oder *Pantograph*). Mit seiner Hilfe kann man zu einer Figur die Bildfigur bei einer zentrischen Streckung zeichnen. Der Streckfaktor lässt sich einstellen.

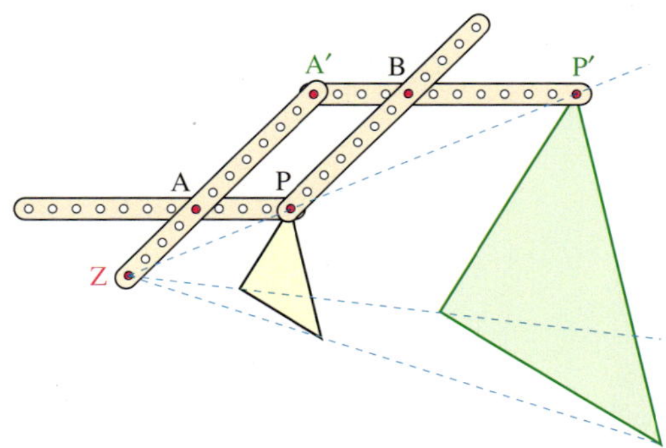

Das Bild rechts zeigt den prinzipiellen Aufbau eines Storchschnabels. Die beiden Latten $\overline{ZA'}$ und $\overline{A'P'}$ sind gleich lang. Beim Zusammenbau muss weiter darauf geachtet werden, dass gilt: $|AP| = |A'B| = |AZ|$ sowie $|AA'| = |PB|$.

a) Begründe: Der Bildpunkt P′ liegt auf der Geraden ZP.
Anleitung: Betrachte die Dreiecke ZPA und ZP′A′.

b) Beweise, dass in jeder Stellung des Storchschnabels $|ZP'| = k \cdot |ZP|$ gilt. Bestimme den Streckfaktor der in der Abbildung dargestellten Einstellung.

c) Verbinde die Latten an anderen Stellen. Welche Streckfaktoren lassen sich einstellen?

d) Wie kann man mit diesem Gerät Verkleinerungen herstellen?

4. *Konstruktion des Bildpunktes mithilfe der Eigenschaften der zentrischen Streckung*

Gegeben ist eine zentrische Streckung mit dem Streckzentrum Z, dem Punkt A und seinem Bildpunkt A′ sowie dem Punkt B. Konstruiere den Bildpunkt B′ des Punktes B, ohne den Streckfaktor k zu bestimmen. Begründe die Konstruktion.

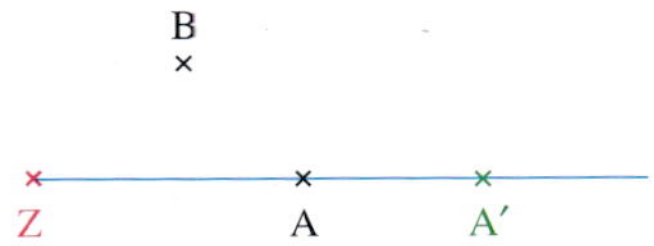

Übungsaufgaben

5. Entscheide jeweils, ob die grüne Figur das Bild der schwarzen Figur bei einer zentrischen Streckung sein kann. Gib gegebenenfalls das Streckzentrum und den Streckfaktor an. Begründe deine Aussage.

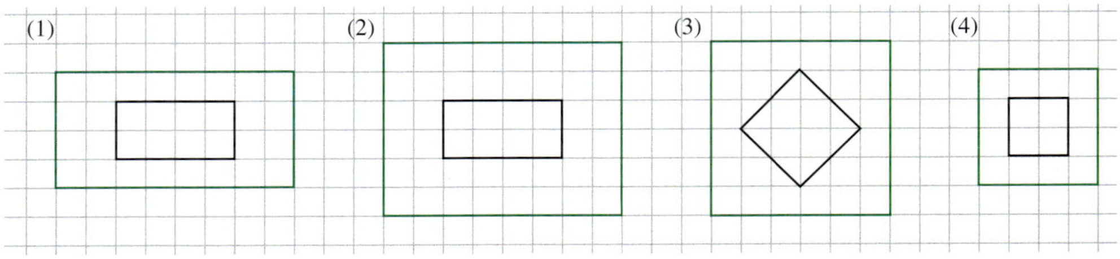

6. Gegeben ist ein beliebiges Dreieck ABC.
Konstruiere ohne mit Längen zu rechnen ein Dreieck A′B′C′, dessen Seiten jeweils $\frac{3}{4}$-mal so lang sind wie die entsprechenden Seiten des gegebenen Dreiecks. Wähle dazu eine geeignete zentrische Streckung. Beschreibe die Konstruktion und begründe sie.

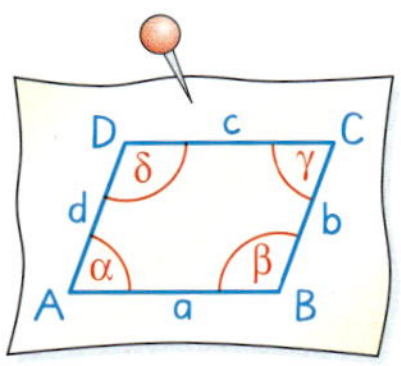

7. Konstruiere ein Parallelogramm ABCD aus a = 4,9 cm, d = 2,4 cm und $\gamma = 50°$. Konstruiere das Bild A′B′C′D′ bei der zentrischen Streckung mit dem Streckfaktor k = 2,5 und dem Schnittpunkt der Diagonalen als Streckzentrum.
Benutze dabei die Eigenschaften der zentrischen Streckung.

8. Zeichne einen Kreis um einen Punkt M_1 mit einem Radius $r_1 = 2$ cm sowie einen Kreis um einen Punkt M_2 mit einem Radius $r_2 = 4$ cm. Beide Mittelpunkte sollen den Abstand 8 cm besitzen. Der eine Kreis soll der Bildkreis des anderen bei einer zentrischen Streckung sein.
Konstruiere das Streckzentrum Z.

9. Ein Dreieck ABC hat die Seitenlängen |AB| = 3,6 cm, |BC| = 6 cm und |CA| = 4,2 cm. Entscheide, ob das Dreieck PQR das Bild von Dreieck ABC bei einer zentrischen Streckung sein kann. Falls ja, gib den Streckfaktor an.

a) |PQ| = 2,4 cm	**b)** |PQ| = 9 cm	**c)** |PQ| = 3,0 cm	**d)** |PQ| = 6,6 cm
|QR| = 4,0 cm	|QR| = 15 cm	|QR| = 2,1 cm	|QR| = 11,0 cm
|RP| = 2,8 cm	|RP| = 10 cm	|RP| = 1,8 cm	|RP| = 7,7 cm

10. Gegeben sind das Streckzentrum Z und ein Dreieck ABC. Konstruiere ohne mit Längen zu rechnen die Bildfigur von ABC bei der zentrischen Streckung mit dem Streckfaktor $k = \frac{7}{3}$.

Anleitung: Zeichne zunächst geeignet einen Punkt P und seinen Bildpunkt P′. Benutze dann die Eigenschaften der zentrischen Streckung.

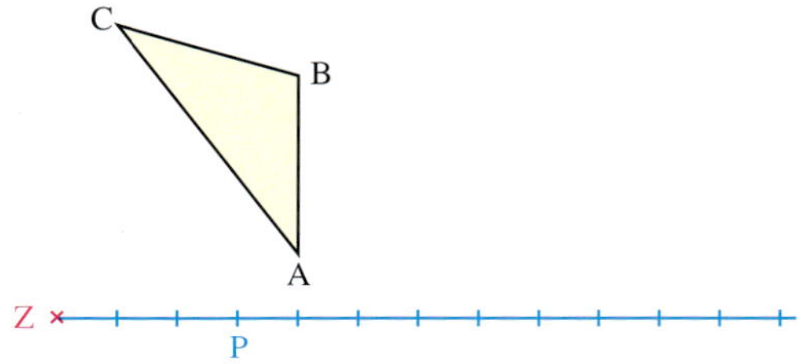

11. Durch die Punkte A(–5|0) und A′(–8|–9) sowie B(1|3) und B′(4|–3) im Koordinatensystem ist eine zentrische Streckung festgelegt.
Konstruiere das Bild von C(–2|5); zeichne die beiden Dreiecke ABC und A′B′C′.

12. Bei einer Achsenspiegelung ändert sich der Umlaufsinn eines Dreiecks (allgemein eines Vielecks), bei einer Drehung und einer Verschiebung ändert er sich nicht.
Untersuche dies bei einer zentrischen Streckung.

13. Zeichne ein Dreieck ABC aus a = 5 cm, b = 7 cm und c = 10 cm. Konstruiere dann jeweils das Bild von ABC bei der zentrischen Streckung mit dem Streckfaktor $k = \frac{1}{3}$ und mit
(1) dem Eckpunkt A als Zentrum;
(2) dem Umkreismittelpunkt von ABC als Zentrum;
(3) dem Schwerpunkt von ABC als Zentrum.
Vergleiche die drei Bilddreiecke. Formuliere eine Vermutung und begründe sie.

14. **a)** Gegeben sind im Koordinatensystem mit der Einheit 1 cm die Punkte A(4|6), B(2|5), C(3|–4), E(–3|–7), F(–5|8) und die zentrische Streckung mit dem Streckzentrum O(0|0) und dem Streckfaktor k = 2 $\left[k = \frac{1}{2};\ k = -\frac{1}{2}\right]$.
Konstruiere die Bildpunkte und lies die Koordinaten ab.

b) Begründe: Bildet man den Punkt P(x|y) bei der zentrischen Streckung mit dem Streckzentrum O(0|0) und dem Streckfaktor k ab, so erhält man als Bildpunkt P(kx|ky).

c) Gegeben ist die zentrische Streckung mit dem Zentrum O(0|0) und dem Streckfaktor
(1) k = 3; (2) k = 2,5; (3) $k = \frac{3}{4}$; (4) $k = \frac{6}{5}$.
Berechne die Koordinaten der Bildpunkte von R(3|4), S(–5|6) und $T\left(3{,}2 \mid -\frac{1}{2}\right)$.

DGS **15.** Zeichne mit einem dynamischen Geometrie-System ein Dreieck ABC und strecke es an einem Punkt Z. Nenne das Bilddreieck A′B′C′. Strecke nun das Bilddreieck A′B′C′ ebenfalls am Punkt Z, nenne das entstandene Bilddreieck A″B″C″.

a) Verändere die Streckfaktoren und untersuche, wie du das Dreieck A″B″C″ in einem Schritt aus dem Dreieck ABC erhalten kannst.

b) Beweise deine Vermutung.

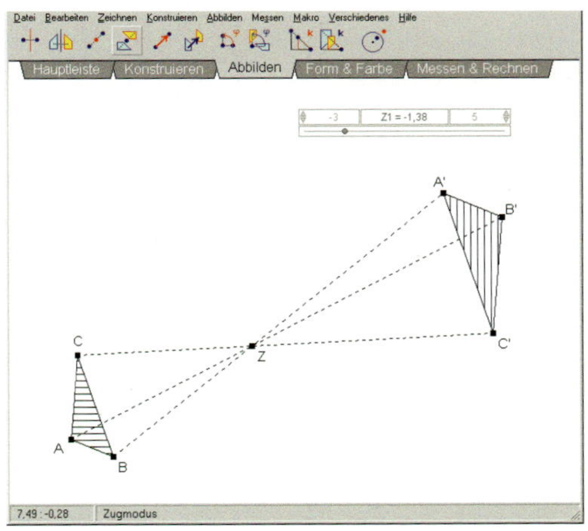

DGS **16.** Zeichne mit einem dynamischen Geometrie-System ein Dreieck ABC und strecke es an einem Punkt P. Nenne das Bilddreieck A′B′C′. Strecke nun das Bilddreieck A′B′C′ an einem anderen Punkt Q, nenne das entstandene Bilddreieck A″B″C″.

a) Verändere die Streckfaktoren und untersuche, wie du das Dreieck A″B″C″ in einem Schritt aus dem Dreieck ABC erhalten kannst. Achte auf Sonderfälle für die Streckfaktoren beim Formulieren deiner Vermutung.

b) Ein allgemeiner, vollständiger Beweis der Vermutung ist schwierig. Versuche aber, Teile deiner Vermutung zu beweisen.

3.3 Ähnlichkeit bei beliebigen Figuren

Aufgabe 1

Vergleiche die Figuren ABCDE und A*B*C*D*E*.
Finde Abbildungen, mit denen man die Figur ABCDE in zwei Schritten auf die Figur A*B*C*D*E* abbilden kann.

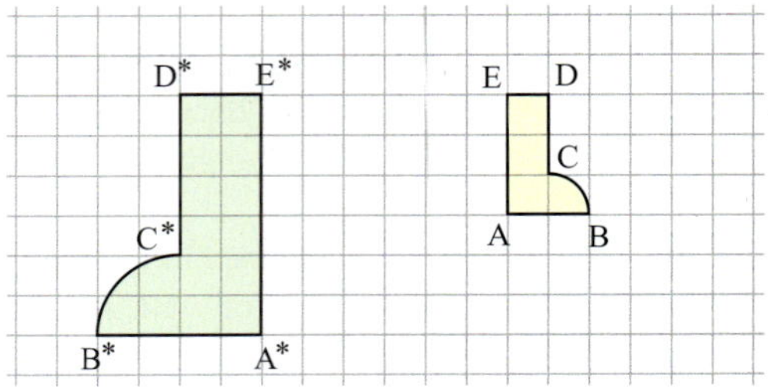

Lösung

Die Figur A*B*C*D*E* ist offensichtlich eine maßstäbliche Vergrößerung der Figur ABCDE, denn:

- Jede Seite der Figur A*B*C*D*E* ist doppelt so lang wie die entsprechende Seite der Figur ABCDE, z. B. $|A^*B^*| = 2 \cdot |AB|$.
  Der Radius des Viertelkreises in der Figur A*B*C*D*E* ist doppelt so groß wie der des Viertelkreises in ABCDE.
- Die Innenwinkel an den Eckpunkten A*, D*, E* sind genau so groß wie die entsprechenden an den Eckpunkten A, D, E.

Man kann daher ABCDE z. B. in folgenden zwei Schritten auf A*B*C*D*E* abbilden:

(1) Man streckt die Figur ABCDE mit dem Streckfaktor 2 am Streckzentrum D und erhält die Figur A′B′C′D′E′. Diese ist offensichtlich kongruent zur Figur A*B*C*D*E*.

(2) Spiegelt man nun die Figur A′B′C′D′E′ an der Spiegelachse a, so ergibt sich als Bild die Figur A*B*C*D*E*.

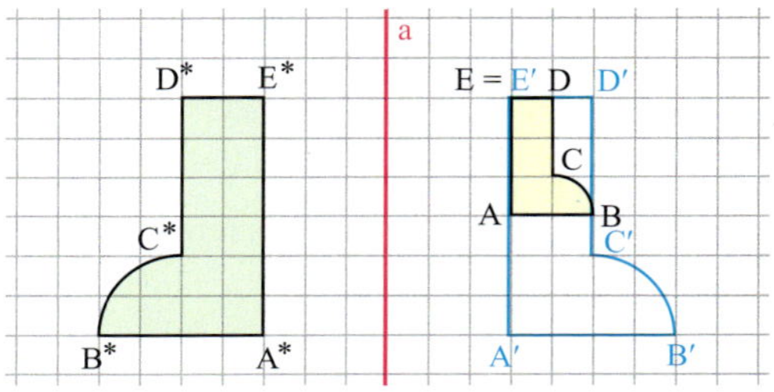

Information

Definition der Ähnlichkeit bei beliebigen Figuren

Den Begriff Ähnlichkeit haben wir bislang nur für Vielecke festgelegt, nicht aber für andere Figuren wie z. B. die Figur ABCDE in Aufgabe 1, die auch von einem Viertelkreisbogen begrenzt wird. Die Lösung der Aufgabe 1 zeigt, wie bei solchen Figuren der Begriff Ähnlichkeit definiert werden kann.

Definition

Eine Figur F heißt **ähnlich** zu einer Figur G, wenn man die Figur F mithilfe einer zentrischen Streckung so vergrößern oder verkleinern kann, dass die Bildfigur F′ zu der Figur G kongruent ist.

Wir schreiben F ~ G,
gelesen: *F ist ähnlich zu G.*

Der Streckfaktor k heißt *Ähnlichkeitsfaktor* oder auch *Maßstab*.

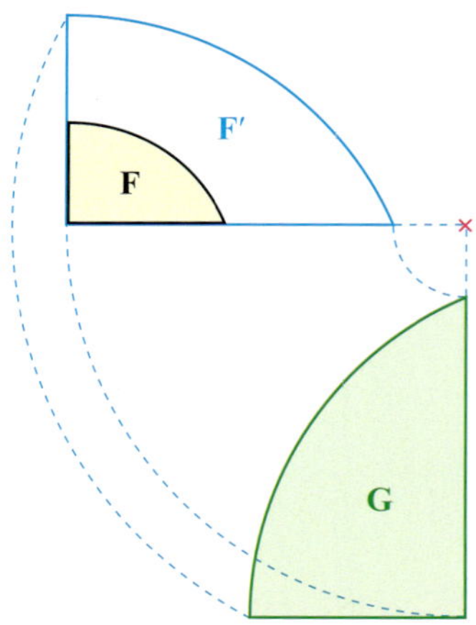

Wir wissen, dass bei jeder zentrischen Streckung das Bildvieleck zum Vieleck ähnlich ist (siehe Seite 87). Um nachzuweisen, dass die obige Definition der Ähnlichkeit die für Vielecke (siehe Seite 73) einschließt, müssten wir umgekehrt zeigen:
Sind zwei Vielecke F und G ähnlich zueinander, so kann man stets eine zentrische Streckung finden, sodass das Bild F′ von F kongruent zu G ist.
Wir verzichten auf diesen Beweis.

Weiterführende Aufgabe

2. *Kongruenz als Sonderfall der Ähnlichkeit*
Begründe aufgrund der Definition:
Auch zueinander kongruente Figuren sind zueinander ähnlich.

Übungsaufgaben

3. Ob zwei Vielecke ähnlich zueinander sind, kannst du leicht prüfen.
Die weißen Rochen in der Grafik haben alle dieselbe Form, sind jedoch verschieden groß; sie sehen sich ähnlich.
Wie könnte man das hier prüfen?

M. C. Escher's „Circle Limit I"

4. Zeichne die beiden Figuren in dein Heft ab und prüfe, ob sie ähnlich zueinander sind.

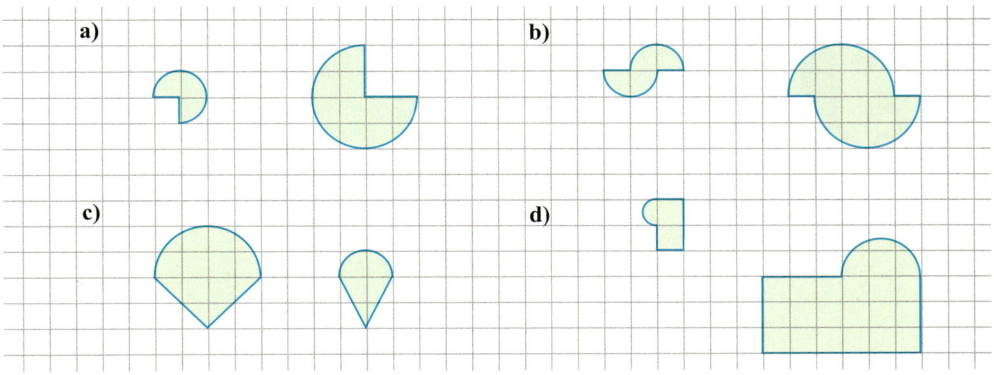

5. Zeige, dass die Bögen der Nautilusmuschel alle ähnlich zueinander sind. Gib die dazu notwendigen Abbildungen an.

Im Blickpunkt

Im Blickpunkt

Irrationale Längenverhältnisse

1. Zeichne ein Quadrat der Seitenlänge 1 dm mit seinen Diagonalen. Zeichne dann um den Schnittpunkt der Diagonalen einen Kreis, der alle vier Seiten des Quadrats berührt. Strecke dann diesen Kreis am Diagonalenschnittpunkt so, dass die vier Eckpunkte des Quadrats auf dem Bildkreis liegen.
Bestimme den Streckfaktor dieser zentrischen Streckung

a) näherungsweise aus der Zeichnung;

b) rechnerisch exakt.

Platon,
427 bis 347 v. Chr.
griechischer Philosoph

2. Die Schüler von Pythagoras, die Pythagoreer, haben in der Zeit von 580 bis 500 v. Chr. herausgefunden, dass sich das Längenverhältnis von Diagonalenlänge d und Seitenlänge a eines Quadrats nicht mit natürlichen Zahlen beschreiben lässt. D. h. es gibt keine natürlichen Zahlen m und n, sodass gilt: $d : a = m : n$. Diese Entdeckung löste bei den griechischen Philosophen, auch bei Platon, eine große Erschütterung aus, da man bis vorher geglaubt hatte, dass sich alle Verhältnisse in der Natur, der Musik und auch der Mathematik mithilfe natürlicher Zahlen beschreiben lassen.
Die Griechen haben die Unmöglichkeit durch geometrische Überlegungen bewiesen: Sie haben gezeigt, dass es keine Einheitsstrecke e geben kann, die zugleich in den Seitenlängen und Diagonalen des Quadrats aufgeht. Zwei solcher Strecken heißen *inkommensurabel* zueinander, d. h. nicht gemeinsam messbar.
Gib das Längenverhältnis von Diagonale und Seitenlänge eines Quadrates an und begründe damit, dass es sich nicht mithilfe natürlicher Zahlen beschreiben lässt. Man sagt auch, dass dies ein *irrationales Längenverhältnis* ist.

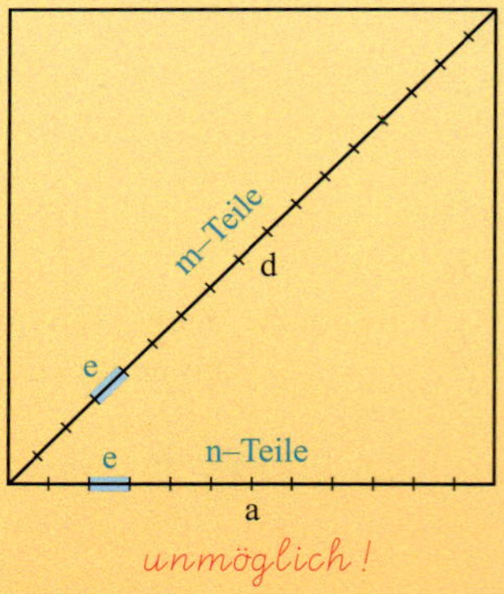

3. *Partnerarbeit:*

a) Findet weitere geometrische Figuren, in denen Strecken vorkommen, deren Längenverhältnis irrational ist.

b) Findet auch eine Figur, in der Strecken mit einem rationalen Längenverhältnis vorkommen.

3.4 Ähnlichkeitssatz für Dreiecke – Beweise – Konstruktionen

3.4.1 Ähnlichkeitssatz für Dreiecke

Will man die Ähnlichkeit zweier Dreiecke ABC und A*B*C* mithilfe der Definition von Seite 73 oder der Sätze 1 und 2 von Seite 74 nachweisen, so muss man sechs Bedingungen nachprüfen. Bei der Verwendung von Satz 1 sind es folgende Bedingungen:

(1) Entsprechende Winkel sind gleich groß: $\alpha = \alpha^*$, $\beta = \beta^*$, $\gamma = \gamma^*$.

(2) Die Längenverhältnisse entsprechender Seiten sind gleich: $\frac{|A^*B^*|}{|AB|} = \frac{|A^*C^*|}{|AC|} = \frac{|B^*C^*|}{|BC|}$.

Wir wollen nun untersuchen, ob man wie bei der Kongruenz von Dreiecken mit weniger Bedingungen auskommt.

Aufgabe 1

Gegeben sind die beiden Dreiecke ABC und A*B*C*, welche in der Größe entsprechender Winkel übereinstimmen:

$\alpha = \alpha^*$, $\beta = \beta^*$ und $\gamma = \gamma^*$.

Beweise:

Dreieck ABC ist ähnlich zu Dreieck A*B*C*.

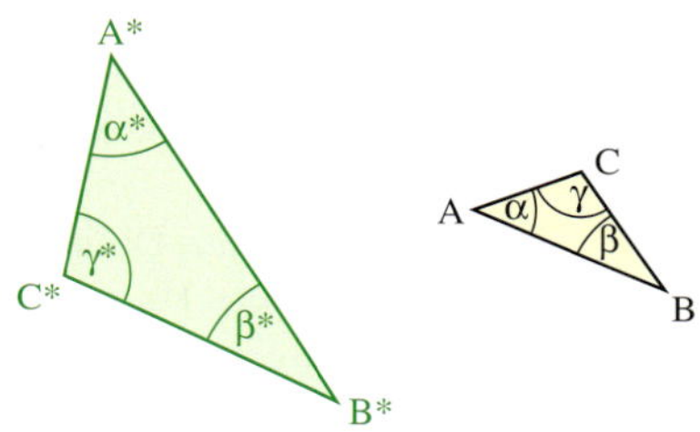

Lösung

Beweisgedanke:

Wir bilden Dreieck ABC durch eine zentrische Streckung in ein Dreieck A′B′C′ ab, welches zu Dreieck A*B*C* kongruent ist.

Beweis: Wir bestimmen das Bilddreieck A′B′C′ von ABC bei einer zentrischen Streckung mit dem Streckzentrum Z und dem Streckfaktor $k = \frac{|A^*B^*|}{|AB|}$.

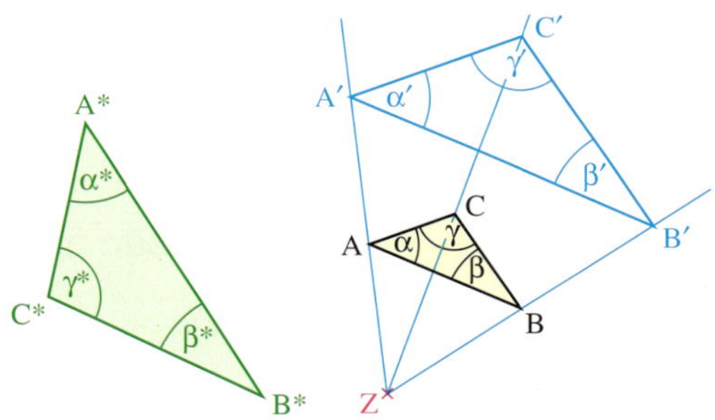

Der Vergleich von Dreieck A′B′C′ mit dem Dreieck A*B*C* zeigt:

(1) $|A'B'| = |A^*B^*|$ (wegen $|A'B'| = k \cdot |AB| = \frac{|A^*B^*|}{|AB|} \cdot |AB| = |A^*B^*|$)

(2) $\alpha' = \alpha^*$ (wegen $\alpha' = \alpha$ und $\alpha = \alpha^*$)

(3) $\beta' = \beta^*$ (wegen $\beta' = \beta$ und $\beta = \beta^*$)

$\gamma' = \gamma^*$ folgt aus dem Winkelsummensatz; die Voraussetzung $\gamma = \gamma^*$ wurde nicht benötigt.

Aus (1) bis (3) folgt nach dem Kongruenzsatz wsw, dass die beiden Dreiecke A′B′C′ und A*B*C* zueinander kongruent sind. Also gilt: Dreieck ABC ist ähnlich zu Dreieck A*B*C*.

Zwei überein-stimmende Winkel reichen schon!

Ähnlichkeitssatz für Dreiecke

Wenn zwei Dreiecke in der Größe von zwei Winkeln übereinstimmen, dann sind sie ähnlich zueinander.

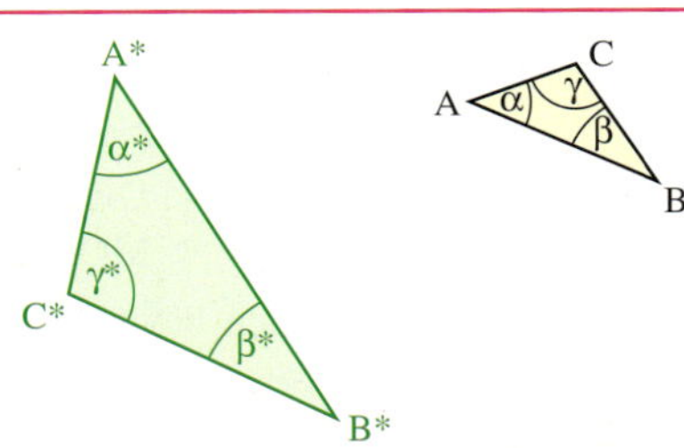

Übungsaufgaben

2. Gegeben sind zwei Dreiecke ABC und A*B*C*. Entscheide aufgrund der angegebenen Winkelgrößen, ob die Dreiecke zueinander ähnlich sind. Falls das zutrifft, stelle die Gleichungen für die Längenverhältnisse entsprechender Seiten auf.

a) $\alpha = 48°$; $\beta = 35°$; $\alpha^* = 48°$; $\gamma^* = 97°$
b) $\alpha = 37°$; $\beta = 110°$; $\alpha^* = 110°$; $\beta^* = 33°$
c) $\alpha = 65°$; $\gamma = 39°$; $\beta^* = 41°$; $\gamma^* = 74°$
d) $\alpha = 19°$; $\beta = 107°$; $\beta^* = 54°$; $\gamma^* = 107°$
e) $\alpha = 91°$; $\gamma = 44°$; $\alpha^* = 91°$; $\beta^* = 46°$
f) $\beta = 103°$; $\gamma = 29°$; $\alpha^* = 29°$; $\gamma^* = 48°$

3. Ein 1,80 m großer Mann wirft einen 1,35 m langen Schatten. Zu gleicher Zeit wirft ein Baum einen 5,40 m langen Schatten. Wie hoch ist der Baum?

4. Gegeben ist das Dreieck ABC mit $\alpha = 35°$, $\beta = 50°$ und $c = 4{,}8$ cm. Konstruiere ein dazu ähnliches Dreieck A′B′C′ mit $c' = 3{,}6$ cm [$c' = 7{,}2$ cm]. Bestimme auch den Maßstab.

5. Für das Dreieck ABC soll DF || BC und DE || AC sein. Welche Dreiecke in der Figur rechts sind ähnlich zueinander? Begründe.

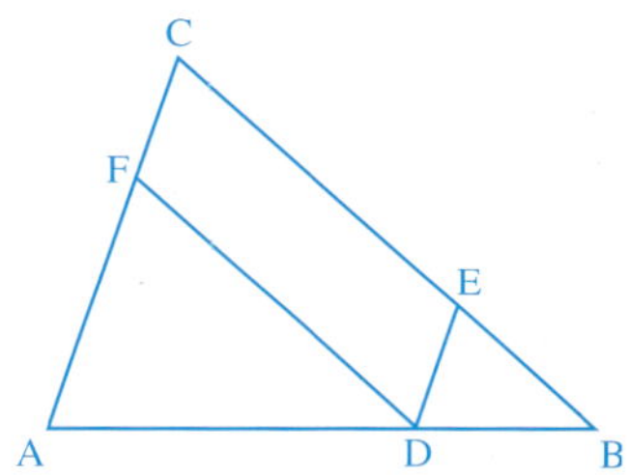

6. Zeichne verschiedene Vierecke, die in der Größe entsprechender Winkel übereinstimmen. Prüfe, ob die Vierecke ähnlich zueinander sind.

3.4.2 Beweisen mithilfe des Ähnlichkeitssatzes für Dreiecke

Aufgabe 1

Die Diagonalen zerlegen das Trapez ABCD mit AB || CD in vier Dreiecke.
Suche in der Figur zueinander ähnliche Dreiecke. Begründe.

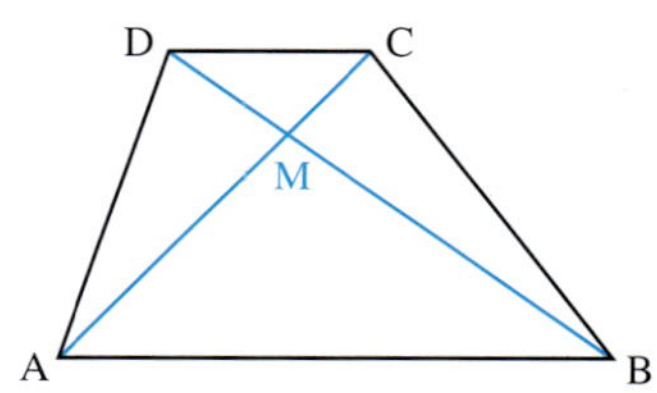

Lösung

Wir vermuten: Dreieck ABM ist ähnlich zum Dreieck CDM.
Wir wissen (Voraussetzung): ABCD ist ein Trapez mit AB || CD.
Wir wollen zeigen (Behauptung): ABM ~ CDM.
Zum Beweis ordnen wir die Ecken der Dreiecke ABM und CDM wie rechts angegeben einander zu. Es gilt:

ABM		CDM
A	↔	C
B	↔	D
M	↔	M

(1) ∡ AMB = ∡ CMD (Scheitelwinkelsatz)
(2) ∡ BAM = ∡ DCM } (Wechselwinkelsatz)
(3) ∡ MBA = ∡ MDC }

Also stimmen beide Dreiecke in einander entsprechenden Winkeln überein. Nach dem Ähnlichkeitssatz folgt daraus die Ähnlichkeit beider Dreiecke.

Information

> **Strategie beim Beweisen mithilfe des Ähnlichkeitssatzes für Dreiecke**
> Suche in der Figur zueinander ähnliche Dreiecke.
> Zerlege gegebenenfalls die Figur durch Hilfslinien in Dreiecke oder ergänze sie geeignet.

2. *Verwenden der Ähnlichkeitssätze beim Beweisen am rechtwinkligen Dreieck*

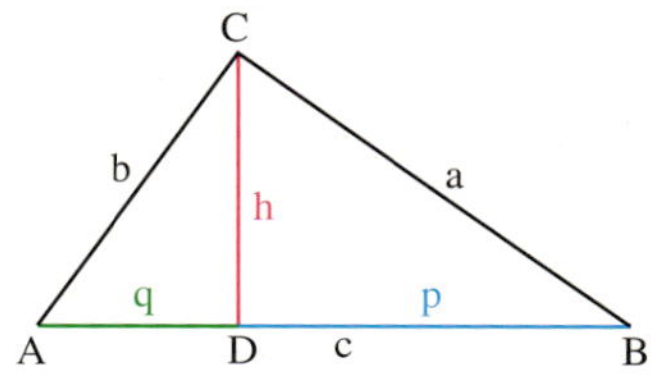

ABC soll ein rechtwinkliges Dreieck mit $\gamma = 90°$ sein.

a) Beweise die Ähnlichkeit der Dreiecke ABC und DBC sowie der Dreiecke ABC und ADC.
Folgere hieraus den folgenden Satz:

> **Kathetensatz des Euklid**
> Beim rechtwinkligen Dreieck hat das Quadrat über einer Kathete denselben Flächeninhalt wie das Rechteck aus der Hypotenuse und dem zur Kathete gehörenden Hypotenusenabschnitt:
> $\mathbf{a^2 = c \cdot p}$ und $\mathbf{b^2 = c \cdot q}$

b) Beweise die Ähnlichkeit der Dreiecke ADC und DBC.
Folgere hieraus den folgenden Satz:

> **Höhensatz des Euklid**
> Beim rechtwinkligen Dreieck hat das Höhenquadrat denselben Flächeninhalt wie das Rechteck aus den beiden Hypotenusenabschnitten:
> $\mathbf{h^2 = p \cdot q}$

Übungsaufgaben

3. Zeichne ein Dreieck ABC und die Mittelpunkte P, Q und R der drei Seiten $\overline{AB}$, $\overline{BC}$ bzw. $\overline{CA}$.
Beweise: Dreieck ABC ist ähnlich zu Dreieck PQR.

4. Beweise die Ähnlichkeit der Dreiecke SAB und SCD rechts.
Mache Aussagen über die Längenverhältnisse entsprechender Seiten.

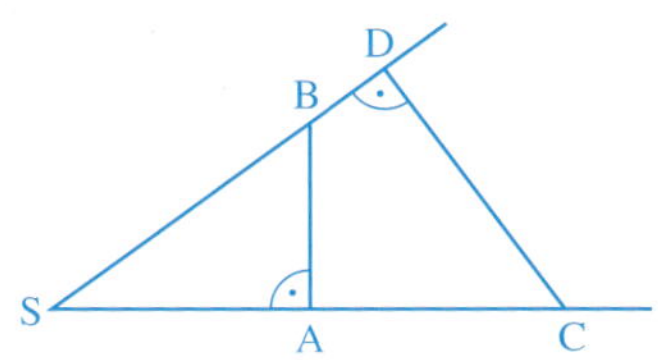

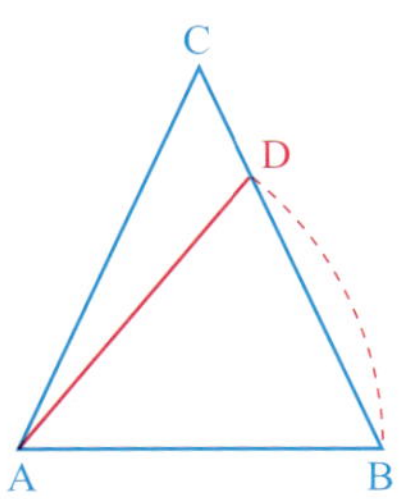

5. Das Dreieck ABC im Bild links soll gleichschenklig mit der Basis $\overline{AB}$ sein. Der Punkt D ist der Schnittpunkt des Kreises um A mit dem Radius $\overline{AB}$.
Welche Dreiecke in der Figur links sind ähnlich zueinander?
Beweise deine Behauptung.

6. Gegeben ist ein Dreieck ABC. Zeichne zur Seite $\overline{AB}$ eine Parallele, die die beiden anderen Seiten in E bzw. F schneidet.

a) Welche Dreiecke sind ähnlich zueinander? Beweise.

b) Die Parallele EF zerlegt das Dreieck ABC in das Dreieck EFC und das Trapez ABFE.
In welchem Verhältnis muss EF die Strecke $\overline{AC}$ teilen, damit der Flächeninhalt von Dreieck EFC sich zu dem Flächeninhalt von Viereck ABFE wie 4 : 9 verhält?

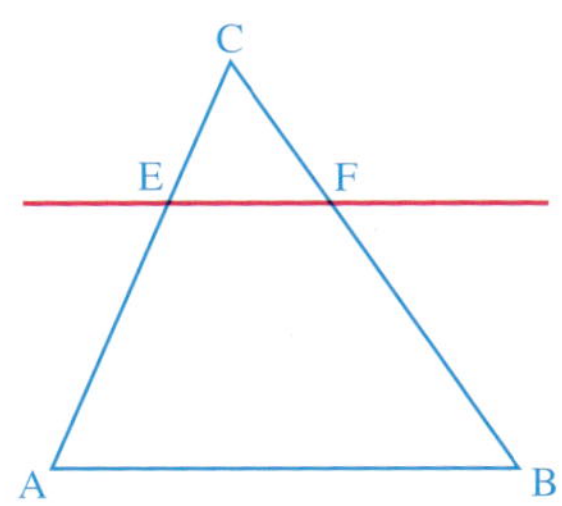

3.4.3 Konstruieren mithilfe der Ähnlichkeit

Einführung

Aus einem dreieckigen Glasscheibenrest (siehe Bild) soll eine möglichst große quadratische Scheibe ausgeschnitten werden. Das gesuchte Quadrat ADEF soll also drei Bedingungen erfüllen:

(1) Die Quadratseite $\overline{AD}$ soll auf der Dreiecksseite $\overline{AB}$ liegen.
(2) Die Quadratseite $\overline{AF}$ soll auf der Dreiecksseite $\overline{AC}$ liegen.
(3) Der Eckpunkt E des Quadrates soll auf der Dreiecksseite $\overline{BC}$ liegen.

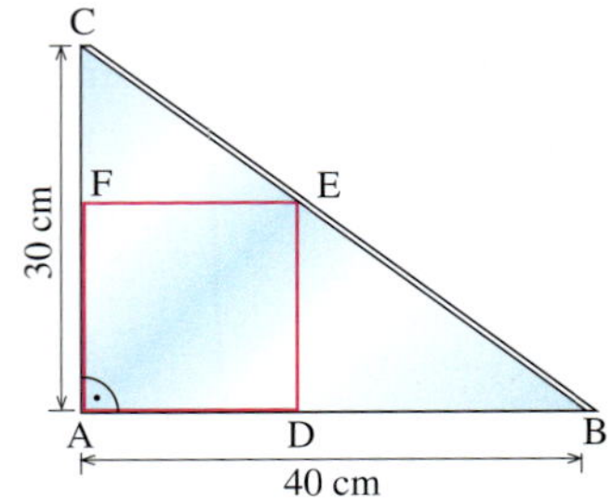

Wir lassen zunächst die Bedingung (3) fort und zeichnen ein Quadrat, welches die Bedingungen (1) und (2) erfüllt. Durch eine zentrische Streckung mit A als Streckzentrum können wir das Quadrat nun so vergrößern, dass auch die Bedingung (3) erfüllt ist.

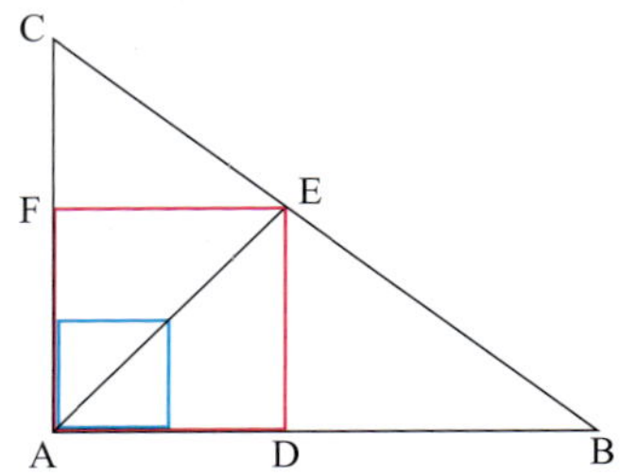

Information

In der Einführung haben wir das gesuchte Quadrat so konstruiert, dass wir zunächst ein Quadrat konstruiert haben, dass allen Bedingungen bis auf einer genügt. Dieses zunächst konstruierte Quadrat haben wir dann mithilfe einer zentrischen Streckung vergrößert.

Strategie beim Lösen einer Konstruktionsaufgabe mithilfe der Ähnlichkeit

Man lässt zunächst eine der geforderten Bedingungen, z.B. eine Länge, weg und konstruiert eine Figur. Diese vergrößert oder verkleinert man dann so, dass die weg gelassene Bedingung auch erfüllt ist.

Übungsaufgaben

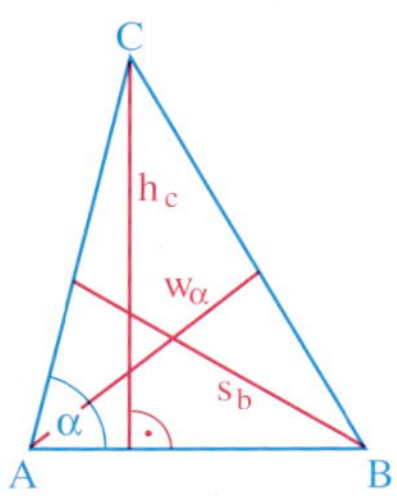

1. Konstruiere ein Dreieck ABC aus $\alpha = 75°$, $\beta = 37°$ und $h_c = 4{,}3$ cm. Beschreibe dein Vorgehen.

2. Konstruiere ein Dreieck ABC aus:

a) $b : c = 3 : 2$; $\alpha = 65°$; $a = 3$ cm
b) $b : c = 9 : 7$; $\beta = 128°$; $c = 6{,}4$ cm
c) $b : c = 9 : 7$; $\alpha = 128°$; $h_b = 3$ cm
d) $c : a = 2 : 3$; $\beta = 100°$; $s_a = 5{,}8$ cm
e) $c : a = 2 : 3$; $\alpha = 100°$; $w_\alpha = 7$ cm
f) $c : a = 2 : 3$; $\alpha = 100°$; $h_b = 5$ cm

3. a) Konstruiere ein rechtwinkliges Dreieck ABC mit rechtem Winkel bei Eckpunkt C und Seitenverhältnis $a : b = 2 : 3$ sowie Höhe $h_c = 2{,}5$ cm.

b) Konstruiere ein gleichschenkliges Dreieck ABC mit Schenkeln a und b und Seitenverhältnis $a : c = 5 : 3$ sowie Höhe $h_c = 3$ cm.

4. Gegeben ist ein rechtwinkliges Dreieck ABC mit dem rechten Winkel bei C. Schreibe dem Dreieck ein Quadrat PQRS ein, wobei P auf $\overline{AB}$, Q auf $\overline{BC}$ und R auf $\overline{CA}$ liegen.

Im Blickpunkt

Im Blickpunkt

Selbstähnlichkeit

Rechts kannst du erkennen, dass ein Farnzweig ähnlich aufgebaut ist wie seine Verästelungen. Man spricht von einer *Selbstähnlichkeit* zwischen dem ganzen Farnzweig und seiner einzelnen Teile. Diese Selbstähnlichkeit kommt in der Natur öfter vor: Zum Beispiel hat jede einzelne Rose eines Romanesco-Kohls die Form des ganzen Kohlkopfes.

1. Du kannst eine dem Farnblatt verwandte Figur mit etwas Geduld selbst herstellen. Arbeite dazu auf einem quer gelegten DIN-A4-Blatt.

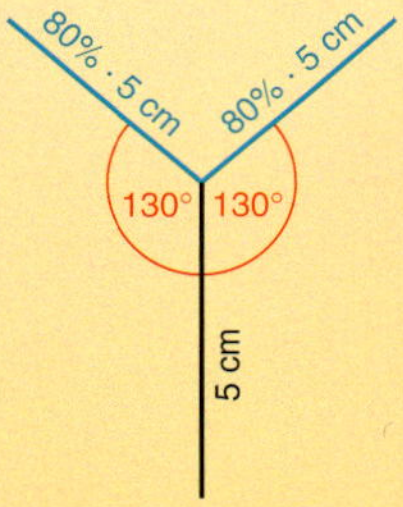

a) Zeichne eine 5 cm lange Strecke. Setze an ein Ende unter einem Winkel von 130° zwei Strecken an, die nur 80% von 5 cm, also 4 cm, lang sind. Füge an das Ende jeder dieser Strecken unter einem Winkel von 130° zwei Strecken, die 80% von 4 cm lang sind. Setze dieses Verfahren noch 4 weitere Schritte fort. Woran erinnert dich das entstandene Gebilde?

b) Die Figur rechts ist auf verwandte Weise durch Ansetzen von auf 80% verkürzten Strecken entstanden. Es sind zwölf Schritte gezeichnet.
Wie unterscheidet sich das Verfahren von dem aus Teilaufgabe a)?

2. Denkt man sich das Verfahren zum Zeichnen der Figuren in Aufgabe 1 unendlich oft fortgesetzt, so hat die entstandene Figur eine besondere Eigenschaft: In Teilen der Figur gibt es verkleinerte Kopien der ganzen Figur.
Man definiert:

> Eine Figur heißt **selbstähnlich**, wenn ein Teil von ihr ähnlich zur ganzen Figur ist.

Erläutere diese Definition an den Figuren oben.

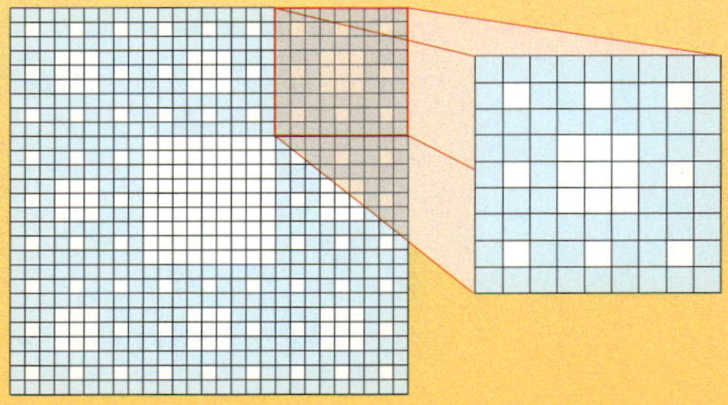

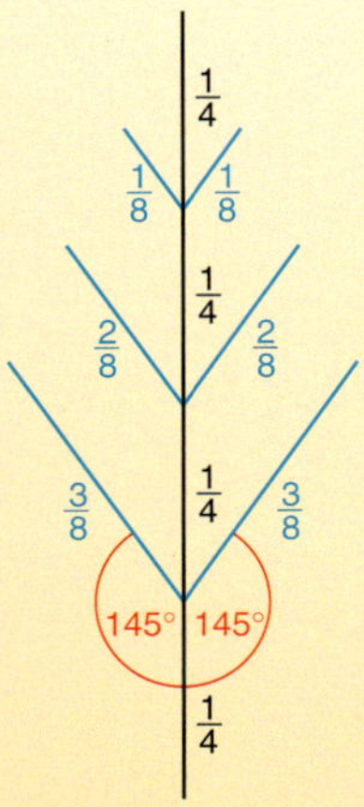

3. Gehe aus von einer 8 cm langen Strecke. Setze daran unter einem Winkel von jeweils 145° Strecken

– nach $\frac{1}{4}$ der Gesamtlänge zwei Strecken, die $\frac{3}{8}$ so lang sind wie die Gesamtstrecke
– nach $\frac{2}{4}$ der Gesamtstrecke zwei Strecken, die $\frac{2}{8}$ so lang sind wie die Gesamtstrecke
– nach $\frac{3}{4}$ der Gesamtstrecke zwei Strecken, die $\frac{1}{8}$ so lang sind wie die Gesamtstrecke

a) Führe das Verfahren für mehrere Schritte durch.

b) Erläutere, dass die nach unendlich vielen Schritten entstandene Figur selbstähnlich ist.

c) Denke dir selbst solche Figuren aus und zeichne sie. Es ist hilfreich, wenn du zum Zeichnen ein geeignetes Computerprogramm verwendest.

4. Die auf folgende Weise entstehende Figur wurde zuerst von dem polnischen Mathematiker W. Sierpinski (1882–1969) beschrieben:

- Zeichne ein gleichseitiges Dreieck mit 18 cm Seitenlänge.
- Verbinde die Mittelpunkte der drei Seiten. Färbe das mittlere Dreieck grün.
- Verfahre mit jedem der drei neu entstandenen weißen Dreiecke ebenso wie mit dem ersten Dreieck.
- Führe das Verfahren viermal durch.

Denke dir das Verfahren wird unendlich oft fortgesetzt. Begründe, warum die so entstandene Figur selbstähnlich genannt wird.

5. Die Kurve rechts hat der schwedische Mathematiker Helge von Koch im Jahre 1904 vorgestellt. Beginne mit einem gleichseitigen Dreieck der Kantenlänge 9 cm. Nimm jeweils in der Mitte $\frac{1}{3}$ der Länge weg und setze dort ein weiteres gleichseitiges Dreieck mit $\frac{1}{3}$ der Ausgangsseitenlänge an. Zeichne die Figurenfolge. Zeichne auch die nächsten zwei Schritte.

6. Auch Körper können selbstähnlich sein. Ein Beispiel ist der Menger'sche Schwamm, der 1943 von dem österreichischen Mathematiker R. Menger entdeckt wurde. Beschreibe, wie man diesen Schwamm erzeugen kann.

3.5 Strahlensätze

3.5.1 Erster Strahlensatz

Aufgabe 1

Zwischen zwei Balken auf einem Dachboden soll ein Ablagebrett an der Stelle A_1 im Abstand von 1,50 m von der Spitze S angebracht werden. Es steht keine Wasserwaage zur Verfügung.
An welcher Stelle des rechten Balkens muss das Brett befestigt werden?
Wie groß ist die Länge, die du abmessen musst?
Du kannst die Aufgabe zeichnerisch lösen. Löse sie jedoch rechnerisch; stelle dazu eine Gleichung auf.

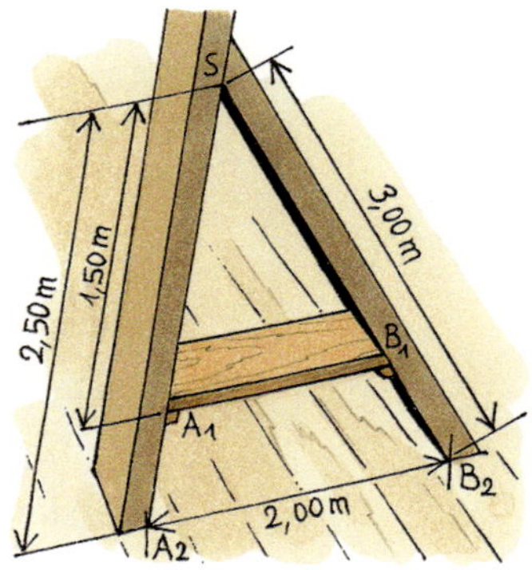

Lösung

Gesucht ist der Auflagepunkt B_1 auf dem rechten Balken.
In der Zeichnung rechts kannst du die Punkte A_1 und B_1 als Bildpunkte von A_2 bzw. B_2 bei einer zentrischen Streckung mit dem Streckzentrum S auffassen, denn
(1) die Punkte A_1 und A_2 liegen auf einer Halbgeraden mit dem Anfangspunkt S, ebenso B_1 und B_2;
(2) die Geraden A_1B_1 und A_2B_2 sollen parallel zueinander sein.
Der Streckfaktor ist hier kleiner als 1.

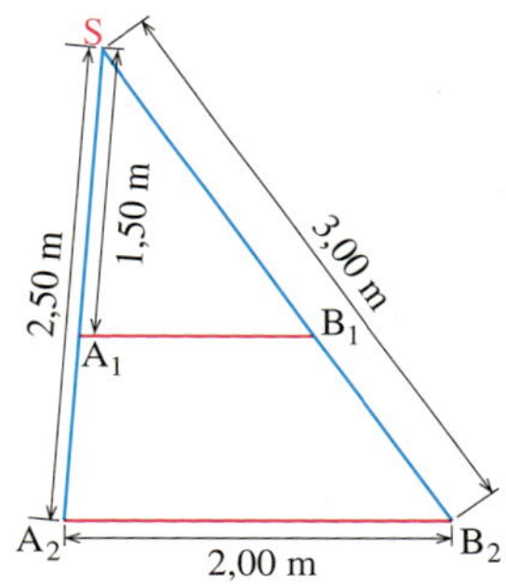

Zur Bestimmung des Auflagepunktes B_1 gibt es zwei Möglichkeiten.

1. Möglichkeit: Wir bestimmen die Länge von $\overline{SB_1}$.
Da A_1 der Bildpunkt von A_2 und B_1 der Bildpunkt von B_2 ist, gilt: $k = \frac{|SA_1|}{|SA_2|}$ und $k = \frac{|SB_1|}{|SB_2|}$.
Wir erhalten damit die Gleichung:

$$\frac{|SB_1|}{|SB_2|} = \frac{|SA_1|}{|SA_2|},$$

eingesetzt: $\frac{|SB_1|}{3{,}00\text{ m}} = \frac{1{,}50\text{ m}}{2{,}50\text{ m}} = 0{,}6$, also: $|SB_1| = 0{,}6 \cdot 3{,}00\text{ m} = 1{,}80\text{ m}$

Ergebnis: Der Auflagepunkt B_1 auf dem rechten Balken ist 1,80 m von der Spitze S entfernt.

2. Möglichkeit: Wir bestimmen die Länge von $\overline{B_1B_2}$. Es gilt offenbar:

(1) $|B_1B_2| = |SB_2| - |SB_1|$ und damit $\frac{|B_1B_2|}{|SB_2|} = \frac{|SB_2|}{|SB_2|} - \frac{|SB_1|}{|SB_2|} = 1 - k.$

(2) $|A_1A_2| = |SA_2| - |SA_1|$ und damit $\frac{|A_1A_2|}{|SA_2|} = \frac{|SA_2|}{|SA_2|} - \frac{|SA_1|}{|SA_2|} = 1 - k.$

Wir erhalten damit die Gleichung:

$$\frac{|B_1B_2|}{|SB_2|} = \frac{|A_1A_2|}{|SA_2|},$$

eingesetzt: $\frac{|B_1B_2|}{3{,}00\text{ m}} = \frac{1{,}00\text{ m}}{2{,}50\text{ m}} = 0{,}4$, also: $|B_1B_2| = 0{,}4 \cdot 3{,}00\text{ m} = 1{,}20\text{ m}$

Ergebnis: Der Auflagepunkt B_1 auf dem rechten Balken ist 1,20 m von B_2 entfernt.

Information

(1) Strahlensatzfigur – Strahlensätze für Halbgeraden

In Anwendungen findet man, wie in der Aufgabe 1, immer wieder geometrische Figuren, in denen zwei Halbgeraden a und b von zwei zueinander parallelen Geraden g und h in vier Punkten geschnitten werden. Eine solche Figur nennt man **Strahlensatzfigur**.
Aus gegebenen Längen werden dann andere berechnet.
Dazu haben wir in der Lösung der Aufgabe 1 auf Seite 99 Verhältnisgleichungen aufgestellt. Wir vermuten:

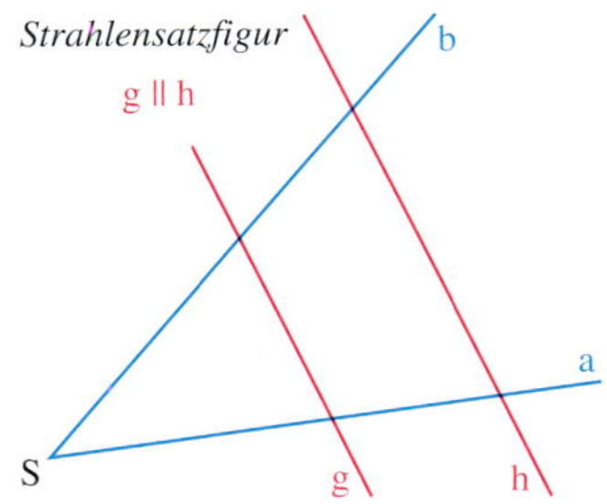

Strahlensätze für Halbgeraden

Gegeben sind zwei Halbgeraden a und b mit gemeinsamem Anfangspunkt S, ferner zwei Geraden g und h, welche die Halbgeraden a und b in vier Punkten A_1, A_2, B_1 und B_2 schneiden.

Erster Strahlensatz:

Wenn die Geraden g und h parallel zueinander sind, dann gilt:

$$\frac{|SA_1|}{|SA_2|} = \frac{|SB_1|}{|SB_2|}$$

Das Längenverhältnis der beiden von S zu den Parallelen führenden Strecken auf der einen Halbgeraden ist gleich dem Längenverhältnis der entsprechenden Strecken auf der anderen Halbgeraden.

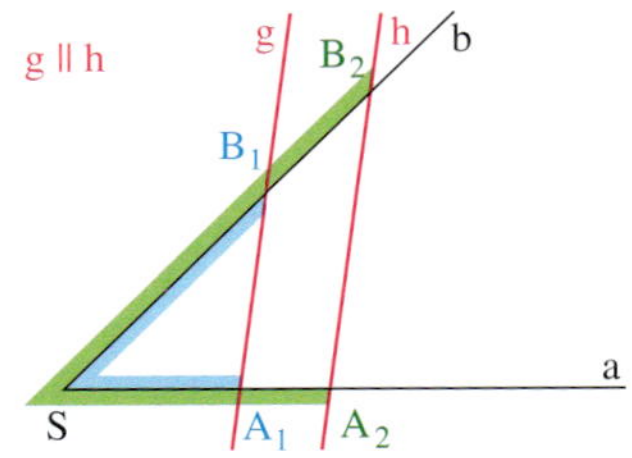

Erweiterter erster Strahlensatz:

Wenn die Geraden g und h parallel zueinander sind, dann gilt:

$$\frac{|SA_1|}{|A_1A_2|} = \frac{|SB_1|}{|B_1B_2|}; \quad \frac{|SA_2|}{|A_1A_2|} = \frac{|SB_2|}{|B_1B_2|}$$

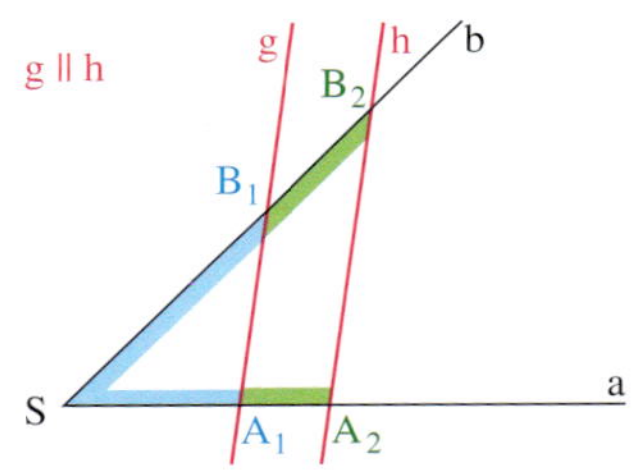

Diese Sätze erlauben es uns, sofort – also ohne Nachweis einer zentrischen Streckung – eine Gleichung für eine gesuchte Länge aufzustellen und diese dann zu berechnen.

(2) Beweis des ersten Strahlensatzes

1. Schritt: Nachweis der Ähnlichkeit zweier Dreiecke.
Die Strahlensatzfigur enthält die beiden Dreiecke SA_1B_1 und SA_2B_2 mit dem gemeinsamen Winkel γ.
Wegen g || h sind die beiden Stufenwinkel α_1 und α_2 gleich groß: $\alpha_1 = \alpha_2$.
Die beiden Dreiecke stimmen somit in zwei entsprechenden Winkeln überein und sind somit nach dem Ähnlichkeitssatz für Dreiecke ähnlich zueinander.

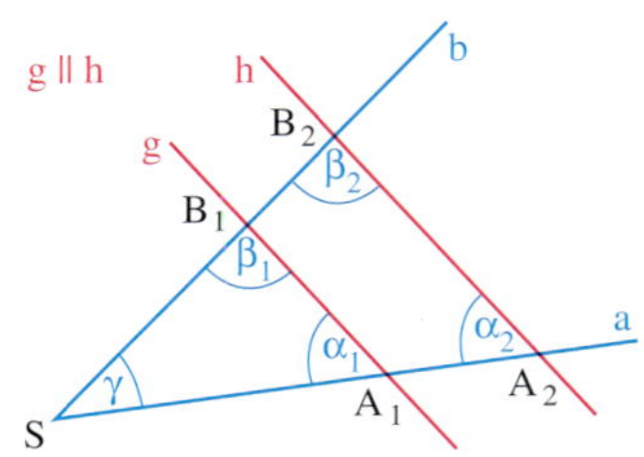

2. Schritt: Herleitung der Gleichungen über die Längenverhältnisse

(a) Erster Strahlensatz

Aus der Verhältnisgleichheit einander entsprechender Seiten folgt dann: $\frac{|SA_1|}{|SA_2|} = \frac{|SB_1|}{|SB_2|}$

(b) Erweiterter erster Strahlensatz

Wir berechnen die Längenverhältnisse $\frac{|A_1A_2|}{|SA_1|}$ und $\frac{|B_1B_2|}{|SB_1|}$. Es gilt:

$$\frac{|A_1A_2|}{|SA_1|} = \frac{|SA_2| - |SA_1|}{|SA_1|} = \frac{|SA_2|}{|SA_1|} - 1; \quad \frac{|B_1B_2|}{|SB_1|} = \frac{|SB_2| - |SB_1|}{|SB_1|} = \frac{|SB_2|}{|SB_1|} - 1$$

Wegen $\frac{|SA_2|}{|SA_1|} = \frac{|SB_2|}{|SB_1|}$ erhalten wir daraus die Verhältnisgleichung: $\frac{|A_1A_2|}{|SA_1|} = \frac{|B_1B_2|}{|SB_1|}$

Durch Bilden des Kehrwertes auf beiden Seiten ergibt sich: $\frac{|SA_1|}{|A_1A_2|} = \frac{|SB_1|}{|B_1B_2|}$

Entsprechend kannst du die Verhältnisgleichung $\frac{|SA_2|}{|A_1A_2|} = \frac{|SB_2|}{|B_1B_2|}$ herleiten.

Weiterführende Aufgaben

2. *Erster Strahlensatz für sich schneidende Geraden*

Beweise den folgenden Satz:

Erster Strahlensatz für sich schneidende Geraden

Die Geraden a und b schneiden sich in S, ferner werden sie von den parallelen Geraden g und h auf verschiedenen Seiten von S geschnitten.

Dann gilt: $\frac{|SA_1|}{|SA_2|} = \frac{|SB_1|}{|SB_2|}$

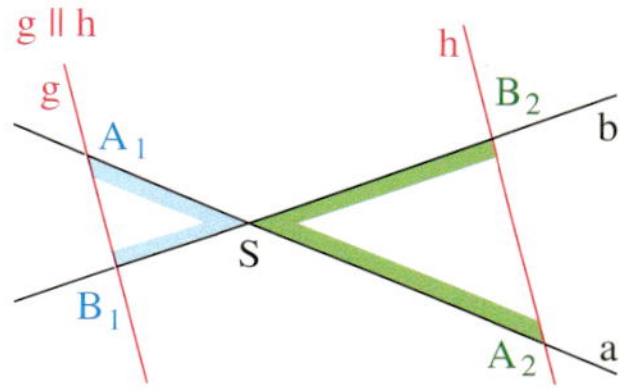

3. *Teilen einer Strecke*

Gegeben ist eine 7 cm lange Strecke $\overline{AB}$.

a) Zerlege die Strecke ohne zu messen in drei gleiche lange Teilstrecken.
Anleitung: Ergänze die Strecke zu einer geeigneten Strahlensatzfigur.

b) Konstruiere auf der Strecke $\overline{AB}$ einen Punkt C so, dass gilt: $|AC| : |AB| = 3 : 5$. Begründe.

Übungsaufgaben

4. Tim steht unter einer freistehenden, hohen Tanne, deren Schatten 12,50 m lang ist. Tim weiß, er ist 1,55 m groß. Ferner hat er ausgemessen, dass bei diesem Sonnenstand sein Schatten 2,50 m lang ist.
Wie hoch ist die Tanne?
Löse sowohl zeichnerisch als auch rechnerisch. Vergleiche.

5. Begründe mithilfe des 1. Strahlensatzes.

a) $\frac{|SA_2|}{|SA_1|} = \frac{|SB_2|}{|SB_1|}$ **d)** $\frac{|SA_1|}{|SB_1|} = \frac{|A_1A_2|}{|B_1B_2|}$

b) $\frac{|SA_1|}{|SB_1|} = \frac{|SA_2|}{|SB_2|}$ **e)** $|SA_1| \cdot |SB_2| = |SB_1| \cdot |SA_2|$

c) $\frac{|A_1A_2|}{|SA_1|} = \frac{|B_1B_2|}{|SB_1|}$ **f)** $|SA_1| \cdot |B_1B_2| = |SB_1| \cdot |A_1A_2|$

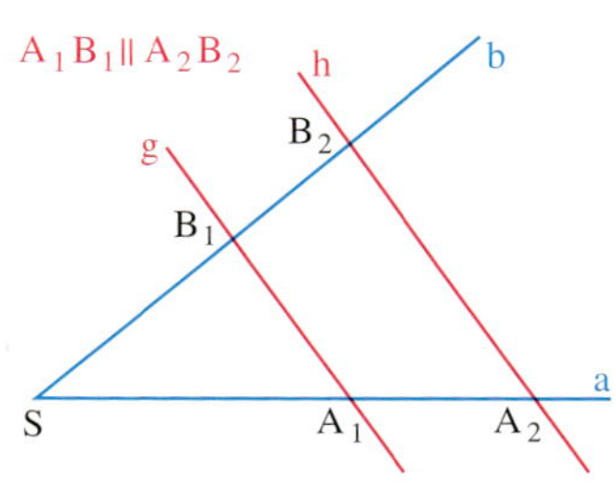

6. Berechne x (Maße in cm).

a)
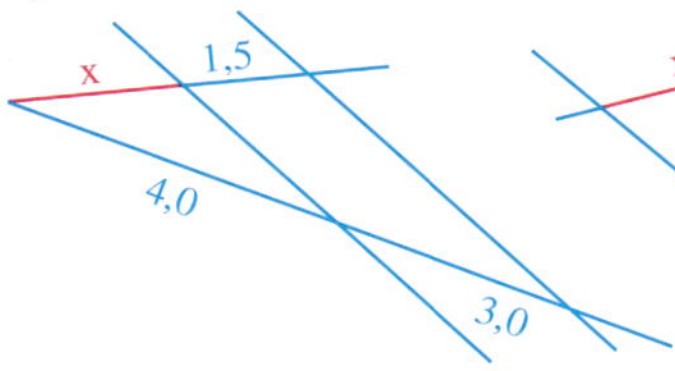

b)
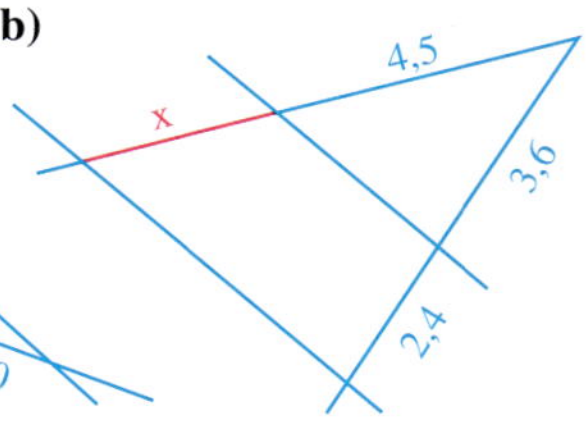

c)
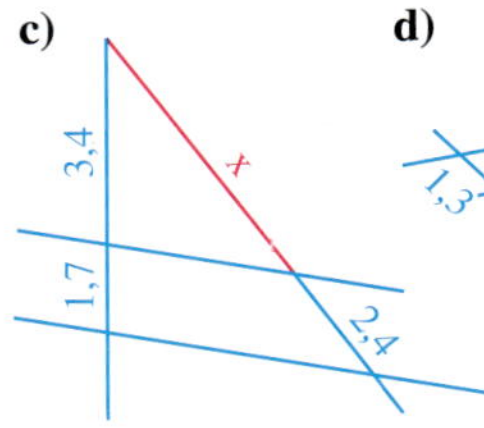

d)
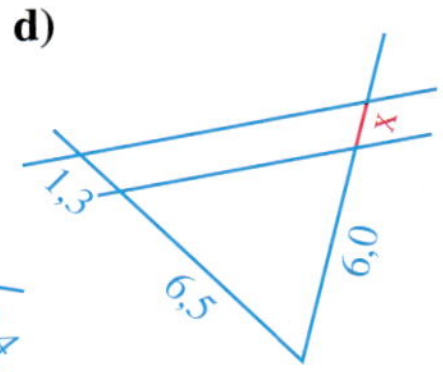

7. Von den vier Längen s_1, s_2, t_1 und t_2 sind drei gegeben. Berechne die vierte Länge.

a) $s_1 = 3{,}0$ cm; $s_2 = 7{,}0$ cm; $t_1 = 4{,}2$ cm

b) $s_1 = 2{,}5$ cm; $t_2 = 3{,}5$ cm; $s_2 = 4{,}0$ cm

c) $s_1 = 4{,}8$ cm; $t_1 = 5{,}4$ cm; $t_2 = 7{,}5$ cm

d) $t_1 = 5{,}2$ cm; $t_2 = 9{,}1$ cm; $s_2 = 6{,}3$ cm

Beginne die Gleichung mit der gesuchten Länge

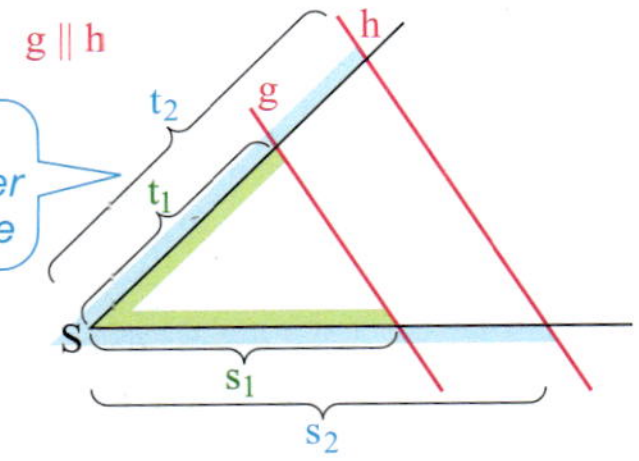

8. Kontrolliere Merles Hausaufgabe.

(1) $\frac{|KL|}{|KM|} = \frac{|MO|}{|MN|}$ (3) $\frac{|ML|}{|MK|} = \frac{|MN|}{|MO|}$

(2) $\frac{|ML|}{|MN|} = \frac{|MO|}{|MK|}$ (4) $\frac{|LK|}{|ML|} = \frac{|ON|}{|NM|}$

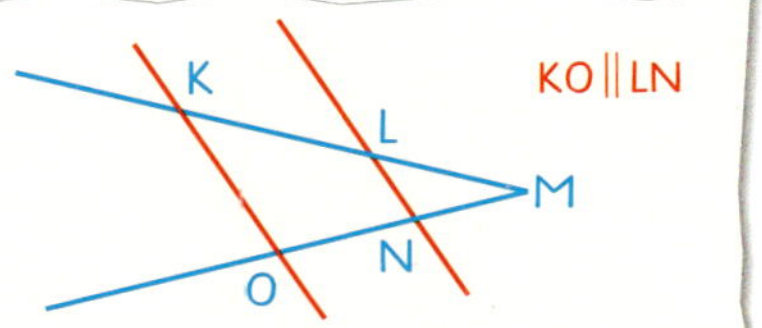

9. Ergänze aufgrund des 1. Strahlensatzes.

a) $\frac{|SB|}{|SA|} = \frac{\square}{\square}$ **d)** $\frac{\square}{|SQ|} = \frac{|SC|}{\square}$ **g)** $\frac{|SP|}{|PQ|} = \frac{\square}{\square}$

b) $\frac{|SP|}{|SR|} = \frac{\square}{\square}$ **e)** $\frac{\square}{\square} = \frac{|SC|}{|SB|}$ **h)** $\frac{|SQ|}{\square} = \frac{\square}{|BC|}$

c) $\frac{|SC|}{\square} = \frac{\square}{|SP|}$ **f)** $\frac{\square}{\square} = \frac{|SQ|}{|SP|}$ **i)** $\frac{|AB|}{\square} = \frac{\square}{|SQ|}$

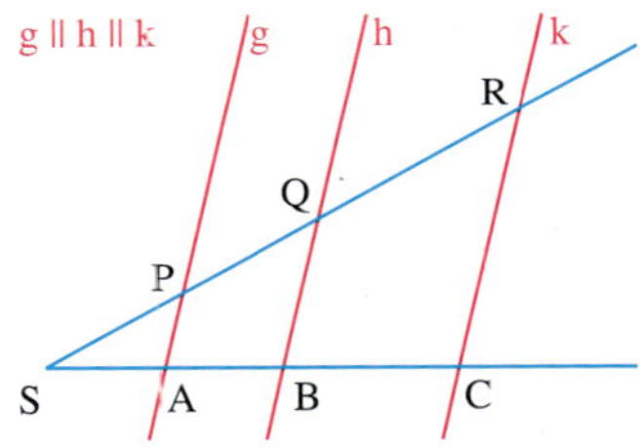

10. Die nebenstehende Figur enthält zwei Strahlensatzfiguren.

a) Versuche, die Strahlensatzfiguren zu entdecken. Zeichne die Figur zweimal in dein Heft und trage jeweils eine Strahlensatzfigur farbig ein.

b) Ergänze durch Anwenden des 1. Strahlensatzes:

$\frac{|AB|}{|AC|} = \frac{\square}{\square}$; $\frac{|CD|}{|CF|} = \frac{\square}{\square}$; $\frac{|AF|}{\square} = \frac{\square}{|AB|}$; $\frac{|AC|}{\square} = \frac{\square}{|CD|}$

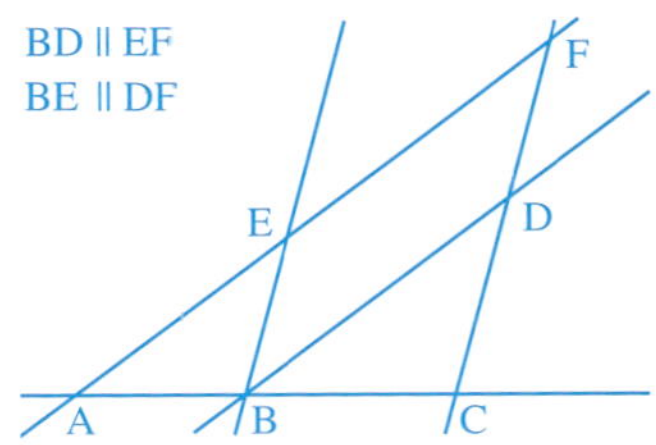

11. Berechne die Längenverhältnisse:

$\frac{|SA|}{|SB|}$, $\frac{|SA|}{|SC|}$, $\frac{|SC|}{|SB|}$, $\frac{|SD|}{|SE|}$, $\frac{|SF|}{|SE|}$, …

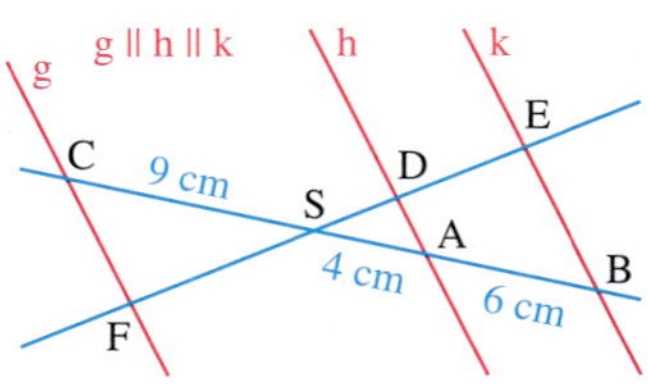

12. Zeichne eine Strecke von 10 cm [12,8 cm] Länge. Zerlege die Strecke ohne zu messen in

a) 3; **b)** 9; **c)** 11 gleich lange Teilstrecken.

3.5.2 Zweiter Strahlensatz

Aufgabe 1

Betrachte noch einmal das Bild der Nische in der Aufgabe 1 auf Seite 99.
Die Länge des Brettes kannst du zeichnerisch bestimmen. Berechne sie jedoch. Stelle dazu zunächst eine Gleichung auf.

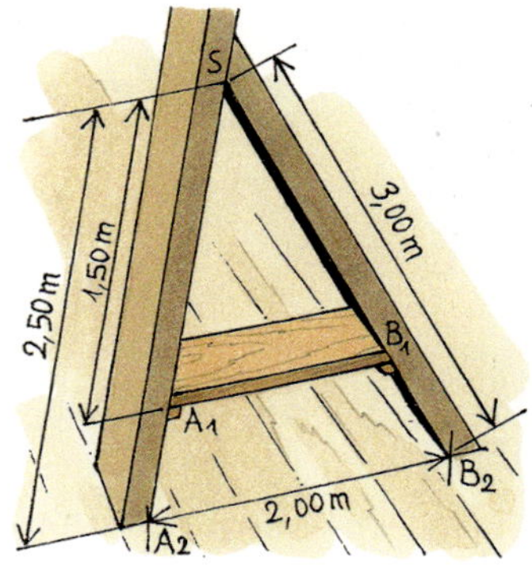

Lösung

Wir wissen (siehe Seite 99): Die beiden Dreiecke A_1B_1S und A_2B_2S sind ähnlich zueinander.
Folglich gilt nach dem Satz über die Gleichheit von Längenverhältnissen in ähnlichen Figuren:

$$\frac{|A_1B_1|}{|A_2B_2|} = \frac{|SA_1|}{|SA_2|}$$

eingesetzt: $\frac{|A_1B_1|}{2\text{ m}} = \frac{1{,}50\text{ m}}{2{,}50\text{ m}} = 0{,}6;$ also:

$|A_1B_1| = 0{,}6 \cdot 2\text{ m} = 1{,}20\text{ m}$

Ergebnis: Das Brett ist 1,20 m lang.

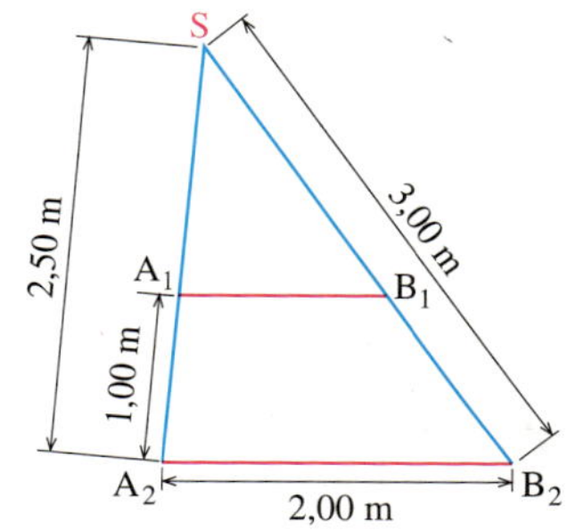

Information

(1) Zweiter Strahlensatz für Halbgeraden

Die Aufgabe 1 führt auf eine neue Gleichung für Längenverhältnisse an der Strahlensatzfigur.

Zweiter Strahlensatz:

Gegeben sind zwei Halbgeraden a und b mit gemeinsamem Anfangspunkt S, ferner zwei Geraden g und h, welche die Halbgeraden a und b in vier Punkten A_1, A_2, B_1 und B_2 schneiden.
Wenn die Geraden g und h parallel zueinander sind, dann gilt:

$$\frac{|SA_1|}{|SA_2|} = \frac{|A_1B_1|}{|A_2B_2|} \text{ und } \frac{|SB_1|}{|SB_2|} = \frac{|A_1B_1|}{|A_2B_2|}$$

Das Längenverhältnis der beiden von S zu den Parallelen führenden Strecken auf den Halbgeraden ist jeweils gleich dem Längenverhältnis der beiden Strecken auf den zueinander parallelen Geraden.

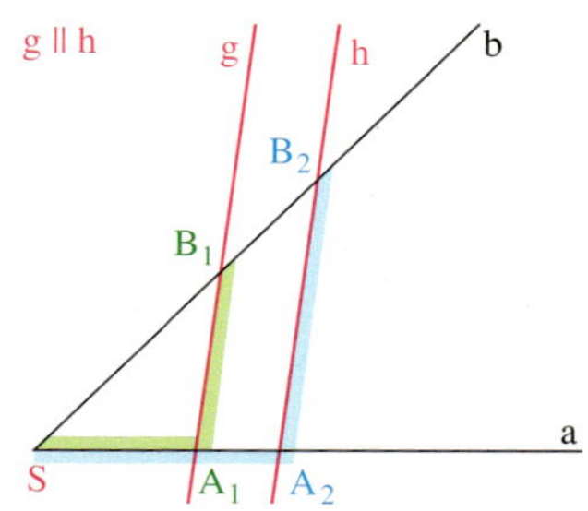

(2) Beweis des zweiten Strahlensatzes

Beim Beweis des ersten Strahlensatzes (Seite 100) haben wir gezeigt, dass die Dreiecke SA_1B_1 und SA_2B_2 ähnlich zueinander sind.
Aus der Verhältnisgleichheit einander entsprechender Seiten folgt dann:

$$\frac{|SA_1|}{|SA_2|} = \frac{|A_1B_1|}{|A_2B_2|} \quad \text{und} \quad \frac{|SB_1|}{|SB_2|} = \frac{|A_1B_1|}{|A_2B_2|}$$

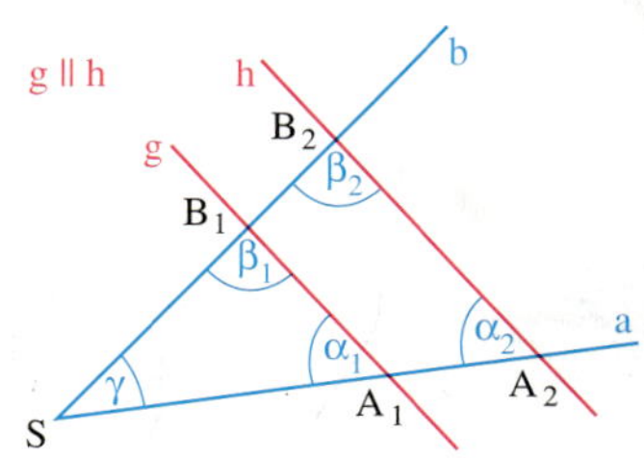

Weiterführende Aufgabe

2. *Zweiter Strahlensatz für sich schneidende Geraden*

Beweise den folgenden Satz:

Zweiter Strahlensatz für sich schneidende Geraden

Die Geraden a und b schneiden sich in S; ferner werden sie von den parallelen Geraden g und h auf verschiedenen Seiten von S geschnitten.

Dann gilt: $\frac{|SA_1|}{|SA_2|} = \frac{|A_1B_1|}{|A_2B_2|}$

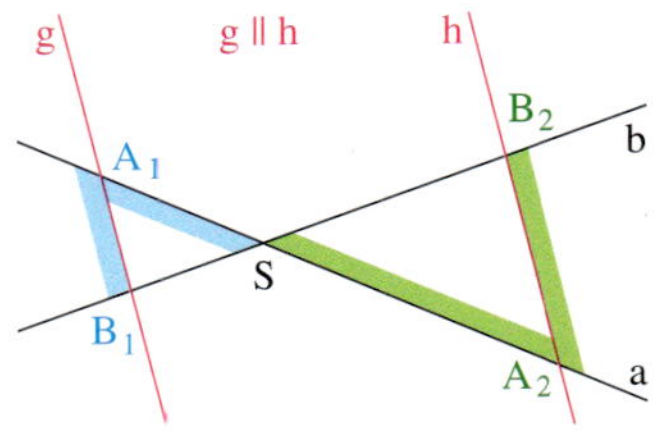

Übungsaufgaben

3. Anne will die Höhe einer Buche bestimmen. Sie stellt wie im Bild einen 1,80 m hohen Stab so auf, dass sich die Schatten der Spitzen vom Stab und Baum decken. Der Baum wirft einen 9,60 m, der Stab einen 2,45 m langen Schatten.
Wie hoch ist der Baum?
Löse die Aufgabe zeichnerisch und auch rechnerisch.
Vergleiche.

DGS **4.** Zeichne mit einem dynamischen Geometrie-System zwei Geraden, die sich in einem Punkt S schneiden.
Erzeuge auf einer Geraden auf einer Seite von S zwei Punkte A und B und auf der anderen Geraden einen Punkt C. Zeichne die Gerade AC. Zeichne dann die Parallele zu AC durch B. Nenne ihren Schnittpunkt mit der anderen Geraden D.

a) Lasse dir vom Programm die Streckenverhältnisse $\frac{|SB|}{|SA|}$ und $\frac{|BD|}{|AC|}$ berechnen.
Verändere die Lage des Punktes B auf der Geraden. Was stellst du fest? Formuliere eine Vermutung.

b) Versuche, deine Vermutung zu begründen.

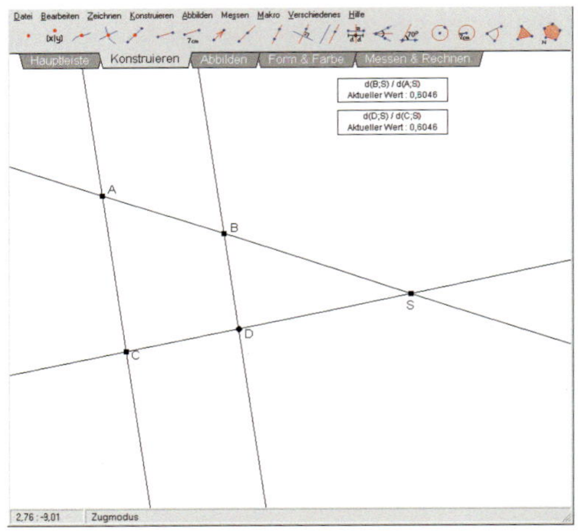

5. Leite aus den Verhältnisgleichungen des 2. Strahlensatzes her:

a) $\frac{|SA_2|}{|SA_1|} = \frac{|A_2B_2|}{|A_1B_1|}$ **c)** $\frac{|SB_2|}{|SB_1|} = \frac{|A_2B_2|}{|A_1B_1|}$

b) $\frac{|SA_1|}{|A_1B_1|} = \frac{|SA_2|}{|A_2B_2|}$ **d)** $\frac{|SB_1|}{|A_1B_1|} = \frac{|SB_2|}{|A_2B_2|}$

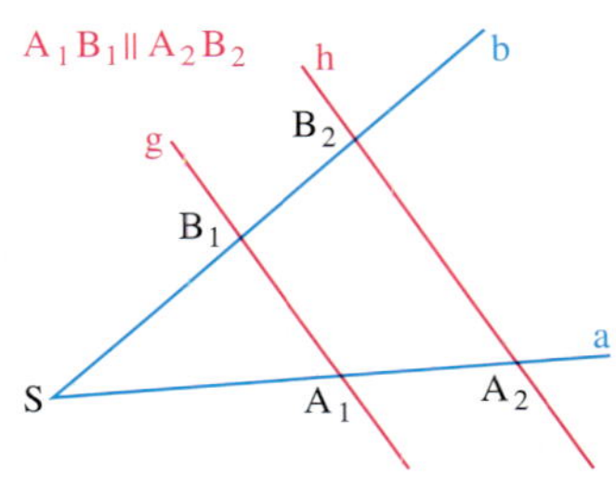

6. Berechne x (Maße in cm).

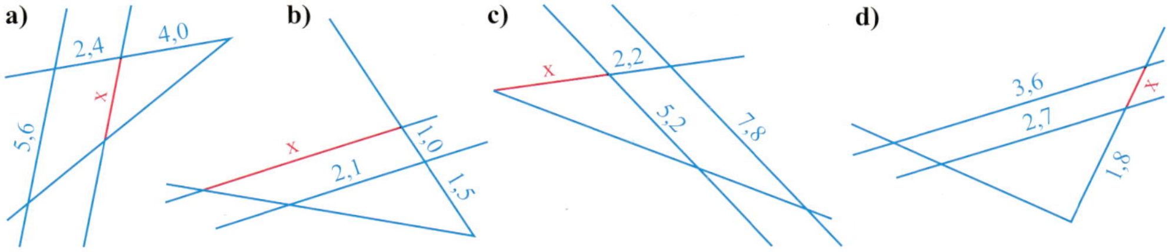

7. Berechne die nicht gegebenen Längen.

a) $s_1 = 7{,}2$ cm, $t_1 = 6{,}8$ cm, $t_2 = 10{,}2$ cm, $p_1 = 5{,}4$ cm

b) $s_1 = 4{,}8$ cm, $t_2 = 11{,}0$ cm, $p_1 = 5{,}4$ cm, $p_2 = 9{,}9$ cm

c) $s_2 = 6{,}0$ cm, $t_2 = 7{,}2$ cm, $p_1 = 4{,}9$ cm, $p_2 = 8{,}4$ cm

d) $s_1 = 27$ mm, $s_2 = 4{,}5$ cm, $t_1 = 3{,}3$ cm, $p_2 = 40$ mm

e) $t_1 = 4{,}2$ m, $t_2 = 6{,}4$ m, $p_2 = 4{,}8$ m, $s_1 = 6{,}3$ m

f) $t_2 = 5{,}4$ km, $s_1 = 3{,}2$ km, $s_2 = 4{,}8$ km, $p_1 = 3{,}9$ km

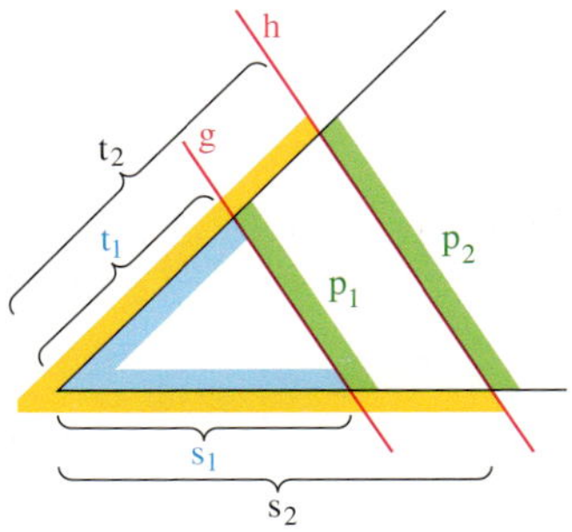

8. Ergänze aufgrund des 2. Strahlensatzes.

(1) $\frac{|AP|}{|BQ|} = \frac{\square}{\square}$ (3) $\frac{|AP|}{\square} = \frac{\square}{|SC|}$ (5) $\frac{\square}{|SB|} = \frac{|AP|}{\square}$

(2) $\frac{|BQ|}{|CR|} = \frac{\square}{\square}$ (4) $\frac{|SP|}{\square} = \frac{\square}{|RC|}$ (6) $\frac{|SB|}{\square} = \frac{\square}{|RC|}$

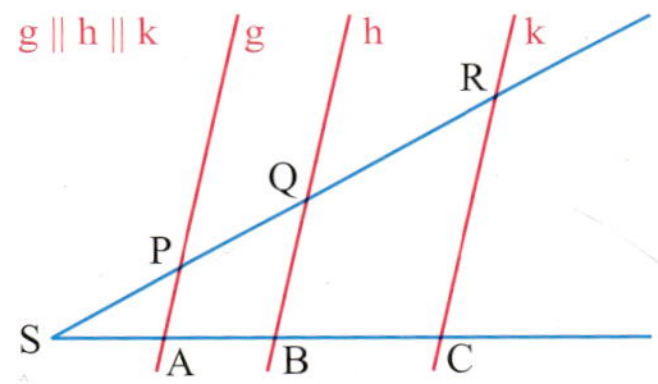

9. Für die Figur rechts gilt $BD \parallel EF$ und $BE \parallel DF$.
Ergänze durch Anwendung des 2. Strahlensatzes:

$\frac{|AB|}{|AC|} = \frac{\square}{\square}$; $\frac{|BD|}{|AF|} = \frac{\square}{\square}$; $\frac{|CD|}{|CF|} = \frac{\square}{\square}$; $\frac{|BE|}{\square} = \frac{|AB|}{\square}$

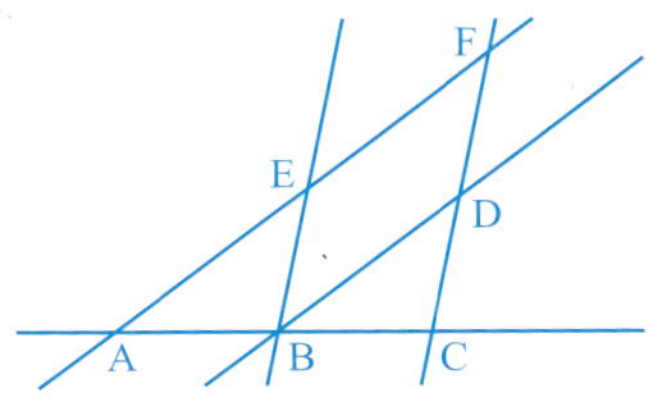

10. Für nebenstehende Figur gilt $k \parallel l$. Berechne und gib den angewendeten Strahlensatz an:

a) $\frac{a}{b}$ **b)** $\frac{c}{d}$ **c)** $\frac{a+b}{b}$ **d)** $\frac{f}{e}$ **e)** $\frac{h+g}{h}$

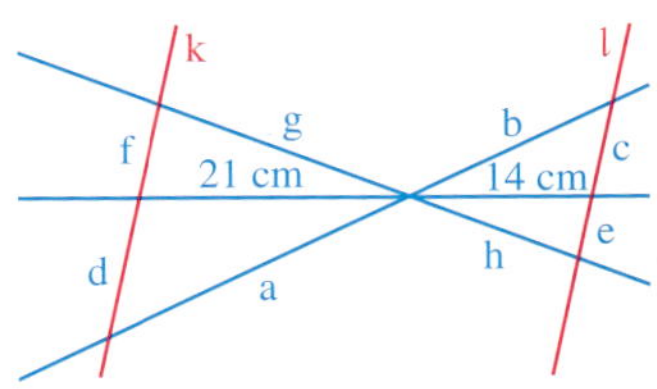

11. Kontrolliere Lennarts Hausaufgabe.

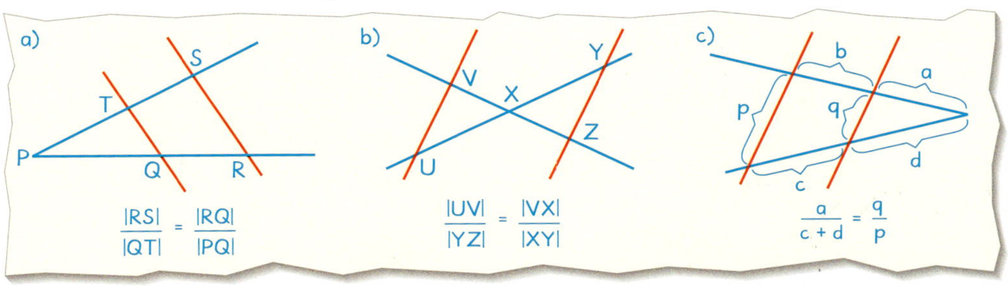

3.5.3 Vermischte Übungen zum 1. und 2. Strahlensatz

1. a) Beweise für die Figur rechts mithilfe der Strahlensätze:

(1) $\frac{|AB|}{|BC|} = \frac{|DE|}{|EF|}$ (2) $\frac{|AB|}{|AC|} = \frac{|DE|}{|DF|}$

b) Es sollen $|SA| = 3$ cm, $|SD| = 4{,}5$ cm, $|SB| = 2{,}4$ cm, $|BC| = 2$ cm, $|DE| = 1{,}8$ cm und $|SF| = 3{,}9$ cm sein.
Berechne die Längen $|AB|$, $|SE|$, $|EF|$, $|SC|$.
Überlege eine günstige Reihenfolge für die Berechnung.

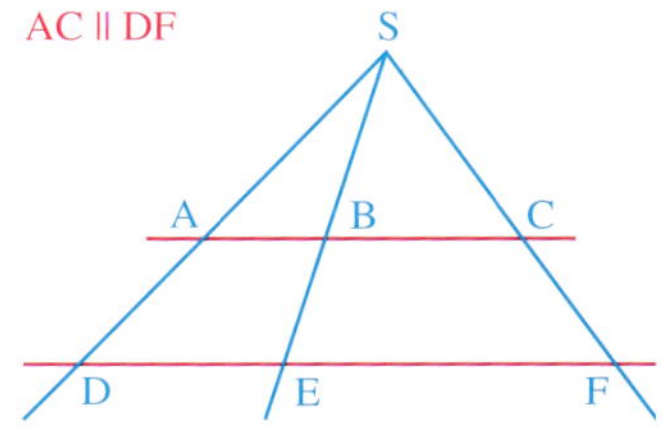

2. a) Beweise für die Figur rechts:

(1) $\frac{|ZP|}{|QR|} = \frac{|ZA|}{|BC|}$ (2) $\frac{|PQ|}{|QR|} = \frac{|AB|}{|BC|}$

b) Es sollen $|ZP| = 2{,}7$ cm, $|QR| = 1{,}9$ cm, $|ZA| = 3{,}5$ cm, $|PQ| = 2{,}3$ cm, $|AP| = 1{,}8$ cm sein.
Berechne die Längen $|BC|$, $|AB|$, $|BQ|$, $|RC|$.

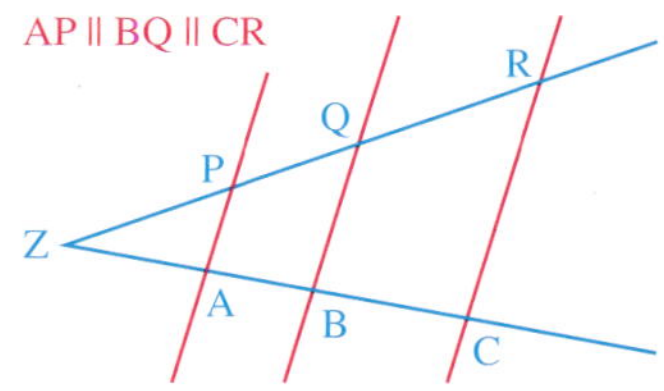

3. Ergänze aufgrund der Strahlensätze:

(1) $\frac{u}{v} = \frac{\square}{\square}$ (4) $\frac{u+v}{r+s} = \frac{\square}{\square}$

(2) $\frac{u}{u+v} = \frac{\square}{\square}$ (5) $\frac{r}{a} = \frac{\square}{\square}$

(3) $\frac{r+s}{r} = \frac{\square}{\square}$ (6) $\frac{u+v}{b} = \frac{\square}{\square}$

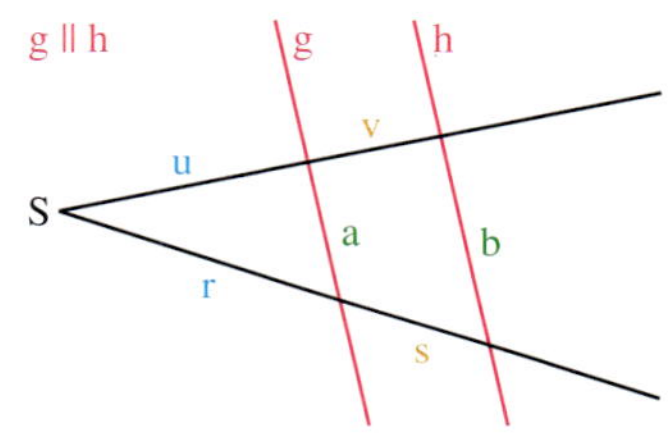

4. Für die nebenstehende Figur gilt $g \parallel h$. Berechne $\frac{x}{y}$, falls gilt:

a) $\frac{u}{v} = 1$; **b)** $\frac{u}{v} = \frac{1}{2}$; **c)** $\frac{u}{v} = \frac{2}{3}$.

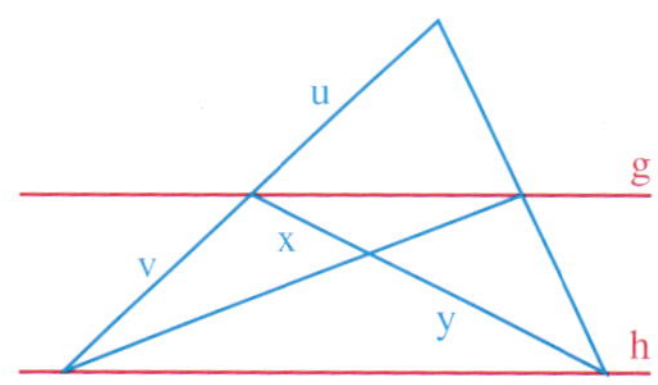

5. Beweise:
Im Parallelogramm halbieren die Diagonalen einander.

6. Kontrolliere Merles Hausaufgaben.

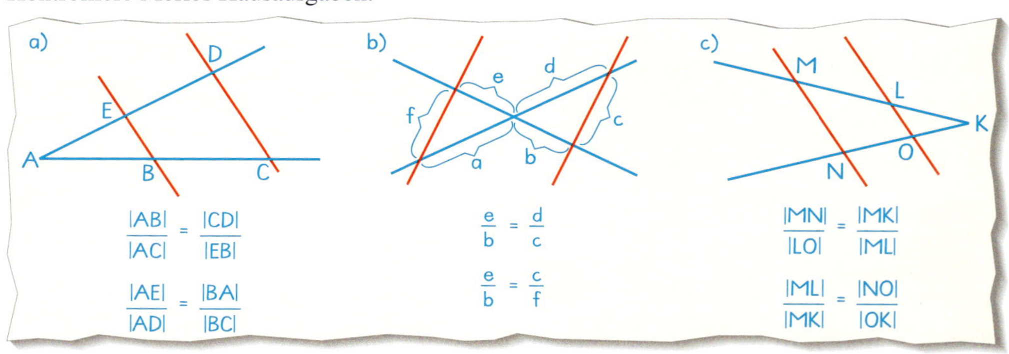

7. In einem Trapez ABCD ist $DC \parallel FE \parallel AB$.
Ferner sind die Längen $|AB| = 7$ cm, $|DC| = 4$ cm, $|BE| = 2$ cm und $|EC| = 1$ cm gegeben.
Wie lang ist die Strecke $\overline{EF}$?

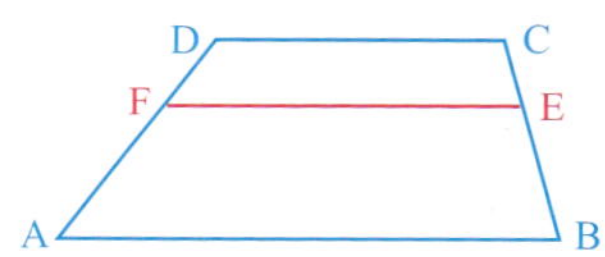

8. Ergänze jeweils aufgrund eines Strahlensatzes:

a) $\frac{a}{c} = \frac{\square}{\square}$ **c)** $\frac{g}{h} = \frac{\square}{\square}$ **e)** $\frac{e}{c} = \frac{\square}{\square}$ **g)** $\frac{j}{i} = \frac{\square}{\square}$

b) $\frac{d}{f} = \frac{\square}{\square}$ **d)** $\frac{e}{e+f} = \frac{\square}{\square}$ **f)** $\frac{a+b}{c+d} = \frac{\square}{\square}$ **h)** $\frac{c+d}{d} = \frac{\square}{\square}$

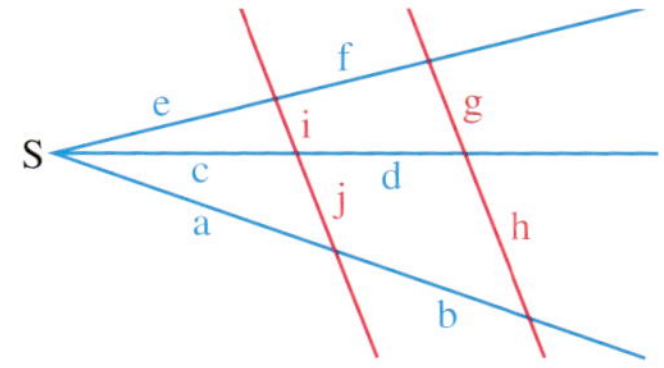

9. Berechne die Längen der rot markierten Strecken (Maße in cm).

a)

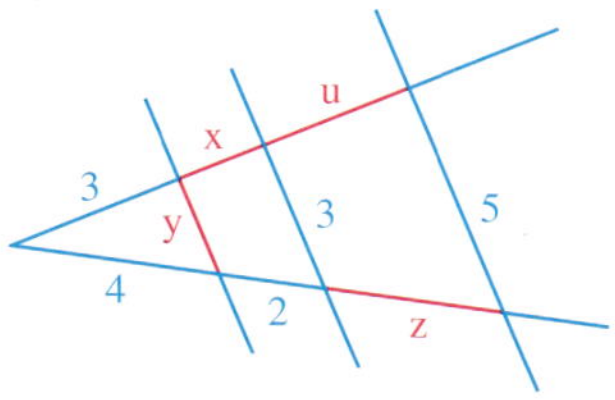

b)

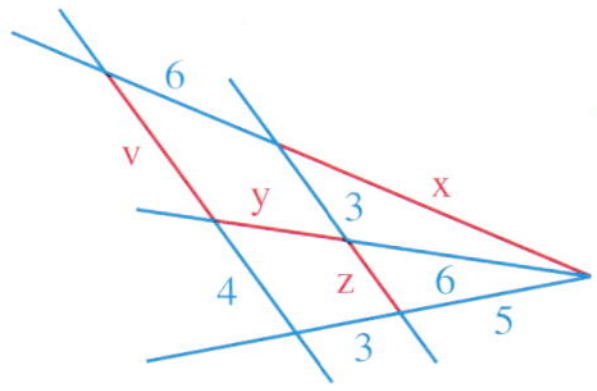

c)

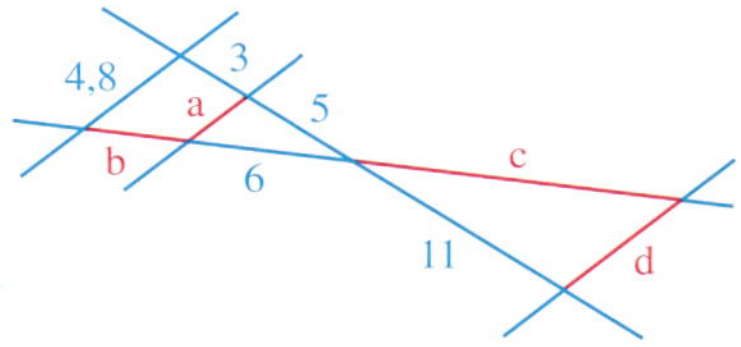

10. In der Zeichnung soll $A_1A_2 \| B_1B_2$ sowie $A_2A_3 \| B_2B_3$ gelten.

Beweise: **a)** $\frac{|B_1B_2|}{|A_1A_2|} = \frac{|B_2B_3|}{|A_2A_3|}$ **b)** $\frac{|SB_1|}{|SA_1|} = \frac{|SB_3|}{|SA_3|}$

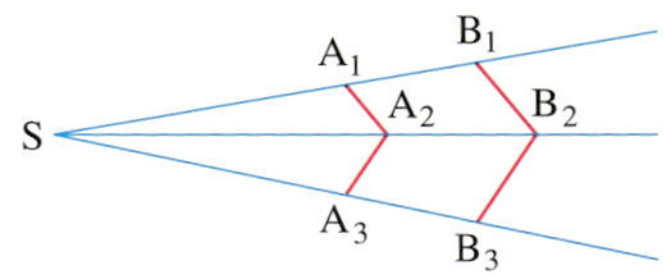

11. Gegeben ist ein Kegel mit dem Radius $r_1 = 5$ cm der Grundfläche und der Höhe $h_1 = 12$ cm.
In welcher Höhe h_2 (von der Grundfläche) muss der Kegel abgeschnitten werden, damit die Schnittfläche den Radius 2 cm hat?

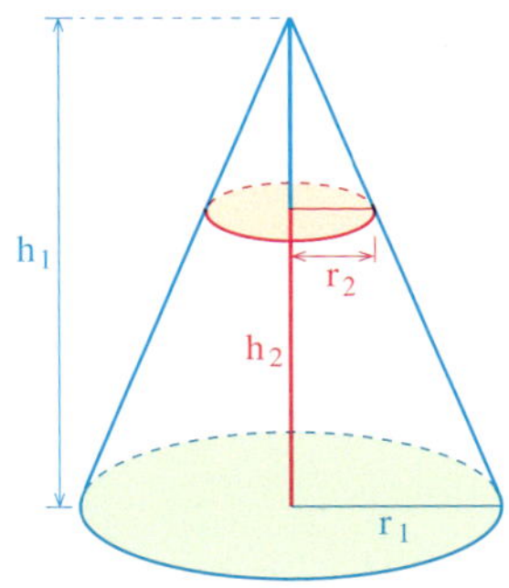

12. Tanjas Daumen ist 2 cm breit. Schließt sie ein Auge und hält sie den Daumen 45 cm vom anderen Auge entfernt, so ist gerade ein 7,32 m breites Fußballtor verdeckt.
Wie weit ist Tanja vom Tor entfernt? Zeichne auch.

13. Um die Gerade zu $y = \frac{3}{4}x + 0{,}5$ zu zeichnen, kannst du von $P(0|0{,}5)$ ausgehen und einen zweiten Punkt der Geraden erhalten, indem du 1 nach rechts gehst und dann $\frac{3}{4}$ nach oben, oder z. B. 4 nach rechts und dann 3 nach oben.
Begründe das geometrisch.

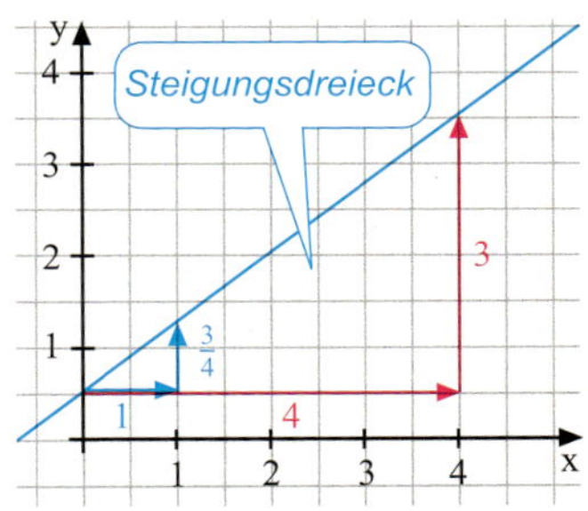

14. Die Abbildung unten zeigt einen Proportionalzirkel. Er wird zum Verkleinern oder Vergrößern einer Strecke verwendet. Erläutere seine Wirkungsweise.

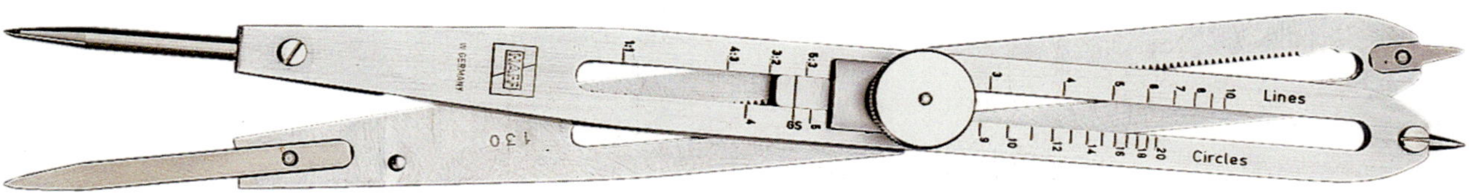

3.6 Berechnen von Längen mithilfe der Strahlensätze *Zum Selbstlernen*

Ziel

Hier lernst du, wie man in komplexen ebenen und räumlichen Figuren Streckenlängen durch Anwenden der Strahlensätze berechnen kann.

Zum Erarbeiten

Anwenden des 2. Strahlensatzes

A Jules Verne schreibt in seinem Roman „Die geheimnisvolle Insel", wie eine Gruppe von Männern, die auf eine einsame Insel verschlagen wurde, die Höhe einer senkrechten Granitwand bestimmt:

Die geheimnisvolle Insel

Cyrus Smith hatte eine Stange von 4 m Länge vorbereitet, wobei er an seiner eigenen Körpergröße provisorisch Maß genommen hatte. Harbert machte währenddessen ein Senkblei zurecht, das heißt, er band einen Stein an eine Pflanzenfaserschnur. Die Stange rammte der Ingenieur 20 Schritte vom Ufer weg in den Sand und stellte sie mithilfe des Lots senkrecht zum Horizont. Dann legte er sich soweit von der Stange entfernt in den Sand, dass er die Stange sich mit dem Grat der Granitmauer decken sah, und trieb dort einen Pflock in den Boden ...
Die Stange, die 1 m tief im Sand steckte, wurde wieder herausgezogen und mit ihr der Abstand von dem Pflock zu dem Loch, in den die Stange gesteckt war, und die Entfernung vom Pflock zur Wand gemessen. Vom Pflock zur Stange waren es 5 m, vom Pflock zur Granitwand 160 m.

Fertige eine Skizze an und trage die bekannten Längen ein. Berechne dann die Höhe der Granitwand.

Da sowohl die Stange als auch die Granitwand senkrecht sind, sind beide parallel zueinander. Du erhältst also eine Strahlensatzfigur.
Mithilfe des 2. Strahlensatzes ergibt sich die Gleichung:

$\frac{x}{3\text{ m}} = \frac{160\text{ m}}{5\text{ m}}$,

also $5x = 480$ m und somit $x = 96$ m.

Ergebnis: Die Wand ist 96 m hoch.

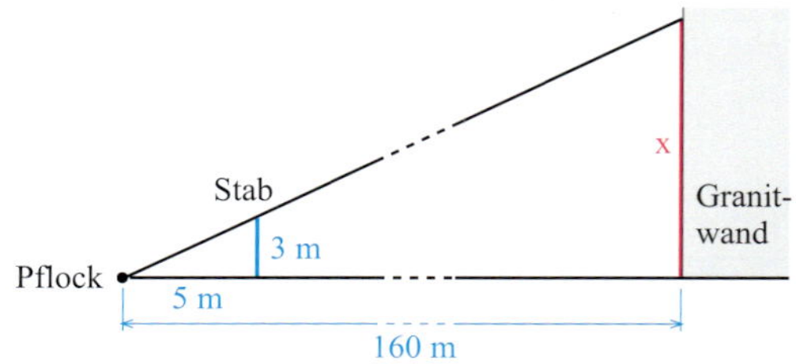

Anwenden des 1. Strahlensatzes

A *Ein Teil eines Teiches soll durch ein Seil abgetrennt werden, das an den Stellen A und B am Ufer befestigt werden soll. Um die Entfernung zwischen A und B zu bestimmen, werden an den Stellen A, B, C, D und E so genannte Fluchtstäbe so aufgestellt, dass BC parallel zu DE ist.*
Es wird gemessen:
$|AC| = 63\text{ m},\ |CE| = 14\text{ m},\ |BD| = 10\text{ m}.$

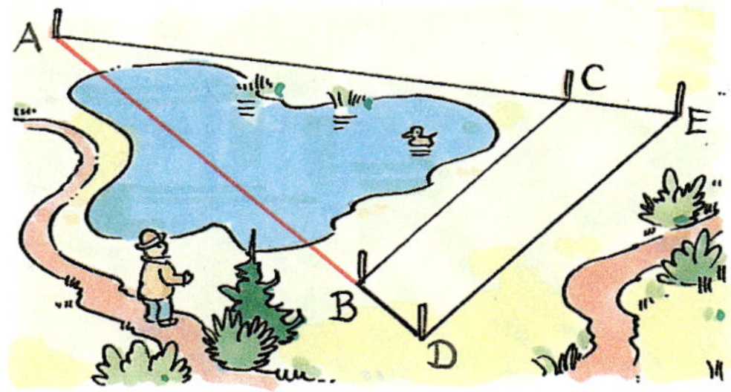

Kann man mit einem 50 m langen Seil A und B miteinander verbinden?

Wegen BC || DE liegt eine Strahlensatzfigur vor. Aufgrund des 1. Strahlensatzes gilt:

$\frac{|AB|}{|BD|} = \frac{|AC|}{|CE|}$, also $\frac{x}{10\text{ m}} = \frac{63\text{ m}}{14\text{ m}}$. Daraus folgt: $x = \frac{10 \cdot 63}{14}\text{ m} = 45\text{ m} < 50\text{ m}$

Ergebnis: Man kann also mit dem Seil A mit B verbinden.

Strategie zur Berechnung von Streckenlängen mithilfe der Strahlensätze
- Zeichne eine Strahlensatzfigur ein, die die gesuchte Strecke enthält.
- Erstelle eine Verhältnisgleichung mithilfe des 1. oder 2. Strahlensatzes und löse sie.

Tipp: Die Gleichung lässt sich am einfachsten lösen, wenn die gesuchte Länge im Zähler des linken Bruches steht.

Zum Üben

1. An den Stellen A und B eines Sees befinden sich Anlegestellen für Tretboote. Um die Entfernung von A und B zu bestimmen, wurden die Längen $|PE| = 96$ m, $|EA| = 58$ m und $|EF| = 66$ m gemessen.
Berechne die Entfernung der Anlegestellen A und B.

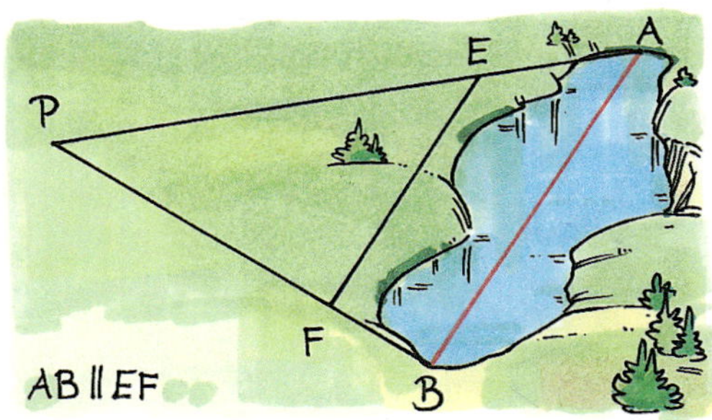

2. Ein senkrecht aufgestellter Stab von 2 m Länge wirft einen 95 cm langen Schatten. Zur gleichen Zeit wirft ein Turm einen Schatten von 10 m Länge.
Fertige zunächst eine Skizze an. Berechne dann die Höhe des Turms.

3. Ein Waldarbeiter bestimmt mithilfe eines *Försterdreiecks* die Höhe eines Baumes.

a) Erläutere die Funktion des Försterdreiecks.
Warum wurde ein Winkel von 45° gewählt?

b) Die Entfernung zum Baum beträgt 21 m.
Wie hoch ist der Baum ungefähr?

Zum Selbstlernen

4. *Teamarbeit:* Überlegt euch Möglichkeiten, wie ihr die Breite eines Flusses bestimmen könnt.

5. Zur Messung einer kleinen Öffnung (z. B. einer Flasche) und zur Messung z. B. einer dünnen Holzplatte verwendet man einen *Messkeil* bzw. einen *Keilausschnitt.*
Berechne jeweils die Länge x. Erläutere die Wirkungsweise der Messinstrumente.

(1) Meßkeil

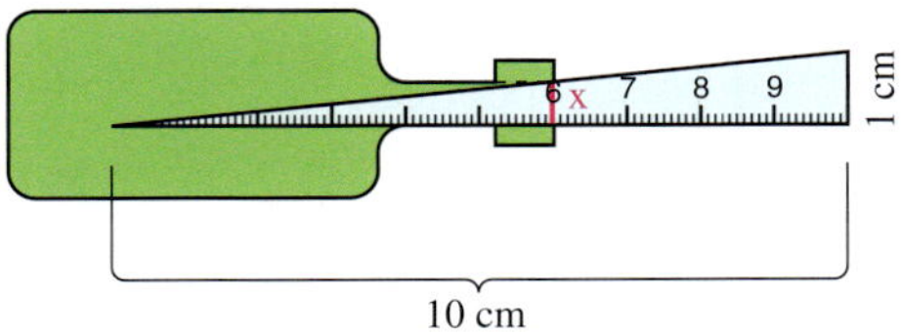

(2) Keilausschnitt

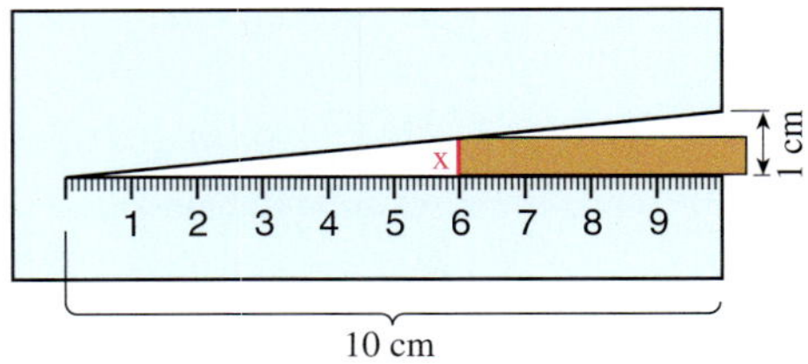

6. Eine einfache Lochkamera kann man sich aus einem Karton herstellen, bei dem auf der einen Seite in der Mitte ein kleines Loch gemacht wird und die gegenüberliegende Seite durch Pergamentpapier, dem „Schirm“, ersetzt wird. Du kannst dann auf dem Pergamentpapier ein Bild von Gegenständen erzeugen.

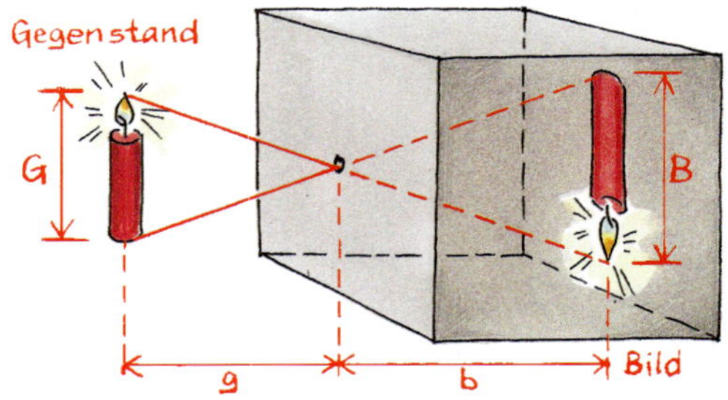

Es sollen G und B die Gegenstands- bzw. Bildgröße sowie g und b die Gegenstands- bzw. Bildweite sein.
Stelle eine Verhältnisgleichung für die Größen g, b, G und B auf.
Wie weit darf ein Gegenstand höchstens von der Kamera entfernt sein, damit sein Abbild noch vergrößert wird?

7. Ein Baum, der von der Lochkamera 30 m entfernt steht, wird 4 cm hoch auf dem Schirm der Kamera abgebildet. Die Kamera ist 12 cm tief. Wie hoch ist der Baum?
Ein gleich großer Baum erscheint 50 % höher auf dem Schirm. Wie weit ist er entfernt?

Erdradius 6370 km

8. Der Mond ist 60 Erdradien von der Erde entfernt.
Hält man einen 7 mm dicken Bleistift im Abstand von etwa 78 cm vor das Auge, so ist der Mond gerade verdeckt.
Welchen Durchmesser hat der Mond etwa? Fertige eine Skizze an.

9. **a)** Erläutere die Arbeitsweise der Messzange? Wozu kann man sie verwenden?

b) Mit welchem Faktor vergrößert die abgebildete Zange die abgegriffenen Größen?

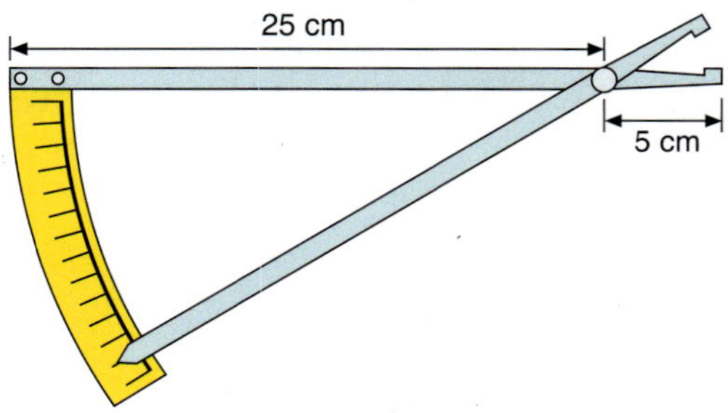

10. Von der Erde aus erscheinen der Mond und die Sonne unter fast dem gleichen Sehwinkel von 0,5°. In welchem Verhältnis stehen ihre Radien, wenn die Entfernung zur Erde $e_M = 1{,}5 \cdot 10^5$ km bzw. zur Sonne $e_S = 3{,}8 \cdot 10^8$ km betragen?

Zum Selbstlernen

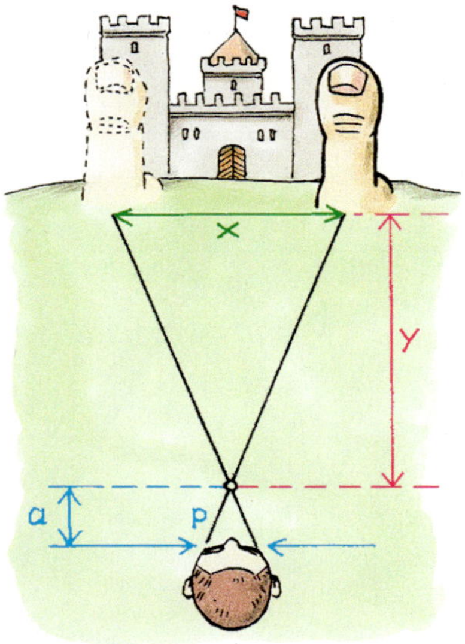

11. Strecke einen Arm aus und visiere den Daumen zunächst mit dem linken Auge, dann mit dem rechten Auge an. Du bemerkst, dass der Daumen einen „Sprung“ macht. Diese Tatsache benutzt man, um Entfernungen in der Landschaft zu schätzen (*Daumensprungmethode*).
Verwende in den folgenden Aufgaben als Armlänge $a = 64$ cm und als Pupillenabstand $p = 6$ cm.

a) Ein Wanderer sieht ein altes Schloss. Er weiß, das Schloss ist 65 m breit. Der Daumen springt gerade von einer zur anderen Seite.
Wie weit ist er vom Schloss entfernt?

b) Eine Wanderin sieht in der Ferne zwei Burgen. Sie ist von der einen Burg 15 km entfernt. Der Daumen springt gerade von der einen zur anderen Burg.
Wie weit liegen beide Burgen auseinander?

12. Berechne für das nebenstehende Parallelogramm die beiden Längenverhältnisse $\frac{x}{y}$ und $\frac{u}{v}$.

Hinweis: Ergänze die Figur im Heft so, dass eine Strahlensatzfigur entsteht. Zeichne sie rot ein.

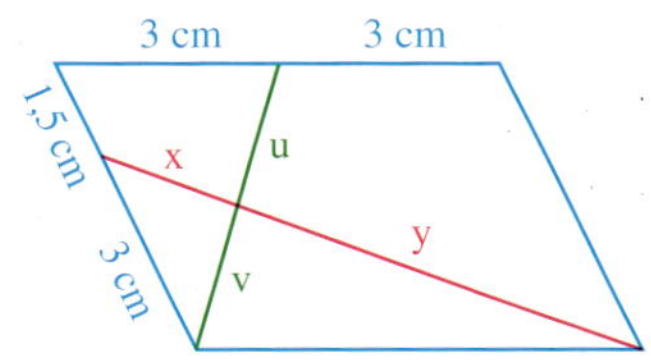

13. Berechne $\frac{x}{y}$ und $\frac{u}{v}$. Der wievielte Teil der Parallelogrammfläche ist rot gefärbt?

a)
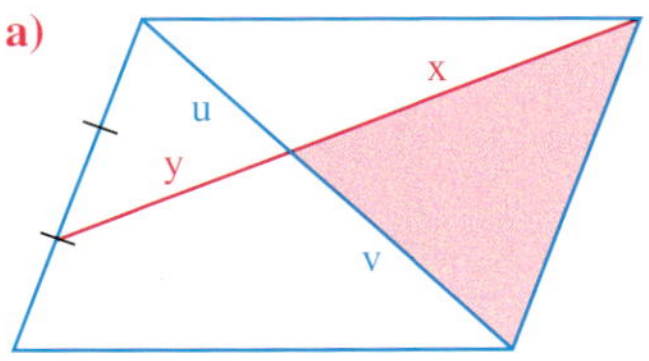

b)
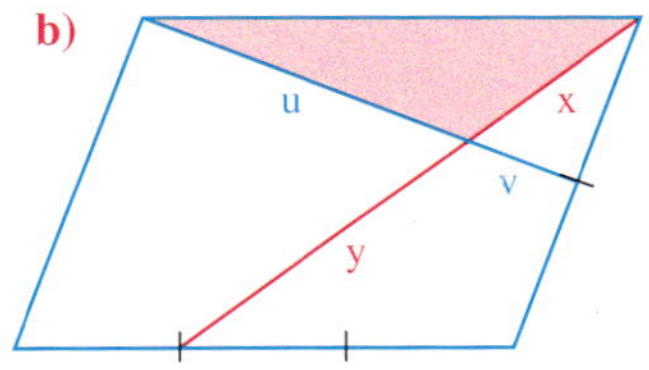

c)
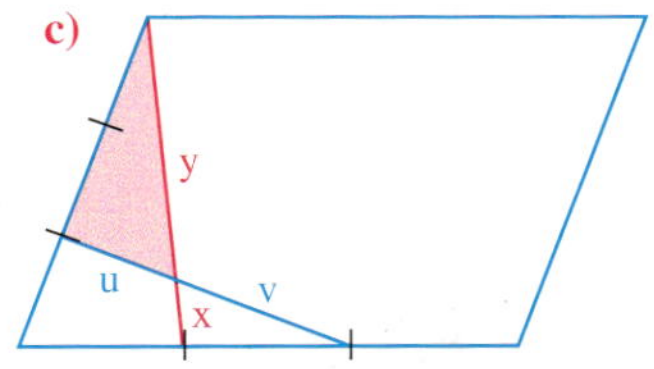

14. Welcher Anteil der Dreiecksfläche ist rot gefärbt? Gib den Anteil auch in Prozent an.

a)
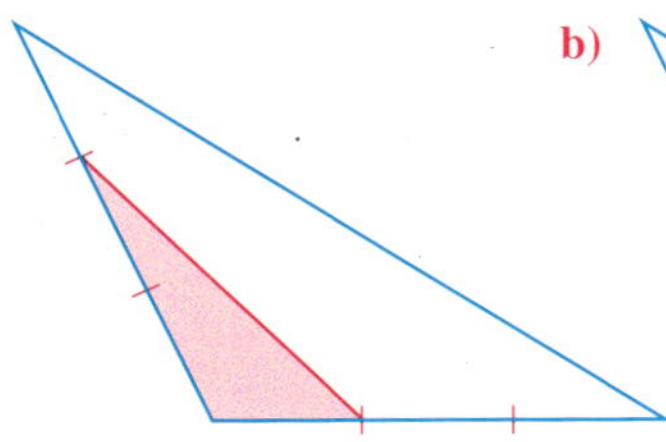

b)
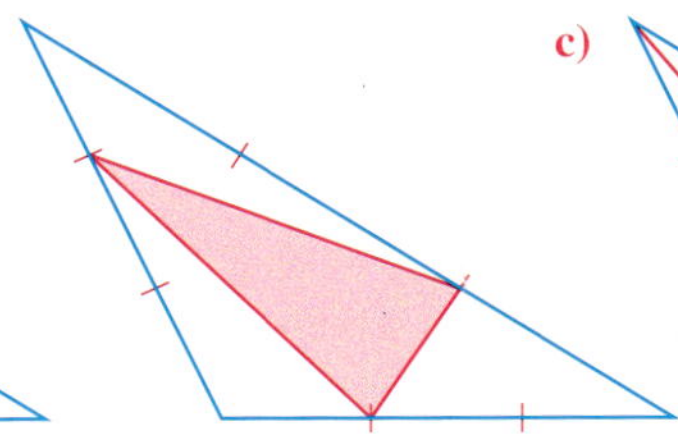

c)
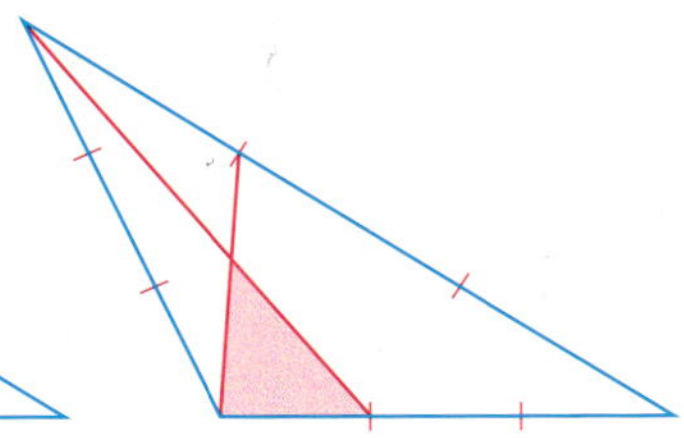

15. In dem gleichschenkligen Trapez rechts sind $a = 200$ mm, $b = 120$ mm und $c = 56$ mm gegeben.
Wie groß ist der Anteil des rot gefärbten Dreiecks an der Gesamtfläche?

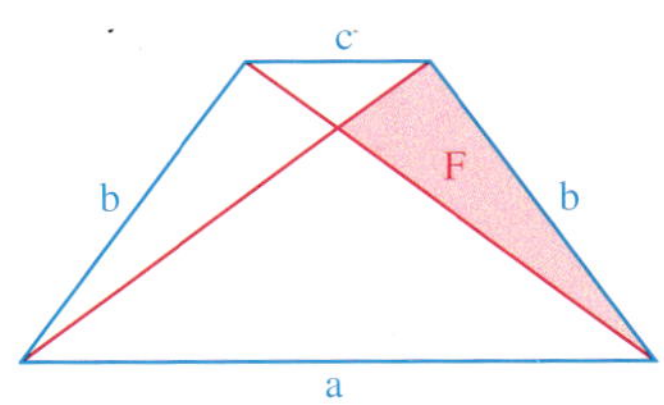

Zum Selbstlernen

3.7 Umkehrung des 1. Strahlensatzes für Halbgeraden

Einführung

(1) Zur Umkehrung des 1. Strahlensatzes

In Aufgabe 1 auf Seite 99 haben wir den Auflagepunkt B_1 mithilfe der Längenverhältnisse $\frac{|SA_1|}{|SA_2|} = \frac{|SB_1|}{|SB_2|} = 0{,}6$ unter der *Voraussetzung* bestimmt, dass das Brett parallel zum Boden ($A_1B_1 \| A_2B_2$) ist.

Wir konnten dann allgemein zeigen:

Wenn $g \| h$, dann $\frac{|SA_1|}{|SA_2|} = \frac{|SB_1|}{|SB_2|}$ (1. Strahlensatz).

Wir fragen nun umgekehrt:
Wenn wir den Punkt B_1 mit $\frac{|SA_1|}{|SA_2|} = \frac{|SB_1|}{|SB_2|} = 0{,}6$ wählen, sind wir dann auch sicher, dass das Brett parallel zum Boden ist?

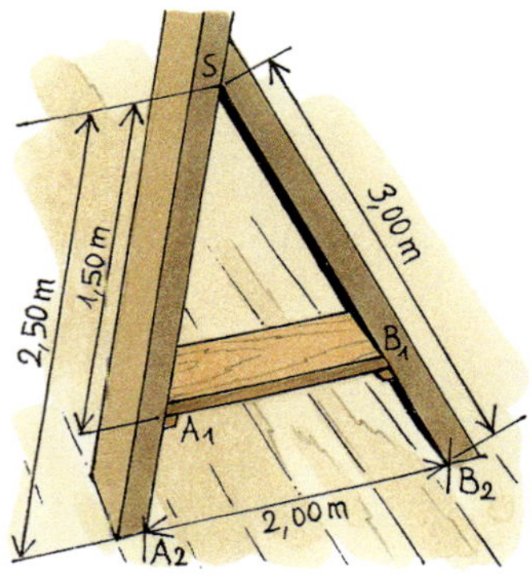

Versuche die vier Punkte A_1, A_2, B_1, B_2 mit dem angegebenen Verhältnis zu zeichnen, wobei aber $A_1B_1 \nparallel A_2B_2$ ist. Das gelingt dir offenbar nicht.
Wir vermuten daher die Gültigkeit des folgenden Kehrsatzes zum 1. Strahlensatz:

Wenn $\frac{|SA_1|}{|SA_2|} = \frac{|SB_1|}{|SB_2|}$, dann $g \| h$.

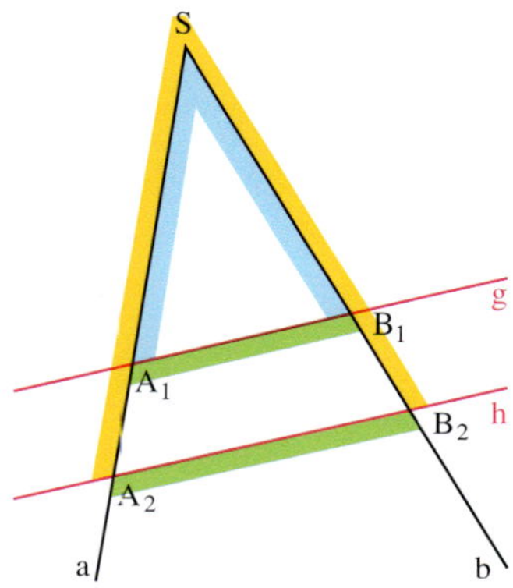

Beweis des Kehrsatzes des 1. Strahlensatzes für Halbgeraden:

Wir setzen $\frac{|SA_1|}{|SA_2|} = \frac{|SB_1|}{|SB_2|}$ voraus und zeigen $g \| h$.

Wir führen den Beweis indirekt. Wir nehmen also an, dass $g \nparallel h$ ist (siehe Bild rechts).
Wir zeichnen nun die Parallele zu g durch A_2 und nennen sie h^*.
Ihren Schnittpunkt mit b nennen wir B_2^*.
Wegen $h^* \neq h$ gilt auch $B_2^* \neq B_2$.
Wegen $g \| h^*$ können wir den 1. Strahlensatz anwenden.

Wir erhalten $\frac{|SA_1|}{|SA_2|} = \frac{|SB_1|}{|SB_2^*|}$.

Andererseits hatten wir $\frac{|SA_1|}{|SA_2|} = \frac{|SB_1|}{|SB_2|}$ vorausgesetzt.

Also gilt $\frac{|SB_1|}{|SB_2^*|} = \frac{|SB_1|}{|SB_2|}$.

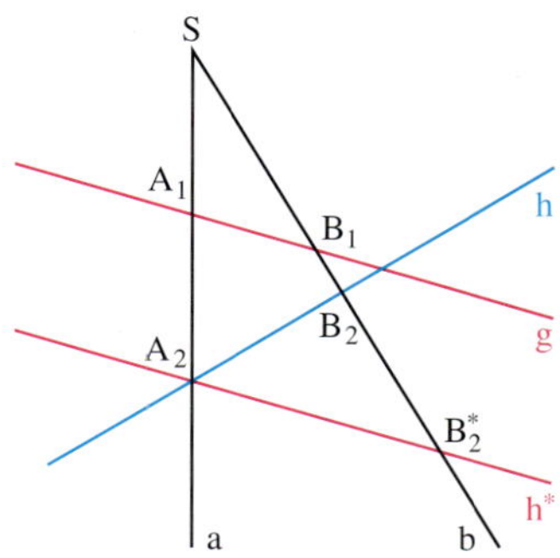

Daraus folgt $B_2^* = B_2$, da beide auf derselben Halbgeraden mit Anfangspunkt S liegen.
Das ist aber ein Widerspruch zu $B_2^* \neq B_2$.
Weil die Annahme $g \nparallel h$ zu einem Widerspruch führt, folgern wir: $g \| h$.

(2) Zur Umkehrung des 2. Strahlensatzes

In Aufgabe 1 auf Seite 112 haben wir die Länge des Brettes $\overline{A_1B_1}$ mithilfe des Längenverhältnisses $\frac{|A_1B_1|}{|A_2B_2|} = \frac{|SA_1|}{|SA_2|} = 0{,}6$ unter der Voraussetzung bestimmt, dass das Brett parallel zum Boden ist.

Wir konnten dann allgemein zeigen:

Wenn $g \| h$, dann $\frac{|SA_1|}{|SA_2|} = \frac{|A_1B_1|}{|A_2B_2|}$ (2. Strahlensatz).

Wir fragen nun wieder umgekehrt:

Wenn wir ein Brett der Länge $\overline{A_1B_1}$ mit $\frac{|SA_1|}{|SA_2|} = \frac{|A_1B_1|}{|A_2B_2|}$ herstellen und bei A_1 zwischen die Balken einbauen, sind wir dann auch sicher, dass das Brett parallel zum Boden ist?

Wir konstruieren ein Gegenbeispiel:

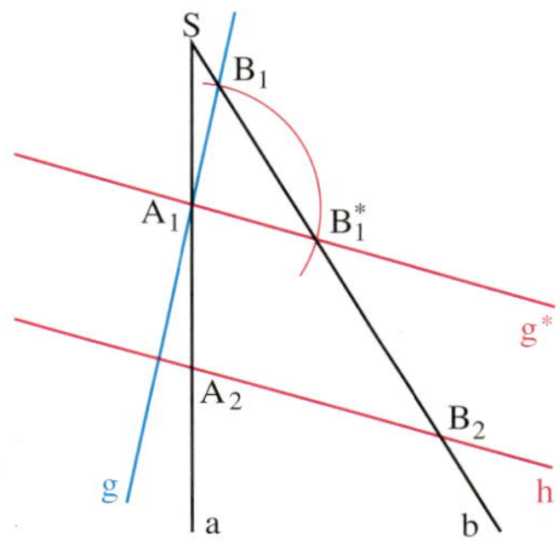

In dem Beispiel rechts ist $g^* \| h$, also gilt nach dem 2. Strahlensatz: $\frac{|A_1B_1^*|}{|A_2B_2|} = \frac{|SA_1|}{|SA_2|}$

Ferner ist im Beispiel $|A_1B_1| = |A_1B_1^*|$.

Deshalb gilt hier auch: $\frac{|A_1B_1|}{|A_2B_2|} = \frac{|SA_1|}{|SA_2|}$

Es gilt aber $g \nparallel h$.

Wir sehen: Für den Auflagepunkt gibt es zwei Möglichkeiten. In einem Fall ist das Brett nicht zum Boden parallel.

Ergebnis: Die Umkehrung des 2. Strahlensatzes ist falsch.

Information

Ein Kehrsatz des 1. Strahlensatzes für Halbgeraden

Gegeben sind zwei Halbgeraden a und b mit gemeinsamem Anfangspunkt S, ferner zwei Geraden g und h, welche die Halbgeraden a und b in den Punkten A_1 und B_1 bzw. A_2 und B_2 schneiden. Dann gilt:

Wenn $\frac{|SA_1|}{|SA_2|} = \frac{|SB_1|}{|SB_2|}$ gilt, dann folgt daraus $g \| h$.

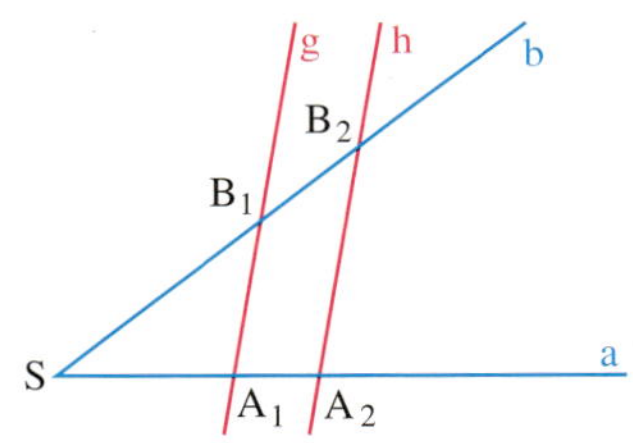

Weiterführende Aufgaben

1. *Eine falsche Umkehrung des erweiterten 1. Strahlensatzes*

Nach dem erweiterten 1. Strahlensatz gilt auch:

Wenn $g \| h$, dann gilt: $\frac{|SA_1|}{|A_1A_2|} = \frac{|SB_1|}{|B_1B_2|}$.

Gib die Umkehrung an und widerlege sie.

2. *Mittellinie im Dreieck*

In dem Dreieck ABC sind M_a und M_b die Mittelpunkte der Seiten $\overline{BC}$ und $\overline{AC}$.

Beweise:

(1) $M_aM_b \| AB$

(2) $|M_aM_b| = \frac{1}{2}|AB|$

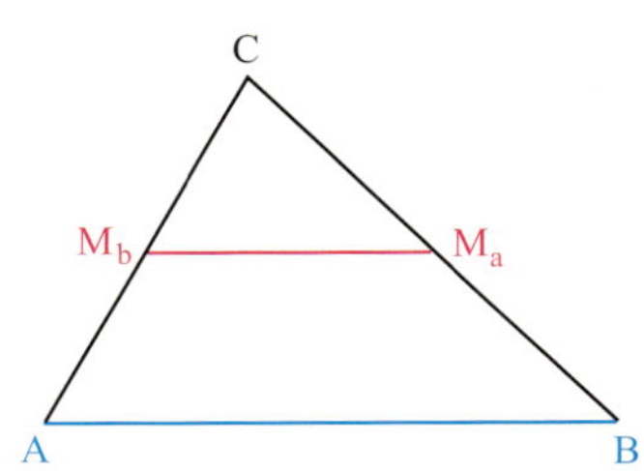

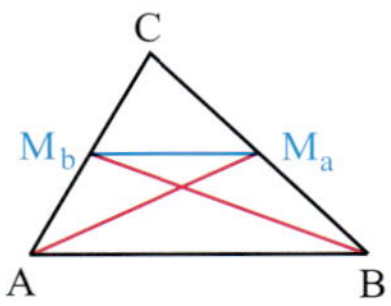

3. *Schwerpunktsatz für Dreiecke*

Gegeben ist ein Dreieck ABC. M_a ist der Mittelpunkt der Seite a und M_b der Mittelpunkt der Seite b, M_c der Mittelpunkt der Seite c.

a) Zeige, dass M_aM_b parallel zu AB ist.

b) AM_a und BM_b schneiden sich in S.
Begründe: $|AS| : |SM_a| = 2 : 1$.

c) Beweise, dass auch CM_c durch S läuft.

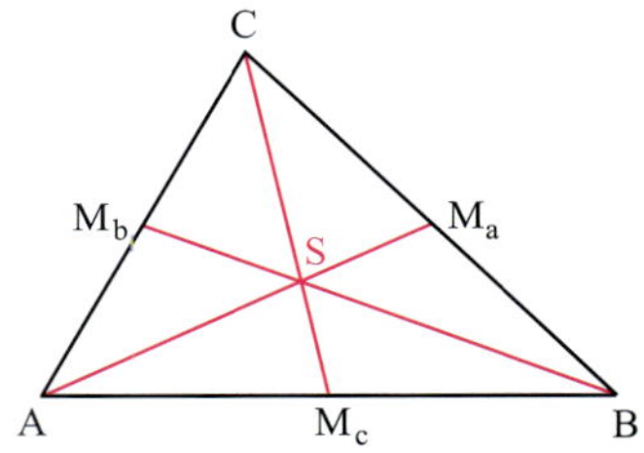

Information

Schwerpunktsatz für Dreiecke

In jedem Dreieck schneiden sich die drei Seitenhalbierenden in *einem* Punkt S, dem **Schwerpunkt** des Dreiecks.
Der Schwerpunkt S teilt jede Seitenhalbierende in zwei Teilstrecken. Die am Eckpunkt liegende Teilstrecke ist doppelt so lang wie die andere.

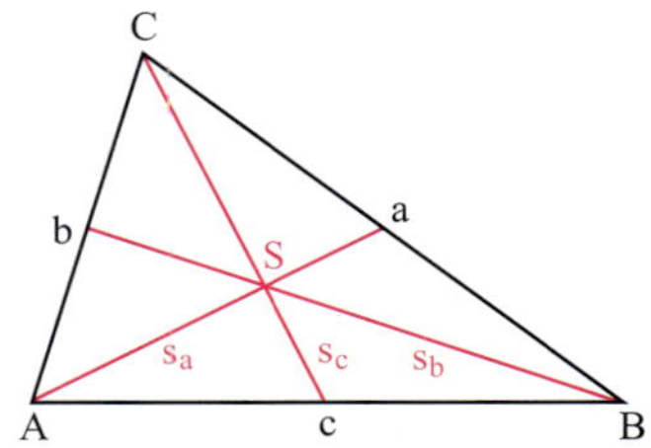

Übungsaufgaben

4. Untersuche, ob auch die Umkehrung des 1. Strahlensatzes für Geraden gilt.

5. In der Figur sind die Längen der vier Strecken $\overline{SA}$, $\overline{SB}$, $\overline{SP}$ und $\overline{SQ}$ bekannt. Entscheide, ob $AP \| BQ$ gilt.

a)	b)	c)
$\lvert SA\rvert = 4{,}5$ cm	$\lvert SA\rvert = 4{,}0$ cm	$\lvert SA\rvert = 4{,}9$ cm
$\lvert SB\rvert = 7{,}2$ cm	$\lvert SB\rvert = 7{,}2$ cm	$\lvert SB\rvert = 8{,}4$ cm
$\lvert SP\rvert = 5{,}4$ cm	$\lvert SP\rvert = 5{,}5$ cm	$\lvert SP\rvert = 3{,}5$ cm
$\lvert SQ\rvert = 8{,}1$ cm	$\lvert SQ\rvert = 9{,}9$ cm	$\lvert SQ\rvert = 6{,}0$ cm

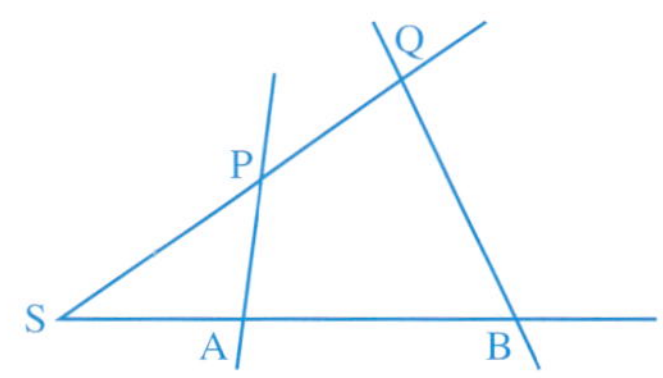

6. Konstruiere eine Figur wie in Aufgabe 5 mit den Maßen: $|SB| = 6$ cm, $|SQ| = 7{,}5$ cm, $|BQ| = 3{,}6$ cm, $|SA| = 4$ cm, $|AP| = 2{,}4$ cm. Zeige, dass diese Aufgabe zwei Lösungen hat und dass nur für eine der beiden Lösungen $AP \| BQ$ gilt.

7. Es sollen R, S, T und U die Mittelpunkte der Seiten des Vierecks ABCD sein.
Beweise:
(1) Das Viereck RSTU ist ein Parallelogramm. Denke auch an Vierecke mit einspringender Ecke.
(2) Der Flächeninhalt des Vierecks RSTU ist halb so groß wie der des Vierecks ABCD, falls es keine einspringende Ecke hat.

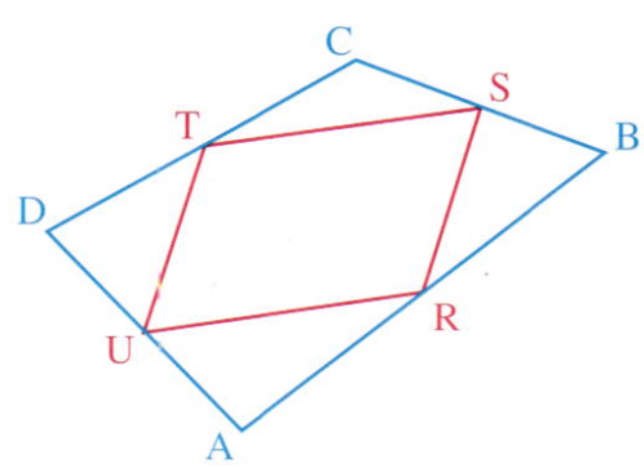

8. Gegeben ist ein Parallelogramm ABCD; es seien M und N die Mittelpunkte der Seiten $\overline{AB}$ und $\overline{CD}$.
Beweise:
(1) Die Geraden AM und CN sind parallel zueinander.
(2) Die Geraden AM und CN zerlegen die Diagonale $\overline{BD}$ in drei gleich große Teilstrecken.

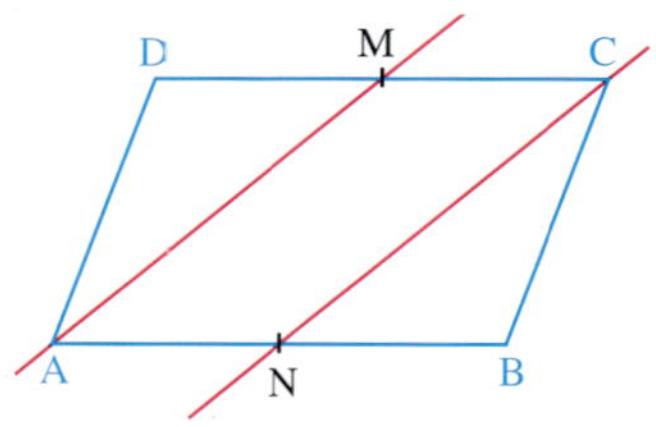

3.8 Aufgaben zur Vertiefung

1. M ist der Mittelpunkt der Seite $\overline{CD}$ des Rechtecks ABCD.
Zeige: $|PQ| = \frac{1}{3}|AB|$.

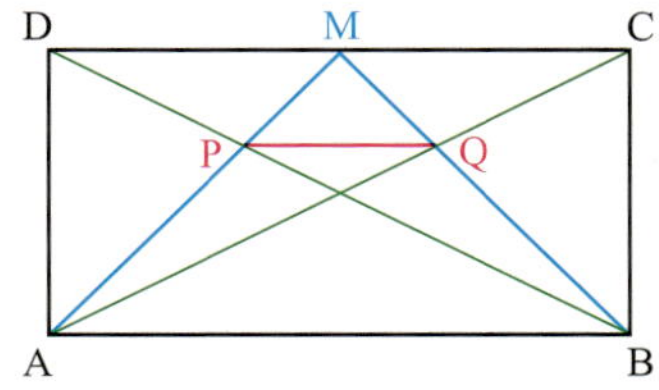

2. Gegeben ist ein Kreis mit der Sehne $\overline{AB}$ durch den Mittelpunkt.
Konstruiere ein Quadrat PQRS, wobei $\overline{PQ}$ eine Teilstrecke von $\overline{AB}$ ist sowie R und S auf dem Kreis liegen.

3. **a)** Einem spitzwinkligen Dreieck ABC soll ein Quadrat PQRS so einbeschrieben werden, dass eine Quadratseite auf der Dreieckseite $\overline{AB}$ liegt.

b) Gelingt die Lösung von Teilaufgabe a) auch, wenn das Dreieck stumpfwinklig ist? Unterscheide drei Fälle.

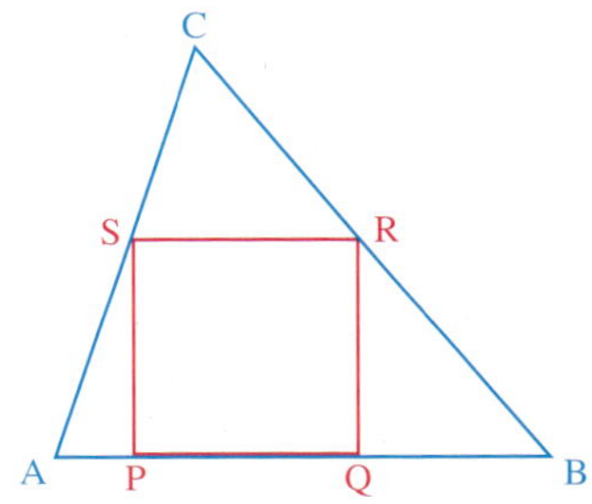

4. Gegeben ist eine Raute.
Konstruiere ein Quadrat, dessen Ecken auf den Seiten der Raute liegen.

5. Gegeben sind ein Dreieck ABC und eine Gerade g.
Konstruiere ein gleichseitiges Dreieck PQR. Dabei soll P auf $\overline{AB}$, Q auf $\overline{BC}$ und R auf $\overline{AC}$ liegen. Ferner soll eine Seite des Dreiecks PQR parallel zu der Geraden g sein.

Gérard Desargues, französischer Mathematiker (1591 - 1661)

6. Beweise den *Satz des Desargues*: Sind in zwei Dreiecken die einander entsprechenden Seiten parallel zueinander, so treffen sich die Geraden durch entsprechende Punkte in einem Punkt S, oder sie sind parallel zueinander.

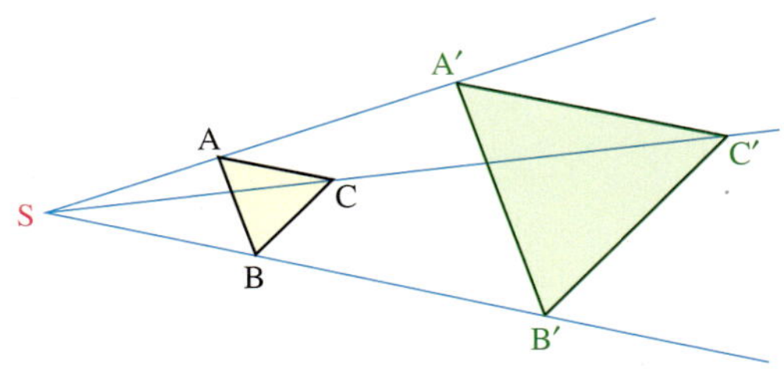

7. Eine Sammellinse erzeugt von einem Gegenstand ein Bild. Für die Größe G des Gegenstandes, die Größe B des Bildes, den Abstand g des Gegenstandes von der Linse, den Abstand b des Bildes von der Linse sowie die Brennweite f gilt:

(1) $\frac{G}{B} = \frac{g}{b}$ (2) $\frac{G}{B} = \frac{f}{b-f}$

Gib die Strahlensatzfiguren an. Leite dann die Linsenformel $\frac{1}{g} + \frac{1}{b} = \frac{1}{f}$ her.

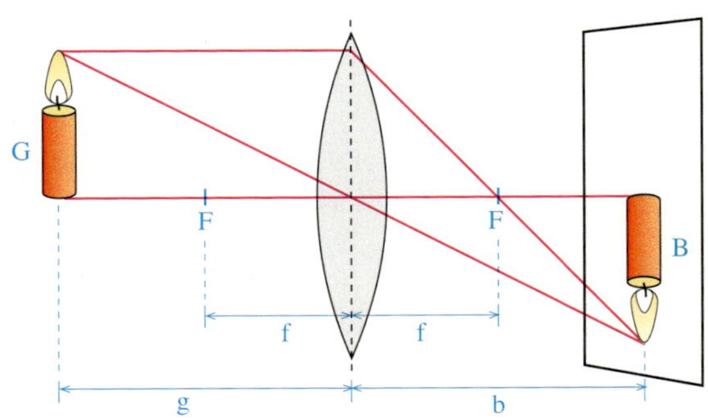

Bist du fit?

1. Welche der Figuren sind ähnlich zueinander? Gib gegebenenfalls den Ähnlichkeitsfaktor an.

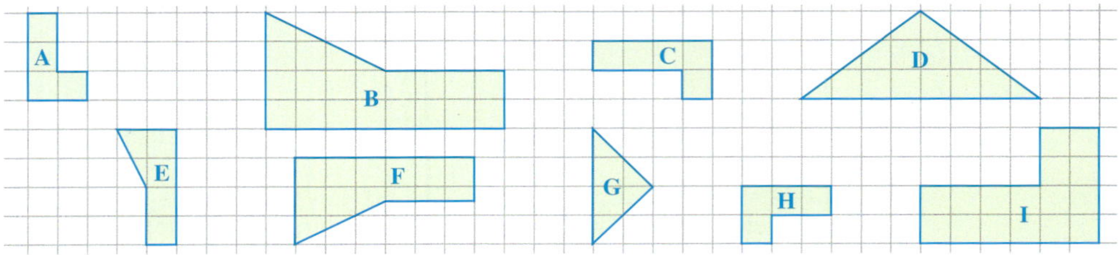

2. Zeichne in ein Koordinatensystem mit der Einheit 1 cm ein Viereck ABCD mit A(–2|–2), B(4|–4), C(7|0) und D(2|6). Konstruiere dann das Bildviereck A′B′C′D′ des Vierecks ABCD bei der zentrischen Streckung mit Z(–2|2) als Streckzentrum und dem Streckfaktor $k = \frac{3}{2}$.

3. Die Punkte P′ und Q′ sind die Bilder von P bzw. Q bei einer zentrischen Streckung. Bestimme das Streckzentrum Z sowie den Streckfaktor k.

a) P(4|–1), P′(8|1), Q(1|–1), Q′(–1|1) **b)** P(3|0), P′(1|–1), Q(–3|2), Q′(–2|0)

4. Zeichne ein Parallelogramm ABCD aus a = 5 cm, b = 3 cm und $\alpha = 40°$.
Konstruiere dann das Bildparallelogramm von ABCD bei der zentrischen Streckung mit dem Eckpunkt A [Mittelpunkt M der Diagonalen] als Streckzentrum und dem Streckfaktor k.

a) k = 1,5 **b)** k = 0,5

5. Von den sechs Längen a_1, a_2, b_1, b_2, c_1 und c_2 sind vier gegeben. Berechne die beiden nicht gegebenen Längen.

a) $a_1 = 7{,}2$ cm, $b_1 = 4{,}8$ cm, $b_2 = 6{,}4$ cm, $c_1 = 2{,}4$ cm

b) $a_2 = 10{,}5$ dm, $b_1 = 2{,}3$ dm, $c_2 = 5{,}4$ dm, $a_1 = 4{,}2$ dm

c) $a_2 = 8{,}8$ km, $b_2 = 3{,}9$ km, $c_1 = 6{,}3$ km, $c_2 = 4{,}5$ km

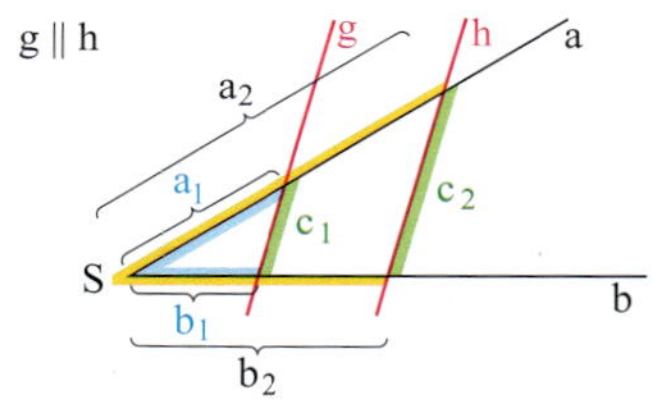

6. Um die Breite $\overline{DE}$ eines Flusses zu bestimmen, werden die Punkte A, B, C, D und E wie im Bild abgesteckt und folgende Strecken gemessen:
|BC| = 48 m; |AB| = 84 m; |CD| = 43 m.
Wie breit ist der Fluss?

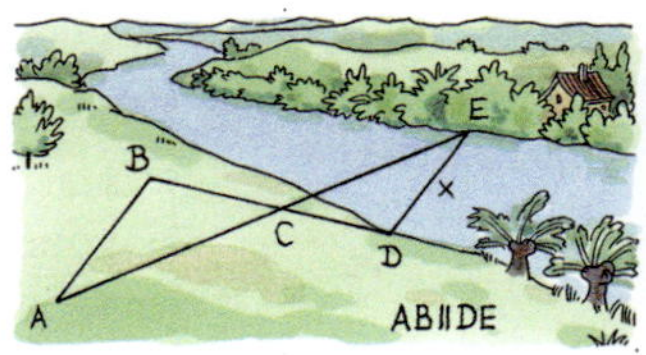

7. Der Schatten eines 1,30 m hohen senkrecht aufgestellten Stabes ist 1,56 m lang. Ein Baum wirft zu derselben Zeit einen 12,75 m langen Schatten.
Wie hoch ist der Baum?

8. Die Wand eines Dachzimmers ist 4 m breit. Sie ist auf der einen Seite 1,40 m und auf der anderen Seite 3,50 m hoch.
Kann man an der Wand einen Schrank aufstellen, der 2,25 m hoch und 2,40 m breit ist?

Bleib fit im Umgang …
mit arithmetischem Mittel, Median und Modalwert

Zum Aufwärmen

1. Die Gäste einer Jugendherberge wurden befragt. Es soll nicht das vollständige Umfrageergebnis veröffentlicht werden, sondern zu jeder Frage die „typische“ Antwort. Bestimme diese jeweils.

Anzahl der Übernachtungen	1	2	3	4	5	6	7
	2	5	4	3	23	12	2
Zufriedenheit	☹	🙁	🙁	😐	🙂	🙂	😀
	1	1	4	6	13	12	14
Herkunft (Bundesland)	B	BB	MV	NI	SH	HH	HB
	1	35	3	2	5	2	3

Zum Erinnern

So berechnet man das **arithmetische Mittel** (den **Mittelwert**) von mehreren Werten: Addiere die Werte und dividiere die Summe durch die Anzahl der Werte.

Ergebnis: Der Mittelwert ist 2,52 kg.

Beispiel: 2,36 kg; 1,42 kg; 3,78 kg

Rechnung:

$$\frac{2{,}36\text{ kg} + 1{,}42\text{ kg} + 3{,}78\text{ kg}}{3} = \frac{7{,}56\text{ kg}}{3} = 2{,}52\text{ kg}$$

Kommen Werte mehrfach vor, kann man den Mittelwert so berechnen: Multipliziere jeden Wert mit seiner absoluten Häufigkeit, addiere diese Ergebnisse und dividiere durch die Summe aller absoluten Häufigkeiten.

Ergebnis: Der Mittelwert ist 3,17 m.

Beispiel:

Wert	2,7 m	3,1 m	3,6 m
Häufigkeit	2	5	3

Rechnung:

$$\frac{2 \cdot 2{,}7\text{ m} + 5 \cdot 3{,}1\text{ m} + 3 \cdot 3{,}6\text{ m}}{2 + 5 + 3} = \frac{31{,}7\text{ m}}{10} = 3{,}17\text{ m}$$

Das arithmetische Mittel berechnet man von Werten, die man addieren und dividieren kann.

Den **Median** (*Zentralwert*) einer Stichprobe erhält man so:

Zunächst werden die Angaben der Urliste ihrer Rangfolge nach geordnet. Bei ungerader Anzahl von Angaben ist der Median die in der Mitte stehende Angabe.
Bei gerader Anzahl von Angaben kann man die beiden mittleren Angaben als Median angeben. Wenn die Daten Zahlen oder Größen sind, wählt man häufig das arithmetische Mittel dieser beiden Angaben als Median.

Beispiel:
🙂 😐 ☹ 🙂 🙂

Rangfolge:
🙂 🙂 🙂 😐 ☹
↑
mittlere Angabe

Ergebnis:
Der Median ist 🙂.

Daten
(Plural von Datum)
Zahlenwerte,
Angaben

Den Median kann man bestimmen, wenn man die Angaben in einer Rangfolge anordnen kann.

Der **Modalwert** einer Stichprobe ist die Angabe, die am häufigsten vorkommt.

Beispiel: 8 Personen werden nach ihrer Lieblingsfarbe für ein Auto befragt:
Grau, Schwarz, Rot, Grau, Weiß, Grau, Blau, Grün.
Der Modalwert ist *Grau*.

Den Modalwert kann man stets ermitteln. Manchmal ist er aber nicht aussagekräftig.

Zum Üben

2. An den 5 Tagen einer Schulwoche hat Roland gemessen, wie viel Zeit er für den Schulweg braucht. Wie lange braucht Roland durchschnittlich morgens [mittags]?

	Mo.	Di.	Mi.	Do.	Fr.
Morgens	22 min	18 min	19 min	20 min	21 min
Mittags	24 min	21 min	22 min	25 min	23 min

3. Bei einer Umfrage in einer Stadt wurden 200 Haushalte nach der Anzahl der Haustiere befragt. Berechne die durchschnittliche Anzahl der Haustiere je Haushalt.

Anzahl der Haustiere	0	1	2	3	4	5	6	7	8
Anzahl der Haushalte	82	64	27	13	6	2	4	1	1

4. Schülerinnen und Schüler wurden nach ihrer Lieblingsballsportart befragt. Das Ergebnis siehst du rechts. Auch bei dieser Frage soll nicht das vollständige Umfrageergebnis veröffentlicht werden, sondern nur eine einzige Angabe.
Welche Angabe sollte man wählen?

Ballsportart	Anzahl der Schüler
Fußball	65
Basketball	8
Volleyball	12
Badminton	23
Tennis	32

5. Die Gäste einer Jugendherberge werden nach ihrer Nationalität erfasst. Für den Computer-Fragebogen bedeuten: 1 – deutsch, 2 – französisch, 3 – englisch, 4 – spanisch, 5 – griechisch.
Aus welchem Land kommt der „typische“ Gast?

Nationalität	1	2	3	4	5
Anzahl	21 703	1 474	451	124	59

Diamanten

Der Diamant wird vom griechischen „adamas“ der Unbezwingbare abgeleitet.
Dank seiner Härte ist der Diamant der beständigste aller Edelsteine. In der Natur werden Diamanten in allen Farben gefunden, wobei der Anteil der „weißen“ Steine sehr gering ist. Daraus resultiert auch der wesentlich höhere Preis. Ein weiteres Güte- und damit Preismerkmal ist die Reinheit, die international in verschiedene Klassen eingeteilt wird:

IF = internally flawless	Bei 10-facher Vergrößerung sind keine Einschlüsse zu erkennen: „lupenrein“
V VSI = very, very small inclusions	Sehr, sehr kleine Einschlüsse, bei 10-facher Vergrößerung nur sehr schwierig zu erkennen.
VSI = very small inclusions	Sehr kleine Einschlüsse, bei 10-facher Vergrößerung schwierig zu erkennen.
SI = small inclusions	Kleine Einschlüsse, bei 10-facher Vergrößerung leicht zu erkennen.
Piqué 1	Einschlüsse, die die Brillanz nicht beeinträchtigen und durch die Tafel (Oberteil) bei 10-facher Vergrößerung sofort, aber mit bloßem Auge gerade noch zu erkennen sind.
Piqué 2	Größere zahlreiche Einschlüsse, die die Brillanz beeinträchtigen und durch die Tafel mit bloßem Auge gut zu erkennen sind.
Piqué 3	Große zahlreiche Einschlüsse, die die Brillanz merklich beeinträchtigen und durch die Tafel mit bloßem Auge sehr leicht zu erkennen sind.

6. Die bei einer Auktion versteigerten Diamanten wiesen folgende Reinheitsgrade auf: Piqué 3, V VSI, Piqué 1, VSI, IF, Piqué 1, V VSI, VSI, Piqué 1, SI. Welchen mittleren Reinheitsgrad wiesen die Diamanten auf?

7. Frau Krämer hat mehrmals den Benzinverbrauch ihres Pkw für 100 km bestimmt:
8,4 *l*; 7,8 *l*; 9,2 *l*; 7,5 *l*; 10,1 *l*; 8,3 *l*; 8,9 *l*

a) Bestimme das zugehörige arithmetische Mittel und den zugehörigen Zentralwert.

b) Erweitere die gegebene Liste durch zwei verschiedene Angaben, sodass sich das arithmetische Mittel nicht ändert.
Welche Eigenschaften müssen die ergänzten Angaben haben?

c) Erweitere die gegebene Liste durch zwei verschiedene Angaben, sodass sich der Zentralwert nicht ändert.
Welche Eigenschaften müssen die beiden Ergänzungsgrößen haben?

4. STATISTISCHE AUSWERTUNGEN

Ein Supermarkt untersucht im Rahmen des Qualitätsmanagements die Zufriedenheit der Kunden.

- Welche Punkte sollte man untersuchen?
- Wie kann man vorgehen, um verlässliche Daten zu erhalten?

Ein Untersuchungspunkt könnte auch die Wartezeit der Kunden an den Kassen sein. Dazu wurde für 30 aufeinander folgende Kunden ihre Wartezeit vom Anstellen bis zum Beginn des Kassierens ermittelt.

- Wie kann man diese Daten grafisch veranschaulichen?
- Welche Werte kann man daraus berechnen?

121	92	65	21	57
75	99	172	153	134
158	134	116	107	94
57	32	14	0	31
57	68	93	68	54
102	76	84	93	251

In diesem Kapitel lernst du das Auswerten statistisch gewonnener Daten. Du beschäftigst dich auch kritisch damit, welche Schlüsse man aus ihnen ziehen darf.

4.1 Klasseneinteilung von Daten

Aufgabe 1

Bei einem Sportfest mehrerer Schulen erreichten 40 Schüler der Altersgruppe 12 bis 14 Jahre beim Weitsprung die in der folgenden Liste angeführten Messwerte (in m). (Diese Liste nennt man auch *Urliste*, da sie die ursprünglich gemessenen Daten enthält.)

3,91	4,32	4,44	3,46	4,01
3,90	4,59	4,79	4,70	3,33
3,48	4,07	3,78	3,25	3,94
3,10	4,34	4,20	3,75	4,28
4,16	3,29	4,39	4,19	3,87
4,25	3,59	3,64	4,26	3,53
3,79	4,52	4,27	4,05	3,63
3,07	4,06	3,86	4,15	3,93

a) Leonie hat vor, mit diesen Messwerten ein Säulendiagramm zu zeichnen. Wie würde das Diagramm aussehen? Wie könnte man dieses Problem beheben?

b) Beim Eintragen der Ergebnisse in den Ergebnisbogen werden ohnehin nicht die genauen Werte eingetragen. Es wird stattdessen ein 20 cm breiter Bereich markiert, in dem das Ergebnis liegt. Teile die Sprungweiten in solche *Klassen* ein.
1. Klasse: 3,00 m ≤ Weite < 3,20 m   2. Klasse: 3,20 m ≤ Weite < 3,40 m, …
Berechne die relativen Häufigkeiten der einzelnen Klassen; zeichne damit ein Säulendiagramm.

Lösung

a) Fast alle Weiten kommen keinmal oder nur einmal vor. Das Säulendiagramm würde nur Säulen gleicher Höhe mit vielen Lücken dazwischen aufweisen. Man könnte ihm kaum Informationen entnehmen. Man müsste die Weiten nicht so genau angeben, damit nicht so viele verschiedene Weiten entstehen. Man könnte z. B. auf 10 cm runden.

b)

Klasse	3,00 m bis 3,20 m	3,20 m bis 3,40 m	3,40 m bis 3,60 m	3,60 m bis 3,80 m	3,80 m bis 4,00 m	4,00 m bis 4,20 m	4,20 m bis 4,40 m	4,40 m bis 4,60 m	4,60 m bis 4,80 m
Absolute Häufigkeit	//	///	////	~~////~~	~~////~~/	~~////~~//	~~////~~///	///	//
	2	3	4	5	6	7	8	3	2
Relative Häufigkeit	0,05	0,075	0,01	0,125	0,15	0,175	0,20	0,075	0,05

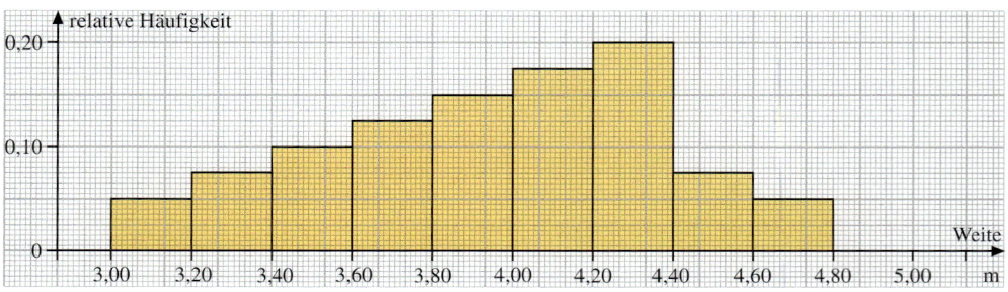

Weiterführende Aufgaben

2. *Auswirkungen der gewählten Klassenbreiten*

Teamarbeit: Betrachtet die Liste aus Aufgabe 1. Überlegt andere Klassenbreiten. Teilt dann die Messweite ein und zeichnet ein Säulendiagramm mit den relativen Häufigkeiten. Vergleicht eure Säulendiagramme.

3. *Grafische Darstellung bei unterschiedlicher Klassenbreite*

Für das Einkommen der Arbeitnehmer eines Betriebes wurden zwei verschiedene Diagramme angefertigt. Welches hältst du für angemessen? Begründe.

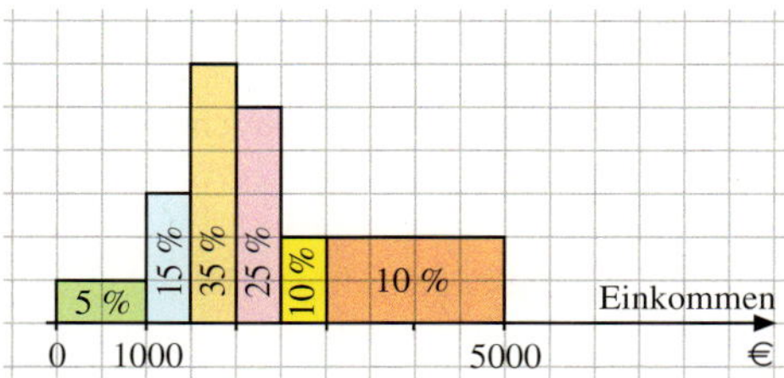

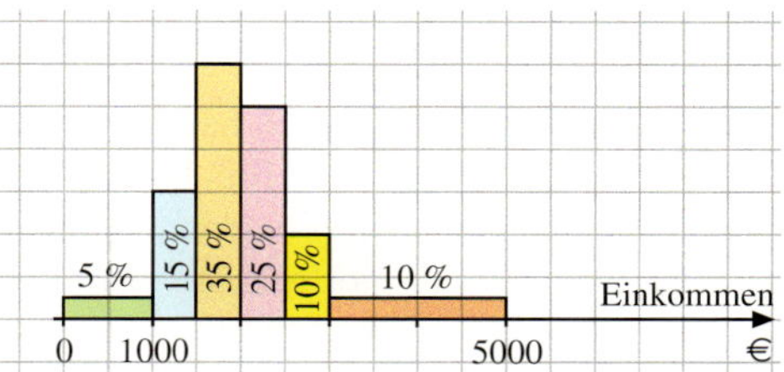

4. *Arithmetisches Mittel bei klassierten Daten*

In einer Glühlampenfabrik wird der Tagesproduktion eine Stichprobe von 80 Glühlampen entnommen, um ihre Brenndauer zu testen. Das Ergebnis findest du in der Tabelle rechts.

a) Bestimme aus der klassierten Stichprobe einen Näherungswert für das arithmetische Mittel. Begründe dein Vorgehen.

b) Denke dir zu der klassierten Stichprobe eine beliebige Urliste aus. Bilde dann aus den Werten dieser Urliste das arithmetische Mittel und vergleiche mit dem Ergebnis von Aufgabe 1 und den Ergebnissen deiner Mitschüler. Was stellst du fest?

Brenndauer (in h)	Anzahl der Lampen
600 bis 700	3
700 bis 800	5
800 bis 900	11
900 bis 1 000	16
1 000 bis 1 100	21
1 100 bis 1 200	14
1 200 bis 1 300	8
1 300 bis 1 400	2

Information

(1) Einteilung in Klassen

Untersucht man Merkmale mit sehr vielen Ausprägungen, ist es oft sinnvoll, jeweils mehrere benachbarte Ausprägungen in **Klassen** zusammenzufassen. Ergebnisse, die auf eine Klassengrenze fallen, werden im Allgemeinen der oberen Klassengrenze zugeordnet.
Die Anzahl der Klassen sollte nicht zu groß, aber auch nicht zu klein gewählt werden.

(2) Histogramm

Zur Darstellung der Häufigkeiten einer in Klassen eingeteilten Datenmenge werden Rechtecke über den Klassen gezeichnet.
Falls alle Klassen gleich breit sind, gibt die Höhe der Rechtecke die relativen Häufigkeiten an.
Sind die Klassen verschieden breit, sind die Rechtecke so hoch zu zeichnen, dass ihre Flächeninhalte proportional zu den relativen Häufigkeiten sind.

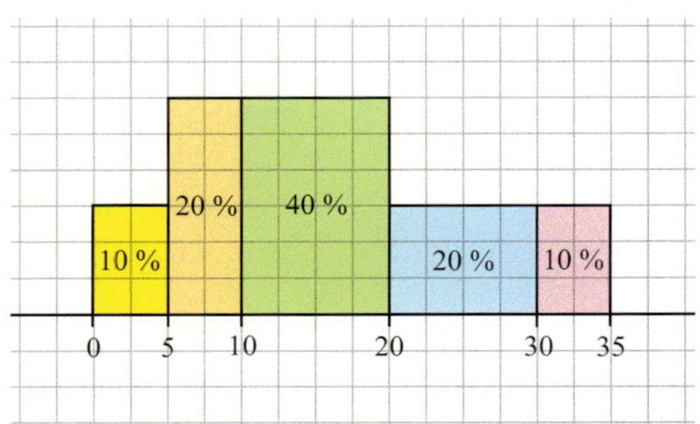

Bei Flächenangaben ergibt sich der Eindruck aus dem Flächeninhalt.

(3) Praktischer Mittelwert

Auch wenn die Urliste von Daten einer Datenmenge nicht mehr bekannt ist, sondern nur daraus gebildete Klassen, kann man das arithmetische Mittel bilden.

Man berechnet das arithmetische Mittel von klassierten Daten, indem man alle Werte einer Klasse durch die Klassenmitten ersetzt und hiervon das arithmetische Mittel wie üblich berechnet. Dieser Mittelwert heißt **praktischer Mittelwert**. Er unterscheidet sich nur geringfügig vom arithmetischen Mittel der Daten der Urliste.

Übungsaufgaben

5. Leon hat das Gewicht von Hühnereiern gemessen. Er möchte die Ergebnisse in einem Diagramm veranschaulichen. Bevor er beginnt, kommt er ins Grübeln.
Überlege warum. Zeichne dann ein aussagekräftiges Diagramm.

Jm Alltag sagt man auch Gewicht statt Masse.

Gewicht (in g)	54	56	57	59	61	62	63	64	65	67	69	70	72	74
Anzahl	1	1	1	2	2	1	2	1	2	1	1	1	1	1

6. In einer Fabrik für Verpackungsmaterial wurde eine neue Art von Brothülle auf Wasserdampfdurchlässigkeit geprüft. Bei 50 Exemplaren fand man nach einer zweitägigen Lagerung bei 40 °C bei den verpackten Broten folgende Gewichtsminderung (in g).

5,6	1,0	4,6	8,1	2,7	2,6	13,0	9,8	11,9	2,0
3,4	12,4	1,8	4,5	6,3	5,0	8,3	8,0	8,2	3,1
3,0	3,8	5,8	1,8	11,8	4,0	5,7	2,6	8,2	4,7
3,8	5,9	1,8	2,4	2,6	2,5	4,0	1,4	3,5	6,0
5,9	1,7	10,4	6,0	8,1	3,2	9,8	7,7	2,0	8,1

a) Begründe, warum es sinnvoll ist, eine Klasseneinteilung vorzunehmen.

b) Unterteile in Klassen: 0 g bis unter 2,5 g; 2,5 g bis unter 5 g; …
Berechne die relativen Häufigkeiten und zeichne ein Säulendiagramm.

7. Auf einer Teststrecke wurde die Geschwindigkeit von 38 Rennwagen in $\frac{km}{h}$ gemessen:

393; 331; 421; 327; 199; 219; 318; 389; 299; 294; 371; 365; 293; 325; 293; 397; 209; 273; 269; 268; 201; 281; 394; 363; 351; 369; 388; 282; 313; 211; 416; 213; 201; 320; 327; 359; 220; 338

Führe drei Klasseneinteilungen mit verschiedenen Breiten durch. Zeichne jeweils ein Säulendiagramm der absoluten Häufigkeiten. Vergleiche daran die durchgeführten Klasseneinteilungen.

8. Robert und Anna sollen von einem Bindfaden nach Augenmaß jeder 100 möglichst genau 10 cm lange Stücke abschneiden. Die Nachmessung ergab:

Länge (in cm)	8,6–9,0	9,0–9,4	9,4–9,8	9,8–10,2	10,2–10,6	10,6–11,0	11,0–11,4
Robert	1	7	26	31	23	10	2
Anna	0	2	24	49	23	1	1

a) Zeichne jeweils ein Säulendiagramm. Vergleiche: Wer hat das bessere Augenmaß?

b) Führe den Versuch selber durch. Vergleiche deine Stichprobe mit den Stichproben oben.

9. Kraftfahrer, die keinen Unfall verursachen, zahlen im Laufe der Zeit immer weniger Versicherungsprämie. Die Versicherungen erfassen dazu die Anzahl der (ununterbrochenen) schadenfreien Jahre. Die folgende Tabelle zeigt, wie viele Kraftfahrer wie lange schon schadenfrei sind. Zeichne ein Histogramm.

Schadenfreie Jahre	0–1	1–2	2–3	3–4	4–5	5–6	6–8	8–10	10–14	14–17	18–25
Anteil der Versicherten in %	9,3	4,8	4,8	4,7	5,0	5,1	9,7	10,1	16,2	9,4	20,9

10. Das Tabellenkalkulationsblatt enthält statistische Angaben über das zulässige Gesamtgewicht von in Deutschland zugelassenen Pkws. Die Klassen wurden dabei so gebildet, dass Pkw, die gleichen steuerlichen und rechtlichen Regeln unterliegen, zu einer Klasse gehören.

	A	B	C
1	**Zulässiges Gesamtgewicht (in kg)**	**Anzahl der Pkw**	**Anteil**
2	0 bis 1000	338174	0,8%
3	1001 bis 1400	9597757	21,5%
4	1401 bis 1700	17434798	39,0%
5	1701 bis 2000	11785190	26,4%
6	2001 bis 2800	5144794	11,5%
7	2801 bis 3500	354601	0,8%
8	3501 bis 5000	1989	0,0%
9	gesamt	44657303	100,0%
10			

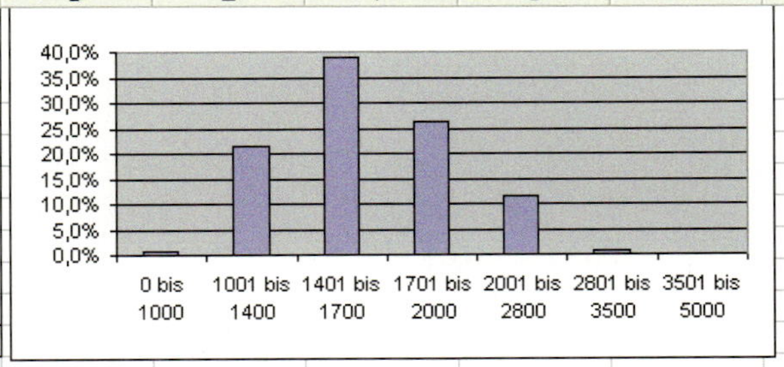

Stelle die Häufigkeitsverteilung in einem Histogramm dar. Erläutere die Unterschiede zwischen dem Histogramm und dem oben abgebildeten Säulendiagramm.

11. Auf einer Teststrecke hat man bei Lkw die Geschwindigkeiten in $\frac{km}{h}$ gemessen:

78,6	66,1	84,2	65,4	39,7	43,8	63,5	88,6	59,8	58,7
74,2	73,0	58,6	65,0	58,6	96,7	41,8	54,6	53,8	53,5
40,1	56,2	78,7	72,6	70,1	73,8	77,5	56,3	62,5	42,1
83,2	19,4	40,2	63,9	65,3	71,7	43,9	67,5		

a) Teile diese Urliste in Klassen mit folgenden Klassenmitten auf:

(1) $20\,\frac{km}{h}, 30\,\frac{km}{h}, \ldots, 100\,\frac{km}{h}$ (2) $20\,\frac{km}{h}, 40\,\frac{km}{h}, \ldots, 100\,\frac{km}{h}$

b) Berechne das arithmetische Mittel mithilfe der Klassenmitten und mit den Werten der Urliste. Vergleiche. Erkläre Abweichungen.

4.2 Kumulierte Häufigkeitsverteilung *Zum Selbstlernen*

Ziel

Hier lernst du, wie man die Häufigkeiten einzelner Merkmalsausprägungen geschickt zusammenfassen kann.

Zum Erarbeiten

Kumulieren einer Häufigkeitsverteilung

Mikrozensus ⟨griech.; lat.⟩ statistische Repräsentativerhebung der Bevölkerung und des Erwerbslebens

A *Beim Mikrozensus im Jahr 2005 wurde erfasst, wie viele Kinder in einem Haushalt leben.*
Für das Planen von Wohnungsgrößen oder sozialen Leistungen gibt es oft Fragen wie:
„Wie hoch ist der Anteil der Haushalte mit bis zu 3 Kindern?“ oder ähnliche Fragen.
Erstelle eine Tabelle, aus der man solche Fragen direkt beantworten kann.

Anzahl der Kinder: n	Anteil der Haushalte mit n Kindern
0	68,1 %
1	16,6 %
2	11,5 %
3	2,9 %
4	0,6 %
5 und mehr	0,3 %

Wir berechnen für die einzelnen Kinderanzahlen n den Anteil der Haushalte mit bis zu n Kindern:

68,1 % der Haushalte haben 0 Kinder, 16,6 % haben 1 Kind.

Also haben 68,1 % + 16,6 % = 84,7 % der Haushalte bis zu 1 Kind.

Entsprechend haben 84,7 % + 11,5 % = 96,2 % der Haushalte bis zu 2 Kinder.

Anzahl der Kinder: n	Anteil der Haushalte mit bis zu n Kindern
0	68,1 %
1	84,7 %
2	96,2 %
3	99,1 %
4	99,7 %
5 und mehr	100 %

A *Zeichne für beide Häufigkeitstabellen ein Säulendiagramm.*

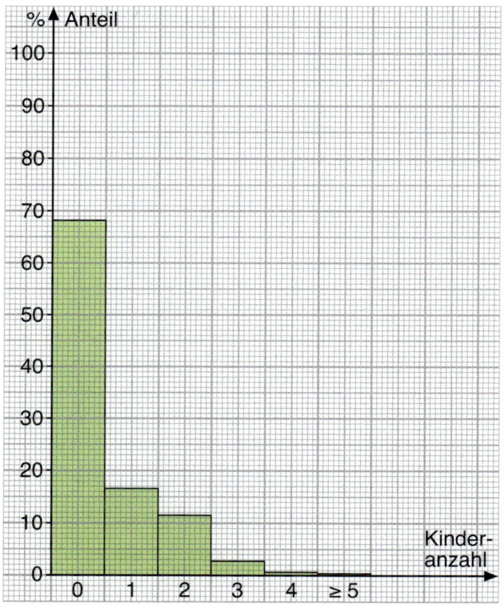

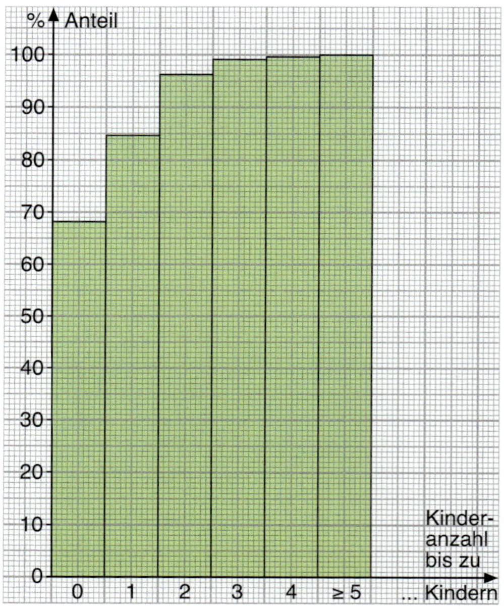

Zum Selbstlernen

Information

cumulare ⟨lat.⟩
anhäufen

(1) Kumulierte Häufigkeitsverteilung

Zur Bearbeitung des 1. Auftrages haben wir die relativen Häufigkeiten der einzelnen Merkmalsausprägungen addiert, um die gestellte Frage zu beantworten. Die so erhaltene Tabelle nennt man **kumulierte Häufigkeitsverteilung**. Dies ist bei etlichen Fragestellungen nötig.

(2) Grafische Darstellung von kumulierten Häufigkeitsverteilungen

Kumulierte Verteilungen können in Form von treppenförmigen Säulendiagrammen dargestellt werden, bei denen zwischen den Rechtecken keine Lücken gelassen werden (siehe die linke Abbildung).

Eine andere Darstellungsform ist das **Liniendiagramm** (siehe die rechte Abbildung). Dabei werden die Punkte (die man der Tabelle mit den kumulierten Häufigkeiten entnimmt) durch Strecken verbunden.

Beispiel: Ergebnisse eines Mathematik-Tests

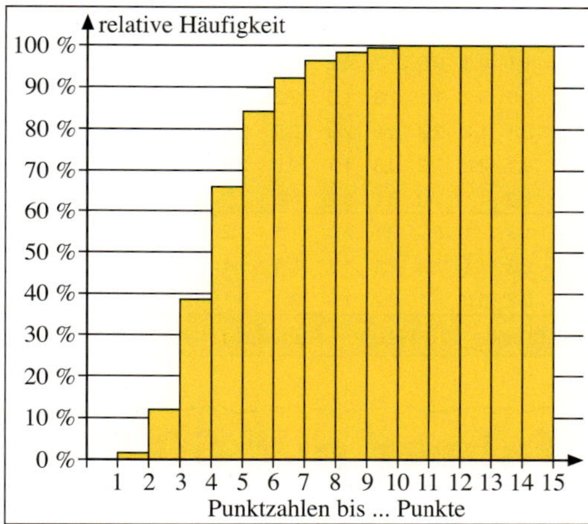

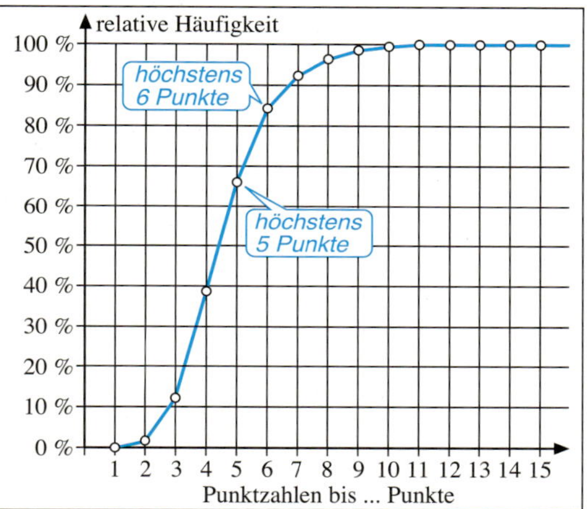

Zum Üben

Mehr Jnformationen unter www.mathe-kaenguru.de

1. Das *Känguru der Mathematik* ist ein Mathematikwettbewerb für alle Schülerinnen und Schüler der Klassen 3 bis 13. Jedes Jahr am dritten Donnerstag im März, dem so genannten Känguru-Tag, beschäftigen sich weltweit Schülerinnen und Schüler mit den gleichen mathematischen Aufgaben.

Am Känguru-Wettbewerb 2007 beteiligten sich in Deutschland 40 733 Schülerinnen und Schüler der Klassenstufe 9.

Das Organisationskomitee gab die nebenstehende Ergebnisliste bekannt.

Die erreichbaren Punktzahlen lagen zwischen 0 und 150 Punkten; die erreichten Punktzahlen lagen wie angegeben in den einzelnen Intervallen.

Erstelle die Häufigkeitsverteilung mit relativen Häufigkeiten und daraus die kumulierte Häufigkeitsverteilung.

Ergebnisse in Klasse 9			
Punkte	Schüleranzahl	Punkte	Schüleranzahl
0 – 9,95	47	80 – 89,95	1 679
10 – 19,95	421	90 – 99,95	481
20 – 29,95	1 861	100 – 109,95	126
30 – 39,95	5 099	110 – 119,95	25
40 – 49,95	8 842	120 – 129,95	5
50 – 59,95	10 061	130 – 139,95	2
60 – 69,95	7 899	140 – 149,95	0
70 – 79,95	4 185	150	0

Zum Selbstlernen

2. Der Kreuztabelle am Ende der Bundesliga-Spielsaison kannst du entnehmen, wie viele Spiele 0; 1; 2; … Tore hatten. Zähle aus. Erstelle dann die kumulierte Häufigkeitstabelle und stelle sie grafisch dar.

KREUZTABELLE DER BUNDESLIGA 2006 / 2007

Pl.	Verein	VfB	S04	SVW	FCB	B04	Nür	HSV	Boc	BVB	HBSC	H96	Bie	Cot	Fra	Wob	Mai	Aac	BMG	Tore	Diff.	Pkt.
1.	VfB Stuttgart	-	3:0	4:1	2:0	3:0	0:3	2:0	1:0	1:3	0:0	2:1	3:2	2:1	1:1	0:0	2:0	3:1	1:0	61:37	+24	70
2.	Schalke	1:0	-	2:0	2:2	0:1	1:0	0:2	2:1	3:1	2:0	2:1	2:1	2:0	1:1	2:0	4:0	2:1	2:0	53:32	+21	68
3.	Bremen	2:3	0:2	-	3:1	2:1	1:0	0:2	3:0	1:3	3:1	3:0	3:0	1:1	1:2	2:1	2:0	3:1	3:0	76:40	+36	66
4.	B. München	2:1	2:0	1:1	-	2:1	0:0	1:2	0:0	2:0	4:2	0:1	1:0	2:1	2:0	2:1	5:2	2:1	1:1	55:40	+15	60
5.	Leverkusen	3:1	3:1	0:2	2:3	-	2:0	1:2	1:4	2:1	2:1	0:1	1:2	3:1	2:2	1:1	1:1	3:0	1:0	54:49	+5	51
6.	Nürnberg	4:1	0:0	1:2	3:0	3:2	-	0:2	1:1	1:1	2:1	3:1	1:1	1:0	2:2	1:1	1:1	1:0	1:0	43:32	+11	48
7.	Hamburg	2:4	1:2	1:1	1:2	0:0	0:0	-	0:3	3:0	1:1	0:0	1:1	1:1	3:1	1:0	2:2	4:0	1:1	43:37	+6	45
8.	Bochum	2:3	2:1	0:6	1:2	1:3	0:2	2:1	-	2:0	1:3	2:0	2:1	0:1	4:3	0:1	0:1	2:2	2:0	49:50	–1	45
9.	Dortmund	0:1	2:0	0:2	3:2	1:2	0:0	1:0	1:1	-	1:2	2:2	1:1	2:3	2:0	1:0	1:1	0:0	1:0	41:43	–2	44
10.	Hertha BSC	2:2	2:0	1:4	2:3	2:3	2:1	2:1	3:3	0:1	-	4:0	1:1	0:1	1:0	2:1	1:2	2:1	2:1	50:55	–5	44
11.	Hannover	1:2	1:1	2:4	1:2	1:1	0:3	0:0	0:2	4:2	5:0	-	1:1	2:0	1:1	2:2	1:0	0:3	1:0	41:50	–9	44
12.	Bielefeld	2:3	0:1	3:2	2:1	0:0	3:2	1:1	1:3	1:0	2:2	3:1	-	3:1	2:4	0:0	1:0	5:1	0:2	47:49	–2	42
13.	Cottbus	0:0	2:4	0:0	0:3	2:1	1:1	2:2	0:0	2:3	2:0	0:1	2:1	-	0:1	3:2	2:0	0:2	3:1	38:49	–11	41
14.	Frankfurt	0:4	1:3	2:6	1:0	3:1	2:2	2:2	0:3	1:1	1:2	2:0	0:3	1:3	-	0:0	0:0	4:0	1:0	46:58	–12	40
15.	Wolfsburg	1:1	2:2	0:2	1:0	3:2	1:1	1:0	3:1	0:2	0:0	1:2	2:3	0:0	2:2	-	3:2	1:2	1:0	37:45	–8	37
16.	Mainz	0:0	0:3	1:6	0:4	1:3	2:1	0:0	2:1	1:0	1:1	1:2	1:0	4:1	1:1	1:2	-	1:3	3:0	34:57	–23	34
17.	Aachen	2:4	0:1	2:2	1:0	2:3	1:1	3:3	2:1	1:4	0:4	1:4	2:0	1:2	2:3	2:2	2:1	-	4:2	46:70	–24	34
18.	M' gladbach	0:1	0:2	2:2	1:1	0:2	0:0	0:1	0:2	1:0	3:1	0:1	1:0	2:0	1:1	3:1	1:1	0:0	-	23:44	–21	26

- Tabelle - zu Hause - Auswärts - Rückrunde -

3.

Viele Autofahrer mit 50 % Rabatt

Der Großteil der Kfz-Versicherten profitiert von den Schadenfreiheitsrabatten. Ungefähr zwei Drittel der Autofahrer sind sieben oder mehr Jahre schadenfrei und zahlen daher nur die Hälfte des Beitrags.

Anzahl der schadenfreien Jahre	Anzahl der Versicherten (in 1 000)	Höhe des Beitragssatzes
0 bis unter 2	2 531	mind. 100 %
2 bis unter 3	1 519	85 %
3 bis unter 4	1 672	75 %
4 bis unter 5	1 698	65 %
5 bis unter 6	1 722	60 %
6 bis unter 7	1 689	55 %
7 bis unter 9	3 160	50 %
9 bis unter 11	2 955	45 %
11 bis unter 14	5 480	40 %
14 bis unter 18	3 699	35 %
18 und mehr	11 861	30 %

L & P / 2963

Wie groß ist der Anteil der Autofahrer, die
(1) mindestens 50 % Rabatt [40 %; 60 %] erhalten,
(2) mehr als 5 Jahre unfallfrei sind,
(3) höchstens 10 Jahre schadenfrei sind,
(4) weniger als 70 % des Beitragssatzes zahlen müssen?

Zum Selbstlernen

4.3 Streuung von Daten

4.3.1 Spannweite und Boxplots

Einführung

Zum Vergleich der Leistungen der Schüler in verschiedenen Ländern (PISA-Studie) oder Klassen werden Tests geschrieben. Die Veröffentlichung aller Einzelergebnisse ist oft zu umfangreich. Die bloße Angabe eines Mittelwerts dagegen zeigt viele Besonderheiten nicht. Daher zeichnet man oft so genannte Boxplots.

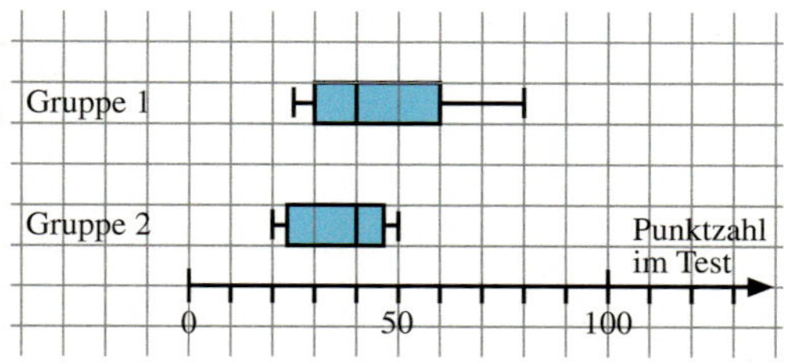

Diesen Boxplots kann man entnehmen, dass die Leistungen in den beiden Testgruppen verschieden stark streuen: In Gruppe 1 ist der beste um 55 Punkte besser als der schlechteste, in Gruppe 2 dagegen nur um 30 Punkte.

Information

(1) Spannweite

Die Differenz zwischen dem größten und dem kleinsten Wert einer Stichprobe heißt **Spannweite**.

(2) Boxplot

Ein Boxplot ist folgendermaßen aufgebaut:

Box ⟨**engl.**⟩ Kasten
Plot ⟨**engl.**⟩ math.: (Kurve) aufzeichnen
Whisker ⟨**engl.**⟩ Schnurrbarthaar einer Katze

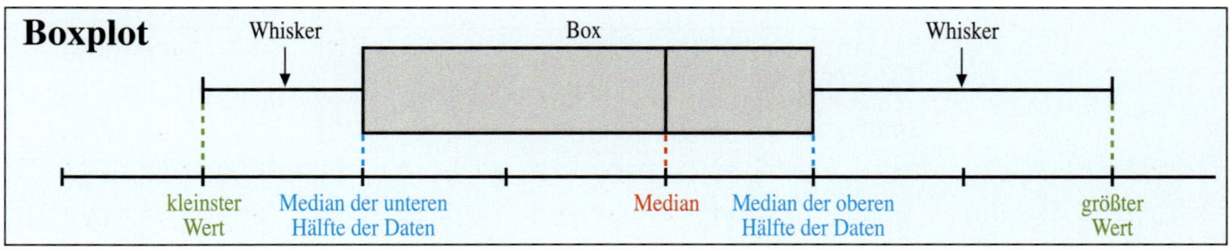

Aufgabe 1

In zwei neunten Klassen haben die Schüler und Schülerinnen die Dauer ihres Schulweges (in min) angegeben. Zeichne für jede Klasse einen Boxplot der Schulwege. Vergleiche.

Klasse 9a: 1; 7; 25; 3; 5; 6; 12; 11; 16; 1; 25; 9; 1; 21; 2; 6; 25; 10; 18; 1; 1; 20; 13; 23; 18; 18; 6; 8; 18; 19; 25

Klasse 9b: 7; 9; 1; 3; 25; 5; 12; 2; 17; 1; 21; 21; 6; 15; 19; 18; 2; 3; 11; 17; 21; 1; 1; 7; 14; 2; 7

Lösung

Zunächst ordnen wir die Schulwege der Klasse 9a nach der Größe:

1; 1; 1; 1; 1; 2; 3; 5; 6; 6; 6; 7; 8; 9; 10; 11; 12; 13; 16; 18; 18; 18; 18; 19; 20; 21; 23; 25; 25; 25; 25

Der Median dieser 31 Werte ist der an 16. Stelle, also 11. Der Median der unteren Hälfte, also der ersten 15 Werte, ist der an 8. Stelle, also 5. Der Median der oberen Hälfte, also des 16. bis 31. Wertes ist der an 24. Stelle, also 19.

Entsprechend erhält man nach dem Ordnen für die Klasse 9 b:

1; 1; 1; 1; 2; 2; 2; 3; 3; 5; 6; 7; 7; 7; 9; 11; 12; 14; 15; 17; 17; 18; 19; 21; 21; 21; 25

Median der unteren Hälfte (2) — Median (mittlere Entfernung) (7) — Median der oberen Hälfte (17)

Damit kann man nun die Boxplots für die Klassen 9 a und 9 b zeichnen:

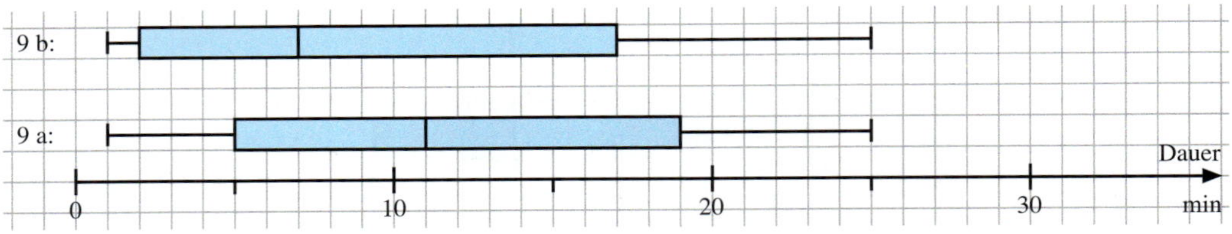

Den Boxplots kann man viele Informationen entnehmen, z. B.:
Die Schüler(innen) der Klasse 9 b wohnen im Schnitt näher an der Schule. Die Hälfte hat höchstens 7 min Schulweg; in der 9 a hat die Hälfte höchstens 11 min Schulweg.
Ein Viertel der Schüler(innen) der 9 b wohnt höchstens 2 min von der Schule entfernt; in der 9 a hat das Viertel mit dem kürzesten Schulweg eine Dauer von bis zu 5 min.
In Bezug auf den kürzesten bzw. längsten Schulweg gibt es dagegen keine Unterschiede.

Übungsaufgaben

2. Die Tabelle unten zeigt, wie viele Spieler 6 Richtige in den ersten 23 Ziehungen des Jahres 2007 beim Samstagslotto 6 aus 49 hatten.

Ausspielung	1	2	3	4	5	6	7	8	9	10	11	12	13	14	15	16	17	18	19	20	21	22	23
Anzahl	0	10	3	2	0	11	4	2	6	8	14	3	5	16	10	12	3	7	2	10	7	4	1

3. Tom und Jan trainieren Hürdenlauf über 110 m. Vergleiche ihre Zeiten (in s) anhand von Boxplots.

Jan: 16,1; 18,1; 18,0; 17,6; 17,2; 17,7; 15,3; 17,0; 17,8; 16,5

Tom: 18,2; 17,6; 17,7; 15,7; 16,1; 18,0; 17,9; 17,8; 15,5; 16,4; 16,3

4. Eine Autozeitschrift hat ein Automodell von 14 Frauen und 18 Männern auf den Benzinverbrauch (in *l* pro 100 km) testen lassen. Vergleiche die Stichproben anhand von Boxplots.

Frauen: 7,0; 4,8; 6,1; 8,8; 4,5; 5,7; 7,9; 5,7; 7,4; 4,8; 5,6; 7,2; 5,3; 5,4

Männer: 6,3; 8,9; 9,0; 5,4; 9,4; 8,9; 7,6; 5,3; 9,7; 7,3; 7,2; 6,3; 7,9; 4,6; 6,0; 9,8; 6,5; 4,4

5. Teste dein Zeitgefühl. Lasse verdeckt eine Stoppuhr anlaufen. Wenn du meinst, dass 10 Sekunden vergangen sind, hältst du sie wieder an. Führe 15 Versuche durch und zeichne einen Boxplot.
Vergleiche mit den Ergebnissen deiner Mitschüler.

4.3.2 Durchschnittliche Abweichung vom arithmetischen Mittel

Aufgabe 1

Drei neue Radarmessgeräte sollen einem Gütetest unterzogen werden. Dazu ist mehrfach ein Auto mit einer Geschwindigkeit von exakt 80 $\frac{km}{h}$ an den Geräten vorbeigefahren.
Die Testgeräte haben dabei folgende Geschwindigkeiten gemessen:

	Gemessene Geschwindigkeit (in $\frac{km}{h}$)											
Testgerät 1	81,3	79,0	77,1	80,3	80,9	82,6	83,8	78,3	78,1	83,6		
Testgerät 2	80,4	78,1	77,3	81,1	78,4	79,0	80,2	82,0	78,6	79,7	78,7	80,5
Testgerät 3	81,2	81,9	78,1	79,4	80,4	82,2	79,3	81,0	80,7	79,8	81,5	80,5

Von einem guten Gerät erwartet man folgende Eigenschaften:
(1) Das arithmetische Mittel der Messungen liegt nahe bei dem tatsächlichen Wert.
(2) Die Differenz zwischen dem größten und dem kleinsten Messwert (*Spannweite*) ist möglichst klein und kein Wert weicht mehr als 3 $\frac{km}{h}$ vom tatsächlichen Wert ab.
(3) Die einzelnen Messwerte weichen nicht zu stark voneinander ab. Dazu bestimmt man zunächst die Abweichungen der einzelnen Messwerte vom arithmetischen Mittel und berechnet dann daraus die *durchschnittliche Abweichung*.
Vergleiche mithilfe dieser Kriterien die Qualität der drei Testgeräte.

Lösung

(1)

Testgerät 1	*Testgerät 2*	*Testgerät 3*
Summe der Messwerte: $805\ \frac{km}{h}$	Summe der Messwerte: $954\ \frac{km}{h}$	Summe der Messwerte: $966\ \frac{km}{h}$
arithmetisches Mittel: $\frac{805}{10} = 80{,}5$	arithmetisches Mittel: $\frac{924}{12} = 79{,}5$	arithmetisches Mittel: $\frac{966}{12} = 80{,}5$

in $\frac{km}{h}$

Ergebnis: Das arithmetische Mittel weicht jeweils um 0,5 $\frac{km}{h}$ von dem exakten Wert ab.

(2)

Testgerät 1	*Testgerät 2*	*Testgerät 3*
Größter Wert: $83{,}8\ \frac{km}{h}$	Größter Wert: $82{,}0\ \frac{km}{h}$	Größter Wert: $82{,}2\ \frac{km}{h}$
Kleinster Wert: $77{,}1\ \frac{km}{h}$	Kleinster Wert: $77{,}3\ \frac{km}{h}$	Kleinster Wert: $78{,}1\ \frac{km}{h}$
Differenz: $83{,}8\ \frac{km}{h} - 77{,}1\ \frac{km}{h} = 6{,}7\ \frac{km}{h}$	$82{,}0\ \frac{km}{h} - 77{,}3\ \frac{km}{h} = 4{,}7\ \frac{km}{h}$	$82{,}2\ \frac{km}{h} - 78{,}1\ \frac{km}{h} = 4{,}1\ \frac{km}{h}$
Spannweite: $6{,}7\ \frac{km}{h}$	Spannweite: $4{,}7\ \frac{km}{h}$	Spannweite: $4{,}1\ \frac{km}{h}$

Ergebnis: Testgerät 1 hat mit 6,7 $\frac{km}{h}$ die größte Spannweite, Testgerät 3 mit 4,1 $\frac{km}{h}$ die kleinste. Bei Testgerät 1 ist außerdem mit dem Messwert 83,8 $\frac{km}{h}$ die höchstzulässige Abweichung überschritten. Dieses Gerät ist daher unbrauchbar. Es wird bei den weiteren Überlegungen nicht mehr berücksichtigt.

(3) Wir legen eine Tabelle an.

Testgerät 2	80,4	78,1	77,3	81,1	78,4	79,0	80,2	82,0	78,6	79,7	78,7	80,5
Abweichung von 79,5	0,9	1,4	2,2	1,6	1,1	0,5	0,7	2,5	0,9	0,2	0,8	1,0

Testgerät 3	81,2	81,9	78,1	79,4	80,4	82,2	79,3	81,0	80,7	79,8	81,5	80,5
Abweichung von 80,5	0,7	1,4	2,4	1,1	0,1	1,7	1,2	0,5	0,2	0,7	1,0	0,0

Testgerät 2
Summe aller Abweichungen:
$0{,}9 + 1{,}4 + 2{,}2 + \ldots + 1{,}0 = 13{,}8$
Durchschnittliche Abweichung:
$\frac{13{,}8}{12}\,\frac{\text{km}}{\text{h}} = 1{,}15\,\frac{\text{km}}{\text{h}}$

Testgerät 3
Summe aller Abweichungen:
$0{,}7 + 1{,}4 + 2{,}4 + \ldots + 0{,}0 = 11{,}0$
Durchschnittliche Abweichung:
$\frac{11{,}0}{12}\,\frac{\text{km}}{\text{h}} = 0{,}92\,\frac{\text{km}}{\text{h}}$

Fazit: Bei allen drei Testgeräten weicht das arithmetische Mittel um $0{,}5\,\frac{\text{km}}{\text{h}}$ von dem genauen Wert ab. Würde man nur das arithmetische Mittel zur Bewertung der Geräte heranziehen, dann müsste man alle Geräte als gleichwertig ansehen.

- Testgerät 1 ist jedoch unbrauchbar, da ein Wert mehr als die zulässige Toleranz abweicht.
- Die Testgeräte 2 und 3 erweisen sich als brauchbar und annähernd gleichwertig.
- Bei Testgerät 3 sind jedoch die *Spannweite* und die *durchschnittliche Abweichung* vom *arithmetischen Mittel* am geringsten. Die einzelnen Messwerte weisen die geringste *Streuung* auf. Dieses Gerät ist daher von den drei getesteten Geräten als das beste anzusehen.

Information

Die einzelnen Werte weichen bei einer statistischen Erhebung mehr oder weniger stark vom arithmetischen Mittel ab. Man sagt: „Die Werte streuen um das arithmetische Mittel."
Zwei grobe Maße für die Streuung sind die **Spannweite** und die **durchschnittliche Abweichung** (*mittlere lineare Abweichung*).

Berechnung der durchschnittlichen Abweichung

Man berechnet zuerst das arithmetische Mittel und für jeden Wert die Abweichung vom arithmetischen Mittel. Dann berechnet man mit dem üblichen Verfahren das arithmetische Mittel der Abweichungen. Bei der durchschnittlichen Abweichung werden also im Gegensatz zur Spannweite alle Werte der statistischen Erhebung berücksichtigt.

Beispiel: 5 Schüler stoppen die Zeit eines Mitschülers beim 100-m-Lauf:
15,4 s; 14,5 s; 15,5 s; 15,8 s; 15,3 s.

Das arithmetische Mittel dieser Zeiten ist $\frac{15{,}4\text{ s} + 14{,}5\text{ s} + 15{,}5\text{ s} + 15{,}8\text{ s} + 15{,}3\text{ s}}{5} = 15{,}3\text{ s}$

Gemessene Zeit (in s)	15,4	14,5	15,5	15,8	15,3
Abweichung vom arithmetischen Mittel 15,3 (in s)	0,1	0,8	0,2	0,5	0

Die durchschnittliche Abweichung beträgt $\frac{0{,}1\text{ s} + 0{,}8\text{ s} + 0{,}2\text{ s} + 0{,}5\text{ s} + 0\text{ s}}{5} = 0{,}32\text{ s}$

Übungsaufgaben

2.

a) Berechne für den Vokabeltest die Spannweite und die durchschnittliche Abweichung von arithmetischen Mittel.

b) Verändere den Ausfall des Vokabeltests so, dass bei gleichem arithmetischen Mittel der Ausfall eher als *ganz normal* betrachtet werden kann.
Berechne wiederum die Spannweite und das arithmetische Mittel und vergleiche mit dem Ergebnis aus Teilaufgabe a). Was stellst du fest? Erkläre.

3. Jan hat in Aufgabe 1 bei der Berechnung der Abweichungen vom arithmetischen Mittel ein anderes Ergebnis erhalten. Er hat für Testgerät 2 folgendermaßen gerechnet. Was hat Jan falsch gemacht?

Testgerät 2	80,4	78,1	77,3	81,1	78,4	79,0	80,2	82,0	78,6	79,7	78,7	80,5
arithm. Mittel	79,5	79,5	79,5	79,5	79,5	79,5	79,5	79,5	79,5	79,5	79,5	79,5
Abweichung	0,9	−1,4	−2,2	1,6	−1,1	−0,5	0,7	2,5	−0,9	0,2	−0,8	1,0

Als Summe der Abweichungen 0,9 + (− 1,4) + (− 2,2) + … + (− 0,8) + 1,0 erhielt er den Wert 0, und damit war auch die mittlere Abweichung 0 : 10 = 0.

„Ausreißer" können statistische Erhebungen verzerren.

4. Julias Mutter hat über 2 Wochen die Fahrzeit zur Arbeitsstelle genau notiert:

Zeit (in Minuten)	28	33	37	30	35	53	38	32	29	36

a) Wie lange dauert die Fahrt zur Arbeit im Durchschnitt?

b) Berechne die Spannweite und die durchschnittliche Abweichung.

c) Die Zeit am 6. Tag fällt deutlich aus dem Rahmen. Berechne ohne diesen Ausreißer die durchschnittliche Fahrzeit, die Spannweite und die durchschnittliche Abweichung und vergleiche die Ergebnisse mit denen aus den Teilaufgaben a) und b).

5. Bei einer Klassenarbeit wurde die Klasse in zwei Gruppen A und B aufgeteilt. Beide Gruppen erhielten Aufgaben mit gleichem Schwierigkeitsgrad. 40 Punkte konnten erreicht werden.

Gruppe A	25	31	17	37	26	32	22	14	27	24	19	22	28	23	29
Gruppe B	28	21	32	37	18	27	35	12	40	24	31	23	26		

a) Berechne für beide Gruppen die durchschnittlich erreichte Punktzahl, die Spannweite der erreichten Punktzahlen sowie die durchschnittliche Abweichung.

b) Vergleiche beide Gruppen hinsichtlich der Leistungsfähigkeit und der Leistungsunterschiede.

c) Berechne das arithmetische Mittel und die durchschnittliche Abweichung für die gesamte Klasse. Vergleiche die Ergebnisse mit denen der beiden Einzelgruppen.

6. Beim Autofahren vergeht zwischen dem Erkennen eines Verkehrshindernisses und der Reaktion des Fahrers (Betätigen der Bremse) eine gewisse Zeitspanne, die man Reaktionszeit nennt. Bei einem psychologischen Test wurde die Reaktionszeit verschiedener Autofahrer ermittelt. Berechne das arithmetische Mittel und die durchschnittliche Abweichung.

Reaktionszeiten:
0,8 s; 1,2 s; 1,2 s; 0,5 s; 1,5 s; 0,6 s; 0,8 s; 0,8 s; 1,0 s; 1,3 s

7. Bei Lebensmitteln stimmen die angegebenen Gewichte oft nicht genau. Eine Überprüfung der Gewichte von Kakaopackungen ergab:

Sorte A: 497 g; 504 g; 502 g; 508 g, 492 g; 499 g; 500 g; 502 g
Sorte B: 500 g; 508 g; 491 g; 494 g; 501 g; 493 g; 496 g; 507 g; 501 g; 504 g

a) Berechne für jede Stichprobe das arithmetische Mittel und die Spannweite.

b) Berechne auch die durchschnittliche Abweichung. Vergleiche.

8. In einer Klinik wurden im Laufe einer Woche 9 Kinder geboren. Sie hatten die folgenden Körpergrößen und Gewichte.

Körpergröße (in cm)	50	49	52	51	48	47	50	51	50
Gewicht (in g)	3250	3400	2950	3050	2880	3120	3360	3100	3170

a) Berechne die durchschnittliche Körpergröße und das durchschnittliche Gewicht.

b) Bestimme die durchschnittliche Abweichung der Körpergrößen und die durchschnittliche Abweichung der Gewichte.

TAB **9.** Überlege zunächst, mit welchen Funktionen des Tabellen-Kalkulationsprogramms du Spannweite, Mittelwert und durchschnittliche Abweichung berechnen kannst. Gib die abgebildete Tabelle ein und überprüfe deine Auswertung.

	A	B	C	D	E	F
1	51	55	48	50	54	49
2	1	5	2	0	4	1
3						
4	Spannweite			9		
5	Mittelwert			50,00		
6	Mittlere Abweichung			2,5		
7						

a) Beschreibe die Veränderungen, wenn du die 4 größten Werte jeweils um 1 vergrößerst, die 4 kleinsten jeweils um 1 verkleinerst. Erkläre.

b) Welche Veränderungen kannst du vornehmen, sodass sich
(1) arithmetisches Mittel,
(2) Spannweite,
(3) arithmetisches Mittel und Spannweite nicht ändern.

10. *Teamarbeit:* Fragt in eurer Klasse
(1) nach der Anzahl der Familienmitglieder;
(2) nach der Länge des Schulwegs eurer Mitschülerinnen und Mitschüler.
Berechnet jeweils die Spannweite, das arithmetische Mittel und die durchschnittliche Abweichung.
Führt die Erhebung auch in anderen Klassen durch und vergleicht die Ergebnisse.

4.4 Typische Fehler und irreführende Darstellungen in der Statistik

4.4.1 Bildliche Darstellung von Daten und ihre Wirkungen

In Zeitungen und Zeitschriften findet man oft bildliche Darstellungen, in denen die Häufigkeiten flächenhaft oder körperhaft dargestellt werden. Diese Darstellungen können aber oft die Betrachter gewollt oder ungewollt irreführen.

Aufgabe 1

Ein Fotogeschäft gibt zum Firmenjubiläum eine Werbebroschüre heraus. Bestimmte Aussagen sollen durch bildliche Darstellungen hervorgehoben werden. Vergleiche jeweils die beiden Vorschläge.

a) Aussage: „In den letzten fünf Jahren konnten wir den Umsatz vervierfachen.“ Welcher Vorschlag stellt die Veränderung angemessen dar?

Vorschlag 1

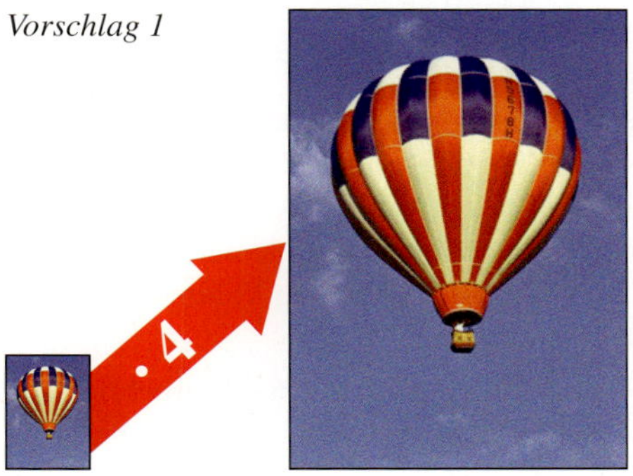

Vorschlag 2

b) Aussage: „Durch Verwendung modernster Technologie konnte der Bedarf an giftigen Chemikalien halbiert werden.“ Welcher Vorschlag stellt die Veränderung angemessen dar?

Vorschlag 1

Vorschlag 2

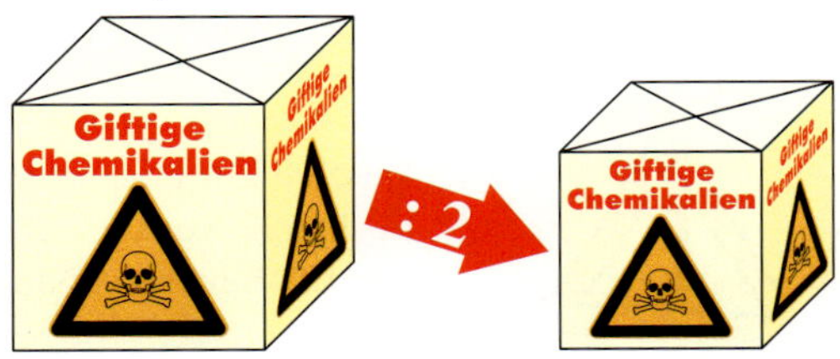

c) Aussage: „Unsere günstigen Preise haben den Trend zum Foto im Posterformat verstärkt.“ Vergleiche die beiden Vorschläge. Welcher Eindruck wird vermittelt?

Vorschlag 1

Vorschlag 2

Lösung

a) Beim Vorschlag 1 wurden die Seitenlängen des ersten Fotos vervierfacht. Dadurch versechzehnfacht sich der Flächeninhalt.

Vorschlag 1

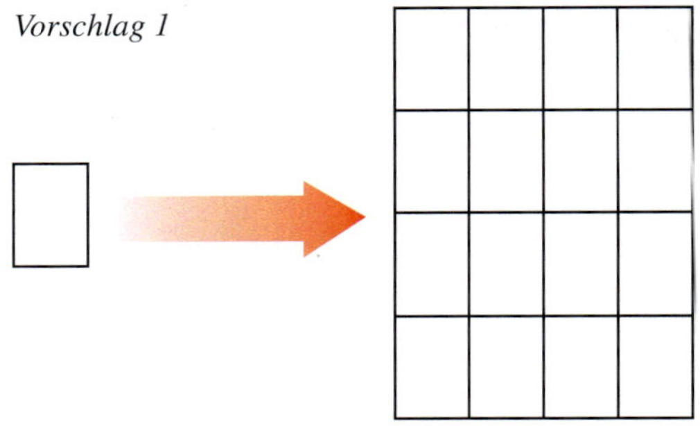

Beim Vorschlag 2 wurden die Seitenlängen nur verdoppelt. Dadurch vervierfacht sich aber der Flächeninhalt. Daher gibt der Vorschlag 2 einen angemessenen Eindruck von der Veränderung, der Vorschlag 1 dagegen einen übertriebenen.

Vorschlag 2

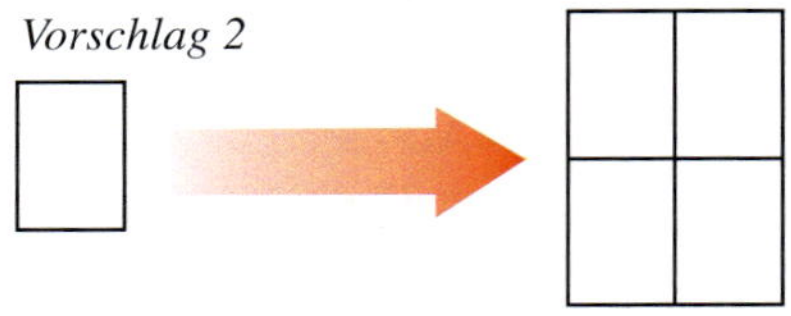

b) Bei Vorschlag (1) wurde jede Seitenlänge des großen Würfels halbiert. Dadurch beträgt das Volumen des kleinen Würfels (1 cm³) nur ein Achtel des Volumens des großen Würfels (8 cm³). Diese Abbildung stellt die Verringerung übertrieben dar.
Bei Vorschlag (2) betragen die Kantenlängen des kleinen Würfels 1,6 cm³, sein Volumen damit ungefähr 4,1 cm³. Dies ist ungefähr die Hälfte vom Volumen des Ausgangswürfels.
Daher ist diese Darstellung angemessen.

c) Bei Vorschlag (2) sieht die Zunahme des Poster-Anteils erheblich stärker aus. Das liegt an dem größeren Maßstab auf der Hochachse und daran, dass nicht bei 0 %, sondern erst bei 8 % begonnen wurde.

Information

(1) Wirkungen grafischer Darstellungen

In Aufgabe 1 haben wir gesehen, dass verschiedene grafische Darstellungen derselben Daten ganz unterschiedliche Wirkungen bei einem Betrachter hervorrufen können.

Durch die Art der grafischen Darstellung kann man einen gewünschten Eindruck bei dem Betrachter hervorrufen. Man sagt daher (etwas ungenau): Durch die Art der grafischen Darstellung von Häufigkeiten können Betrachter „manipuliert“ werden.

(2) Darstellungen mit Flächen und Körpern

Bei flächenhaften Darstellungen achten wir unbewusst auf den Flächeninhalt, bei körperhaften auf das Volumen. Bei der Zeichnung ist darauf zu achten, dass kein übertriebener Eindruck von einer Veränderung entsteht.

Veranschaulicht man Daten durch Rechtecke oder Quader, so muss Folgendes berücksichtigt werden:
Eine Verdoppelung der Seitenlängen eines Rechtecks führt zu einer Vervierfachung des Flächeninhalts.
Eine Verdoppelung der Kantenlängen eines Quaders führt sogar zu einer Verachtfachung des Volumens.

Weiterführende Aufgabe

2. *Falscher Eindruck bei räumlichen Anordnungen*

Betrachte die Quader in dem Raum rechts. Welchen Eindruck hast du von ihrer Größe? Miss nach.

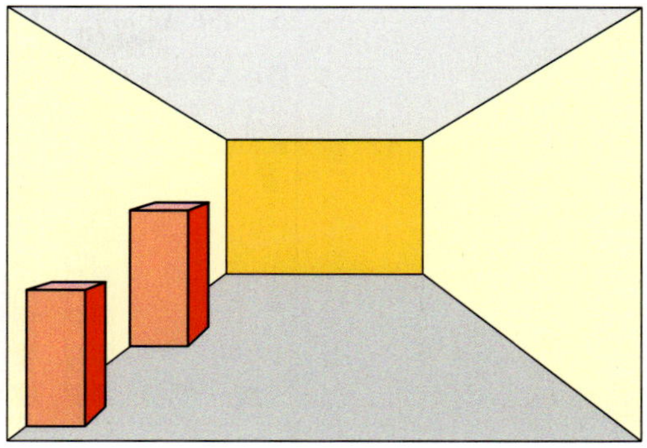

> Ordnet man gleich groß gezeichnete Gegenstände räumlich an, so erscheinen die hinteren größer als sie wirklich sind. Will man diesen Effekt vermeiden, muss man die hinteren Gegenstände kleiner zeichnen.

Übungsaufgaben

3. Im Juli 2005 kostete 1 t Rohkaffee 1 400 US-Dollar, im Juli 2003 nur halb so viel. Für einen Zeitungsartikel wurden verschiedene Diagramme entworfen.
Welche der folgenden Darstellungen gibt den Preisanstieg angemessen wieder? Begründe deine Antwort.

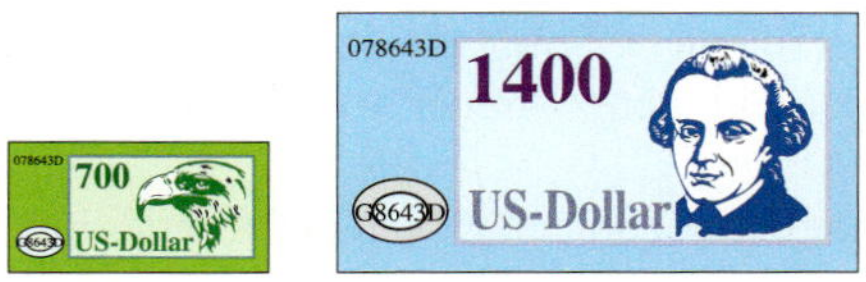

2003 2005

2003 2005

2003 2005

4. Die Anzahl der Haushalte mit Farbfernsehgeräten stieg von 1978 bis 2005 in Deutschland auf das Doppelte an.
Stelle fest, ob die Abbildung diese Veränderung angemessen darstellt. Miss dazu die Seitenlängen der Quader.

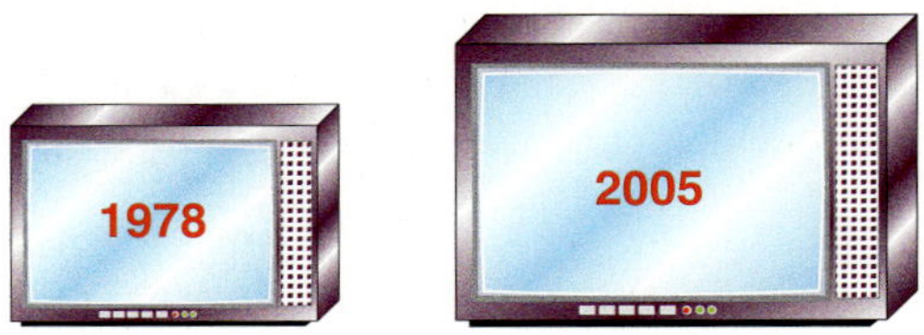

5. Ist die Grafik zu den Handwerkszweigen angemessen?
Haben die abgebildeten Quadrate die richtige Größe?

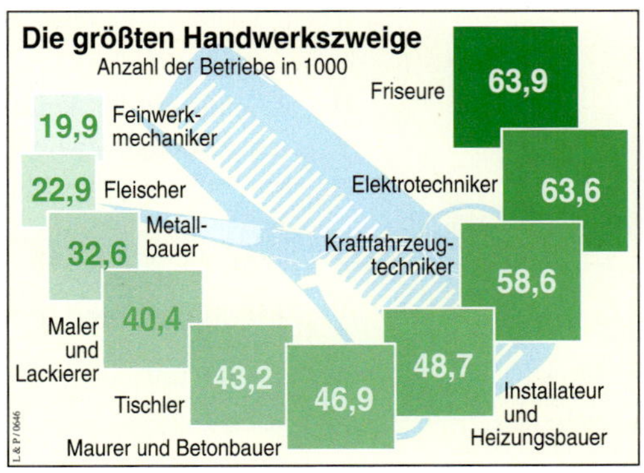

6. Die Verbreitung von Personalcomputern (PC) nimmt rasant zu. In Deutschland kamen 1998 auf 100 Einwohner 46 PC, im Jahre 2004 sogar schon 93. Zeichne eine Darstellung mit Rechtecken für die Monitorbildschirme, die diese Veränderung angemessen wiedergibt.

7. Die Anzahl der CDs in Deutschland stieg in den letzten Jahren stark an: Sie vervierfachte sich von Juli 1996 bis Juli 2005 alle drei Jahre.
Zeichne eine Darstellung mit Quadern für CDs, die diese Veränderung angemessen wiedergibt.

8. Vergleiche die Darstellungen in beiden Grafiken. Welche Form wurde gewählt? Widersprechen sich die Angaben? Überlege andere Möglichkeiten der Darstellung und zeichne sie.

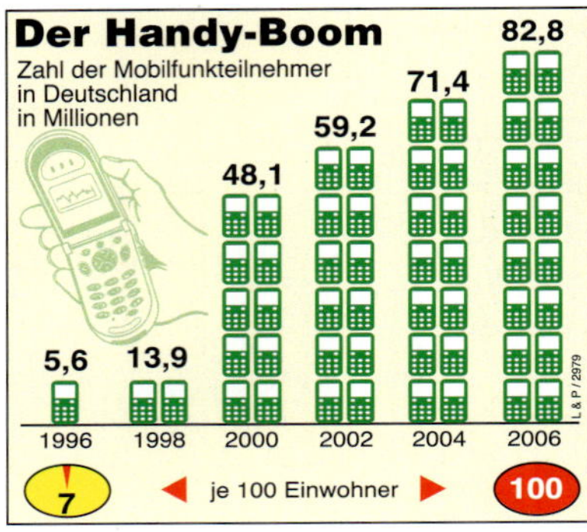

9. Die Tabelle zeigt die Entwicklung der Haus- und Sperrmüllmenge pro Einwohner.

Jahr	1995	1996	1997	1998	1999	2000	2001	2002	2003	2004	2005
Müllmenge (in kg)	269	241	226	200	190	173	166	164	154	157	160

Zeichne je ein Diagramm, das zu einem Zeitungsartikel mit der Überschrift „Drastischer Rückgang der Müllmengen“ sowie „Müllmenge immer noch zu hoch“ passt.

10. Welche Informationen vermitteln die Zahlenangaben der Abbildung?
Werden diese Informationen durch die bildlichen Darstellungen richtig wiedergegeben?

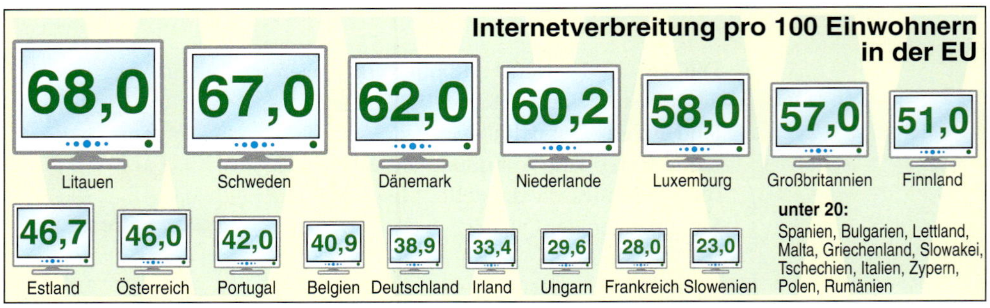

11. Zeichne ein Säulendiagramm, das einen angemessenen Eindruck von der Entwicklung der Einschaltquoten der Sendung „Wetten, dass …?“ hervorruft.

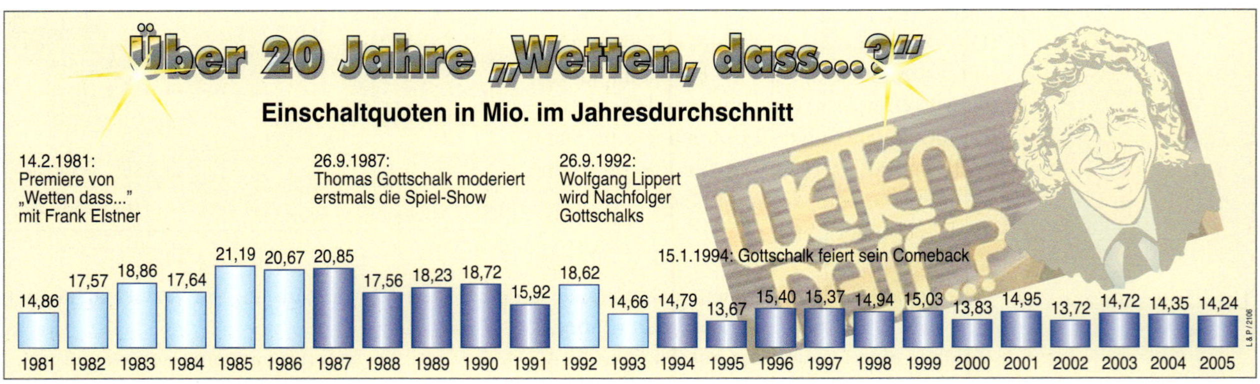

12. Untersuche, ob die Grafiken einen angemessenen Eindruck vermitteln.

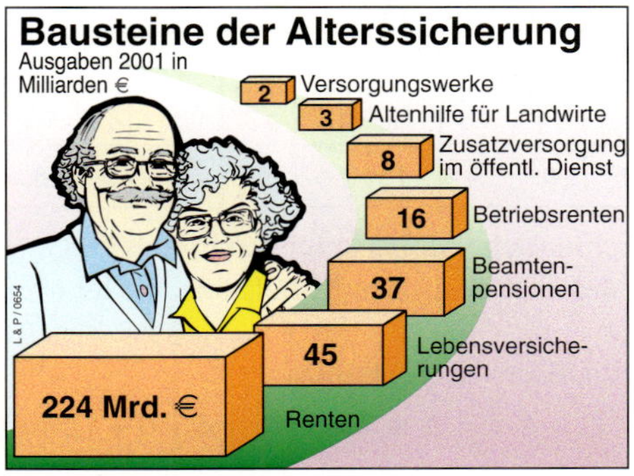

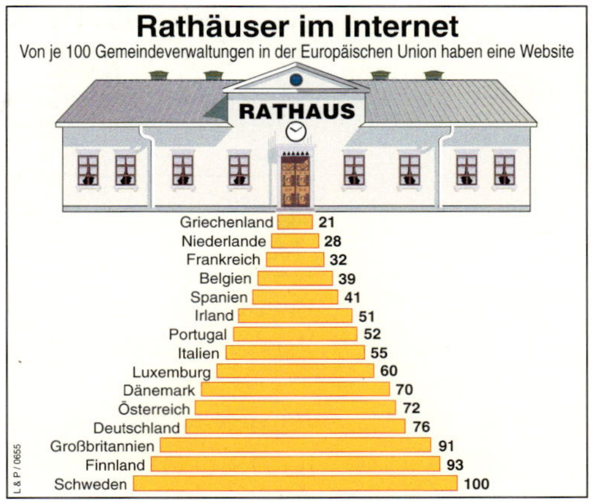

13. Die Grafik rechts wurde im Januar 2002 veröffentlicht, als überlegt wurde, ein Pfand auf Getränkedosen einzuführen.
Zeichne eine Grafik, die gut zu der Überschrift „Mehrwegverpackungen immer noch an der Spitze" passt.

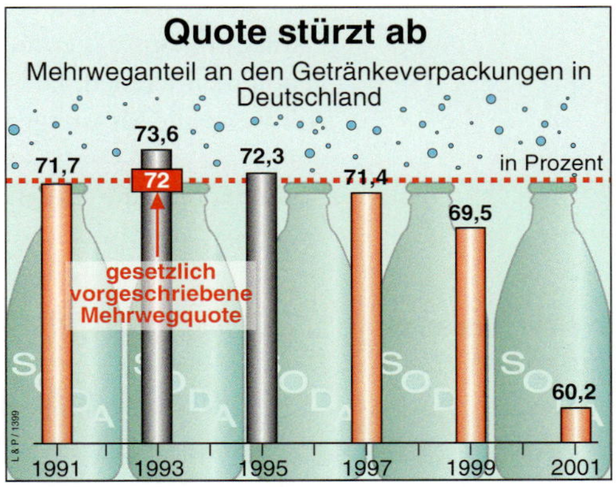

14. Die Mitgliederzahl eines Sportvereins ist in den letzten Jahren angestiegen.

Jahr	2004	2005	2006	2007	2008
Anzahl	1021	1063	1109	1152	1197

Der Präsident meint: „Unsere persönliche Betreuung der Mitglieder hat die Anzahl nicht nur halten, sondern sogar etwas steigern können."
Der Jugendwart meint: „Das zunehmende Angebot an Funsportarten hat zu einem enormen Mitgliederzuwachs geführt."
Zeichne ein Säulendiagramm für den Präsidenten und eines für den Jugendwart.

15. Die Größe der Erdbevölkerung betrug 2007:

Afrika	944 000 000
Amerika	904 000 000
Asien	4 010 000 000
Europa	733 000 000
Australien und Ozeanien	35 000 000

Welcher Eindruck entsteht durch das Bild?

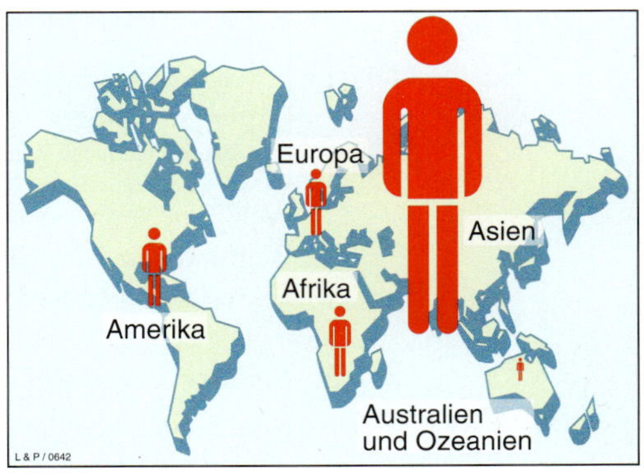

Langzeitaufgabe

16. *Teamarbeit:* Sucht in Zeitungen und Zeitschriften nach Darstellungen, die einen unangemessenen Eindruck hervorrufen. Hängt die Beispiele zusammen mit eigenen besseren Darstellungen des jeweiligen Sachverhalts im Klassenraum aus.

4.4.2 Falsche und irreführende Anwendung des arithmetischen Mittels

Aufgabe 1

Julian hat einen Monat lang jeden zweiten Tag die Außentemperaturen gemessen.

Datum	1.	3.	5.	7.	9.	11.	13.	15.	17.	19.	21.	23.	25.	27.	29.	31.
Uhrzeit	7	7	13	14	18	7	16	13	7	8	12	14	19	8	13	18
Temp. (in °C)	– 3	– 1	5	8	7	1	11	9	– 2	3	8	7	4	0	12	6

Er errechnet daraus als durchschnittliche Monatstemperatur 4,6875 °C.
Was ist an dieser Berechnung des arithmetischen Mittels falsch oder irreführend?

Lösung

Julians Rechnung ist „rein rechnerisch" korrekt:

$[(-3) + (-1) + 5 + 8 + 7 + 1 + 11 + 9 + (-2) + 3 + 8 + 7 + 4 + 0 + 12 + 6] : 16 = 4{,}6875$

Die Angabe des arithmetischen Mittels mit 4 Nachkommastellen ist viel zu genau, da die Temperaturen nur in ganzen Grad gemessen wurden.
Darüber hinaus hat er nicht berücksichtigt, dass die Messungen zu verschiedenen Tageszeiten vorgenommen wurden. Dies verfälscht das Ergebnis enorm.
Nur wenn alle Messungen zur gleichen Tageszeit erfolgt wären, wäre die Mittelwertberechnung sinnvoll.
Dadurch, dass die Messungen nur jeden zweiten Tag erfolgten, wird das Ergebnis zwar vergröbert, aber nicht verfälscht.

Weiterführende Aufgaben

2. *Arithmetisches Mittel oder Extremwerte*

WINDKRAFTANLAGEN

Windkraftanlagen können für verschiedene Windklassen zugelassen werden. International ist die Normung der IEC (International Electrotechnical Commission) am geläufigsten. Die IEC-Windklassen spiegeln die Auslegung der Anlage für windstarke oder windschwache Gebiete wieder. Charakteristisch für Windkraftanlagen in höheren Klassen (weniger Wind) sind größere Rotordurchmesser bei gleicher Nennleistung und oft auch ein höherer Turm. Als Bezugswerte werden die durchschnittliche Windgeschwindigkeit in Nabenhöhe und ein Extremwert verwendet, der statistisch nur ein Mal im 10-Minuten-Mittel innerhalb von 50 Jahren auftritt.

Vergleich verschiedener Typenklassen hinsichtlich der Windgeschwindigkeit

IEC-Windklassen	I	II	III	IV
50-Jahres-Extremwert	50 m/s	42,5 m/s	37,5 m/s	30 m/s
durchschnittliche Windgeschwindigkeit	10 m/s	8,5 m/s	7,5 m/s	6 m/s

Begründe, warum sowohl die durchschnittliche Windgeschwindigkeit als auch der 50-Jahres-Extremwert bei der Planung einer Windkraftanlage zu berücksichtigen sind.

3. *Einfluss der gewählten Stichprobe*

Eine Schule liegt an einer Straße, die zu einem Industriegebiet führt. Am Morgen, wenn Unterricht stattfindet, fahren viele Lastkraftwagen zum Industriegebiet und zurück. Am Abend und in der Nacht fahren fast keine Fahrzeuge die Straße entlang.
Als die Schule vorschlägt, es solle eine Verkehrsberuhigung vorgenommen werden, berechnet die Stadtverwaltung die durchschnittliche Anzahl von Fahrzeugen, die die Straße pro Stunde befahren. Weshalb ist dieses Verfahren problematisch?

Information

Wir haben bereits erkannt, dass Ausreißer das arithmetische Mittel verfälschen.

(1) Oft ist es sinnvoll, „Ausreißer“ wegzulassen.

(2) Messungen, die nicht vergleichbar sind, dürfen bei der Mittelwertbildung nicht zusammengefasst werden.

(3) Bei manchen Anwendungen ist nicht das arithmetische Mittel, sondern der Spitzenwert entscheidend.
Über den größten oder kleinsten Wert sagt jedoch das arithmetische Mittel nichts aus.

(4) Nur wenn der Umfang der Stichprobe genügend groß ist, kann man davon ausgehen, dass die arithmetischen Mittel von Stichprobe und Grundgesamtheit ungefähr gleich groß sind.

Übungsaufgaben

4. Patrick ist bei den Bundesjugendspielen 100 m in 15 Sekunden und 1 000 m in 4 Minuten gelaufen. Er berechnet daraus folgende Laufgeschwindigkeiten:

$1\ min = \frac{1}{60}\ h$

$1\ s = \frac{1}{3600}\ h$

100 m-Strecke: $\frac{100\ m}{15\ s} = \frac{0{,}1\ km}{\frac{15}{3600}\ h} = \left(0{,}1 \cdot \frac{3600}{15}\right)\frac{km}{h} = 24\ \frac{km}{h}$

1 000 m-Strecke: $\frac{1000\ m}{4\ min} = \frac{1\ km}{\frac{4}{60}\ h} = \left(1 \cdot \frac{60}{4}\right)\frac{km}{h} = 15\ \frac{km}{h}$

Durchschnittsgeschwindigkeit: $\frac{24\ \frac{km}{h} + 15\ \frac{km}{h}}{2} = 19{,}5\ \frac{km}{h}$

Danach behauptet er: „Ich laufe in einer Stunde im Durchschnitt 19,5 km.“ Was meinst du dazu?

5. a) Viele Ferienorte weisen in ihren Prospekten darauf hin, wie niedrig der durchschnittliche Niederschlag im Juni ist, z. B. nur 30 mm.
Beschreibe verschiedene Wetterlagen, die auf denselben Durchschnittswert für den Niederschlag in diesem Monat führen.

b) In einem Wintersportort wird im Tal (800 m) und auf dem Gletscher (3 300 m) die Schneehöhe gemessen. Im Mai ergibt sich so eine durchschnittliche Schneehöhe von 1,30 m.
Was ist an diesem Verfahren irreführend?

6. In den Mathematikarbeiten des letzten Halbjahres bekam Lena die folgenden Noten: 4, 2, 2, 1. Julias Arbeiten wurden mit 5, 4, 2, 1 bewertet.

Lena sagt: „Meine Durchschnittsnote liegt bei 2,25, denn $\frac{4+2+2+1}{2} = 2{,}25$.“
Julia sagt: „Mein Durchschnitt liegt sogar bei 2,125.“
Ihre Begründung:
Durchschnitt nach der 2. Arbeit: $\frac{5+4}{2} = 4{,}5$
Durchschnitt nach der 3. Arbeit: $\frac{4{,}5+2}{2} = 3{,}25$
Durchschnitt nach der 4. Arbeit: $\frac{3{,}25+1}{2} = 2{,}125$

Wer hat „richtig“ gerechnet?

Alexander Graham Bell, 1847 – 1922

7. Um Menschen vor krankmachendem Lärm zu schützen, wird der Schall von Fahrzeugen und bestimmten Orten von Zeit zu Zeit gemessen, z. B. in Fabrikhallen und Diskotheken.
Warum ist es bei diesen Kontrollmessungen notwendig, sowohl den Höchstwert als auch das arithmetische Mittel zahlreicher Messungen anzugeben?

Lärm macht krank

Der Schallpegel wird in Dezibel dB(A) gemessen. Diese Einheit geht zurück auf den Erfinder Alexander Graham Bell. In der Tabelle sind Schallpegelwerte angegeben.

Beispiel	dB(A)	Hörempfindung
Schmerzgrenze Düsentriebwerk, Popkonzert Hubschrauber Diskothek, Kompressor	130 120 110 100	„unerträglich“
laute Fabrikhalle Motorrad, Straßenverkehr lautes Rufen, Mofa	90 80 70	„laut“
Büro Unterhaltung Flüstern	60 50 40	„leise“
Blättergeräusch Ticken einer Uhr Atmen Hörschwelle	30 20 10 0	„ruhig“

8. In der Information auf Seite 139 findest du Aussagen darüber, was man bei der Mittelwertbildung beachten sollte.
Finde Beispiele, um dies zu verdeutlichen.

9. In einer Zeitschrift steht:

„Das Durchschnittsalter der Bevölkerung beträgt heute 76 Jahre, zur Zeit von Christi Geburt lag es bei 36 Jahren.“

Wird der Begriff Durchschnittsalter vom Redakteur richtig benutzt? Was meint er damit?

10. Ein Autohändler preist den niedrigen Benzinverbrauch des neuen Modells an. Er soll auf 100 km bei 90 $\frac{\text{km}}{\text{h}}$ im Durchschnitt nur 4,6 Liter betragen.
Auf Nachfrage erfährt der Kunde, dass dieser Wert bei stets gleichbleibender Geschwindigkeit von 90 $\frac{\text{km}}{\text{h}}$ ermittelt wurde.
Was meinst du dazu? Begründe deine Aussage.

11. Am Erich-Kästner-Gymnasium wird überlegt, ob eine Mensa für die Schülerschaft eingerichtet werden soll.
Artem hat sich mit drei Freunden aus seiner 7. Klasse unterhalten: Nur einer von diesen 4 Freunden beabsichtigt, in einer Schulmensa zu essen.
Bea geht in die 9. Klasse. In ihrer Klasse würden 21 von 30 Schülern in der Mensa essen.
Christoph hat die Meinung von 10 Schülerinnen und Schülern eingeholt: 6 begrüßen die Eröffnung einer Mensa.
Die Schülersprecherin folgert:
„Der durchschnittliche Anteil der Befürworter einer Mensa beträgt $\frac{\frac{1}{4}+\frac{21}{30}+\frac{6}{10}}{3} = \frac{31}{60} \approx 52\,\%$, also eine knappe Mehrheit“.
Nimm Stellung zu dem obigen Vorgehen und Auswerten einer Meinungsumfrage.

4.5 Aufgaben zur Vertiefung

1. *Minimalitätseigenschaft des Zentralwertes*

An einer Straße stehen fünf Hochhäuser. Es soll ein Telefon-Verteilerkasten installiert werden, von dem aus zu jedem Haus ein Kabel verlegt wird.

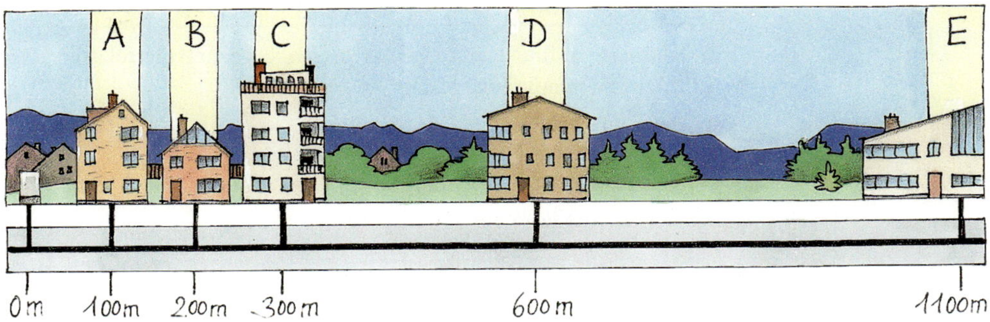

a) An welcher Stelle muss die Installation erfolgen, damit möglichst wenig Kabel benötigt wird?

b) Links von A und auch jenseits von E wird ein neues Hochhaus gebaut.
An welcher Stelle sollte der Verteilerkasten nun installiert werden?

c) An welcher Stelle sollte der Telefon-Verteilerkasten stehen, wenn nur rechts von E noch ein weiteres Hochhaus gebaut wird?

2.

Wind-Nutzung flacht ab

Das Wachstum beim Bau von Windrädern flacht sich ab: 1992 gab es 1211 Windräder. Während im Spitzenjahr 2002 noch weit über 2000 neue Anlagen errichtet wurden, waren es 2007 nur noch 880 Stück. Mit der Ende 2007 installierten Gesamtleistung von 19 460 Megawatt bleibt Deutschland der größte Windenergiemarkt der Welt, gefolgt von Spanien.

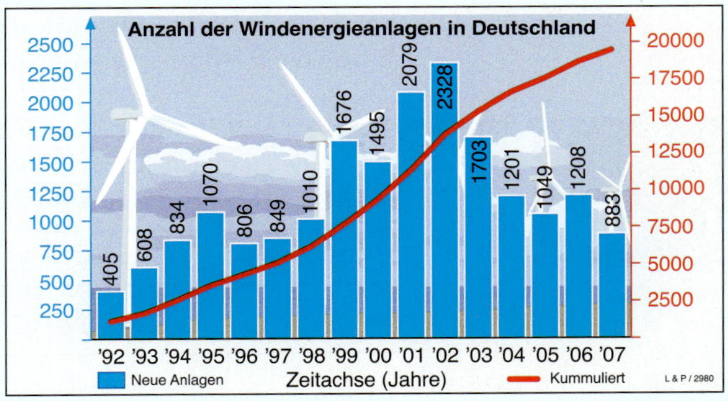

a) Welche Zuordnung beschreibt das Liniendiagramm?
Wird diese Zuordnung im Text unter dem Graphen erörtert?

b) Was kannst du auf einen Blick am Graphen ablesen?

c) Wie beurteilst du die Schlagzeile „Wind-Nutzung flacht ab"? Begründe deine Meinung.

d) Wie viele Windräder wurden 2004 neu gebaut?
Wie viel Megawatt leistet jedes dieser Windräder im Durchschnitt?

e) Vergleiche die Zunahme der Windkraftleistung von 1991/92 bis 2006/07. In welchem Zweijahreszeitraum war die relative, in welchem die absolute Zunahme am größten?

f) Stelle weitere Sachfragen und beantworte sie.

g) Erstelle für die Jahre bis 2007 eine kumulierte Häufigkeitsverteilung und überprüfe damit das Liniendiagramm.

Bist du fit?

1. Im Schwimmunterricht wurden folgende Zeiten beim 50-m-Kraulschwimmen erzielt:

Zeit (in s)	35	36	37	38	39	40	41	42	43	44	45	46	47	48	49	50	51	52	53	54
Anzahl der Schüler	1	0	2	1	0	1	2	3	4	2	1	2	3	1	0	1	1	1	0	1

a) Klassiere in fünf gleich breite Klassen, berechne die relativen Häufigkeiten und stelle sie in einem Säulendiagramm dar.

b) Berechne den praktischen Mittelwert.

2. Felix hat ausgezählt, über wie viele Fahrräder die Elternhäuser seiner Mitschüler verfügen.
Erstelle eine kumulierte Häufigkeitsverteilung mit relativen Häufigkeiten.

Anzahl der Fahrräder	0	1	2	3	4	5	6
Anzahl der Elternhäuser	2	5	6	10	4	3	1

3. Ein Getränkeabfüller kontrolliert seine Abfüllmaschine:

Inhalt (in ml)	695	696	697	698	699	700	701	702	703	704	705
Anzahl der Flaschen	2	3	5	10	15	21	20	11	5	4	2

Berechne den durchschnittlichen Inhalt der Flaschen.
Ermittle auch die Spannweite sowie die durchschnittliche Abweichung vom arithmetischen Mittel.

4. Glücksspieler denken oft, dass es Glückszahlen gibt. In der Tabelle unten siehst du, wie oft die 13 und die 26 in den angegebenen Jahren beim Samstagslotto 6 aus 49 gezogen wurden. Vergleiche die Häufigkeit für beide Zahlen mithilfe von Boxplots.

	Jahr	1991	92	93	94	95	96	97	98	99	00	01	02	03	04	05	06	07
Häufigkeit	13	4	2	2	8	12	5	6	4	5	6	4	6	4	4	3	5	7
	26	8	3	10	4	9	4	11	4	4	10	5	5	4	7	6	5	11

5. a) Betrachte die beiden Darstellungen zur Entwicklung der Anzahl der brütenden Storchenpaare in Deutschland und vergleiche sie. Welchen Eindruck rufen sie hervor?

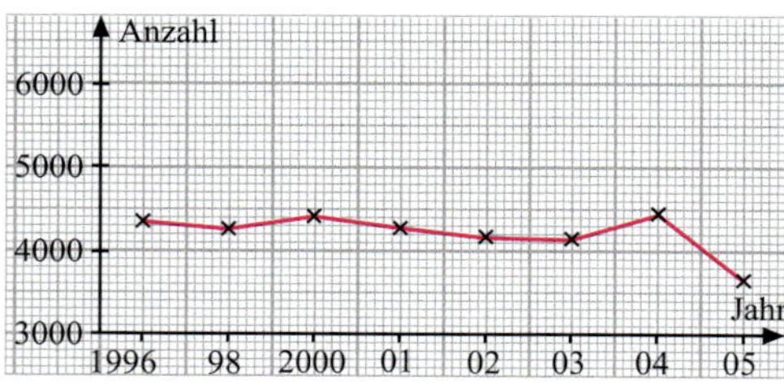

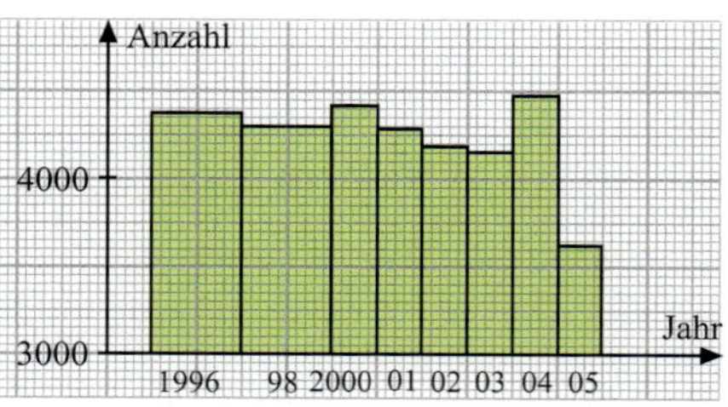

b) Versuche ein Bild zu zeichnen, das einen angemessenen Eindruck von der Entwicklung hervorruft.

5. QUADRATISCHE FUNKTIONEN UND GLEICHUNGEN

Geraden kannst du schon durch Gleichungen beschreiben. Im Alltag kommen aber auch viele Linien vor, die nicht gerade sind. Häufig siehst du Kurven wie in den folgenden Bildern.

- Erläutere, worum es sich bei den Bildern handelt. Beschreibe auch die Form der enthaltenen Kurven.
- Kurven wie auf diesen Fotos nennt man Parabeln. Bestimmt hast du auch noch an anderen Stellen in deiner Umgebung Parabeln gesehen. Wo?

In diesem Kapitel wirst du die Eigenschaften von Parabeln untersuchen und erfahren, wie man Parabeln in einem Koordinatensystem mit Gleichungen beschreiben kann.

5.1 Quadratfunktion – Eigenschaften der Normalparabel

Aufgabe 1

Um Kurven wie in den Bildern auf Seite 143 beschreiben zu können, beginnen wir mit der einfachsten Funktion, die einen solchen Graphen liefert.

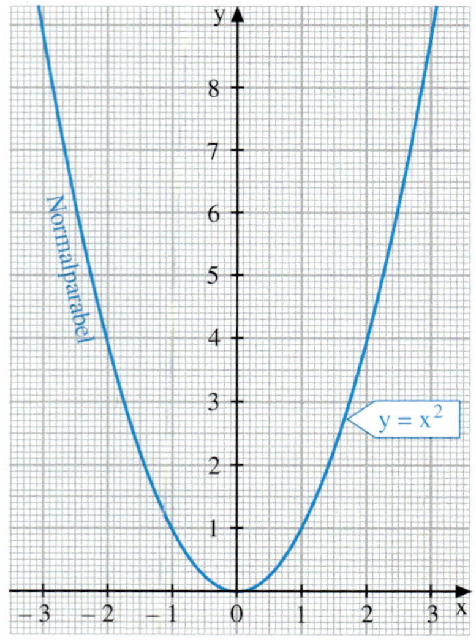

a) Rechts siehst du den Graphen der Quadratfunktion mit der Gleichung $y = x^2$. Beschreibe Eigenschaften der *Normalparabel*.

b) Bei proportionalen Funktionen gilt: Verdoppelt (verdreifacht, …) man den x-Wert, so verdoppelt (verdreifacht …) sich der zugeordnete y-Wert. Gibt es auch für die Quadratfunktion eine derartige Regelmäßigkeit?

Lösung

a) Von links nach rechts fällt die Normalparabel im 2. Quadranten (geht bergab). An der Stelle 0 hat sie ihren tiefsten Punkt (Scheitelpunkt), in dem sie die x-Achse berührt. Danach steigt die Normalparabel im 1. Quadranten von links nach rechts an (geht bergauf).
Der Graph ist symmetrisch zur y-Achse.

b) Wir erstellen eine Wertetabelle.

x	−5	−4	−3	−2	−1	0	1	2	3	4	5	6	7	8	9
x^2	25	16	9	4	1	0	1	4	9	16	25	36	49	64	81

(Pfeile über der Tabelle: · 2, · 3; unter der Tabelle: · 4, · 9)

Die zugeordneten y-Werte sind nicht proportional zu den x-Werten. Aber es gilt z. B.:

- Verdoppelt man den x-Wert, so vervierfacht sich der zugeordnete Funktionswert.
- Verdreifacht man den x-Wert, so verneunfacht sich der zugeordnete Funktionswert.

Information

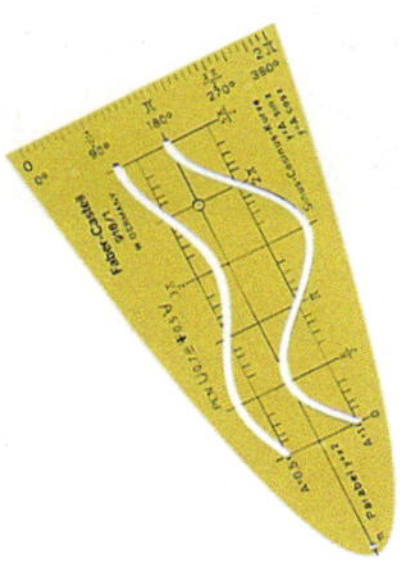

(1) Quadratfunktion – Normalparabel

Definition

Die Funktion mit der Gleichung $y = x^2$ heißt **Quadratfunktion**.
Ihr Graph heißt *Normalparabel*.

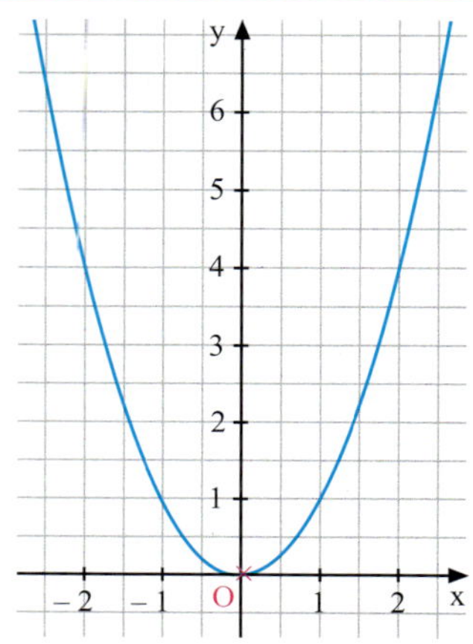

(1) Symmetrie der Normalparabel

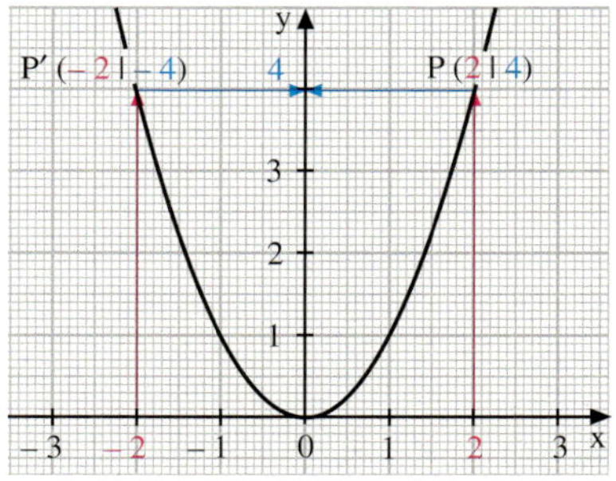

Symmetrie zur y-Achse bedeutet, dass die Funktionswerte für Zahl und zugehörige Gegenzahl übereinstimmen.
Für die Funktion f mit $f(x) = x^2$ gilt z.B.: $f(-2) = 4$ und auch $f(2) = 4$. Die entsprechenden Punkte $P'(-2|4)$ und $P(2|4)$ unterscheiden sich nur im Vorzeichen der 1. Koordinate, die 2. Koordinate ist die gleiche.
Dies gilt für beliebiges x: $f(-x) = (-x)^2 = x^2 = f(x)$

Das bedeutet: Die gesamte Normalparabel ist symmetrisch zur y-Achse.
Der Ursprung des Koordinatensystems ist der einzige Punkt, der auf der Symmetrieachse liegt.

(2) Scheitelpunkt der Normalparabel

Der Ursprung des Koordinatensystems ist der tiefste Punkt der Normalparabel, denn für $x \neq 0$ ist $x^2 > 0$. Man nennt ihn auch den *Scheitelpunkt* (oder kurz *Scheitel*).
Alle anderen Punkte der Normalparabel liegen oberhalb der x-Achse.

(3) Fallen und Steigen der Normalparabel

1. Fall: $x > 0$
Wir betrachten zunächst den Teil der Normalparabel, der im 1. Quadranten liegt. Hier steigt der Graph von links nach rechts an. Das bedeutet: Wenn man von einer positiven Stelle x zu einer größeren übergeht, so wird auch der Funktionswert größer. Das liegt daran, dass zur größeren Zahl auch die größere Quadratzahl gehört.

2. Fall: $x < 0$
Wir betrachten nun den Teil der Normalparabel, der im 2. Quadranten liegt. Hier fällt der Graph von links nach rechts. Das bedeutet: Wenn man von einer negativen Stelle x nach rechts zu einer anderen negativen Stelle geht, wird der Funktionswert kleiner.
Das liegt daran, dass der Betrag einer negativen Zahl nach rechts kleiner wird. Das Quadrat der Zahl wird also auch kleiner.
Das bedeutet: Der Graph fällt im 2. Quadranten von links nach rechts.

Satz

Die Quadratfunktion f mit $f(x) = x^2$ hat folgende Eigenschaften:
- Der Graph ist symmetrisch zur y-Achse.
- Der Koordinatenursprung ist als Scheitelpunkt der tiefste Punkt des Graphen.
- Der Graph fällt im 2. Quadranten und steigt im 1. Quadranten.

(4) Quadratisches Wachstum

In Aufgabe 1 haben wir gesehen, dass eine Verdoppelung (Verdreifachung) eines x-Wertes bei der Quadratfunktion zu einer Vervierfachung (Verneunfachung) des zugeordneten y-Wertes führt.

Für die Quadratfunktion gilt:
Vervielfacht man einen x-Wert mit dem Faktor k, so wird der zugehörige y-Wert mit dem Quadrat des Vervielfachungsfaktors, also mit k^2 vervielfacht.

Begründung: Für den Vervielfachungsfaktor k und die Stelle x gilt für die Quadratfunktion f:
$f(kx) = (kx)^2 = k^2 x^2 = k^2 \cdot f(x)$

Weiterführende Aufgabe

2. *Grafisches Lösen einer Gleichung der Form $x^2 = r$*

Lies an der Normalparabel die Lösungsmenge der Gleichung ab. Veranschauliche dein Vorgehen in der Zeichnung.

(1) $x^2 = 6{,}25$ (2) $x^2 = 0$ (3) $x^2 = -1$

Grafisches Bestimmen der Lösungsmenge zu $x^2 = r$

Grafisch bedeutet das Bestimmen der Lösungsmenge der Gleichung $x^2 = r$ das Ermitteln der Schnittpunkte des Graphen der Quadratfunktion zu $y = x^2$ mit der durch $y = r$ gegebenen Parallelen zur x-Achse.

- Für $r > 0$ gibt es zwei Schnittpunkte, d. h. die Gleichung hat *zwei* Lösungen.
- Für $r = 0$ trifft die Gerade die Normalparabel in ihrem Scheitelpunkt, d. h. die Gleichung hat *eine* Lösung.
- Für $r < 0$ schneiden sich die Graphen nicht, d. h. die Gleichung $x^2 = r$ hat *keine* Lösung.

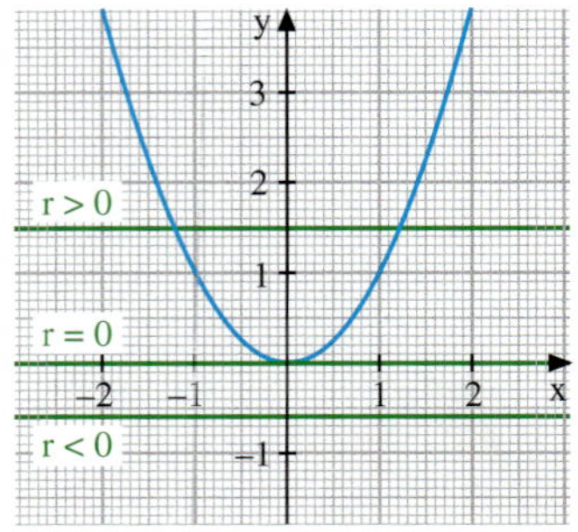

Übungsaufgaben

3. PLOT **a)** Zeichne mit einem grafikfähigen Taschenrechner oder einem Programm den Graphen der Funktion f mit der Funktionsgleichung $y = x^2$. Wähle auch Fenster, die den Verlauf in der Nähe des Ursprungs deutlich zeigen. Beschreibe Eigenschaften des Graphen. Versuche auch, Begründungen dafür anzugeben.

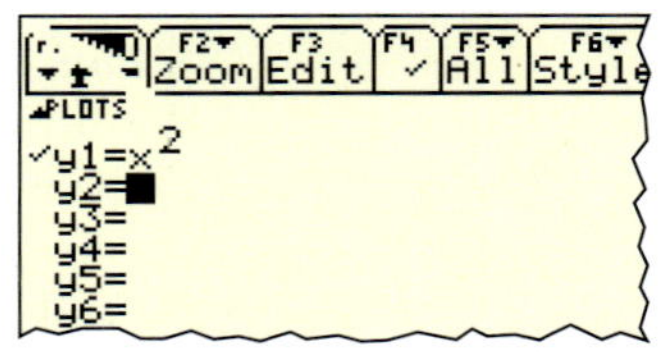

b) Lies am Graphen ab: f(0,7); f(1,3); f(2,6); f(–0,4); f(–1,7); f(–2,1).

c) Kontrolliere die abgelesenen Werte durch Rechnung.

4. Fertige eine sorgfältige Zeichnung der Normalparabel für $-3 \le x \le 3$ an.
Lies folgende Werte ab: $0{,}7^2$; $1{,}3^2$; $2{,}6^2$; $(-0{,}4)^2$; $(-1{,}7)^2$; $(-2{,}1)^2$. Kontrolliere rechnerisch.

5. Ohne weitere Hilfsmittel kannst du eine Normalparabel mit wenigen Punkten zeichnen:

(1) Zeichne den Scheitelpunkt.
(2) Gehe von dort 1 nach rechts [links] und 1 nach oben.
(3) Gehe nun vom Scheitelpunkt 2 nach rechts [links] und 4 nach oben.

Führe das Verfahren fort und zeichne so eine Normalparabel.

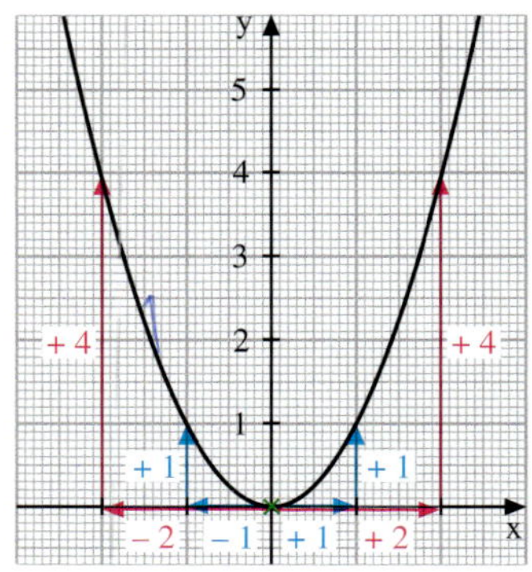

6. Die Punkte P_1, P_2, P_3, P_4, P_5 liegen auf einer Normalparabel. Bestimme jeweils die fehlende Koordinate.

$P_1(1{,}2 \mid \square)$ $P_2(2{,}6 \mid \square)$ $P_3(\square \mid 2{,}25)$
$P_4(\square \mid 0)$ $P_5(-1{,}4 \mid \square)$ $P_6(\square \mid 0{,}81)$

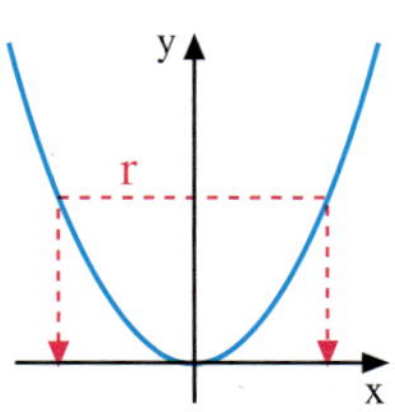

7. **a)** Bestimme, an welchen Stellen die Quadratfunktion den Wert
(1) 4; (2) $\frac{1}{4}$; (3) 12,25; (4) 0; (5) –4 annimmt.

b) Gib allgemein für eine reelle Zahl r an, an welchen Stellen die Quadratfunktion den Wert r annimmt.

8. Lukas hat die Normalparabel gezeichnet. Kontrolliere.

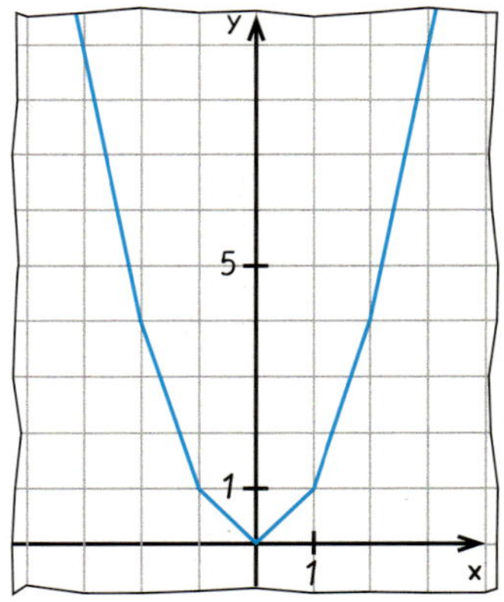

9. Untersuche zeichnerisch, für welche Werte für x gilt: $x^2 < x$.

10. Die Quadratfunktion nimmt an der Stelle 0,5 den Funktionswert 0,25 an.

a) Der Wert für die Stelle wird mit (–2) multipliziert. Wie wirkt sich das auf den Funktionswert aus? Kontrolliere deine Behauptung auch an anderen Stellen.

b) Wie wirkt sich ein Multiplizieren mit (–3), (–4), … des Wertes für die Stelle auf die Funktionswerte aus? Formuliere eine allgemeine Behauptung und beweise diese.

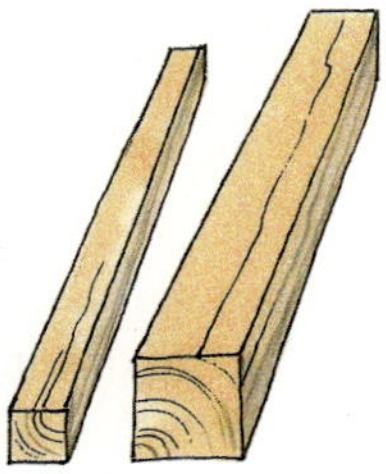

11. a) Die Seitenlänge eines Quadrates wird verdoppelt. Wie ändert sich der Flächeninhalt?

b) Wie müssen die Seitenlängen verändert werden, damit sich der Flächeninhalt verdoppelt?

12. Ein Baumarkt bietet 2,40 m lange Leisten mit quadratischem Querschnitt an. Die Leisten mit der Seitenlänge 2,5 cm kosten 7,98 €.
Wie viel könnte eine Leiste mit der Seitenlänge 5 cm kosten?

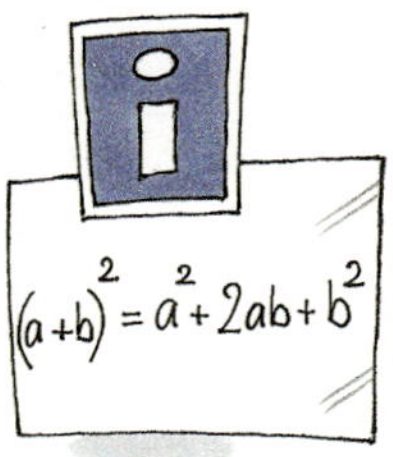

13. a) Bei der angegebenen linearen Funktion wird der x-Wert um 1 erhöht. Wie ändert sich der y-Wert? Untersuche das an mehreren x-Werten.

(1) $y = 2x + 1$ (2) $y = -3x - 2$ (3) $y = -\frac{1}{4}x - 2$

b) Formuliere deine Beobachtung aus Teilaufgabe a) allgemein für die lineare Funktion f mit dem Funktionsterm $f(x) = mx + b$.

c) Untersuche nun die Quadratfunktion: Erhöhe an mehreren Stellen den x-Wert um 1. Wie ändert sich der zugehörige y-Wert? Formuliere eine Vermutung.

d) Begründe deine Vermutungen aus Teilaufgabe c).

PLOT **14.** Beschreibe, auf welche verschiedene Weisen du mithilfe eines grafikfähigen Taschenrechners eine Gleichung der Form $x^2 = r$ lösen kannst.

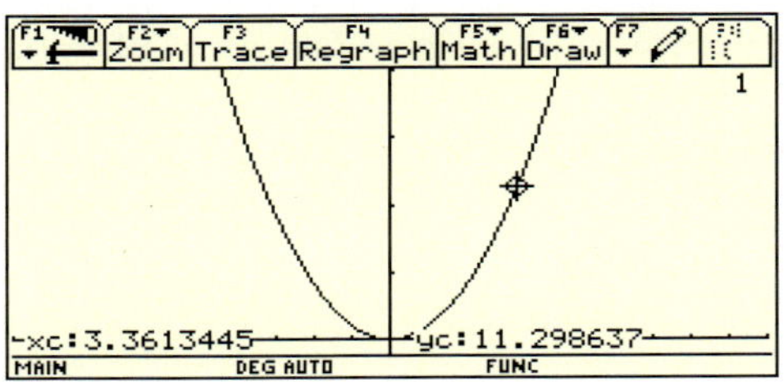

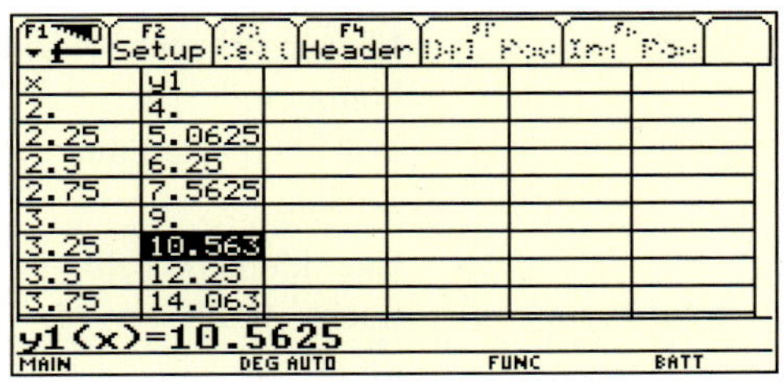

15. Gib anhand der Normalparabel die Lösungsmenge der Gleichung an.

a) $x^2 = 1$ **b)** $x^2 = 6{,}25$ **c)** $x^2 = 2{,}25$ **d)** $x^2 = -4$ **e)** $x^2 = 0$

16. Bestimme die Lösungsmenge der Gleichung:

a) $x^2 = 9$ **b)** $x^2 = 11$ **c)** $x^2 = -9$ **d)** $0 = x^2$ **e)** $5 = x^2$

17. Gib eine Gleichung an, die folgende Lösungsmenge hat:

a) $\{-9;\ 9\}$ **b)** $\{-1{,}5;\ 1{,}5\}$ **c)** $\{-\sqrt{11};\ \sqrt{11}\}$ **d)** $\{-2\sqrt{3};\ 2\sqrt{3}\}$ **e)** $\{0\}$

5.2 Quadratische Gleichungen – Grafisches Lösungsverfahren

5.2.1 Lösen einer quadratischen Gleichung durch planmäßiges Probieren

Einführung

Kevin stellt ein Zahlenrätsel.

Wir wollen versuchen, diese Zahlen mithilfe einer Tabelle durch planmäßiges Probieren zu finden.

(1) Aufstellen einer Gleichung

Für die gesuchten Zahlen führen wir die Variable x ein.

Das Quadrat der Zahl ist dann: x^2

Das $1\frac{1}{2}$-fache der Zahl, vermehrt um 10 ist: $1{,}5x + 10$

Kevins Rätsel liefert die Gleichung: $x^2 = 1{,}5x + 10$

(2) Bestimmen der Lösungsmenge

Es handelt sich hier um eine Gleichung, in der auch das Quadrat der Variablen (hier x^2) vorkommt. Eine solche *quadratische Gleichung* können wir mithilfe unserer bisherigen rechnerischen Verfahren nicht lösen. Wir wenden daher ein Probierverfahren an.

Wir suchen mithilfe einer Tabelle Einsetzungen für x, für welche die Werte für x^2 und für $1{,}5x + 10$ übereinstimmen.

Die Zahl 4 ist *eine* Lösung der Gleichung.

x	0	1	2	3	4	5
x^2	0	1	4	9	16	25
$1{,}5x + 10$	10	11,5	13	14,5	16	17,5

Wir wissen (siehe Seite 146): Eine Gleichung der Form $x^2 = r$ kann keine Lösung, eine Lösung oder zwei Lösungen besitzen.

Wir wollen daher prüfen, ob die quadratische Gleichung $x^2 = 1{,}5x + 10$ außer der Zahl 4 noch eine weitere Lösung hat.

Wir überlegen: Größere Zahlen als 5 kommen für x nicht in Betracht, da die Werte von $1{,}5x + 10$ von Schritt zu Schritt um 1,5 anwachsen, die Werte von x^2 aber um größere Zahlen als 1,5.

Ebenso erkennen wir, dass außer 4 keine anderen Zahlen zwischen 0 und 5 als Lösung infrage kommen.

Wir überprüfen nun den Bereich der negativen Zahlen:

x	– 1	– 2	– 3	– 4	– 5
x^2	1	4	9	16	25
$1{,}5x + 10$	8,5	7	5,5	4	2,5

Eine kleinere Zahl als – 3 kommt nicht in Betracht, da für x = – 4; – 5; – 6; … die Werte für x^2 größer werden und die für $1{,}5x + 10$ aber kleiner.

Für – 2 ist der Wert von x^2 kleiner als der für $1{,}5x + 10$; für – 3 ist es aber umgekehrt. Also wird es noch eine Zahl zwischen – 2 und – 3 geben, für die die Werte für x^2 und für $1{,}5x + 10$ übereinstimmen.

Probieren ergibt:

Bei der Einsetzung von – 2,5 für x haben x^2 und $1{,}5x + 10$ den gleichen Wert 6,25.

Ergebnis: Kevin denkt an die Zahlen 4 und – 2,5.

Information

In der Einführung haben wir Lösungen der Gleichung $x^2 = 1{,}5\,x + 10$ bestimmt. Diese Gleichung kann man auch in der Form $x^2 - 1{,}5\,x - 10 = 0$ schreiben.

absolut ⟨lat.⟩
völlig; ganz und gar uneingeschränkt

Definition

Gleichungen, die man auf die Form $a x^2 + b x + c = 0$ $(a \neq 0)$ bringen kann, heißen **quadratische Gleichungen**.

Man nennt $a x^2$ das *quadratische Glied*, $b x$ das *lineare Glied* und c das *absolute Glied* der Gleichung.

Eine quadratische Gleichung, bei der das lineare Glied fehlt, heißt **reinquadratisch**.

Eine quadratische Gleichung mit linearem Glied heißt **gemischtquadratisch**.

Beispiele für reinquadratische Gleichungen: $x^2 = 9$; $x^2 = 0$; $x^2 - 3 = 8$

Beispiele für gemischtquadratische Gleichungen: $3x^2 + 21x = -30$; $x^2 - 5x = 0$

Weiterführende Aufgabe TAB

1. *Planmäßiges Probieren mithilfe einer Tabellenkalkulation oder eines grafikfähigen Rechners*

Rechts soll eine quadratische Gleichung mithilfe eines Tabellen-Kalkulations-Programms gelöst werden.

a) Notiere die quadratische Gleichung. Erstelle dann zum Lösen geeignete Wertetabellen mithilfe eines Programmes.
Beachte: Für x^2 schreibt man x^2.

b) Untersuche auch, wie du mit einem grafikfähigen Taschenrechner vorgehen kannst, um diese quadratische Gleichung zu lösen.

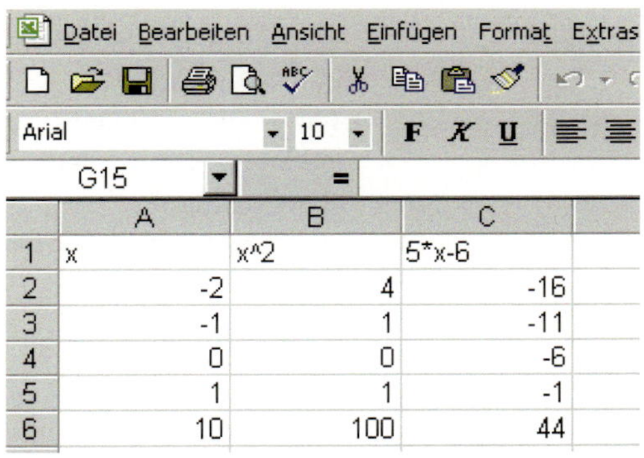

	A	B	C
1	x	x^2	5*x-6
2	-2	4	-16
3	-1	1	-11
4	0	0	-6
5	1	1	-1
6	10	100	44

Übungsaufgaben

2. Bei einem Rechteck ist eine Seite 3 cm länger als die eines Quadrats und die andere 4 cm kürzer als die des Quadrats. Der Flächeninhalt dieses Rechtecks ist nur halb so groß wie der Flächeninhalt des Quadrats. Zeichne beide.

3. Suche mithilfe einer Tabelle Zahlen mit folgender Eigenschaft:

a) Das Quadrat soll genauso groß wie das Sechsfache der Zahl, vermindert um 8, sein.

b) Das Quadrat soll gleich der Differenz aus 16 und dem 1,8-fachen der Zahl sein.

c) Das Quadrat soll halb so groß wie das Dreifache der Zahl, vermehrt um 20, sein.

Menge der ganzen Zahlen
$\mathbb{Z} = \{0; 1; -1; 2; -2; \ldots\}$

4. Bestimme mithilfe einer Tabelle die Lösungsmenge. Die Grundmenge soll $\mathbb{Z}$ sein. Forme die Gleichung wie im Beispiel zunächst geeignet um.

$$3x^2 + 21x + 30 = 0 \quad | :3$$
$$x^2 + 7x + 10 = 0$$
$$x^2 = -7x - 10$$

a) $x^2 - 2x - 15 = 0$

b) $2x^2 + 16x + 32 = 0$

c) $\frac{1}{2}x^2 + x = 0$

d) $\frac{1}{2}y^2 - \frac{3}{2}y - 2 = 0$

5. Liegt eine quadratische Gleichung vor? Falls ja, ist sie rein- oder gemischtquadratisch?

a) $x^2 = 7x$

b) $4 = y^2$

c) $y^2 - 9 = 9$

d) $z - z^2 = 5$

e) $x^2 - x + 5x^3 = 4$

f) $8 - x^2 + 3x = 2$

g) $z - 3 = 4z^2$

h) $0{,}3^2 = 16y$

i) $9x - 7 = 2x$

j) $(3z + 2)^2 = 49$

5.2.2 Grafisches Lösen bei quadratischen Gleichungen

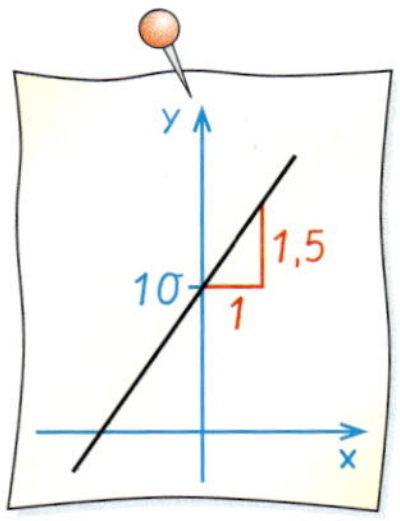

Die Suche von Lösungen einer quadratischen Gleichung durch planmäßiges Probieren führt nicht immer zu einem Erfolg. Hat man durch Probieren z. B. keine Lösung gefunden, so weiß man nicht, ob die Gleichung wirklich keine Lösung besitzt, oder ob man sie nur noch nicht gefunden hat.
Wir wollen ein weiteres Lösungsverfahren, das Lösen mithilfe von Graphen, entwickeln. Die Tabellen im Einführungsbeispiel (siehe Seite 148) fassen wir dabei als Wertetabellen für zwei Funktionen auf.
$1{,}5x + 10$ ist der Term einer linearen Funktion mit der Gleichung $y = 1{,}5x + 10$. Der Graph zu $y = 1{,}5x + 10$ ist eine Gerade mit der Steigung 1,5 und dem y-Achsenabschnitt 10.
x^2 ist der Term der Quadratfunktion mit der Gleichung $y = x^2$. Ihr Graph ist die Normalparabel.
Die Lösungen der Gleichung $x^2 = 1{,}5x + 10$ sind die Stellen, an denen die Quadratfunktion mit $y = x^2$ und die lineare Funktion mit der Gleichung $y = 1{,}5x + 10$ denselben Wert annehmen.

Aufgabe 1

Bestimme grafisch mithilfe der Normalparabel und einer geeigneten Geraden die Lösungsmenge der quadratischen Gleichung $x^2 - 1{,}9x - 1{,}5 = 0$.

Lösung

Wir formen die Gleichung um in $x^2 = 1{,}9x + 1{,}5$.
Wir suchen Zahlen für x, für die die Werte von x^2 und von $1{,}9x + 1{,}5$ übereinstimmen.
Dazu zeichnen wir die Graphen zu den Funktionsgleichungen

$y = x^2$ (*Normalparabel*) und

$y = 1{,}9x + 1{,}5$
(*Gerade* mit der Steigung 1,9 und dem y-Achsenabschnitt 1,5).

Bei den gemeinsamen Punkten P_1 und P_2 von Parabel und Gerade stimmen die Werte von x^2 und von $1{,}9x + 1{,}5$ überein.
Aus der grafischen Darstellung lesen wir ab:

Die beiden gemeinsamen Punkte liegen an den Stellen −0,6 und 2,5.

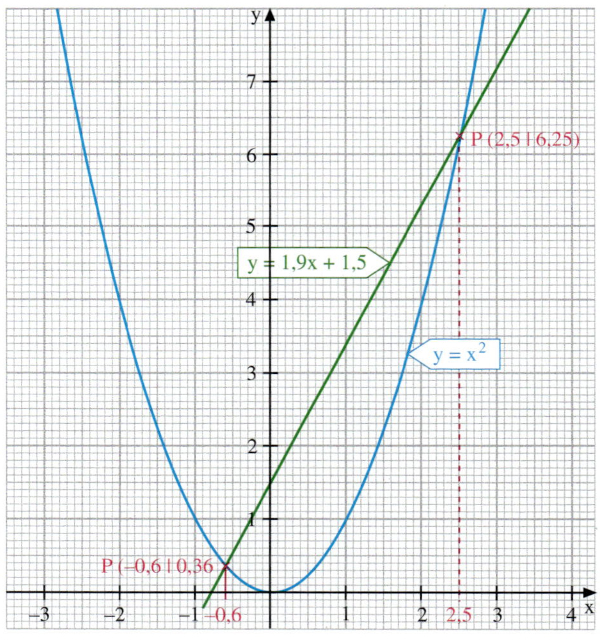

Probe:

Für die Zahl −0,6:

$(-0{,}6)^2 = 1{,}9 \cdot (-0{,}6) + 1{,}5$ (w?)	
LS: $(-0{,}6)^2$ $= 0{,}36$	RS: $1{,}9 \cdot (-0{,}6) + 1{,}5$ $= -1{,}14 + 1{,}5$ $= 0{,}36$

Für die Zahl 2,5:

$2{,}5^2 = 1{,}9 \cdot 2{,}5 + 1{,}5$ (w?)	
LS: $2{,}5^2$ $= 6{,}25$	RS: $1{,}9 \cdot 2{,}5 + 1{,}5$ $= 4{,}75 + 1{,}5$ $= 6{,}25$

Ergebnis: Die Gleichung $x^2 - 1{,}9x - 1{,}5$ hat die Lösungsmenge $L = \{-0{,}6;\ 2{,}5\}$.

Weiterführende Aufgaben

2. *Lösen einer quadratischen Gleichung mit dem Rechner*

a) Wie bei linearen Gleichungen kann man auch quadratische Gleichungen auf verschiedene Weisen mit dem grafikfähigen Taschenrechner lösen. Untersuche am Beispiel der Gleichung $x^2 = 2x + 1$, wie du bei deinem Rechner vorgehen musst.

(1) Mit dem TRACE-Befehl kannst du die Koordinaten einzelner Punkte der Graphen ablesen. Dabei kannst du mit den Cursortasten ▲ und ▼ zwischen den Graphen wechseln.

(2) Du kannst die Schnittpunkt-Koordinaten vom Rechner bestimmen lassen, indem du den Befehl *Intersection* aus dem Menü *Math* verwendest.

(3) Du kannst auch mit TBLSET eine geeignete Wertetabelle festlegen und diese mit TABLE anzeigen. In ihr kannst du die Koordinaten der Schnittpunkte näherungsweise ablesen.

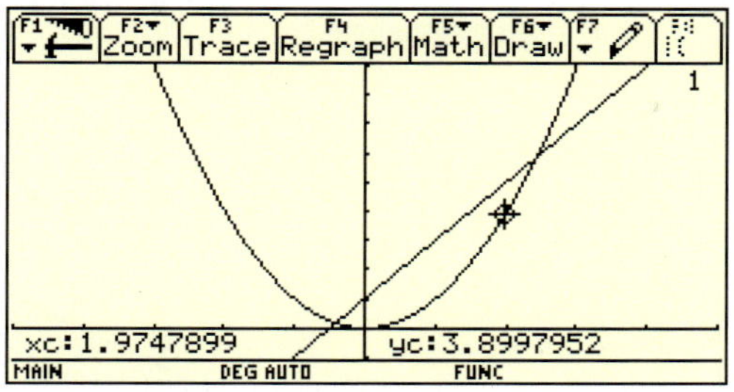

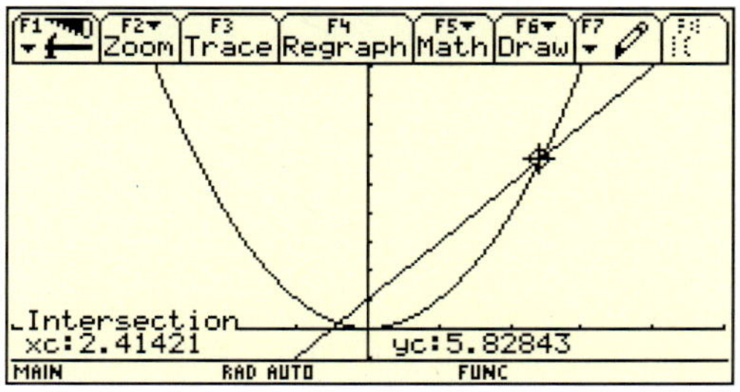

b) Bestimme entsprechend mit dem Rechner grafisch die Lösungsmenge der quadratischen Gleichung

(1) $3 - x = x^2$ (2) $x^2 + 3x - 2 = 0$ (3) $x^2 = 4x - 4$ (4) $x^2 + 2 = x$

3. *Anzahl der Lösungen einer quadratischen Gleichung – Fallunterscheidung*

a) Bestimme die Lösungsmenge grafisch. Vergleiche.

(1) $x^2 = \frac{5}{2}x - 1$ (2) $x^2 = x - 1$ (3) $x^2 = -2x - 1$

b) Lies jeweils die Lösungsmenge ab.

(1) $x^2 - x - \frac{3}{4} = 0$
$x^2 = x + \frac{3}{4}$

(2) $x^2 - x + \frac{1}{4} = 0$
$x^2 = x - \frac{1}{4}$

(3) $x^2 - x + \frac{3}{4} = 0$
$x^2 = x - \frac{3}{4}$

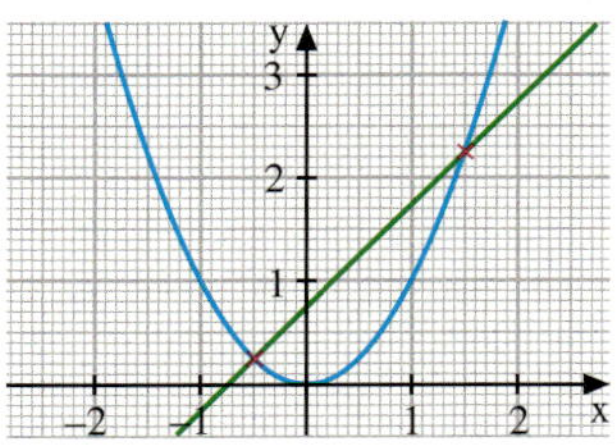

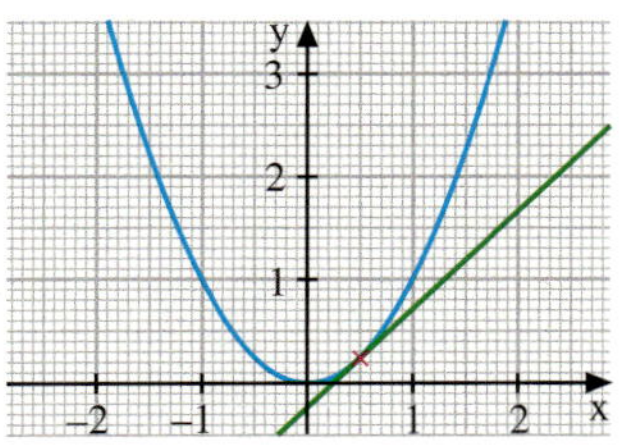

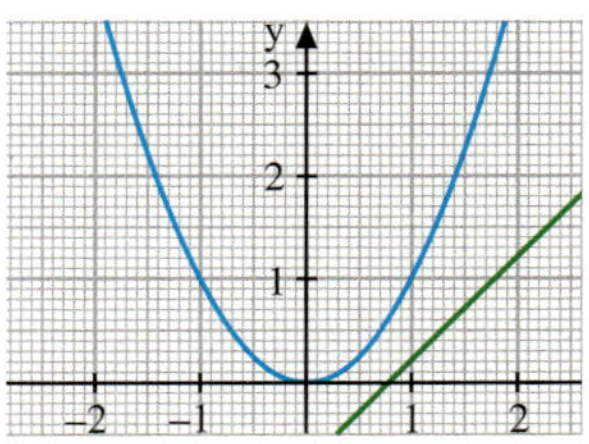

c) Wie liegen in Teilaufgabe b) die Geraden zueinander? Wie gehen sie auseinander hervor?

> **Satz**
> Eine quadratische Gleichung hat *zwei* Lösungen oder *eine* Lösung oder *keine* Lösung.

Übungsaufgaben

4. Bestimme die Stellen, an denen die Quadratfunktion denselben Wert annimmt wie die lineare Funktion mit der Gleichung $y = 7 - 1{,}5x$. Gib auch eine Gleichung an, deren Lösungen diese Stellen sind.

5. Bestimme mithilfe einer Zeichnung die Lösungsmenge. Forme – wenn nötig – die Gleichung zunächst geeignet um.

a) $x^2 = 1{,}5x + 1$ **c)** $x^2 = 6{,}25$ **e)** $2x^2 - x + 2 = 0$ **g)** $\frac{1}{2}z^2 - z = 0$

b) $2x^2 = 1{,}8x - 1$ **d)** $10x^2 = 9x + 36$ **f)** $4x^2 + 20x + 25 = 0$ **h)** $0{,}2x^2 + x + 1{,}4 = 0$

6. Gib eine Gleichung an, deren Lösungsmenge man aus dem Bild ablesen kann. Notiere die quadratische Gleichung in der Form $x^2 + px + q = 0$.

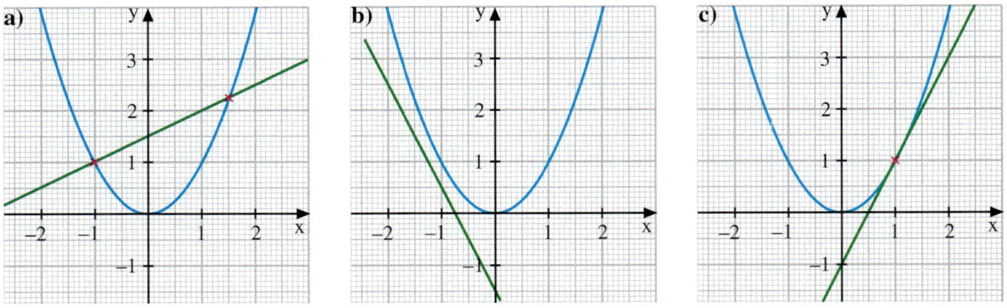

7. Bestimme die Lösungsmenge der vier Gleichungen in einem gemeinsamen Koordinatensystem. Vergleiche.

(1) $x^2 = 3x$ (2) $x^2 = 3x - 2{,}25$ (3) $x^2 = 3x - 4{,}5$ (4) $x^2 = 3x - 1{,}25$

PLOT

8. **a)** Untersuche mithilfe eines grafikfähigen Taschenrechners: Wie ändert sich die Lösungsmenge der quadratischen Gleichung, wenn man den y-Achsenabschnitt der Geraden ändert?

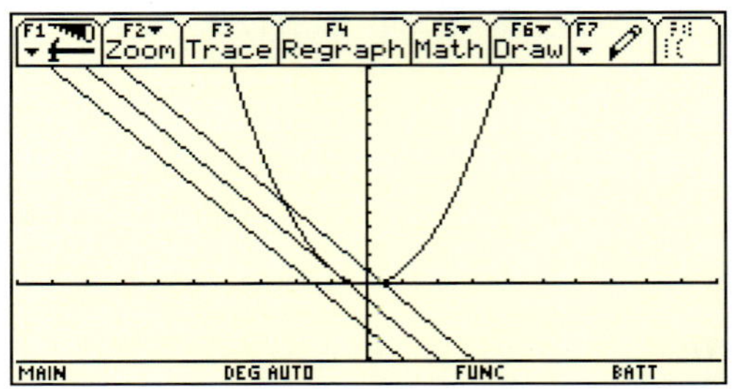

b) Untersuche mithilfe eines grafikfähigen Taschenrechners, wie viele Lösungen die Gleichung $x^2 = mx + 2$ hat, wenn man verschiedene Zahlen für m wählt.
Beschreibe, wie sich das Ändern von m auf den Graphen und auf die Lösungsmenge auswirkt.

9. Bestimme mithilfe eines Graphen die Anzahl der Lösungen der Gleichung.

a) $x^2 - 2 = 0$ **c)** $x^2 = 0$ **e)** $x^2 - 2x = 0$ **g)** $x^2 - 2x + 3 = 0$

b) $x^2 + 1 = 0$ **d)** $x^2 + 2x = 0$ **f)** $x^2 - 2x + 1 = 0$ **h)** $x^2 - 2x - 8 = 0$

10. Setze – soweit möglich – für □ eine Zahl so ein, dass die Gleichung

(1) zwei Lösungen, (2) genau eine Lösung, (3) keine Lösung besitzt.

Zeichne hierzu jeweils die Normalparabel und eine geeignete Gerade.

a) $x^2 = \square$ **b)** $x^2 = \square \cdot x$ **c)** $x^2 = \square \cdot x - 2{,}25$ **d)** $x^2 = -4x + \square$

11. **a)** Begründe den folgenden Satz:
Eine quadratische Gleichung $x^2 + px + q = 0$ hat für $q < 0$ stets zwei Lösungen; eine Lösung ist positiv, die andere negativ.

b) Überprüfe, ob der folgende Kehrsatz des Satzes aus Teilaufgabe a) gilt:
Wenn eine quadratische Gleichung $x^2 + px + q = 0$ zwei Lösungen besitzt, dann gilt $q < 0$.

5.3 Verschieben der Normalparabel

Durch Verschieben der Normalparabel erhältst du weitere Parabeln. Du lernst hier, wie man Eigenschaften und Lage von Parabeln an ihren Termen erkennen und sie schnell zeichnen kann.

5.3.1 Verschieben der Normalparabel in Richtung der y-Achse

Aufgabe 1

Wir gehen von dem Graphen der Quadratfunktion mit der Funktionsgleichung $y = x^2$ aus. Verschiebe die Normalparabel parallel zur y-Achse um 2 Einheiten nach oben. Die verschobene Parabel ist Graph einer neuen Funktion f. Welchen Term hat die neue Funktion? Überlege dazu, wie die neuen Funktionswerte aus den alten hervorgehen.
Wie wirkt sich die Verschiebung auf die Lage der Symmetrieachse des Graphen aus?
Welchen Scheitelpunkt hat der Graph von f?

Lösung

x	x^2	f(x)
−2	4	6
−1	1	3
0	0	2
1	1	3
2	4	6

+ 2

f(x) ist an jeder Stelle x um 2 größer als x^2.
Das bedeutet: $f(x) = x^2 + 2$. Durch die Verschiebung ändert sich die Lage der Symmetrieachse nicht.
Die y-Achse bleibt Symmetrieachse.
Der Scheitelpunkt des Graphen von f ist der Punkt S(0 | 2).

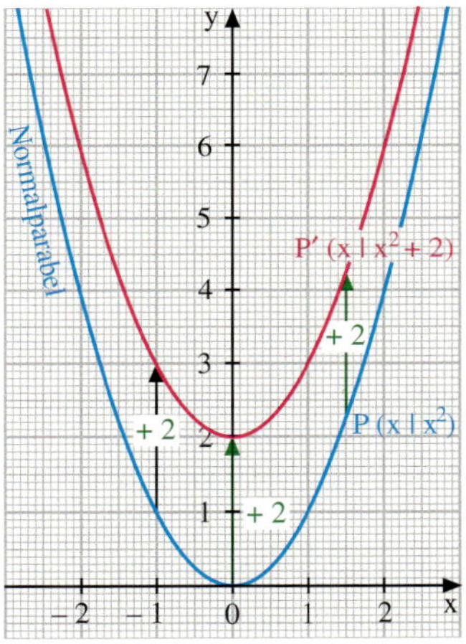

Weiterführende Aufgaben

2. *Verschieben nach unten*

Zeichne die Normalparabel. Verschiebe diese so parallel zur y-Achse, dass der Punkt S(0 | −3) Scheitelpunkt des neuen Graphen ist.
Wie lautet der Term der neuen Funktion f?

Satz

Den Graphen einer Funktion f mit $f(x) = x^2 + c$ erhält man durch Verschieben der Normalparabel parallel zur y-Achse, und zwar durch
- Verschieben nach oben, falls $c > 0$;
- Verschieben nach unten, falls $c < 0$.

Der Graph der Funktion f ist kongruent zur Normalparabel. Er hat die y-Achse als Symmetrieachse und den Scheitelpunkt S(0 | c).

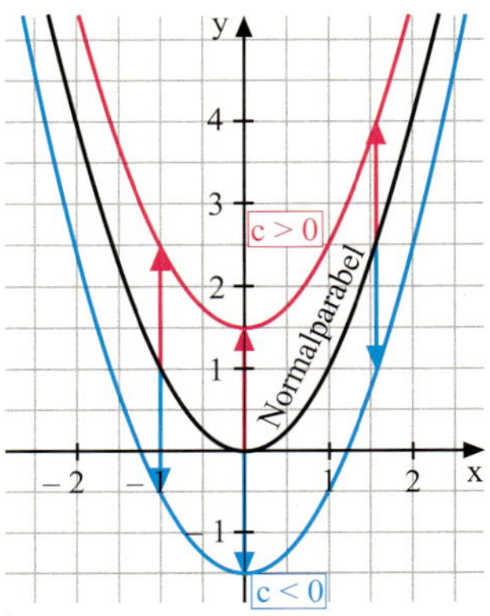

3. *Bestimmen von Stellen zu vorgegebenen Funktionswerten – Nullstellen*

a) Lies die Nullstellen der Funktionen am Graphen ab. Kontrolliere dann rechnerisch.
(1) $f(x) = x^2 - 4$ (2) $g(x) = x^2 - 6$ (3) $h(x) = x^2 + 1$

b) Bestimme grafisch, an welchen Stellen die Funktionen f, g und h den Wert 3 haben. Kontrolliere rechnerisch.

c) Bearbeite die Teilaufgaben a) und b) mithilfe des grafikfähigen Taschenrechners. Du kannst mit den Befehlen TRACE und ZEROS arbeiten.

CAS **d)** Bearbeite die Teilaufgaben a) und b) mithilfe eines Computer-Algebra-Systems.

Information

(1) Wiederholung: Nullstellen

Die Funktion g zu $g(x) = x^2 - 6$ nimmt an den Stellen $-\sqrt{6}$ und $\sqrt{6}$ den Wert 0 an. Diese besonderen Stellen nennt man – wie bei den linearen Funktionen auch – *Nullstellen* der Funktion. Als Näherungswerte dieser Nullstellen kann man –2,45 und 2,45 angeben.
Die Nullstellen der Funktion g sind die Lösungen der Gleichung $g(x) = 0$.

Definition

Eine Stelle x, an der eine Funktion f den Wert 0 annimmt, heißt **Nullstelle** der Funktion.
Für eine Nullstelle x gilt: $f(x) = 0$.
Die Nullstellen einer Funktion sind die 1. Koordinaten der gemeinsamen Punkte von Graph und x-Achse.

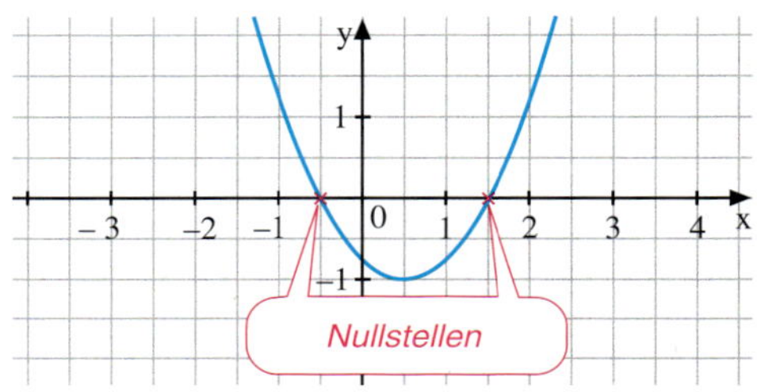

PLOT **(2) Bestimmen von Nullstellen mit einem GTR**

Mit einem grafikfähigen Rechner kann man Nullstellen einer Funktion näherungsweise mithilfe des Befehls *Zero* aus dem Menü *Math* ermitteln. Dazu muss man ein Intervall angeben, in dem die zu bestimmende Nullstelle liegt: *Lower Bound* und *Upper Bound* dienen zur Eingabe der Intervallgrenzen. Mit *Guess* wird dann noch ein Schätzwert für die Nullstelle eingegeben.

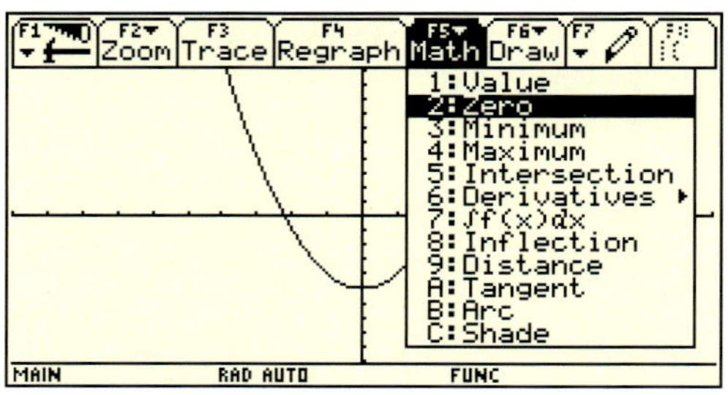

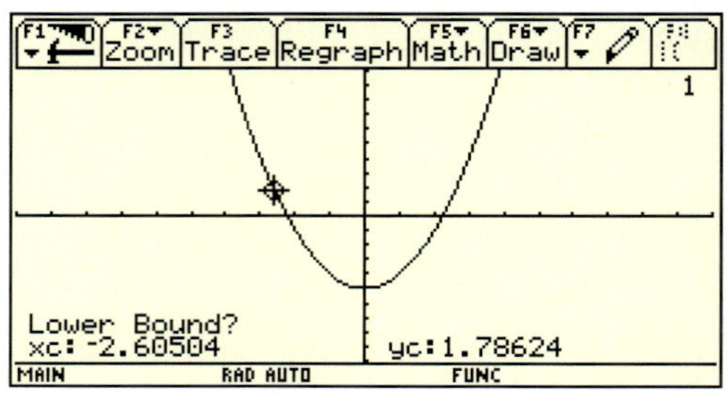

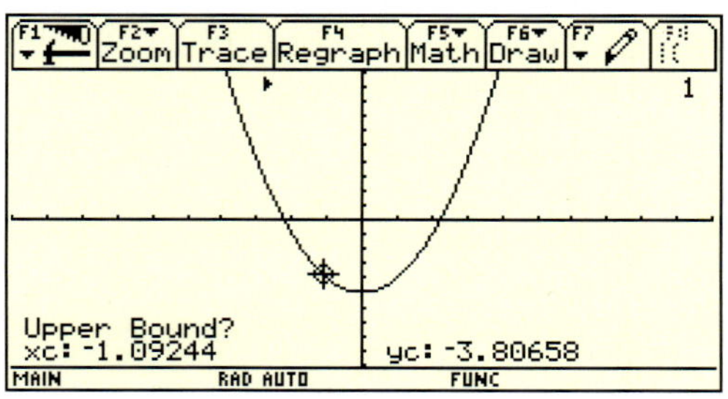

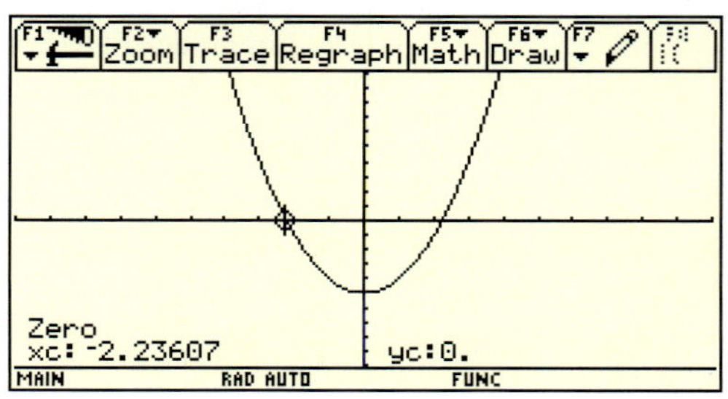

CAS

(3) Bestimmen von Nullstellen mithilfe eines Computer-Algebra-Systems

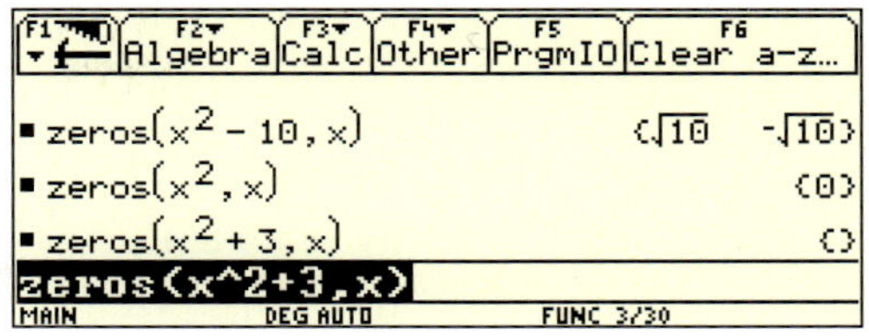

Rechner mit CAS ermitteln die Menge der Nullstellen einer Funktion mithilfe des Befehles **zeros**.
Die auf diese Weise erhaltenen Werte sind algebraisch ermittelt worden; also handelt es sich um exakte Werte.

Übungsaufgaben

4. Skizziere mit einem grafikfähigen Rechner den Graphen zur Funktion f mit $f(x) = x^2 + c$ für verschiedene Werte von c. Was fällt auf? Beschreibe auch, wie man die Graphen aus der Normalparabel erhalten kann.

PLOT

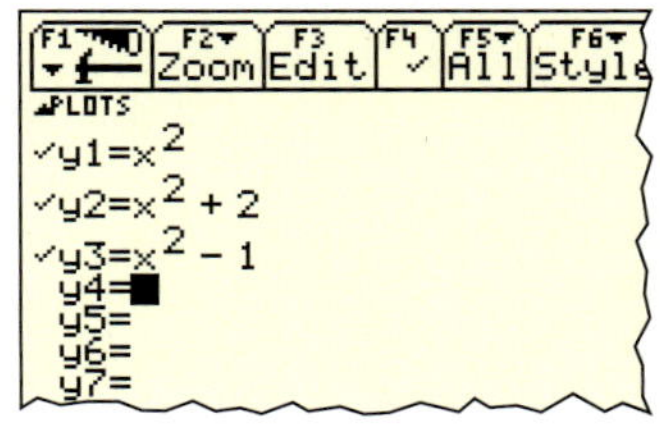

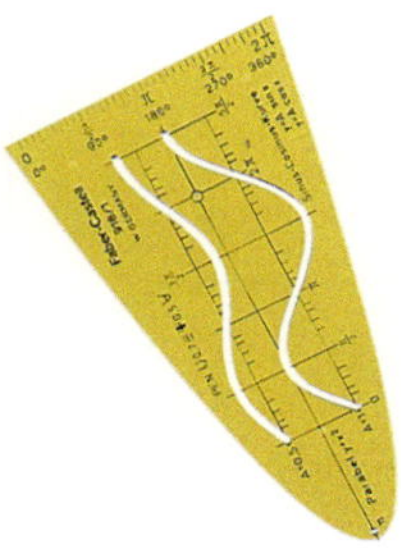

5. Verschiebe die Normalparabel
a) um 4 Einheiten nach oben;
b) um 4 Einheiten nach unten; **c)** um 2,5 Einheiten nach oben.
Zu welcher Funktion gehört der neue Graph? Notiere die Koordinaten des Scheitelpunktes.

6. Zeichne den Graphen der Funktion f. Gib die Lage des Scheitelpunktes an. Welche gemeinsamen Punkte hat der Graph mit den Koordinatenachsen?
a) $f(x) = x^2 - 6$ **c)** $f(x) = x^2 + 3{,}5$ **e)** $f(x) = x^2 - \frac{1}{4}$ **g)** $f(x) = x^2 - \frac{36}{25}$
b) $f(x) = x^2 + 1{,}2$ **d)** $f(x) = x^2 + 8{,}25$ **f)** $f(x) = x^2 - 1{,}44$ **h)** $g(s) = s^2 - 3$

7. Beschreibe in Worten den Graphen der Funktion f. Welcher Graph schneidet die x-Achse?
a) $f(x) = x^2 - 6$ **b)** $f(x) = x^2 + 32$ **c)** $f(x) = x^2 - 100$
Woran kannst du bei der Funktion f mit $f(x) = x^2 + c$ erkennen, ob sie Nullstellen hat?

Ohne Schablone geht es auch:
Vom Scheitelpunkt
• 1 nach rechts [links] und 1 nach oben,
• 2 nach rechts [links]
...

8. Gib eine Wertetabelle an für $f(x) = x^2 - 3{,}5$. An welcher Stelle x wird der Funktionswert 0 erreicht? Für welche Werte von x steigt der Graph?

9. Verschiebe die Normalparabel so parallel zur y-Achse, dass der Punkt P auf der verschobenen Parabel liegt. Notiere den Funktionsterm und den Scheitelpunkt.
a) $P(0|8)$ **b)** $P(0|-4{,}41)$ **c)** $P(1|2)$ **d)** $P(-1|-5)$

10. Verschiebe die Normalparabel so parallel zur y-Achse, dass die Schnittpunkte der neuen Parabel mit der x-Achse 5 Einheiten Abstand voneinander haben.
In welchem Punkt schneidet die neue Parabel die y-Achse?

11. Der Graph einer parallel zur y-Achse verschobenen Normalparabel soll folgende Eigenschaft haben. Gib die Funktionsgleichung an und kontrolliere mit dem Rechner.
a) Der Scheitelpunkt liegt bei $S(0|65{,}8)$.
b) Die Schnittpunkte mit der x-Achse liegen bei $N_1(-7|0)$ und $N_2(7|0)$.

12. Bestimme die Nullstellen der Funktion f mit der Funktionsgleichung
(1) $y = x^2 - 7$, (2) $y = x^2 - 3{,}5$, (3) $y = x^2$, (4) $y = x^2 + 0{,}25$
a) grafisch; **b)** rechnerisch.

13. Bestimme grafisch die Stellen, an denen die Funktion f mit der Gleichung
(1) $y = x^2 + 1$, (2) $y = x^2 - 3$, (3) $y = x^2 - 4$
den Funktionswert -3 annimmt. Kontrolliere durch Rechnung.

14. Bestimme die Lösungsmenge der Gleichung.

a) $x^2 - 9 = 0$ **c)** $x^2 - 10 = 0$ **e)** $x^2 + 5 = -2$ **g)** $x^2 - 1 = -5$
b) $x^2 - 12{,}25 = 0$ **d)** $x^2 - 4 = 3$ **f)** $x^2 - 3 = -1$ **h)** $x^2 - 2 = -2$

5.3.2 Verschieben der Normalparabel in Richtung der x-Achse

Einführung

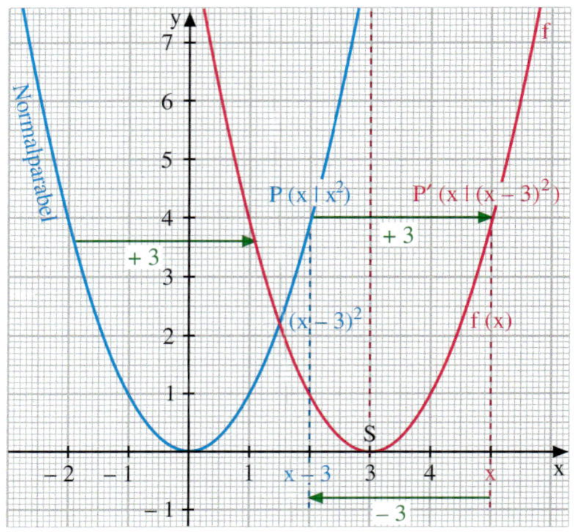

Wir gehen von der Normalparabel aus und verschieben diese parallel zur x-Achse um 3 Einheiten nach rechts. Die verschobene Parabel ist Graph einer neuen Funktion f. Welche Eigenschaften hat diese neue Funktion?

Der Funktionswert der Quadratfunktion mit der Funktionsgleichung $y = x^2$ an einer beliebigen Stelle stimmt überein mit dem Funktionswert der neuen Funktion an einer Stelle, die um 3 Einheiten weiter rechts liegt.

Wir suchen nun den Funktionswert der Funktion f an einer beliebigen Stelle x.

Um dabei die Quadratfunktion zu verwenden, müssen wir um 3 Einheiten nach links gehen.

Der Funktionswert der neuen Funktion f an der Stelle x stimmt überein mit dem Funktionswert der Quadratfunktion an der Stelle $x - 3$:

$f(x) = (x - 3)^2$

− 3

x	−1	0	1	2	3	4	5	6
x^2	1	0	1	4	9	16	25	36
f(x)	16	9	4	1	0	1	4	9

Mithilfe der 2. binomischen Formel kann man diesen Funktionsterm umformen zu:

$f(x) = x^2 - 6x + 9$

Bei der Verschiebung um 3 Einheiten nach rechts werden auch die Symmetrieachse und der Scheitelpunkt verschoben.

Das bedeutet:

Der Graph von f hat die Gerade mit der Gleichung $x = 3$ als Symmetrieachse und den Scheitelpunkt $S(3 \mid 0)$. Links vom Scheitelpunkt S (für $x < 3$) fällt der Graph, rechts von S (für $x > 3$) steigt er an.

Weiterführende Aufgaben

1. *Verschieben nach links*

Zeichne die Normalparabel. Verschiebe diese so, dass der Punkt $S(-4 \mid 0)$ Scheitelpunkt des neuen Graphen ist.

(1) Wie lautet der Term der zugehörigen neuen Funktion f?
(2) Notiere die Gleichung der Symmetrieachse des Graphen von f.
(3) In welchem Bereich für x fällt der Graph, in welchem Bereich steigt er?
(4) Notiere den Funktionsterm auch in der Form $x^2 + px + q$.

2. *Bestimmen der Verschiebung*

Gib an, um wie viele Einheiten die Normalparabel nach rechts bzw. nach links verschoben werden muss, damit die verschobene Parabel Graph der Funktion f ist mit:

a) $f(x) = x^2 - 4{,}8x + 5{,}76$

b) $f(x) = x^2 + \frac{4}{7}x + \frac{4}{49}$

$f(x) = x^2 + 7x + 12{,}25$
$= (x + 3{,}5)^2$
$= (x - (-3{,}5))^2$

Die Normalparabel muss um 3,5 Einheiten nach links verschoben werden.

Satz

Der Graph einer Funktion f mit $f(x) = (x - d)^2$ erhält man durch Verschieben der Normalparabel in Richtung der x-Achse.
Wenn $d > 0$, wird nach rechts verschoben; wenn $d < 0$, wird nach links verschoben.
Der Graph der Funktion f ist kongruent zur Normalparabel und hat $S(d|0)$ als Scheitelpunkt.
Die Parallele zur y-Achse mit der Gleichung $x = d$ ist Symmetrieachse des Graphen von f.

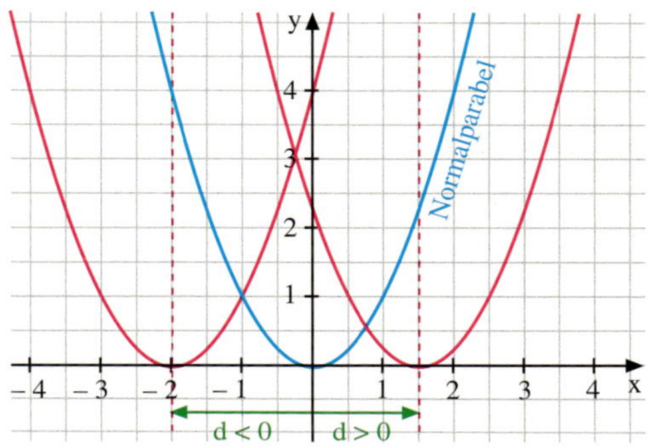

Beachte: Bei $f(x) = (x - 3)^2$ ist die Normalparabel *nach rechts* verschoben.
Bei $f(x) = (x + 3)^2$ ist die Normalparabel *nach links* verschoben.

$(x + 3)^2 = (x - (-3))^2$

3. *Lösen einer quadratischen Gleichung der Form $(x - d)^2 = r$*

a) Bestimme die Nullstellen der Funktion f mit der Funktionsgleichung $y = (x - 3)^2$ grafisch. Kontrolliere rechnerisch.

b) Bestimme grafisch, an welchen Stellen die Funktion zu $y = (x + 3)^2$ den Wert 5 annimmt. Überprüfe durch Rechnung.

c) Bestimme die Lösungsmenge der Gleichung.
(1) $(x - 2)^2 = 9$ (2) $(x + 4)^2 = 5$ (3) $(x - 1)^2 = 0$ (4) $(x + 5)^2 = -2$

Lösen einer Gleichung der Form $(x - d)^2 = r$

Das Lösen einer Gleichung der Form $(x - d)^2 = r$ kann zurückgeführt werden auf das Lösen einer Gleichung der Form $x^2 = r$.

Beispiel:

$(x - 2)^2 = 9$

(x – 2) ergibt mit sich selbst multipliziert 9.

$x - 2 = 3$ *oder* $x - 2 = -3$
$x = 5$ *oder* $x = -1$
$L = \{-1; 5\}$

Übungsaufgaben

4. PLOT Zeichne mit einem Rechner den Graphen der Funktion zu $f(x) = (x - d)^2$ für verschiedene Werte von d.

a) Skizziere die Graphen und beschreibe, wie man sie aus der Normalparabel erhalten kann.

b) Versuche, eine Begründung anzugeben.

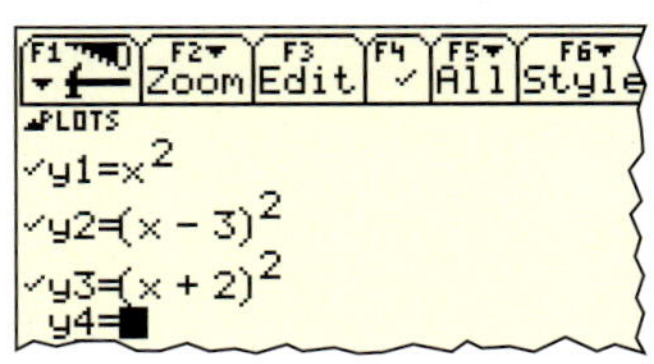

5. Verschiebe die Normalparabel und gib den Funktionsterm in der Form $x^2 + px + q$ an.

a) um 5 Einheiten nach rechts;
b) um 2 Einheiten nach links;
c) um 0,8 Einheiten nach rechts;
d) um $\frac{3}{8}$ Einheiten nach links.

6. Zeichne den Graphen der Funktion f. Gib die Lage des Scheitelpunktes an. Notiere die Gleichung der Symmetrieachse.

a) $f(x) = (x-2)^2$
b) $f(x) = (x+5)^2$
c) $f(x) = (x-1{,}2)^2$
d) $f(x) = (x+2{,}5)^2$
e) $f(x) = (x+1)^2$
f) $f(x) = (x-0{,}5)^2$
g) $f(x) = \left(x+\frac{4}{5}\right)^2$
h) $g(z) = (z-3)^2$

7. Marina sollte Graphen zu den angegebenen Funktionsgleichungen zeichnen. Kontrolliere ihre Hausaufgabe.

(1) $y = x^2$
(2) $y = (x-2)^2$
(3) $y = (x+4)^2$
(4) $y = (x+1)^2$

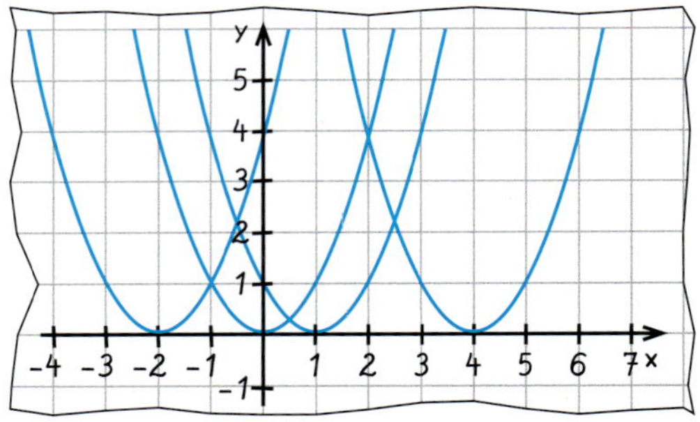

8. Der Graph einer in Richung der x-Achse verschobenen Normalparabel hat folgende Eigenschaft. Gib die Funktionsgleichung an und kontrolliere mit dem Rechner.

(1) Der Graph ist fallend für $x < -87$ und steigend für $x > -87$.
(2) Die Symmetrieachse besitzt die Gleichung $x = 37{,}5$.
(3) Der Scheitelpunkt liegt bei $S(-250\,|\,0)$.
(4) Der Graph ist nach links verschoben und schneidet die y-Achse in $P(0\,|\,100)$.

9. Gegeben ist der Funktionsterm einer Funktion. Gib die Eigenschaften des Graphen an (Scheitelpunkt, Steigen und Fallen, Gleichung der Symmetrieachse, Schnittpunkte mit der x-Achse).

a) $f(x) = (x-34)^2$
b) $f(x) = (x+65)^2$
c) $f(x) = (x-d)^2$

10. Für eine quadratische Funktion f mit $f(x) = (x-d)^2$ gilt $f(-2) = f(5)$. Bestimme den Scheitelpunkt des Graphen.

11. Verschiebe die Normalparabel so in Richtung der x-Achse, dass die verschobene Parabel durch den Punkt $P(1\,|\,4)$ geht.
Wie viele Lösungen gibt es? Notiere jeweils den Term der Funktion.

12. Eine Normalparabel wird so parallel zur x-Achse verschoben, dass der Punkt P auf der verschobenen Parabel liegt. Gib – wenn möglich – den Funktionsterm und den Scheitelpunkt an.

a) $P(0\,|\,4)$
b) $P(0\,|\,-4)$
c) $P(1\,|\,16)$

13. Max Schlaule behauptet, dass auch die Gleichung $y = x^2 - 10x + 25$ zu einer nur in Richtung der x-Achse verschobenen Parabel gehört. Begründe, warum er Recht hat.

14. Gib an, um wie viele Einheiten die Normalparabel nach rechts bzw. nach links verschoben werden muss, damit die verschobene Parabel Graph der Funktion ist mit der Gleichung:

a) $y = x^2 - 9x + 20{,}25$
b) $y = x^2 + 11x + 30{,}25$
c) $y = x^2 - 0{,}2x + 0{,}01$
d) $y = x^2 - x + \frac{1}{4}$
e) $y = x^2 + \frac{1}{3}x + \frac{1}{36}$
f) $y = x^2 + \frac{12}{5}x + \frac{36}{25}$

15. Jede Spalte der folgenden Tabelle gehört zu einer Funktion. Ergänze die Tabelle.

Graph	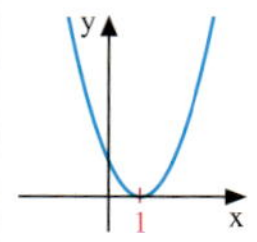				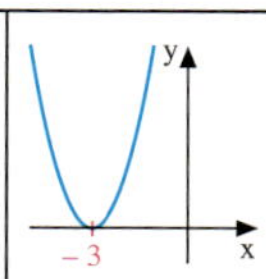	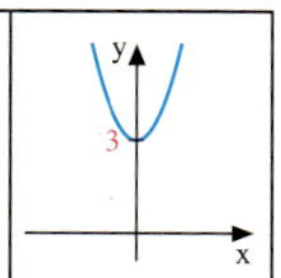
Term		$y = (x-2)^2$				
Tabelle			x | y −2 | 4 −1 | 1 0 | 0 1 | 1 2 | 4 3 | 9	x | y −3 | 5 −2 | 0 −1 | −3 0 | −4 1 | −3 2 | 0 3 | 5		

16. Bestimme die Lösungsmenge. Mache – soweit möglich – die Probe.

a) $(x+2)^2 = 25$ **d)** $(x-4)^2 = 1$ **g)** $(x-5)^2 = -49$ **j)** $(z-2)^2 = \frac{16}{25}$
b) $(x-3)^2 = 16$ **e)** $(x+2)^2 = 0$ **h)** $(x-0{,}6)^2 = 2{,}25$ **k)** $(y+3)^2 = 2$
c) $(x+7)^2 = 36$ **f)** $(x-5)^2 = 4$ **i)** $(x+1{,}2)^2 = 0{,}81$ **l)** $(y-2)^2 = 12$

17. a) Für welche Werte von r hat die Lösungsmenge von $(x-3)^2 = r$ kein, ein, zwei Elemente?
b) Wie viele Elemente hat die Lösungsmenge von $(x-d)^2 = 3$ für die verschiedenen Werte von d?

18. Rechts siehst du, wie für die Funktion mit der Gleichung $y = x^2 + 6x + 9$ die Stellen bestimmt wurden, an denen sie den Wert 25 annimmt.
Erläutere das Vorgehen.

$x^2 + 6x + 9 = 25$
$(x+3)^2 = 25$
$x + 3 = \sqrt{25}$ *oder* $x + 3 = -\sqrt{25}$
$x + 3 = 5$ *oder* $x + 3 = -5$
$x = 2$ *oder* $x = -8$
$L = \{-8; 2\}$

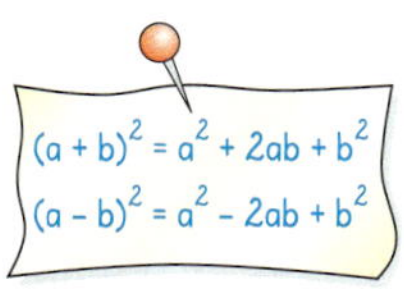

19. a) Schreibe als algebraische Summe; wende eine binomische Formel an.
(1) $(x+4)^2$ (2) $(x-7)^2$ (3) $(x+\frac{5}{2})^2$ (4) $(z-\frac{7}{4})^2$
b) Schreibe mithilfe der 1. oder der 2. binomischen Formel als Quadrat.
(1) $x^2 + 12x + 36$ (2) $x^2 - 5x + 6{,}25$ (3) $y^2 - 7y + 12{,}25$ (4) $z^2 - \frac{4}{5}z + \frac{4}{25}$
c) Setze für □ einen passenden Term ein, sodass du die entstandene algebraische Summe als Quadrat schreiben kannst.
(1) $x^2 + 6x + \square$ (2) $x^2 - 8x + \square$ (3) $y^2 + 3y + \square$ (4) $z^2 - \frac{2}{3}z + \square$

20. Bestimme die Lösungsmenge. Mache die Probe.

a) $x^2 - 6x + 9 = 36$ **d)** $x^2 - 1{,}8x + 0{,}81 = 0{,}25$ **g)** $z^2 + 16z + 64 = 7$
b) $x^2 + 8x + 16 = 49$ **e)** $x^2 + 5x + \frac{25}{4} = \frac{81}{4}$ **h)** $y^2 - 3y + 2{,}25 = 5$
c) $x^2 - 8x + 16 = 0$ **f)** $x^2 - x + 0{,}25 = 1{,}44$ **i)** $y^2 - 5y + 6{,}25 = 8$

21. **a)** Um die geforderte Mindestgröße von 625 m^2 zu erreichen, muss die Seitenlänge eines quadratischen Spielplatzes um 6 m verlängert werden.
Welche Seitenlänge hatte er vorher?

b) Erfinde eine ähnliche Sachaufgabe zu der Gleichung $x^2 - 8x + 16 = 225$ und löse sie.

5.3.3 Verschieben der Normalparabel in beliebiger Richtung

Aufgabe 1

Funktionsterm einer verschobenen Normalparabel

Verschiebe die Normalparabel um 3 Einheiten nach links und dann um 2 Einheiten nach oben.
Wie lautet der Term der neuen Funktion f? Gib den Term auch in der Form $x^2 + px + q$ an.
Notiere die Gleichung der Symmetrieachse und gib den Scheitelpunkt des neuen Graphen an.

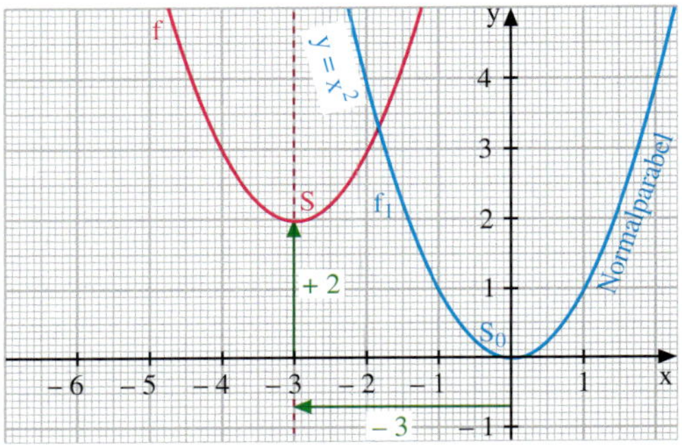

Lösung

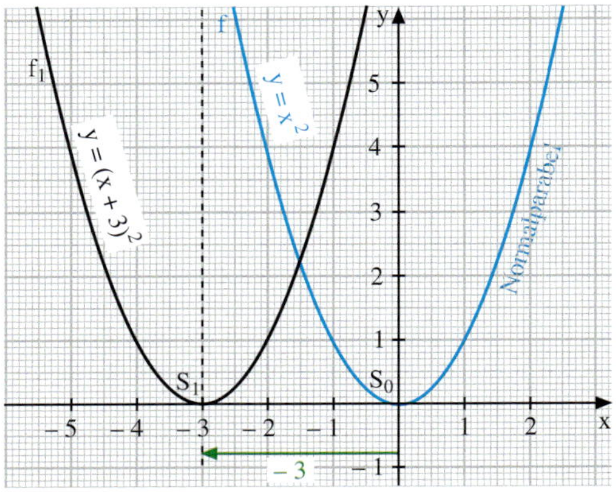

Durch die Verschiebung der Normalparabel um 3 Einheiten nach links erhält man zunächst einen Graphen, der zu der Funktion f_1 mit $f_1(x) = (x + 3)^2$ gehört.

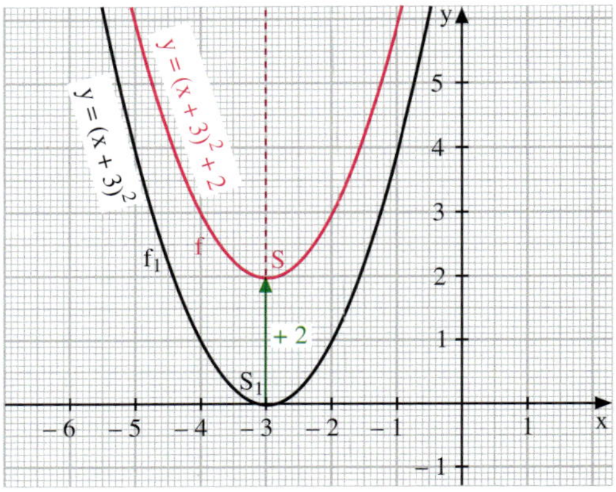

Die anschließende Verschiebung des Graphen von f_1 um 2 Einheiten nach oben führt zu dem Graphen von f mit $f(x) = (x + 3)^2 + 2$.

Aus dem Funktionsterm lassen sich die Koordinaten des Scheitelpunktes ablesen: $S(-3\,|\,2)$.
Die Symmetrieachse hat die Gleichung $x = -3$.

Den Funktionsterm kann man umformen: $f(x) = (x + 3)^2 + 2 = x^2 + 6x + 9 + 2 = x^2 + 6x + 11$.

Aufgabe 2

Gewinnen der Scheitelpunktform am Beispiel

Eine Funktion f hat den Term $f(x) = x^2 - 4x + 3$. Kann man die Normalparabel so verschieben, dass die verschobene Parabel Graph der Funktion f ist?

Lösung

Geschicktes Addieren von null: $2^2 - 2^2 = 0$

Wir formen den Funktionsterm so um, dass man wie im Beispiel von Aufgabe 1 eine binomische Formel anwenden kann.

$$f(x) = x^2 - 4x + 3$$
$$= x^2 - 4x + 2^2 - 2^2 + 3$$
$$= (x - 2)^2 - 1$$

Die *quadratische Ergänzung* 2^2 ermöglicht die Anwendung einer binomischen Formel.

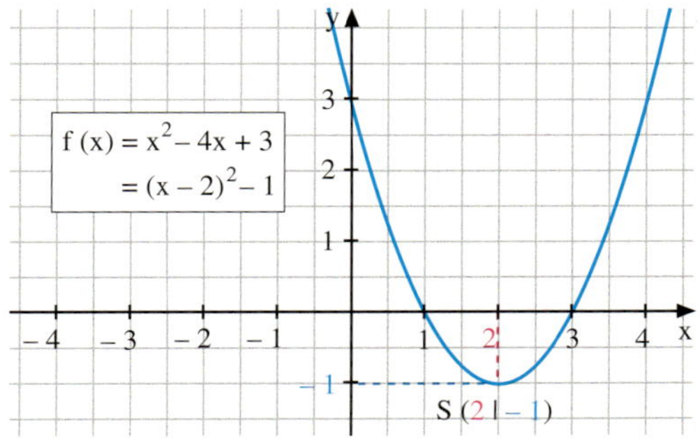

Aus dieser Form des Funktionsterms kann man die Art der Verschiebungen und daraus die Koordinaten des Scheitelpunktes ablesen:

Die Normalparabel wird um 2 Einheiten nach rechts und dann um 1 Einheit nach unten verschoben. $S(2 \mid -1)$ ist der neue Scheitelpunkt.

Information

Gewinnen der Scheitelpunktform im allgemeinen Fall

Ein beliebiger Term der Form $f(x) = x^2 + px + q$ lässt sich entsprechend wie im Beispiel der Aufgabe 2 umformen:

$$f(x) = x^2 + px + q$$
$$= x^2 + px + \left(\tfrac{p}{2}\right)^2 - \left(\tfrac{p}{2}\right)^2 + q$$
$$= \left(x + \tfrac{p}{2}\right)^2 - \left(\tfrac{p}{2}\right)^2 + q$$
$$= \left(x - \left(-\tfrac{p}{2}\right)\right)^2 + q - \left(\tfrac{p}{2}\right)^2$$

Der Term hat dann die Form $f(x) = (x - d)^2 + e$, wobei $d = -\frac{p}{2}$ und $e = q - \left(\frac{p}{2}\right)^2$ ist.

$S(d \mid e)$ ist der Scheitelpunkt des Graphen von f.

Man nennt $(x - d)^2 + e$ die *Scheitelpunktform* des Funktionsterms. Aus dieser Form des Funktionsterms kann man sofort alle Eigenschaften des Graphen der Funktion ablesen:

Satz

Der Term einer Funktion f mit $f(x) = x^2 + px + q$ kann umgeformt werden in die *Scheitelpunktform*
$f(x) = (x - d)^2 + e$,
wobei $d = -\frac{p}{2}$ und $e = q - \left(\frac{p}{2}\right)^2$ ist.

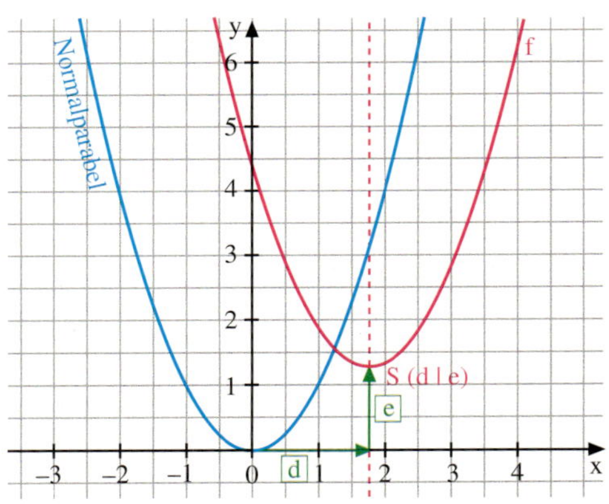

(1) Man erhält den Graphen von f durch Verschieben der Normalparabel um d Einheiten in Richtung der x-Achse und um e Einheiten in Richtung der y-Achse.
Der Graph von f ist kongruent zur Normalparabel.

(2) Der Scheitelpunkt hat die Koordinaten $S(d \mid e)$.
Die Symmetrieachse hat die Gleichung $x = d$.

(3) Der Graph von f fällt für $x < d$ und steigt für $x > d$.

Weiterführende Aufgaben

3. *Vom Scheitelpunkt zum Funktionsterm $x^2 + px + q$*

Die Normalparabel wurde so verschoben, dass

a) $S(3{,}2\,|\,-1{,}4)$, **b)** $S(d\,|\,e)$

der neue Scheitelpunkt ist. Bestimme den Term der neuen Funktion in der Form $x^2 + px + q$.

4. *Lösen einer Gleichung mithilfe quadratischer Ergänzung*

Die Scheitelpunktform des Funktionstermes gestattet eine einfache Berechnung von Stellen zu vorgegebenen Funktionswerten.

a) Erläutere folgende Beispiele.

(1) Wo nimmt die Funktion f mit $f(x) = x^2 + 6x$ den Wert -5 an?

$$f(x) = -5$$
$$x^2 + 6x = -5 \quad |\, +3^2$$
$$x^2 + 6x + 3^2 = -5 + 3^2$$
$$x^2 + 6x + 9 = 4$$
$$(x+3)^2 = 4$$
$$x + 3 = 2 \quad \textit{oder} \quad x + 3 = -2$$
$$x = -1 \quad \textit{oder} \quad x = -5$$
$$L = \{-5; -1\}$$

(2) Wo nimmt die Funktion mit $g(x) = x^2 - 3x - 1$ den Wert 0 an?

$$g(x) = 0$$
$$x^2 - 3x - 1 = 0 \quad |\, +1$$
$$x^2 - 3x = 1 \quad |\, +\left(\tfrac{3}{2}\right)^2$$
$$x^2 - 3x + \left(\tfrac{3}{2}\right)^2 = 1 + \left(\tfrac{3}{2}\right)^2$$
$$\left(x - \tfrac{3}{2}\right)^2 = \tfrac{13}{4}$$
$$x - \tfrac{3}{2} = \sqrt{\tfrac{13}{4}} \quad \textit{oder} \quad x - \tfrac{3}{2} = -\sqrt{\tfrac{13}{4}}$$
$$x = \tfrac{3}{2} + \tfrac{1}{2}\sqrt{13} \quad \textit{oder} \quad x = \tfrac{3}{2} - \tfrac{1}{2}\sqrt{13}$$
$$L = \left\{\tfrac{3}{2} + \tfrac{1}{2}\sqrt{13}; \tfrac{3}{2} - \tfrac{1}{2}\sqrt{13}\right\}$$

b) Bestimme ebenso die Nullstellen der Funktion h mit $h(x) = x^2 - 8x + 16$ und k mit $k(x) = x^2 + 5x + 7$.

Jede *gemischtquadratische Gleichung* der Form $x^2 + px + q = 0$ kann man auf eine Gleichung der Form $(x + d)^2 = r$ zurückführen.
Die Zahl, die man zu dem Term $x^2 + px$ ergänzen muss, damit man den neuen Term nach der 1. oder 2. binomischen Formel als Quadrat schreiben kann, nennt man **quadratische Ergänzung**.

Beispiele:

Die quadratische Ergänzung zu $x^2 + 3x$ lautet $\left(\frac{3}{2}\right)^2$: $x^2 + 3x + \left(\frac{3}{2}\right)^2 = \left(x + \frac{3}{2}\right)^2$

Die quadratische Ergänzung zu $x^2 - 5x$ lautet $\left(\frac{5}{2}\right)^2$: $x^2 - 5x + \left(\frac{5}{2}\right)^2 = \left(x - \frac{5}{2}\right)^2$

Die quadratische Ergänzung zu $x^2 + px$ lautet $\left(\frac{p}{2}\right)^2$: $x^2 + px + \left(\frac{p}{2}\right)^2 = \left(x + \frac{p}{2}\right)^2$

Übungsaufgaben

5. PLOT

a) Zeichne mit einem grafikfähigen Rechner Graphen zu Funktionen mit dem Term $f(x) = (x - d)^2 + e$ für verschiedene Werte von d und e.
Welche Bedeutung haben d und e für den Graphen?

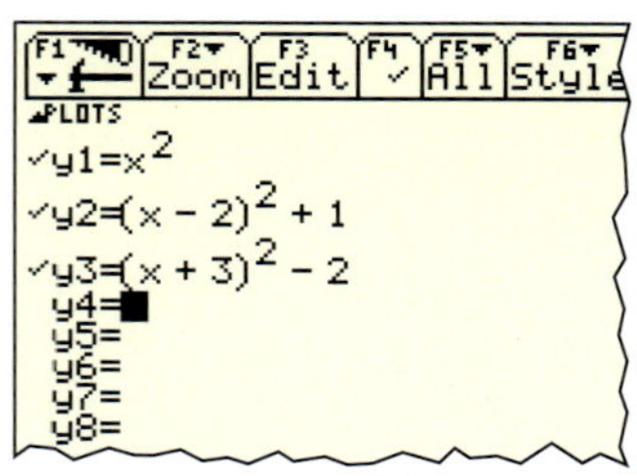

b) Zeichne mit einem Rechner Graphen zu Funktionen mit dem Term $f(x) = x^2 - 6x + q$ für verschiedene Werte von q.
Skizziere wesentlich verschiedene Graphen.
Kannst du dein Ergebnis noch weiter verallgemeinern?

6. Verschiebe die Normalparabel wie angegeben. Notiere den Funktionsterm auch in der Form $x^2 + px + q$.

a) Um 4 Einheiten nach rechts und um 3 Einheiten nach oben

b) Um 4 Einheiten nach links und um 3 Einheiten nach unten

c) Um 2,5 Einheiten nach rechts und um 1 Einheit nach unten

d) Um 1,5 Einheiten nach links und um 2 Einheiten nach oben

Ohne Schablone geht es auch: Vom Scheitelpunkt
- 1 nach rechts [links] und 1 nach oben,
- 2 nach rechts [links]
...

7. Zeichne den Graphen der Funktion mit der angegebenen Gleichung. Gib auch den Scheitelpunkt der Parabel und die Gleichung der Symmetrieachse an.

a) $y = (x-3)^2 + 4$ **c)** $y = (x+2{,}5)^2 - 4$ **e)** $y = \left(x - \frac{1}{2}\right)^2 - 3$ **g)** $y = \left(x - \frac{3}{5}\right)^2 - 2{,}4$

b) $y = (x+2)^2 - 1$ **d)** $y = (x+1)^2 + 1$ **f)** $y = (x-3{,}5)^2 + \frac{5}{2}$ **h)** $s = \left(t + \frac{11}{2}\right)^2 + \frac{1}{2}$

8. Untersuche, wie die Lage des Scheitelpunktes S einer Parabel mit $y = (x-d)^2 + e$ von den Werten für d und e abhängt. Wähle verschiedene Beispiele und zeichne die Graphen. Fasse anschließend deine Ergebnisse in einer Tabelle zusammen.

Lage von S	$e > 0$	$e = 0$
$d < 0$	2. Quadrant	
$d = 0$		
$d > 0$		

9. Die Normalparabel wurde um 2 Einheiten nach rechts und um 1,4 Einheiten nach unten verschoben.

a) Stelle fest, welche der folgenden Punkte auf der verschobenen Parabel liegen:
$P_1(1\,|\,19{,}6)$; $P_2(4\,|\,2{,}6)$; $P_3(-2\,|\,4{,}6)$; $P_4(-3\,|\,23{,}6)$; $P_5(-1\,|\,7{,}6)$.

b) An welchen Stellen nimmt die neue Funktion den Wert 7,6 [den Wert 2,6] an?

10. Zeichne die verschobene Normalparabel mit der angegebenen Eigenschaft. Notiere den Term der zugehörigen Funktion.

a) $S(-2\,|\,-1)$ ist der Scheitelpunkt.

b) $S(5{,}5\,|\,0)$ ist der Scheitelpunkt.

c) An den Stellen -2 und 4 wird die x-Achse von der Parabel geschnitten.

d) Die Parabel geht durch den Ursprung und hat die Gerade $x = 2$ als Symmetrieachse.

e) Der Scheitelpunkt hat -3 als 2. Koordinate. Der Ursprung ist Punkt der Parabel.

f) Die Parabel geht durch den Punkt $P(5\,|\,-1)$, die Symmetrieachse hat die Gleichung $x = 7$.

g) Die Parabel geht durch die Punkte $P_1(-1\,|\,7)$ und $P_2(3\,|\,7)$.

PLOT **11.** **a)** Zeichne mit einem grafikfähigen Taschenrechner den Graphen der Funktion f mit $f(x) = x^2 + 6x + 7$. Überlege, ob man ihn durch Verschieben aus der Normalparabel erhalten kann. Begründe deine Behauptung durch Umformen des Funktionsterms.

b) *Partnerarbeit:* Untersucht entsprechend eigene Beispiele für Funktionen mit einem Term der Form $f(x) = x^2 + px + q$.

12. **a)** Gib eine Wertetabelle an für die Funktion f mit $f(x) = (x-4)^2 - 5$. Wo wird der Funktionswert 0 erreicht? Für welche Werte von x steigt der Graph der Funktion?

b) Gib eine Wertetabelle an für die Funktion g mit $g(x) = x^2 - 8x + 10$. Vergleiche mit der Funktion f aus Teilaufgabe a).

13. Kontrolliere die Hausaufgaben zur Bestimmung des Scheitelpunkts.

Achim
$f(x) = x^2 - 3x - 2$
$= (x - 1{,}5)^2 - 2{,}25 - 2$
$= (x - 1{,}5)^2 - 4{,}25$
$S(-1{,}5 \mid -4{,}25)$

Bea
$g(x) = x^2 + 4x - 2$
$= (x + 2)^2 - 2$
$S(-2 \mid -2)$

14. Gib an, wie man den Graphen der Funktion schrittweise aus der Normalparabel erhalten kann. Notiere die Koordinaten des Scheitelpunktes. In welchem Bereich für x fällt der Graph, in welchem Bereich steigt er?

a) $f(x) = x^2 - 4x - 5$ **c)** $f(x) = x^2 - 5x + 5$ **e)** $f(x) = x^2 - 2x$ **g)** $f(x) = x^2 - x - \frac{1}{2}$

b) $f(x) = x^2 + 6x + 5$ **d)** $f(x) = x^2 + 8x + 7$ **f)** $f(x) = x^2 + 3x + 4$ **h)** $f(v) = v^2 - \frac{4}{3}v - \frac{5}{9}$

15. Gib den Funktionsterm in der Form $f(x) = x^2 + px + q$ an.

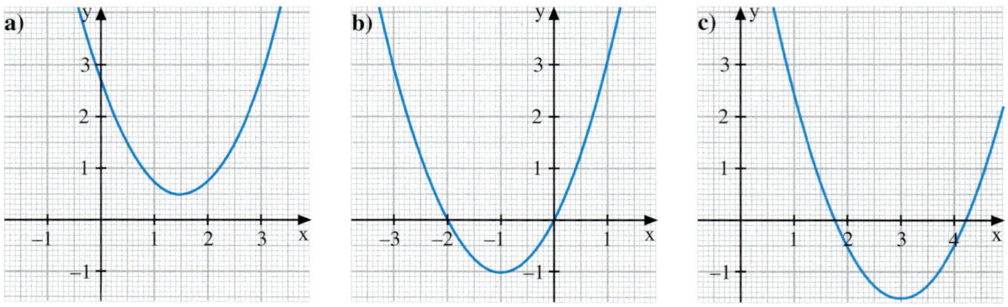

16. Gegeben sind Eigenschaften des Graphen einer Funktion. Gib einen Funktionsterm in der Form $f(x) = x^2 + px + q$ an. Kontrolliere mit dem Rechner.

a) Der Scheitelpunkt ist $S(-100 \mid 34)$.

b) Die Gleichung der Symmetrieachse ist $x = -34$. Der kleinstmögliche Funktionswert ist 15.

c) Der Graph fällt für $x < 20$ und steigt für $x > 20$. Es gibt zwei Schnittpunkte mit der x-Achse.

d) Der Scheitelpunkt liegt im 3. Quadranten.

17. Die Normalparabel wird verschoben, und zwar

a) zunächst um 4 Einheiten nach rechts, dann um 2,5 Einheiten nach unten;

b) zunächst um 3 Einheiten nach links, dann um 3,5 Einheiten nach oben;

c) zunächst um 4 Einheiten nach rechts, dann um 3 Einheiten nach unten;

d) zunächst um d Einheiten in Richtung der x-Achse, dann um e Einheiten in Richtung der y-Achse.

Bestimme den Term der neuen Funktion f. Begründe, dass man auch zu dem Graphen der gleichen Funktion f gelangt, wenn man die Reihenfolge der beiden Verschiebungen vertauscht.

PLOT **18.** Zeichne mit einem grafikfähigen Taschenrechner die Graphen zu:

$f_1(x) = (x - 3)^2 - 25$ $f_3(x) = (x - 3)^2 - 5$ $f_5(x) = x^2 - 6x - 16$

$f_2(x) = x^2 - 6x - 15$ $f_4(x) = x^2 - 6x$ $f_6(x) = (x - 8)(x + 2)$

Was stellst du fest? Begründe deine Behauptung auch durch Umformen des Funktionsterms.

PLOT **19.** *Partnerarbeit:* Zeichne mit einem grafikfähigen Taschenrechner eine Parabel. Zeige sie deinem Nachbarn und lasse ihn die Funktionsgleichung herausfinden. Zähle, wie viele Versuche er benötigt. Anschließend tauscht ihr die Rollen.

20. Ergänze auf beiden Seiten der Gleichung dieselbe Zahl so, dass du die linke Seite als Quadrat schreiben kannst. Bestimme dann die Lösungsmenge. Mache die Probe.

a) $x^2 + 4x + \square = 21 + \square$ **c)** $x^2 - 11x + \square = -10 + \square$ **e)** $y^2 - 5y + \square = 42{,}75 + \square$

b) $x^2 - 8x + \square = 33 + \square$ **d)** $x^2 + 3x + \square = -2{,}25 + \square$ **f)** $z^2 + 7z + \square = 3{,}75 + \square$

21. Bestimme die Lösungsmenge.

a) $x^2 - 8 = 0$; $z^2 - 8z = 0$
d) $x^2 - 4x + 3 = 0$; $x^2 - 3x - 4 = 0$
g) $x^2 - 8x - 20 = 0$; $y^2 + 6y - 16 = 0$
j) $x^2 - 4x + 5 = 0$; $x^2 + 4x - 5 = 0$

b) $x^2 + 8 = 0$; $x^2 + 8x = 0$
e) $z^2 - 4z - 5 = 0$; $x^2 - 5x + 4 = 0$
h) $x^2 + 12x + 32 = 0$; $x^2 - 2{,}2x + 0{,}4 = 0$
k) $x^2 - 5x - 4 = 0$; $y^2 + 5y - 4 = 0$

c) $y^2 + 6y - 7 = 0$; $x^2 + 8x - 9 = 0$
f) $x^2 + 5x + 4 = 0$; $x^2 + 4x + 5 = 0$
i) $x^2 - 1{,}2x + 0{,}2 = 0$; $y^2 + 1{,}2y - 2{,}2 = 0$
l) $x^2 - \frac{2}{5}x - \frac{3}{5} = 0$; $x^2 - \frac{3}{5}x - \frac{2}{5} = 0$

22. Kontrolliere Julias Hausaufgaben.

a)
$x^2 - 3x = 16 \quad | + 9$
$x^2 - 3x + 9 = 25$
$(x-3)^2 = 5$
$x - 3 = 5$ oder $x - 3 = -5$
$x = 8$ oder $x = -2$
$L = \{8; -2\}$

b)
$4z^2 - 12z + 8 = 0 \quad | + 1$
$4z^2 - 12z + 9 = 1$
$(2z-3)^2 = 1$
$2z - 3 = 1$ oder $2z - 3 = -1$
$2z = 4$ oder $2z = 2$
$z = 2$ oder $z = 1$
$L = \{1; -2\}$

c)
$4x^2 - 8x = 0 \quad | + 8x$
$4x^2 = 8x \quad | : 4x$
$x = 2$
$L = \{2\}$

23. Bestimme die Lösungsmenge. Mache die Probe.

a) $x^2 + 20x + 36 = 0$ **e)** $x^2 - 7x + 6 = 0$ **i)** $x^2 + 21x + 20 = 0$

b) $x^2 + 20x + 100 = 0$ **f)** $x^2 - 11x + 31 = 0$ **j)** $x^2 - 3x + 0{,}25 = 0$

c) $x^2 + 20x + 125 = 0$ **g)** $x^2 - 11x - 5{,}75 = 0$ **k)** $x^2 + 8x = 20$

d) $x^2 + 20x - 125 = 0$ **h)** $x^2 + 12x + 33 = 0$ **l)** $x^2 + 8x + 16 = 0$

24. Das rechts abgebildete Grundstück ist 567 m^2 groß. Berechne seine Maße. Du kannst dazu auf mehrere Weisen eine quadratische Gleichung aufstellen.
Welche davon ist am günstigsten?

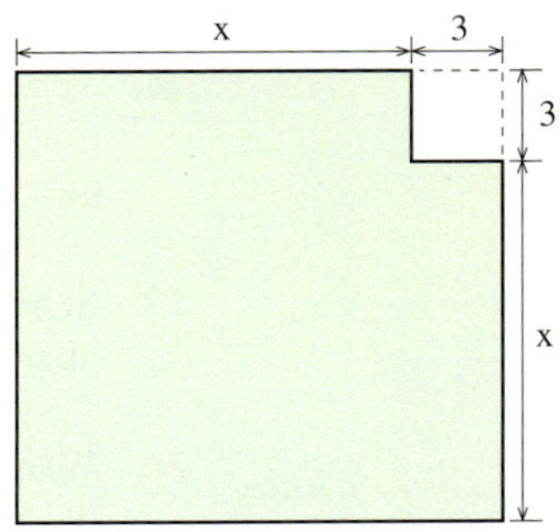

25. Die Funktion f hat den Term

a) $f(x) = (x+1)^2$; **b)** $f(x) = x^2 - 6x + 9$.

Bestimme die gemeinsamen Punkte des Graphen von f mit den Geraden zu den Gleichungen

(1) $y = -2x - 3$; (2) $y = -\frac{2}{3}x + 2$; (3) $y = x - 3{,}25$.

26. Ermittle die Gleichung einer linearen Funktion g, die mit der Funktion f
(1) genau zwei Punkte, (2) genau einen Punkt, (3) keinen Punkt gemeinsam hat.

a) $f(x) = (x - 12)^2$ **b)** $f(x) = (x + 5)^2$ **c)** $f(x) = (x - 2)^2 - 3$ **d)** $f(x) = (x + 1)^2 - 2$

27. a) Ordne mit Begründung die folgenden Gleichungen den unten abgebildeten Graphen zu. Markiere auch jeweils die Schnittpunkte, die durch die Lösungen bestimmt werden.

(1) $(x + 4)^2 = 4$ (3) $x^2 + 8x = -12$ (5) $x^2 + 8x + 12 = 0$

(2) $x^2 = -8x - 12$ (4) $x^2 + 12 = -8x$ (6) $(x + 4)^2 - 3 = 1$

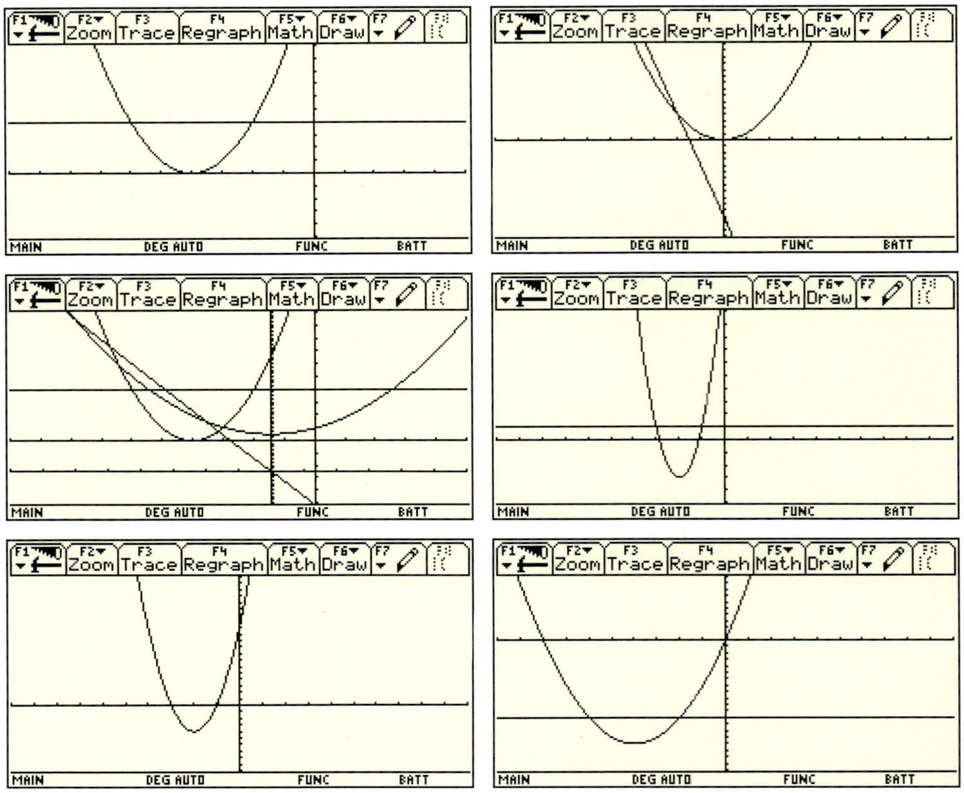

b) Bestimme jeweils die Lösungsmenge. Was fällt dir auf?

28. Verändere die Gleichung $x^2 - 4x - 5 = 0$ wie in Aufgabe 27 und veranschauliche ihre Lösungen grafisch durch die Schnittpunkte der entsprechenden Graphen.
Gib dazu auch jeweils die von dir benutzte Window-Einstellung an.

29. Schreibe eine Zusammenfassung über verschiedene Möglichkeiten, die Lösungsmenge einer quadratischen Gleichung der Form $x^2 + px + q = 0$ zu bestimmen.

Parameter ⟨griech.⟩ **Math.**: Konstante oder unbestimmt gelassene Hilfsvariable

30. Wähle verschiedene Werte für den Parameter a und bestimme jeweils die Lösungsmenge der angegebenen Gleichung.
Formuliere dann eine Vermutung und begründe diese grafisch.

a) $x^2 = ax$ **b)** $x^2 = x + a$

5.4 Strecken und Spiegeln der Normalparabel

Aufgabe 1

a) Die Größe der Bildfläche (in m^2) auf der Leinwand wird nach folgender Faustregel berechnet:
Quadriere den Abstand (in m) des Projektors von der Leinwand, dividiere das Ergebnis durch 5.
Berechne mithilfe dieser Faustregel die Größe der Bildfläche für die Abstände 1 m; 1,5 m; 2 m; …; 5,5 m; 6 m.
Notiere den Funktionsterm für die Zuordnung
f: *Abstand → Größe der Bildfläche.*
Zeichne den Graphen und vergleiche mit der Normalparabel für $x \geq 0$.

b) Gehe aus von dem Graphen der Quadratfunktion mit der Funktionsgleichung $y = x^2$.
Bei jedem Punkt P der Normalparabel soll die 2. Koordinate mit dem Faktor 2 multipliziert werden. Die 1. Koordinate wird beibehalten. Aus den jeweiligen Bildpunkten P′ erhalten wir so einen neuen Graphen.
Zu welcher Funktion f gehört der neue Graph?
Vergleiche beide Graphen.

Lösung

a) *Wertetabelle:*

Abstand (in m)	Bildgröße (in m^2)
1	0,2
1,5	0,45
2	0,8
2,5	1,25
3	1,8

Abstand (in m)	Bildgröße (in m^2)
3,5	2,45
4	3,2
4,5	4,05
5	5
x	$\frac{1}{5}x^2$

Graph:

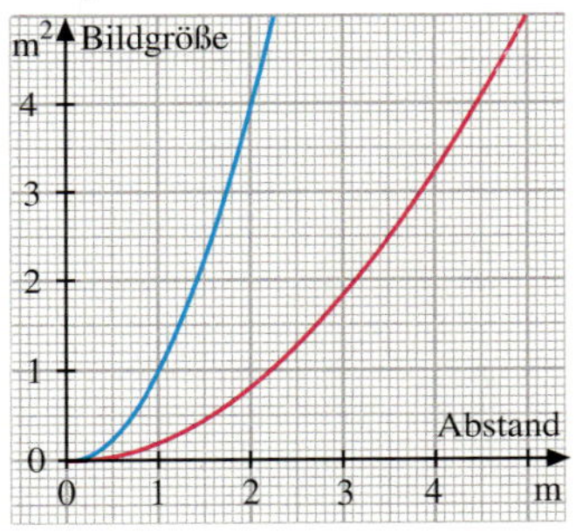

Funktionsterm: $f(x) = \frac{1}{5}x^2$

Der Graph ist flacher als die Normalparabel. Er entsteht daraus durch *Stauchen* parallel zur y-Achse. Dabei wird die x-Achse festgehalten.

b)

x	x^2	f(x)
– 2	4	8
– 1	1	2
0	0	0
1	1	2
2	4	8

· 2

Man erhält jeweils den neuen Funktionswert f(x), indem man den alten Funktionswert x^2 mit 2 multipliziert:
$f(x) = 2 \cdot x^2$

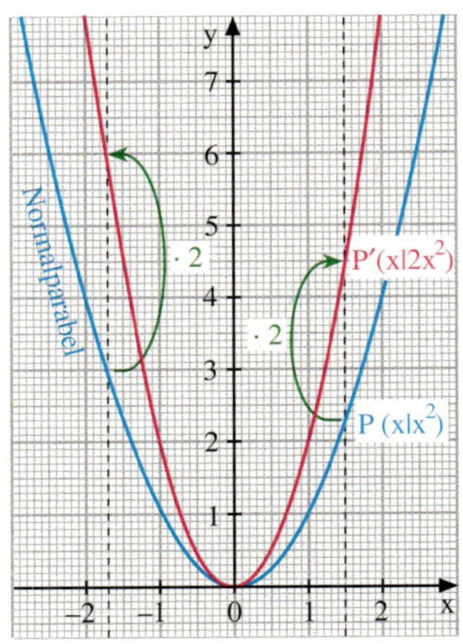

Durch das Multiplizieren der alten Funktionswerte x^2 mit dem Faktor 2 wird die Normalparabel zum Graphen von f parallel zur y-Achse *gestreckt*. Bei diesem *Strecken* bleibt die y-Achse als Symmetrieachse erhalten.

Aufgabe 2

a) Zeichne den Graphen der Funktion f mit $f(x) = -x^2$. Durch welche Abbildung erhält man den Graphen von f aus der Normalparabel?

b) Zeichne den Graphen der Funktion f mit $f(x) = -0{,}4 \cdot x^2$. Durch welche Abbildung erhält man den Graphen von f aus der Normalparabel?

Lösung

a) Der Term $-x^2$ geht aus dem Term x^2 durch Multiplizieren mit dem Faktor (– 1) hervor:
$f(x) = (-1) \cdot x^2$

x	x^2	f(x)
– 2	4	– 4
– 1	1	– 1
0	0	0
1	1	– 1
2	4	– 4

· (– 1)

Das Multiplizieren mit (– 1) ändert nur das Vorzeichen der 2. Koordinate eines Punktes.
Das bedeutet: Die Normalparabel wird an der x-Achse gespiegelt.

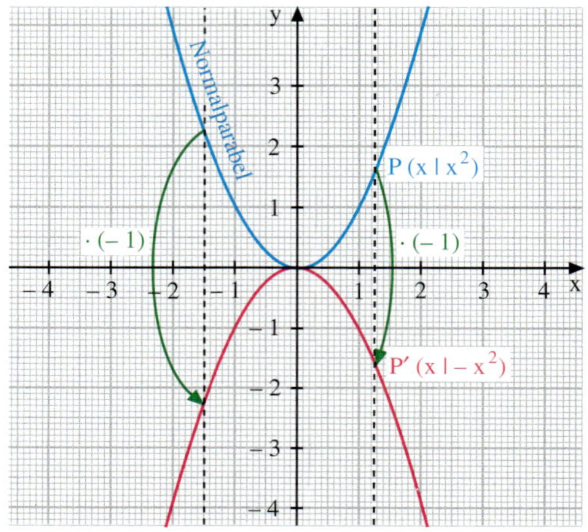

b) Der Term $-0{,}4 \cdot x^2$ geht aus dem Term x^2 durch Multiplizieren mit dem Faktor (– 0,4) hervor:
$f(x) = (-0{,}4) \cdot x^2$

x	x^2	f(x)
– 2	4	– 1,6
– 1	1	– 0,4
0	0	0
1	1	– 0,4
2	4	– 1,6

· (– 0,4)

Das bedeutet: Die Normalparabel wird an der x-Achse gespiegelt und anschließend mit dem Faktor 0,4 parallel zur y-Achse gestreckt.

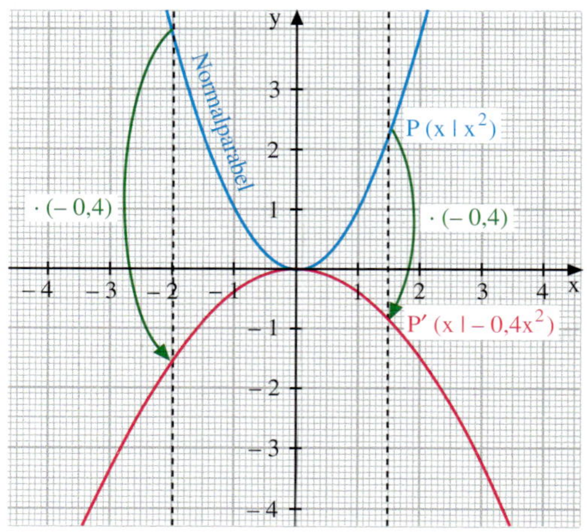

Information

Strecken der Normalparabel

Durch das Multiplizieren des Funktionsterms x^2 mit einem Faktor a (z. B. a = 3,6) wird die Parabel in Richtung der y-Koordinatenachse „gestreckt“. Im Bild rechts wird ein Gummituch, auf dem eine Normalparabel gezeichnet ist, nach oben „gestreckt“.

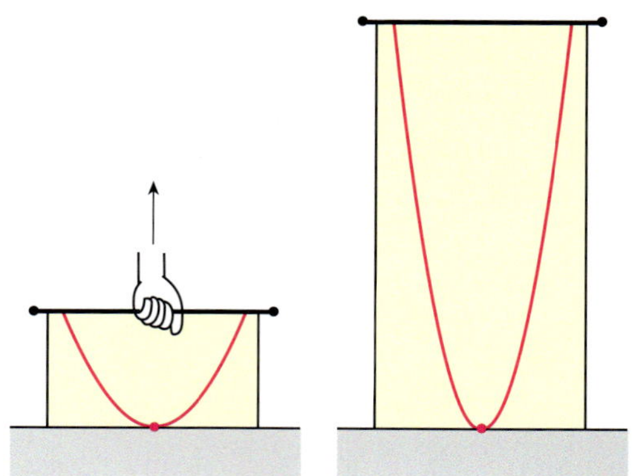

Definition

Das **Strecken** eines Graphen parallel zur **y-Achse** mit dem Faktor a ($a \neq 0$) ist eine Abbildung mit folgenden Eigenschaften:
Die 2. Koordinate eines jeden Punktes des Graphen wird mit dem Faktor a multipliziert.
Die 1. Koordinate wird jeweils beibehalten.
Man nennt a den **Streckfaktor** der Abbildung.

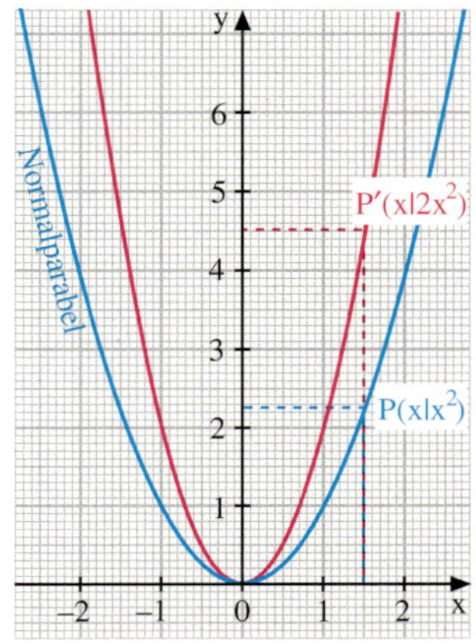

Anmerkung: Der Streckfaktor a kann positiv oder auch negativ sein. Wird der Graph einer Funktion g mit dem Faktor a parallel zur y-Achse gestreckt, so hat die Funktion f den Term $f(x) = a \cdot g(x)$. Das Strecken mit einem negativen Faktor kann man als Hintereinanderausführen des Streckens mit dem Betrag (positiven Faktor) und des Spiegelns an der x-Achse auffassen.
Auch in den Fällen $a = 1$ und $a = -1$ spricht man von Strecken, obwohl sich die Form des Graphen nicht verändert.

Satz

Das Strecken parallel zur y-Achse mit dem Faktor (– 1) ist ein Spiegeln an der x-Achse.

Weiterführende Aufgaben

3. *Eigenschaften der gestreckten Normalparabel bei negativem Streckfaktor*

Zeichne in das gleiche Koordinatensystem die Graphen der Funktionen mit
$f_1(x) = 1{,}5\,x^2$; $f_2(x) = -1{,}5\,x^2$; $f_3(x) = 0{,}3\,x^2$; $f_4(x) = -0{,}3\,x^2$.

a) Welche Symmetrieeigenschaften haben die Graphen?

b) Bei welchen Graphen ist der Scheitelpunkt der höchste, bei welchen der tiefste Punkt des Graphen?

c) Welche Graphen sind nach oben, welche nach unten geöffnet?

d) Wo steigen die Graphen, wo fallen sie?

4. *Vergleich der Steilheit der Graphen bei unterschiedlichen Streckfaktoren a*

Zeichne in das gleiche Koordinatensystem die Graphen der Funktionen mit:

a) $f_1(x) = 0{,}5 \cdot x^2$; $f_2(x) = 1 \cdot x^2$; $f_3(x) = 2 \cdot x^2$; $f_4(x) = 3 \cdot x^2$

b) $f_1(x) = -0{,}5 \cdot x^2$; $f_2(x) = -1 \cdot x^2$; $f_3(x) = -2 \cdot x^2$; $f_4(x) = -3 \cdot x^2$

(1) Welche Graphen sind steiler, welche flacher als die Normalparabel bzw. die gespiegelte Normalparabel?

(2) Wie ändert sich die Steilheit des Graphen der Funktion mit der Funktionsgleichung $y = a\,x^2$, wenn für den Faktor a ein größerer Wert gewählt wird?

Satz

Der Graph einer Funktion mit der Funktionsgleichung $y = ax^2$ $(a \neq 0)$ geht aus einer Normalparabel hervor durch Strecken in Richtung der y-Achse mit dem Streckfaktor a.

Für a > 0 gilt:

(1) Der Graph ist nach oben geöffnet, er fällt im 2. Quadranten und steigt im 1. Quadranten.
(2) Der Ursprung O(0|0) ist als Scheitelpunkt der tiefste Punkt des Graphen.
(3) Bei $a > 1$ ist der Graph steiler, bei $a < 1$ flacher als die Normalparabel.

Für a < 0 gilt:

(1) Der Graph ist nach unten geöffnet, er steigt im 3. Quadranten und fällt im 4. Quadranten.
(2) Der Ursprung O(0|0) ist als Scheitelpunkt der höchste Punkt des Graphen.
(3) Bei $a < -1$ ist der Graph steiler, bei $a > -1$ flacher als die gespiegelte Normalparabel.

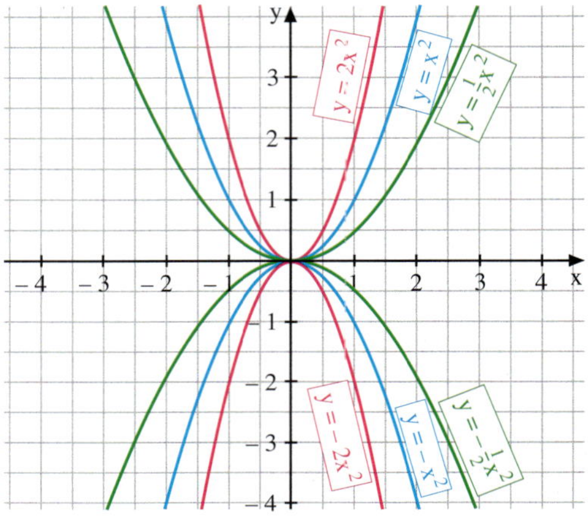

5. *Lösen einer Gleichung der Form $ax^2 = b$*

Im Internet werden quadratische Steinfliesen zum Verkauf angeboten. Welche Abmessungen haben die Fliesen?

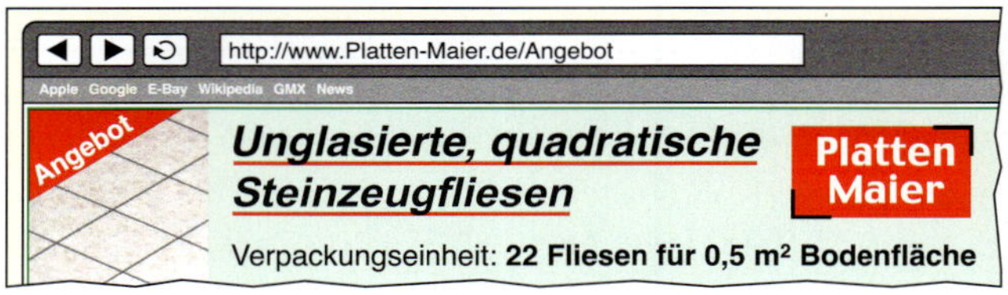

Übungsaufgaben

6. PLOT Zeichne mit einem grafikfähigen Taschenrechner Graphen zu Funktionen mit der Funktionsgleichung $y = ax^2$. Wähle verschiedene Werte für a. Was fällt auf?

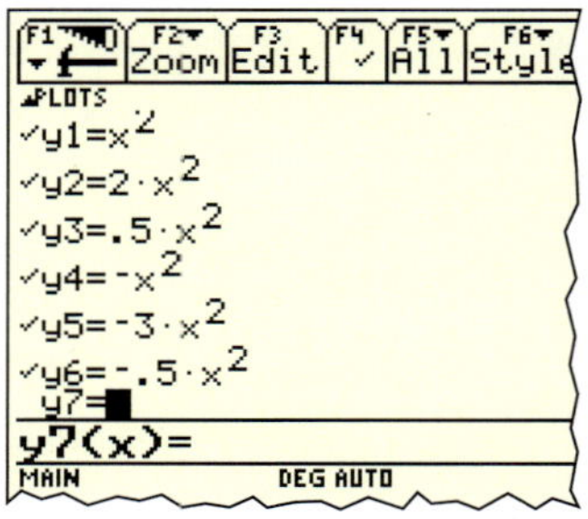

7. Lege eine Wertetabelle an und zeichne den Graphen der Funktion. Gib Eigenschaften des Graphen an.

a) $f(x) = \frac{1}{2}x^2$ **c)** $f(x) = 0{,}8x^2$ **e)** $f(x) = 0{,}3x^2$

b) $f(x) = 1{,}2x^2$ **d)** $f(x) = \frac{3}{2}x^2$ **f)** $f(x) = \frac{2}{3}x^2$

8. Die Normalparabel wird

a) in Richtung der y-Achse mit dem Faktor 3 [Faktor –1,2] gestreckt;

b) an der x-Achse gespiegelt; die gespiegelte Parabel dann in Richtung der y-Achse mit dem Faktor 0,6 gestreckt.

Zeichne den Graphen. Zu welcher Funktion gehört er? Notiere den Funktionsterm.

9. Für das Zeichnen einer gestreckten Normalparabel hast du keine Schablone. Dennoch kannst du den Graphen mithilfe weniger Punkte gut zeichnen.

a) Erläutere das Vorgehen rechts und führe es durch.

b) Zeichne ebenso die mit dem Faktor $2\,[-\frac{1}{2};\,-3]$ gestreckte Normalparabel.

> Zeichnen einer gestreckten Normalparabel
>
> *Beispiel:* $y = \frac{1}{4}x^2$
>
> • Gehe vom Scheitelpunkt aus 1 nach rechts [links] und $\frac{1}{4} \cdot 1$ nach oben.
>
> • Gehe vom Scheitelpunkt aus 2 nach rechts [links] und $\frac{1}{4} \cdot 4$ nach oben.

10. Wie entsteht der Graph der Funktion aus der Normalparabel? Welche Eigenschaften hat er?

a) $f(x) = -2{,}5x^2$ **b)** $f(x) = 0{,}8x^2$ **c)** $f(x) = -0{,}7x^2$ **d)** $h(u) = 1{,}8u^2$

11. Die Funktion f hat den Term:

a) $f(x) = 8x^2$ **b)** $f(x) = -\frac{1}{2}x^2$ **c)** $f(x) = -4{,}5x^2$ **d)** $f(x) = 0{,}72x^2$

(1) Welche der Punkte $P_1(0\,|\,0)$, $P_2(2\,|\,-18)$, $P_3(0{,}25\,|\,0{,}5)$, $P_4(0{,}3\,|\,8)$, $P_5(4\,|\,-8)$ gehören zum Graphen von f?

(2) An welchen Stellen nimmt die Funktion den Wert 2 [−2; 4,5; −4,5; 0] an?

12. Die Funktion f hat die Gleichung $y = ax^2$. Bestimme den Wert des Faktors a so, dass der Graph von f durch den Punkt P geht.

a) $P(-1{,}2\,|\,-1{,}44)$ **b)** $P(-0{,}8\,|\,3{,}2)$ **c)** $P(6\,|\,-2{,}4)$ **d)** $P(-4\,|\,-4)$

13. Finde zur Wertetabelle den Funktionsterm.

a)

x	y
−2	6
−1	1,5
0	0
1	1,5
2	6

b)

x	y
−2	−2
−1	−0,5
0	0
1	−0,5
2	−2

c)

x	y
−2	3
0	0
2	3
4	12

d)

x	y
−2	−4
−1	−1
0	0
1	−1
2	−4

14. Notiere die zugehörige Funktionsgleichung.

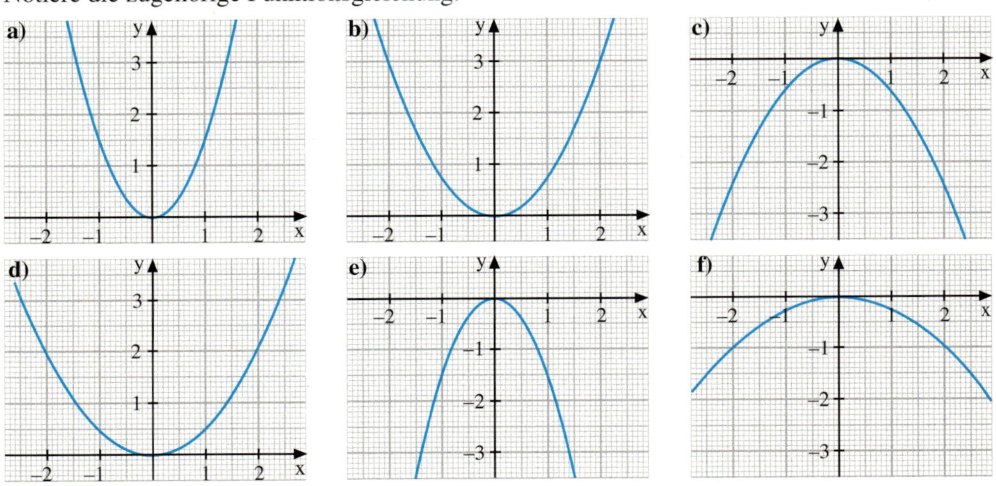

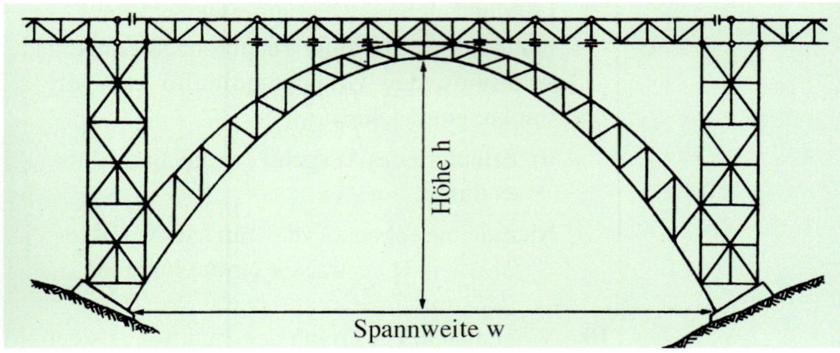

15. Die Müngstener Brücke über die Wupper ist eine der beeindruckendsten Eisenbahnbrücken. Zum 100-jährigen Jubiläum erschien sogar eine Briefmarke. Der untere Brückenbogen hat eine Spannweite von w = 160 m und eine Höhe von h = 69 m.
Modelliere den unteren Brückenbogen mit einer Parabel; skizziere diese mit einem selbst gewählten Koordinatensystem in das Heft. Erstelle eine Gleichung für die Parabel.

16. Beim senkrechten Fall einer Kugel von einem hohen Gebäude gilt für die Funktion
Fallzeit t (in s) → Fallweg s (in m)
näherungsweise die Funktionsgleichung $s = 5\,t^2$.

a) Welchen Fallweg legt die Kugel in 0,5 s; 1 s; 1,5 s; 2 s; 2,5 s; 3 s zurück?

b) Das Bild zeigt hohe Bauwerke. Berechne die Fallzeit bei den angegebenen Höhen.

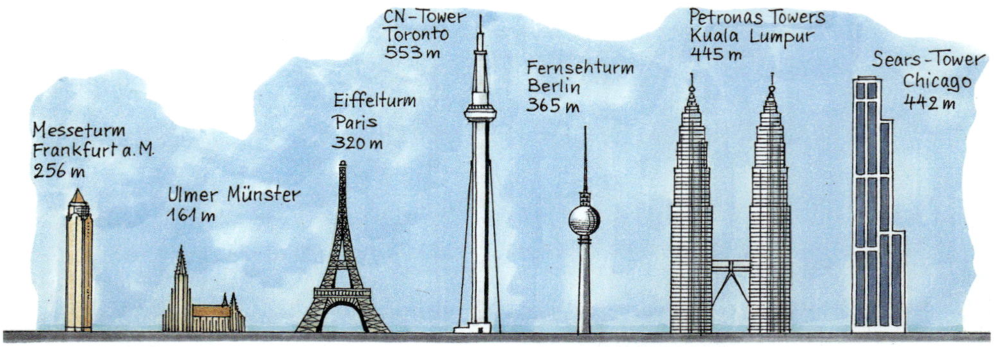

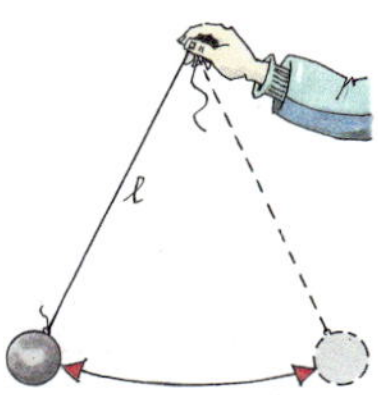

17. Die Schwingungsdauer eines Pendels ist die Zeitspanne, die das Pendel benötigt, um einmal hin und her zu schwingen. Die Länge l des Pendels (in Metern) kann man näherungsweise aus der Schwingungsdauer T (in Sekunden) nach folgender Formel berechnen:
$l = \frac{1}{4} \cdot T^2$.

a) Wie lang muss man ein Pendel machen, damit seine Schwingungsdauer 1 s, 2 s, …, 5 s beträgt? Zeichne einen Graphen für die Zuordnung
Pendellänge l (in m) → Schwingungsdauer T (in s).

b) Welche Schwingungsdauer T hat ein Pendel der Länge
(1) 0,25 m; (2) 0,75 m; (3) 2,5 m; (4) 6 m?
Lies am Graphen ab. Rechne auch.

18. Gegeben sind Eigenschaften des Graphen einer Funktion mit einer Gleichung der Form $y = ax^2$. Gib eine Funktionsgleichung an. Kontrolliere mit dem Rechner.

a) Die Parabel ist nach oben geöffnet und steiler als die Normalparabel.

b) Die gestauchte Parabel ist steigend für $x < 0$ und fallend für $x > 0$.

c) Der Punkt $P(4 \mid 3{,}2)$ liegt auf dem Graphen.

d) Der größte Funktionswert ist $y = 0$. Die Parabel ist steiler als die Normalparabel.

19. Zeichne die Graphen der Funktionen mit den Termen $f(x) = x^2$, $g(x) = (-x)^2$ und $h(x) = -x^2$. Vergleiche.

20. **a)** Gib für das Bild rechts die Funktionsgleichungen an.

b) Beschreibe, wie die Graphen auseinander hervorgehen.

c) Notiere gemeinsame und unterschiedliche Eigenschaften.

d) Gib den allgemeinen Funktionsterm für die drei Graphen an.

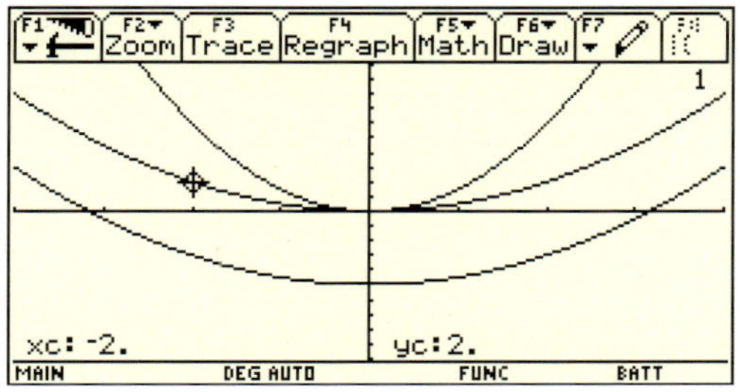

21. Die Normalparabel wird in Richtung der x-Achse mit dem Faktor 2 gestreckt, indem man bei jedem Punkt die 1. Koordinate mit 2 multipliziert und die 2. Koordinate beibehält. Zeichne den Graphen. Lies aus der Zeichnung ab, wie man den neuen Graphen aus der Normalparabel durch Strecken in Richtung der y-Achse gewinnen kann. Welchen Term hat die Funktion, die zu dem neuen Graphen gehört?

22. Gib die Lösungsmenge an.

a) $\frac{1}{2}x^2 = \frac{25}{8}$	**e)** $\frac{1}{4}y^2 = 0$	**i)** $\frac{1}{4}x^2 - \frac{1}{6}x^2 + \frac{2}{8}x^2 = 30$
b) $0{,}3z^2 = 0{,}012$	**f)** $4x^2 - 9 = 0$	**j)** $\frac{1}{3}(x^2 + 5) - \frac{1}{5}(x^2 - 1) = 4$
c) $\sqrt{5}x^2 = \sqrt{80}$	**g)** $4x^2 + 1 = 0$	**k)** $(x + 4)^2 + (x - 4)^2 = 34$
d) $\frac{1}{4}x^2 = 25$	**h)** $0{,}24x^2 - 6 = 0$	**l)** $(z + 5) \cdot (z - 8) = -3(z + 8)$

Fallschirmspringen, Freizeit- und Wettkampfsportart, die zum Flugsport gerechnet wird. Die Entwicklung neuer Trainingsmethoden und besserer Ausrüstung hat zur Sicherheit und Freude an diesem Sport beigetragen. Heute springen Fallschirmspringer in der Regel aus einer Höhe von etwa 3 500 Metern ab, und der freie Fall endet bei 700 Metern. In dieser Höhe wird der Fallschirm geöffnet.

23. Beim freien Fall gilt für die zurückgelegte Strecke s (in m) in Abhängigkeit von der Fallzeit t (in s) näherungsweise: $s = 3t^2$. Berechne, nach welcher Fallzeit der Fallschirmspringer den Fallschirm öffnen muss.

5.5 Strecken und Verschieben der Normalparabel

Aufgabe 1

Zeichne die Normalparabel. Führe hintereinander die folgenden Abbildungen aus:
(1) Verschieben um 2 Einheiten nach rechts;
(2) Strecken parallel zur y-Achse mit dem Faktor 2,5;
(3) Verschieben um 1,4 Einheiten nach oben.
Durch das Hintereinanderausführen (Verketten) der Abbildungen erhältst du schließlich den Graphen einer neuen Funktion f. Bestimme den Funktionsterm von f.
Welche Koordinaten hat der Scheitelpunkt des Graphen von f?
Gib den Funktionsterm auch in der Form $f(x) = ax^2 + bx + c$ an.

Lösung

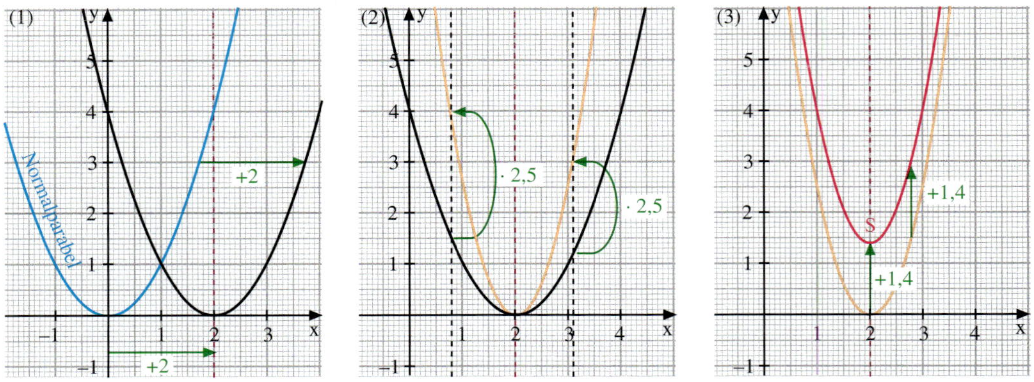

(1) Die nach rechts verschobene Normalparabel gehört zu einer Funktion f_1 mit dem Term:
$f_1(x) = (x - 2)^2$
(2) Beim Strecken des Graphen von f_1 wird die 2. Koordinate eines jeden Punktes mit dem Faktor 2,5 multipliziert. Der Funktionsterm lautet daher:
$f_2(x) = 2{,}5 \cdot (x - 2)^2$
(3) Das Verschieben nach oben vergrößert jeden Funktionswert um 1,4. Die Funktion f hat daher den Funktionsterm:
$f(x) = 2{,}5 \cdot (x - 2)^2 + 1{,}4$

Die Koordinaten des Scheitelpunktes S lassen sich aus dem Funktionsterm ablesen: $S(2 \mid 1{,}4)$.
Die Symmetrieachse des Graphen hat die Gleichung $x = 2$.
Durch Umformen erhält man:

$$\begin{aligned} f(x) &= 2{,}5 \cdot (x - 2)^2 + 1{,}4 \\ &= 2{,}5 \cdot (x^2 - 4x + 4) + 1{,}4 \\ &= 2{,}5x^2 - 10x + 11{,}4 \end{aligned}$$

Information

(1) Quadratische Funktion

Definition
Eine Funktion f mit dem Term $f(x) = ax^2 + bx + c$ und $a \neq 0$ heißt **quadratische Funktion.**

Anmerkung: Die Definitionsmenge einer quadratischen Funktion ist die Menge ℝ aller reellen Zahlen (falls nichts anderes vereinbart wird).

(2) Scheitelpunktform des Funktionsterms einer quadratischen Funktion

Durch Verschieben der Normalparabel um d Einheiten parallel zur x-Achse, Strecken parallel zur y-Achse mit dem Faktor a und Verschieben parallel zur y-Achse um e Einheiten erhält man den Graphen einer Funktion f, deren Term sich schreiben lässt in der Form:

$f(x) = a \cdot (x - d)^2 + e$

Dies ist die *Scheitelpunktform* des Funktionsterms. Aus ihr kann man die Koordinaten des Scheitelpunktes ablesen: $S(d|e)$.
Durch Umformen erhält man, dass f eine quadratische Funktion ist:

$$\begin{aligned} f(x) &= a \cdot (x - d)^2 + e \\ &= a \cdot (x^2 - 2dx + d^2) + e \\ &= \underbrace{ax^2}\, \underbrace{- 2adx}\, + \underbrace{ad^2 + e} \\ &= ax^2 \quad + bx \quad + \quad c \qquad \text{mit } b = -2ad \text{ und } c = ad^2 + e \end{aligned}$$

Satz

Man erhält den Graphen einer quadratischen Funktion f mit $f(x) = a(x - d)^2 + e$, indem man die Normalparabel nacheinander

- um d Einheiten parallel zur x-Achse verschiebt;
- parallel zur y-Achse mit dem Faktor a streckt;
- um e Einheiten parallel zur y-Achse verschiebt.

Der Scheitelpunkt des Graphen ist $S(d|e)$.

(3) Parabel

Ein Graph, der sich aus der Normalparabel durch Verschieben und Strecken erzeugen lässt, wird wegen seiner Verwandtschaft mit der Normalparabel allgemein (quadratische) **Parabel** genannt.

Weiterführende Aufgaben

2. *Von $ax^2 + bx + c$ zur Scheitelpunktform*

Die quadratische Funktion hat den Term:

a) $f(x) = 3x^2 - 6x + 6$

b) $f(x) = -\frac{1}{4}x^2 + \frac{1}{4}x - 1$

c) $f(x) = ax^2 + bx + c$ mit $a \neq 0$

Forme den Funktionsterm wie im Beispiel rechts in die Scheitelpunktform um. Gib an, wie man den Graphen von f aus der Normalparabel erzeugen kann.
Notiere die Koordinaten des Scheitelpunktes und die Gleichung der Symmetrieachse.

$$\begin{aligned} f(x) &= -\tfrac{4}{3}x^2 - 4x + 1 \\ &= -\tfrac{4}{3} \cdot [x^2 + 3x] + 1 \\ &= -\tfrac{4}{3} \cdot \left[x^2 + 3x + \left(\tfrac{3}{2}\right)^2 - \left(\tfrac{3}{2}\right)^2\right] + 1 \\ &= -\tfrac{4}{3} \cdot \left[x^2 + 3x + \left(\tfrac{3}{2}\right)^2\right] + \tfrac{4}{3} \cdot \left(\tfrac{3}{2}\right)^2 + 1 \\ &= -\tfrac{4}{3} \cdot \left(x + \tfrac{3}{2}\right)^2 + 4 \end{aligned}$$

Der Graph von f hat den Scheitelpunkt $S\left(-\frac{3}{2}\middle|4\right)$.

Die Symmetrieachse hat die Gleichung $x = -\frac{3}{2}$.

3. *Öffnung des Graphen nach oben oder unten*

a) Zeichne die Graphen der quadratischen Funktionen mit
$f_1(x) = 0{,}6x^2 - 1{,}2x + 1$; $\quad f_2(x) = -1{,}4x^2 + 5{,}6x - 3{,}6$.
Bestimme die Koordinaten der Scheitelpunkte. Welche Parabel ist nach unten geöffnet?

b) Die quadratische Funktion f hat den Term $f(x) = a \cdot (x - d)^2 + e$ mit $a \neq 0$.
Untersuche, unter welcher Bedingung der Scheitelpunkt $S(d|e)$ der höchste Punkt ist und unter welcher Bedingung S der tiefste Punkt des Graphen ist.

Satz

Der Graph einer jeden quadratischen Funktion f mit $f(x) = ax^2 + bx + c$ $(a \neq 0)$ ist eine Parabel, deren Symmetrieachse die Parallele zur y-Achse durch den Scheitelpunkt ist.
Der Graph von f ist nach oben geöffnet, falls $a > 0$, nach unten geöffnet, falls $a < 0$.

4. *Allgemeine quadratische Gleichung – Normalform*

Führe wie im Beispiel die allgemeine quadratische Gleichung $3x^2 - 15x - 42 = 0$ zunächst auf die Form $x^2 + px + q = 0$ zurück. Wende dann das schon bekannte Lösungsverfahren mit quadratischer Ergänzung an.

$$2x^2 - 10x + 8 = 0 \quad | :2$$
$$x^2 - 5x + 4 = 0$$

Zum Lösen einer *allgemeinen quadratischen Gleichung* $ax^2 + bx + c = 0$ mit beliebigem $a \neq 0$ führt man diese Gleichung erst auf die *Normalform* $x^2 + px + q = 0$ der quadratischen Gleichung zurück: $x^2 + \frac{b}{a}x + \frac{c}{a} = 0$.
Dann kann man das Verfahren der quadratischen Ergänzung anwenden.

Übungsaufgaben

5. Versuche, eine Funktionsgleichung für den gezeichneten Graphen zu finden.
Überlege dann, mit welchen Abbildungen du den Graphen aus der Normalparabel erhalten kannst.

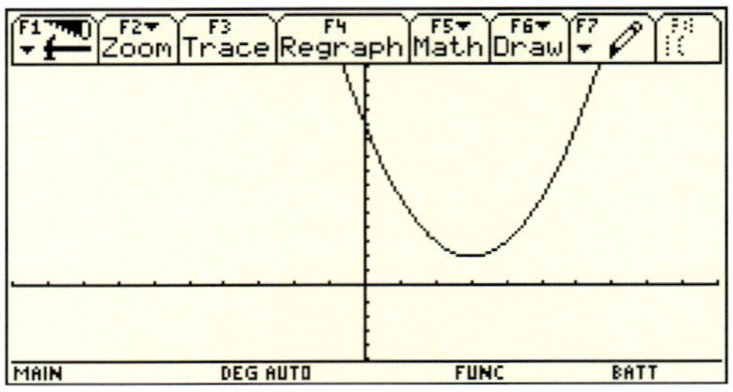

6. Zeichne die Normalparabel. Führe hintereinander die angegebenen Abbildungen aus. Skizziere schrittweise die Graphen. Du erhältst schließlich den Graphen einer neuen Funktion f. Welche Koordinaten hat der Scheitelpunkt des Graphen von f? Notiere den Funktionsterm von f.

a) (1) Verschieben um 4 Einheiten nach rechts;
(2) Strecken in Richtung der y-Achse mit dem Faktor (–2);
(3) Verschieben um 4,5 Einheiten nach unten.

b) (1) Verschieben um 2,5 Einheiten nach links;
(2) Strecken in Richtung der y-Achse mit dem Faktor 0,3;
(3) Spiegeln an der x-Achse;
(4) Verschieben um 5 Einheiten nach oben.

7. a) Die Normalparabel wird um 1 Einheit nach links verschoben, dann in Richtung der y-Achse mit dem Faktor (–1,5) gestreckt, schließlich um 4 Einheiten nach oben verschoben.
Notiere den Term der zugehörigen Funktion in der Form $f(x) = ax^2 + bx + c$.
Gib den Scheitelpunkt des Graphen und die Gleichung der Symmetrieachse an.

b) Ändere in Teilaufgabe a) die Reihenfolge der Abbildungen:
(1) erst nach links verschieben, dann nach oben verschieben, zum Schluss strecken;
(2) erst nach oben verschieben, dann nach links verschieben, zum Schluss strecken;
(3) erst nach oben verschieben, dann strecken, zum Schluss nach links verschieben;
(4) erst strecken, dann nach links verschieben, zum Schluss nach oben verschieben;
(5) erst strecken, dann nach oben verschieben, zum Schluss nach links verschieben.

8. Gehe von der Normalparabel aus. Führe mithilfe von Skizzen zwei der folgenden Abbildungen hintereinander aus:
(1) Verschieben in Richtung der x-Achse um 3 Einheiten nach rechts;
(2) Verschieben in Richtung der y-Achse um 2 Einheiten nach oben;
(3) Spiegeln an der x-Achse;
(4) Strecken in Richtung der y-Achse mit dem Faktor 2,5.
Bei welchem Paar von Abbildungen erhält man beim Vertauschen der Reihenfolge am Schluss unterschiedliche Graphen?

9. Beschreibe, wie man den Graphen von f schrittweise aus der Normalparabel gewinnen kann. Gib an, ob die Parabel nach oben oder nach unten geöffnet ist. Skizziere die einzelnen Parabeln. Notiere den Funktionsterm in der Form $f(x) = ax^2 + bx + c$.

a) $f(x) = 3 \cdot (x - 2{,}5)^2 - 4{,}5$ **b)** $f(x) = -0{,}2 \cdot (x + 3)^2 + 1$ **c)** $f(x) = -1{,}5x^2 - 2$

10. Die Scheitelpunktform des Funktionsterms gestattet eine schnelle Zeichnung des Graphen.

a) Erläutere das Vorgehen rechts und führe es durch.

b) Zeichne ebenso die Graphen zu:
(1) $g(x) = 2(x + 1)^2 + 3$
(2) $h(x) = -\frac{3}{2}(x + 4)^2 - 3$
(3) $k(x) = -(x + 1)^2 - 2$
(4) $m(x) = -\frac{1}{2}(x + 2)^2 + 1$

Zeichnen des Graphen zu $f(x) = \frac{1}{2}(x - 3)^2 - 1$
- Zeichne den Scheitelpunkt $S(3 \mid -1)$.
- Gehe von S aus 1 nach rechts [links] und $\frac{1}{2} \cdot 1$ nach oben.
- Gehe von S aus 2 nach rechts [links] und $\frac{1}{2} \cdot 4$ nach oben.

11. Der Graph der quadratischen Funktion f hat S als Scheitelpunkt und geht durch den Punkt P. Bestimme den Funktionsterm von f in der Form $f(x) = ax^2 + bx + c$.
Ist der Scheitelpunkt der höchste oder der tiefste Punkt der Parabel?
Hinweis: Stelle den Term zunächst in der Scheitelpunktform $a(x - d)^2 + e$ auf.

a) $S(3 \mid -1)$; $P(1 \mid 5)$ **b)** $S(-2{,}5 \mid 3)$; $P(0 \mid -1)$ **c)** $S(1{,}5 \mid 0)$; $P(5{,}5 \mid 1)$

12. Forme den Funktionsterm um in die Scheitelpunktform $a(x - d)^2 + e$. Notiere dann die Koordinaten des Scheitelpunktes. Ist die Parabel nach oben oder nach unten geöffnet?

a) $f(x) = \frac{1}{2}x^2 - 5x + 8$ **d)** $f(x) = -3x^2 - 6x + 9$ **g)** $f(x) = x^2 - 4x + 3{,}5$
b) $f(x) = -2x^2 + 6x - 2{,}5$ **e)** $f(x) = -3x^2 + 6x + 5$ **h)** $f(x) = -x^2 + \frac{1}{3}x$
c) $f(x) = \frac{3}{2}x^2 - 8x + \frac{5}{2}$ **f)** $f(x) = \frac{1}{2}x^2 + 5x$ **i)** $f(z) = -1{,}5z^2 - 6z - 7{,}5$

13. Kontrolliere die Hausaufgaben zur Scheitelpunkts-Bestimmung.

Anna
$f(x) = \frac{2}{3}x^2 + 4x + 2$
$= \frac{2}{3}(x+2)^2 - 4 + 2$
$= \frac{2}{3}(x+2)^2 - 2$
$S(-2 \mid -2)$

Boris
$g(x) = 2x^2 - 8x - 2$
$= 2(x^2 - 4x - 1)$
$= 2((x-2)^2 - 5)$
$S(2 \mid -5)$

Corina
$h(x) = \frac{1}{2}x^2 - 3x + 1$
$= \frac{1}{2}(x^2 - 6x + 2)$
$= \frac{1}{2}((x-3)^2 - 7)$
$S(3 \mid -3{,}5)$

David
$i(x) = -\frac{1}{3}x^2 - 4x^2 + 1$
$= -\frac{1}{3}[x^2 - 12x]$
$= -\frac{1}{3}[(x-6)^2 - 36]$
$= -\frac{1}{3}(x-6)^2 + 12$
$S(-6 \mid 12)$

14. Die quadratische Funktion f hat den Term:

a) $f(x) = -x^2 + 2x + 1$ **b)** $f(x) = \frac{1}{4}x^2 - x + 2$ **c)** $f(x) = \frac{3}{2}x^2 + \frac{x}{2}$

Bestimme die Koordinaten des Scheitelpunktes des Graphen von f. Welche der folgenden Punkte liegen auf dem Graphen?

$P_1(0|1)$; $P_2(0|2)$; $P_3(1|2)$; $P_4(2|1)$; $P_5(-2|5)$; $P_6(0|0)$

15. Die quadratische Funktion f hat die Gleichung $y = (x + 2)^2$. Mit welchem Faktor muss man den Graphen von f in Richtung der y-Achse strecken, damit der Graph der neuen Funktion f_1 die y-Achse im Punkt $P(0|1)$ schneidet? Notiere die Gleichung von f_1.

16. Notiere den Funktionsterm in der Scheitelpunktform und in der Form $ax^2 + bx + c$.

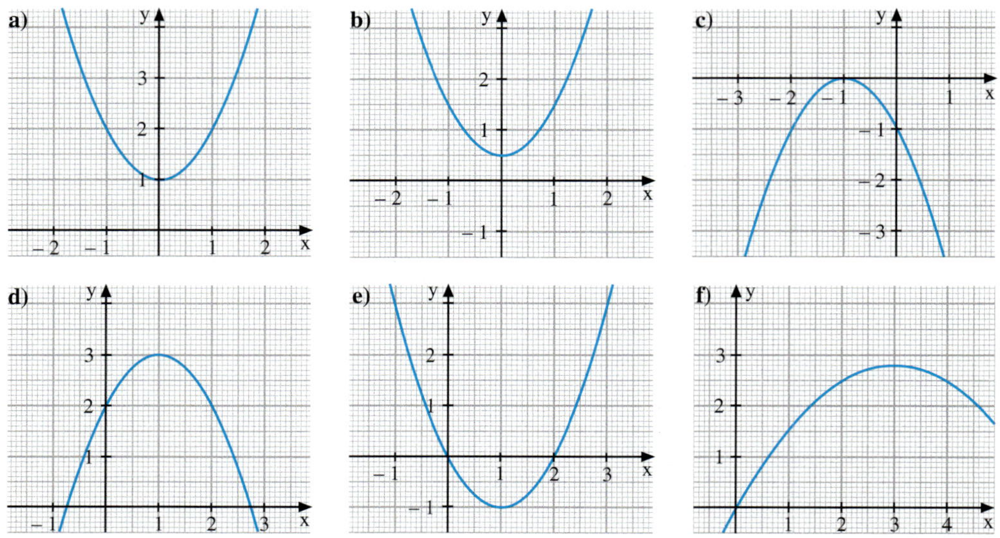

17. Gegeben sind Eigenschaften des Graphen einer quadratischen Funktion mit dem Term $f(x) = ax^2 + bx + c$. Gib verschiedene Funktionsgleichungen an. Kontrolliere mit dem Rechner.

a) Der Graph ist eine nach unten geöffnete und gestreckte Parabel. Der Scheitelpunkt liegt im 4. Quadranten.

b) Die gestauchte Parabel fällt für $x < 12$ und steigt für $x > 12$. Der kleinste Funktionswert ist 8.

c) Der Graph ist keine Normalparabel. Die Gleichung der Symmetrieachse ist $x = -9{,}8$.

d) Der Scheitelpunkt liegt auf der x-Achse. Der Schnittpunkt mit der y-Achse liegt bei $(0|16)$.

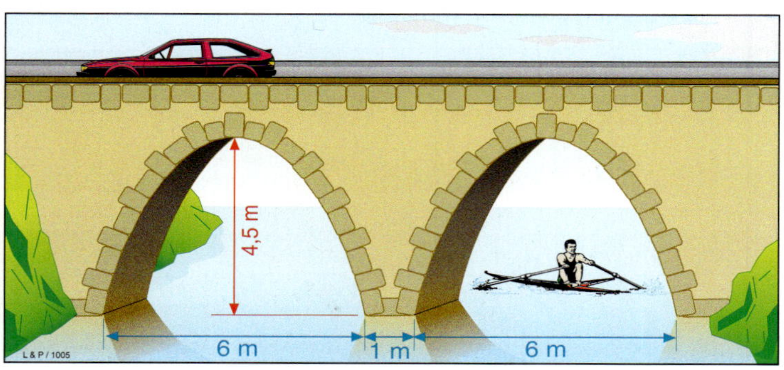

18. Die beiden Bögen einer Brücke sollen parabelförmig sein.
Führe ein geeignetes Koordinatensystem ein und bestimme die Gleichungen der beiden Parabeln.

19. Der Graph der quadratischen Funktion geht durch die Punkte $P(0|5)$, $Q(3|2)$ und $R(5|10)$.
Bestimme die Funktionsgleichung.

20. Bestimme mithilfe der quadratischen Ergänzung die Lösungsmenge.

a) $3x^2 + 24x + 21 = 0$ **c)** $\frac{1}{4}x^2 + 3x - 7 = 0$ **e)** $9y^2 - 24y + 7 = 0$

b) $2x^2 + 2x - 12 = 0$ **d)** $0{,}1y^2 + y + 2{,}4 = 0$ **f)** $\frac{1}{3}z^2 - 5z + 18 = 0$

21. **a)** $\frac{1}{2}x^2 - 7x + 12 = 0$ **d)** $2x^2 - 28x + 80 = 0$ **g)** $\frac{1}{2}x^2 + 4x + 10 = 0$

b) $5x^2 - 20x + 15 = 0$ **e)** $0{,}1y^2 + 1{,}5y - 3{,}4 = 0$ **h)** $140z + 98 + 50z^2 = 0$

c) $0{,}2z^2 + 3z - 20 = 0$ **f)** $5x^2 - 8x + 3 = 0$ **i)** $36 + 15y^2 - 51y = 0$

22. Für den Benzinverbrauch B (in *l* pro 100 km) in Abhängigkeit von der im 5. Gang gefahrenen Geschwindigkeit v (in $\frac{km}{h}$) gilt:
$B = 0{,}001\,v^2 - 0{,}1\,v + 6{,}3$

a) Bei welcher Geschwindigkeit beträgt der Benzinverbrauch 7 *l* pro 100 km?

b) Wie stark muss man die Geschwindigkeit erniedrigen, damit der Benzinverbrauch um 1 *l* pro 100 km gesenkt wird?

23. Micha spritzt mit einem Wasserschlauch im Garten. Bei bestimmter Haltung und Wasserdruck bewegt sich das Wasser auf einer Parabel mit der Gleichung
$y = -\frac{1}{9}(x - 3)^2 + 2.$
Zeichne die Bahn des Wasserstrahls. Wie weit spritzt Micha?

24. Die quadratische Funktion f hat den Term:

a) $f(x) = x^2 - 4$ **c)** $f(x) = x^2 - 4x$ **e)** $f(x) = -\frac{1}{2}x^2 + 2x$ **g)** $f(x) = \frac{1}{3}x^2 + 2x + \frac{5}{3}$

b) $f(x) = x^2 + 1$ **d)** $f(x) = x^2 - 2x$ **f)** $f(x) = 2x^2 + 4x$ **h)** $f(x) = -\frac{3}{2}x^2 + 6x + 3$

(1) Zeichne den Graphen von f und auch dessen Symmetrieachse.
(2) Lies aus der Zeichnung die gemeinsamen Punkte des Graphen mit der x-Achse ab. Wie liegen diese Punkte bezüglich der Symmetrieachse?
(3) Berechne die Nullstellen der Funktion und vergleiche das Ergebnis mit (2).

25. Berechne zunächst die Nullstellen der Funktion mit der Gleichung. Beantworte dann mithilfe der Nullstellen folgende Fragen:

(1) Welche Symmetrieachse besitzt der Graph?
(2) Welcher Punkt ist Scheitelpunkt des Graphen? Ist der Graph nach oben oder nach unten geöffnet? Ist der Scheitelpunkt höchster oder tiefster Punkt des Graphen?
(3) Welchen Punkt P_1 hat der Graph mit der y-Achse gemeinsam? Welcher Punkt P_2 des Graphen hat die gleiche 2. Koordinate wie P_1?

a) $y = x^2 - 10x + 9$ **d)** $y = -2x^2 + 6x - 2{,}5$ **g)** $y = \frac{3}{5}x^2 + 3x - 3$

b) $y = x^2 + 6x + 9$ **e)** $y = x^2 + 3{,}2x - 1{,}44$ **h)** $y = -\frac{2}{3}x^2 + 6x + 16$

c) $y = \frac{3}{4}x^2 + 6x + 9$ **f)** $y = x^2 - 2{,}4x - 0{,}81$ **i)** $s = \frac{1}{4}t^2 - t$

PLOT **26.** Gegeben sind Gleichungen quadratischer Funktionen der Form $y = ax^2 + bx + c$.

a) Stelle die Graphen der Funktionen mit einem grafikfähigen Taschenrechner so dar, dass sie gut zu sehen sind.

b) Skizziere die Graphen und notiere die eingestellten Window-Werte.

c) Gib die Eigenschaften der Graphen (Scheitelpunkt, Schnittpunkte mit der x-Achse, Steigen und Fallen des Graphen, Gleichung der Symmetrieachse) an.

(1) $y = 2x^2 + 13x - 23$

(2) $y = 0{,}023x^2 + 3{,}2x - 12{,}2$

(3) $y = -56x^2 + 6{,}4x + 0{,}56$

(4) $y = 234x^2 - 28x + 107$

27. Die quadratische Funktion f hat den Term $f(x) = x^2 + 8x + r$. Gib für r eine Zahl an, sodass f

a) zwei Nullstellen, **b)** genau eine Nullstelle, **c)** keine Nullstelle hat.

28. In welchem Bereich steigt der Graph der quadratischen Funktion, in welchem Bereich fällt der Graph? In welchem Bereich liegen Punkte des Graphen oberhalb, in welchem Bereich unterhalb der x-Achse?

a) $y = 2 \cdot [(x-1)^2 - 36]$

b) $y = -(x + 2{,}5)^2 + 1$

c) $y = -4x^2 - 80x - 375$

d) $y = -\frac{1}{5}x^2 + 9x - 100$

e) $y = -0{,}3x^2 - 1{,}2x + 0{,}3$

f) $w = \frac{2}{5}v^2 - 4v + 14$

29. Wird aus einem Flugzeug in der Höhe h (in m) mit der Geschwindigkeit v (in $\frac{m}{s}$) ein Gegenstand abgeworfen, so bewegt er sich näherungsweise auf einer Parabel mit der Gleichung $y = -\frac{5}{v^2}x^2 + h$. Dabei bezeichnet y die Höhe des Körpers und x die Entfernung von der Abwurfstelle.

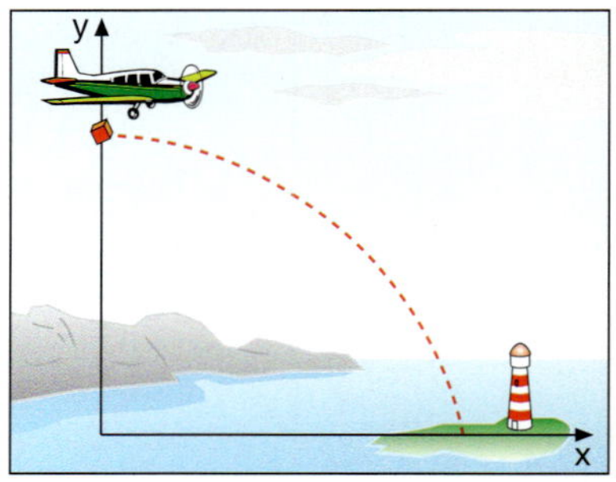

a) Ein Flugzeug fliegt mit der Geschwindigkeit $6\,\frac{m}{s}$ und wirft in einer Höhe von 400 m ein Versorgungspaket ab. In welcher Entfernung von der Abwurfstelle landet das Paket?

b) Löse Teilaufgabe a) für eine doppelt so große (1) Höhe; (2) Geschwindigkeit. Was stellst du fest?

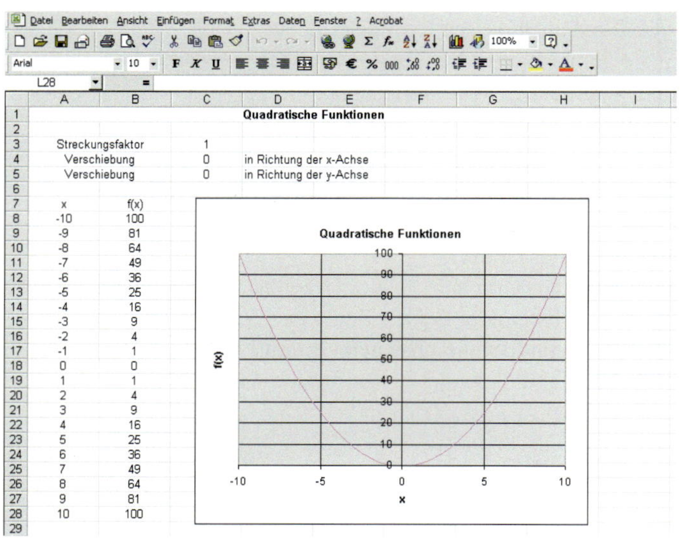

30. Erstelle ein Arbeitsblatt in deiner Tabellenkalkulation, in das man den Streckungsfaktor a, die Verschiebung in x-Richtung und die Verschiebung in y-Richtung eingeben kann.
TAB
Erstelle eine Wertetabelle für die Funktion $f(x) = a(x - d)^2 + e$.
Achte beim Rückgriff auf a, d und e auf die direkte Adressierung. Zeichne ein (Punkt-)Diagramm. Verändere den Streckungsfaktor [die Verschiebungen].
(*Hinweis:* Es ist günstig, die Achsen *fest* zu skalieren.)

Im Blickpunkt

Im Blickpunkt

Bremsen und Anhalten von Fahrzeugen

Zu hohe Geschwindigkeit ist die Unfallursache Nr.1!

Stuttgart: Hohe Geschwindigkeit ist nach einem Bericht des ADAC die häufigste Unfallursache. Auf die Frage der Polizei, wie es zu dem Unfall kam, kommt häufig von dem am Unfall Beteiligten: „Ich hab' das andere Fahrzeug zu spät gesehen, konnte nicht mehr rechtzeitig bremsen."

Hier erfährst du mehr zum Thema Bremsen und Anhalten. In einem Lehrbuch für Fahrschulen ist eine einfache Faustformel für die Länge des Bremsweges eines Autos angegeben:

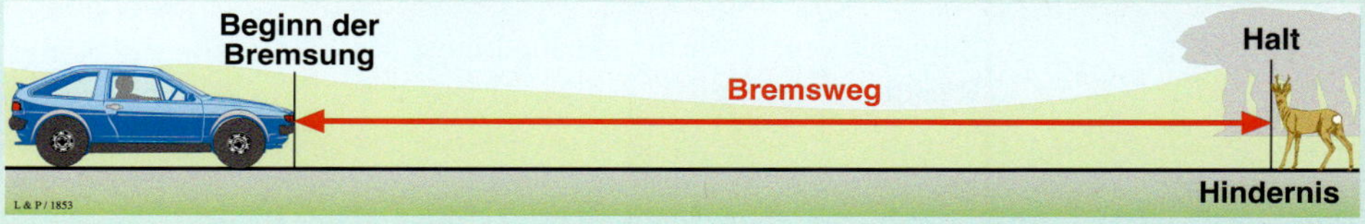

Vom Niedertreten des Bremspedals bis zum Stillstand des Fahrzeugs legt es einen bestimmten Weg zurück. Dieser Weg wird Bremsweg genannt. Für seine Länge gilt die Faustformel:

$$\text{Bremsweg (in m)} = \frac{\text{Geschwindigkeit (in } \frac{\text{km}}{\text{h}}\text{)}}{10} \cdot \frac{\text{Geschwindigkeit (in } \frac{\text{km}}{\text{h}}\text{)}}{10}$$

In Wirklichkeit hängt der Bremsweg natürlich noch vom Fahrzeug und den Straßenverhältnissen ab.

Die Bremsweglänge s_B eines Fahrzeugs lässt sich nach der Formel rechts ungefähr berechnen. Die Variable a steht für den so genannten Verzögerungswert. Dieser hängt von der Fahrbahnbeschaffenheit und der Fahrzeugart ab.

$$s_B \text{ (in m)} = \frac{(v \text{ in } \frac{\text{km}}{\text{h}})^2}{26 \cdot a}$$

Fahrbahnbeschaffenheit	Verzögerungswert a für PKW ohne ABS
trocken	8
nass	4
schneebedeckt	2
vereist	1

Fahrzeugart	Verzögerungswert a (trockene Fahrbahn)
Pkw	8
Pkw mit ABS	9,6
Motorrad, Roller	5,8
Fahrrad	3,2

L & P / 1890

1. a) Berechne für die Geschwindigkeiten 25 $\frac{km}{h}$, 50 $\frac{km}{h}$, 100 $\frac{km}{h}$ und 130 $\frac{km}{h}$ die Länge s_B des Bremsweges für verschiedene Fahrbahnoberflächen und (sinnvolle) Fahrzeuge. Verwende auch die Faustformel.
Hinweis: Rechne ohne Einheiten.

b) Untersuche, wie sich eine Verdoppelung der Geschwindigkeit auf die Länge des Bremsweges auswirkt.

2. Zeichne in ein Koordinatensystem die Graphen für die Zuordnung *Geschwindigkeit → Länge des Bremsweges* für Bremswege bei trockener, nasser, schneebedeckter und vereister Straßenoberfläche.
Vergleiche die Bremsweglängen mit den nach der Faustformel berechneten.

3. Vom Erkennen einer Gefahr bis zum vollen Ansprechen der Bremse vergeht beim geübten aufmerksamen Fahrer etwa eine Sekunde, die so genannte Schrecksekunde. In dieser Zeit fährt das Auto ungebremst weiter; den dabei zurückgelegten Weg nennt man *Reaktionsweg*.

a) Die Fahrschul-Faustformel für die Länge des Reaktionsweges s_R lautet:

> **Der Reaktionsweg**
> Vom Sehen eines Hindernisses bis zum Niedertreten des Bremspedals legt das Fahrzeug einen bestimmten Weg zurück. Dieser Weg wird Reaktionsweg genannt. Für seine Länge gilt die Faustregel:
>
> Reaktionsweg in m = (Geschwindigkeit in $\frac{km}{h}$: 10) mal 3

Zeichne den Graphen der Zuordnung *Geschwindigkeit* (in $\frac{km}{h}$) → *Reaktionsweg* (in m).

b) Berechne genau die Länge des Weges s_R, den ein Fahrzeug mit der Geschwindigkeit $v = 50\ \frac{km}{h}$ in einer Sekunde zurücklegt.

c) Zeige allgemein für die genaue Länge des Reaktionsweges gilt:

$$s_R \text{ (in m)} = \frac{v \text{ in } \frac{km}{h}}{3{,}6}$$

Zeichne zum Vergleich den Graphen zusätzlich in das Diagramm aus Teilaufgabe a) ein.

4.

> **Der Anhalteweg**
> Der Anhalteweg s_A ist der Weg vom Erkennen einer Gefahr bis zum Stillstand des Fahrzeugs:
>
> Länge des Anhalteweges = Länge des Reaktionsweges + Länge des Bremsweges

a) Zeige: $s_A \text{ (in m)} = \frac{v \text{ in } \frac{km}{h}}{3{,}6} + b \cdot \left(v \text{ in } \frac{km}{h}\right)^2$ mit einem Faktor b, der vom Verzögerungswert a abhängt.

b) Zeichne den Graphen der Funktion
Geschwindigkeit (in $\frac{km}{h}$) → *Länge des Anhalteweges* (in m)
bei (1) trockener Straße, (2) bei nasser Straße.

c) Lies aus dem Graphen die Länge der Anhaltewege für folgende Fahrzeuge ab:
Fahrrad ($15\ \frac{km}{h}$), Roller ($25\ \frac{km}{h}$; $50\ \frac{km}{h}$), Pkw ($80\ \frac{km}{h}$, $100\ \frac{km}{h}$, $130\ \frac{km}{h}$).

d) Vergleiche für die in Teilaufgabe c) angegebenen Geschwindigkeiten jeweils die Reaktionslänge mit der Bremsweglänge.

5. Du fährst mit einem **a)** Fahrrad ($v = 15\ \frac{km}{h}$); **b)** Roller ($v = 25\ \frac{km}{h}$).
Berechne den Sicherheitsabstand zu einem vorausfahrenden Pkw, der die gleiche Geschwindigkeit wie du hat. Bedenke, dass du erst auf die Bremsleuchten des Pkw reagierst.

5.6 Optimierungsprobleme mit quadratischen Funktionen

Einführung

An einer Bretterwand soll ein rechteckiger Lagerplatz durch einen Drahtzaun abgegrenzt werden. Es stehen nur 19 m Drahtzaun zur Verfügung; der Lagerplatz soll dabei möglichst groß sein.
In welchem Abstand von der Wand müssen die Eckpfosten P und Q gesetzt werden?
Wie groß ist der Flächeninhalt des Lagerplatzes dann?

(1) Aufstellen einer Funktionsgleichung

Wir modellieren den Lagerplatz als Rechteck, die Zaunlänge als Summe dreier Seitenlängen. Dabei vernachlässigen wir z. B., dass die Zaunlänge größer ist, da der Zaun um die Pfosten gelegt wird.

Wir stellen zunächst einen Term für den Flächeninhalt des Lagerplatzes auf:
Abstand eines Eckpfostens von der Wand (in m): x
Abstand der beiden Eckpfosten voneinander (in m): $19 - 2 \cdot x$
Flächeninhalt A des Lagerplatzes (in m^2) $A = x \cdot (19 - 2x)$

Da der doppelte Abstand eines Eckpfostens von der Wand nicht größer als die Gesamtlänge des Zauns sein kann, gilt: $2x \leq 19$.
Es ist also die einschränkende Bedingung $0 \leq x \leq 9{,}5$ zu beachten.

(2) Bestimmen von Näherungswerten mithilfe eines Graphen

Um herauszufinden, zu welcher Zahl x der größte Wert von $x \cdot (19 - 2x)$ gehört, zeichnen wir zunächst mithilfe der Wertetabelle den entsprechenden Graphen.

Wertetabelle:

x	$x \cdot (19 - 2x)$
0	0
1	17
2	30
3	39
4	44
5	45
6	42
7	35
8	24
9	9

Graph:

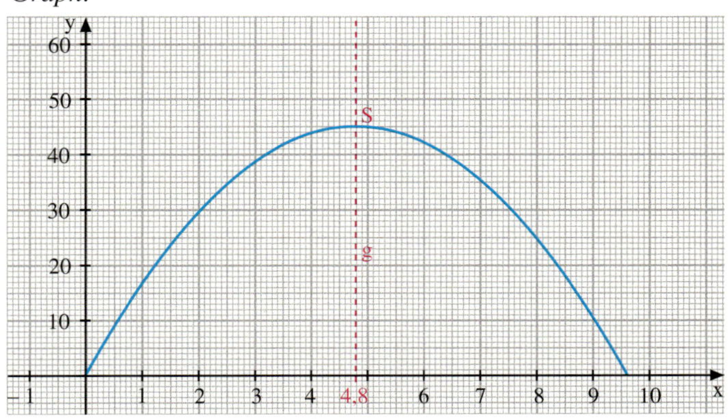

Aus dem Graphen lesen wir ab:
Der Scheitelpunkt ist der höchste Punkt des Graphen.
Der größte Funktionswert ist etwa 45, dieser wird etwa an der Stelle 4,8 angenommen.
Das bedeutet:
Die Eckpfosten müssen im Abstand von etwa 4,8 m von der Wand gesetzt werden. Der größtmögliche Flächeninhalt des Lagerplatzes beträgt etwa 45 m^2.

(3) Berechnen der genauen Werte

Die Funktion f mit $f(x) = x \cdot (19 - 2x) = -2x^2 + 19x$ ist eine quadratische Funktion. Da der Abstand x nicht negativ ist und höchstens 9,5 cm groß ist, gibt es eine einschränkende Bedingung: $0 \le x \le 9{,}5$.
Der Graph ist Teil einer Parabel. Die Symmetrieachse g dieser Parabel verläuft parallel zur y-Achse. Dann liegen auch die gemeinsamen Punkte von Parabel und x-Achse symmetrisch zu g. Die gemeinsamen Punkte bestimmen wir mithilfe der Nullstellen von f; diese liegen bei 0 und 9,5.
Die Mitte zwischen den Nullstellen 0 und 9,5 muss die x-Koordinate des Scheitels S der Parabel sein, nämlich 4,75.
Die y-Koordinate von S ist der größtmögliche Funktionswert, er wird an der Stelle 4,75 angenommen: $f(4{,}75) = 4{,}75 \cdot (19 - 2 \cdot 4{,}75) = 45{,}125$
Das bedeutet: Der genaue Wert für den gesuchten Abstand ist 4,75 m, der genaue Wert für den größten Flächeninhalt ist 45,125 m².

Weiterführende Aufgaben

1. *Bestimmen des Extremwertes mithilfe der Scheitelpunktform des Terms*

In der Einführung haben wir den größtmöglichen Funktionswert mithilfe der symmetrischen Lage der Nullstellen der Funktion f bestimmt. Man kann die Koordinaten des Scheitelpunktes auch bestimmen, indem man den Term der quadratischen Funktion in die Scheitelpunktform umformt. Führe diesen Lösungsweg durch.

2. *Bestimmen des Extremwertes mithilfe eines grafikfähigen Taschenrechners*

Auch mit einem grafikfähigen Taschenrechner kannst du näherungsweise den kleinsten bzw. größten Funktionswert einer quadratischen Funktion bestimmen.

a) Betrachte das Beispiel und untersuche, wie du bei deinem Rechner vorgehen musst.

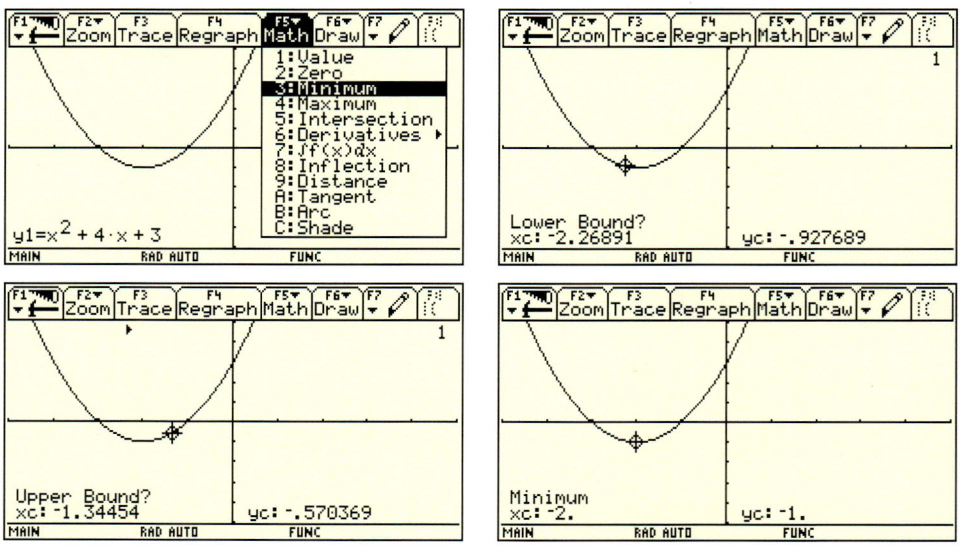

b) Ermittle entsprechend den kleinsten bzw. größten Funktionswert für
(1) $f(x) = 2x^2 - 7x + 3$ (2) $g(x) = -3x^2 + 8x - 5$ (3) $h(x) = -\frac{2}{3}x^2 + 4x - 2$

3. *Vergleich der Verfahren zum Bestimmen des Extremwertes*

Gib eine Funktion an, bei der die Bestimmung des Extremwertes mithilfe der Nullstellen

a) rechnerisch günstig, **b)** unmöglich ist.

Information

Bestimmen von kleinsten und größten Werten einer quadratischen Funktion

Der größte [kleinste] Wert einer quadratischen Funktion ist die 2. Koordinate des Scheitelpunktes der nach unten [oben] geöffneten Parabel.

1. Weg:
Man findet die Koordinaten des Scheitelpunktes, indem man den Funktionsterm in die Scheitelpunktform $a(x-d)^2+e$ umformt.
$S(d\,|\,e)$ sind dann die Koordinaten des Scheitelpunktes.

Dieser Weg ist nicht immer möglich.

2. Weg:
Wenn die quadratische Funktion zwei Nullstellen hat, findet man die 1. Koordinate des Scheitelpunktes des Graphen als Mitte zwischen den Nullstellen. Die 2. Koordinate des Scheitelpunktes ist der zugehörige Funktionswert.

Übungsaufgaben

4. **a)** Susanne will mit 6 m Maschendraht an einer Wand einen rechteckigen Auslauf für ihr Kaninchen abgrenzen.
Bestimme die Abmessungen, für die der Auslauf möglichst groß wird.

b) Susannes Schwester schlägt vor, den Auslauf zwischen der Garagenwand und dem Zaun zum Nachbargrundstück zu errichten.
Bestimme für diesen Vorschlag die günstigsten Abmessungen.

5. Bestimme den Scheitelpunkt der Parabel. Ist der Scheitelpunkt ein Hoch- oder ein Tiefpunkt?

a) $f(x)=x^2-4x-5$
b) $f(x)=-x^2+5x$
c) $f(x)=2x^2+7x$
d) $f(x)=-\frac{3}{4}x^2+\frac{9}{2}x-10$
e) $f(x)=-0{,}5x^2-0{,}9x+8$
f) $f(x)=3x^2-4x-15$
g) $f(x)=-0{,}2x^2-0{,}4x+0{,}8$
h) $f(x)=-\frac{1}{3}x^2+4x+4$
i) $f(z)=-\frac{2}{5}z^2-\frac{1}{10}z+\frac{1}{4}$

6. An welcher Stelle hat die Funktion

(1) den Funktionswert 8 [20], (2) den kleinsten bzw. größten Funktionswert?

a) $y=\frac{1}{2}x^2+8x+\frac{55}{2}$
b) $y=-4x^2+56x-172$
c) $y=-0{,}8x^2+3{,}2x+56$
d) $y=-\frac{1}{3}x^2+8x-\frac{20}{3}$
e) $y=x^2-10x+29$
f) $y=-x^2+6x+15$

7. Ein 18 cm langer Draht soll zu einem Rechteck gebogen werden. Für welche Seitenlänge x ist der Flächeninhalt

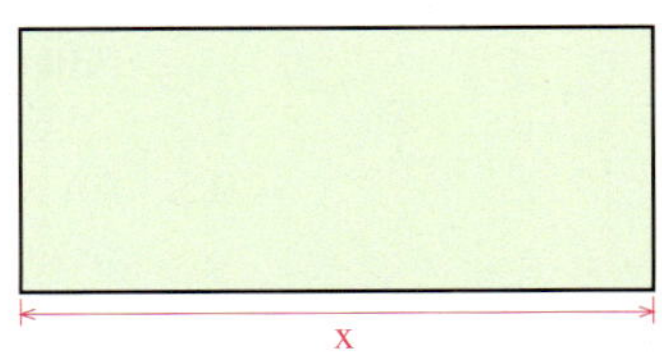

a) genau $4{,}25\ cm^2$ groß;
b) mindestens $11{,}25\ cm^2$ groß;
c) am größten und wie groß dann?

8. Für welche Zahl ist das folgende Produkt am kleinsten?

a) Produkt aus der um 6 verkleinerten Zahl und dem Dreifachen der ursprünglichen Zahl
b) Produkt aus der Zahl und dem Doppelten der Zahl vermindert um 1

9. Einem Rechteck mit den Seitenlängen 8 cm und 5 cm wird ein Parallelogramm P einbeschrieben, indem man von jedem Eckpunkt des Rechtecks aus im Uhrzeigersinn eine gleich lange Strecke abträgt. Bestimme das Parallelogramm mit dem kleinsten Flächeninhalt.
Hinweis: Stelle einen Term für den Flächeninhalt des Parallelogramms auf, indem du von dem Flächeninhalt des Rechtecks die Flächeninhalte von vier Dreiecken subtrahierst.

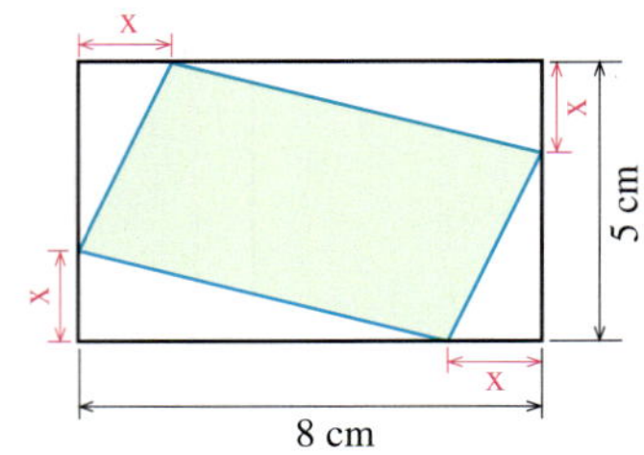

10. Einem Quadrat der Seitenlänge a wird ein neues Quadrat einbeschrieben, indem man von jedem Eckpunkt des äußeren Quadrates aus im Uhrzeigersinn eine Strecke gleicher Länge abträgt.
Bestimme das einbeschriebene Quadrat mit dem minimalen Flächeninhalt.

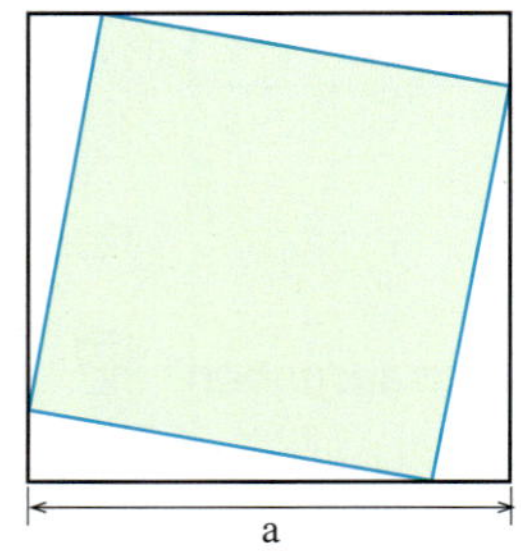

11. Die Aufführungen eines Jugendtheaters haben bei einem Eintrittspreis von 8 € durchschnittlich 200 Besucher. Eine Umfrage ergibt, dass eine Preisermäßigung um 0,50 € (bzw. 1,00 €, 1,50 €, …) die Anzahl der Zuschauer um 20 (bzw. um 40, 60, …) ansteigen lassen würde. Bestimme den Eintrittspreis, der die maximalen Einnahmen erwarten lässt.

12. Ein Elektronik-Versand verkauft monatlich 600 Digitalmultimeter zu einem Stückpreis von 50 €. Die Marketingabteilung hat herausgefunden, dass eine Preissenkung zu einer dazu proportionalen Absatzerhöhung führen würde, und zwar je 1 € Preissenkung 20 mehr verkaufte Digitalmultimeter. Bestimmt den Preis, der die maximalen Einnahmen ergibt.

13. Ein Verlag gibt eine Fachzeitschrift heraus, die zu einem jährlichen Abonnentenpreis von 60 € an 5 000 Bezieher geliefert wird. Dem Verlag entstehen jährlich auflagenunabhängige Kosten (z. B. für die Redaktion, …) in Höhe von 20 000 € und (auflagenabhängige) Kosten (z. B. für Herstellung, Vertrieb, …) in Höhe von 10 € pro Abonnement.
Durch eine Meinungsumfrage wird festgestellt, dass pro Senkung des Abonnementpreises um 1 € die Anzahl der Abonnenten um 200 ansteigen würde.
Bestimme den Abonnementpreis, der für den Verlag am günstigsten ist.

14. Für welchen Punkt P der Geraden mit der Gleichung $y = -\frac{6}{5}x + 4$ hat das Rechteck mit O und P als Eckpunkten den größten Flächeninhalt?
Anleitung: Fertige zunächst eine Zeichnung an. Nutze aus, dass die Koordinaten des Punktes P die Gleichung von g erfüllen müssen.

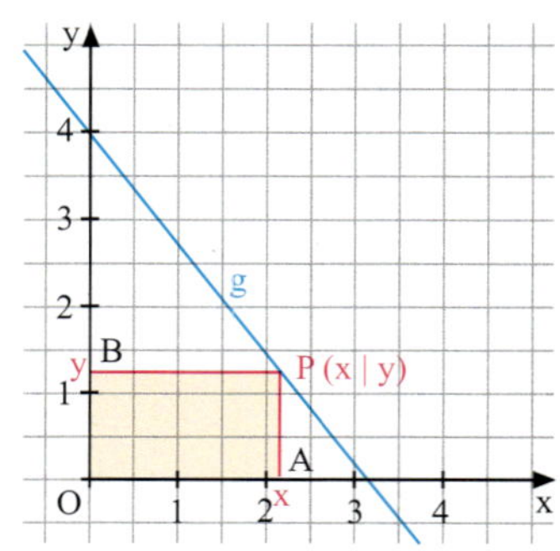

15. An welcher Stelle unterscheiden sich die Funktionswerte von $f_1(x) = 2x - 3$ und $f_2(x) = x^2 - 4x + 7$ am wenigsten voneinander? Fertige zunächst eine Zeichnung an.

16. Die Graphen der beiden Funktionen f_1 und f_2 mit $f_1(x) = -0{,}1x^2 + x$ und $f_2(x) = 0{,}5x$ begrenzen ein Flächenstück.
Bestimme diejenige Parallele zur y-Achse, die aus diesem Flächenstück die längste Strecke herausschneidet. Fertige zunächst eine Zeichnung an.

5.7 Lösen quadratischer Gleichungen – Verschiedene Wege

Aufgabe 1

Bestimme die Lösungsmenge von:

a) $3x^2 + 6x = 0$ **b)** $-4x^2 - 12x + 4 = 0$

Lösung

a) Die linke Seite der Gleichung schreiben wir als Produkt:

Ausklammern

$3x^2 + 6x = 0$

$3x \cdot (x + 2) = 0$

Wir erhalten:

$x = 0$ *oder* $x = -2$.

Also ist die Lösungsmenge:

$L = \{-2; 0\}$

Wir haben die Gleichung so umgeformt, dass wir eine Gleichung vom Typ $T_1 \cdot T_2 = 0$ erhalten haben; eine solche Gleichung lässt sich besonders einfach lösen.

b) Zunächst bringen wir die Gleichung auf Normalform, indem wir beide Seiten durch −4 dividieren:

$x^2 + 3x - 1 = 0$

Wenn der Term auf der linken Seite der Gleichung als Quadrat geschrieben werden kann, können wir die Gleichung lösen. Dafür ergänzen wir auf beiden Seiten der Gleichung einen Term, sodass dies möglich ist:

$x^2 + 3x = 1$

quadratische Ergänzung

$x^2 + 3x + \left(\frac{3}{2}\right)^2 = 1 + \left(\frac{3}{2}\right)^2$

$\left(x + \frac{3}{2}\right)^2 = \frac{13}{4}$

$x + \frac{3}{2} = \sqrt{\frac{13}{4}}$ *oder* $x + \frac{3}{2} = -\sqrt{\frac{13}{4}}$

$x = -\frac{3}{2} + \sqrt{\frac{13}{4}}$ *oder* $x = -\frac{3}{2} - \sqrt{\frac{13}{4}}$

$L = \left\{-\frac{3}{2} + \sqrt{\frac{13}{4}};\ -\frac{3}{2} - \sqrt{\frac{13}{4}}\right\}$

Information

reinquadratisch:
$ax^2 + c = 0$
mit $a \neq 0$

gemischtquadratisch:
$ax^2 + bx + c = 0$
mit $a \neq 0$ und $b \neq 0$

(1) Strategie beim Lösen gemischtquadratischer Gleichungen

Bei der Lösung von *gemischtquadratischen Gleichungen* der Form $ax^2 + bx + c = 0$ mit ($a \neq 0$, $b \neq 0$) gehen wir folgendermaßen vor:

$$ax^2 + bx + c = 0$$

↓ *: a (a ≠ 0)*

$$x^2 + px + q = 0, \text{ wobei } p = \frac{b}{a} \text{ und } q = \frac{c}{a} \text{ ist.}$$

Wenn q = 0 ist:

faktorisieren:

$x \cdot (x + p) = 0$

$x = 0$ *oder* $x = -p$

Wenn q ≠ 0 ist:

quadratische Ergänzung:

$x^2 + px = -q$

$x^2 + px + \left(\frac{p}{2}\right)^2 = -q + \left(\frac{p}{2}\right)^2$

Binomische Formel

$\left(x + \frac{p}{2}\right)^2 = -q + \left(\frac{p}{2}\right)^2$

Die Anzahl der Lösungen hängt von der rechten Seite $r = -q + \left(\frac{p}{2}\right)^2$ ab:

- Wenn dieser Term größer als 0 ist, so gibt es zwei Lösungen.
- Wenn dieser Term gleich 0 ist, so gibt es eine Lösung.
- Wenn dieser Term kleiner als 0 ist, so gibt es keine Lösung.

Prinzipiell kann man das Lösungsverfahren mithilfe der quadratischen Ergänzung in allen Fällen durchführen. Für den Fall, dass die quadratische Gleichung die Form $ax^2 + bx = 0$ hat, ist es jedoch einfacher, wenn man faktorisiert.

Strategie: Zurückführen auf Bekanntes

Jede gemischtquadratische Gleichung $ax^2 + bx + c = 0$ kann man auf eine Gleichung der Form $x \cdot (x - q) = 0$ oder aber auf eine Gleichung der Form $(x + d)^2 = r$ zurückführen.

(2) Entwickeln einer Lösungsformel bei quadratischen Gleichungen in Normalform

discriminare ⟨lat.⟩ trennen, scheiden

In der Information (1) haben wir die quadratische Gleichung $x^2 + px + q = 0$ umgeformt in $\left(x + \frac{p}{2}\right)^2 = -q + \left(\frac{p}{2}\right)^2$.

An dieser Gleichung haben wir gesehen, dass die Anzahl der Lösungen einer quadratischen Gleichung $x^2 + px + q = 0$ von dem Term $D = -q + \left(\frac{p}{2}\right)^2$ abhängt. Dieser Term heißt *Diskriminante* der Normalform.

Für den Fall $D > 0$ erhält man aus der quadratischen Gleichung $\left(x + \frac{p}{2}\right)^2 = -q + \left(\frac{p}{2}\right)^2$:

$x + \frac{p}{2} = \sqrt{-q + \left(\frac{p}{2}\right)^2}$ *oder* $x + \frac{p}{2} = \sqrt{-q + \left(\frac{p}{2}\right)^2}$

$x = -\frac{p}{2} + \sqrt{-q + \left(\frac{p}{2}\right)^2}$ *oder* $x = -\frac{p}{2} - \sqrt{-q + \left(\frac{p}{2}\right)^2}$

Die Lösungsmenge der quadratischen Gleichung $x^2 + px + q = 0$ ist:

$L = \left\{ -\frac{p}{2} + \sqrt{-q + \left(\frac{p}{2}\right)^2};\ -\frac{p}{2} - \sqrt{-q + \left(\frac{p}{2}\right)^2} \right\}$

Die Diskriminante D entscheidet über die Anzahl der Lösungen.

Jn Formelsammlungen findest du häufig die Schreibweise: $x_{1/2} = -\frac{p}{2} \pm \sqrt{\left(\frac{p}{2}\right)^2 - q}$

Lösungsformel für quadratische Gleichungen in der Normalform

Gegeben ist eine quadratische Gleichung in der Normalform $x^2 + px + q = 0$.
Den Term $\left(\frac{p}{2}\right)^2 - q$ bezeichnet man als **Diskriminante** D.

Für die Lösungsmenge der Gleichung gilt dann:

- Wenn die Diskriminante *positiv* ist, dann gibt es *genau zwei* Lösungen x_1 und x_2, nämlich $x_1 = -\frac{p}{2} + \sqrt{\left(\frac{p}{2}\right)^2 - q}$ sowie $x_2 = -\frac{p}{2} - \sqrt{\left(\frac{p}{2}\right)^2 - q}$.
- Wenn die Diskriminante D *null* ist, dann gibt es *genau eine* Lösung, nämlich $-\frac{p}{2}$.
- Wenn die Diskriminante D *negativ* ist, dann gibt es *keine* Lösung.

Weiterführende Aufgabe

2. *Lösen durch Zurückführen auf die 3. binomische Formel*

Vergleiche die beiden Lösungswege und bewerte sie.

$(x-5)^2 = 9$
$x - 5 = 3$ oder $x - 5 = -3$
$x = 8$ oder $x = 2$

$(x-5)^2 = 9 \quad |-9$
$(x-5)^2 - 9 = 0 \quad$ (3. bin. Formel)
$[(x-5)+3] \cdot [(x-5)-3] = 0$
$(x-2) \cdot (x-8) = 0$
$x = 2$ oder $x = 8$

Übungsaufgaben

3. Bestimme die Lösungsmenge. Nutze dazu die quadratische Ergänzung oder den Satz: „Ein Produkt ist gleich null, wenn wenigstens einer der Faktoren null ist, sonst nicht.“

a) $x^2 - 6x + 8 = 0$ **c)** $-x^2 + 6x - 7 = 0$ **e)** $x^2 - 14x = -49$

b) $8x^2 + 4x = 4$ **d)** $x^2 + 9x = 0$ **f)** $2x^2 - 12x + 20 = 0$

4. **a)** Für welche Werte von r hat die Lösungsmenge der Gleichung $x^2 = r$ kein, genau ein, genau zwei Elemente?

b) Für welche Werte von r hat die Lösungsmenge der Gleichung $(x - 3)^2 = r$ kein, genau ein, genau zwei Elemente?

c) Für welche Werte von r hat die Lösungsmenge der Gleichung $(x + d)^2 = r$ kein, genau ein, genau zwei Elemente?

5. Bestimme die Lösungsmenge.

a) $x^2 - 6x - 187 = 0$
b) $x^2 + 2{,}55x - 4{,}5 = 0$
c) $x^2 - 16x + 64 = 0$
d) $x^2 + 9x - 52 = 0$
e) $x^2 + 4x = 0$
f) $x^2 + 10{,}8x - 63 = 0$
g) $x^2 - 7x + 12 = 0$
h) $5x^2 + 25x - 10 = 0$
i) $2x^2 - 3x - 104 = 0$
j) $3y^2 - 4{,}4y - 9{,}6 = 0$
k) $9x^2 + 66x + 137 = 0$
l) $\frac{4}{9}z^2 - 2z + \frac{5}{2} = 0$
m) $2a^2 + 14a = 0$
n) $5y^2 + 14y = 0$
o) $\frac{5}{6}z^2 - 4z + \frac{24}{5} = 0$

6. Bestimme die Diskriminante. Wie viele Lösungen hat die Gleichung? Bestimme diese.

a) $x^2 - 14x + 53 = 0$
b) $x^2 - 17x + 70 = 0$
c) $x^2 + 1{,}6x + 0{,}64 = 0$
d) $x^2 - 1{,}2x - 0{,}64 = 0$
e) $10x^2 - 4x + 3 = 0$
f) $\frac{1}{3}x^2 + 3x + \frac{27}{4} = 0$
g) $-5z^2 + 30z = 0$
h) $4y^2 + 12y + 8 = 0$
i) $z^2 - 2{,}8z + 3{,}61 = 0$
j) $z^2 + 2{,}5z - 51 = 0$
k) $x^2 - 5x - 126 = 0$
l) $x^2 - 21x = 0$
m) $\frac{20}{3}x^2 - 2x + \frac{3}{20} = 0$
n) $3x^2 - 1{,}6x - 0{,}75 = 0$
o) $y^2 + 28y + 200 = 0$

7. Kontrolliere Stefans Hausaufgabe.

$x^2 - 4x = 1$
$x(x - 4) = 1$
$x = 1$ oder $x - 4 = 1$
$L = \{1; -3\}$

8. Bestimme die Lösungsmenge.

a) $12x^2 - 3 = 0$
b) $9x^2 + 16x = 0$
c) $x^2 - 17x + 30 = 0$
d) $2x^2 + 15x + 28 = 0$
e) $x^2 + 6x + 10 = 65$
f) $-3x^2 + 12 = 0$
g) $12x = 5x^2$
h) $8 - 9x + x^2 = 0$
i) $(2x - 5)^2 - (x - 6)^2 = 80$
j) $(x - 6)(x - 5) + (x - 7)(x - 4) = 10$
k) $(2x^2 - x - 10)(2x - 5) = 0$
l) $(4x^2 - 28x + 49)(7x + 2) = 0$

9. Kontrolliere Carolines Hausaufgaben.

a) $x^2 - 3x - 4 = 0$
$x_{1/2} = -\frac{3}{2} \pm \sqrt{\left(\frac{3}{2}\right)^2 - (-4)}$
$= -\frac{3}{2} \pm \sqrt{\frac{9}{4} + \frac{16}{4}}$
$= -\frac{3}{2} \pm \frac{5}{2}$
$L = \{1; -4\}$

b) $x^2 + 3x = -10$
$x_{1/2} = -\frac{3}{2} \pm \sqrt{\left(\frac{3}{2}\right)^2 - (-10)}$
$= -\frac{3}{2} \pm \sqrt{\frac{9}{4} + \frac{40}{4}}$
$= -\frac{3}{2} \pm \frac{7}{2}$
$L = \{-5; 2\}$

c) $z^2 + 7 + 10z = 0$
$z_{1/2} = -\frac{7}{2} \pm \sqrt{\left(\frac{7}{2}\right)^2 - 10}$
$= -\frac{7}{2} \pm \sqrt{\frac{49}{4} - \frac{40}{4}}$
$= \frac{7}{2} \pm \frac{3}{2}$
$L = \{5; 2\}$

10. Die Gleichung lässt sich auf die spezielle Form $x^2 + px = 0$ bringen.

a) $(x - 5)(x - 10) = 50$
b) $(2x + 18) \cdot x = 0$
c) $(5x - 2)(2x - 5) = 10$
d) $(4x - 6)(x + 8) = -48$
e) $(3x + 5)^2 = (2x + 1)\,4x + 25$
f) $(2x + 1)^2 = (3x + 5)\,x + 1$

11. Für welche reellen Zahlen gilt:

a) Das Quadrat der Zahl vermehrt [vermindert] um ihr Fünffaches beträgt 14.

b) Das Produkt aus der Zahl und der um 6 vergrößerten Zahl beträgt 7 [–9; –10].

c) Das Neunfache des Quadrates der Zahl ist das Quadrat der um 25 größeren Zahl.

12. Marvin behauptet: „Quadratische Gleichungen haben die Lösung $x_{1/2} = \frac{p}{2} \pm \sqrt{\left(\frac{p}{2}\right)^2 - q}$." Welche Voraussetzungen muss er noch angeben?

13. Kontrolliere Ritas Hausaufgabe rechts.

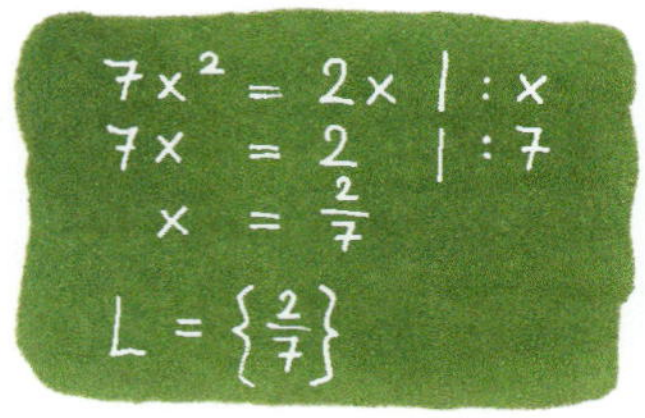

14. **a)** Untersuche die Gerade mit der Gleichung $y = -7x - 12$ auf gemeinsame Punkte mit der Normalparabel. Verändere die Geradengleichung so, dass nur ein gemeinsamer Punkt [kein gemeinsamer Punkt] vorhanden ist.

b) Löse die Teilaufgabe a) für die Gerade mit der Gleichung $y = 8x + 17$.

15. **a)** Für welche Einsetzungen für m in die Gleichung $y = mx - 1$ der Geraden g gilt jeweils:
(1) Die Normalparabel hat genau einen gemeinsamen Punkt mit der Geraden g.
(2) Die Normalparabel wird von g an der Stelle 2 [der Stelle $-\frac{1}{2}$] geschnitten.
(3) Die Normalparabel verläuft ganz oberhalb von g.
(4) Normalparabel und Gerade g haben zwei gemeinsame Punkte.

b) Beantworte dieselben Fragen für die Gerade h mit der Gleichung $y = -x + b$; bestimme jeweils die passenden Einsetzungen für b.

16. Für welche Werte von a besitzt die angegebene Gleichung
(1) genau eine Lösung; (2) zwei Lösungen; (3) keine Lösung?
Kontrolliere dein Ergebnis grafisch an der Normalparabel und geeigneten Geraden.

a) $x^2 + ax + 4 = 0$; **b)** $x^2 + 2x - a = 0$

17. Gib an, wie du in der Gleichung $-3x^2 + 4x + 7 = 0$ die Zahl –3 [4; 7] so abändern musst, damit sie keine Lösung mehr besitzt.

18. **a)** Gib zu der Gleichung $x^2 - 5ax = 0$ [zu der Gleichung $x^2 + 4a = 0$] mit dem Parameter a für $a = 1$, $a = 0$, $a = -4$ jeweils die Lösungsmenge an.

b) Für welche a hat die Gleichung zwei Lösungen, genau eine Lösung, keine Lösung?

c) Für welche a ist die Zahl 6 eine Lösung der Gleichung?

19. **a)** Die Gleichung $x^2 = m$ kann keine, eine oder zwei Lösungen haben, je nach dem Zahlenwert für m. Verdeutliche dies an einer Zeichnung der Normalparabel und einer geeigneten Geraden.

b) Begründe an einer geeigneten Zeichnung: Für jede positive Zahl m hat die quadratische Gleichung $x^2 = mx$ zwei Lösungen.

c) Betrachte die Gleichung $x^2 = mx - 1$ für verschiedene Werte von m. Fertige dazu eine Zeichnung an. Für welche Werte von m hat diese Gleichung keine, eine, zwei Lösungen?

5.8 Modellieren – Anwenden von quadratischen Gleichungen
Zum Selbstlernen

Ziel

Du kannst schon Sachprobleme lösen, bei deren Modellierung eine lineare Gleichung oder ein Gleichungssystem entsteht.
Hier lernst du, auch solche Probleme zu bearbeiten, die auf eine quadratische Gleichung führen.

A *Ein schönes Urlaubsfoto wurde vergrößert auf 20 cm × 30 cm, es soll nun noch von einem Passepartout umgeben und gerahmt aufgehängt werden.*
Das Passepartout soll überall die gleiche Breite haben. Die Fläche des Passepartouts soll aus ästethischen Gründen genau so groß sein wie die Fläche des Bildes.
Berechne die Breite des Passepartouts.

Wir übersetzen die Bedingung an das Passepartout in eine Gleichung.

(1) Aufstellen der Gleichung:

Breite des Passepartouts (in cm): x
Größe der Fläche des Bildes (in cm^2): $20 \cdot 30$

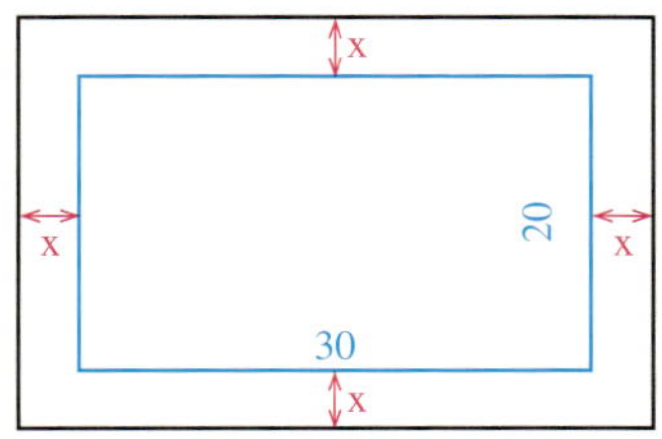

Um die Größe der Fläche des Rahmens zu berechnen, benutzen wir folgende Idee: Er ist so groß wie das was übrig bleibt, wenn man vom großen Rechteck die innere Bildfläche entfernt.

Größe der Fläche im Rahmen: $(20 + 2 \cdot x) \cdot (30 + 2 \cdot x)$
Größe der Fläche des Passepartouts: $(20 + 2 \cdot x) \cdot (30 + 2 \cdot x) - 20 \cdot 30$
Gleichung: $(20 + 2 \cdot x) \cdot (30 + 2 \cdot x) - 20 \cdot 30 = 20 \cdot 30$
Einschränkende Bedingung: Die Rahmenbreite ist eine positive Zahl, also $x > 0$.

(2) Lösen der Gleichung:

$$
\begin{aligned}
(20 + 2 \cdot x) \cdot (30 + 2 \cdot x) - 20 \cdot 30 &= 20 \cdot 30 \\
600 + 60x + 40x + 4x^2 - 600 &= 600 \quad | -600 \\
100x + 4x^2 - 600 &= 0 \quad | :4 \\
x^2 + 25x - 150 &= 0 \quad | +150 \\
x^2 + 25x &= 150 \quad | +\left(\tfrac{25}{2}\right)^2 \\
\left(x + \tfrac{25}{2}\right)^2 &= 150 + 156{,}25 \\
(x + 12{,}5)^2 &= 306{,}25 \quad | \sqrt{} \\
x + 12{,}5 = 17{,}5 \quad &\textit{oder} \quad x + 12{,}5 = -17{,}5 \\
x = 5 \quad &\textit{oder} \quad x = -30
\end{aligned}
$$

(3) Überprüfen der einschränkenden Bedingungen und Interpretation der Lösungen:

Die Gleichung hat die beiden Lösungen $x = 5$ und $x = -30$. Da aber in dem Beispiel nur positive Werte für die Rahmenbreite zulässig sind, entfällt die Lösung -30 für den Sachverhalt des Passepartouts.

(4) Probe:

Größe der Gesamtbildfläche (in cm^2): $40 \cdot 30 = 1\,200$
Größe der Bildfläche (in cm^2): $30 \cdot 20 = 600$
Das Passepartout ist somit ebenso wie das Bild 600 cm^2 groß.

(5) Ergebnis:

Das Passepartout hat eine Breite von 5 cm. Damit wird das Gesamtbild (ohne Rahmen) 40 cm lang und 30 cm hoch.

Zum Üben

1. Das Rechteck ABCD mit den Seitenlängen 2,0 cm und 1,8 cm soll wie im Bild zerlegt werden. Dabei soll der Flächeninhalt des roten Quadrats gleich dem Flächeninhalt des grünen Rechtecks sein.
Zeichne die Figur.

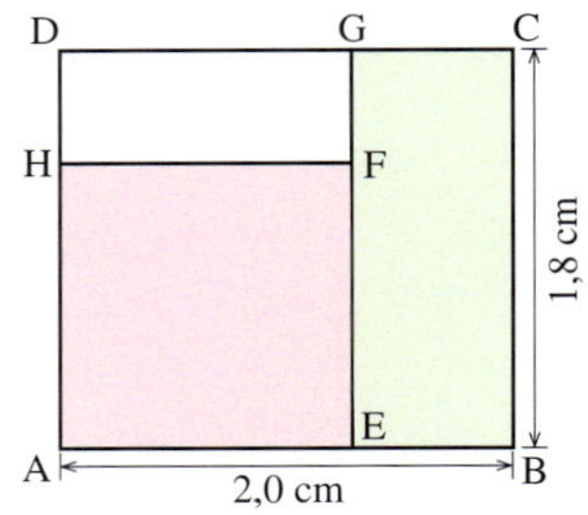

2. Gegeben sei ein Vieleck, dessen Ecken alle auf einem Kreis liegen. Wie viele Seiten hat ein solches Vieleck, bei dem

a) die Anzahl der Diagonalen 44 [35; 135] beträgt;

b) die Summe aus der Anzahl der Diagonalen und der Anzahl der Seiten 120 beträgt?

Statt Oberflächeninhalt sagt man auch Größe der Oberfläche.

3. Bestimme die ursprüngliche Seitenlänge.

a) Wenn man bei einem Würfel die Seitenlängen um 1 cm vergrößert, so vergrößert sich sein Volumen um 127 cm^3.

b) Wenn man bei einem Würfel die Seitenlängen verdoppelt und noch um 1 cm vergrößert, so vergrößert sich der Oberflächeninhalt um 576 cm^2.

4. Gegeben ist ein Rechteck mit den Seitenlängen 6 cm und 5 cm.

a) Verändere alle Seiten um jeweils dieselbe Länge, sodass der Flächeninhalt $\frac{2}{3}$ [das 3-fache] des ursprünglichen Inhalts beträgt. Bestimme die neuen Seitenlängen.

b) Ändere die Seitenlängen so ab, dass bei gleichem Flächeninhalt der Umfang des Rechtecks um 1 cm [$\frac{1}{3}$ cm] vergrößert wird. Bestimme die neuen Seitenlängen.

5. Für ein Prisma mit quadratischer Grundfläche und der Höhe 5 cm gilt:

a) Die Grundfläche ist um 14 cm^2 [24 cm^2] größer als eine Seitenfläche.

b) Der Oberflächeninhalt beträgt 48 cm^2 [288 cm^2; 112 cm^2].

Berechne die Seitenlänge der quadratischen Grundfläche.

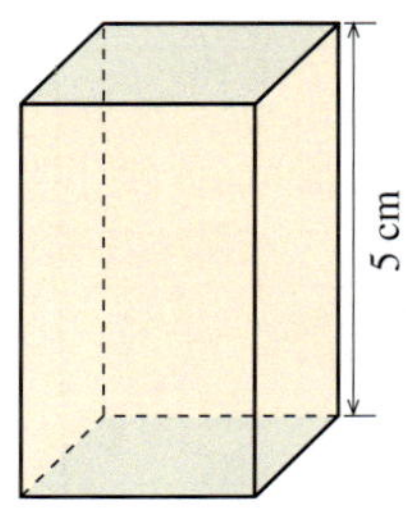

6. Bestimme die Längen der Seiten eines Rechtecks, von dem bekannt ist:

a) Der Umfang des Rechtecks beträgt 23 cm, der Flächeninhalt beträgt 30 cm^2.

b) Der Flächeninhalt des Rechtecks beträgt 17,28 cm^2, die Längen benachbarter Seiten unterscheiden sich um 1,2 cm.

Zum Selbstlernen

7. Wenn man bei einem Quadrat die Länge verdoppelt, die Breite um 5 cm verringert, so erhält man ein Rechteck, dessen Fläche um 24 cm^2 größer ist als die Fläche des Quadrates. Welche Seitenlänge hat das Quadrat?

8. Das Rechteck mit den Seitenlängen 4 m und 3 m soll in ein Quadrat und drei Rechtecke wie im Bild zerlegt werden. Dabei soll der Flächeninhalt der roten Fläche (Rechteck und Quadrat zusammen) 7 m^2 sein.
Wie lang kann die Quadratseite gewählt werden?
Stelle eine Gleichung auf, formuliere eine einschränkende Bedingung. Überprüfe dein Ergebnis an einer Zeichnung (d. h. am Sachverhalt).

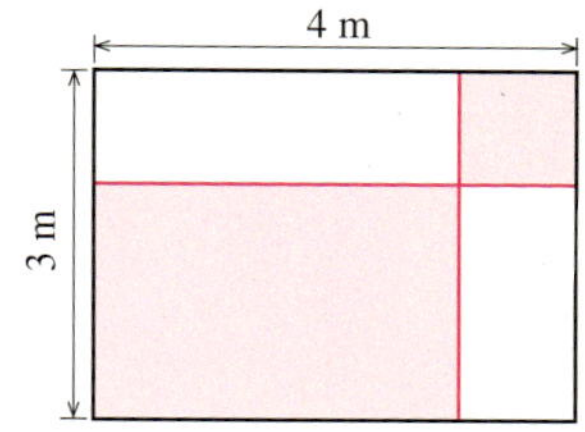

9. Die Quadratseite ist 5 cm lang. Die blaue Fläche hat den angegebenen Flächeninhalt. Berechne die Seitenlänge x.

a)

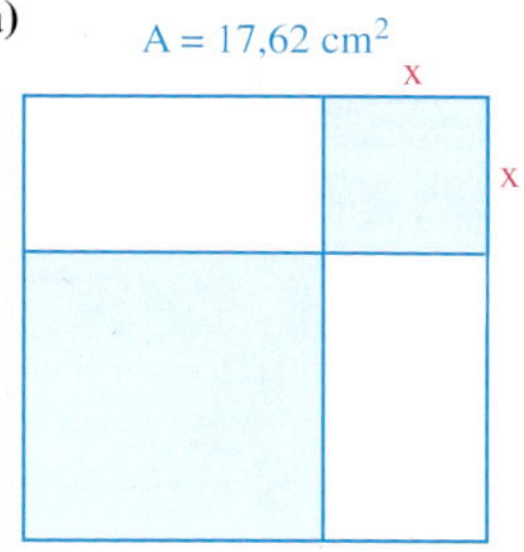

b)

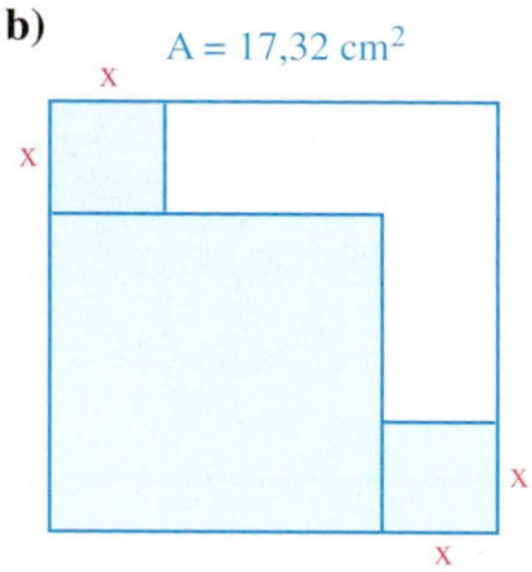

c)

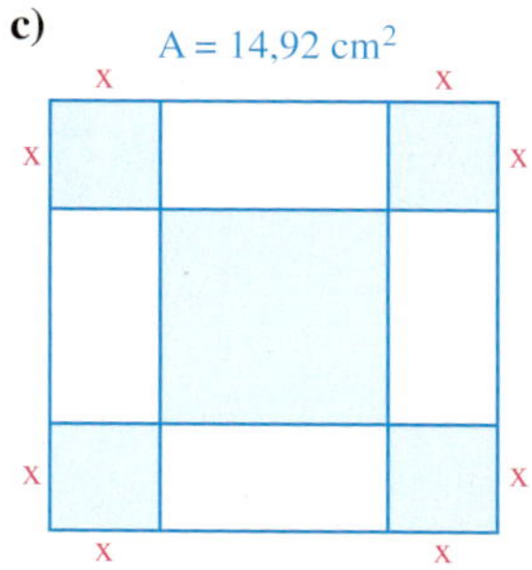

10. Auf einem Blatt sind n Geraden gezeichnet. Dabei schneidet jede Gerade jede andere. Es gibt 78 Schnittpunkte; durch keinen von ihnen gehen mehr als zwei der gezeichneten Geraden. Bestimme die Anzahl n der Geraden.

11. Einem Quadrat ABCD mit der Seitenlänge 10 cm ist ein Rechteck PQRS einbeschrieben. Wo muss der Punkt P auf der Seite $\overline{AB}$ gewählt werden, damit der Flächeninhalt des Rechtecks die Hälfte [ein Viertel] von dem des Quadrates beträgt?

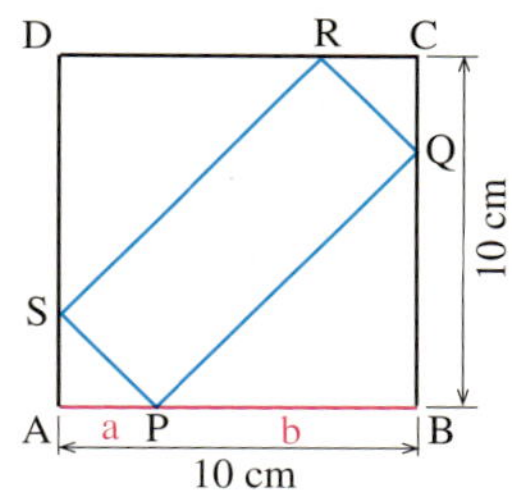

Leonhard Euler
1707 – 1783

12. Aus der 1768 erschienenen „Vollständigen Anleitung zur Algebra" von Leonhard Euler:

a) Jemand kauft ein Pferd für einige Reichsthaler, verkauft es wieder für 119 Reichsthaler und gewinnt daraus so viel Prozente als das Pferd gekostet; nun ist die Frage, wie teuer ist dasselbe eingekauft worden?

b) Einige Kaufleute bestellen einen Faktor und schicken ihn nach Archangelsk, um daselbst einen Handel abzuschliessen. Jeder von ihnen hat zehnmal so viel Reichsthaler eingelegt, wie es Personen sind. Nun gewinnt der Faktor an je 100 Reichsthalern zweimal so viele wie die Anzahl der Personen ist. Wenn man dann den 100. Teil des ganzen Gewinns mit $2\frac{2}{9}$ multipliziert, so kommt die Zahl der Gesellschafter heraus.
Wie viele sind ihrer gewesen?

Erläuterungen: Ein Faktor bezeichnet hier den Leiter einer Handelsniederlassung (Faktorei). Archangelsk ist ein Hafen am Weißen Meer, über den vom 16. bis zum 18. Jahrhundert der englische und holländische Warenverkehr mit dem Moskauer Reich erfolgte.

Im Blickpunkt

Im Blickpunkt

Goldener Schnitt

Betrachte das Bild vom Rathaus in Leipzig. Der Turm befindet sich nicht in der Mitte des Gebäudes; er teilt es nicht in zwei genau gleich große Hälften, also nicht im Verhältnis 1 : 1.

Das Längenverhältnis der kürzeren zur längeren Seite beträgt etwa 2 : 3, allerdings nicht ganz genau. Aber auch das Verhältnis der längeren Seite zur Gesamtstrecke beträgt 2 : 3. Prüfe beides durch Messen und Rechnen nach.

Diese Art der Teilung empfindet man als besonders ausgewogen und schön. Man nennt sie deshalb *harmonische Teilung* oder den *goldenen Schnitt*: Die kürzere Strecke verhält sich zur längeren Strecke wie die längere Strecke zur Gesamtstrecke.

1. **a)** Zeichne einen Turm mit Dach oder einen Baum. Kannst du in deiner Zeichnung den goldenen Schnitt entdecken?

b) Suche weitere Beispiele (Gebäude, Möbel, Kunstbücher), wo etwas im goldenen Schnitt geteilt wurde.

2. Der goldene Schnitt ist auch bei vielen Bauwerken und Statuen der Antike zu finden.

a) Der Bauchnabel teilt oft die Statue im goldenen Schnitt. Prüfe das am Bild nach.

b) Wie ist das bei deinem Körper?

3. Wie findet man nun aber den genauen Teilungspunkt z. B. für eine 90 m lange Strecke? Die Verhältnisgleichung lautet
$x : (90 - x) = (90 - x) : 90$
Löse diese Gleichung. Kontrolliere am Foto des Leipziger Rathauses.

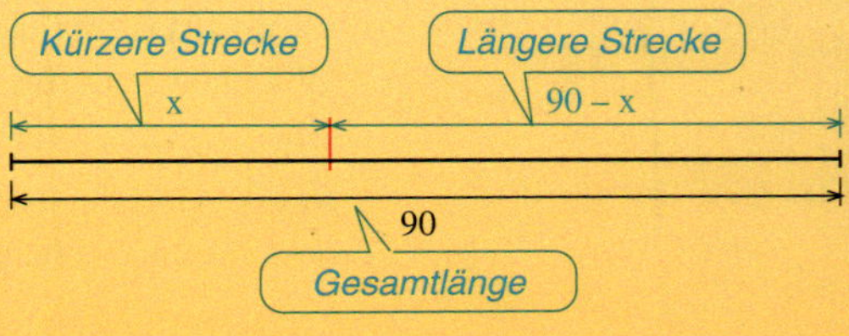

4. Wird eine Strecke $\overline{AB}$ der Länge s durch einen Punkt C so geteilt, dass sich die Gesamtstrecke zur längeren Teilstrecke so verhält wie die längere Teilstrecke zur kürzeren Teilstrecke, also s : x = x : y, so sagt man dass der Punkt C die Strecke $\overline{AB}$ im **goldenen Schnitt** teilt.

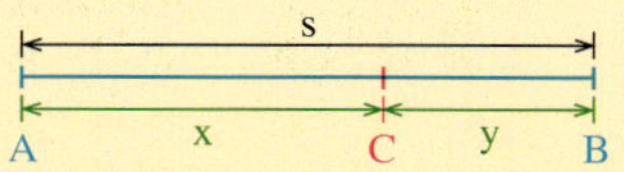

a) Gegeben (1) s = 10 cm; (2) x = 8 cm; (3) y = 3 cm. Berechne x, y bzw. s.

b) Beweise allgemein:

Wird eine Strecke im goldenen Schnitt geteilt, so gilt für das Verhältnis der Gesamtstrecke zur längeren Teilstrecke: $\frac{\mathbf{s}}{\mathbf{x}} = \frac{\mathbf{1+\sqrt{5}}}{\mathbf{2}}$

Für die Zahl $\frac{1+\sqrt{5}}{2}$ schreibt man auch abkürzend den griechischen Großbuchstaben **Φ**.

Der griechische Bildhauer Phidias (Φίδιας; 490–430 v. Chr.) hat Werke geschaffen, in denen das Verhältnis des goldenen Schnittes oft vorkommt.

c) Der griechische Staatsmann Perikles übertrug Phidias die oberste Leitung der Bauten auf der Akropolis in Athen. Dabei entstand in den Jahren 447–432 v. Chr. auch der Parthenon-Tempel. Miss im Bild nach, dass an dessen Säuleneingang mehrere Strecken im Verhältnis des goldenen Schnitts geteilt sind:

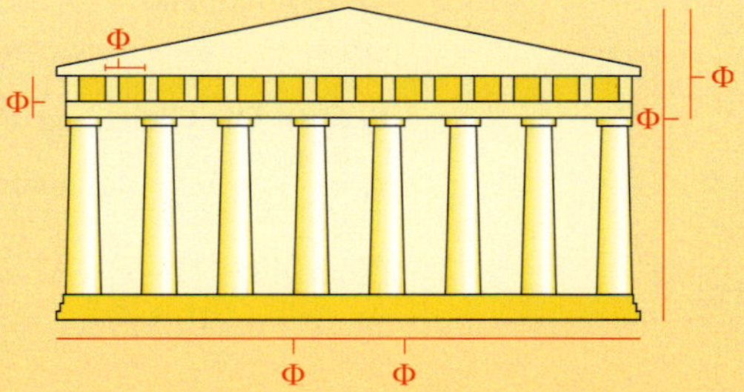

5. Für die Teilung einer Strecke $\overline{AB}$ im goldenen Schnitt ist folgende Konstruktion angegeben:

(1) Konstruiere den Mittelpunkt M der Strecke $\overline{AB}$.

(2) Konstruiere in B eine Orthogonale zu $\overline{AB}$.

(3) Zeichne einen Kreis um B durch M. Sein Schnittpunkt mit der Orthogonalen ist H.

(4) Verbinde A und H.

(5) Zeichne einen Kreis um H durch B. Sein Schnittpunkt mit der Strecke $\overline{AH}$ ist F.

(6) Zeichne einen Kreis um A durch F. Sein Schnittpunkt mit der Strecke $\overline{AB}$ ist der Punkt D. D teilt die Strecke $\overline{AB}$ im goldenen Schnitt.

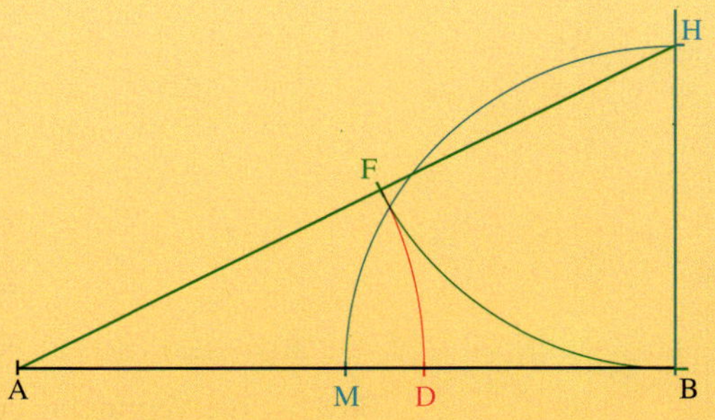

Weise rechnerisch nach, dass der Punkt D die Strecke $\overline{AB}$ im Verhältnis des goldenen Schnittes teilt.

Langzeitaufgabe

6. *Teamarbeit:* Untersucht, ob ihr an anderen Gebäuden Strecken finden könnt, die im goldenen Schnitt geteilt sind. Ihr könnt dazu auch im Internet recherchieren.

5.9 Satz von Vieta und seine Anwendungen

5.9.1 Satz von Vieta

Einführung

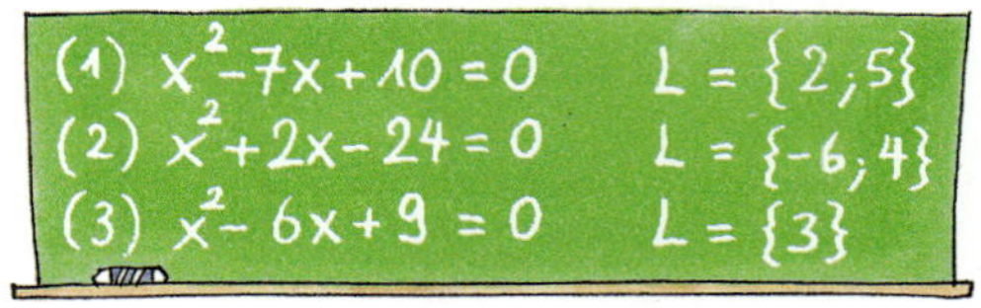

Vergleiche jeweils die Lösungen mit den Koeffizienten p und q der quadratischen Gleichung in der Normalform. Formuliere eine Vermutung.

$x^2 - 7 \cdot x + 10 = 0$ ↓ ↓ $(2 + 5)$ $(2 \cdot 5)$

$x^2 - (-2)\,x + (-24) = 0$ ↓ ↓ $(4 + (-6))$ $(4 \cdot (-6))$

$x^2 - 6 \cdot x + 9 = 0$ ↓ ↓ $(3 + 3)$ $(3 \cdot 3)$

Wir vermuten folgenden *Satz:*

> **Satz**
>
> Gegeben ist eine quadratische Gleichung in der Normalform: $x^2 + px + q = 0$.
> Wenn x_1 und x_2 Lösungen der Gleichung sind, dann gilt: $x_1 + x_2 = -p$ und $x_1 \cdot x_2 = q$.
> Wenn x_1 und x_2 übereinstimmen, d. h. die Gleichung nur eine Lösung hat, dann gilt:
> $2x_1 = -p$ und $x_1^2 = q$.

Beweis: Die Gleichung $x^2 + px + q = 0$ hat – falls sie zwei Lösungen hat – die Lösungen $x_1 = -\frac{p}{2} + \sqrt{\frac{p^2}{4} - q}$ und $x_2 = -\frac{p}{2} - \sqrt{\frac{p^2}{4} - q}$.

Dann gilt: (1)

$$\begin{aligned} x_1 + x_2 &= \left(-\frac{p}{2} + \sqrt{\frac{p^2}{4} - q}\right) + \left(-\frac{p}{2} - \sqrt{\frac{p^2}{4} - q}\right) \\ &= -\frac{p}{2} + \sqrt{\frac{p^2}{4} - q} - \frac{p}{2} - \sqrt{\frac{p^2}{4} - q} \\ &= -\frac{p}{2} - \frac{p}{2} \\ &= -p \end{aligned}$$

(2)

$$\begin{aligned} x_1 \cdot x_2 &= \left(-\frac{p}{2} + \sqrt{\frac{p^2}{4} - q}\right)\left(-\frac{p}{2} - \sqrt{\frac{p^2}{4} - q}\right) \\ &= \left(-\frac{p}{2}\right)^2 - \left(\sqrt{\frac{p^2}{4} - q}\right)^2 \\ &= \frac{p^2}{4} - \left(\frac{p^2}{4} - q\right) \\ &= \frac{p^2}{4} - \frac{p^2}{4} + q \\ &= q \end{aligned}$$

Beweise die Vermutung auch für den Fall, dass die quadratische Gleichung nur eine Lösung hat.

Information

(1) Umkehren des Satzes

> **Kehrsatz**
>
> Gegeben ist eine quadratische Gleichung in der Normalform: $x^2 + px + q = 0$.
> Wenn für zwei Zahlen x_1 und x_2 gilt: $x_1 + x_2 = -p$ und $x_1 \cdot x_2 = q$, dann sind x_1 und x_2 Lösungen dieser Gleichung.

Beweis: Für zwei Zahlen x_1 und x_2 soll gelten: $(x_1 + x_2) = -p$ und $x_1 \cdot x_2 = q$.
Wir müssen nun zeigen, dass x_1 und x_2 Lösungen der Gleichung $x^2 + px + q = 0$ sind.
Für die Gleichung in Normalform können wir dann schreiben: $x^2 - (x_1 + x_2)\,x + x_1 \cdot x_2 = 0$.
Um zu zeigen, dass x_1 und x_2 Lösungen sind, führen wir jeweils die Probe durch:

Probe für x_1:

$x_1^2 - (x_1 + x_2)\,x_1 + x_1 \cdot x_2 = 0$ (w?)	
LS: $x_1^2 - (x_1 + x_2)\,x_1 + x_1 \cdot x_2$ $= x_1^2 - x_1^2 - x_1 \cdot x_2 + x_1 \cdot x_2$ $= 0$	RS: 0

Probe für x_2:

$x_2^2 - (x_1 + x_2)\,x_2 + x_1 \cdot x_2 = 0$ (w?)	
LS: $x_2^2 - (x_1 + x_2)\,x_2 + x_1 \cdot x_2$ $= x_2^2 - x_1 \cdot x_2 - x_2^2 + x_1 \cdot x_2$ $= 0$	RS: 0

(2) Zusammenfassen von Satz und Kehrsatz

Satz von Vieta

Gegeben ist eine quadratische Gleichung $x^2 + px + q = 0$.
x_1 und x_2 sind genau dann Lösungen der Gleichung, wenn gilt:
$x_1 + x_2 = -p$ und $x_1 \cdot x_2 = q$.

VIETA, lateinisch für Viète, François, franz. Mathematiker und Jurist (1540–1603). Vieta erhielt den Ehrennamen „Vater der Algebra", weil er sich große Verdienste um die Verbreitung von Symbolen (Buchstaben) als Variable in der Algebra erworben hat.
Er formulierte auch den obigen Satz.

Weiterführende Aufgaben

1. *Aufstellen einer quadratischen Gleichung zu vorgegebener Lösungsmenge*
Gib mithilfe des Satzes von Vieta diejenige quadratische Gleichung $x^2 + px + q = 0$ an, für welche die angegebene Menge die Lösungsmenge ist.

a) $\{3; 5\}$ **b)** $\{8; -3\}$ **c)** $\{-4\}$ **d)** $\{-7; -2\}$ **e)** $\{0; -6\}$ **f)** $\{0\}$

2. *Probe bei einer quadratischen Gleichung mithilfe des Satzes von Vieta*
Mithilfe der Koeffizienten p und q kannst du zeigen, dass die Zahlen $-1{,}2$ und $3{,}5$ Lösungen der Gleichung $x^2 - 2{,}3x - 4{,}2 = 0$ sind (siehe Beispiel rechts).
Überprüfe entsprechend, ob die Gleichung die angegebene Lösungsmenge besitzt. Ändere andernfalls die Gleichung entsprechend ab.

a) $x^2 + 6x - 16 = 0$; $L = \{-2; 8\}$
b) $x^2 + 6x + 5 = 0$; $L = \{-1; -5\}$
c) $x^2 + 3x + 2{,}25 = 0$; $L = \{-1{,}5\}$
d) $2x^2 + 5x + 6 = 0$; $L = \{-3; -2\}$

$x^2 - 2{,}3x - 4{,}2 = 0$
$L = \{-1{,}2;\ 3{,}5\}$
$p = -(x_1 + x_2) = -(-1{,}2 + 3{,}5) = -2{,}3$
$q = x_1 \cdot x_2 = (-1{,}2) \cdot 3{,}5 = -4{,}2$

3. *Aufsuchen ganzzahliger Lösungen einer quadratischen Gleichung*

a) Bestimme mithilfe des Satzes von Vieta durch Probieren ganzzahlige Lösungen der Gleichung $x^2 - x - 12 = 0$.
Anleitung: Zerlege – 12 in ein Produkt aus zwei ganzzahligen Faktoren. Ergänze die Tabelle.

$x_1 \cdot x_2$	x_1	x_2	$-(x_1 + x_2)$
– 12	1	– 12	11
– 12	– 1	12	– 11

b) Verfahre ebenso mit der Gleichung $x^2 + 10x - 16 = 0$.
Bestimme auch die Diskriminante. Äußere dich zu dem Ergebnis.

Übungsaufgaben

4. Bestimme die Lösungen und vergleiche sie mit den Koeffizienten p und q in der Normalform.

a) $x^2 + 10x + 24 = 0$ **c)** $x^2 + 12x + 35 = 0$ **e)** $x^2 + 9x + 14 = 0$ **g)** $x^2 - 2x - 15 = 0$
b) $x^2 + \frac{2}{3}x + \frac{1}{9} = 0$ **d)** $x^2 - \frac{6}{5}x - \frac{8}{5} = 0$ **f)** $4y^2 - 8y + 3 = 0$ **h)** $6z^2 - 5z + 1 = 0$

5. Gib zu der Lösungsmenge jeweils eine quadratische Gleichung in der Normalform an.

a) $\{5; -3\}$, $\{-5; 3\}$ **b)** $\{-7; -4\}$, $\{4; 7\}$ **c)** $\{-5\}$, $\{\sqrt{3}\}$ **d)** $\{-\frac{3}{5}; -\frac{2}{5}\}$, $\{0{,}2; 3{,}4\}$ **e)** $\{1 - \sqrt{3}; 1 + \sqrt{3}\}$, $\{-3 - \sqrt{2}; -3 + \sqrt{2}\}$

6. Bestimme zwei Zahlen, deren Summe 2 und deren Produkt

a) – 35; **b)** – 99; **c)** – 1,25; **d)** 0,96; **e)** 0,36 ist.

7. Ein Rechteck hat den Umfang u und den Flächeninhalt A. Wie lang sind seine Seiten?

a) u = 16 cm; A = 15 cm^2 **b)** u = 30 dm; A = 55,25 dm^2

8. Sophie hat die quadratische Gleichung mithilfe des Satzes von Vieta gelöst. Kontrolliere.

a) $x^2 - 10x + 21 = 0$; $L = \{-3; 7\}$
b) $x^2 + 2x - 24 = 0$; $L = \{4; -6\}$
c) $x^2 - 3{,}5x - 11 = 0$; $L = \{-2; 5{,}5\}$
d) $x^2 - 6{,}2x + 6 = 0$; $L = \{-5; -1{,}2\}$
e) $\frac{1}{2}x^2 + 7x + 24 = 0$; $L = \{-8; -6\}$
f) $4x^2 + 30x = -56$; $L = \{-4; -3{,}5\}$
g) $10y^2 + 29{,}6y = 6$; $L = \{-15; 0{,}2\}$
h) $4z^2 + 5z + \frac{25}{4} = 0$; $L = \{-\frac{5}{2}\}$
i) $15x^2 - 2x - 8 = 0$; $L = \{-\frac{2}{3}; \frac{4}{5}\}$

9. Bestimme die zweite Lösung x_2 und den Wert für p bzw. q.

a) $x^2 + px - 10 = 0$; $L = \{4; \square\}$ **d)** $x^2 + 0{,}7x + q = 0$; $L = \{-\frac{3}{2}; \square\}$
b) $x^2 + px + 4 = 0$; $L = \{-\frac{2}{3}; \square\}$ **e)** $x^2 - \frac{1}{9}x + q = 0$; $L = \{-\frac{3}{4}; \square\}$
c) $x^2 + px - \frac{5}{8} = 0$; $L = \{-\frac{5}{6}; \square\}$ **f)** $x^2 + \frac{17}{12}x + q = 0$; $L = \{-\frac{2}{3}; \square\}$

10. Bestimme die (ganzzahligen) Lösungen durch systematisches Probieren.

a) $x^2 - 8x - 9 = 0$ **c)** $x^2 + 6x + 5 = 0$ **e)** $x^2 + 3x - 10 = 0$ **g)** $x^2 + 9x + 18 = 0$
b) $x^2 + 21x + 38 = 0$ **d)** $x^2 - 3x - 28 = 0$ **f)** $z^2 - 11z + 10 = 0$ **h)** $y^2 - 3y - 40 = 0$

11. Begründe: Ist die Lösungsmenge einer Gleichung der Form $x^2 + px + q = 0$ nicht leer, so gilt:
Wenn $q > 0$ [$q < 0$], dann besitzen beide Lösungen dasselbe [verschiedene] Vorzeichen.
Wenn $p > 0$ [$p < 0$], dann ist die Lösung mit dem größeren Betrag negativ [positiv].

5.9.2 Zerlegen eines Terms $x^2 + px + q$ in ein Produkt aus Linearfaktoren

Information

x_1 und x_2 sollen Lösungen der Gleichung $x^2 + px + q = 0$ sein.
Dann gilt nach dem Satz von Vieta: $p = -(x_1 + x_2)$ und $q = x_1 \cdot x_2$, also:

$x^2 - (x_1 + x_2)x + x_1x_2 = 0$ (Auflösen der Klammer)
$x^2 - x_1x - x_2x + x_1x_2 = 0$ (Faktorisieren der linken Seite)
$x(x - x_1) - x_2(x - x_1) = 0$
$(x - x_2)(x - x_1) = 0$

Satz

Sind x_1 und x_2 Lösungen der Gleichung $x^2 + px + q = 0$, dann gilt:

$\mathbf{x^2 + px + q = (x - x_1)(x - x_2)}$

Die Terme $x - x_1$ bzw. $x - x_2$ heißen **Linearfaktoren** des quadratischen Terms $x^2 + px + q$.

Beispiel: 3 und 5 sind Lösungen der Gleichung $x^2 - 8x + 15 = 0$.
Also gilt: $x^2 - 8x + 15 = (x - 3)(x - 5)$.

Aufgabe 1

Zerlege den quadratischen Term $x^2 - 4x - 21$ in ein Produkt aus Linearfaktoren.

Lösung

1. Schritt: Lösen der Gleichung $x^2 - 4x - 21 = 0$:

$x^2 - 4x - 21 = 0$
$x^2 - 4x + 2^2 = 25$
$(x - 2)^2 = 25$
$x - 2 = 5$ *oder* $x - 2 = -5$
$x = 7$ *oder* $x = -3$

2. Schritt: Bilden des Produktes von Linearfaktoren:

$x^2 - 4x - 21 = (x - 7)(x + 3)$

Übungsaufgaben

2. Gib – soweit möglich – den Term als Produkt von Linearfaktoren an.

a) $x^2 - x + 6$	**e)** $x^2 - 10x + 24$	**i)** $x^2 + 8x + 24$	**m)** $x^2 + 4{,}2x + 4{,}41$
b) $x^2 - 2x - 35$	**f)** $x^2 - 10x + 25$	**j)** $x^2 - 81$	**n)** $x^2 - 3x + \frac{27}{4}$
c) $6x^2 + 5x + 1$	**g)** $2x^2 - 5x - 3$	**k)** $2x^2 + 12x + 10$	**o)** $4x^2 - 8x - 21$
d) $y^2 - 5y - 24$	**h)** $z^2 - 5z + 24$	**l)** $5z^2 - 80z$	**p)** $5y^2 - 80$

3. Ermittle zur angegebenen Lösungsmenge mithilfe von Linearfaktoren die zugehörige quadratische Gleichung.

a) $L = \{3;\ 4{,}5\}$ **b)** $L = \{-2{,}5;\ 3\}$ **c)** $L = \{-1{,}5;\ -3{,}8\}$ **d)** $L = \{0;\ -2{,}7\}$ **e)** $L = \{1{,}8\}$

4. a) Bestimme jeweils die Lösungsmenge.
(1) $(x + 1)(x - 2)(x + 3) = 0$ (2) $x(x - 1)(x + 2) = 0$ (3) $(x - 5)^2(x + 7) = 0$.

b) Gib eine Gleichung mit der Lösungsmenge $L = \{2;\ 4;\ 6\}$ an. Forme dann so weit um, dass keine Klammern mehr auftreten.

c) Finde analog zum Satz von Vieta auch für kubische Gleichungen eine Beziehung zwischen den Lösungen und den Koeffizienten der Gleichung. Forme dazu die Gleichung $(x - x_1)(x - x_2)(x - x_3) = 0$ um in die Form $x^3 + ax^2 + bx + c = 0$.

Im Blickpunkt

Im Blickpunkt

Parabeln im Sport – Quadratische Regression

Die Bewegungsabläufe von Sportlern und die Flugbahnen von Bällen, Kugeln und Speeren wurden genau untersucht, um Möglichkeiten für eine Leistungssteigerung festzustellen. In etlichen Fällen kann man die betrachteten Kurven zumindest näherungsweise als Parabeln modellieren.

1. Bei den Olympischen Spielen 1972 wurden Kugelstöße mithilfe von Filmaufnahmen untersucht. Dabei ergab sich für die Flugbahn der Kugel (in m):

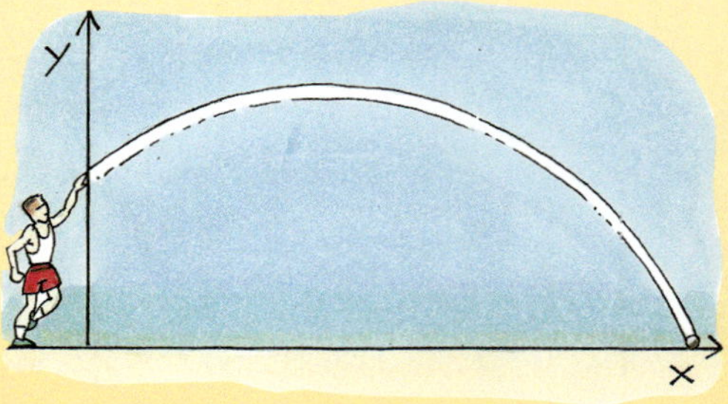

Athlet	Land	Gleichung der Kugel-Flugbahn
Woods	USA	$y = -0{,}0433\,x^2 + 0{,}839\,x + 2{,}15$
Komar	Polen	$y = -0{,}0407\,x^2 + 0{,}700\,x + 2{,}26$
Varju	Ungarn	$y = -0{,}0438\,x^2 + 0{,}762\,x + 2{,}21$
Reichenbach	Deutschland	$y = -0{,}0378\,x^2 + 0{,}667\,x + 2{,}13$

Zeichne alle Flugbahnen in ein gemeinsames Diagramm und ermittle jeweils die Stoßweite sowie den höchsten Punkt der Flugbahn. Vergleiche.

2. Untersuche, ob folgende Flugbahn durch eine Parabel beschrieben werden kann. Ermittle eine Gleichung dafür, wenn möglich.
Für einen Freiwurf beim Basketball wurde für die Höhe y (in m) in Abhängigkeit von der Entfernung x (in m) vom Abwurfort festgestellt:

x	0	0,5	1	1,5	2	2,5	3	3,5	4	4,5
y	2,00	2,75	3,20	3,60	3,90	4,05	4,10	3,90	3,75	3,35

3. Untersuche, ob folgende Flugbahn durch eine Parabel beschrieben werden kann. Ermittle eine Gleichung dafür, wenn möglich.
Für einen Clear-Schlag beim Badminton wurde für die Höhe y (in m) in Abhängigkeit von der Entfernung x (in m) vom Abwurfort gemessen:

x	0	1	2	3	4	5	6	7	8	9	10	11	12	13
y	2,50	3,28	3,95	4,66	5,24	5,98	6,46	7,01	7,33	7,43	7,17	6,43	5,14	2,50

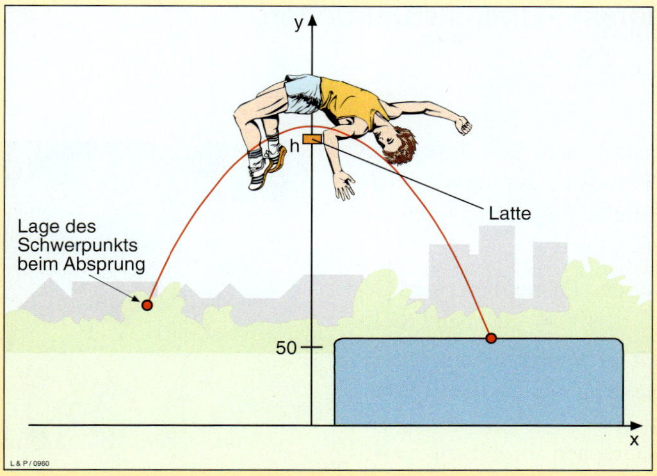

4. Beim Hochsprung bewegt sich der Schwerpunkt des Athleten auf einer Parabel. Ziel des Springers ist, dass der Scheitelpunkt der Parabel genau oberhalb der Latte liegt. Damit die Latte nicht gestreift wird, sind 5 cm Abstand erforderlich.
Für einen stehenden Menschen beträgt die Höhe des Körperschwerpunktes 60 % der Körpergröße.

a) Den im Februar 2008 immer noch gültigen Weltrekord von 2,45 m stellte der Kubaner Javier Sotomayor am 27. 7. 1993 auf: er übersprang seine eigene Körpergröße (193 cm) um 52 cm. Bestimme die Gleichung der Parabel des Körperschwerpunktes unter der Annahme, dass Sotomayor 100 cm vor der Latte abgesprungen ist.

b) Hochspringer messen vor dem Sprung die Absprungstelle und den Anlauf genau aus. Untersuche, wie sich ein Verpassen der Absprungstelle um 20 cm nach vorne oder hinten auswirkt. Verschiebe dazu die Parabel aus Teilaufgabe a) entsprechend.

5. Das Finden einer geeigneten Parabel durch bestimmte Messpunkte kann man auch von einem (grafikfähigen) Taschenrechner durchführen lassen:
Gib die Koordinaten der Messpunkte ein, indem du den Data/Matrix-Editor aufrufst. Vereinbare dort eine neue Datenvariable, in die du die Werte in die beiden Spalten c1 und c2 einträgst. Unter **PlotSetup** (F2) kannst du das gewünschte Aussehen des Graphen PLOTType) definieren (F1), z.B. im Plot1. Vereinbare anschließend mit dem Befehl **WINDOW** ein geeignetes Fenster zum Zeichnen der Werte und lasse die Punkte mit dem Befehl **GRAPH** zeichnen.

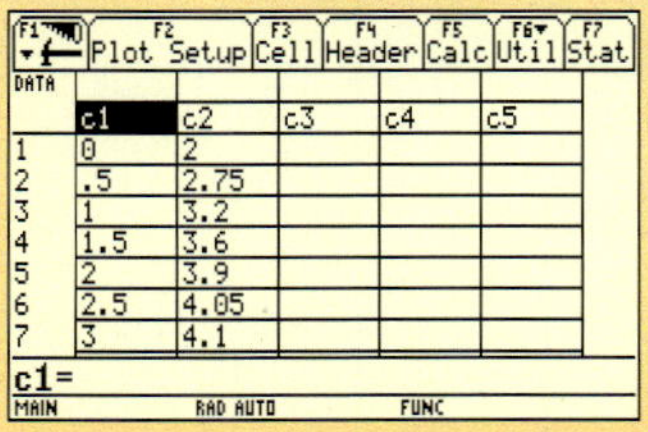

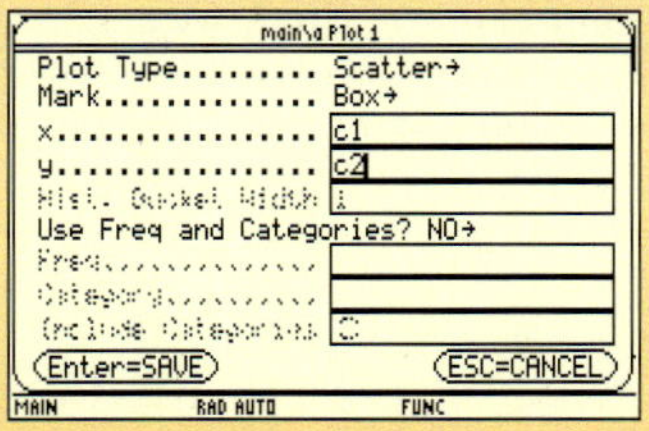

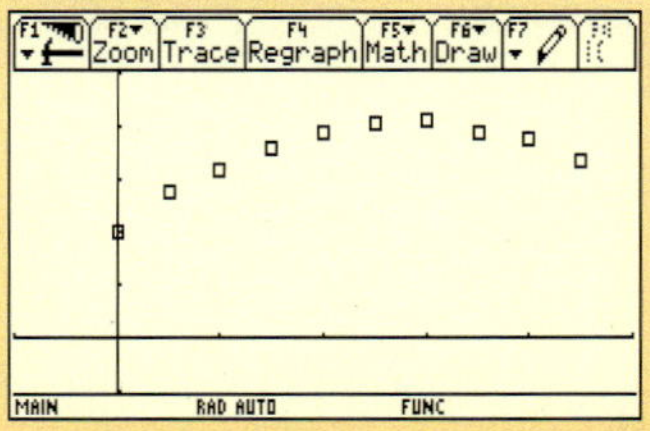

Das Bestimmen der Funktionsgleichung der quadratischen Funktion erfolgt mithilfe des Befehls **QuadReg**; diesen findest du im Untermenü **CALC**. Bei diesem Befehl muss als erstes die Liste der 1. Koordinaten der Messpunkte (hier c1), als zweites die Liste der zweiten Koordinaten (hier c2) und dann die Variable angegeben werden, in der der Funktionsterm gespeichert werden soll (hier Y1). Auf dem Bildschirm erscheinen dann die Koeffizienten des Funktionstermes, den du aber auch im **Y=**-Menü nachlesen kannst. Nach dem Befehl **GRAPH** wird dann die gefundene Parabel durch die Messpunkte gezeichnet, so dass du einen Eindruck von der Güte der Parabel gewinnst.

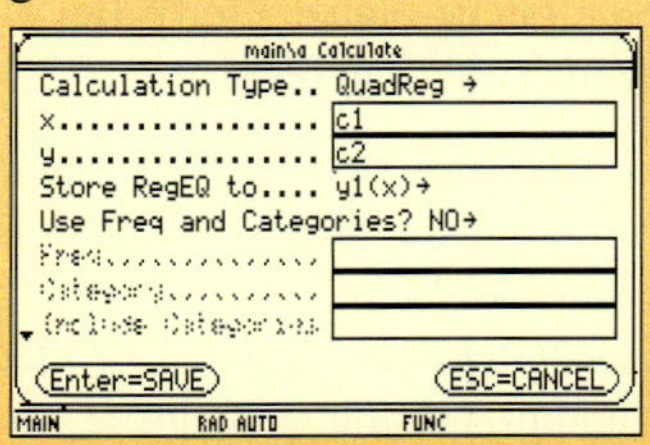

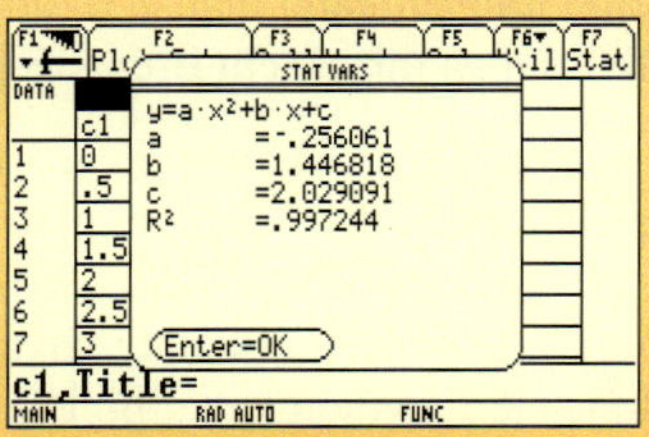

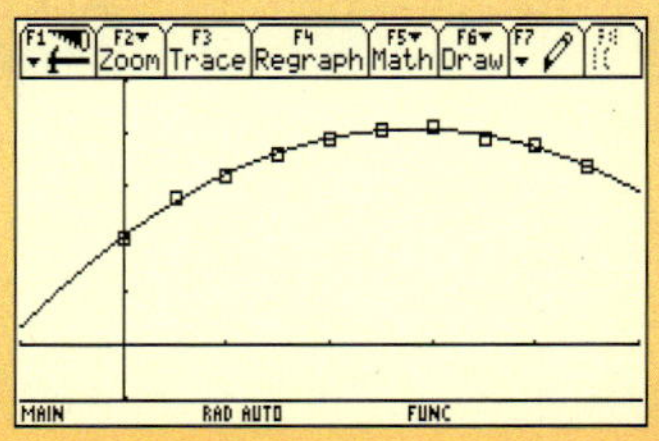

Probiere aus, wie du bei deinem Rechner vorgehen musst.

5.10 Quadratwurzelfunktionen – Umkehrfunktionen

Aufgabe 1

Umkehren einer Funktion

Für ein Quad hat man festgestellt, dass sich die Länge s des Bremsweges (in m) bei trockener Straße aus der vorher gefahrenen Geschwindigkeit v $\left(\text{in } \frac{\text{km}}{\text{h}}\right)$ mithilfe folgender Funktionsgleichung berechnen lässt: $s = 0{,}01 \cdot v^2$

a) Mit welchem Bremsweg s muss der Fahrer bei einer Geschwindigkeit von $10\,\frac{\text{km}}{\text{h}}$, $20\,\frac{\text{km}}{\text{h}}$, …, $100\,\frac{\text{km}}{\text{h}}$ rechnen? Stelle für die Funktion *Geschwindigkeit → Bremsweg* eine geeignete Wertetabelle auf und zeichne den Graphen dieser Funktion.
Lies weitere Werte für s aus dem Graphen ab, z. B. zu $v = 45\,\frac{\text{km}}{\text{h}}$.

b) Bei Verkehrsunfällen interessiert die umgekehrte Frage: Kann man aus der Länge des Bremsweges die vorher gefahrene Geschwindigkeit bestimmen?
Lies aus dem Graphen von f zur Teilaufgabe a) ab, bei welcher Geschwindigkeit v der Bremsweg 61 m lang ist.
Bei der Bestimmung der Geschwindigkeit v zu gegebener Länge s des Bremsweges wird die in a) betrachtete Zuordnung umgekehrt:
Die neue Zuordnung *Bremsweg → Geschwindigkeit* nennt man die *Umkehrzuordnung* der Funktion *Geschwindigkeit → Bremsweg*. Lege auch für diese Umkehrzuordnung eine Wertetabelle an und zeichne den entsprechenden Graphen.
Welche Gleichung gehört zu der Umkehrzuordnung?

Lösung

a) *Geschwindigkeit → Bremsweg*

Geschwindigkeit $\left(\text{in } \frac{\text{km}}{\text{h}}\right)$	Bremsweg (in m)
10	1
20	4
30	9
40	16
50	25
60	36
70	49
80	64
90	81
100	100

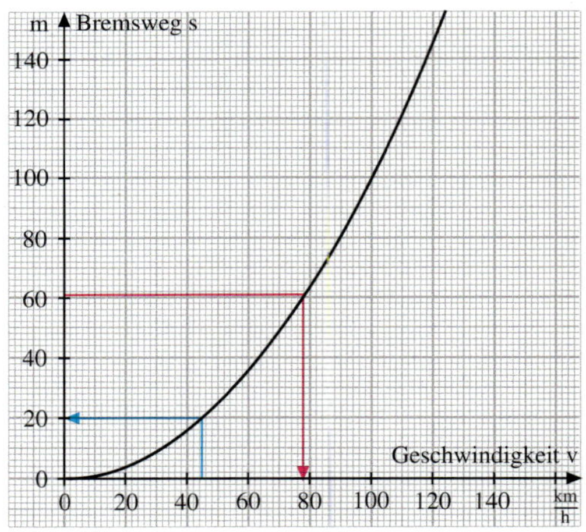

Aus dem Graphen kann man z. B. ablesen (siehe blauer Pfeil): Bei einer Geschwindigkeit von $45\,\frac{\text{km}}{\text{h}}$ muss man mit einem Bremsweg von etwa 20 m rechnen.

b) *(1) Bestimmen der Geschwindigkeit v mithilfe des Graphen – Eindeutigkeit*
Aus dem Graphen der Zuordnung zu Teilaufgabe a) kann man auch ablesen (siehe roter Pfeil): Bei einem Bremsweg von beispielsweise 61 m Länge ist die vorhergehende Geschwindigkeit etwa $77\,\frac{\text{km}}{\text{h}}$. Allgemein erkennt man an diesem Graphen, dass es zu jedem Bremsweg eine ganz bestimmte Geschwindigkeit gibt. Die Umkehrzuordnung *Bremsweg → Geschwindigkeit* ist also eindeutig.

(2) Wertetabelle und Graphen der Umkehrzuordnung

Man erhält die Wertetabelle dieser Umkehrzuordnung, indem man die beiden Spalten der Wertetabelle der Zuordnung vertauscht. Dieses Vertauschen entspricht dem Umkehren der Zuordnungsrichtung und damit dem Umkehren der Pfeile.

Bremsweg → Geschwindigkeit

Bremsweg (in m)	Geschwindigkeit (in $\frac{km}{h}$)
1	10
4	20
9	30
16	40
25	50
36	60
49	70
64	80
81	90
100	100

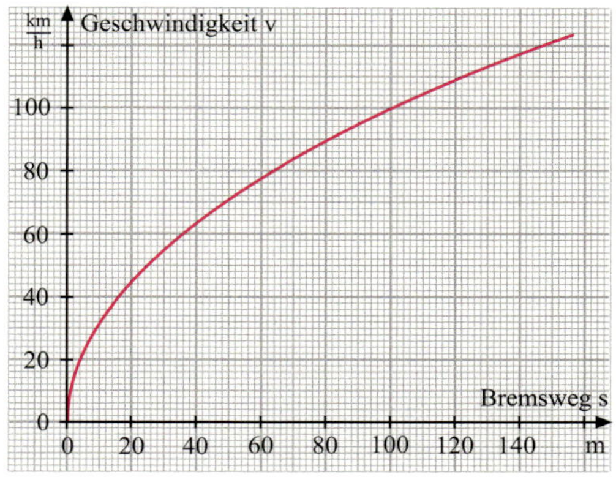

(3) Aufstellen der Zuordnungsvorschrift für die Umkehrzuordnung

Um aus einem beliebigen Bremsweg s (in m) die zugehörige Geschwindigkeit v (in $\frac{km}{h}$) berechnen zu können, isolieren wir v in der Gleichung $s = 0{,}01 \cdot v^2$:

$s = 0{,}01 \cdot v^2$, also $v^2 = \frac{s}{0{,}01}$ und somit $v = \sqrt{\frac{s}{0{,}01}} = \sqrt{100\,s} = 10\sqrt{s}$, da v hier nicht negativ sein kann.

Die Umkehrzuordnung hat also die Gleichung $v = 10\sqrt{s}$.

Information

(1) Umkehrfunktion

In Aufgabe 1 haben wir zu der Funktion *Geschwindigkeit → Bremsweg* die Umkehrzuordnung *Bremsweg → Geschwindigkeit* betrachtet. Auch diese Zuordnung ist eine Funktion.

Definition

Kehrt man bei einer Funktion f die Zuordnungsrichtung um, so erhält man die umgekehrte Zuordnung. Ist diese Umkehrzuordnung wieder eine Funktion, so heißt die ursprüngliche Funktion **umkehrbar**. Die durch die Umkehrung erhaltene Funktion heißt **Umkehrfunktion** von f; sie wird mit f* bezeichnet.

(2) Vom Graphen von f zum Graphen von f*

(a) *Vertauschen der Koordinaten eines Punktes*

Man erhält die Wertetabelle der Umkehrfunktion f*, indem man in der Wertetabelle für f die Spalten vertauscht.

Ist P(v|s) ein Punkt des Graphen von f, so erhält man einen Punkt P* des Graphen von f*, indem man die Koordinaten von P vertauscht: P*(s|v).

Das Vertauschen der Koordinaten entspricht dem Vertauschen der Spalten der Wertetabelle.

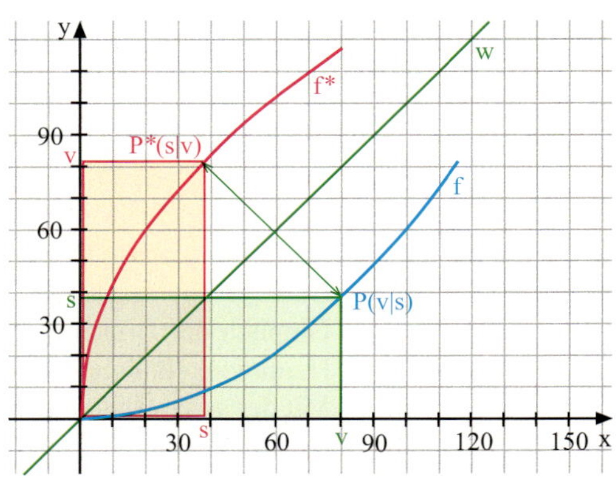

(b) *Spiegeln an der Hauptwinkelhalbierenden w*

Das Vertauschen der Koordinaten eines Punktes bedeutet Spiegeln des Punktes an der Hauptwinkelhalbierenden w der Koordinatenachsen.

Begründung: Die Winkelhalbierende w ist gleichzeitig Symmetrieachse der beiden Koordinatenachsen. Durch das Spiegeln an w geht ein Skalenpunkt auf der 1. Koordinatenachse in den entsprechenden Skalenpunkt auf der 2. Koordinatenachse über und umgekehrt. Dadurch wird die 1. Koordinate von P zur 2. Koordinate von P* und die 2. Koordinate von P zur 1. Koordinate von P*. Das bedeutet ein Vertauschen der Koordinaten von P zu P*.
Man erhält also die Punkte des Graphen von P*, indem man die Punkte des Graphen von f an w spiegelt.

Satz

Ist f* die Umkehrfunktion einer Funktion f, so erhält man den Graphen von f*, indem man den Graphen von f an der Hauptwinkelhalbierenden der Koordinatenachsen spiegelt.

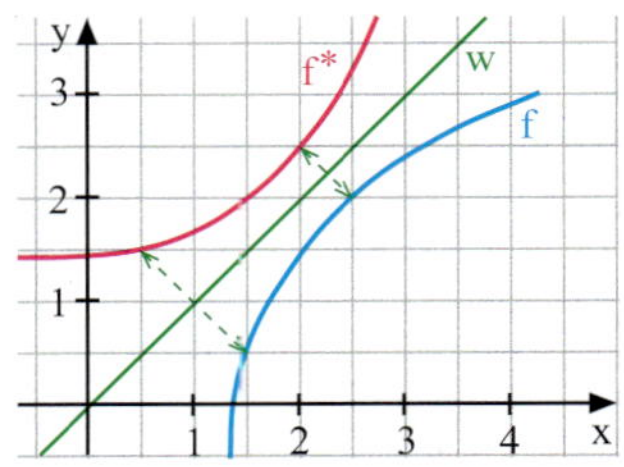

(3) Umkehren der Quadratfunktion

(a) Die Normalparabel ist Graph der Quadratfunktion f mit $y = x^2$ mit $\mathbb{R}$ als Definitionsmenge. Wir wollen die Umkehrzuordnung dieser Funktion untersuchen. Dazu vertauschen wir in der Wertetabelle die Spalten.

Quadratfunktion	
– 3	9
– 2	4
– 1	1
0	0
1	1
2	4
3	9

Umkehrzuordnung	
9	– 3
4	– 2
1	– 1
0	0
1	1
4	2
9	3

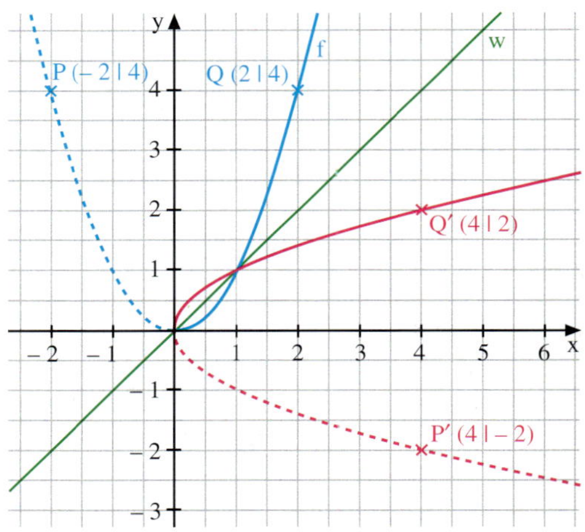

Der Graph dieser Umkehrzuordnung ist symmetrisch zur x-Achse. Man erhält ihn auch, indem man die Normalparabel an den Winkelhalbierenden w mit der Gleichung y = x spiegelt.
Beim Graphen der Umkehrzuordnung liegen z.B. die Punkte P′(4 | – 2) und Q′(4 | 2) übereinander. Die Zuordnung ist nicht eindeutig. Die Quadratfunktion mit $\mathbb{R}$ als Definitionsmenge ist nicht umkehrbar.

(b) Um zu erreichen, dass diese Umkehrzuordnung eindeutig wird, müssen wir die Definitionsmenge der Quadratfunktion einschränken. Wir wählen hier für die Funktion f mit $f(x) = x^2$ als Definitionsmenge D_f die Menge aller nichtnegativen reellen Zahlen, d.h.: $D_f = \mathbb{R}_+^*$.
Dann gehört zum Graphen von f nur der Teil der Normalparabel, der im 1. Quadranten liegt. Den Graphen der Umkehrzuordnung von f erhält man durch Spiegeln dieses Teils der Parabel an der Hauptwinkelhalbierenden w. Er liegt auch im 1. Quadranten.
Mit der so gewählten Einschränkung der Definitionsmenge ist *f umkehrbar*. Die Umkehrzuordnung ist eine Funktion f*, die Umkehrfunktion von f.

(c) *Funktionsterm der Umkehrfunktion*

Wertetabelle für f

x	f(x)
0	0
1	1
2	4
3	9

$x \rightarrow x^2$

*Wertetabelle für f**

x	f*(x)
0	0
1	1
4	2
9	3

$x \rightarrow \sqrt{x}$

Die Wertetabelle für f* erhält man aus der Wertetabelle für f durch Vertauschen der Spalten.
Die Werte der Funktion f erhält man durch Quadrieren. Umgekehrt erhält man die Werte der Funktion f* durch Ziehen der Quadratwurzel.
Das bedeutet: Die Umkehrfunktion f* hat den Term $f^*(x) = \sqrt{x}$ mit $x \geq 0$.

Definition

Die Funktion mit dem Funktionsterm
$f(x) = \sqrt{x}$ für $x \geq 0$,
heißt **Quadratwurzelfunktion**.

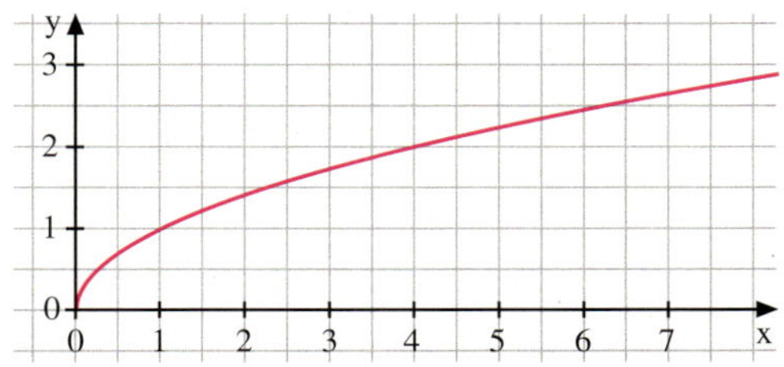

Aufgabe 2 *Umkehren einer linearen Funktion*

Untersuche, ob die lineare Funktion f mit der Funktiongleichung $y = \frac{2}{3}x + 1$ umkehrbar ist. Bestimme gegebenenfalls die Funktionsgleichung der Umkehrfunktion f*.

Lösung Zeichnet man den Graphen der Funktion f, so erkennt man, dass jeder y-Wert nur an einer einzigen Stelle als Funktionswert angenommen wird. Das bedeutet, dass die Funktion f in ihrer ganzen Definitionsmenge $\mathbb{R}$ umkehrbar ist.
Die Umkehrfunktion ordnet jedem vorgegebenen y-Wert der Funktion f die Stelle x zu, an der dieser y-Wert angenommen wird. Der x-Wert lässt sich durch Auflösen der Funktionsgleichung der Funktion f nach x berechnen:

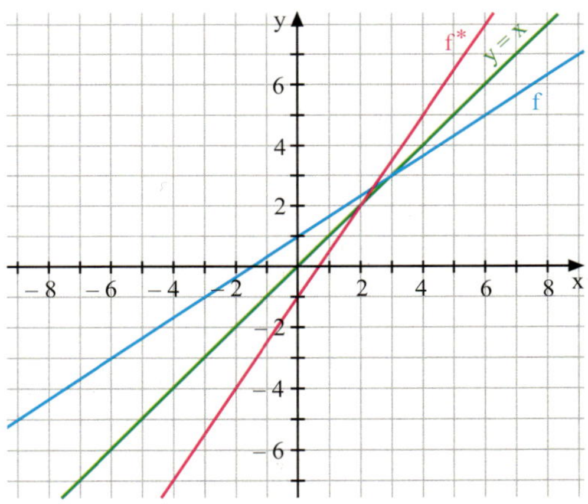

$y = \frac{2}{3}x + 1 \quad | -1$

$y - 1 = \frac{2}{3}x \quad | \cdot \frac{3}{2}$

$\frac{3}{2}y - \frac{3}{2} = x \quad |$ Seiten tauschen

$x = \frac{3}{2}y - \frac{3}{2}$,

d.h. der vorgegebene Wert y wird von der Funktion f an der Stelle $x = \frac{3}{2}y - \frac{3}{2}$ angenommen.
Überlicherweise bezeichnet man die Ausgangswerte mit x und die zugeordneten Werte mit y. Daher benennen wir die Variablen in der Gleichung $x = \frac{3}{2}y - \frac{3}{2}$ und erhalten die Funktionsgleichung der Umkehrfunktion f*: $y = \frac{3}{2}x - \frac{3}{2}$.
An der Zeichnung im Koordinatensystem erkennt man, dass die Graphen von Funktion und Umkehrfunktion durch Spiegeln an der Hauptwinkelhalbierenden auseinander hervorgehen.

Weiterführende Aufgaben

3. *Umkehrbarkeit linearer Funktionen*

Beweise folgenden Satz.

> **Satz**
>
> Jede lineare Funktion f mit der Gleichung $y = mx + b$ mit $m \neq 0$ ist in der Definitionsmenge $\mathbb{R}$ umkehrbar. Ihre Umkehrfunktion f^* hat die Funktionsgleichung $y = \frac{1}{m}x - \frac{b}{m}$.

Übungsaufgaben

4. Betrachte für Quadrate die beiden Funktionen
(1) *Seitenlänge → Flächeninhalt* und (2) *Flächeninhalt → Seitenlänge*.
Erstelle Wertetabellen und zeichne die Graphen. Vergleiche beide Funktionen miteinander.

5. Die Funktion
Geschwindigkeit x $\left(in\ \frac{km}{h}\right)$ *→ Bremsweg y (in m)*
hängt von der Fahrzeugart und der Straßenbeschaffenheit ab.

a) Berechne jeweils den Bremsweg und lege eine Wertetabelle für die Geschwindigkeiten $10\,\frac{km}{h}$, $20\,\frac{km}{h}$, $30\,\frac{km}{h}$, …, $80\,\frac{km}{h}$ an.

b) Zu welcher Geschwindigkeit gehört ein 20 m [25 m; 30 m] langer Bremsweg?

TRUCK REPORT

TESTBERICHT
Bremsen

(1) Lkw auf trockener Fahrbahn: $y = 0{,}009\,x^2$
(2) Lkw auf nasser Fahrbahn: $y = 0{,}013\,x^2$
(3) Pkw auf nasser Fahrbahn: $y = 0{,}008\,x^2$

6. Gib an, ob die Funktion, die zu dem Graphen gehört, umkehrbar ist.

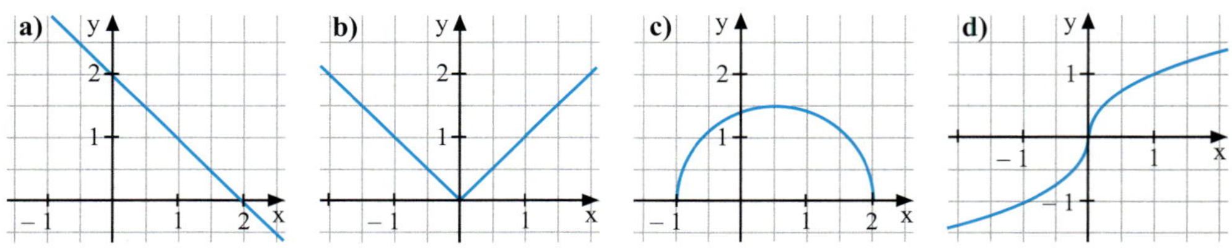

Kontrolliere durch Berechnung.

7. Zeichne für $0 \le x \le 9$ den Graphen der Quadratwurzelfunktion und lies ab:
(1) f(0,5) (2) f(1,7) (3) f(2,9) (4) f(4,2) (5) f(6,9)

8. Zeichne den Graphen zu **a)** $f(x) = \frac{1}{2}\sqrt{x}$, **b)** $f(x) = 2\sqrt{x}$, **c)** $f(x) = 4\sqrt{x}$
und vergleiche mit dem der Quadratwurzelfunktion.

9. Strecke den Graphen der Quadratwurzelfunktion mit dem Faktor $a = -0{,}5$; $a = -1$; $a = -2$.
Beschreibe, wie sich der Graph ändert.

10. Zeichne den Graphen der linearen Funktion f und zeige, dass f umkehrbar ist. Zeichne den Graphen der Umkehrfunktion f^* und notiere den Funktionsterm von f^*.

a) $f(x) = \frac{x}{2} + 3$ **b)** $f(x) = x - 1{,}8$ **c)** $f(x) = -x + 4{,}5$

11. Nina behauptet: „Hat eine lineare Funktion als Graph eine steigende Gerade, so ist der Graph der Umkehrfunktion eine fallende Gerade."

12. Gib die linearen Funktionen an, die mit ihrer jeweiligen Umkehrfunktion übereinstimmen.

5.11 Aufgaben zur Vertiefung

1. Ein zylinderförmiges Gefäß ist mit Wasser gefüllt, das durch ein kleines Loch im Boden ausläuft. Im Verlauf der Zeit t (gemessen in s) ändert sich die Höhe h des Wasserspiegels (gemessen in cm). Dieser zeitliche Ablauf lässt sich mithilfe einer Gleichung beschreiben: $h = a \cdot (t - d)^2$
Die Parameter a und d hängen von der Versuchsanordnung ab. Bei einem Gefäßdurchmesser von 8,5 cm und einem Lochdurchmesser von 4 mm kann man für a den Wert 0,0025 verwenden. Der Wert für d hängt davon ab, wie viel Wasser zu Beginn (t = 0) in das Gefäß gefüllt wird.

a) Das Gefäß wird so weit mit Wasser gefüllt, dass es in 60 s ausläuft. Zeichne den Graphen der Zuordnung *Zeit (in s) → Höhe des Wasserspiegels (in cm).*

b) Wie hoch muss man das Gefäß mit Wasser füllen, damit das Wasser in 90 s vollständig ausläuft?

2. Beim Schießen einer Kugel senkrecht nach oben wird die Zuordnung
Zeit t nach Abschuss (in s) → Höhe h über der Abschussstelle (in m)
durch die Gleichung $h = 51{,}2\,t - 5\,t^2$ beschrieben.

a) In welcher Höhe befindet sich die Kugel nach 4 Sekunden?
Wann erreicht sie die gleiche Höhe beim Zurückfallen?

b) Nach welcher Zeit wird die höchste Höhe erreicht? Welche Höhe?

c) Zu welchen Zeiten beträgt die Höhe 50 m?

3. Die Hängebrücke in Duisburg kann aus ihrer Normallage nach oben gezogen werden. Sie nimmt dann die Form einer Parabel an.
In Normallage ist die Brücke auch schon gekrümmt. Sie ist in der Mitte dann 2,00 m höher als an beiden Enden. Die Angaben für die Höhen in Mittellage und in Hochlage findest du in der Zeichnung.
Bestimme die Parabelgleichung, indem du das Koordinatensystem zur Bestimmung von Parabelpunkten verschieden anordnest. Einige Möglichkeiten siehst du unten.
Was stellst du fest?

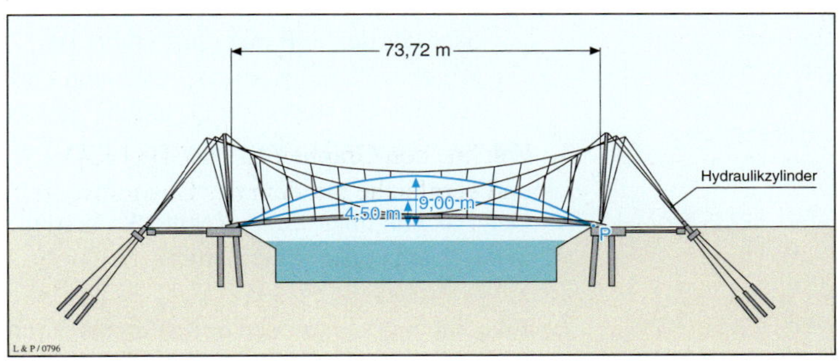

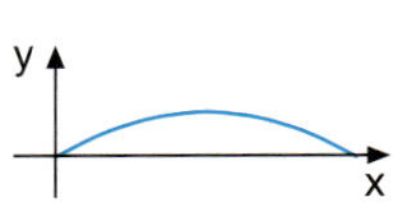

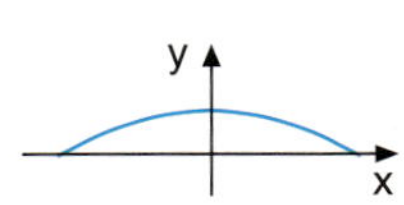

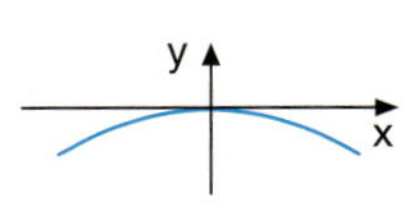

Bist du fit?

1. Zeichne den Graphen von f von Hand.

a) $f(x) = (x+1)^2$ **d)** $f(x) = (x-2)^2$ **g)** $f(x) = 2\,[(x+1)^2 - 4]$

b) $f(x) = x^2 - 2$ **e)** $f(x) = (x-2)^2 + 3$ **h)** $f(x) = -\frac{1}{2}\,[(x-2)^2 - 6]$

c) $f(x) = (x+1)^2 - 4$ **f)** $f(x) = -\,[(x+1)^2 - 4]$ **i)** $f(x) = 4x - x^2$

2. Welcher Funktionsterm gehört zu dem Graphen?

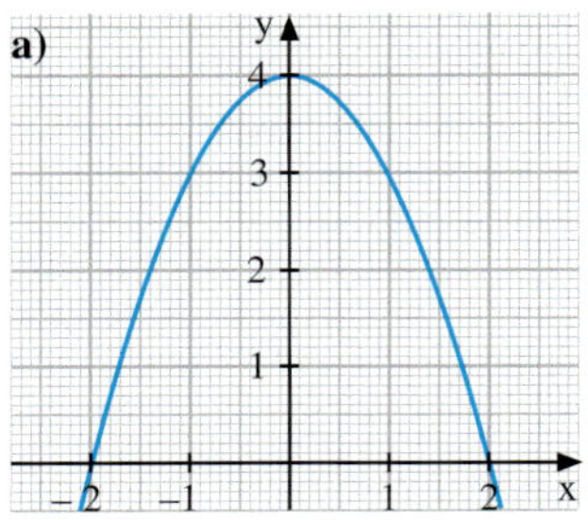

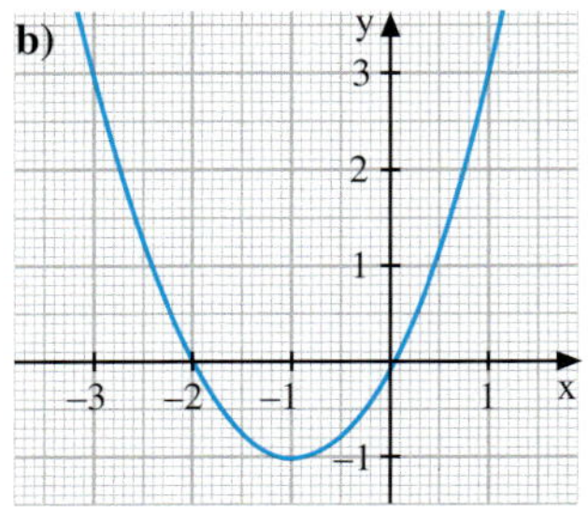

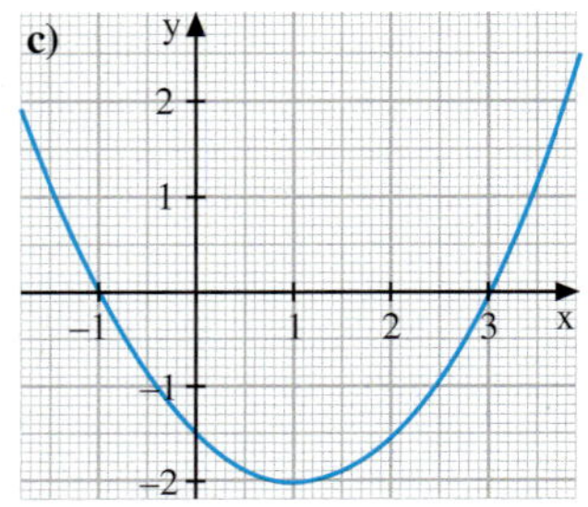

3. In welchem Bereich fällt der Graph, in welchem Bereich steigt er?

a) $y = x^2 - 18x + 80$ **b)** $y = -3x^2 - 12x + 180$ **c)** $y = -\frac{1}{2}x^2 + 7x - 20$

4. Bestimme die Lösungsmenge.

a) $x^2 + 12x + 11 = 0$ **c)** $4y^2 - 0{,}5 = y$ **e)** $6z^2 + 23z = 18$

b) $-8z + 16 + z^2 = 0$ **d)** $y^2 - 0{,}5y + 1{,}5 = 0$ **f)** $0{,}5x^2 - x = 12$

5. Gegeben ist die quadratische Funktion mit:

a) $f(x) = x^2 + 2x - 8$ **b)** $f(x) = -x^2 - 10x - 21$ **c)** $f(x) = -4x^2 + 20x - 25$

(1) Bestimme die Nullstellen der Funktion.

(2) Bestimme den Scheitelpunkt der Parabel und stelle fest, ob der Scheitelpunkt der höchste oder der tiefste Punkt der Parabel ist.

(3) Welcher Punkt Q_1 der betreffenden Parabel liegt auf der y-Achse? Welcher Parabelpunkt Q_2 hat die gleiche 2. Koordinate wie Q_1?

(4) An welchen Stellen x wird der Funktionswert 4 angenommen?

6. Der Flächeninhalt eines Rechtecks beträgt $300\ \text{cm}^2$, eine Seite ist 5 cm länger als die andere Seite. Wie lang sind die Seiten?

7. Julia hat ein Bild mit den Seitenlängen 20 cm und 30 cm gemalt. Da sie es verschenken will, soll es noch von einem Passepartout umgeben werden, das auf allen Seiten gleich breit ist. Die Kunstlehrerin empfiehlt für eine gute Wirkung, das Passepartout so groß zu wählen, dass es 40 % der Gesamtfläche einnimmt. Wie groß muss das Passepartout gewählt werden?

8. Zu jeder Seitenlänge a eines Würfels gehört ein bestimmter Oberflächeninhalt O. Ermittle die Gleichung für die Funktion *Seitenlänge → Oberflächeninhalt*. Zeichne auch deren Graph.

9. Eine Landwirtin will an einem Bach mit 300 m Zaun ein rechteckiges Weidestück für junge Ponys abgrenzen. Bei welchen Abmessungen erhält sie die größtmögliche Weide?

6. POTENZEN UND POTENZFUNKTIONEN

Das englische Wort für Säure ist acid.

Die Erbinformation eines Lebewesens ist in Desoxyribonucleinsäure-Molekülen, kurz DNA-Molekülen, gespeichert. Diese kommen in fast jeder Zelle des Lebewesens vor. Die DNA-Moleküle sind so lang, dass sie dort nur in kompakt aufgespulter Form Platz finden und vom Aussehen her an eine verdrehte Strickleiter – eine „Doppelhelix" – erinnern.

Aneinandergereiht ergäben die fadenförmigen Moleküle aller 60 000 000 000 000 Zellen eines Menschen eine Strecke mit der Länge 120 000 000 000 Kilometer.

- *Vergleiche diese Länge mit der Entfernung von der Erde zur Sonne, die ca. 149 000 000 km beträgt.*
- *Wie lang sind die aneinander gereihten DNA-Moleküle der einzelnen Zelle?*

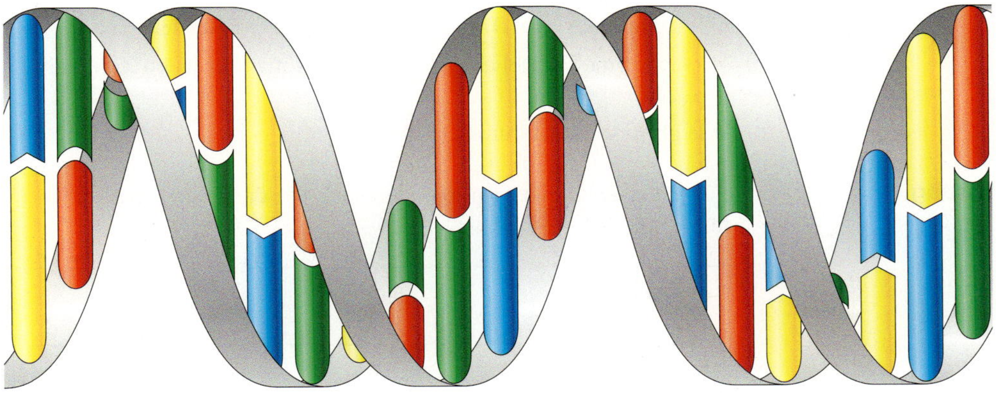

1 nm = 0,000000001 m

Die einzelnen Bausteine der DNA haben winzige Ausmaße. So beträgt die Dicke (Durchmesser) der Doppelhelix nur ca. 2 Nanometer (2 nm). Die Höhe einer Windung ist ca. 0,0000034 mm.

- *Gib die Dicke der DNA in Millimetern an und vergleiche sie mit der Dicke eines Haares.*

Wie man sehr große und sehr kleine positive Zahlen mithilfe von Potenzen übersichtlich darstellen kann, kennst du schon von der Darstellung solcher Zahlen auf dem Taschenrechner. In diesem Kapitel wirst du dein Wissen über Potenzen und das Rechnen mit ihnen erweitern.

6.1 Potenzen mit ganzzahligen Exponenten

6.1.1 Definition und Anwendung der Potenzen mit natürlichen Exponenten

Aufgabe 1

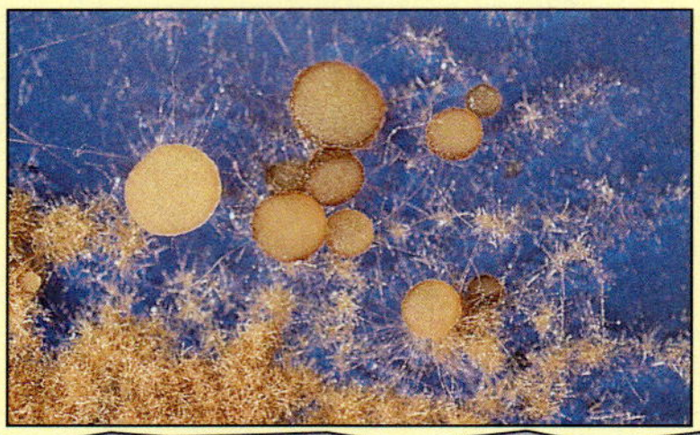

HEFE

Hefen sind einzellige Lebewesen, die eine große Rolle bei der Herstellung von Lebensmitteln und alkoholischen Getränken spielen.
Unter bestimmten Bedingungen vermehren sich die Hefezellen so schnell, dass jede Stunde eine Verdoppelung stattfindet.

Wir betrachten eine zu Beginn 1 cm^3 große Hefekultur, deren Größe sich jede Stunde verdoppelt.

a) Notiere die Größe der Hefekultur zu Beginn, nach 1 Stunde, nach 2 Stunden, nach 3 Stunden, … übersichtlich in einer Tabelle. Verwende dabei Potenzen.

b) Versuche eine Formel anzugeben, mit der man für jeden Zeitpunkt t das Volumen V(t) berechnen kann.

c) Wie groß ist die Kultur nach 20 Stunden?

Lösung

a) Für jeden Zeitpunkt t (in h) bezeichnen wir das in cm^3 angegebene Volumen der Hefekulturen mit V(t).

Zeitpunkt t der Beobachtung (in h)	0	1	2	3	4	5	6	…
Volumen V(t) der Kultur (in cm^3)	1	$2 = 2^1$	$4 = 2^2$	$8 = 2^3$	$16 = 2^4$	$32 = 2^5$	$64 = 2^6$	…

(+1 von Spalte zu Spalte beim Zeitpunkt; ·2 von Spalte zu Spalte beim Volumen)

$\mathbb{N} = \{0, 1, 2, 3 \cdots\}$
$\mathbb{N}^* = \{1, 2, 3 \cdots\}$

b) Für $t \in \mathbb{N}^*$ gilt: Die Zahl, die den Zeitpunkt angibt, und der Exponent der zugehörigen Potenz stimmen jeweils überein.
Die Abhängigkeit wird demnach beschrieben durch $V(t) = 2^t$ mit $t \in \mathbb{N}^*$. Für $t = 0$ können wir diese Formel nicht verwenden, da wir 2^0 (noch) nicht definiert haben.

c) Wir gehen davon aus, dass sich die Größe der Hefekultur weiterhin jede Stunde verdoppelt.
Die Größe der Kultur nach 20 Stunden beträgt 2^{20} cm^3. Es gilt:

$$2^{20} = \underbrace{2 \cdot 2 \cdot 2 \cdot \ldots \cdot 2}_{\text{20 Faktoren 2}} = 1\,048\,576$$

Ergebnis: Das Volumen der Kultur nach 20 Stunden beträgt 1 048 576 cm^3, das sind 1,048576 m^3, also rund 1 m^3.
Das trifft aber nur zu, falls sich zwischenzeitlich die Wachstumsbedingungen nicht verändern.

Information

(1) Definition der Potenz für natürliche Exponenten

In der Lösung der Aufgabe 1 haben wir die Größe der Hefekultur übersichtlich mithilfe von Potenzen angeben können. Um auch zu Beginn der Beobachtung die Größe der Hefekultur mit $V(t) = 2^t$ beschreiben zu können, ist es sinnvoll, 2^0 als 1 zu definieren.

Potenz ⟨**lat.** »Macht«⟩ Math.: Produkt aus gleichen Faktoren

Basis ⟨**griech.** »Grundlage«⟩ Math.: Grundzahl

Exponent ⟨**lat.** »der Hervorgehobene«⟩ Math.: Hochzahl

Definition: *Potenzen mit natürlichen Exponenten*

Für reelle Zahlen a und natürliche Zahlen n gilt:

$\mathbf{a^0 = 1}$

$\mathbf{a^1 = a}$

$\mathbf{a^n = \underbrace{a \cdot a \cdot \ldots \cdot a}_{n\ \text{Faktoren a}}}$ (für $n > 1$)

also:

$a^2 = a \cdot a$

$a^3 = a \cdot a \cdot a$

$a^4 = a \cdot a \cdot a \cdot a$

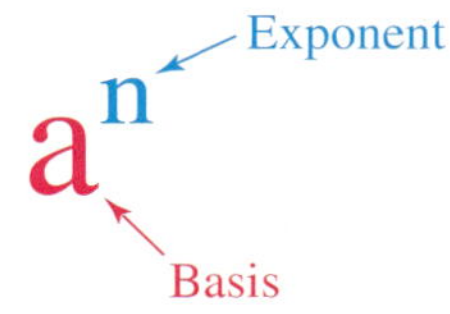

Beispiele:

$3^7 = \underbrace{3 \cdot 3 \cdot 3 \cdot 3 \cdot 3 \cdot 3 \cdot 3}_{7\ \text{Faktoren 3}} = 2\,187$

$(-5)^3 = \underbrace{(-5) \cdot (-5) \cdot (-5)}_{3\ \text{Faktoren}\ (-5)} = -125$

$(\sqrt{3})^5 = \underbrace{\sqrt{3} \cdot \sqrt{3} \cdot \sqrt{3} \cdot \sqrt{3} \cdot \sqrt{3}}_{5\ \text{Faktoren}\ \sqrt{3}} = 9 \cdot \sqrt{3}$

$\left(\frac{2}{3}\right)^4 = \underbrace{\frac{2}{3} \cdot \frac{2}{3} \cdot \frac{2}{3} \cdot \frac{2}{3}}_{4\ \text{Faktoren}\ \frac{2}{3}} = \frac{16}{81}$

$5^0 = 1$; $\left(-\frac{1}{2}\right)^0 = 1$

$(\sqrt{2})^0 = 1$; $0^0 = 1$

(2) Zehnerpotenzen – Vorsilben

(a) Die Zahlen 10, 100, 1 000 usw. schreibt man häufig übersichtlich als Potenz der Zahl 10.

10^n bedeutet eine 1 mit n Nullen

	10	$= 10^1$
	100	$= 10^2$
	1 000	$= 10^3$
	10 000	$= 10^4$
	100 000	$= 10^5$
1 Million =	1 000 000	$= 10^6$
1 Milliarde =	1 000 000 000	$= 10^9$
1 Billion =	1 000 000 000 000	$= 10^{12}$

(b) Gewisse Vorsilben bei Maßeinheiten bedeuten Zehnerpotenzen:

Kilo ⟨**griech.**⟩ tausend
Mega ⟨**griech.**⟩ groß
Giga ⟨**griech.**⟩ riesig
Tera ⟨**griech.**⟩ ungeheuer groß
Peta ⟨**griech.**⟩ alles umfassen
Exa ⟨**griech.**⟩ über alles

Potenz	Vorsilbe	Abkürzung	Beispiel		
10^2	Hekto	h	Hektoliter:	1 hl	$= 10^2$ l
10^3	Kilo	k	Kilometer:	1 km	$= 10^3$ m
10^6	Mega	M	Megatonne:	1 Mt	$= 10^6$ t
10^9	Giga	G	Gigahertz:	1 GHz	$= 10^9$ Hz
10^{12}	Tera	T	Terawattstunde:	1 TWh	$= 10^{12}$ Wh
10^{15}	Peta	P	Petahertz:	1 PHz	$= 10^{15}$ Hz
10^{18}	Exa	E	Exasekunde:	1 Es	$= 10^{18}$ s

(c) Du kennst die Vorsilben Kilo, Mega, Giga, Tera und Peta auch bei der Einheit Byte zur Beschreibung der Speicherkapazität in Zusammenhang mit Computern. Dort bedeuten sie aber etwas geringfügig anderes:

1 kB	$= 2^{10}$ Byte	= 1 024 Byte	$\approx 10^3$ Byte
1 MB	$= 2^{20}$ Byte	= 1 048 576 Byte	$\approx 10^6$ Byte
1 GB	$= 2^{30}$ Byte	= 1 073 741 824 Byte	$\approx 10^9$ Byte
1 TB	$= 2^{40}$ Byte	= 1 099 511 627 776 Byte	$\approx 10^{12}$ Byte
1 PB	$= 2^{50}$ Byte	= 1 125 899 906 842 624 Byte	$\approx 10^{15}$ Byte
1 EB	$= 2^{60}$ Byte	= 1 152 921 504 606 846 976 Byte	$\approx 10^{18}$ Byte

Weiterführende Aufgabe

2. *Normdarstellung von Zahlen*

Große Zahlen schreibt man häufig als Produkt einer Zehnerpotenz und einer Zahl zwischen 1 und 10; im Gegensatz zur 1 wird die 10 nicht verwendet. Damit kann man sie besser überblicken. Zwei Beispiele dazu sind:

$\cdot 10^8$ bewirkt Kommaverschiebung um 8 Stellen nach rechts

(a) Abstand der Erde von der Sonne: $149\,000\,000$ km $= 1{,}49 \cdot 10^8$ km

(b) Zahl der Atome in 12 g Kohlenstoff ^{12}C (so genannte Avogadro'sche Zahl): $6{,}02 \cdot 10^{23}$

Diese Zahldarstellung heißt *Normdarstellung* bzw. *Schreibweise mit abgetrennter Zehnerpotenz*. Sie wird auch *scientific notation* genannt, weil sie oft in den Naturwissenschaften verwendet wird.

$34\,785 = 3{,}4785 \cdot 10^4$

a) Schreibe mit abgetrennter Zehnerpotenz.
(1) 78 543 (2) 28 433 (3) 9 245 682 (4) 10 000

b) Berechne mit dem Taschenrechner die Potenzen $9\,999^2$, $9\,999^3$, $9\,999^4$, …
Was fällt auf? Gib eine Erklärung dafür.

```
9999^2
              99980001
9999^3
          9.9970003E11
9999^4
          9.9960006E15
```

c) Suche in der Bedienungsanleitung deines Taschenrechners, wie du Zahlen in Normdarstellung verkürzt in den Rechner eingeben kannst.
Gib in Normdarstellung ein: (1) $3{,}45678 \cdot 10^{13}$ (2) $-1{,}46001 \cdot 10^7$ (3) 10^8

Übungsaufgaben

3. Lies den Text aus einem Biologiebuch.

Bakterien als Krankheitserreger

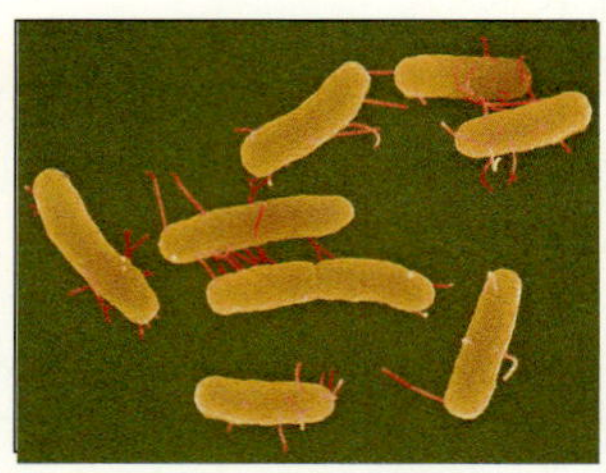

Vormittags hatte Ilona in der Stadt ein Hackfleischbrötchen gegessen. Abends fühlte sie sich sehr schlapp. Am nächsten Morgen hatte sie Durchfall, Erbrechen und Fieber. Der herbeigerufene Arzt stellte eine Lebensmittelvergiftung fest. Das Hackfleisch war mit Bakterien verunreinigt gewesen. Es handelte sich um Salmonellen.
Salmonellen werden erst durch längeres Kochen oder Braten abgetötet. Daher besteht beim Verzehr von rohen oder nur kurz erhitzten Eiern und Fleischwaren die Gefahr einer Infektion. Besonders riskant wird es, wenn salmonellenhaltige Nahrungsmittel im warmen Raum stehen bleiben. Da sich die Anzahl der Bakterien jede Stunde verdoppelt, können aus zehn Bakterien in einigen Stunden zehn Millionen Bakterien werden, eine Menge, die tödlich wirken kann.

a) Notiere das Wachstum der Salmonellen übersichtlich in einer Tabelle. Am Anfang soll eine Salmonelle vorhanden sein. Verwende dabei auch Potenzen.

b) Gib an, wie man die Anzahl der Salmonellen zu jeder vollen Stunde berechnen kann.

c) Kontrolliere mit deinem Rechner die Behauptung im letzten Satz des obigen Textes.

4. Berechne ohne Taschenrechner möglichst geschickt.

a) 10^0; 10^1; 10^2; …; 10^{10}

b) 2^0; 2^1; 2^2; …; 2^{10}

c) 3^0; 3^1; 3^2; …; 3^8

d) 5^0; 5^1; 5^2; …; 5^5

e) $(-2)^0$; $(-2)^1$; $(-2)^2$; …; $(-2)^{10}$

f) $0{,}1^0$; $0{,}1^1$; $0{,}1^2$; …; $0{,}1^5$

g) $\left(\frac{1}{2}\right)^0$; $\left(\frac{1}{2}\right)^1$; $\left(\frac{1}{2}\right)^2$; …; $\left(\frac{1}{2}\right)^{10}$

h) $(\sqrt{2})^0$; $(\sqrt{2})^1$; $(\sqrt{2})^2$; …; $(\sqrt{2})^6$

5. *Partnerarbeit:* Führe mit deinem Partner Kopfrechenübungen durch, für die es vorteilhaft ist, Potenzen auswendig zu wissen.

6. Setze das passende Zeichen <, > oder =.

a) $2^4 \square 2^5$ **b)** $2^4 \square 3^4$ **c)** $\left(\frac{1}{2}\right)^3 \square \left(\frac{1}{2}\right)^4$ **d)** $2^4 \square 4^2$ **e)** $3^0 \square 7^0$

7. Sowohl Produkt als auch Potenz sind Kurzschreibweisen. Schreibe ausführlicher und vergleiche.

a) $2 \cdot 5$ und 2^5 **b)** $5 \cdot 2$ und 5^2 **c)** $(-2) \cdot 2$ und $(-2)^2$ **d)** $(-3) \cdot 4$ und $(-3)^4$

8. Berechne und vergleiche. Beschreibe, was dir auffällt.

a) 2^3 und 3^2 **c)** $(-5)^4$ und -5^4 **e)** $(-2)^3$ und -2^3

b) $(-5)^3$ und 5^3 **d)** $(-2)^2$ und -2^2 **f)** $(2^2)^3$ und $2^{(2^3)}$

9. Wann ist eine Potenz a^n mit $n \in \mathbb{N}$ positiv, wann ist sie negativ?

10. Julia behauptet: „Nicht immer ist eine Potenz ein Produkt aus gleichen Faktoren.“ Was meinst du dazu? Erkläre.

11. Marc hat Schwierigkeiten mit der Definition von 0^0. Zeichne den Graphen der Funktion mit der Gleichung $y = x^0$. Erläutere damit, dass die Definition sinnvoll ist.

12. Berechne ohne Taschenrechner und vergleiche. Beachte Klammern.

a) $(-2)^4$ / -2^4 **b)** $(-4)^3$ / -4^3 **c)** $(-\sqrt{3})^0$ / $\sqrt{3^0}$ **d)** $(-\sqrt{100})^4$ / $-\sqrt{100^4}$ **e)** $(2^3)^2$ / $2^{(3^2)}$ **f)** $(-2)^3$ / $(-3)^2$

13. Patrick wollte die Zahl -47 mit 4 potenzieren. Die Ausgabe seines Taschenrechners überrascht ihn.

```
-47^4
                -4879681
```

14. Lena behauptet: „Eine Potenz ist nur eine Kurzschreibweise für ein Produkt.“ Was meinst du dazu?

15. Du kannst auch Potenzen mit dem Taschenrechner berechnen. Manche Aufgaben sind auch für das Kopfrechnen geeignet.

a) $1{,}1^3$ **c)** $3{,}7^0$ **e)** $(\sqrt{7})^8$ **g)** $\left(-\frac{5}{8}\right)^0$ **i)** $0{,}98^{10}$

b) $\left(\frac{3}{5}\right)^4$ **d)** $\left(-\frac{2}{3}\right)^3$ **f)** $(-0{,}1)^8$ **h)** $\left(\frac{1}{\sqrt{2}}\right)^4$ **j)** $1{,}01^{20}$

16. *Partnerarbeit:* Findet möglichst viele verschiedene Darstellungen der Zahlen als Potenzen.

a) 27 **c)** 625 **e)** 400 **g)** $\frac{1}{256}$ **i)** $\frac{32}{243}$ **k)** 1

b) -125 **d)** 256 **f)** 10000 **h)** $\frac{1}{81}$ **j)** 0,125 **l)** 6,25

17. Unten siehst du 6 Figuren aus Punkten. Denke dir diese Folge von Figuren fortgesetzt? Wie viele Punkte sind in der 12. Figur?

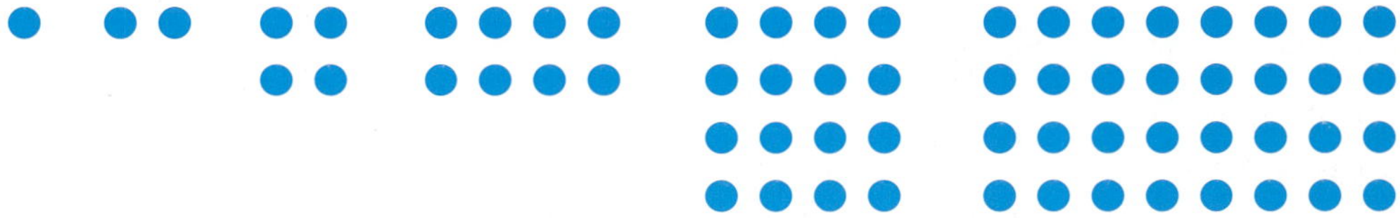

18. Welches ist die größte Zahl, die man mit 2 Ziffern [mit 3 Ziffern] schreiben kann?

19. Wir betrachten eine Schimmelpilzkultur, die zu Beginn 1 cm^2 groß ist und ihre Größe jede Stunde verdreifacht [ver-2,5-facht].

a) Beschreibe den Wachstumsvorgang durch eine Tabelle.

b) Gib eine Formel an, welche die Größe der Schimmelpilzkultur in Abhängigkeit von der Zeit beschreibt.

Penicillin

Der britische Bakteriologe Alexander Fleming entdeckte 1928, dass ein Schimmelpilz, Pinselschimmel Penicillium notatum, besonders wirksam gegen Bakterien ist.
Noch heute wird das Antibiotikum Penicillin daraus gewonnen.

20. Radioaktive Stoffe wandeln sich von selbst in andere Stoffe um. Man sagt: sie zerfallen.
Iod 131 entsteht bei der Spaltung von Urankernen im Atomreaktor. Es ist radioaktiv und zerfällt in jeder Woche um die Hälfte. Beim Brand des Atomreaktors in Tschernobyl wurde es in die Atmosphäre geschleudert und vom Wind in ganz Europa verteilt.
Auf einer bestimmten Fläche sind 512 mg Iod 131 niedergegangen. Wie viel mg befinden sich dann dort am Ende der 1., 2., 3., …, 10. Woche? Lege eine Tabelle an.
Gib eine Formel an, welche die noch vorhandene Masse in Abhängigkeit von der Zeit beschreibt.

21. **a)** Schreibe in Normdarstellung: 3 507; 48,5; 112,304; 754 804,8

b) Schreibe ohne Zehnerpotenz: $4{,}3 \cdot 10^2$; $8{,}357 \cdot 10^3$; $7{,}2 \cdot 10^5$; $3{,}75421 \cdot 10^4$

22. Schreibe ausführlich und lies.

a) Volumen der Erde: 10^{12} km^3

b) Größe von Afrika: $3{,}03 \cdot 10^7$ km^2

c) Entfernung Erde – Sonne: $1{,}5 \cdot 10^8$ km

d) Umfang der Erdbahn: $9{,}4 \cdot 10^8$ km

23. Schreibe in Normdarstellung.

a) Lichtgeschwindigkeit: 300 000 $\frac{km}{s}$

b) Durchmesser der Sonne: 1 390 000 km

c) Entfernung Erde – Mond: 384 000 km

d) Größe von Asien: 41 600 000 km^2

e) Entfernung Sonne – Neptun: 4 500 Mio. km

f) Ältester Stein der Erde: 3,962 Mrd. Jahre

24. So wie der Schall braucht auch das Licht zum Durchlaufen einer Strecke eine gewisse Zeit. In einer Sekunde legt das Licht ziemlich genau $3 \cdot 10^5$ km zurück. Eine Strecke ist ein Lichtjahr lang, wenn das Licht zum Durchlaufen der Strecke 1 Jahr benötigt.

a) Gib ein Lichtjahr in km an.

b) Die Entfernung Sonne – Erde beträgt $1{,}5 \cdot 10^8$ km.
Wie lange braucht das Licht, um von der Sonne zur Erde zu gelangen?

c) Manche Astronomen schätzen, dass der Durchmesser der Milchstraße 100 000 Lichtjahre beträgt. Wie viel km sind das?

d) Der Fixstern Sirius ist 7 Lichtjahre von der Erde entfernt. Nimm an, ein Raumschiff würde mit Schallgeschwindigkeit (333 $\frac{m}{s}$) von der Erde zum Sirius fliegen.
Wie viele Jahre wäre es unterwegs?

25. **a)** Beim Computer kann man sich die Speicherkapazität sowie den belegten bzw. freien Speicher anzeigen lassen.
Prüfe die im Bild angegebenen Umrechnungen von Byte in GB.
Wie wurde gerundet?

b) Ein am PC bearbeiteter und gedruckter Brief im DIN-A4-Format benötigt ca. 22 kB Speicherplatz.
Wie viele solcher Briefe kann man auf einem 32-MB-Memory-Stick speichern?

c) Wie viele Briefe können etwa auf einer CD-ROM mit 650 MB [einer Festplatte mit 80 GB] Speicherkapazität gespeichert werden?

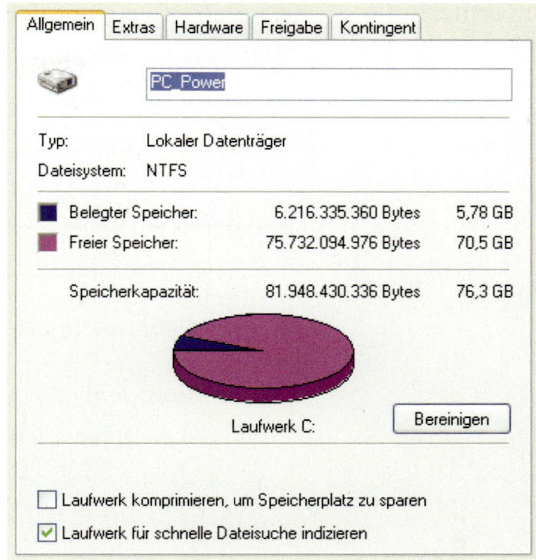

6.1.2 Erweiterung des Potenzbegriffs auf negative ganzzahlige Exponenten

Aufgabe 1

In der Aufgabe 1 auf Seite 210 haben wir eine Hefekultur betrachtet, deren Größe sich jede Stunde verdoppelt. Zu Beginn der Beobachtung war sie 1 cm³ groß.

a) Wie groß war die Hefekultur vor dem Beginn der Beobachtung, also zu den Zeitpunkten −1 h, −2 h, −3 h, …? Setze die Tabelle von Seite 212 nach rückwärts fort.

b) Versuche, die Tabelle mit Formeln zu beschreiben.

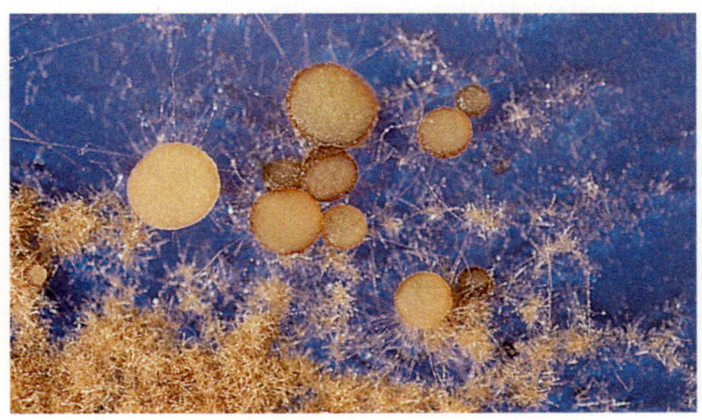

Lösung

a) Zum Zeitpunkt 0 h war die Kultur 1 cm³ groß.
Zum Zeitpunkt −1 h war sie halb so groß, also $\frac{1}{2}$ cm³.
Zum Zeitpunkt −2 h war sie wieder halb so groß wie zum Zeitpunkt −1 h, also $\frac{1}{4}$ cm³.

−1 −1 −1 −1

Zeitpunkt t der Beobachtung (in h)	…	−4	−3	−2	−1	0	1	2	3	4	…
Volumen V(t) der Kultur (in cm³)	…	$\frac{1}{2^4}$	$\frac{1}{2^3}$	$\frac{1}{2^2}$	$\frac{1}{2^1}$	1	2^1	2^2	2^3	2^4	…

:2 :2 :2 :2

$\mathbb{Z} = \{0; 1; -1; 2; -2; \ldots\}$

b) Für $t \in \mathbb{N}$ können wir das Volumen der Kultur mit $V(t) = 2^t$ in Abhängigkeit von t berechnen.
Für $t \in \mathbb{Z}$ mit $t < 0$ können wir das Volumen der Kultur mit $V(t) = \frac{1}{2^{|t|}}$ beschreiben.

Information

(1) Definition einer Potenz für negative ganzzahlige Exponenten

Will man das Wachstum der Hefekultur in Aufgabe 1 einheitlich mit $V(t) = 2^t$ beschreiben, so muss man festlegen: $2^{-1} = \frac{1}{2^1}$; $2^{-2} = \frac{1}{2^2}$; $2^{-3} = \frac{1}{2^3}$; $2^{-4} = \frac{1}{2^4}$; …

Dann lautet die Tabelle:

t	…	−4	−3	−2	−1	0	1	2	3	4	…
2^t	…	2^{-4}	2^{-3}	2^{-2}	2^{-1}	2^0	2^1	2^2	2^3	2^4	…

Wir verallgemeinern die Definition der Potenz:

Definition: *Potenzen mit negativen ganzen Zahlen als Exponenten*

Für reelle Zahlen $a \neq 0$ und natürliche Zahlen $n \in \mathbb{N}^*$ gilt:

$$\mathbf{a^{-n} = \frac{1}{a^n}}$$

Beachte: Für die Basis 0 sind Potenzen mit negativen Exponenten nicht definiert, da nicht durch null dividiert werden kann. Z. B. ist 0^{-1} nicht definiert, da $\frac{1}{0^1}$ nicht definiert ist.

Beispiele:

$5^{-2} = \frac{1}{5^2} = \frac{1}{25}$

$\left(\frac{2}{5}\right)^{-3} = \frac{1}{\left(\frac{2}{5}\right)^3} = \frac{1}{\frac{8}{125}} = \frac{125}{8}$

$(\sqrt{2})^{-2} = \frac{1}{(\sqrt{2})^2} = \frac{1}{2}$

$(-4)^{-3} = \frac{1}{(-4)^3} = -\frac{1}{64}$

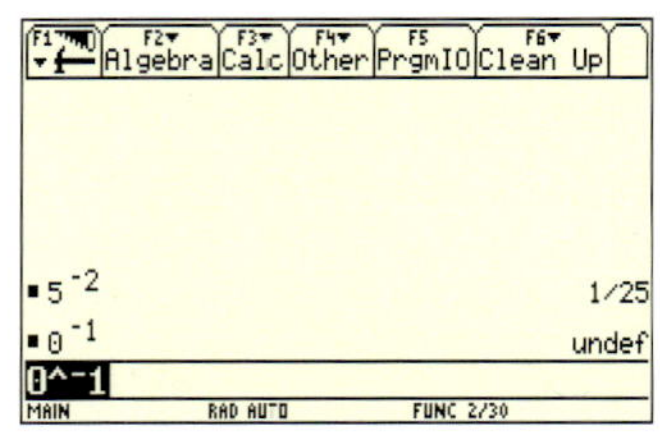

(2) Zehnerpotenzen mit negativen Exponenten

(a) Die Stellenwerte eines Dezimalbruchs rechts vom Komma, nämlich Zehntel, Hundertstel, Tausendstel, … lassen sich als Zehnerpotenz mit negativem Exponenten schreiben.

$0{,}1 = \frac{1}{10} = 10^{-1}$

$0{,}01 = \frac{1}{100} = \frac{1}{10^2} = 10^{-2}$

$0{,}001 = \frac{1}{1000} = \frac{1}{10^3} = 10^{-3}$

$0{,}0001 = \frac{1}{10\,000} = \frac{1}{10^4} = 10^{-4}$

Bei 10^{-4} steht die Ziffer 1 vier Stellen rechts vom Komma

(b) Gewisse Vorsilben bei Maßeinheiten bedeuten eine Zehnerpotenz mit negativem Exponenten:

Potenz	Vorsilbe	Abkürzung	Beispiel	
10^{-1}	Dezi	d	Dezimeter:	1 dm $= 10^{-1}$ m
10^{-2}	Zenti	c	Zentiliter:	1 cl $= 10^{-2}$ l
10^{-3}	Milli	m	Milliampere:	1 mA $= 10^{-3}$ A
10^{-6}	Mikro	µ	Mikrogramm:	1 µg $= 10^{-6}$ g
10^{-9}	Nano	n	Nanosekunde:	1 ns $= 10^{-9}$ s
10^{-12}	Piko	p	Pikofarad:	1 pF $= 10^{-12}$ F
10^{-15}	Femto	f	Femtosekunde:	1 fs $= 10^{-15}$ s
10^{-18}	Atto	a	Attogramm:	1 ag $= 10^{-18}$ g

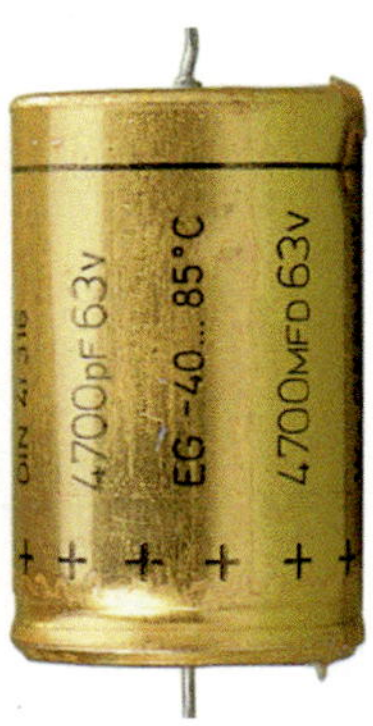

Kondensator zum Speichern elektrischer Ladung

Weiterführende Aufgabe

2. *Normdarstellung kleiner positiver Zahlen*

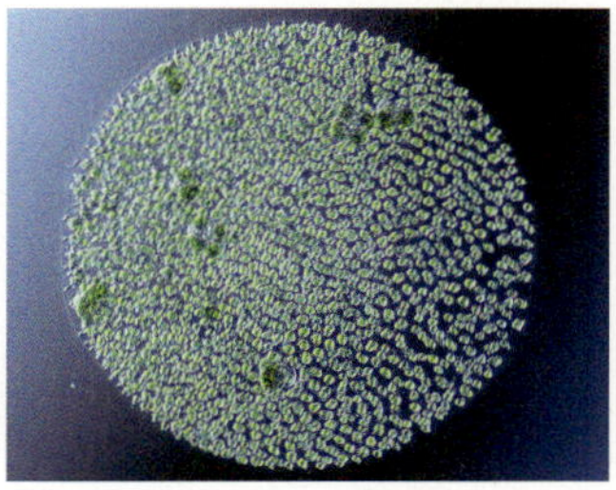

Kleine positive Zahlen kann man als Produkt einer Zahl zwischen 1 und 10 und einer Zehnerpotenz mit negativen Exponenten schreiben; im Gegensatz zur 1 wird die 10 nicht als Vorfaktor verwendet. Dann kann man sie besser überblicken.

Beispiele:

(1) Durchmesser einer Grünalge:
$7 \cdot 10^{-3}$ mm = 0,007 mm

(2) Masse der Grünalge:
10^{-7} mg = 0,0000001 mg

Auch diese Schreibweise nennt man *Normdarstellung* bzw. *Schreibweise mit abgetrennter Zehnerpotenz* (oder *scientific notation,* weil sie in den Naturwissenschaften verwendet wird).

a) Schreibe in Normdarstellung.
(1) 0,00079 (2) 0,0000253 (3) 0,000000429 (4) 0,012 (5) 0,0001

b) Berechne mit deinem Taschenrechner 9999^{-1}, 9999^{-2}, 9999^{-3}, …
Was fällt dir auf? Gib eine Erklärung dafür.

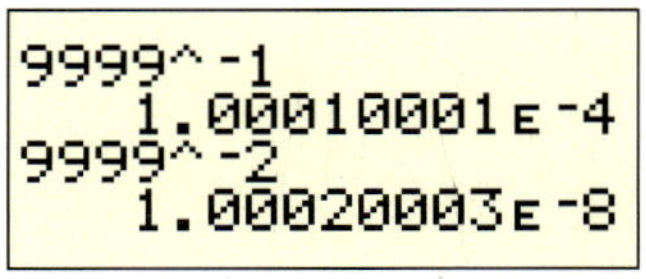

c) Gib in deinen Taschenrechner folgende Zahlen in Normdarstellung ein:
(1) $4{,}567 \cdot 10^{-3}$ (2) $-3{,}56789 \cdot 10^{-21}$ (3) -10^{-3}

Übungsaufgaben

3. In Aufgabe 3 auf Seite 212 haben wir die Vermehrung von Salmonellen betrachtet.
Zu Beginn sollen 1 Million vorhanden gewesen sein. Jede Stunde verdoppelte sich ihre Anzahl.

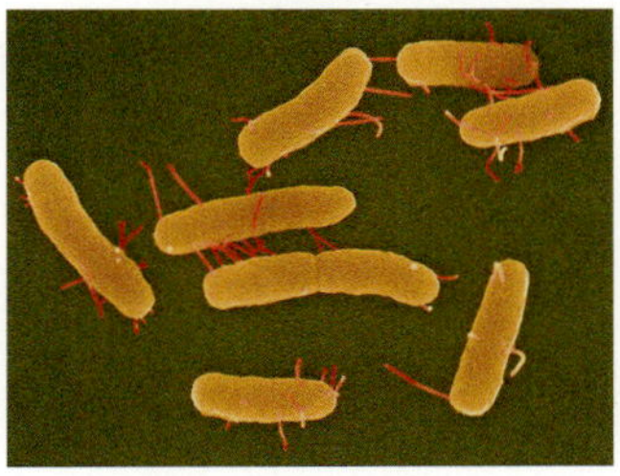

a) Wie viele Salmonellen waren 1 Stunde, 2 Stunden, … vor Beginn der Beobachtung vorhanden? Erstelle eine Tabelle.

b) Versuche Formeln anzugeben, mit denen man die Anzahl der Salmonellen in Abhängigkeit von der Zeit berechnen kann.

4. Berechne ohne Taschenrechner möglichst geschickt.

a) 10^3; 10^2; 10^1; 10^0; 10^{-1}; 10^{-2}; 10^{-3}

b) 3^3; 3^2; 3^1; 3^0; 3^{-1}; 3^{-2}; 3^{-3}

c) 5^3; 5^2; 5^1; 5^0; 5^{-1}; 5^{-2}; 5^{-3}

d) $(-4)^3$; $(-4)^2$; $(-4)^1$; $(-4)^0$; $(-4)^{-1}$; $(-4)^{-2}$; $(-4)^{-3}$

e) $\left(\frac{1}{2}\right)^3$; $\left(\frac{1}{2}\right)^2$; $\left(\frac{1}{2}\right)^1$; $\left(\frac{1}{2}\right)^0$; $\left(\frac{1}{2}\right)^{-1}$; $\left(\frac{1}{2}\right)^{-2}$; $\left(\frac{1}{2}\right)^{-3}$

5. *Partnerarbeit:* Führe mit deinem Partner Kopfrechenübungen durch, für die es vorteilhaft ist, Potenzen auswendig zu wissen.

6. Wann ist eine Potenz a^n mit $a \neq 0$ und $n \in \mathbb{Z}$ positiv, wann ist sie negativ?

7. Berechne im Kopf. Beachte die Klammern.

a) 2^{-3}; -2^3; $(-2)^3$; $(-2)^{-3}$; -2^{-3}

b) 5^{-2}; -5^2; $(-5)^2$; $(-5)^{-2}$; -5^{-2}

8. Berechne mit dem Taschenrechner.

a) 4^{-10} **b)** $0{,}7^{-8}$ **c)** $(-3{,}4)^{-7}$ **d)** $\left(\frac{2}{3}\right)^{-5}$ **e)** $\left(\sqrt{3}\right)^{-9}$ **f)** $\left(4 \cdot \sqrt{5}\right)^{-5}$

9. Kontrolliere Kevins Hausaufgaben. Erläutere deine Anmerkungen.

a) $-5^{-2} = -25$
b) $2^{-4} < 2^{-3}$
c) $0{,}1^{-2} = 100$
d) $\left(\frac{1}{2}\right)^{-3} < \left(\frac{1}{2}\right)^{3}$
e) $\left(\frac{3}{4}\right)^{-2} = -\frac{16}{9}$
f) $(-3)^{0} > (-3)^{-3}$
g) $\left(\sqrt{2}\right)^{-4} < \left(\sqrt{2}\right)^{-2}$
h) $\left(\sqrt{2}\right)^{-6} = 2^{-3}$
i) $\left(-\sqrt{2}\right)^{-3} < 0$

10. Schreibe ohne negative Exponenten, kürze dann und vereinfache.

a) $15^3 \cdot 5^{-2}$ **b)** $14^{-3} \cdot 7^5$ **c)** $21^3 \cdot 7^{-5}$ **d)** $(-2)^6 \cdot 2^{-8}$

11. *Partnerarbeit:* Findet möglichst viele verschiedene Darstellungen der Zahlen als Potenzen mit negativen Exponenten.

$\frac{1}{16}$; $\frac{1}{25}$; $\frac{1}{64}$; $\frac{1}{625}$; $\frac{1}{256}$; $\frac{1}{27}$; $\frac{1}{900}$; $\frac{1}{1600}$; $\frac{1}{40\,000}$; $\frac{1}{250\,000}$; $\frac{1}{16\,900}$

12. Potenzen mit negativen Exponenten sind nur definiert, falls die Basis von 0 verschieden ist. Untersuche, welche einschränkende Bedingung bei folgenden Termen zu beachten ist.

a) x^{-3} **b)** $1 + z^{-2}$ **c)** $(1 + z)^{-3}$ **d)** $\frac{a^{-3}}{b^5}$ **e)** $\frac{(a + 2)^{-4}}{b^{-2}}$

13. Schreibe ohne negative Exponenten.

a) $(2a)^{-3}$ **c)** $(5x)^{-1}$ **e)** $(a + b)^{-5}$ **g)** $a \cdot (x + y)^{-2}$ **i)** $\frac{x^{-2}}{y^{-1}}$

b) $(3ab)^{-4}$ **d)** $\frac{1}{x^{-4}}$ **f)** $1 + x^{-2}$ **h)** $a - x^{-1}$ **j)** $(a + 1) \cdot (b - 1)^{-3}$

14. *Partnerarbeit:* Nenne deinem Partner mit Begründung eine Darstellung ohne Bruchstrich. Wechselt nach jeder Teilaufgabe eure Rollen.

a) $\frac{1}{x}$ **d)** $\frac{1}{\left(\sqrt{a}\right)^3}$ **g)** $\frac{1}{(a + b)^2}$ **j)** $\frac{4}{y^{-4}}$ **m)** $\frac{1}{x - y}$ **p)** $\frac{y^2}{z^{-3}}$

b) $\frac{1}{(a \cdot b)^3}$ **e)** $\frac{a}{c^5}$ **h)** $\frac{1}{1 + z}$ **k)** $\frac{5}{z^{-4}}$ **n)** $\frac{x^{-4}}{y}$ **q)** $\frac{a^3 \cdot b^{-4}}{c^4 \cdot d^{-2}}$

c) $\left(\frac{a}{b}\right)^2$ **f)** $\frac{x^3}{4y}$ **i)** $\frac{1}{x^{-3}}$ **l)** $\frac{6}{a^2}$ **o)** $\frac{(x - y)^{-2}}{(x + y)^{-3}}$ **r)** $\frac{x^7 \cdot y^{-3}}{z^{-5} \cdot 10^{-3}}$

15. Entscheide, ob der Satz für $a > 0$ und $n \in \mathbb{N}^*$ richtig ist. Falls nein, gib ein Gegenbeispiel an.

a) Wenn n gerade ist, dann ist $a^{-n} > 0$.
b) Wenn $a^{-n} > 0$, dann ist n gerade.
c) Wenn $a > 1$, dann ist $a^{-n} < 1$.
d) Wenn $a^{-n} < 1$, dann ist $a > 1$.
e) Wenn $a < 1$, dann ist $a^{-n} > 1$.
f) Wenn $n > 1$, dann ist $a^n > 0$.

16. Denke dir die Folge der Figuren fortgesetzt. Welcher Anteil am 10. Quadrat ist grün gefärbt?

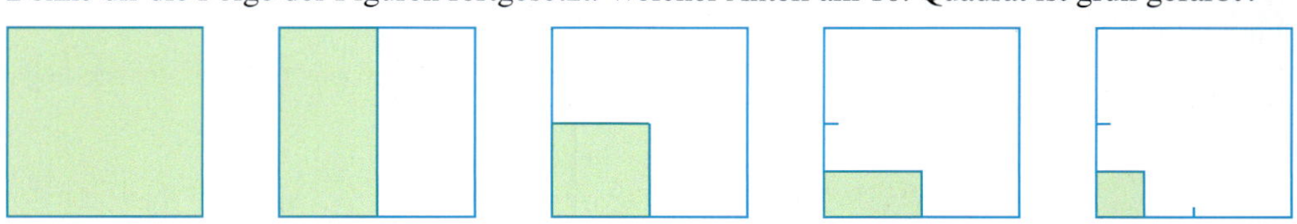

17. Schreibe die Zahl in Normdarstellung.

a) 0,01 **c)** 0,68 **e)** 0,000039 **g)** 0,00178

b) 0,07 **d)** 0,0049 **f)** 0,05731 **h)** 0,0000002647

$0{,}08 = \frac{8}{100} = \frac{8}{10^2} = 8 \cdot 10^{-2}$

18. Schreibe als Dezimalbruch.

a) $3 \cdot 10^{-2}$ **c)** $7{,}5 \cdot 10^{-6}$ **e)** $3{,}7 \cdot 10^{-8}$ **g)** $0{,}216 \cdot 10^{-3}$

b) $4{,}2 \cdot 10^{-4}$ **d)** $2{,}53 \cdot 10^{-5}$ **f)** $0{,}3 \cdot 10^{-5}$ **h)** $2{,}859 \cdot 10^{-4}$

$4{,}72 \cdot 10^{-5} = 0{,}0000472$

19. Scheibe die Zahlenangaben von Seite 209 in Normdarstellung.

20. Schreibe mit einem Dezimalbruch als Maßzahl.

(1) Durchmesser eines roten Blutkörperchens: $7 \cdot 10^{-4}$ cm

(2) Durchmesser eines bestimmten Bakteriums: $9{,}4 \cdot 10^{-5}$ cm

(3) Tägliches Wachstum beim Kopfhaar: $2{,}5 \cdot 10^{-4}$ m

(4) Täglicher Längenzuwachs eines Fingernagels: $8{,}6 \cdot 10^{-5}$ m

(5) Täglicher Gewichtszuwachs eines Fingernagels: $5{,}5 \cdot 10^{-3}$ g

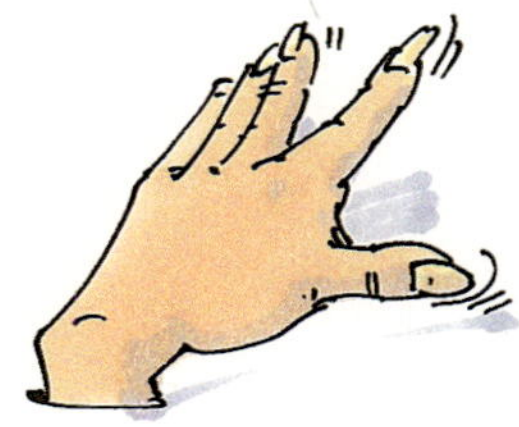

21. Schreibe in der Maßeinheit, die in Klammern steht.

a) $3 \cdot 10^{-3}$ kg (g) **b)** $5 \cdot 10^{-10}$ m (mm) **c)** $1{,}48 \cdot 10^{-6}$ mm (m)

$2 \cdot 10^{-2}$ g (kg) $3{,}2 \cdot 10^{-4}$ cm (m) $3{,}69 \cdot 10^{-9}$ g (kg)

22. **a)** Schreibe die Längenangaben in der Einheit m, und zwar einmal mit einer Zehnerpotenz und zum anderen mit einer Vorsilbe wie Piko, Nano usw.

(1) $\frac{1}{1000}$ mm (2) $\frac{1}{100\,000}$ cm (3) $\frac{1}{1\,000\,000}$ mm (4) $\frac{1}{100\,000}$ dm (5) $\frac{1}{10\,000}$ cm

b) Was bedeutet in der Physik die Einheit $m \cdot s^{-1}$ [$km \cdot h^{-1}$; $g \cdot cm^{-3}$; Nm^{-2}]? Schreibe die Einheit als Quotient. Welche physikalische Größe gehört zu der Einheit?

23. **a)** Gib die kleinste positive Zahl an, die dein Taschenrechner in Normdarstellung anzeigen kann.

b) Gib die größte Zahl an, die dein Taschenrechner in Normdarstellung anzeigen kann.

24. Atome bestehen aus einem kleinen, schweren Atomkern und einer großen, leichten Atomhülle, in der sich die Elektronen befinden.
Der Durchmesser eines Atoms beträgt ungefähr 10^{-10} m, der eines Atomkerns ungefähr 10^{-13} m.
Die Masse des Kerns beträgt ungefähr 99,9 % der Masse des gesamten Atoms.

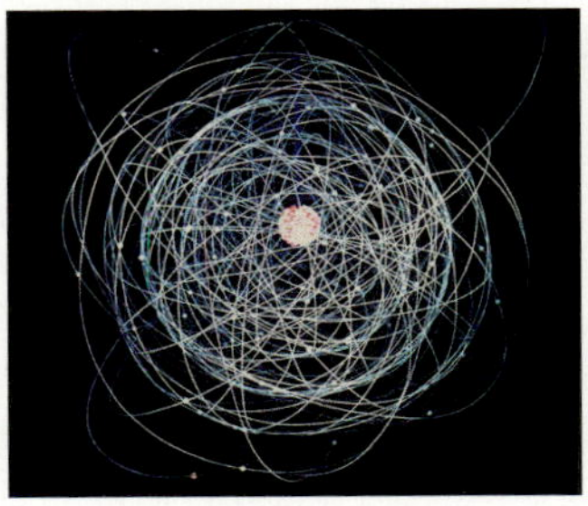

a) Stelle dir diese – fast unvorstellbaren – Größenverhältnisse an einem Heißluftballon vor. Der Heißluftballon hat einen Durchmesser von 10 m. Er soll das ganze Atom darstellen. Welchen Durchmesser hat im selben Maßstab der Atomkern? Gib einen entsprechenden Gegenstand des Alltags an.

b) Der ganze Ballon wiegt – ohne Gondel – ungefähr 10 kg. Wie schwer muss die entsprechende Kugel für den Atomkern sein?

25. Eine Uhr weicht täglich um höchstens 10^{-12} Sekunden von der richtigen Zeit ab. In wie viel Jahren weicht sie um höchstens eine Sekunde von der richtigen Zeit ab?

6.2 Potenzgesetze für ganzzahlige Exponenten und ihre Anwendung

6.2.1 Multiplizieren und Potenzieren von Potenzen

Aufgabe 1

Multiplizieren von Potenzen mit natürlichen Zahlen ungleich null als Exponenten

Vereinfache zunächst den Term und berechne ihn dann. Untersuche anschließend, ob man aus dem Rechenweg ein allgemeines Potenzgesetz folgern kann. Begründe es gegebenenfalls.

a) $2^6 \cdot 2^4$ **b)** $2^6 \cdot 5^6$ **c)** $2^5 \cdot 3^4$

Lösung

a) $2^6 \cdot 2^4 = (2 \cdot 2 \cdot 2 \cdot 2 \cdot 2 \cdot 2) \cdot (2 \cdot 2 \cdot 2 \cdot 2) = 2^{6+4} = 2^{10} = 1\,024$

Wir vermuten:

$a^m \cdot a^n = a^{m+n}$

Gleiche Basen

Wir begründen:

$$a^m \cdot a^n = \underbrace{a \cdot a \cdot \ldots \cdot a}_{\text{m Faktoren a}} \cdot \underbrace{a \cdot a \cdot \ldots \cdot a}_{\text{n Faktoren a}}$$

$$= \underbrace{a \cdot a \cdot \ldots \cdot a}_{\text{m + n Faktoren a}}$$

$$= a^{m+n}$$

b) $2^6 \cdot 5^6 = (2 \cdot 2 \cdot 2 \cdot 2 \cdot 2 \cdot 2) \cdot (5 \cdot 5 \cdot 5 \cdot 5 \cdot 5 \cdot 5)$

$= (2 \cdot 5) \cdot (2 \cdot 5) \cdot (2 \cdot 5) \cdot (2 \cdot 5) \cdot (2 \cdot 5) \cdot (2 \cdot 5) = (2 \cdot 5)^6 = 10^6 = 1\,000\,000$

Wir vermuten:

$a^n \cdot b^n = (a \cdot b)^n$

Gleiche Exponenten

Wir begründen:

$$a^n \cdot b^n = \underbrace{a \cdot a \cdot \ldots \cdot a}_{\text{n Faktoren a}} \cdot \underbrace{b \cdot b \cdot \ldots \cdot b}_{\text{n Faktoren b}}$$

$$= \underbrace{(a \cdot b) \cdot (a \cdot b) \cdot \ldots \cdot (a \cdot b)}_{\text{n Faktoren } (a \cdot b)}$$

Nach Faktoren $(a \cdot b)$ umsortiert (Kommutativ- und Assoziativgesetz)

$$= (a \cdot b)^n$$

c) Im Gegensatz zu den Teilaufgaben a) und b) stimmen die Potenzen 2^5 und 3^4 weder in der Basis noch in den Exponenten überein. Daher kann man den Term nicht als eine Potenz schreiben; wir berechnen den Term direkt: $2^5 \cdot 3^4 = 32 \cdot 81 = 2\,592$

Aufgabe 2

Multiplizieren von Potenzen mit ganzen Zahlen als Exponenten

Für natürliche Zahlen ungleich null als Exponenten haben wir in Aufgabe 1 gesehen, wie man das Produkt zweier Potenzen vereinfacht, falls sie gleiche Basen oder gleiche Exponenten besitzen. Bei der Begründung sind wir davon ausgegangen, dass eine solche Potenz als Produkt geschrieben werden kann. Für negative Exponenten ist das aber nicht der Fall. Untersuche daher, ob die Potenzgesetze dennoch für null und auch für negative ganze Zahlen als Exponenten gelten.

a) Überprüfe das Potenzgesetz $a^m \cdot a^n = a^{m+n}$ für folgende Fälle:

1. Fall: Ein Exponent ist 0.
Wähle als Beispiel $m = 0$, $n = -3$.

2. Fall: Ein Exponent ist positiv, der andere negativ.
Wähle als Beispiele:
(1) $m = 2$; $n = -4$ (2) $m = 6$; $n = -4$ (3) $m = 4$; $n = -4$

3. Fall: Beide Exponenten sind negativ.
Wähle als Beispiel $m = -2$; $n = -4$.

b) Überprüfe das Potenzgesetz $a^n \cdot b^n = (a \cdot b)^n$ für folgende Fälle:

1. Fall: Der Exponent ist 0, also $n = 0$.

2. Fall: Der Exponent ist negativ. Wähle als Beispiel $n = -3$.

Lösung

a) Überprüfung des Potenzgesetzes: $a^m \cdot a^n = a^{m+n}$; einschränkende Bedingung $a \neq 0$

1. Fall: Ein Exponent ist 0.

Beispiel: $a^0 \cdot a^{-3} = 1 \cdot a^{-3} = a^{-3} = a^{0+(-3)}$ für $a \neq 0$

2. Fall: Ein Exponent ist positiv, der andere negativ.

Beispiele: (1) $a^2 \cdot a^{-4} = \frac{a^2}{a^4} = \frac{\overset{1}{\cancel{a}} \cdot \overset{1}{\cancel{a}}}{\underset{1}{\cancel{a}} \cdot \underset{1}{\cancel{a}} \cdot a \cdot a} = \frac{1}{a^2} = a^{-2} = a^{-4+2}$ für $a \neq 0$

(2) $a^6 \cdot a^{-4} = \frac{a^6}{a^4} = \frac{\overset{1}{\cancel{a}} \cdot \overset{1}{\cancel{a}} \cdot \overset{1}{\cancel{a}} \cdot \overset{1}{\cancel{a}} \cdot a \cdot a}{\underset{1}{\cancel{a}} \cdot \underset{1}{\cancel{a}} \cdot \underset{1}{\cancel{a}} \cdot \underset{1}{\cancel{a}}} = a^2 = a^{-4+6}$ für $a \neq 0$

(3) $a^4 \cdot a^{-4} = \frac{a^4}{a^4} = 1 = a^0 = a^{-4+4}$ für $a \neq 0$

3. Fall: Beide Exponenten sind negativ.

Beispiel: $a^{-2} \cdot a^{-4} = \frac{1}{a^2} \cdot \frac{1}{a^4} = \frac{1}{a^{2+4}} = a^{-(2+4)} = a^{-2+(-4)}$ für $a \neq 0$

Das Potenzgesetz gilt in allen drei Fällen.

b) Überprüfung des Potenzgesetzes: $a^n \cdot b^n = (a \cdot b)^n$; einschränkende Bedingung: $a \neq 0, b \neq 0$

1. Fall: Der Exponent ist 0. Dann gilt: $a^0 \cdot b^0 = 1 \cdot 1 = 1 = (a \cdot b)^0$

2. Fall: Der Exponent ist negativ.

Beispiel: $a^{-3} \cdot b^{-3} = \frac{1}{a^3} \cdot \frac{1}{b^3} = \frac{1}{a^3 \cdot b^3} = \frac{1}{(a \cdot b)^3} = (a \cdot b)^{-3}$ für $a \neq 0, b \neq 0$

Das Potenzgesetz gilt in beiden Fällen.

Information

(1) Formulierung der Potenzgesetze für das Multiplizieren von Potenzen

Potenzgesetz für die Multiplikation von Potenzen mit gleicher Basis

(P1) $\mathbf{a^m \cdot a^n = a^{m+n}}$ für $a \neq 0$ und $m \in \mathbb{Z}, n \in \mathbb{Z}$

Man multipliziert Potenzen mit gleicher Basis, indem man die Exponenten addiert.
Die Basis bleibt erhalten.

Beispiele: $2^{-3} \cdot 2^5 = 2^{-3+5} = 2^2 = 4$; $u^{-2} \cdot u^{-3} = u^{(-2)+(-3)} = u^{-5}$ für $u \neq 0$

Potenzgesetz für die Multiplikation von Potenzen mit gleichem Exponenten

(P2) $\mathbf{a^n \cdot b^n = (a \cdot b)^n}$ für $a \neq 0, b \neq 0$ und $n \in \mathbb{Z}$

Man multipliziert Potenzen mit gleichem Exponenten, indem man die Basen multipliziert.
Der Exponent bleibt erhalten.

Beispiele: $4^3 \cdot 25^3 = (4 \cdot 25)^3 = 100^3 = 1\,000\,000$; $x^{-2} \cdot y^{-2} = (x \cdot y)^{-2}$ für $x \neq 0, y \neq 0$

Die in der Lösung zur Aufgabe 2 durchgeführten Rechnungen sind beispielgebundene Beweise der Potenzgesetze (P1) und (P2), da die charakteristischen Möglichkeiten für die Exponenten vollständig erfasst sind.
Die vollständigen Beweise verlaufen im Prinzip genauso: Es werden nur Variable anstelle der Zahlen im Exponenten verwendet. Wir führen dies am Beispiel des Potenzgesetzes (P2) durch.

(2) Beweis des Potenzgesetzes (P2) für 0 und für negative ganze Zahlen als Exponenten

1. Fall: $n = 0$

Dann gilt: $a^0 \cdot b^0 = 1 \cdot 1 = 1 = (a \cdot b)^0$

2. Fall: $n < 0$. Wir setzen $n = -p$ (mit $p \in \mathbb{N}^*$).

Dann gilt: $a^n \cdot b^n = a^{-p} \cdot b^{-p} = \frac{1}{a^p} \cdot \frac{1}{a^p} = \frac{1}{a^p \cdot b^p} = \frac{1}{(a \cdot b)^p} = (a \cdot b)^{-p} = (a \cdot b)^n$

Einschränkende Bedingung $a \neq 0,\ b \neq 0$

Weiterführende Aufgaben

3. *Potenzieren einer Potenz*

a) Vereinfache die Terme $(2^3)^4$, $(3^5)^{-1}$ und $(4^{-2})^{-3}$. Folgere daraus ein allgemeines Potenzgesetz und begründe es für den Fall natürlicher Zahlen ungleich null als Exponenten.

b) Überprüfe das Potenzgesetz zu $(a^m)^n$ für folgende Fälle:

1. Fall: Ein Exponent ist 0.
Beispiele: (1) $m = 0, n = -4$; (2) $m = 3, n = 0$; (3) $m = 0, n = 0$.

2. Fall: Ein Exponent ist positiv, der andere negativ.
Beispiele: (1) $m = -2; n = 4$; (2) $m = 4, n = -3$.

3. Fall: Beide Exponenten sind negativ.
Beispiel: $m = -2;\ n = -3$.

Potenzgesetz für das Potenzieren einer Potenz

(P3) $(a^m)^n = a^{m \cdot n}$ für $a \neq 0$ und $m \in \mathbb{Z}, n \in \mathbb{Z}$

Man potenziert eine Potenz, indem man die Exponenten multipliziert. Die Basis bleibt erhalten.

Beispiele: $(5^3)^2 = 5^{3 \cdot 2} = 5^6$; $(x^2)^k = x^{2k}$ für $x \neq 0$; $(z^{-2})^{-3} = z^6$ für $z \neq 0$

4. *Addieren und Subtrahieren von Potenzen*

Versuche, folgende Terme zu vereinfachen. Du kannst auch an Zahlenbeispielen überprüfen.

a) $a^n + b^m$ **c)** $a^n + b^n$ **e)** $a^n - b^m$ **g)** $a^n - b^n$ **i)** $5a^n - a^n$

b) $a^n + a^m$ **d)** $a^n + a^n$ **f)** $a^n - a^m$ **h)** $a^n - a^n$ **j)** $2a^n + 4a^n$

Eine Summe oder Differenz von Potenzen kann man vereinfachen, wenn dabei gleichartige Glieder zusammengefasst werden.

Beispiele: (1) $b^m + b^m = 2 \cdot b^m$ (2) $b^m - b^m = 0$ (3) $3a^n + a^n = 4a^n$

5. *Anwenden der Potenzgesetze von rechts nach links*

a) Die Potenzgesetze kann man nicht nur von links nach rechts, sondern auch von rechts nach links anwenden. Erläutere folgende Rechnungen.

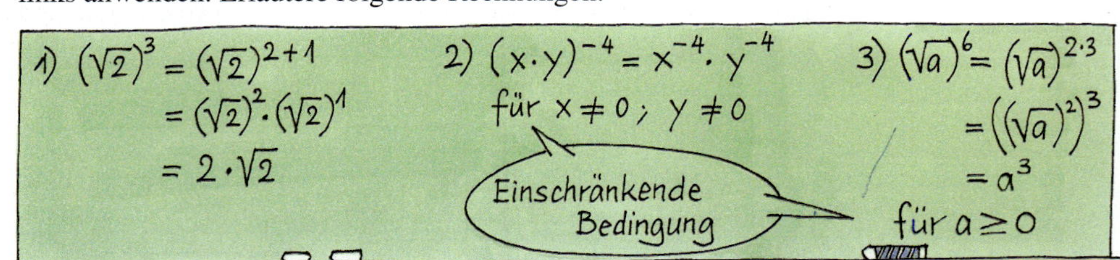

b) Vereinfache: (1) $(\sqrt{a})^5$ (2) $(a\sqrt{b})^{-2}$ (3) $(\sqrt{a})^{10}$

Übungsaufgaben

6. *Partnerarbeit:* Untersucht an den folgenden Beispielen, wie man mit Potenzen rechnen kann. Bereitet für die Präsentation eurer Ergebnisse eine Folie vor.

(1) Multipliziere zwei Dreierpotenzen. Versuche das Ergebnis auch als Dreierpotenz darzustellen. Verallgemeinere deine Entdeckung.

(2) Multipliziere zwei Potenzen mit dem Exponenten 4. Versuche das Ergebnis auch als Potenz mit dem Exponenten 4 darzustellen. Verallgemeinere deine Entdeckung.

(3) Potenziere eine Dreierpotenz. Versuche das Ergebnis auch als Dreierpotenz darzustellen. Verallgemeinere deine Entdeckung.

7. **a)** Multipliziere mit einem Computer-Algebra-System zwei Potenzen mit gleicher Basis. CAS
Was fällt auf? Versuche, deine Entdeckung zu verallgemeinern und zu begründen.

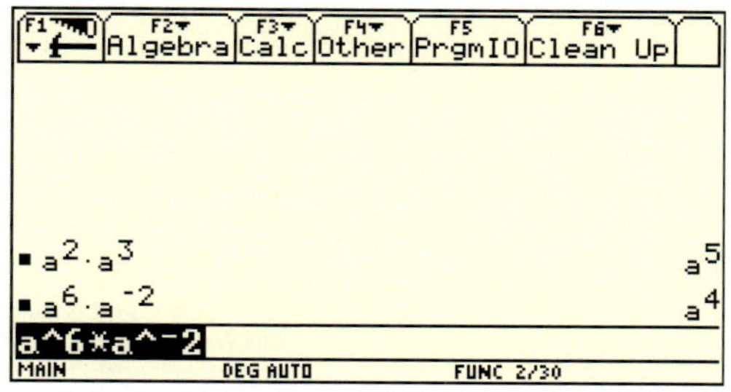

b) Untersuche entsprechend das Multiplizieren von zwei Potenzen mit gleichen Exponenten.

c) Untersuche ebenso das Potenzieren einer Potenz.

8. Berechne.

a) $2^3 \cdot 2^2$ **e)** $4^{-1} \cdot 4^3$ **i)** $(-1)^4 \cdot (-1)^2$ **m)** $1{,}5^4 \cdot 1{,}5^{-2}$

b) $3^4 \cdot 3^5$ **f)** $1^4 \cdot 1^5$ **j)** $(-2)^5 \cdot (-2)^{-5}$ **n)** $(-0{,}5)^{-5} \cdot (-0{,}5)^{-1}$

c) $5^4 \cdot 5^1$ **g)** $0^7 \cdot 0^8$ **k)** $(-10)^{-3} \cdot (-10)^{-4}$ **o)** $\left(\frac{2}{3}\right)^2 \cdot \left(\frac{2}{3}\right)^3$

d) $5^{-3} \cdot 5^{-2}$ **h)** $10^4 \cdot 10^{-2}$ **l)** $0{,}2^2 \cdot 0{,}2^2$ **p)** $\left(-\frac{1}{2}\right)^{-4} \cdot \left(-\frac{1}{2}\right)^3$

9. Vereinfache mithilfe des Potenzgesetzes (P1). Gib gegebenenfalls auch eine einschränkende Bedingung an.

a) $x^2 \cdot x^3$ **e)** $a \cdot a^4 \cdot a^3$ **i)** $5z^3 \cdot 2y^{-3} \cdot 4z^{-4} \cdot 3y^5$

b) $a^{-3} \cdot a^4$ **f)** $b^{-2} \cdot b \cdot b^{-5}$ **j)** $4ab^5c^2 \cdot 9a^3b^4c^5$

c) $z^{-1} \cdot z^{-6}$ **g)** $2a^2 \cdot 5a^3 \cdot 3a$ **k)** $5p^{-2}q^4r^6 \cdot 8pq^{-2}r^2$

d) $y^{-5} \cdot y^2$ **h)** $u^3 \cdot u^{-4} \cdot v^2 \cdot v^{-1}$ **l)** $(-4x^{-2}y^3) \cdot (-3x^{-3}y)$

10.

Sterne und Galaxien

Die Sterne im Weltall sind in spiralförmig aufgebauten Galaxien angeordnet. Auch das Millchstraßensystem, zu dem unser Sonnensystem gehört, ist eine solche Galaxie. Astronomen schätzen, dass es ungefähr 100 Mrd. Galaxien mit jeweils 200 Mrd. Sternen gibt.

Wie viele Sterne enthält das Weltall insgesamt?
Berechne ohne Taschenrechner im Kopf mithilfe von Zehnerpotenzen.

11. Schreibe als *eine* Potenz.

a) $(x+y)^2 \cdot (x+y)^3$ **c)** $(2p)^{-7} \cdot (2p)^5$ **e)** $(u+v)^{-4} \cdot (u+v)^3 \cdot (u+v)^2$

b) $(x-y)^{-4} \cdot (x-y)^{-6}$ **d)** $(x \cdot y)^2 \cdot (x \cdot y)^{-4} \cdot (x \cdot y)^6$ **f)** $(2a+b)^2 \cdot (2a+b)^3 \cdot (2a+b)^{-1}$

12. Die Potenzgesetze können auch angewandt werden, wenn Terme mit Variablen im Exponenten stehen.
Da die Potenzgesetze bisher nur für ganzzahlige Exponenten bewiesen sind, muss es in der einschränkenden Bedingung auch $n \in \mathbb{Z}$ heißen (siehe das Beispiel rechts).
Außerdem könnte bei geeigneter Belegung der Variablen der Exponent negativ werden. Daher muss zusätzlich in der einschränkenden Bedingung stehen, dass die Basis ungleich 0 ist.

$$x^{2n-1} \cdot x^{2n+1}$$
$$= x^{(2n-1)+(2n+1)}$$
$$= x^{2n-1+2n+1}$$
$$= x^{2n+2n-1+1}$$
$$= x^{4n}$$
(für $x \neq 0$ und $n \in \mathbb{Z}$)

einschränkende Bedingung

Wende das Potenzgesetz (P1) an. Gib gegebenenfalls eine einschränkende Bedingung an.

a) $x^{3n} \cdot x^{2m}$ **b)** $p^{4a+1} \cdot p^{2a-1}$ **c)** $a^{3p-2} \cdot a^{-2p+2}$ **d)** $y^{3r+2} \cdot y^{3r-2}$ **e)** $z^{4k} \cdot z^{k+1} \cdot z^{k-1}$

13.

Lebenssaft Blut

Rote Blutkörperchen des Menschen haben die Gestalt einer flachen Scheibe.
Ein Mensch hat in 1 mm³ Blut etwa $5{,}5 \cdot 10^6$ solcher Blutkörperchen und durchschnittlich 6 l Blut in seinen Adern.

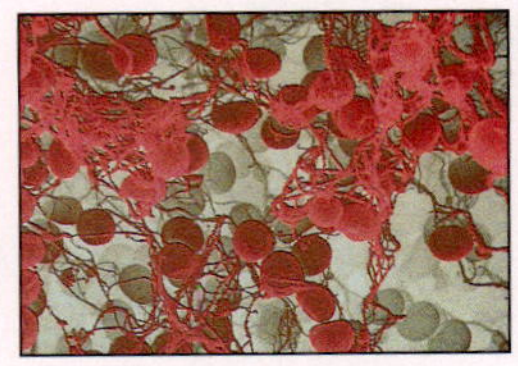

Berechne ohne Taschenrechner: Wie viele rote Blutkörperchen hat ein Mensch?

14. Berechne mithilfe des Potenzgesetzes (P2).

a) $2^3 \cdot 50^3$ **b)** $2^{-6} \cdot 5^{-6}$ **c)** $2{,}5^{-4} \cdot 4^{-4}$ **d)** $(-5)^8 \cdot (-0{,}4)^8$

15. Kontrolliere folgende Behauptungen. Korrigiere gegebenenfalls.

a) $2^3 + 4^3 = 6^3$ b) $2^3 + 2^4 = 2^7$ c) $3^2 \cdot 3^3 = 3^5$ d) $4^3 - 4^2 = 4^1$ e) $(2+4)^3 = 2^3 + 4^3$

16. Forme um. Gib gegebenenfalls auch eine einschränkende Bedingung an.

a) $a^3 \cdot b^3$ **b)** $c^{-2} \cdot d^{-2}$ **c)** $a^0 \cdot b^0$ **d)** $r^{-4} \cdot s^{-4} \cdot t^{-4}$ **e)** $a^4 \cdot \left(\frac{1}{a}\right)^4$

17. **a)** $2^n \cdot 5^n$ **c)** $(-4)^{m+1} \cdot (-5)^{m+1}$ **e)** $(-2)^{2n+1} \cdot (-5)^{2n+1}$
b) $\left(\frac{1}{2}\right)^{2n} \cdot \left(\frac{2}{3}\right)^{2n}$ **d)** $2^{z-1} \cdot 3^{z-1}$ **f)** $a^{3n} \cdot b^{3n}$

18. Bilde alle Produkte. Der 1. Faktor soll von der linken Tafel, der 2. Faktor von der rechten Tafel stammen. Vereinfache so weit wie möglich.

19. Berechne.

a) $4^{-3} \cdot 0{,}25^{-3} \cdot 3^{-3}$ **c)** $6^{-4} \cdot \left(\frac{2}{3}\right)^{-4} \cdot \left(\frac{1}{8}\right)^{-4}$ **e)** $\left(\frac{3}{2}\right)^{-5} \cdot \left(\frac{15}{8}\right)^{-5} \cdot \left(-\frac{4}{5}\right)^{-5}$

b) $4^5 \cdot 2^5 \cdot 1{,}25^5$ **d)** $\left(\frac{3}{14}\right)^{-3} \cdot \left(\frac{20}{9}\right)^{-3} \cdot \left(\frac{7}{10}\right)^{-3}$ **f)** $\left(\frac{\sqrt{5}}{4}\right)^7 \cdot \left(\frac{3}{\sqrt{5}}\right)^7 \cdot \left(\frac{1}{2}\right)^7$

20. Berechne.

a) $(2^3)^2$ **c)** $(2^4)^2$ **e)** $(-3^2)^2$ **g)** $(2^{-3})^{-4}$ **i)** $-(2^2)^{-5}$ **k)** $-(1^5)^7$
b) $(2^4)^5$ **d)** $((-3)^2)^2$ **f)** $-(3^2)^2$ **h)** $(-2^2)^5$ **j)** $(-1^5)^7$ **l)** $((-1)^5)^7$

21. Forme um. Gib gegebenenfalls eine einschränkende Bedingung an.

a) $(x^3)^4$ **b)** $(a^3)^{-2}$ **c)** $(z^{-3})^7$ **d)** $(w^{-2})^{-5}$ **e)** $((-x)^2)^6$ **f)** $(-x^2)^6$ **g)** $-(x^2)^6$

22. *Partnerarbeit:* Gib das Vorzeichen des Ergebnisses an und lasse dieses von deinem Partner begründen. Wechselt nach jeder Teilaufgabe die Rollen. Formuliert auch eigene Aufgaben.

a) $(2^{-3})^{-4}$ **c)** $-(2^2)^5$ **e)** $-(1^5)^7$ **g)** $((2^{-4})^2)^{-1}$ **i)** $(((-1)^{-3})^{-8})^{-1}$

b) $(-2^2)^5$ **d)** $(-1^5)^7$ **f)** $((1)^5)^7$ **h)** $(((-1)^{-4})^{-2})^{-10}$ **j)** $(((-1)^{-3})^{-1})^2$

23. Kontrolliere Merlins Behauptungen. Finde Gegenbeispiele oder begründe.

(1) $n^m = m^n$ (2) $(a^m)^n = (a^n)^m$ (3) $(a^n)^m = a^{(nm)}$

24. Die Potenzgesetze bieten eine gute Möglichkeit zum überschlagsmäßigen Berechnen mithilfe von Zehnerpotenzen. Berechne überschlagsmäßig mithilfe von $2^{10} \approx 1\,000$.

a) 2^{30} **b)** 2^{11} **c)** 2^{19} **d)** 2^{14} **e)** $5^4 \cdot 2^{20}$

$2^{10} \approx 1\,000$, also
$2^{20} = 2^{10} \cdot 2^{10} \approx 1\,000\,000$
Potenzgesetz (P1)

25. Wende das Potenzgesetz (P2) von rechts nach links an.

a) $(3 \cdot \sqrt{5})^4$ **c)** $\left(\frac{1}{3} \cdot \sqrt{3}\right)^{-2}$ **e)** $(3x)^4$ **g)** $(-4 \cdot \sqrt{2})^{-2}$ **i)** $(a \cdot \sqrt{2})^{-2}$

b) $(\sqrt{3} \cdot \sqrt{5})^4$ **d)** $(x \cdot y)^{-2}$ **f)** $(6x \cdot \sqrt{2})^0$ **h)** $(\sqrt{6} \cdot \sqrt{8})^{-2}$ **j)** $(x \cdot y \cdot \sqrt{2})^4$

26. Rechne wie im Beispiel.

a) $(\sqrt{2})^4$ **c)** $(\sqrt{7})^{10}$ **e)** $\left(\sqrt{\frac{1}{2}}\right)^{10}$ **g)** $(-\sqrt{5})^8$

b) $(\sqrt{5})^8$ **d)** $(\sqrt{10})^{12}$ **f)** $(-\sqrt{3})^6$ **h)** $(-\sqrt{3})^4$

$(\sqrt{3})^6 = ((\sqrt{3})^2)^3$
$= 3^3$
$= 27$
Potenzgesetz (P3)

27. Schreibe so als Potenz, dass die Basis eine möglichst kleine natürliche Zahl ist.

a) 36^5 **c)** 100^6 **e)** 256^2 **g)** 64^5

b) 25^5 **d)** $10\,000^4$ **f)** 81^3 **h)** $1\,024^5$

$16^5 = (2^4)^5 = 2^{20}$

28. Fasse zusammen, wenn möglich.

a) $5x^2 + 3x^3 - 2x^2$ **b)** $7z^4 - 4z^7 - z^4$ **c)** $u^n + u^m - u^n + u^m$ **d)** $2c^2 + 3c^3 + 4c^4$

29. Löse die Klammern auf.

a) $(x^4 - x^3) \cdot x^6$ **d)** $(a^5 - a^{-3} - a) \cdot a^{-3}$

b) $(a^5 - a^3 - a) \cdot a^3$ **e)** $5a^3b^2 \cdot v^{-2} \cdot (a^6 - 2b^5)$

c) $(x^{-4} - x^{-3}) \cdot x^6$ **f)** $5x^2y(xy^2 - x^2y)$

$3a^2b \cdot (5ab^4 - 4a^2b^{-2})$
$= 3a^2b \cdot 5ab^4 - 3a^2b \cdot 4a^2b^{-2}$
$= 15a^3b^5 - 12a^4b^{-1}$
(für $b \neq 0$)

30. **a)** $(4r^3 - 7s^3 + t) \cdot (3r^4 + 5t^6)$ **c)** $(5x^{-4} - 3y^{-3}) \cdot (x^4 - y^2)$

b) $(2a^{-1} + 3b^{-4}) \cdot (a^2 + b^4)$ **d)** $(9a^2 + 2b^{-5}) \cdot (a^{-3} - b^2)$

31. Klammere aus.

$6x^4y^3 - 4xy^2z = 2xy^2(3x^3y - 2z)$

a) $a^3 + a^4 + a$ **c)** $4x^4 - 12x^3$

b) $x^5 - x^2 + x$ **d)** $15y^5 - 42y^2$ **e)** $a^2b^3 + ab^2 - a^5b$

32. Kontrolliere die Aufgaben. Erläutere deine Anmerkungen.

a) $p^4 + p^7 + p^2 = p^2(p^2 + p^5)$ b) $2x^4 + 6x^6 = 2x^2(x^2 + 3x^3)$

33. Vereinfache mithilfe von Potenzgesetzen.

a) $b^{-2} \cdot b \cdot b^{-5}$ **e)** $(z^{-3})^7$ **i)** $(a\sqrt{2})^{-2}$ **m)** $(x^3)^4 - x^{12}$

b) $(-1)^4 \cdot (-1)^2$ **f)** $((-x)^2)^6$ **j)** $u^0 v^0$ **n)** $(3x)^4 - 27x^4$

c) $2^3 \cdot \left(\frac{1}{2}\right)^3$ **g)** $x^2 \cdot 2x \cdot 3x^0 \cdot x^{-3}$ **k)** $-(x^2)^6$ **o)** $(a^3)^{-2} - (a^{-2})^3$

d) $\left(-\frac{1}{2}\right)^{-4} \cdot \left(-\frac{1}{2}\right)^3$ **h)** $(ab)^{-2}\left(\frac{1}{a}\right)^{-2}$ **l)** $(-x^2)^6$ **p)** $(a \cdot \sqrt{2})^4 - 8a^4$

34. **a)** $x^{-n} \cdot x^0$ **b)** $x^m \cdot x^{-n}$ **c)** $(a^{n+1})^{-m}$ **d)** $(x^{-n})^{-k}$ **e)** $x^{-n} \cdot x^{n+1}$ **f)** $y^{-2n} \cdot y^{-n}$

35. **a)** $(a^{-3} \cdot b^{-5})^{-2}$ **c)** $(r^{-3} \cdot s^{-9})^{-3}$ **e)** $(a^2 \cdot b^4)^n$ **g)** $(x^5 \cdot y^2)^{n+1}$

b) $(x^4 \cdot z^{-6})^{-3}$ **d)** $(x^{-3} \cdot y^2 \cdot z^{-1})^{-4}$ **f)** $(a^3 \cdot b^4 \cdot c^2)^n$ **h)** $(x^4 \cdot y^{-2})^{2n-3}$

36. **a)** $(x+y)^2 \cdot (x+y)^3$ **c)** $(a^{-3} \cdot b^{-5})^{-2}$ **e)** $(2p)^{-7} \cdot (2p)^5$

b) $(a-b)^{-4} \cdot (a-b)^{-6}$ **d)** $(x^3 \cdot y^{-2})^{-5}$ **f)** $(x \cdot y)^2 \cdot (x \cdot y)^{-4} \cdot (x \cdot y)^6$

6.2.2 Dividieren von Potenzen

Aufgabe 1

Vereinfache zunächst den Term und berechne ihn dann. Untersuche anschließend, ob man aus dem Rechenweg ein allgemeines Potenzgesetz folgern kann.
Überprüfe, ob dieses Potenzgesetz auch für negative Exponenten gilt.

a) $\frac{2^9}{2^6}$ **b)** $\frac{20^3}{4^3}$

Lösung

a) $\frac{2^9}{2^6} = \frac{\cancel{2} \cdot \cancel{2} \cdot \cancel{2} \cdot \cancel{2} \cdot \cancel{2} \cdot \cancel{2} \cdot 2 \cdot 2 \cdot 2}{\cancel{2} \cdot \cancel{2} \cdot \cancel{2} \cdot \cancel{2} \cdot \cancel{2} \cdot \cancel{2}} = 2^{9-6} = 2^3 = 8$

Wir vermuten: $\frac{a^m}{a^n} = a^{m-n}$ für $a \neq 0$ und $m \in \mathbb{Z}, n \in \mathbb{Z}$

Negative Exponenten können sowohl bei den Potenzen in Zähler und Nenner als auch bei der Potenz im Ergebnis vorkommen. Wir untersuchen daher verschiedene Beispiele:

$$\frac{5^3}{5^7} = \frac{\cancel{5} \cdot \cancel{5} \cdot \cancel{5}}{\cancel{5} \cdot \cancel{5} \cdot \cancel{5} \cdot 5 \cdot 5 \cdot 5 \cdot 5} = \frac{1}{5^4} = 5^{-4} = 5^{3-7}$$

$$\frac{3^{-2}}{3^{-6}} = \frac{\frac{1}{3^2}}{\frac{1}{3^6}} = \frac{3^6}{3^2} = \frac{\cancel{3} \cdot \cancel{3} \cdot 3 \cdot 3 \cdot 3 \cdot 3}{\cancel{3} \cdot \cancel{3}} = 3^4 = 3^{-2-(-6)}$$

$$\frac{2^{-5}}{2^{-1}} = \frac{\frac{1}{2^5}}{\frac{1}{2}} = \frac{2}{2^5} = \frac{\cancel{2}}{\cancel{2} \cdot 2 \cdot 2 \cdot 2 \cdot 2} = \frac{1}{2^4} = 2^{-4} = 2^{-5-(-1)}$$

$$\frac{6^{-4}}{6^{-4}} = 1 = 6^0 = 6^{-4-(-4)}$$

In allen Fällen gilt das vermutete Potenzgesetz.

b) $\frac{20^3}{4^3} = \frac{20 \cdot 20 \cdot 20}{4 \cdot 4 \cdot 4} = \frac{20}{4} \cdot \frac{20}{4} \cdot \frac{20}{4} = \left(\frac{20}{4}\right)^3 = 5^3 = 125$

Wir vermuten: $\frac{a^n}{b^n} = \left(\frac{a}{b}\right)^n$ für $a \neq 0,\ b \neq 0$ und $n \in \mathbb{Z}$

Hier gibt es nur einen wesentlichen Fall für den negativen Exponenten:

$$\frac{6^{-3}}{5^{-3}} = \frac{\frac{1}{6 \cdot 6 \cdot 6}}{\frac{1}{5 \cdot 5 \cdot 5}} = \frac{5 \cdot 5 \cdot 5}{6 \cdot 6 \cdot 6} = \frac{1}{\frac{6 \cdot 6 \cdot 6}{5 \cdot 5 \cdot 5}} = \frac{1}{\frac{6}{5} \cdot \frac{6}{5} \cdot \frac{6}{5}} = \frac{1}{\left(\frac{6}{5}\right)^3} = \left(\frac{6}{5}\right)^{-3}$$

Auch in diesem Fall gilt das vermutete Potenzgesetz.

Information

Verschiedene Zeichen für die Division:
$\frac{x}{y} = x : y$

Potenzgesetze für das Dividieren von Potenzen

Führt man die Überlegungen aus Aufgabe 1 allgemein durch, so erhält man:

Potenzgesetz für die Division von Potenzen mit gleicher Basis

(P1*) $\frac{a^m}{a^n} = a^{m-n}$ für $a \neq 0$ und $m \in \mathbb{Z}$, $n \in \mathbb{Z}$

Man dividiert Potenzen mit gleicher Basis, indem man die Exponenten subtrahiert.
Die Basis bleibt erhalten.

Beispiele: $\frac{2^6}{2^{-4}} = 2^6 : 2^{-4} = 2^{6-(-4)} = 2^{10} = 1\,024$; $\quad \frac{x^{-2}}{x^{-5}} = x^{(-2)-(-5)} = x^3$

Potenzgesetz für die Division von Potenzen mit gleichem Exponenten

(P2*) $\frac{a^n}{b^n} = \left(\frac{a}{b}\right)^n$ für $a \neq 0, b \neq 0$ und $n \in \mathbb{Z}$

Man dividiert Potenzen mit gleichem Exponenten, indem man die Basen dividiert.
Der Exponent bleibt erhalten.

Beispiele: $\frac{6^{-4}}{3^{-4}} = \left(\frac{6}{3}\right)^{-4} = 2^{-4} = \frac{1}{16}$; $\quad \frac{y^{-2}}{z^{-2}} = \left(\frac{y}{z}\right)^{-2}$

Übungsaufgaben

2. *Partnerarbeit:* Untersuche mit deinem Partner an den folgenden Beispielen, wie man Potenzen dividiert. Bereitet für die Präsentation eurer Ergebnisse eine Folie vor.

(1) Dividiere zwei Dreierpotenzen. Versuche das Ergebnis auch als Dreierpotenz darzustellen. Verallgemeinere deine Entdeckung.

(2) Dividiere zwei Potenzen mit dem Exponenten 4. Versuche das Ergebnis auch als Potenz mit dem Exponenten 4 darzustellen. Verallgemeinere deine Entdeckung.

CAS **3.** Du kennst Potenzgesetze für das Multiplizieren von Potenzen. Versuche mit einem Computer-Algebra-System, Potenzgesetze für das Dividieren von Potenzen zu entdecken. In welchen Fällen reagiert das Computer-Algebra-System anders als erwartet? Versuche auch, die Potenzgesetze für das Dividieren von Potenzen zu begründen.

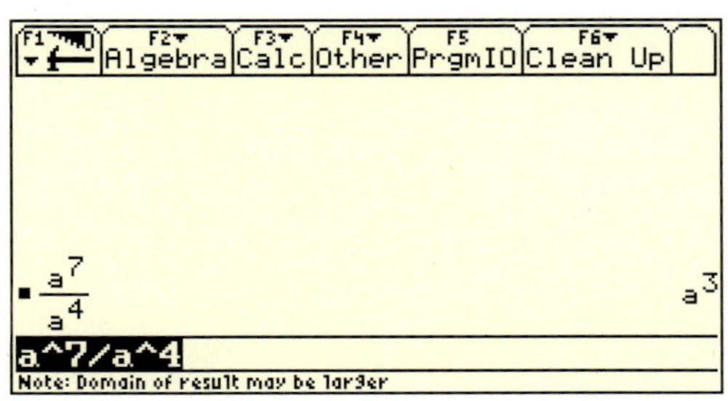

4. Berechne ohne Taschenrechner.

a) $\frac{7^5}{7^4}$ **b)** $\frac{5^4}{5^6}$ **c)** $2^{10} : 2^9$ **d)** $10^4 : 10^3$ **e)** $\frac{0{,}5^8}{0{,}5^6}$ **f)** $\frac{1{,}2^9}{1{,}2^{10}}$ **g)** $\frac{7^2}{7^{-1}}$ **h)** $\frac{2^{-17}}{2^{-11}}$ **i)** $\frac{(-3)^9}{(-3)^7}$ **j)** $\frac{(-5)^{-1}}{(-5)^{-3}}$ **k)** $10^{-5} : 10^{-5}$ **l)** $5^0 : 5^{-2}$

5. Vereinfache. Gib gegebenenfalls eine einschränkende Bedingung an.

a) $\frac{a^2}{a^{-4}}$ **b)** $\frac{x^{-3}}{x^6}$ **c)** $c^3 : c^5$ **d)** $c^5 : c^3$ **e)** $\frac{y^{-6}}{y^{-3}}$ **f)** $\frac{z^{-9}}{z^{-7}}$ **g)** $b^{-2} : b^0$ **h)** $\frac{(a \cdot b)^5}{(a \cdot b)^3}$ **i)** $\frac{(a \cdot b)^{-5}}{(a \cdot b)^{-7}}$ **j)** $\frac{(a \cdot \sqrt{2})^{-4}}{(a \cdot \sqrt{2})^{-3}}$ **k)** $\frac{(x+y)^2}{(x+y)^7}$ **l)** $\frac{(x+\sqrt{5})^7}{(x+\sqrt{5})^{-1}}$

6. Vier Schüler antworten auf die Frage: "Wie heißt die Hälfte von 2^{22}?" Wer hat Recht? Begründe deine Antwort.

7. Vereinfache.

a) $\frac{24^5}{12^5}$ **b)** $15^4 : 3^4$ **c)** $\frac{2^{-10}}{4^{-10}}$ **d)** $\frac{34^5}{17^5}$ **e)** $\frac{13^{-4}}{65^{-4}}$ **f)** $\frac{18^7}{9^7}$ **g)** $\frac{1000^{-4}}{250^{-4}}$ **h)** $\frac{1{,}44^3}{1{,}2^3}$ **i)** $\frac{0{,}75^{-5}}{0{,}25^{-5}}$ **j)** $1^9 : 0{,}5^9$ **k)** $2^6 : \left(\frac{1}{2}\right)^6$ **l)** $\frac{\left(-\frac{2}{3}\right)^5}{\left(-\frac{4}{9}\right)^5}$ **m)** $\frac{(+1)^{20}}{(-1)^{20}}$ **n)** $\frac{\left(-\frac{1}{6}\right)^{-4}}{6^{-4}}$ **o)** $\frac{\left(\frac{3}{4}\right)^{-3}}{\left(\frac{1}{4}\right)^{-3}}$ **p)** $\frac{\left(\frac{5}{3}\right)^3}{\left(-\frac{3}{4}\right)^3}$

8. Vereinfache. Gib gegebenenfalls eine einschränkende Bedingung an.

a) $\frac{u^4}{v^4}$ **b)** $\frac{x^{-2}}{y^{-2}}$ **c)** $p^3 : q^3$ **d)** $w^{-4} : a^{-4}$ **e)** $\frac{(a+b)^2}{c^2}$ **f)** $(u-1)^{-2} : v^{-2}$

9. **a)** $\frac{a^3}{a^{-5}}$ **b)** $b^{-3} : b^5$ **c)** $\frac{c^{-5}}{d^{-5}}$ **d)** $\frac{x^{-8}}{x^{-4}}$ **e)** $\frac{y^0}{y^{-3}}$ **f)** $a^5 : u^5$ **g)** $a^3 : a^5$ **h)** $\frac{x^3}{x^3}$ **i)** $\frac{b^0}{a^0}$ **j)** $\frac{a^{-7}}{a^{-7}}$ **k)** $\frac{z^{-3}}{y^{-3}}$ **l)** $\frac{x^5}{z^5}$ **m)** $a^0 : b^0$ **n)** $\frac{x^0}{y^n}$ **o)** $\frac{z^n}{a^0}$ **p)** $\frac{u^m}{x^m}$

Dividend
Math.: zu teilende Zahl; Zähler eines Bruches.
Divisor
Math.: teilende Zahl; Nenner eines Bruches.

10. Bilde alle Quotienten, bei denen der Dividend von der einen und der Divisor von der anderen Tafel stammt. Vereinfache.

11. Vereinfache. Gib eine einschränkende Bedingung an.

a) $\frac{3x^5}{6x^2}$ **b)** $\frac{12a^{-7}}{4a^{-5}}$ **c)** $\frac{x^6 \cdot y^0}{x^4 \cdot y^3}$ **d)** $\frac{(-a)^8}{(-a)^{-7}}$ **e)** $\frac{(x+y)^5}{(x+y)^3}$ **f)** $\frac{(a-b)^7}{(a-b)^6}$ **g)** $\frac{(xy)^{-2}}{x^{-2}}$ **h)** $\frac{p^3}{(pq)^3}$ **i)** $\frac{((a+b)(a-b))^4}{(a+b)^4}$ **j)** $\frac{(p-q)^{-3}}{(p^2-q^2)^{-3}}$

12. Wende das Potenzgesetz (P2*) von rechts nach links an.

a) $\left(\frac{\sqrt{5}}{3}\right)^3$ **b)** $\left(\frac{\sqrt{3}}{-2}\right)^5$ **c)** $\left(\frac{-4}{\sqrt{2}}\right)^{-2}$ **d)** $\left(\frac{\sqrt{3}}{\sqrt{5}}\right)^4$ **e)** $\left(\frac{x \cdot \sqrt{2}}{y \cdot \sqrt{3}}\right)^2$ **f)** $\left(\frac{x \cdot \sqrt{2}}{y \cdot \sqrt{5}}\right)^{-4}$

13. Forme um.

a) $\left(\frac{x}{y}\right)^{-7}$ **b)** $\frac{(a \cdot b)^{-1}}{a^{-1}}$ **c)** $\left(\frac{1}{2}\right)^2 : \left(\frac{1}{4}\right)^2$ **d)** $\frac{(3 \cdot \sqrt{2})^4}{(\sqrt{2})^4}$ **e)** $\frac{(4 \cdot \sqrt{5})^{-6}}{(\sqrt{5})^{-6}}$

6.2.3 Vermischte Übungen zu den Potenzgesetzen

1. Wende Potenzgesetze an.

a) $u^2 \cdot u^{-3}$ **b)** $\left(r^{-2}\right)^{-3}$ **c)** $v^3 \cdot w^3$ **d)** $\frac{x^{-2}}{x^{-4}}$

e) $\frac{r^{-3}}{s^{-3}}$ **f)** $(x+y)^{-3}(x+y)^2$ **g)** $\left((x+y)^2\right)^{-4}$ **h)** $\frac{(u+v)^{-2}}{(u+v)^3}$

i) $\frac{(a+b)^{-2}}{(c+d)^{-2}}$ **j)** $(v+w)^2u^2$ **k)** $\left(c^{2n}\right)^{-3}$ **l)** $z^{4n-1} \cdot z^{1-n}$

m) $\frac{w^{5n+1}}{w^{2+3n}}$ **n)** $a^{2n-1} \cdot b^{2n-1}$ **o)** $\frac{s^{1-4n}}{t^{1-4n}}$ **p)** $\left(v^{2n}\right)^{-4n}$

2. Kontrolliere Toms Hausaufgaben. Erläutere deine Anmerkungen.

(1) $(3+4)^2 = 3^2+4^2 = 9+16 = 25$

(2) $(3\cdot4)^2 = 3^2\cdot4^2 = 9\cdot16 = 154$

(3) $(3-4)^2 = 3^2-4^2 = 9-16 = -7$

(4) $3^2:4^2 = \left(\frac{3}{4}\right)^2 = \frac{9}{16}$

3. Multipliziert man zwei nebeneinander stehende Terme, so erhält man den Term für den darunter liegenden Mauerstein. Vervollständige.

a)
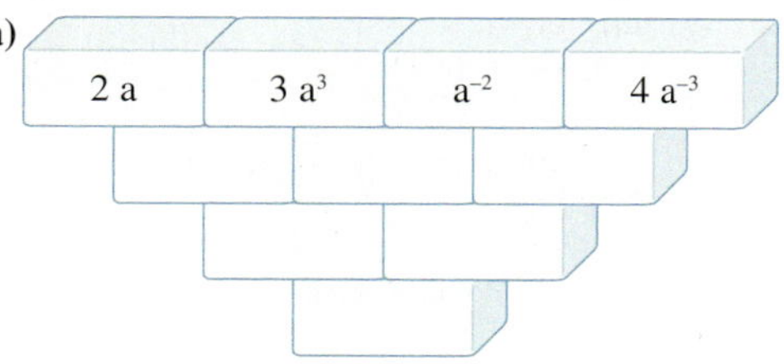

b)
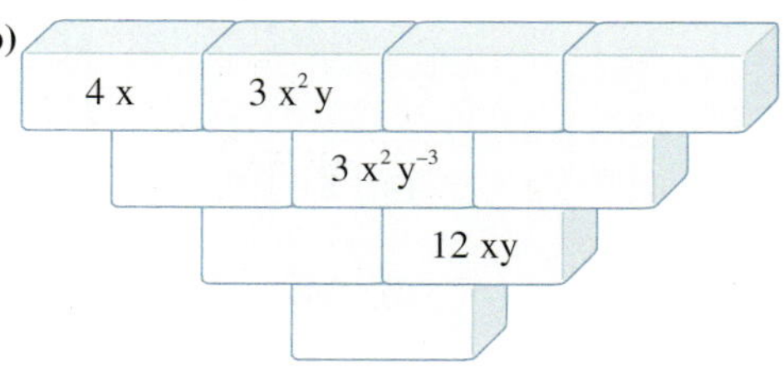

4. Wende Potenzgesetze an.

a) $\left(a^2 \cdot b^2\right)^2$ **b)** $\left(x^4 \cdot y^2\right)^4$

c) $\left(\left(\sqrt{2} \cdot \sqrt{3}\right)^4\right)^2$ **d)** $(a \cdot b)^3 \cdot (a \cdot b)^4$

e) $\left(\left(a^2 \cdot b^2\right)^{-3}\right)^{-4}$ **f)** $\left(\left(\sqrt{2} \cdot a\right)^3\right)^3$

g) $\left(\left(a^2 \cdot b^{-2} \cdot c^2\right)^4\right)^{-5}$ **h)** $(x \cdot y)^5 \cdot (y \cdot z)^5$

5. Erläutere die Umformung von Julian. Welches Ziel hat er erreicht? Findest du auch einen anderen Weg?

$$\left(\sqrt{a}\right)^{-1} = \left(\sqrt{a}\right)^{1-2} = \frac{\sqrt{a}}{\left(\sqrt{a}\right)^2} = \frac{\sqrt{a}}{a} \qquad (\text{für } a > 0)$$

6. Ein Uranatom hat eine Masse von $4 \cdot 10^{-23}$ g und einen Durchmesser von 10^{-10} m. Überschlage, ohne einen Taschenrechner zu verwenden:
Wie viele Atome enthält 1 g Uran?
Wie schwer wäre ein Würfel von 1 cm Kantenlänge, der dicht mit Uranatomen gefüllt ist?

7. Kontrolliere folgende Behauptungen. Korrigiere gegebenenfalls.

a) $\frac{1}{1+x} = 1 + x^{-1}$ b) $x^2 - x^{-2} = \left(x - \frac{1}{x}\right)^2$ c) $a^{-2} + \frac{1}{a^2} = \frac{2}{a^2}$

8. a) $x^5 \cdot \left(\frac{x}{y}\right)^{-3}$ b) $\left(\frac{b}{a}\right)^4 \cdot \left(\frac{b}{a}\right)^{-8}$ c) $\left(\frac{a^{-4}}{b^5}\right)^{-3}$ d) $(x^{-2} \cdot y^3)^{-2} \cdot (x^3 \cdot y^{-2})^4$ e) $\left(\frac{a^{-2} \cdot b^3}{c^{-4}}\right)^{-2}$

9. a) Vereinfache: (1) $\frac{(a^2-b^2)^3}{(a-b)^3}$ (2) $\frac{((r+s)\cdot(r-s))^{-2}}{(r^2-s^2)^{-3}}$ (3) $\frac{(e^2+2ef+f^2)^4}{(e+f)^4}$

b) *Partnerarbeit:* Stelle solche Aufgaben und lasse sie von deinem Partner lösen.

10. a) $(3a^{-4}-2b^{-5})\cdot(2a^{-1}+b^{-1})$ c) $(5x^{-3}-3x^{-4})\cdot(2x-4)$ e) $(3a^{-4}-2b^{-2})^2$
b) $(4x^{-2}+2x^{-3})\cdot(x^2+x^{-3})$ d) $(2x^{-1}+3y^{-2})^2$ f) $(x^n+y^n)\cdot(x^n-y^n)$

11. a) $a^2 \cdot (a \cdot b)^4$ c) $x^{-4} \cdot y^{-4} \cdot x^3 \cdot y^3$ e) $a^2 \cdot (a^4 \cdot b^2)^{-3}$ g) $(x^2 \cdot y \cdot z^{-4})^{-3}$
b) $a^{-3} \cdot (a \cdot b)^{-2}$ d) $(x \cdot y)^2 \cdot (x \cdot z)^3 \cdot (y \cdot z)^{-1}$ f) $a^5 \cdot (a^{-3} \cdot b^{-2})^4$ h) $(x^{-2} \cdot y^{-1} \cdot z)^2$

12. a) $a^n \cdot a^{2n}$ b) $a^{3n+1} \cdot a^4$ c) $x^{2n+2} \cdot x^{4n+1}$ d) $(a \cdot b)^{2n}$ e) $(x \cdot y)^{3n-1}$

INFO

Erde
$m = 5{,}98 \cdot 10^{24}$ kg
$r = 6{,}38 \cdot 10^6$ m

Mond
$m = 7{,}33 \cdot 10^{23}$ kg
$r = 1{,}74 \cdot 10^6$ m

13. Überschlage ohne Taschenrechner:

a) Mit welcher Kraft ziehen sich zwei 200 000-t-Tanker in 400 m an?

b) Mit welcher Kraft ziehen sich Erde und ein 1,2-t-Auto an?
Was ergibt sich auf dem Mond?

Formelsammlung

Gravitationsgesetz

$F = 6{,}67 \cdot 10^{-11} \cdot \frac{m_1 \cdot m_2}{r^2}$

Kraft F (in N), mit der sich zwei Massen m_1, m_2 (in kg) im Abstand r (in m) anziehen.

14. a) $\frac{p^{r-s}}{p^{s-r}}$ b) $\frac{x^{2n-1}}{x}$ c) $\frac{(-x)^s}{-x}$ d) $\frac{-c}{(-c)^n}$ e) $\frac{(-a)^{4n+1}}{(-a)^{3n-2}}$ f) $\frac{(-x)^{7k+2}}{(-x)^{4k-m}}$

15. Vereinfache. Schreibe das Ergebnis (1) ohne Bruchstrich; (2) ohne negativen Exponenten.

a) $\frac{x^4 \cdot y^2}{x^5 \cdot y^3}$ b) $\frac{a^7 \cdot b^{-4}}{a^{-3} \cdot b^7}$ c) $\frac{x^2 \cdot y^{-10}}{x \cdot z^6}$ d) $\frac{(a+b)^{-4} \cdot (a-b)^6}{(a-b)^3 \cdot (a+b)^5}$

16. a) $x^3 \cdot \left(\frac{x}{y}\right)^4$ b) $\left(\frac{a}{b}\right)^{-3} \cdot \left(\frac{a}{b}\right)^4$ c) $\left(\frac{x^{-3}}{y^2}\right)^{-2}$ d) $\left(\frac{a^{-1} \cdot b^{-3}}{c^2}\right)^{-2}$ e) $\frac{a^2}{b^4} \cdot \frac{a^{-3}}{b^{-2}}$

17. a) $(x^{2n})^m$ b) $(a^{n+m})^{n+m}$ c) $\frac{a^n}{a^{-3}}$ d) $\frac{b^{-m}}{b^5}$ e) $\frac{d^{n-1}}{d^{2+n}}$ f) $\frac{x^{2k+1}}{x^{k-1}}$

18. a) $\frac{2}{3}x^2 \cdot \frac{4}{5}y^2 \cdot 7x^3y^5$ c) $\frac{x^2y^7}{z^3} \cdot \frac{x^2y^9}{z^6}$ e) $\frac{15x^2y^{-3}}{16a^{-2}b^{-2}} : \frac{8a^{-3}b^2}{27x^3y^2}$

b) $0{,}7\,(a+b)^5 \cdot 1{,}3\,(a+b)^6$ d) $10x^5y^4 : \frac{15x^2y^2}{a^2b}$ f) $\frac{(7a-7b)^5}{(a-b)}$

19. a) $\frac{(21^3 \cdot x^4)^6}{(3^4 \cdot x^3)^5}$ b) $\frac{5\,(4ab^3)^4}{(10a^2b)^2}$ c) $\frac{(3abc^{-1})^{-2}}{(6a^2b^{-1}c)^{-3}}$ d) $\frac{(10uv^{-1}w)^{-2}}{(5u^2v^{-2}w^{-1})^{-1}}$

CAS **20.** Hier ergeben sich einfache Ergebnisse, wenn du den Term umformst. Du kannst dein Ergebnis auch mit einem Computer-Algebra-System überprüfen.

a) $(x^{-2}-2)\cdot(x^{-2}+2)-\frac{1}{x^4}$

b) $a^{-2} \cdot a^6 + a^2 \cdot (3a^{-2}-a^2)$

c) $6x^n \cdot (4-x^{n-2}) + 3x^{-2}(2x^{2n}-8x^{n+2})$

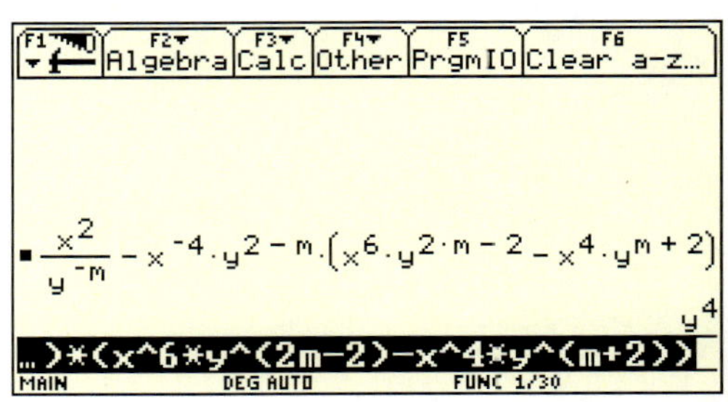

Im Blickpunkt
Im Blickpunkt

Kleine Anteile – große Wirkung

1. Die Verbrennung fossiler Brennstoffe wie Erdöl und Erdgas führt zu einem Anstieg des Kohlendioxidgehaltes in der Luft. Wissenschaftler befürchten, dass sich dadurch die Atmosphäre global erwärmt und es zu einer gravierenden Klimaveränderung kommt („Treibhaus-Effekt").
Daher ist man an einer Untersuchung des Klimas in früheren Jahrtausenden interessiert.
Aus Eisbohrkernen der Polargebiete kann man heute die Klimageschichte bis über die letzte Zwischeneiszeit hinaus ablesen. In Luftbläschen, die im Südpolareis vor langer Zeit eingeschlossen wurden, konnte die Konzentration des Treibhausgases Kohlendioxid (CO_2) über 160 000 Jahre gemessen werden. Das Diagramm rechts zeigt die Ergebnisse.
Die im Diagramm benutzte Bezeichnung ppm (**p**arts **p**er **m**illion) dient dazu, sehr kleine Anteile übersichtlicher schreiben zu können:
1 ppm ist $\frac{1}{1\,000\,000}$.
Beschreibe das Diagramm. Welche Informationen kannst du ihm entnehmen?

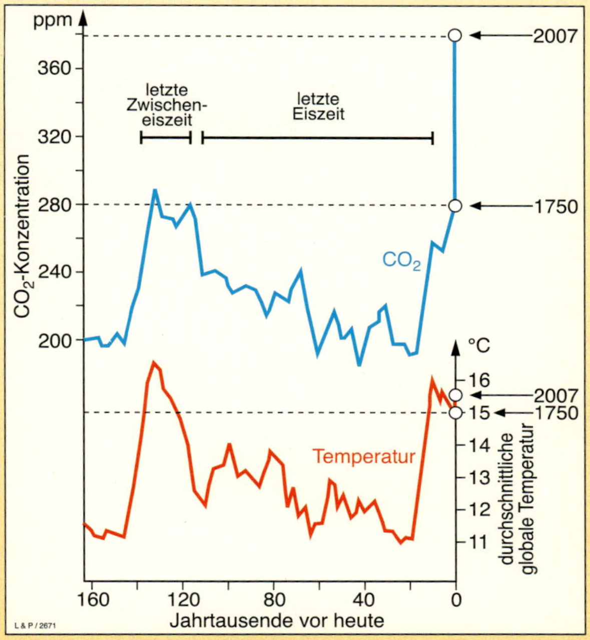

Bezeichnungen für die Beschreibung kleiner Anteile

ppm: Abkürzung für die englische Angabe *parts per million* (Teile pro Million, d.h. $1:10^6$).

ppb: Abkürzung für die englische Angabe *parts per billion* (Teile pro Milliarde, d.h. $1:10^9$), da die amerikanische billion im Deutschen nicht Billion, sondern Milliarde bedeutet.

ppt: Abkürzung für die englische Angabe *parts per trillion* (Teile pro Billion, d.h. $1:10^{12}$), da die amerikanische trillion im Deutschen nicht Trillion, sondern Billion bedeutet.

ppq: Abkürzung für die englische Angabe *parts per quadrillion* (Teile pro Billiarde, d.h. $1:10^{15}$), da die amerikanische quadrillion im Deutschen nicht Quadrillion, sondern Billiarde bedeutet.

Hierbei kann „Teil" für Teilchenanzahlen, aber auch für Massen- oder Volumeneinheiten stehen. Für genaue Angaben muss daher angegeben werden, was gemeint ist, so wie man auch zwischen Volumenprozent und Massenprozent unterscheidet.
Im wissenschaftlichen Gebrauch sollen diese Angaben nicht mehr verwendet werden, sondern stattdessen negative Zehnerpotenzen. In anderen Veröffentlichungen unterbleibt in der Regel die genaue Angabe, was mit „Teil" gemeint ist.

2. Du weißt: $1\,\% = \frac{1}{100} = \frac{1}{10^2} = 10^{-2}$.
Schreibe entsprechend die Angaben ppm, ppb, ppt und ppq mit negativen Zehnerpotenzen.

3. Stelle dir zur Veranschaulichung vor, dass ein Stück Würfelzucker der Masse 2,7 g in einer Wassermenge gelöst werden soll, sodass die Konzentration anschließend

a) 1 ppm, **b)** 1 ppb, **c)** 1 ppt, **d)** 1 ppq

beträgt, wobei sich die Angaben hier auf die Masse beziehen sollen. Berechne, wie viel Wasser benötigt wird. Unten siehst du zur Veranschaulichung Fotos entsprechender Flüssigkeitsmengen.

4. Die Spurenanalytik ist ein Arbeitsgebiet der Chemie, das sich mit dem Nachweis kleinster Mengen chemischer Stoffe befasst. Mit chemischen Verfahren kann man noch 10^{-9} g eines Stoffes pro kg nachweisen, mit elektrochemischen Verfahren 10^{-12} g pro kg und mit spektroskopischen Verfahren 10^{-13} g pro kg.
Gib diese Konzentrationen in parts per … an.

5. Die Ozonschicht der Atmosphäre hält gefährliche UV-Strahlung ab. In der Ozonschicht beträgt die Konzentration an Ozon bis zu 10 ppm. Nimm an, dass sich diese Angaben auf die Volumina beziehen und berechne dann, wie viel Ozon sich in 1 Liter befinden.

6. Der Gehalt an Wasserdampf in der Luft schwankt beträchtlich: er hängt von der Temperatur ab und wird als relative Luftfeuchtigkeit angegeben.
Bei einer relativen Luftfeuchtigkeit von 100 % schwankt der Gehalt an Wasserdampf zwischen 190 ppm bei einer Temperatur von –40 °C und 42 000 ppm bei 30 °C.
Nimm an, dass sich diese Angaben auf die Volumina beziehen und berechne, wie viel Wasser in 1 Liter Luft enthalten ist.

7. Bei der Verbrennung fossiler Brennstoffe wie Erdgas, Kohle und Erdöl entsteht auch Schwefeldioxid, das mit anderen Oxiden wie Stickstoffoxiden den sauren Regen verursacht. Die Konzentration an Schwefeldioxid in der Luft kann von 0,01 ppm bis zu mehreren ppm reichen.
Berechne, wie viel Schwefeldioxid sich in 1 Liter Luft befinden,
(1) unter der Annahme, dass sich die Angaben auf Volumina beziehen und
(2) unter der Annahme, dass sie sich auf Massen beziehen.
Vergleiche dann.

Hinweis: Die Dichte der Luft beträgt bei 0 °C und 1 013 hPa $1{,}293\,\frac{g}{l}$. Die Masse eines Schwefeldioxid-Moleküls beträgt 64 u.

u ⟨**engl. unit**⟩
Kurzzeichen für die atomare Masseneinheit
$1\,u = 1{,}6605402 \cdot 10^{-27}$ kg

6.3 n-te Wurzeln

Einführung

Tim und Tanja lesen die nebenstehende Werbung.

Tim sagt: „Das sind doch 12 % : 3, also genau 4 % pro Jahr.“

Tanja widerspricht: „4 % ist zu hoch. Verzinst man 1 000 € drei Jahre lang mit 4 %, so erhält man einen höheren Betrag als 1 120 €.“

Tim: „Das verstehe ich nicht.“

Tanja: „Wenn ein Geldbetrag von 1 000 € 1 Jahr lang zu 4 % verzinst wird, erhält man 1 000 € · 0,04 als Zinsen. Insgesamt ist der Geldbetrag nach einem Jahr auf 1 000 € · 1,04 angewachsen. Du brauchst den Geldbetrag also nur mit dem Wachstumsfaktor 1,04 zu multiplizieren.

Nach drei Jahren ist der Betrag von 1 000 € auf 1 000 € · $1{,}04^3$ angewachsen. Das sind 1 124,86 €, also mehr als 1 120 €.“

$K + K \cdot 0{,}04 = K \cdot (1 + 0{,}04) = K \cdot 1{,}04$

Jahr	Geldbetrag (in €)
0	1 000
1	1 040
2	1 081,60
3	1 124,86

(von Jahr zu Jahr: · 1,04; von Jahr 0 bis Jahr 3: · $1{,}04^3$)

Wie kann man den korrekten Wert für den Zinssatz pro Jahr ermitteln?

Wir bestimmen zunächst den jährlichen Wachstumsfaktor:

Nach 3 Jahren zahlt die Bank 1 120 €, also das 1,12-fache des eingezahlten Kapitals (1 000 €) zurück. Der Wachstumsfaktor für die Dauer von 3 Jahren beträgt 1,12.

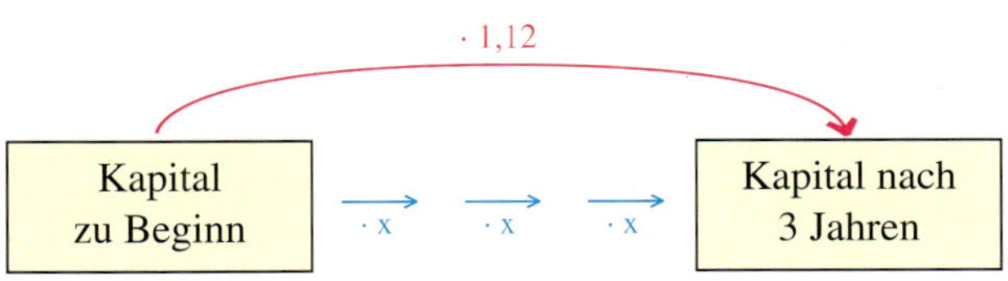

Der Wachstumsfaktor für jedes einzelne Jahr soll x sein.

Dann gilt: $x \cdot x \cdot x = 1{,}12$,
also $x^3 = 1{,}12$ — *Basis gesucht!*

Wir versuchen, die Lösung der Gleichung $x^3 = 1{,}12$ durch Probieren zu finden.

Wir wissen, dass x kleiner als 1,04 ist. Wegen $1{,}03^3 = 1{,}092727 < 1{,}12$ muss x größer als 1,03 sein.

zu kleine Zahl		zu große Zahl		Differenz (Genauigkeit)
x	x^3	x	x^3	
1,03	1,0927...	1,04	1,1248...	0,01
1,038	1,1183...	1,039	1,1216...	0,001
1,0384	1,1196...	1,0385	1,1200...	0,0001

Also liegt x zwischen 1,0384 und 1,0385, aber näher an 1,0385.

Der jährliche Wachstumsfaktor beträgt ungefähr 1,0385. Der Zinssatz pro Jahr beträgt also ungefähr 3,85 %.

Information

In der Einführung haben wir eine Zahl gesucht, deren 3. Potenz 1,12 ist.
In Kapitel 1 haben wir eine Zahl gesucht, deren Quadrat, also 2. Potenz eine vorgegebenen Zahl ist.
Das führte uns auf die Wurzel, genauer gesagt: Quadratwurzel.
Deshalb definiert man entsprechend wie bei der Quadratwurzel:

Definition

Gegeben ist eine nichtnegative Zahl a.
Unter der n-ten Wurzel ($n \geq 2$) dieser Zahl a versteht man diejenige nichtnegative Zahl, die mit n potenziert die Zahl a ergibt.
Für die **n-te Wurzel aus a** schreibt man $\sqrt[n]{a}$.
Die Zahl n heißt der *Wurzelexponent*, die Zahl a unter dem Wurzelzeichen heißt *Radikand*.

Suche eine Zahl, deren n-te Potenz a ist.

Wurzelexponent
$\sqrt[n]{a}$
Radikand

Beispiele:
$\sqrt[3]{1000} = 10$, denn $10^3 = 10 \cdot 10 \cdot 10 = 1000$; $\sqrt[4]{\frac{16}{81}} = \frac{2}{3}$, denn $\left(\frac{2}{3}\right)^4 = \frac{2}{3} \cdot \frac{2}{3} \cdot \frac{2}{3} \cdot \frac{2}{3} = \frac{16}{81}$

2. Wurzeln $\left(\sqrt[2]{a}\right)$ heißen auch *Quadratwurzeln*, 3. Wurzeln $\left(\sqrt[3]{a}\right)$ nennt man *Kubikwurzeln*.

Statt $\sqrt[2]{a}$ schreibt man auch kürzer nur $\sqrt{a}$.

Beachte:

(1) n-te Wurzeln sind stets nichtnegativ. Es ist also nur $\sqrt[4]{16} = +2$, obwohl auch $(-2)^4 = 16$ ist. Man möchte vermeiden, dass z. B. $\sqrt[4]{16}$ zwei verschiedene Zahlen bezeichnet.

(2) $\sqrt[4]{-16}$ kann man prinzipiell nicht definieren, da es keine reelle Zahl gibt, deren 4. Potenz -16, also negativ ist. Entsprechendes gilt für alle Wurzeln, deren Wurzelexponent gerade ist.
$\sqrt[3]{-8}$ könnte man dagegen definieren, da $(-2)^3 = -8$. Entsprechendes gilt für alle Wurzeln, deren Wurzelexponent ungerade ist.
Um aber in der Definition der n-ten Wurzel keine Fallunterscheidung vornehmen zu müssen, haben wir die n-te Wurzel stets nur dann definiert, wenn der Radikand nichtnegativ ist.
Wir verzichten also auf die Definition von $\sqrt[3]{-8}$, $\sqrt[5]{-1}$, …, da die Definition von $\sqrt{-4}$, $\sqrt[4]{-16}$, …, also von n-ten Wurzeln aus negativen Zahlen mit geraden Wurzelexponenten, in $\mathbb{R}$ prinzipiell nicht möglich ist.

Weiterführende Aufgaben

1. *Zusammenhang zwischen Wurzelziehen und Potenzieren*

a) (1) Ziehe die 3. Wurzel aus:
8; 27; 512; 729; 1331.
Potenziere jedes Ergebnis mit 3.

3. Wurzel →	hoch 3 →	
8	2	8

(2) Potenziere die Zahlen mit 3:
5; 6; 12; 20; 30.
Ziehe aus jedem Ergebnis die 3. Wurzel.

hoch 3 →	3. Wurzel →	
5	125	5

Vervollständige die Tabelle. Vergleiche die erste mit der dritten Spalte.

b) Berechne folgende Aufgaben.
(1) Ziehe die 5. Wurzel aus:
7776; 100000.
Potenziere jedes Ergebnis mit 5.
(2) Potenziere die Zahlen 8; 11 mit 5.
Ziehe aus jedem Ergebnis die 5. Wurzel.
Was fällt dir auf?

c) Vereinfache: $\left(\sqrt[3]{125}\right)^3$; $\left(\sqrt[5]{4913}\right)^5$; $\left(\sqrt[6]{7}\right)^6$; $\sqrt[4]{2^4}$; $\sqrt[5]{19^5}$; $\sqrt[6]{74^6}$

Einschränkende Bedingung bei Wurzeln
Radikand ≥ 0

Zusammenhang zwischen Potenzieren und Wurzelziehen

Für alle $a \in \mathbb{R}$ mit $a \geq 0$ gilt:

(1) $\left(\sqrt[n]{a}\right)^n = a$

Das Ziehen der n-ten Wurzel wird durch das Potenzieren mit n rückgängig gemacht:

$a \xrightarrow{\text{n-te Wurzel ziehen}} \sqrt[n]{a}$, $\sqrt[n]{a} \xrightarrow{\text{hoch n}} a$

(2) $\sqrt[n]{a^n} = a$

Das Potenzieren mit n wird durch das Ziehen der n-ten Wurzel rückgängig gemacht:

$a \xrightarrow{\text{hoch n}} a^n$, $a^n \xrightarrow{\text{n-te Wurzel ziehen}} a$

2. *Irrationale n-te Wurzeln*

a) Beweise, dass $\sqrt[3]{2}$ keine rationale Zahl ist.

Anleitung: Nimm an, dass $\sqrt[3]{2}$ doch eine rationale Zahl sei. Schreibe $\sqrt[3]{2}$ dann als gekürzten Bruch $\frac{m}{n}$. Folgere daraus $\frac{m^3}{n^3} = 2$ und zeige, dass diese Gleichung auf einen Widerspruch führt.

b) Beweise entsprechend, dass $\sqrt[4]{8}$ irrational ist.

c) Warum lässt sich so nicht beweisen, dass $\sqrt[3]{216}$ irrational ist?

Übungsaufgaben

$1\ \text{ml} = 1\ \text{cm}^3$

3. Eine würfelförmige Kerze soll aus

a) 125 ml, **b)** 200 ml

Wachs gegossen werden.
Welche Kantenlänge muss die Form (innen) haben?

4. Berechne im Kopf und begründe dein Ergebnis.

a) $\sqrt[3]{8}$	**d)** $\sqrt[5]{32}$	**g)** $\sqrt{121}$	**j)** $\sqrt[5]{0{,}00001}$	**m)** $\sqrt[3]{\frac{8}{27}}$
b) $\sqrt[3]{1\,000}$	**e)** $\sqrt[3]{0{,}008}$	**h)** $\sqrt[4]{0{,}0081}$	**k)** $\sqrt[12]{0}$	**n)** $\sqrt[5]{\frac{243}{32}}$
c) $\sqrt[3]{512}$	**f)** $\sqrt[4]{256}$	**i)** $\sqrt[7]{1}$	**l)** $\sqrt[4]{\frac{1}{16}}$	**o)** $\sqrt{1{,}44}$

5. Prüfe ohne Taschenrechner, ob die Aussage wahr ist. Korrigiere gegebenenfalls den Radikanden.

a) $\sqrt{125} = 5$	**c)** $\sqrt[4]{14\,641} = 11$	**e)** $\sqrt[5]{320\,000} = 20$	**g)** $\sqrt[7]{0{,}0000128} = 0{,}2$
b) $\sqrt[3]{64} = 8$	**d)** $\sqrt[15]{32\,768} = 2$	**f)** $\sqrt[6]{0{,}00001} = 0{,}1$	**h)** $\sqrt[5]{0{,}00243} = 0{,}3$

6. Zwischen welchen (aufeinander folgenden) natürlichen Zahlen liegt der Wert der Wurzel?

a) $\sqrt[3]{10}$ **b)** $\sqrt[4]{100}$ **c)** $\sqrt[3]{480}$ **d)** $\sqrt[3]{2\,000}$ **e)** $\sqrt[3]{87{,}6}$

7.

a) $2 \cdot \sqrt[3]{64}$	**c)** $\sqrt[5]{30+2}$	**e)** $\sqrt[4]{1} + \sqrt[4]{10\,000}$	**g)** $5 \cdot \sqrt[3]{8} + 4 \cdot \sqrt[4]{16}$
b) $7 - \sqrt[3]{216}$	**d)** $\sqrt[3]{100-36}$	**f)** $50 \cdot \sqrt[4]{0{,}0001} - \sqrt{4}$	**h)** $\frac{1}{7} \cdot \sqrt[3]{343} - \frac{1}{8}\sqrt[3]{512}$

8. **a)** $\sqrt{\sqrt{625}}$ **b)** $\sqrt{\sqrt[4]{256}}$ **c)** $\sqrt[4]{\sqrt[3]{1\,000\,000\,000\,000}}$ **d)** $\sqrt[3]{\sqrt{4\,096}}$ **e)** $\sqrt[5]{\sqrt[12]{1}}$

9. Prüfe, ob die Aussage wahr ist, ohne die Wurzeltaste des Taschenrechners zu benutzen.

a) $\sqrt[3]{216} = \sqrt[4]{1296}$ b) $\sqrt{\sqrt{16}} = \sqrt[4]{16}$ c) $\sqrt[3]{6561} = \sqrt{\sqrt{\sqrt{6561}}}$ d) $\sqrt[6]{64} = \sqrt[3]{\sqrt{64}}$

10. Vereinfache.

a) $\left(\sqrt[4]{81}\right)^4$ **c)** $\sqrt[12]{1{,}2^{12}}$ **e)** $\left(\sqrt[6]{15\,625}\right)^6$ **g)** $\left(\sqrt[9]{17}\right)^{-9}$

b) $\left(\sqrt[14]{37}\right)^{14}$ **d)** $\sqrt[20]{0}$ **f)** $\sqrt[4]{7^4}$ **h)** $\sqrt[8]{11^{-8}}$

11. Berechne den Zinssatz pro Jahr auf zwei Stellen nach dem Komma gerundet.

a) 15 % für 3 Jahre

b) 17 % für 4 Jahre

c) 40 % für 7 Jahre

```
³√(216)
                 6
5ˣ√(243)
                 3
4ˣ√(1000)
       5.623413252
```

12. Ein Kapital von 12 050 € ist in 6 Jahren auf 16 546,11 € angewachsen. Berechne den jährlichen Zinssatz.

13. Ein Auto verliert in den ersten drei Jahren insgesamt 35 % seines Wertes.

a) Wie groß ist der prozentuale Wertverlust pro Jahr? Mache die Probe.

b) *Partnerarbeit:* Stellt anhand des Diagramms weitere geeignete Fragen und beantwortet sie.

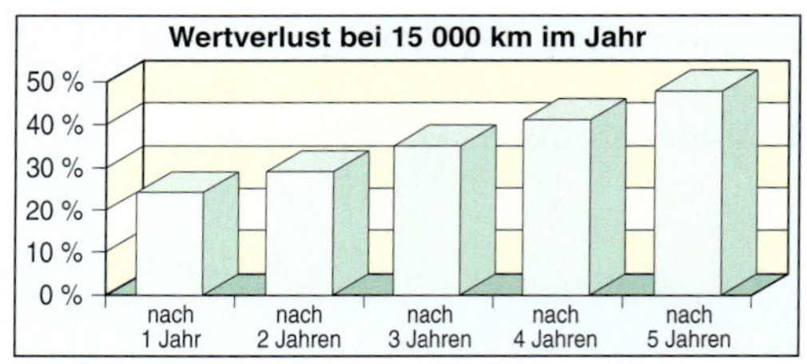

14. Bestimme gegebenenfalls die einschränkende Bedingung. Vereinfache dann.

a) $\sqrt[4]{c^4}$ **b)** $\left(\sqrt[5]{2a}\right)^5$ **c)** $-\sqrt[4]{(-a)^4}$ **d)** $\sqrt[6]{(-1{,}5\,r)^6}$ **e)** $\sqrt[4]{(a+b)^4}$

15. a) $\sqrt{a^6}$ **b)** $\sqrt[3]{x^{12}}$ **c)** $\sqrt[4]{z^8}$ **d)** $\sqrt{p^{-2}}$ **e)** $\sqrt[3]{u^{-12}}$ **f)** $\sqrt[5]{a^{-15}}$

16. Kontrolliere, ob hier alles richtig ist. Korrigiere gegebenenfalls.

a) $\sqrt[4]{(-3)^4} = -3$ b) $\left(-\sqrt[5]{18}\right)^5 = 18$ c) $\left(-\sqrt[10]{1{,}3}\right)^{10} = 1{,}3$ d) $\left(\sqrt[3]{4}\right)^{-6} = -\frac{1}{2}$

17. Gegeben ist der Term $\sqrt[n]{500}$ [der Term $\sqrt[n]{0{,}01}$].

a) Berechne jeweils den Wert der Wurzel für n = 2, n = 3… Was stellst du fest?

b) Wie groß muss man den Wurzelexponenten n mindestens wählen, damit die Werte der Wurzel kleiner als 2 [größer als 0,5] sind? Probiere das aus.

18. Begründe:
Für alle reellen Zahlen a und geraden natürlichen Zahlen n gilt: $\sqrt[n]{a^n} = |a|$.
Überlege auch, warum dies nicht für ungerade Zahlen für n gilt.

6.4 Lösungsmenge von Potenzgleichungen *Zum Selbstlernen*

Ziel

Die Lösungsmenge einer quadratischen Gleichung der Form $x^2 = a$ kannst du bestimmen. Du weißt auch, wie viele Lösungen es für unterschiedliche Werte von a gibt.
Hier untersuchst du Entsprechendes für Potenzgleichungen der Form $x^n = a$.

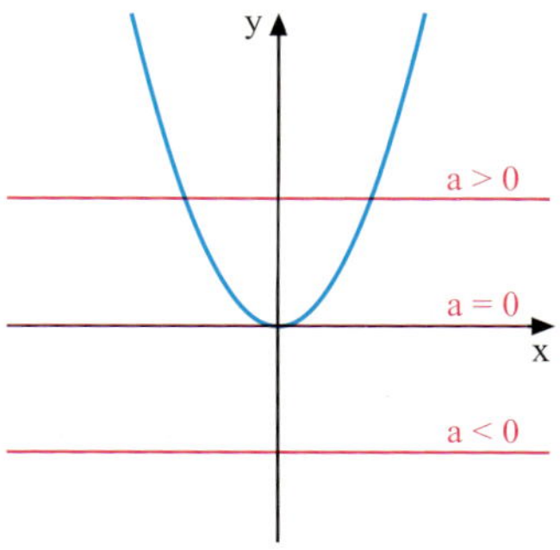

Zum Erarbeiten

Lösungsmenge der kubischen Gleichung $x^3 = a$

Bestimme die Lösungsmengen. Veranschauliche die Lösungen am Graphen der Potenzfunktion mit $y = x^3$.
(1) $x^3 = 8$ (2) $x^3 = 0$ (3) $x^3 = -8$
Formuliere anschließend dein Ergebnis allgemein.

(1) $x^3 = 8$ hat die Lösung 2, denn $2^3 = 8$ und die 3. Potenz von kleineren und größeren Zahlen als 2 ist von 8 verschieden. Die Lösung ist die 3. Wurzel:
$\sqrt[3]{8} = 2$ Lösungsmenge: $L = \{2\}$

(2) $x^3 = 0$ hat die Lösung 0, denn $0^3 = 0$ und weitere Möglichkeiten gibt es nicht. Die Lösung ist die 3. Wurzel:
$\sqrt[3]{0} = 0$ Lösungsmenge: $L = \{0\}$

(3) $x^3 = -8$ hat die Lösung -2, denn $(-2)^3 = -8$ und andere Möglichkeiten gibt es nicht. Da die 3. Wurzel aus negativen Radikanden nicht definiert ist ist, kann die Lösung -2 nicht als 3. Wurzel aus -8 geschrieben werden. Stattdessen kann man die 3. Wurzel aus dem Betrag ziehen und das negative Vorzeichen gleich vor die Wurzel setzen:
$-\sqrt[3]{|-8|} = -\sqrt[3]{8} = -2$ Lösungsmenge: $L = \{-2\}$

In den folgenden Zeichnungen sind die Lösungen der drei Gleichungen am Graph der Potenzfunktion mit $y = x^3$ veranschaulicht.

(1) $x^3 = 8$ (2) $x^3 = 0$ (3) $x^3 = -8$

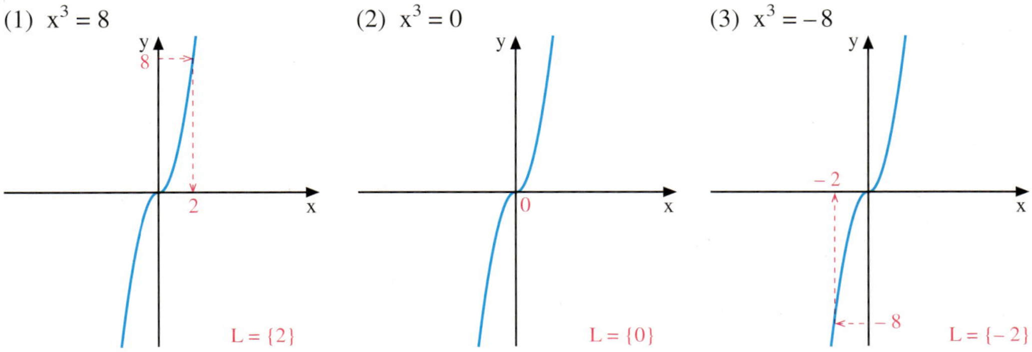

Allgemein gilt:

Satz

Die Lösungsmenge der kubischen Gleichung $x^3 = a$ erhält man folgendermaßen:

$L = \{\sqrt[3]{a}\}$, falls $a > 0$; $L = \{\sqrt[3]{0}\} = \{0\}$, falls $a = 0$; $L = \{-\sqrt[3]{|a|}\}$, falls $a < 0$.

Die kubische Gleichung $x^3 = a$ hat immer *genau* eine Lösung.

Lösungsmenge von Gleichungen der Form $x^n = a$

a) Bestimme die Lösungsmenge der Gleichungen:
(1) $x^4 = 10\,000$ *(2)* $x^4 = 0$ *(3)* $x^4 = -16$ *(4)* $x^4 = 20$

b) Bestimme die Lösungsmenge der Gleichungen:
(1) $x^5 = 32$ *(2)* $x^5 = 0$ *(3)* $x^5 = -243$ *(4)* $x^5 = 30$

c) Verallgemeinere die Ergebnisse der Teilaufgaben a) und b); veranschauliche am Graphen der zugehörigen Potenzfunktion.

a) (1) $x^4 = 10\,000$ hat als Lösungsmenge $L = \{10; -10\}$, denn $10^4 = 10\,000$ und $(-10)^4 = 10\,000$. Ferner ist die 4. Potenz von Zahlen, deren Betrag ungleich 10 ist, ungleich $10^4 = 10\,000$.

(2) $x^4 = 0$ hat als Lösungsmenge $L = \{0\}$, denn nur für Null gilt: $0^4 = 0$

(3) $x^4 = -16$ hat als Lösungsmenge $L = \{\ \}$, denn die 4. Potenz jeder Zahl ist positiv oder null.

(4) $x^4 = 20$ hat als Lösungsmenge $L = \left\{\sqrt[4]{20}; -\sqrt[4]{20}\right\}$, denn $\sqrt[4]{20}$ und $-\sqrt[4]{20}$ sind die einzigen Zahlen, deren 4. Potenz 20 ergibt.

b) (1) $x^5 = 32$ hat als Lösungsmenge $L = \{2\}$, denn nur für die Zahl 2 gilt: $2^5 = 32$

(2) $x^5 = 0$ hat als Lösungsmenge $L = \{0\}$, denn nur für Null gilt: $0^5 = 0$

(3) $x^5 = -243$ hat als Lösungsmenge $L = \{-3\}$, denn nur für die Zahl -3 gilt: $(-3)^5 = -243$.

(4) $x^5 = 30$ hat als Lösungsmenge $L = \left\{\sqrt[5]{30}\right\}$, denn nur für $\sqrt[5]{30}$ gilt: $\left(\sqrt[5]{30}\right)^5 = 30$.

c) Allgemein gilt:

Satz

Die Lösungsmenge L der Gleichung $x^n = a$ ist

bei *geradem* Exponenten n:		bei *ungeradem* Exponenten n:	
$L = \left\{\sqrt[n]{a}; -\sqrt[n]{a}\right\}$,	falls $a > 0$;	$L = \left\{\sqrt[n]{a}\right\}$,	falls $a > 0$;
$L = \{0\}$,	falls $a = 0$;	$L = \{0\}$,	falls $a = 0$;
$L = \{\ \}$,	falls $a < 0$.	$L = \left\{-\sqrt[n]{\lvert a\rvert}\right\}$,	falls $a < 0$.

Die unterschiedliche Anzahl der Lösungen erkennt man am Graphen der Potenzfunktion.

(1) Für gerade Zahlen n ist der Graph der Potenzfunktion mit der Gleichung $y = x^n$ achsensymmetrisch zur y-Achse und verläuft nicht unterhalb der x-Achse:

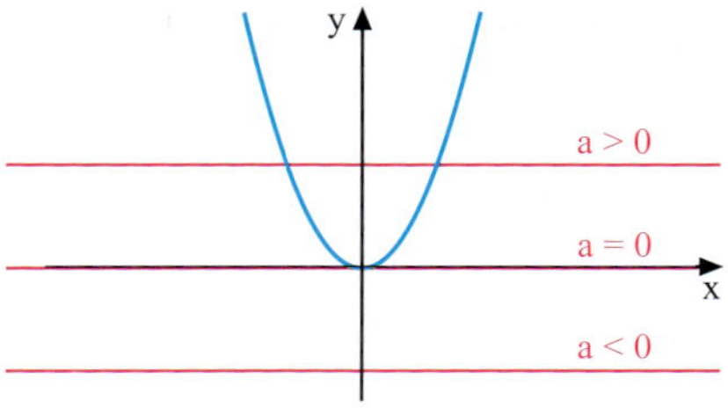

Daher hat die Gleichung $x^n = a$ für gerade n
- zwei Lösungen, falls $a > 0$, da es zwei Schnittpunkte zwischen den Graphen zu $y = x^n$ und zu $y = a$ gibt;
- eine Lösung, falls $a = 0$
- keine Lösung, falls $a < 0$

(2) Für ungerade Zahlen n ist der Graph der Potenzfunktion mit der Gleichung $y = x^n$ punktsymmetrisch zum Ursprung:

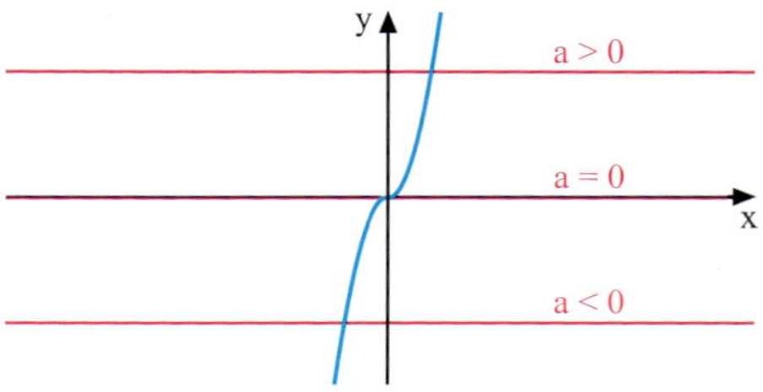

Die Gleichung $x^n = a$ hat für ungerade n für jeden Wert für a genau eine Lösung, da die Graphen zu $y = x^n$ und zu $y = a$ in diesem Fall stets genau einen Schnittpunkt haben.

Zum Selbstlernen

Zum Üben

1. Versuche grafisch Näherungswerte für die Lösungen der Gleichungen zu ermitteln. Gib auch die Lösungsmenge mit den exakten Werten an.

(1) $x^3 = 2$; $x^3 = -3$; $x^3 = 0$
(2) $x^4 = 2$; $x^4 = -3$; $x^4 = 0$
(3) $x^5 = 2$; $x^5 = -3$; $x^5 = 0$
(4) $x^6 = 2$; $x^6 = -3$; $x^6 = 0$

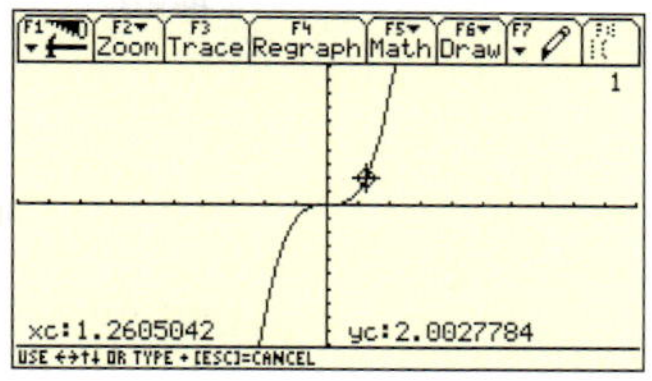

$x^3 = 2$
$x \approx 1{,}26$
$L = \{\sqrt[3]{2}\}$

2. Bestimme die Lösungsmenge der Gleichungen im Kopf.

a) $x^3 = 216$ **b)** $x^3 = -1\,000$ **c)** $x^5 = 100\,000$ **d)** $x^6 = 64$ **e)** $x^7 = -1$ **f)** $-x^5 = 32$ **g)** $8x^3 = -1$ **h)** $x^4 - 81 = 0$ **i)** $5x^4 = 405$ **j)** $6x^6 = 0$

3. Welche Lösungsmenge gehört zu welcher Gleichung?

$x^5 = 243$ | $\{0\}$ | $x^6 = -729$ | $\{-3\}$ | $x^7 = 0$
$\{\ \}$ | $x^4 = 81$ | $\{3\}$ | $x^3 = -27$ | $\{-3; 3\}$

4. Bestimme die Lösungsmenge. Mache die Probe.

a) $x^4 = 12$ **b)** $x^7 = -\frac{1}{3}$ **c)** $3x^3 + 18 = 0$ **d)** $3x^4 + 48 = 2$ **e)** $-6x^5 + 192 = 0$ **f)** $(x+1)^3 = 64$ **g)** $(x-4)^3 - 27 = 0$ **h)** $3(x-10)^4 = 12$

5. Welche Fehler wurden hier gemacht? Erkläre und korrigiere.

a) $x^5 = -7$; $L = \{\sqrt[5]{-7}\}$
b) $x^4 = 1{,}7$; $L = \{\sqrt[4]{1{,}7}\}$
c) $2x^3 - 8 = 10$; $L = \{\sqrt[3]{9}, -\sqrt[3]{9}\}$
d) $(x-5)^5 = -1024$; $L = \{\ \}$

6. Gegeben sind die Gleichungen (1) $x^2 = a$; (2) $x^3 = a$; (3) $x^4 = a$; (4) $x^5 = a$.

a) Setze 64 für a und bestimme zu jeder Gleichung die Lösungsmenge.

b) Setze -1 für a und bestimme zu jeder Gleichung die Lösungsmenge.

c) Stelle bei jeder Gleichung fest: Für welche Zahlen anstelle von a hat die Gleichung genau eine Lösung [keine Lösung; zwei Lösungen]?

7. Gib eine Gleichung der Form $x^n = b$ an, die die folgende Lösungsmenge hat.

a) $L = \{-3; 3\}$ **b)** $L = \{-5\}$ **c)** $L = \{0\}$ **d)** $L = \{\ \}$

CAS **8.** Computer-Algebra-Systeme haben zum Lösen von Gleichungen einen (oder mehrere) Befehle. Probiere das mit deinem CAS aus.
Bilde eigene Beispiele und löse sie.

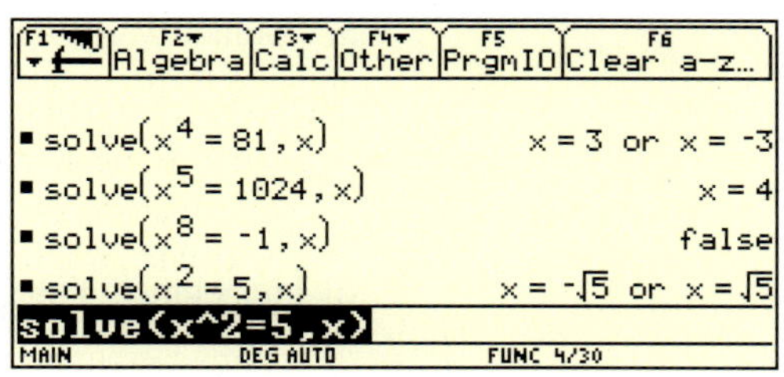

Zum Selbstlernen

6.5 Potenzen mit rationalen Exponenten

Aufgabe 1

Auf Seite 210 haben wir das Wachstum einer Hefekultur betrachtet. Diese Kultur hat zu Beginn eine Größe von 1 cm^3. Sie wächst so, dass in gleichen Zeiten sich die Größe mit demselben Faktor vervielfacht, z. B. in jeder Stunde verdoppelt.

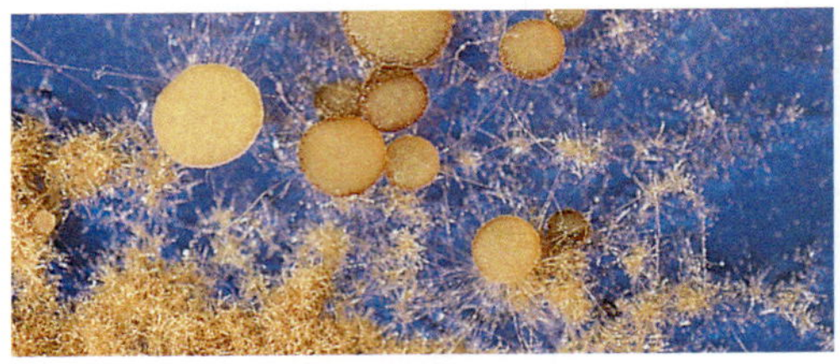

Dabei ergab sich folgende Tabelle:

Zeitpunkt t (in h)	0	1	2	3	4	5	6	7
Volumen V(t) der Kultur (in cm^3)	2^0	2^1	2^2	2^3	2^4	2^5	2^6	2^7

a) Wie vergrößert sich die Hefekultur in einem Zeitraum von 2 Stunden, von 3 Stunden?

b) Bestimme die Größe der Hefekultur zu den Zeiten $\frac{1}{2}$ h und $\frac{3}{4}$ h.

Lösung

a)

+ 2 + 3 + 3 + 2

Zeitpunkt t (in h)	0	1	2	3	4	5	6	7
Volumen V(t) der Kultur (in cm^3)	2^0	2^1	2^2	2^3	2^4	2^5	2^6	2^7

$\cdot 2^2$ $\cdot 2^3$ $\cdot 2^3$ $\cdot 2^2$

Alle 2 Stunden wird die Größe der Hefekultur mit dem Faktor 2^2 vervielfacht, einerlei, wie viel schon vorhanden war und zwischen welchen Zeitpunkten der Zeitraum von 2 Stunden liegt.
Alle 3 Stunden wird die Größe der Hefekultur mit dem Faktor 2^3 vervielfacht, einerlei wie viel vorhanden war und zwischen welchen Zeitpunkten der Zeitraum von 3 Stunden liegt.

b) Zwei halbe Stunden ergeben zusammen 1 Stunde:

$\frac{1}{2}\,h + \frac{1}{2}\,h = 1\,h$

+ 1; $+\frac{1}{2}$ $+\frac{1}{2}$

0	$\frac{1}{2}$	1	2
1	a	2	2^2

$\cdot a$ $\cdot a$; $\cdot 2$

In $\frac{1}{2}$ Stunde werde die Größe der Hefekultur mit dem Faktor a vervielfacht.
Dann gilt: $a \cdot a = 2$, also $a^2 = 2$,
d. h. $a = \sqrt{2}$.
Nach $\frac{1}{2}$ Stunde sind $\sqrt{2}$ cm^3 vorhanden, das sind ungefähr 1,4 cm^3.

Vier $\frac{3}{4}$ Stunden ergeben zusammen 3 Stunden:

$\frac{3}{4}\,h + \frac{3}{4}\,h + \frac{3}{4}\,h + \frac{3}{4}\,h = 3\,h$

+ 3; $+\frac{3}{4}$ $+\frac{3}{4}$ $+\frac{3}{4}$ $+\frac{3}{4}$

0	$\frac{3}{4}$	$\frac{3}{2}$	$\frac{9}{4}$	3
1	b	b^2	b^3	2^3

$\cdot b$ $\cdot b$ $\cdot b$ $\cdot b$; $\cdot 2^3$

In $\frac{3}{4}$ Stunden werde die Größe der Hefekultur mit dem Faktor b vervielfacht.
Dann gilt: $b \cdot b \cdot b \cdot b = 2^3$, also $b^4 = 2^3$,
d. h. $b = \sqrt[4]{2^3}$
Nach einer Dreiviertelstunde sind $\sqrt[4]{2^3}$ cm^3 vorhanden, das sind ungefähr 1,7 cm^3.

Information

(1) Definition von $a^{\frac{m}{n}}$

Um das Wachstum der Hefekultur auch für $t = \frac{1}{2}$ und für $t = \frac{3}{4}$ mit dem Zuordnungsterm 2^t beschreiben zu können, liegt die folgende Definition nahe: $2^{\frac{1}{2}} = \sqrt[2]{2}$; $2^{\frac{3}{4}} = \sqrt[4]{2^3}$.
Damit lässt sich das Wachstum einheitlich beschreiben.

t	0	$\frac{1}{2}$	$\frac{3}{4}$	1	2
V (t)	1	$\sqrt[2]{2}$	$\sqrt[4]{2^3}$	2	4
2^t	2^0	$2^{\frac{1}{2}}$	$2^{\frac{3}{4}}$	2^1	2^2

Definition

Für $m \in \mathbb{Z}$, $n \in \mathbb{N}^*$ und $a > 0$ setzen wir:

$$\mathbf{a^{\frac{m}{n}} = \sqrt[n]{a^m}}$$

Der Nenner des Bruches ergibt den Wurzelexponenten, der Zähler den Exponenten des Radikanden.
Für m = 1 erhalten wir als Spezialfall: $a^{\frac{1}{n}} = \sqrt[n]{a}$

Beispiele: $3^{\frac{4}{5}} = \sqrt[5]{3^4}$; $7^{\frac{2}{3}} = \sqrt[3]{7^2}$; $4^{-\frac{3}{5}} = 4^{\frac{-3}{5}} = \sqrt[5]{4^{-3}} = \sqrt[5]{\frac{1}{4^3}}$; $5^{1,5} = 5^{\frac{3}{2}} = \sqrt[2]{5^3}$

Du erinnerst dich, dass sich jede rationale Zahl in der Form $\frac{m}{n}$ schreiben lässt, wobei m eine ganze Zahl und n eine von null verschiedene natürliche Zahl ist.
Damit ist der Potenzbegriff erneut erweitert worden, und zwar auf beliebige rationale Zahlen als Exponenten. *Als Basis kommen nur positive Zahlen oder 0 infrage,* da die Wurzel aus einer negativen Zahl nicht definiert ist. Außerdem darf bei negativen Exponenten die Basis nicht 0 sein, weil sie nach Definition im Nenner erscheint.

(2) Reihenfolge von Potenzieren und Wurzelziehen bei der Definition von $a^{\frac{m}{n}}$

Bei der Hefekultur, deren Größe sich vom Anfangsvolumen 1 cm^3 zum Zeitpunkt 0 jede weitere Stunde verdoppelt, gibt es zwei Möglichkeiten, die Größe zum Zeitpunkt $1\frac{1}{2}$ Stunden zu berechnen:

(1) $1\frac{1}{2}$ Stunden sind die Hälfte von 3 Stunden.

$+1\frac{1}{2}$ $+1\frac{1}{2}$

t (in h)	0	$1\frac{1}{2}$	3
V (in cm^3)	1		2^3

$\cdot x$ $\cdot x$ $\cdot x^2$ $\cdot 2^3$

also $x^2 = 2^3$, d.h. $x = \sqrt{2^3}$
Zum Zeitpunkt $1\frac{1}{2}$ Stunden beträgt das Volumen also $\sqrt{2^3}$ cm^3.

(2) $1\frac{1}{2}$ Stunden sind das Dreifache von einer halben Stunde.

$+\frac{1}{2}$ $+\frac{1}{2}$ $+\frac{1}{2}$

t (in h)	0	$\frac{1}{2}$	1	$1\frac{1}{2}$
V (in cm^3)	1		2	

$\cdot z$ $\cdot z$ $\cdot z$ $\cdot z^2$ $\cdot 2$

also $z^2 = 2$, d.h. $z = \sqrt{2}$
Zum Zeitpunkt $1\frac{1}{2}$ Stunden beträgt das Volumen also $(\sqrt{2})^3$ cm^3.

Aus dem Sachverhalt ergibt sich, dass beide Überlegungen zum selben Wert führen müssen, also $\sqrt{2^3} = (\sqrt{2})^3$.
Für Quadratwurzeln kann man das schon mit einem Wurzelgesetz begründen:
$(\sqrt{a})^2 = \sqrt{a} \cdot \sqrt{a} = \sqrt{a \cdot a} = \sqrt{a^2}$
Allgemein gilt für $a \geq 0$: $\sqrt[n]{a^m} = (\sqrt[n]{a})^m$

$\sqrt{a} \cdot \sqrt{b} = \sqrt{ab}$

Beweis:

Durch wiederholte Anwendung des Potenzgesetzes (P3) für ganzzahlige Exponenten ergibt sich:

$\left(\left(\sqrt[n]{a}\right)^m\right)^n = \left(\sqrt[n]{a}\right)^{m \cdot n} = \left(\left(\sqrt[n]{a}\right)^n\right)^m = a^m$

Wenn man auf beiden Seiten die n-te Wurzel zieht, erhält man $\left(\sqrt[n]{a}\right)^m = \sqrt[n]{a^m}$.

Beispiele: $32^{\frac{2}{5}} = \sqrt[5]{32^2} = \left(\sqrt[5]{32}\right)^2 = 2^2 = 4$ $\quad 125^{-\frac{4}{3}} = \sqrt[3]{125^{-4}} = \left(\sqrt[3]{125}\right)^{-4} = \frac{1}{\left(\sqrt[3]{125}\right)^4} = \frac{1}{5^4} = \frac{1}{625}$

(3) Unmöglichkeit der Definition von $a^{\frac{m}{n}}$ für negative Basen a

Wir haben auf die Definition von Wurzeln aus negativen Radikanden verzichtet, obwohl man z.B. $\sqrt[3]{-8} = -2$ sinnvoll definieren könnte, da $(-2)^3 = -8$.

Aber auch in diesem Fall wäre es dennoch nicht möglich, entsprechende Potenzen mit negativer Basis und gebrochen rationalen Exponenten eindeutig zu definieren.

Es ergäbe sich nämlich

$-2 = \sqrt[3]{-8} = (-8)^{\frac{1}{3}} = (-8)^{\frac{2}{6}} = \sqrt[6]{(-8)^2} = \sqrt[6]{64} = 2,$

ein Widerspruch, der aus dem Erweitern des Bruches im Exponenten resultiert.

Dieses Beispiel zeigt zudem die Wichtigkeit des Satzes in der folgenden Teilaufgabe 2b), der garantiert, dass derartige Widersprüche bei Potenzen mit positiver Basis nicht auftreten können.

Weiterführende Aufgabe

2. *Unabhängigkeit der Definition von der Bruchdarstellung*

a) Die rationale Zahl 1,5 kann man z.B. als $\frac{3}{2}$ oder als $\frac{15}{10}$ in Form eines Bruches schreiben. Damit die Definition von $a^{1,5}$ für $a > 0$ korrekt ist, muss gelten: $\sqrt[2]{a^3} = \sqrt[10]{a^{15}}$
Beweise das.

b) Beweise allgemein:
Gilt für $a > 0$ und $m \in \mathbb{Z}$, $p \in \mathbb{Z}$, $n \in \mathbb{N}^*$, $q \in \mathbb{N}^*$, $\frac{m}{n} = \frac{p}{q}$, so folgt $\sqrt[n]{a^m} = \sqrt[q]{a^p}$

Übungsaufgaben

3. In der Aufgabe 3 auf Seite 212 haben wir die Vermehrung von Salmonellen betrachtet. Jede Stunde verdoppelt sich die Anzahl. Dabei ergab sich folgende Tabelle:

Zeitpunkt der Beobachtung (in h)	0	1	2	3	4	...
Anzahl der Salmonellen (in Mio.)	2^0	2^1	2^2	2^3	2^4	...

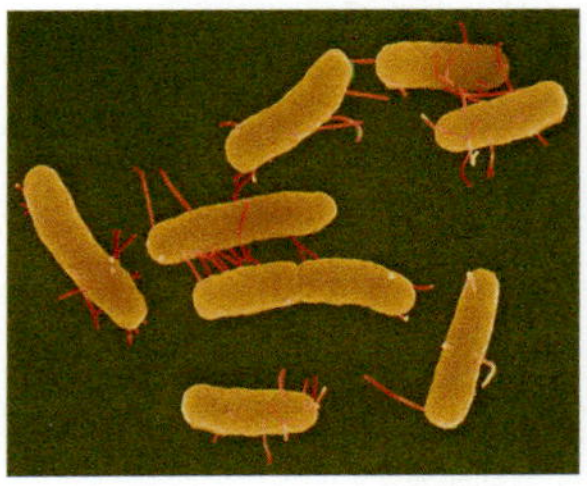

Bestimme die Anzahl der Salmonellen zu den Zeitpunkten $\frac{1}{2}$ h und $\frac{5}{4}$ h.

4. Betrachte das Wachstum der Hefekultur in Aufgabe 1 auf Seite 210.
Bestimme die Größe der Hefekultur und schreibe das Ergebnis auch als Potenz.

a) $\frac{1}{3}$ h (also 20 Minuten) **b)** $\frac{3}{4}$ h (also 45 Minuten)

5. Schreibe jeweils mit Wurzelzeichen.

a) $5^{\frac{1}{2}}$; $4^{\frac{1}{3}}$; $8^{\frac{1}{4}}$ **b)** $2^{\frac{3}{4}}$; $2^{\frac{4}{3}}$; $3^{\frac{1}{2}}$ **c)** $4^{-\frac{1}{2}}$; $5^{-\frac{3}{2}}$; $2^{-\frac{2}{5}}$ **d)** $2^{0,5}$; $3^{1,5}$; $5^{3,2}$

6. Schreibe als Potenz.

a) $\sqrt{18}$; $\sqrt[3]{5}$; $\sqrt[5]{7}$ **b)** $\sqrt[3]{2^4}$; $\sqrt[4]{3^{-1}}$; $\sqrt{3}$ **c)** $\sqrt[3]{4^{-2}}$; $\sqrt[5]{\frac{1}{7}}$; $\sqrt[4]{2^{-3}}$

7. Schreibe als Wurzel.

a) $x^{\frac{2}{3}}$ **b)** $y^{\frac{3}{4}}$ **c)** $a^{\frac{1}{3}}$ **d)** $b^{-\frac{3}{4}}$ **e)** $d^{0,5}$ **f)** $e^{0,8}$ **g)** $p^{-5,2}$ **h)** $a^{7,2}$

$a^{-3,6} = a^{-\frac{36}{10}} = a^{-\frac{18}{5}} = \frac{1}{\sqrt[5]{a^{18}}}$
(für $a > 0$)

8. Schreibe die Wurzel als Potenz.

a) $\sqrt[3]{a^5}$; $\sqrt[5]{x^2}$; $\sqrt[4]{z^5}$ **b)** $\sqrt[4]{x^{-1}}$; $\sqrt[5]{z^{-2}}$; $\sqrt[3]{u^{-7}}$ **c)** $\sqrt{x^{-3}}$; $\sqrt[3]{c^4}$; $\sqrt{k}$ **d)** $\sqrt[3]{\frac{1}{z^2}}$; $\sqrt[5]{\frac{1}{x^4}}$; $\sqrt{\frac{1}{m^3}}$

9. Berechne ohne Taschenrechner.

a) $16^{\frac{1}{4}}$ **b)** $36^{-\frac{1}{2}}$ **c)** $4^{\frac{3}{2}}$ **d)** $8^{\frac{2}{3}}$ **e)** $1^{-\frac{4}{5}}$ **f)** $0{,}25^{\frac{1}{2}}$ **g)** $0{,}25^{-\frac{1}{2}}$ **h)** $32^{0,2}$ **i)** $36^{-0,5}$ **j)** $16^{0,75}$ **k)** $\left(\frac{1}{64}\right)^{\frac{1}{2}}$ **l)** $\left(\frac{1}{4}\right)^{-\frac{3}{2}}$

10. Schreibe die Zahl als Potenz mit einer rationalen Zahl als Exponent. Gib mehrere Möglichkeiten an.

a) 3 **b)** 5 **c)** 9 **d)** 4 **e)** 2^3 **f)** 2^6 **g)** 3^9

$7 = 49^{\frac{1}{2}} = 343^{\frac{1}{3}} = 2\,401^{\frac{1}{4}}$

11. Probiere mit deinem Taschenrechner aus, wie Taschenrechner Potenzen mit rationalen Zahlen im Exponenten berechnen. Untersuche auch Beispiele, bei denen die Basis negativ ist.

```
2.3^1.4
         3.209363953
3.5^(3/4)
          2.55888656
(1/2)^2.5
         .1767766953
```

12. Berechne mit dem Taschenrechner.

a) $5^{\frac{1}{9}}$ **b)** $0{,}4^{\frac{2}{5}}$ **c)** $0{,}27^{-4,7}$ **d)** $7{,}55^{-2,4}$ **e)** $\sqrt[7]{4}$ **f)** $\sqrt[3]{3^5}$ **g)** $\sqrt[8]{9}$

13. Ermittle die Basis b im Kopf. Kontrolliere mit dem Taschenrechner.

a) $b^{\frac{3}{2}} = 8$ **b)** $b^{\frac{3}{2}} = 125$ **c)** $b^{\frac{7}{3}} = 128$ **d)** $b^{\frac{5}{3}} = 243$ **e)** $b^{\frac{3}{5}} = 8$ **f)** $b^{\frac{3}{4}} = 27$

$a^{\frac{1}{n}}$ ist definiert für $a > 0$.
$\sqrt[n]{a}$ ist sogar definiert für $a \geq 0$.

14. Für welche x ist der Term definiert?

a) $(x-1)^{\frac{2}{3}}$ **b)** $(x+5)^{\frac{5}{2}}$ **c)** $(2x-1)^{\frac{1}{2}}$ **d)** $(3x+6)^{\frac{2}{3}}$ **e)** $(1-4x)^{\frac{2}{5}}$ **f)** $(40-4x)^{\frac{1}{3}}$

$(x-4)^{\frac{3}{2}}$ ist definiert für $x - 4 > 0$, also für $x > 4$.

15. Schreibe ohne Wurzelzeichen.

a) $\sqrt[3]{(x-1)^2}$ **b)** $\sqrt[3]{(a-b)^2}$ **c)** $\sqrt{x^3+y^3}$ **d)** $\sqrt[4]{(a\cdot b)^3}$ **e)** $\frac{1}{\sqrt[4]{x}}$ **f)** $\frac{-7}{\sqrt[n]{a-b}}$

16. Forme in die Wurzelschreibweise um.

a) $(a+1)^{\frac{2}{3}}$ **b)** $(x+y)^{\frac{4}{9}}$ **c)** $(x-7y)^{-\frac{3}{4}}$ **d)** $(x\cdot y)^{\frac{4}{7}}$ **e)** $(a\cdot b)^{\frac{m}{n}}$ **f)** $\left(\sqrt[n]{a}\right)^{\frac{p}{q}}$

17. Stimmt hier alles? Korrigiere gegebenenfalls.

a) $\sqrt[3]{(-5)^2} = (-5)^{\frac{2}{3}}$ b) $\sqrt[5]{(-1)^3} = -1$ c) $\sqrt[4]{(-2)^8} = 4$

d) $(-10\,000)^{-\frac{1}{4}} = (-10\,000)^{-\frac{2}{8}} = \frac{1}{(-10\,000)^{\frac{2}{8}}} = \frac{1}{\sqrt[8]{(-10\,000)^2}} = \frac{1}{\sqrt[8]{10^8}} = \frac{1}{10}$

18. Vereinfache wie im Beispiel.

$\sqrt[4]{a^6}$; $\sqrt[9]{x^3}$; $\sqrt[10]{z^5}$; $\frac{1}{\sqrt[12]{x^8}}$; $\sqrt[4]{(-3)^8}$; $\sqrt[3k]{x^k}$; $\sqrt[2n]{r^{-n}}$

$\sqrt[8]{y^6} = y^{\frac{6}{8}} = y^{\frac{3}{4}} = \sqrt[4]{y^3}$
(für $y \geq 0$)

6.6 Potenzgesetze für rationale Exponenten

Bisher kennen wir Potenzgesetze für ganzzahlige Exponenten. Wir fragen daher:
Gelten die Potenzgesetze auch für rationale Zahlen als Exponenten? Das ist in der Tat der Fall.

Satz
Die Potenzgesetze gelten auch für rationale Zahlen r und s und positive Basen a und b.

(P1) $\mathbf{a^r \cdot a^s = a^{r+s}}$ **(P2)** $\mathbf{a^r \cdot b^r = (a \cdot b)^r}$ **(P3)** $\mathbf{(a^r)^s = a^{r \cdot s}}$

(P1*) $\mathbf{\frac{a^r}{a^s} = a^{r-s}}$ **(P2*)** $\mathbf{\frac{a^r}{b^r} = \left(\frac{a}{b}\right)^r}$

Aufgabe 1

Wende ein geeignetes Potenzgesetz an. Schreibe das Ergebnis auch ohne Brüche im Exponenten.

a) $x^{\frac{2}{3}} \cdot x^{\frac{4}{3}}$ **b)** $a^{\frac{2}{5}} \cdot \left(\frac{1}{a}\right)^{\frac{2}{5}}$ **c)** $\left(x^{\frac{2}{3}}\right)^{\frac{1}{2}}$ **d)** $\frac{x^{\frac{2}{3}}}{x^{\frac{4}{3}}}$ **e)** $\frac{c^{\frac{1}{2}}}{d^{\frac{1}{2}}}$

Lösung

Für positive Basen x bzw. a, c, d gilt:

a) $x^{\frac{2}{3}} \cdot x^{\frac{4}{3}} = x^{\frac{2}{3}+\frac{4}{3}} = x^{\frac{6}{3}} = x^2$ (P1)

b) $a^{\frac{2}{5}} \cdot \left(\frac{1}{a}\right)^{\frac{2}{5}} = \left(a \cdot \frac{1}{a}\right)^{\frac{2}{5}} = 1^{\frac{2}{5}} = \sqrt[5]{1^2} = 1$ (P2)

c) $\left(x^{\frac{2}{3}}\right)^{\frac{1}{2}} = x^{\frac{2}{3} \cdot \frac{1}{2}} = x^{\frac{1}{3}} = \sqrt[3]{x}$ (P3)

d) $\frac{x^{\frac{2}{3}}}{x^{\frac{4}{3}}} = x^{\frac{2}{3}-\frac{4}{3}} = x^{-\frac{2}{3}} = x^{\frac{-2}{3}} = \sqrt[3]{x^{-2}} = \sqrt[3]{\frac{1}{x^2}}$ (P1*)

e) $\frac{c^{\frac{1}{2}}}{d^{\frac{1}{2}}} = \left(\frac{c}{d}\right)^{\frac{1}{2}} = \sqrt{\frac{c}{d}}$ (P2*)

Information

Beweis der Potenzgesetze für rationale Exponenten

(1) Beweisgedanke für die Potenzgesetze

Man stellt die rationalen Zahlen r und s als Brüche dar:
$r = \frac{m}{n}$ bzw. $s = \frac{p}{q}$ (mit $m \in \mathbb{Z}$, $p \in \mathbb{Z}$, $n \in \mathbb{N}^*$, $q \in \mathbb{N}^*$).
Dann beabsichtigt man, beim Beweis die bereits bewiesenen Potenzgesetze für ganzzahlige Exponenten auszunutzen. Dabei versucht man insbesondere, den Nenner der Exponenten durch geeignetes Potenzieren „wegzuschaffen“.
Das Verfahren wird am Beweis des Potenzgesetzes (P2) für rationale Exponenten vorgeführt.

(2) Beweis des Potenzgesetzes (P2): $a^r \cdot b^r = (a \cdot b)^r$

Wir müssen zeigen $a^{\frac{m}{n}} \cdot b^{\frac{m}{n}} = (a \cdot b)^{\frac{m}{n}}$, d.h.

$$a^{\frac{m}{n}} \cdot b^{\frac{m}{n}} = \sqrt[n]{(a \cdot b)^m}$$

Strategie: Zurückführen auf Bekanntes

Dazu potenzieren wir das Produkt $a^{\frac{m}{n}} \cdot b^{\frac{m}{n}}$ mit n und zeigen, dass sich $(a \cdot b)^m$ als Ergebnis ergibt.

$\left(a^{\frac{m}{n}} \cdot b^{\frac{m}{n}}\right)^n = \left(a^{\frac{m}{n}}\right)^n \cdot \left(b^{\frac{m}{n}}\right)^n$ (P2 für natürliche Exponenten)

$= \left(\sqrt[n]{a^m}\right)^n \cdot \left(\sqrt[n]{b^m}\right)^n$ (Definition der Potenz)

$= a^m \cdot b^m$ (Potenzieren macht Wurzelziehen rückgängig)

$= (a \cdot b)^m$ (P2 für ganzzahlige Exponenten)

Also folgt: $a^{\frac{m}{n}} \cdot b^{\frac{m}{n}} = \sqrt[n]{(a \cdot b)^m}$, d.h. $a^{\frac{m}{n}} \cdot b^{\frac{m}{n}} = (a \cdot b)^{\frac{m}{n}}$

Also gilt: $a^r \cdot b^r = (a \cdot b)^r$

Weiterführende Aufgabe

2. *Wurzelgesetze*

Wähle in den Potenzgesetzen (P2), (P2*) und (P3) (siehe Seite 244) $r = \frac{1}{n}$ und $s = \frac{1}{m}$.
Notiere diese Spezialfälle auch mit Wurzelzeichen.
Untersuche, ob diese Gesetze auch für den Radikanden 0 gelten.

> Für natürliche Zahlen n und m gilt:
>
> $\sqrt[n]{a} \cdot \sqrt[n]{b} = \sqrt[n]{a \cdot b}$ für $a \geq 0,\ b \geq 0$
>
> $\frac{\sqrt[n]{a}}{\sqrt[n]{b}} = \sqrt[n]{\frac{a}{b}}$ für $a \geq 0,\ b > 0$
>
> $\sqrt[m]{\sqrt[n]{a}} = \sqrt[m \cdot n]{a}$ für $a \geq 0$

Übungsaufgaben

3. Berechne mit dem Taschenrechner. Welche Regeln vermutest du? Notiere sie mit Variablen.

a) $4^{\frac{2}{3}} \cdot 4^{\frac{1}{3}}$ **b)** $10^{\frac{1}{5}} : 10^{\frac{6}{5}}$ **c)** $0{,}4^{\frac{3}{4}} \cdot 2{,}5^{\frac{3}{4}}$ **d)** $\frac{16^{\frac{4}{3}}}{2^{\frac{4}{3}}}$ **e)** $\left(1{,}7^{\frac{4}{5}}\right)^{\frac{5}{4}}$

CAS

4. **a)** Untersuche mit einem Computer-Algebra-System, ob die Potenzgesetze auch für rationale Zahlen als Exponenten gelten.

b) Versuche auch, für eines der Potenzgesetze eine Begründung anzugeben.

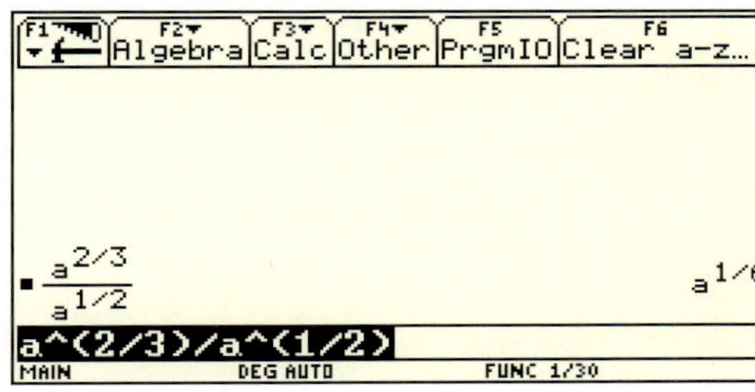

5. Beweise wie in der Information auf Seite 244.

a) Potenzgesetz (P1) **b)** Potenzgesetz (P3) **c)** Potenzgesetz (P1*) **d)** Potenzgesetz (P2*)

6. Vereinfache ohne Taschenrechner.

a) $2^{\frac{1}{4}} \cdot 2^{\frac{3}{4}}$ **b)** $5^{\frac{2}{3}} \cdot 5^{\frac{4}{3}}$ **c)** $6^{1{,}6} \cdot 6^{-0{,}6}$ **d)** $4^{-\frac{1}{5}} \cdot 4^{\frac{1}{3}}$ **e)** $\left(\frac{1}{2}\right)^{-\frac{1}{2}} \cdot \left(\frac{1}{2}\right)^{-\frac{2}{3}}$ **f)** $\left(\frac{5}{3}\right)^{-\frac{1}{4}} \cdot \left(\frac{5}{3}\right)^{\frac{3}{4}}$

7. **a)** $2^{\frac{1}{2}} \cdot 8^{\frac{1}{2}}$ **b)** $2^{\frac{1}{2}} \cdot 128^{\frac{1}{2}}$ **c)** $12^{-\frac{1}{2}} \cdot 3^{-\frac{1}{2}}$ **d)** $27^{\frac{3}{4}} \cdot 3^{\frac{3}{4}}$

8. Vereinfache im Kopf.

a) $\left(5^{\frac{4}{5}}\right)^{\frac{5}{2}}$ **b)** $\left(36^{\frac{3}{4}}\right)^{\frac{2}{3}}$ **c)** $\left(49^{-\frac{6}{7}}\right)^{\frac{7}{12}}$ **d)** $\left(\left(\frac{1}{4}\right)^{-\frac{2}{3}}\right)^{-\frac{9}{4}}$ **e)** $\left(\left(\frac{4}{9}\right)^{-\frac{3}{4}}\right)^{-\frac{8}{9}}$

9. **a)** $2^{\frac{1}{2}} : 2^{\frac{1}{4}}$ **b)** $5^{\frac{1}{4}} : 5^{-\frac{1}{2}}$ **c)** $6^{-0{,}25} : 6^{0{,}75}$ **d)** $\left(\frac{2}{3}\right)^{\frac{2}{5}} : \left(\frac{2}{3}\right)^{\frac{3}{5}}$ **e)** $\left(\frac{3}{4}\right)^{\frac{1}{5}} : \left(\frac{3}{4}\right)^{-\frac{1}{6}}$ **f)** $\left(\frac{1}{6}\right)^{5} : \left(\frac{1}{6}\right)^{\frac{1}{4}}$

10. **a)** $75^{\frac{1}{2}} : 3^{\frac{1}{2}}$ **b)** $80^{\frac{3}{4}} : 5^{\frac{3}{4}}$ **c)** $192^{-\frac{1}{6}} : 3^{-\frac{1}{6}}$ **d)** $8^{0{,}5} : 2^{0{,}5}$ **e)** $5^{1{,}5} : 45^{1{,}5}$

11. **a)** $12^{\frac{2}{3}} \cdot 12^{-\frac{8}{3}}$ **b)** $\left(4{,}3^{\frac{5}{3}}\right)^{0{,}6}$ **c)** $\frac{2^{\frac{5}{4}}}{2^{0{,}25}}$ **d)** $0{,}25^{\frac{7}{6}} \cdot \left(\frac{1}{4}\right)^{-\frac{2}{3}}$ **e)** $\left(9^{\frac{1}{4}}\right)^{6}$

12. **a)** $x^{\frac{1}{2}} \cdot x^{\frac{1}{3}}$ **b)** $z^{\frac{3}{5}} \cdot z^{\frac{1}{15}}$ **c)** $a^{\frac{1}{2}} \cdot a^{-\frac{1}{6}}$ **d)** $\frac{a^{\frac{1}{2}}}{a^{\frac{1}{3}}}$ **e)** $\frac{c^{-\frac{3}{5}}}{c^{\frac{2}{5}}}$ **f)** $\frac{z^{0{,}625}}{z^{0{,}5}}$

13. **a)** $\left(x^{5}\right)^{\frac{1}{2}}$ **b)** $\left(x^{\frac{1}{2}}\right)^{\frac{2}{5}}$ **c)** $\left(y^{\frac{3}{2}}\right)^{\frac{3}{2}}$ **d)** $\left(a^{-\frac{1}{2}}\right)^{8}$ **e)** $\left(b^{\frac{1}{3}}\right)^{-3}$ **f)** $\left(d^{\frac{2}{5}}\right)^{-\frac{1}{2}}$ **g)** $\left(e^{-\frac{2}{5}}\right)^{-\frac{5}{4}}$

14. **a)** $(8x)^{\frac{2}{3}} - 4x^{\frac{2}{3}}$ **b)** $\left(\frac{9}{c}\right)^{\frac{3}{2}} - 27c^{-\frac{3}{2}}$ **c)** $(16a)^{\frac{3}{4}} + 5a^{\frac{3}{4}}$ **d)** $\left(\frac{a}{8}\right)^{\frac{2}{3}} + 4a^{\frac{2}{3}}$

15. Schreibe ohne Wurzel und wende Potenzgesetze an.

a) $\sqrt[2]{5} \cdot \sqrt[3]{5}$ **c)** $\sqrt[3]{4} : \sqrt[4]{4}$ **e)** $\sqrt{x} \cdot \sqrt[3]{x}$ **g)** $\sqrt[2]{2^{-3}} \cdot \sqrt[3]{2^2}$ **i)** $\sqrt[5]{x^7} \cdot \sqrt[6]{x^{-4}}$

b) $\sqrt[5]{7} \cdot \sqrt[3]{7}$ **d)** $\sqrt[2]{8} : \sqrt[4]{8}$ **f)** $\sqrt[5]{x^4} : \sqrt[10]{x}$ **h)** $\sqrt[4]{3^{-3}} : \sqrt[3]{3^4}$ **j)** $\sqrt[3]{y^{-3}} : \sqrt[4]{y^2}$

16. Bilde alle Produkte [Quotienten]. Der 1. Faktor [der Dividend] soll von der 1. Tafel, der 2. Faktor [der Divisor] soll von der 2. Tafel stammen.
Vereinfache, wenn es möglich ist.

17. Wende die Potenzgesetze an. Notiere das Ergebnis ohne Brüche und ohne negative Zahlen im Exponenten.

a) $y^{\frac{1}{2}} \cdot x^{\frac{1}{3}}$ **c)** $b^{\frac{3}{4}} \cdot b^{-\frac{1}{12}}$ **e)** $d \cdot d^{\frac{1}{4}}$ **g)** $c^{\frac{1}{4}} \cdot \sqrt[4]{c}$

b) $a^{\frac{1}{2}} \cdot a^{-\frac{1}{6}}$ **d)** $c^0 \cdot c^{-\frac{1}{3}}$ **f)** $b^{-\frac{1}{2}} \cdot \sqrt{b}$ **h)** $a^{\frac{2}{3}} \cdot \sqrt[3]{a^7}$

$$a^{\frac{1}{4}} \cdot a^{\frac{2}{3}} = a^{\frac{1}{4}+\frac{2}{3}} = a^{\frac{3}{12}+\frac{8}{12}} = a^{\frac{11}{12}} = \sqrt[12]{a^{11}}$$
(für $a > 0$)

18. a) $(a^{0,6})^{1,2}$ **b)** $\frac{b^{-\frac{1}{2}}}{\sqrt{b}}$ **c)** $(r^3 \cdot s^{-5})^{0,7}$ **d)** $a^{\frac{2}{3}} \cdot \sqrt[3]{a}$

19. a) $3^{\frac{1}{n}} \cdot 3^{\frac{1}{m}}$ **b)** $2^{-\frac{1}{n}} \cdot 2^{\frac{1}{n-1}}$ **c)** $8^{\frac{m}{n}} : 8^{-\frac{m}{n}}$ **d)** $7^{\frac{m}{n-1}} : 7^{\frac{m}{m+1}}$ **e)** $p^{\frac{m-n}{n}} \cdot p^{\frac{m+n}{n}}$

20. Welche Fehler wurden hier gemacht? Erkläre und korrigiere.

a) $a^{\frac{2}{3}} \cdot a^3 = a^2$ b) $y^{\frac{3}{2}} : y^2 = \sqrt[4]{y^3}$ c) $\left(c^{\frac{5}{3}}\right)^2 = c^{\frac{25}{3}}$ d) $r^{0,6} + r^{0,4} = r$

21. Vervollständige die Multiplikationsmauer.

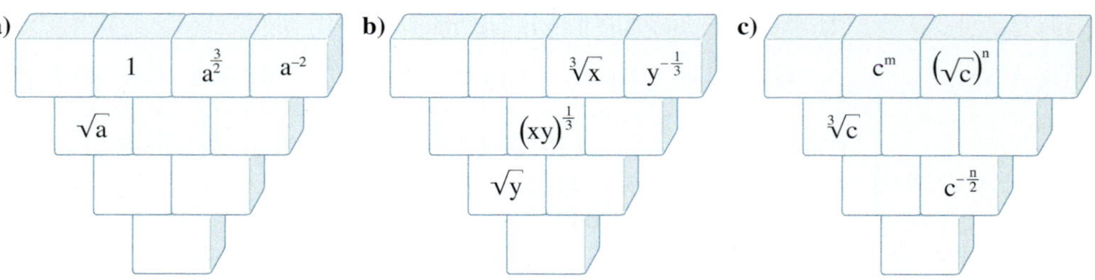

22. Für das Umformen von Wurzeltermen hast du zwei Möglichkeiten:
(1) Du kannst Wurzelgesetze anwenden.
(2) Du kannst die Wurzeln als Potenzen umschreiben und Potenzgesetze anwenden.
Überlege Vor- und Nachteile der beiden Wege; gib auch Beispiele an.

23. a) $\sqrt{3} \cdot \sqrt{27}$ **b)** $\sqrt[3]{4} \cdot \sqrt[3]{2}$ **c)** $\sqrt[3]{25} \cdot \sqrt[3]{5}$ **d)** $\sqrt[4]{27} \cdot \sqrt[4]{3}$ **e)** $\sqrt[5]{8} \cdot \sqrt[5]{4}$

24. a) $\sqrt[3]{2} : \sqrt{2}$ **b)** $\sqrt[4]{4} : \sqrt[4]{4}$ **c)** $\sqrt[8]{2} : \sqrt[4]{2}$ **d)** $\sqrt{b} : \sqrt[3]{b}$ **e)** $\sqrt[2]{z} : \sqrt[4]{z}$

25. a) $\frac{\sqrt{45}}{\sqrt{5}}$ **b)** $\frac{\sqrt{72}}{\sqrt{8}}$ **c)** $\frac{\sqrt[3]{81}}{\sqrt[3]{3}}$ **d)** $\frac{\sqrt[3]{500}}{\sqrt[3]{4}}$ **e)** $\sqrt[3]{\frac{64}{1000}}$ **f)** $\sqrt[6]{\frac{64}{1000000}}$

26. a) $\sqrt{\sqrt{16}}$ **b)** $\sqrt{\sqrt[3]{144}}$ **c)** $\sqrt[3]{\sqrt{27}}$ **d)** $\sqrt{\sqrt[3]{49}}$ **e)** $\sqrt[4]{\sqrt[3]{64}}$

$$\sqrt[3]{\sqrt{8}} = \sqrt[6]{8} = \sqrt{\sqrt[3]{8}} = \sqrt{2}$$

Im Blickpunkt

Im Blickpunkt

Stimmung einer Tonleiter

Die Schüler von Pythagoras, die Pythagoreer, entdeckten, dass Töne, deren Frequenzen im Verhältnis kleiner ganzer Zahlen zueinander stehen, angenehm miteinander klingen.

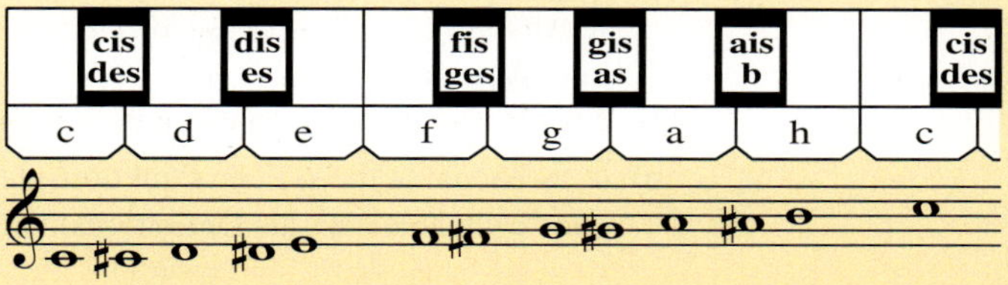

Ausgehend vom Grundton c einer Oktave ergeben sich dann 12 Halbtöne: Die Tonleiter c – d – e – f – g – a – h enthält also neben den Ganztönen c, d, e, g, a, auch Halbtöne f und c. In der pythagoreischen Stimmung haben die Töne ausgehend von der Frequenz ν des Grundtones die in der Tabelle angegebenen Frequenzen.

Ton	c	d	e	f	g	a	h	c'
Frequenz	ν	$\frac{9}{8}\nu$	$\frac{81}{64}\nu$	$\frac{4}{3}\nu$	$\frac{3}{2}\nu$	$\frac{27}{16}\nu$	$\frac{243}{128}\nu$	2ν

1. **a)** Berechne, mit welchem Faktor man die Frequenz eines Tones multiplizieren muss, um die des nächsten zu erhalten. Was stellst du fest?

b) Vergleich die Frequenzverhältnis für Halbtonschritte und Ganztonschritte.

2. Die Unterschiede in den Frequenzverhältnissen bei der pythagoreischen Stimmung führen dazu, dass man eine gegebene Melodie nicht von jedem Grundton aus spielen kann. 1588 lieferte der italienische Musiktheoretiker Gioseffo Zarlino eine exakte geometrische Darstellung zur Stimmung einer Laute in 12 Halbtonschritten, die alle dasselbe Frequenzverhältnis aufweisen.
Der belgische Mathematiker Simon Stevin beschrieb als erster Europäer um 1600 eine Annäherung an das Frequenzverhältnis mit Hilfe eines von ihm entwickelten Verfahrens zur Wurzelberechnung. Johann Sebastian Bach hat später wesentlich zum Erfolg der wohltemperierten Stimmung beigetragen durch die Komposition von 48 Präludien und Fugen unter dem Titel „Das wohltemperierte Klavier".

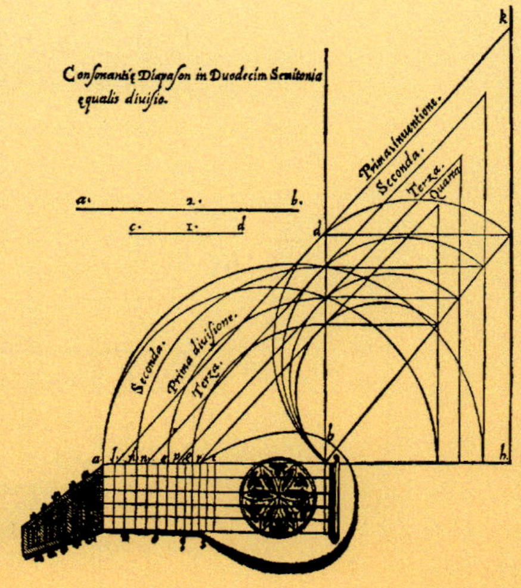

a) Berechne, welches Frequenzverhältnis ein Halbtonschritt haben muss, wenn alle Halbtonschritte exakt dasselbe Frequenzverhältnis aufweisen.

b) Der Kammerton a hat die Frequenz 440 Hz, d.h. 440 Schwingungen pro Sekunde. Berechne ausgehend davon die Frequenzen der anderen Töne dieser Oktave nach den pythagoreischen Zahlenverhältnissen und nach der wohltemperierten Stimmung. Vergleiche.

6.7 Potenzfunktionen

6.7.1 Potenzfunktionen mit natürlichen Exponenten

Aufgabe 1

a) Welches Volumen hat ein Würfel mit der Kantenlänge 0,2 dm, 0,5 dm, 1 dm, 1,2 dm bzw. 1,5 dm?
Lege für die Funktion
Kantenlänge x (in dm) → Volumen y des Würfels (in dm³)
eine Wertetabelle an.
Erstelle die Funktionsgleichung. Zeichne den Graphen.

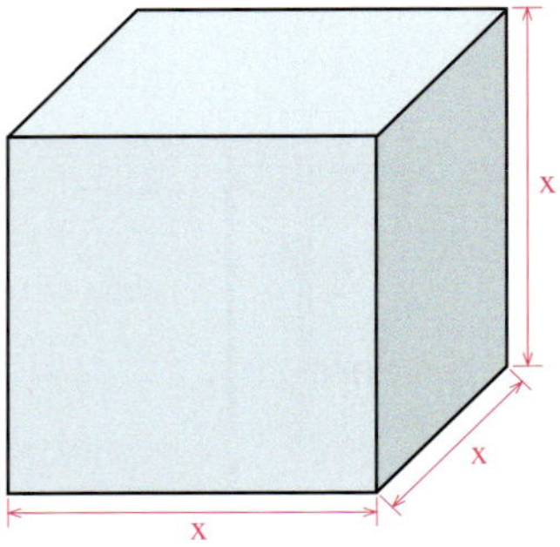

b) Verwende nun die gleiche Funktionsgleichung wie in Teilaufgabe a); wähle aber als Definitionsmenge $\mathbb{R}$, d. h. auch negative Ausgangswerte sind möglich. Zeichne den Graphen.
Beschreibe Lage und Verlauf des Graphen; achte auch auf Symmetrie.

c) Vergleiche den Graphen aus Teilaufgabe b) mit dem der Quadratfunktion.

Lösung

a) *Wertetabelle:*

Kantenlänge (in dm)	Volumen (in dm^3)
0,2	0,008
0,5	0,125
1	1
1,2	1,728
1,5	3,375

Funktionsgleichung:
$y = x^3$ mit $x > 0$, da es nur positive Längen gibt.

Graph:

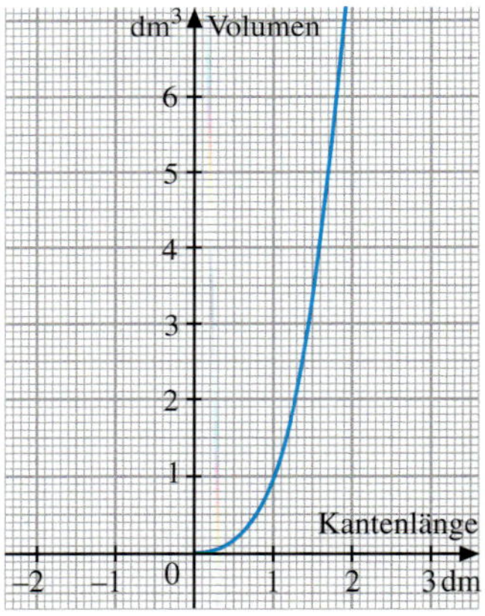

b) *Wertetabelle:*

x	x^3
−1,5	−3,375
−1,2	−1,728
−1	−1
−0,5	−0,125
−0,2	−0,008
0	0
0,2	0,008
0,5	0,125
1	1
1,2	1,728
1,5	3,375

Graph:

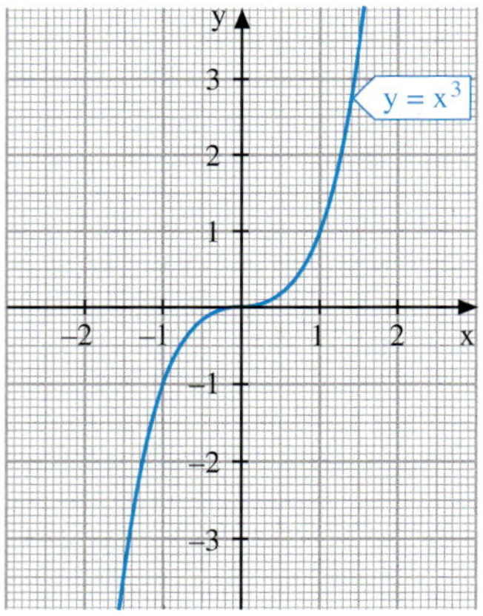

Der Graph der Funktion mit der Gleichung $y = x^3$ und $x \in \mathbb{R}$ steigt von links nach rechts immer an.
Er verläuft vom 3. Quadranten durch den Koordinatenursprung O(0|0) in den 1. Quadranten.
Der Graph ist punktsymmetrisch zum Ursprung O.
Er schmiegt sich in der Umgebung des Ursprungs O an die x-Achse an.

c) Die Quadratfunktion hat die Gleichung $y = x^2$. Ihr Graph fällt für $x \leq 0$ und steigt für $x \geq 0$ an. Er ist achsensymmetrisch zur y-Achse.
Mit dem Graphen der Funktion mit $y = x^3$ hat er nur die Punkte $O(0|0)$ und $P(1|1)$ gemeinsam.

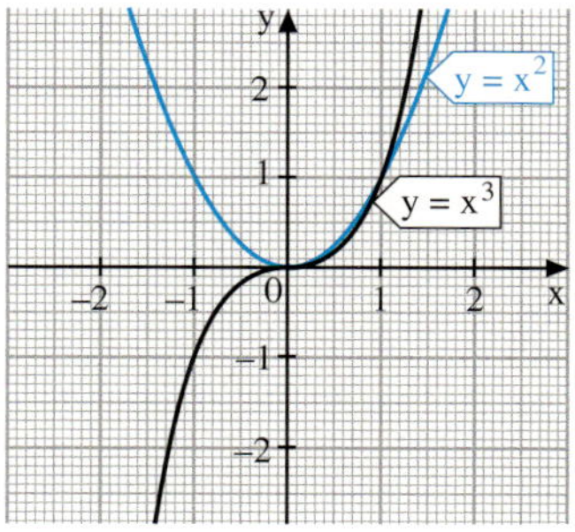

Weiterführende Aufgabe

2. *Graphen der Potenzfunktionen zu $y = x^n$ mit $n \in \mathbb{N}^*$ – Wachstumseigenschaft*

a) Zeichne die Graphen der Funktionen mit den Gleichungen $y = x^1$; $y = x^2$; $y = x^3$; $y = x^4$; $y = x^5$; $y = x^6$. Vergleiche die Graphen miteinander.

b) Bei der Quadratfunktion gilt: Verdoppelt [verdreifacht] man den Wert für x, so vervierfacht [verneunfacht] sich der Wert für y. Untersuche, wie der Funktionswert der Funktionen mit $y = x^3$, $y = x^4$, $y = x^n$ sich ändert, wenn man den x-Wert ver-k-facht.

Information

Auch die proportionale Funktion mit $y=x^1$ ist eine Potenzfunktion!

(1) Definition einer Potenzfunktion mit natürlichen Exponenten

Die Funktionen mit den Gleichungen $y = x^2$, $y = x^3$, $y = x^4$ sind Beispiele für *Potenzfunktionen*.

Definition

Eine Funktion mit der Gleichung $y = x^n$ mit $x \in \mathbb{R}$ und $n \in \mathbb{N}^*$ heißt **Potenzfunktion.**

(2) Grundtypen von Potenzfunktionen mit natürlichen Exponenten

Man unterscheidet bei den Potenzfunktionen danach, ob der Exponent gerade oder ungerade ist.

Grundtypen von Potenzfunktionen mit natürlichen Exponenten

(1) Gerader Exponent

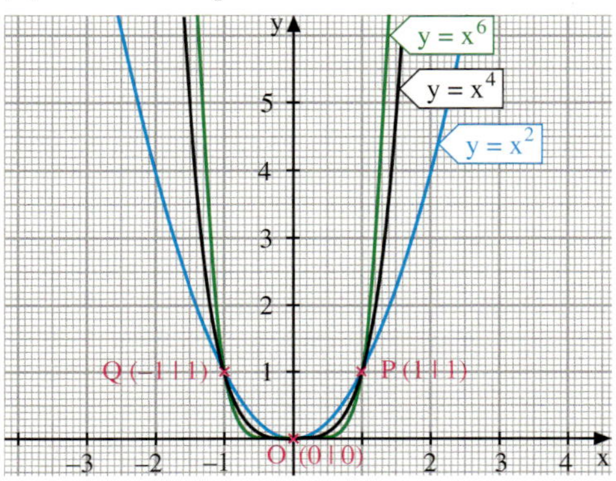

Die Graphen der Potenzfunktionen mit $y = x^n$ und *geradem* Exponenten n sind *symmetrisch* zur y-Achse und haben die gemeinsamen Punkte $O(0|0)$, $P(1|1)$, $Q(-1|1)$.
Sie fallen für $x \leq 0$ und steigen für $x \geq 0$ an.

(2) Ungerader Exponent

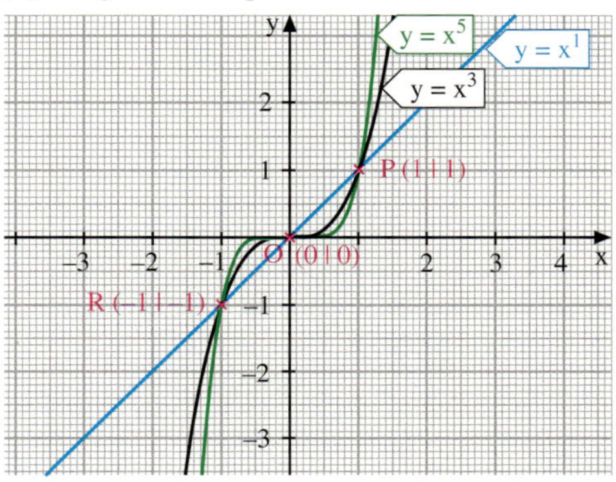

Die Graphen der Potenzfunktionen mit $y = x^n$ und *ungeradem* Exponenten n sind *symmetrisch* zum Ursprung O und haben die gemeinsamen Punkte $O(0|0)$, $P(1|1)$, $R(-1|-1)$.
Sie steigen überall an.

(3) Beweis der Symmetrie der Graphen der Potenzfunktionen mit natürlichem Exponenten

(1) Gerader Exponent

Am Graphen erkennt man: Achsensymmetrie zur y-Achse bedeutet, dass die Funktionswerte von Zahl und zugehöriger Gegenzahl übereinstimmen:
$f(-x) = f(x)$

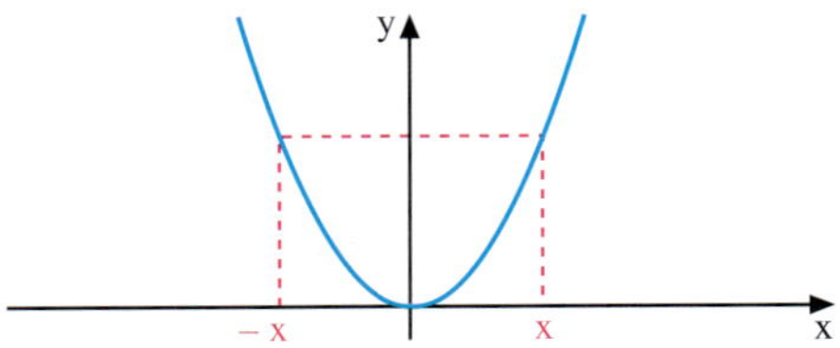

Für gerade Exponenten n gilt:

$$f(-x) = (-x)^n = (-1)^n x^n = 1 \cdot x^n = x^n = f(x)$$

Die Funktionswerte an den Stellen x und –x stimmen also überein. Somit ist der Graph symmetrisch zur y-Achse.

(2) Ungerader Exponent

Am Graphen erkennt man: Punktsymmetrie zum Ursprung bedeutet, dass die Funktionswerte von Zahl und zugehöriger Gegenzahl auch Gegenzahlen zueinander sind:
$f(-x) = -f(x)$

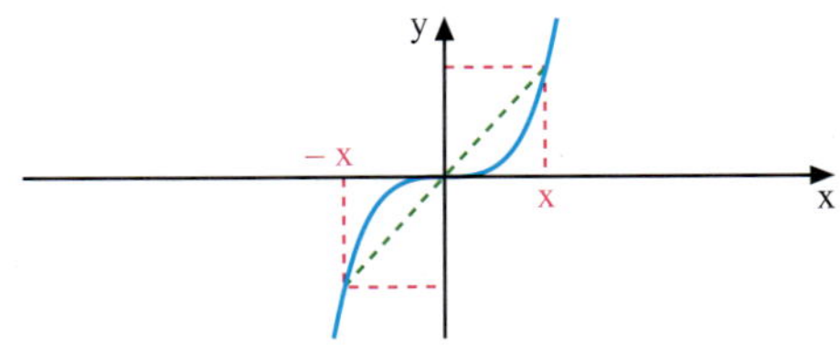

Für ungerade Exponenten n gilt:

$$f(-x) = (-x)^n = (-1)^n x^n = -1 \cdot x^n = -x^n = -f(x)$$

Die Funktionswerte f(x) und f(–x) sind also Gegenzahlen voneinander. Somit ist der Graph punktsymmetrisch zum Ursprung.

(4) Wachstumseigenschaft der Potenzfunktionen

In Aufgabe 2 haben wir gesehen, dass eine Verdoppelung (Verdreifachung) eines x-Wertes bei der Potenzfunktion mit $y = x^3$ zu einer Verachtfachung (Versiebenundzwanzigfachung) des zugeordneten y-Wertes führt.

(x-Werte: · 3 von –0,5 zu –1,5; · 2 von 0,5 zu 1; x^3-Werte: · 27 von –0,125 zu –3,375; · 8 von 0,125 zu 1)

x	–1,5	–1	–0,5	0	0,5	1
x^3	–3,375	–1	–0,125	0	0,125	1

Für die Potenzfunktion mit $y = x^n$, $n \in \mathbb{N}^*$, gilt:
Vervielfacht man einen x-Wert mit dem Faktor k, so wird der zugeordnete y-Wert mit der n-ten Potenz des Faktor k, also mit k^n, vervielfacht.

Begründung:

Für den Vervielfachungsfaktor k und die Stelle x gilt für die Potenzfunktion f mit $f(x) = x^n$:
$f(k \cdot x) = (k \cdot x)^n = k^n \cdot x^n = k^n \cdot f(x)$

Übungsaufgaben

PLOT

3. Zeichne für verschiedene Werte von n die Graphen der Funktionen mit $y = x^n$ mit $n \in \mathbb{N}^*$ in ein gemeinsames Koordinatensystem. Wie ändert sich der Graph, wenn man den Exponenten verändert?
Nenne gemeinsame Eigenschaften und Unterschiede der Graphen.

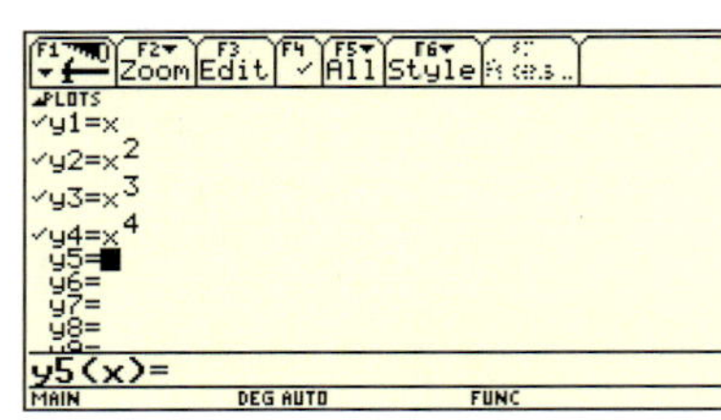

4. Lies aus dem Graphen der Potenzfunktion mit $y = x^3$ [mit $y = x^4$]

a) die Funktionswerte an den Stellen 0,8; –0,8; 1,3; –1,3 ab;

b) die Stellen ab, an denen die Potenzfunktion (1) den Wert 2; (2) den Wert 3 annimmt.

5. Stelle für geeignete x-Werte eine Wertetabelle auf für die Potenzfunktionen mit:

a) $y = x^6$ **b)** $y = x^7$ **c)** $y = x^8$ **d)** $y = x^9$

Zeichne den Graphen.

6. Anne, Bea und Marie haben den Graphen der Potenzfunktion zu $y = x^3$ gezeichnet. Kontrolliere ihre Zeichnungen.

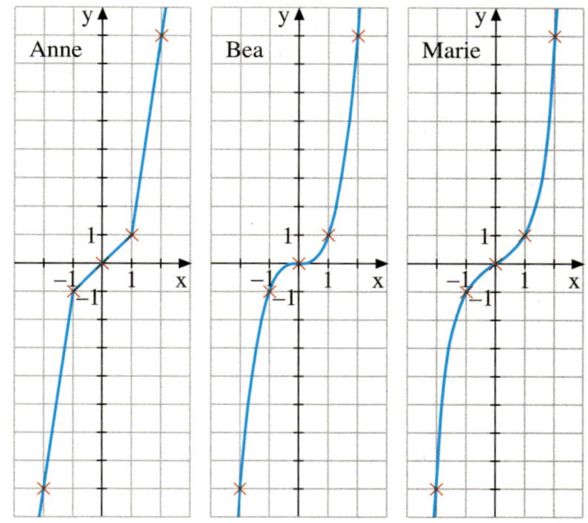

7. Berechne zur Potenzfunktion f mit

(1) $f(x) = x^4$; (2) $f(x) = x^5$; (3) $f(x) = x^6$

die Funktionswerte:

$f(3)$; $f(-2)$; $f(0{,}8)$; $f(-1{,}5)$; $f\left(-\frac{3}{2}\right)$; $f\left(\sqrt{2}\right)$; $f(a)$; $f(2a)$; $f(a^2b)$; $f\left(\sqrt{a}\right)$

8. Die Potenzfunktion hat die Gleichung **a)** $y = x^3$; **b)** $y = x^4$.

Stelle fest, welche der Punkte zum Graphen der Potenzfunktion gehören.

$P_1(2|16)$, $P_3(-2|4)$, $P_5(-2|8)$, $P_7(1|1)$, $P_9(-1|1)$, $P_{11}(0|1)$,
$P_2(2|8)$, $P_4(-2|-16)$, $P_6(-2|-8)$, $P_8(1|-1)$, $P_{10}(-1|-1)$, $P_{12}(0|0)$

9. Die Punkte gehören zum Graphen der angegebenen Potenzfunktion. Bestimme die fehlende Koordinate.

a) $y = x^3$; $P_1(4|\square)$, $P_2(\square|27)$, $P_3(\square|-27)$, $P_4(\square|0{,}125)$, $P_5(-0{,}5|\square)$

b) $y = x^4$; $P_1(-2|\square)$, $P_2(0{,}2|\square)$, $P_3(-0{,}2|\square)$, $P_4(\square|0)$, $P_5(\square|81)$

10. Fülle die Lücken aus. Beachte Symmetrieeigenschaften.

a)

x	x^4
1,2	2,0736
1,7	8,3521
−1,2	
−1,7	

b)

x	x^5
0,9	0,59049
1,3	3,71293
−0,9	
−1,3	

c)

x	x^6
0,5	0,015625
1,1	1,771561
−0,5	
−1,1	

d)

x	x^5
0,7	−0,16807
1,2	−2,48832
	−0,16807
	−2,48832

11. Ordne der Größe nach, ohne zu rechnen. Beginne mit dem kleinsten Potenzwert.

a) $(-2{,}4)^3$; $4{,}1^3$; $(-1{,}8)^3$; $3{,}6^3$; $(-3{,}2)^3$; 0^3

b) $(-2{,}4)^4$; $4{,}1^4$; $(-1{,}8)^4$; $3{,}6^4$; $(-3{,}2)^4$; 0^4

12. Zeichne den Graphen. Beschreibe, wie er aus dem Graphen der zugehörigen Potenzfunktion hervorgeht. Welche Symmetrie zeigt es?

a) $y = 0{,}2\,x^4$ **b)** $y = \frac{1}{2}x^5$ **c)** $y = -\frac{1}{2}x^4$ **d)** $y = -\frac{1}{2}x^5$

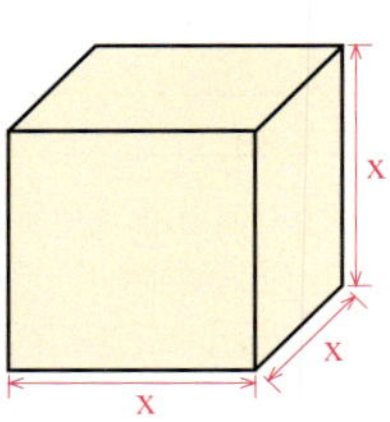

13. a) Untersuche, wie sich das Volumen eines Würfels ändert, wenn die Seitenlänge verdoppelt bzw. verdreifacht wird.

b) Untersuche dieselbe Aufgabenstellung auch für den Oberflächeninhalt [Gesamtkantenlänge] statt des Volumens.

c) Verallgemeinere dein Ergebnis für Funktionen mit der Gleichung $y = c \cdot x^n$, wobei $c \in \mathbb{R}$, $n \in \mathbb{N}^*$. Formuliere eine Vermutung und begründe sie.

PLOT **14.** Merle hat die Graphen zu $y = 100x^2$ und $y = x^4$ mit einer Tabellenkalkulation gezeichnet. Sie behauptet:
„Der Graph zu $y = 100x^2$ verläuft immer unterhalb vom Graphen zu $y = x^4$."
Nimm Stellung dazu.

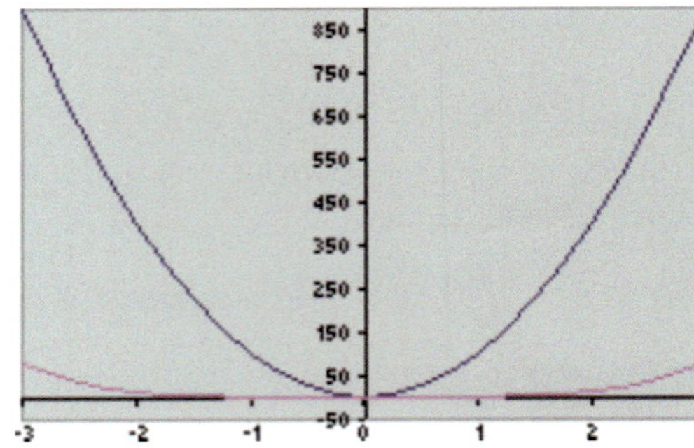

15. Ein Metallwürfel mit der Kantenlänge 2,5 cm wiegt 120 g. Wie viel wiegt ein solcher Metallwürfel mit der Kantenlänge
(1) 5 cm, (2) 7,5 cm, (3) 10 cm?

PLOT **16.** Zeichne den Graphen der Funktion. Beschreibe, wie er aus dem Graphen zu $y = x^3$ bzw. $y = x^4$ hervorgeht.

a) $y = x^3 - 2$ **c)** $y = 2x^3$ **e)** $y = -x^3$ **g)** $y = (x-1)^3$

b) $y = x^4 - 3$ **d)** $y = \frac{1}{2}x^4$ **f)** $y = -2x^4$ **h)** $y = (x+2)^4$

17. Suche zu den angegebenen Graphen die passende Funktionsgleichung.
(1) $y = 0{,}5x^3$ (3) $y = x^5 - 1$ (5) $y = (x+2)^4$ (7) $y = 1{,}2 \cdot x^4$
(2) $y = (x+2)^3$ (4) $y = 0{,}5 \cdot x^4$ (6) $y = x^6 - 1$ (8) $y = 0{,}5 \cdot x^6$

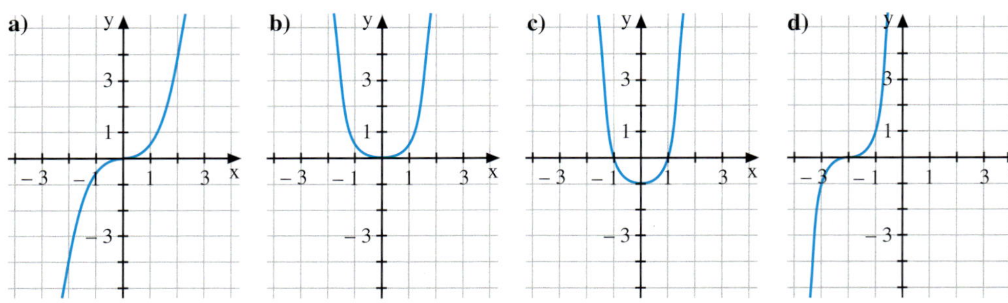

18. Die folgenden Wertetabellen gehören zu Funktionen der Form $f(x) = a \cdot x^n$. Aus den ersten drei Paaren kannst du erkennen, wie groß a und n sein müssen. Ergänze die Lücken.

a)

x	1	2	3	4	–5
f(x)	–1	–8	–27		

b)

x	1	2	3	4	–5
f(x)	–0,1	–1,6	–8,1		

6.7.2 Potenzfunktionen mit negativen ganzzahligen Exponenten

Aufgabe 1

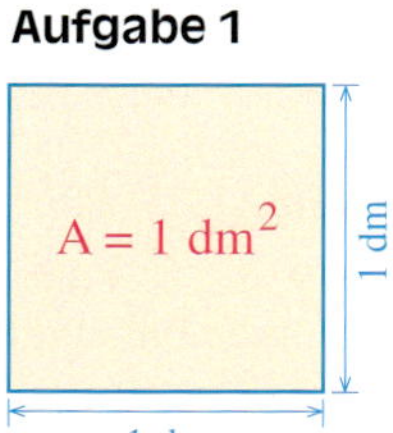

a) Ein Quadrat mit dem Flächeninhalt 1 dm² soll in ein flächeninhaltsgleiches Rechteck verwandelt werden. Diese Aufgabe hat unendlich viele Lösungen, denn zu jeder Länge der einen Seite gehört eine ganz bestimmte Länge der anderen Seite.
Lege für die Funktion *Länge der einen Seite (in dm) → Länge der anderen Seite (in dm)* eine Wertetabelle an. Erstelle die Funktionsgleichung. Zeichne den Graphen.

b) (1) Verwende die Funktionsgleichung aus Teilaufgabe a); wähle aber die größtmögliche Definitionsmenge, d. h. auch negative Ausgangswerte sind möglich. Zeichne den Graphen.
(2) Zeichne ebenso den Graphen zu $y = x^{-2}$. Beschreibe und vergleiche beide Graphen bezüglich Lage, Verlauf und Symmetrie.

Lösung

a) *Wertetabelle:*

Länge der einen Seite (in dm)	Länge der anderen Seite (in dm)
1	1
2	$\frac{1}{2}$
3	$\frac{1}{3}$
4	$\frac{1}{4}$
$\frac{1}{2}$	2
$\frac{1}{3}$	3
$\frac{1}{4}$	4

Funktionsgleichung:

$y = \frac{1}{x}$,
bzw. $y = x^{-1}$
mit $x > 0$, weil es nur positive Längen gibt.

Graph:

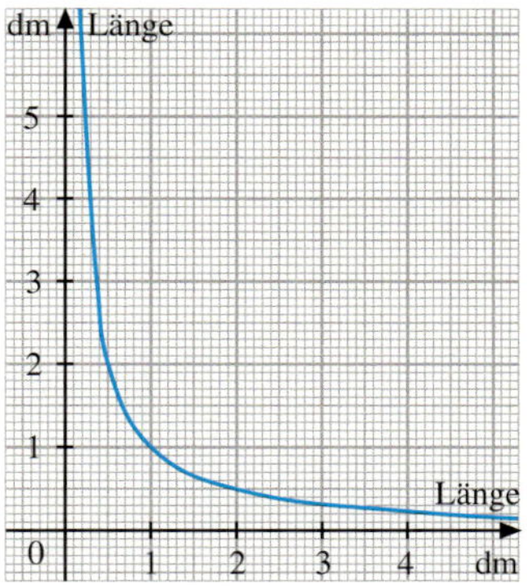

b) (1) Die Funktionsgleichung $y = \frac{1}{x} = x^{-1}$ ist für $x = 0$ nicht definiert. Daher ist die größtmögliche Definitionsmenge $\mathbb{R}\setminus\{0\}$.

Wertetabelle:

x	−2	−1	$-\frac{1}{2}$	$-\frac{1}{3}$	$\frac{1}{3}$	$\frac{1}{2}$	1	2
x^{-1}	$-\frac{1}{2}$	−1	−2	−3	3	2	1	$\frac{1}{2}$

Graph:

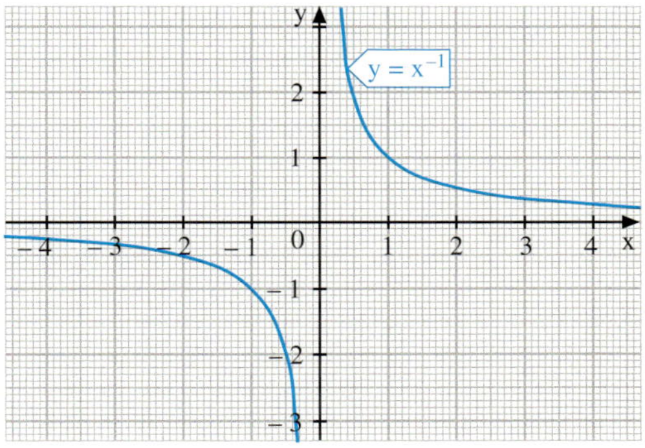

(2) Auch die Funktionsgleichung $y = x^{-2}$ hat als größtmögliche Definitionsmenge $\mathbb{R}\setminus\{0\}$.

Wertetabelle:

x	−2	−1	$-\frac{1}{2}$	$\frac{1}{2}$	1	2
x^{-2}	$\frac{1}{4}$	1	4	4	1	$\frac{1}{4}$

Graph:

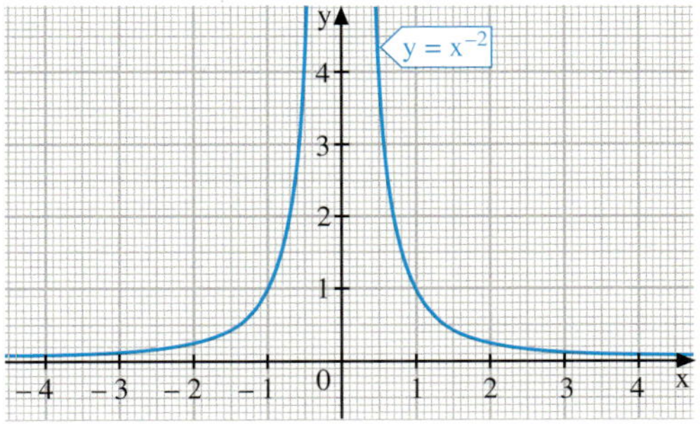

Der Vergleich der Graphen der Funktionen mit $y = x^{-1}$ und $y = x^{-2}$ ergibt:

- Beide Graphen bestehen aus zwei Teilen und verlaufen durch den Punkt $P(1|1)$.
- Für sehr große und für sehr kleine Werte von x schmiegen sich die Graphen immer mehr der x-Achse an, ohne sie jemals zu erreichen.
- Je näher der Wert von x bei 0 liegt, umso größer ist der Betrag des Funktionswertes.
- Der Graph zu $y = x^{-1}$ ist punktsymmetrisch zum Ursprung $O(0|0)$; der Graph zu $y = x^{-2}$ ist achsensymmetrisch zur y-Achse.
- Der Graph zu $y = x^{-1}$ fällt sowohl für $x < 0$ als auch für $x > 0$ von links nach rechts; der Graph zu $y = x^{-2}$ steigt für $x < 0$ von links nach rechts an und fällt für $x > 0$.

Weiterführende Aufgabe

2. *Potenzfunktionen mit negativen ganzzahligen Exponenten – Graph, Wachstumseigenschaft*

a) Zeichne die Graphen der Funktionen mit den Gleichungen
$y = x^{-1}$; $y = x^{-2}$; $y = x^{-3}$; $y = x^{-4}$; $y = x^{-5}$; $y = x^{-6}$.
Vergleiche die Graphen miteinander.

b) Wie ändert sich der Funktionswert der Funktionen mit $y = x^{-1}$; $y = x^{-2}$; $y = x^{-3}$, wenn man den x-Wert verdoppelt [verdreifacht; halbiert]?

Information

Der Graph zu $y=x^{-1}$ heißt auch Hyperbel.

$*$ an einer Menge bedeutet ohne die Null: $\mathbb{Z}^* = \mathbb{Z} \setminus \{0\}$

(1) Definition einer Potenzfunktion mit negativen ganzzahligen Exponenten

Auch die Funktionen mit $y = x^{-1}$, $y = x^{-2}$, ... heißen *Potenzfunktionen*. Wir verallgemeinern:

Definition

Eine Funktion mit $y = x^n$ mit $x \in \mathbb{R}^*$ und $n \in \mathbb{Z}^*$ heißt **Potenzfunktion**.

(2) Grundtypen von Potenzfunktionen mit negativen Exponenten

Die in der Lösung der Aufgabe 1 b und der Aufgabe 2 erkannten Eigenschaften gelten allgemein.

Grundtypen von Potenzfunktionen mit negativen Exponenten und ihre Eigenschaften

(1) Gerader Exponent

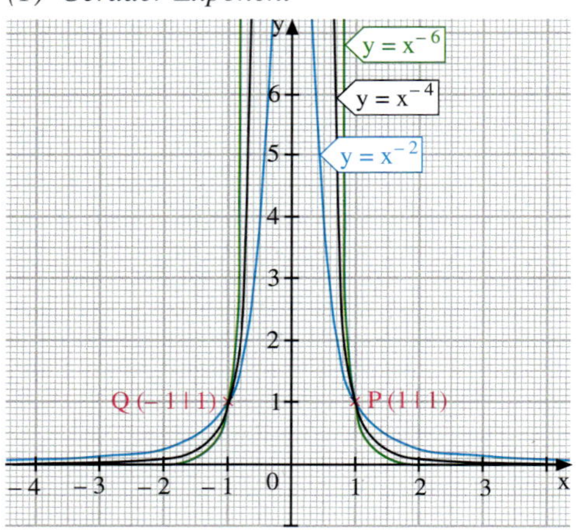

Die Graphen der Potenzfunktionen mit $y = x^{-n}$ und geradem Exponenten $n \in \mathbb{N}^*$ sind *symmetrisch* zur y-Achse und haben die gemeinsamen Punkte $P(1|1)$ und $Q(-1|1)$.
Sie steigen für $x < 0$ an und fallen für $x > 0$.

(2) Ungerader Exponent

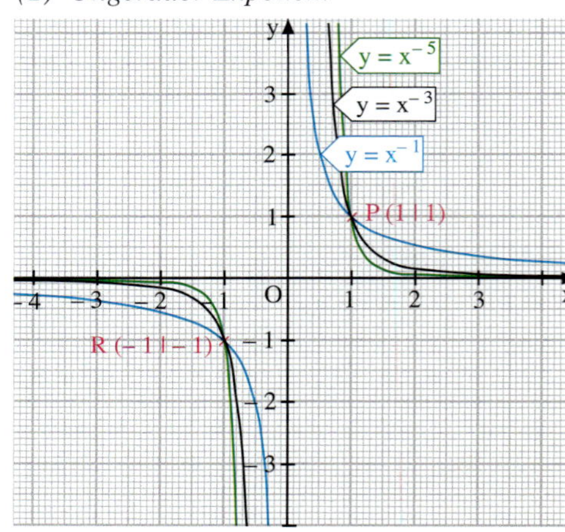

Die Graphen der Potenzfunktionen mit $y = x^{-n}$ und ungeradem Exponenten $n \in \mathbb{N}^*$ sind *symmetrisch* zum Ursprung O und haben die gemeinsamen Punkte $P(1|1)$ und $R(-1|-1)$.
Sowohl für $x < 0$ als auch für $x > 0$ fallen sie.

Gemeinsame Eigenschaften der Potenzfunktionen mit negativen ganzzahligen Exponenten sind:

(1) Die Funktionen sind für $x = 0$ nicht definiert. Die größtmögliche Definitionsmenge ist $\mathbb{R}^* = \mathbb{R} \setminus \{0\}$.
Die Graphen bestehen aus zwei Teilen.

(2) Die Graphen schmiegen sich den Koordinatenachsen an.

(3) Beweis der Symmetrie der Graphen der Potenzfunktionen mit negativen Exponenten

Für gerade Exponenten $n \in \mathbb{N}^*$ gilt für die Potenzfunktion mit der Gleichung $y = x^{-n}$:

$$f(-x) = (-x)^{-n} = \frac{1}{(-x)^n} = \frac{1}{(-1)^n x^n} = \frac{1}{x^n} = x^{-n} = f(x)$$

Die Funktionswerte von Zahl x und zugehöriger Gegenzahl $-x$ stimmen also überein.
Folglich ist der Graph in diesem Fall achsensymmetrisch zur y-Achse.

Für ungerade Exponenten $n \in \mathbb{N}^*$ gilt dagegen:

$$f(-x) = (-x)^{-n} = \frac{1}{(-x)^n} = \frac{1}{(-1)^n x^n} = \frac{1}{-x^n} = -\frac{1}{x^n} = -x^{-n} = -f(x)$$

Für die Gegenzahl $-x$ einer Zahl x ist auch der Funktionswert $f(-x)$ die Gegenzahl zum Funktionswert $f(x)$.
Folglich ist der Graph punktsymmetrisch zum Ursprung $O(0|0)$.

(4) Wachstumseigenschaft der Potenzfunktionen mit negativen Exponenten

In Aufgabe 2 haben wir für die Potenzfunktionen mit negativen Exponenten entdeckt:

> Für die Potenzfunktion mit $y = x^{-n}$, $n \in \mathbb{N}^*$, gilt:
> Vervielfacht man einen x-Wert mit dem Faktor k, so wird der zugeordnete y-Wert mit dem Faktor k^{-n} vervielfacht.

Begründung:

Für die Stelle x und den Vervielfachungsfaktor k gilt für die Potenzfunktion f mit $f(x) = x^{-n}$:
$f(k \cdot x) = (k \cdot x)^{-n} = k^{-n} \cdot x^{-n} = k^{-n} \cdot f(x)$

Übungsaufgaben

PLOT

3. Zeichne für verschiedene Werte von n die Graphen von Potenzfunktionen mit $y = x^{-n}$ und $n \in \mathbb{N}^*$ in ein gemeinsames Fenster. Wie ändert sich der Graph, wenn man den Exponenten verändert? Nenne gemeinsame Eigenschaften und Unterschiede der Graphen.

4. Lies aus dem Graphen der Potenzfunktion mit $y = x^{-1}$ [mit $y = x^{-2}$]

a) die Funktionswerte an den Stellen 0,8; −0,8; 1,3; −1,3 ab;

b) die Stellen ab, an denen die Funktion (1) den Wert 2; (2) den Wert $\frac{1}{4}$ annimmt.

Kontrolliere rechnerisch.

5. Moritz hat den Graphen der Potenzfunktion zu $y = x^{-3}$ gezeichnet. Kontrolliere und erläutere deine Anmerkungen.

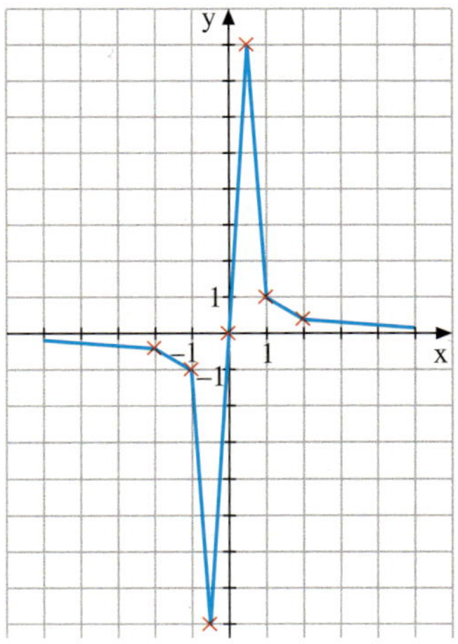

6. Berechne zur Potenzfunktion f mit $f(x) = x^{-4}$ [$f(x) = x^{-7}$] die Funktionswerte:

$f(3)$; $f(-3)$; $f(0{,}1)$; $f(-0{,}1)$; $f\left(-\frac{3}{2}\right)$;
$f(-5{,}2)$; $f(\sqrt{2})$; $f(a)$; $f(a^2 b)$; $f(\sqrt{a})$.

7. Stelle mithilfe eines Taschenrechners eine Wertetabelle auf für die Potenzfunktionen mit:

a) $y = x^{-5}$ **b)** $y = x^{-6}$ **c)** $y = x^{-7}$ **d)** $y = x^{-8}$.

Wähle die x-Werte geeignet. Zeichne den Graphen.

8. Fülle die Lücken aus. Beachte Symmetrieeigenschaften.

a)

x	x^{-1}
2,5	0,4
−0,8	1,25
−2,5	
0,8	

b)

x	x^{-2}
0,25	16
1,25	0,64
−0,25	
−1,25	

c)

x	x^{-3}
0,1	1000
1,25	0,512
−0,1	
−1,25	

9. Ordne der Größe nach. Beginne mit dem kleinsten Funktionswert.

a) $4{,}1^{-1}$; $(-1{,}8)^{-1}$; $3{,}6^{-1}$; $(-3{,}2)^{-1}$; 10^{-1} **b)** $4{,}1^{-2}$; $(-1{,}8)^{-2}$; $3{,}6^{-2}$; $(-3{,}2)^{-2}$; 10^{-2}

10. Zeichne den Graphen. Welche Symmetrie zeigt er?

a) $f(x) = 0{,}2 \cdot x^{-1}$ **b)** $f(x) = \frac{1}{2} \cdot x^{-2}$ **c)** $f(x) = -\frac{1}{2} \cdot x^{-3}$ **d)** $f(x) = 1{,}1 \cdot x^{-2}$

11. Wie verändert sich der Funktionswert der Funktionen mit $y = a \cdot x^{-n}$ und $n \in \mathbb{N}^*$, wenn man den x-Wert ver-k-facht? Untersuche an Beispielen und formuliere dann einen Satz. Beweise ihn.

12. Skizziere den Graphen. Beschreibe, wie er aus dem zu $y = x^{-1}$ bzw. $y = x^{-2}$ hervorgeht.

a) $y = x^{-1} + 2$ **c)** $y = \frac{1}{2}x^{-1}$ **e)** $y = -x^{-1}$ **g)** $y = (x+2)^{-1}$

b) $y = x^{-2} - 3$ **d)** $y = 2x^{-2}$ **f)** $y = -3x^{-2}$ **h)** $y = (x-1)^{-2}$

13. Suche zu den angegebenen Graphen die passende Funktionsgleichung:

(1) $y = 3x^{-1}$ (3) $y = x^{-3} - 2$ (5) $y = 0{,}5 \cdot x^{-2}$ (7) $y = -2x^{-2}$

(2) $y = x^{-4} - 2$ (4) $y = 2 \cdot x^{-2}$ (6) $y = 0{,}5 \cdot x^{-6}$ (8) $y = 0{,}5 \cdot x^{-3}$

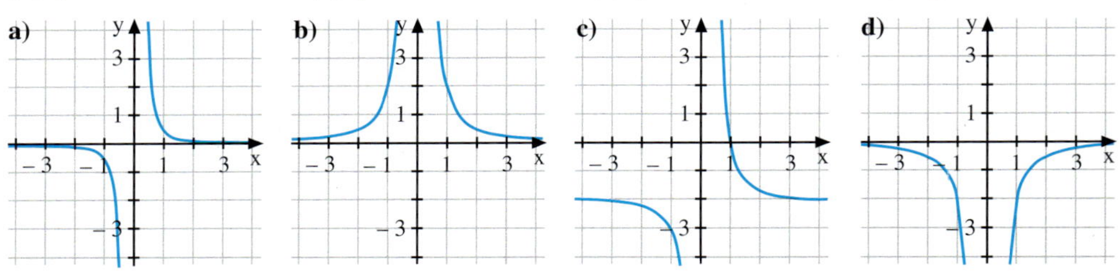

14. Stelle dir die Graphen der Funktionen (1) $f(x) = 10 \cdot x^{-1}$, (2) $f(x) = -x^{-2}$, (3) $f(x) = x^{-7}$, (4) $f(x) = -2 \cdot x^{-1}$ vor. Welche erfüllen die folgenden Bedingungen?

a) Der Graph verläuft durch $(1|1)$.

b) Der Graph verläuft durch $(-1|-1)$.

c) Der Graph ist symmetrisch zum Ursprung.

d) Der Graph schmiegt sich der x-Achse an.

e) Der Graph schmiegt sich der y-Achse an.

15. Zeichne die Graphen der Funktionen f mit $y = x^{-1}$ und g mit $y = x + 4$ in ein gemeinsames Koordinatensystem. Berechne die Koordinaten der Schnittpunkte der beiden Graphen und kontrolliere dein Ergebnis an der Zeichnung.

16. Üblicherweise wird die Funktion mit der Funktionsgleichung $y = x^0$ nicht mit zu den Potenzfunktionen gerechnet. Überlege, warum.

6.8 Wurzelfunktionen

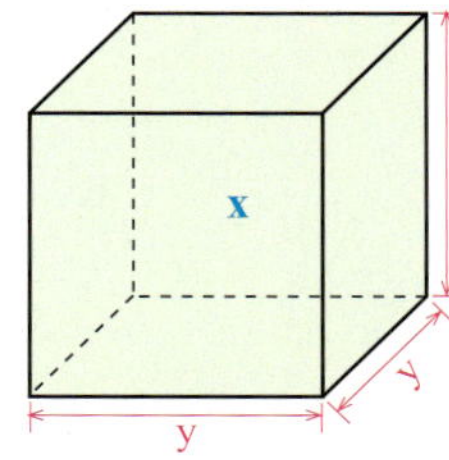

Aufgabe 1

Zu jedem Volumen eines Würfels gehört eine eindeutig bestimmte Kantenlänge.
Zeichne den Graphen der Funktion
Volumen x → Kantenlänge y
Gib auch die Funktionsgleichung und die Definitionsmenge an.

Lösung

Wertetabelle:

x	y
0,125	0,5
1	1
3,375	1,5
8	2

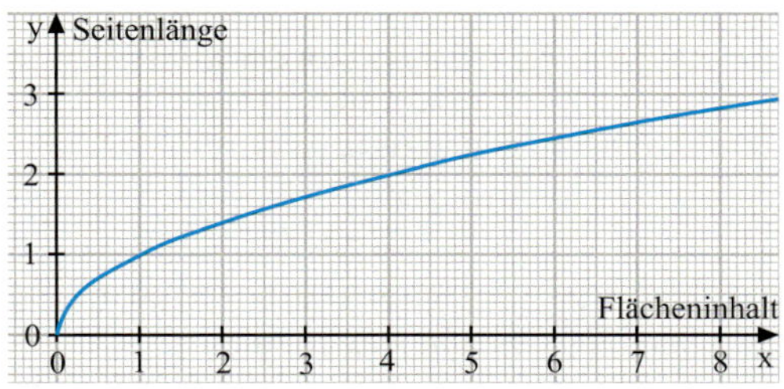

Die Funktionsgleichung lautet $y = x^{\frac{1}{3}}$ mit der Definitionsmenge $\mathbb{R}_+^*$, da es nur positive Volumina gibt.
Ergänzt man den Graphen um den Punkt O(0|0), so lautet die Funktionsgleichung $y = \sqrt[3]{x}$ mit der Definitionsmenge $\mathbb{R}_+$.

Information

Wir verallgemeinern das Ergebnis von Aufgabe 1.

Definition der Wurzelfunktionen
Eine Funktion mit der Gleichung $y = \sqrt[n]{x}$ mit $x \in \mathbb{R}_+$ und $n \in \mathbb{N}^*$ heißt **Wurzelfunktion**.

Die Funktion zu $y = \sqrt{x}$ nennt man auch **Quadratwurzelfunktion**. Anders als bei den Potenzfunktionen mit ganzzahligen Exponenten haben die Graphen der Wurzelfunktionen alle einheitliche Gestalt.

Eigenschaften der Wurzelfunktionen
Die Graphen aller Wurzelfunktionen haben die gemeinsamen Punkte O(0|0) und P(1|1). Sie steigen ständig an.

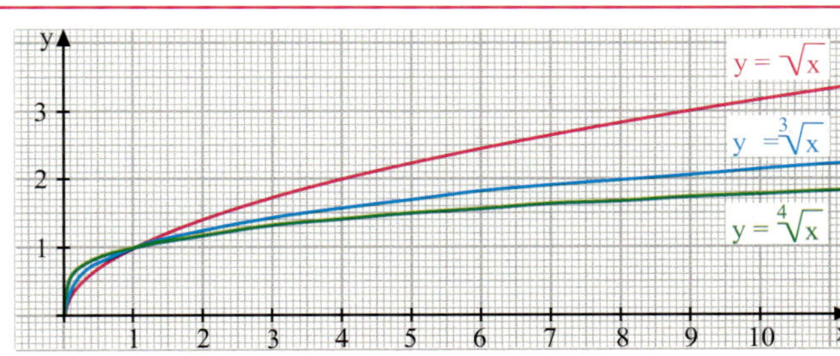

Weiterführende Aufgabe

2. *Wurzelfunktionen als Umkehrfunktionen eingeschränkter Potenzfunktionen*
Zeige, dass die Potenzfunktion f mit der Gleichung $y = x^3$ [$y = x^n$] in der Definitionsmenge $\mathbb{R}_+$ umkehrbar ist und bestimme die Funktionsgleichung der Umkehrfunktion f*.

Übungsaufgaben

PLOT

3. Zeichne die Graphen zu den Funktionen zu $y = \sqrt{x}$ und $y = \sqrt[3]{x}$.

a) Beschreibe und vergleiche sie.
b) Welcher Unterschied besteht zu den Graphen der Funktionen zu $y = x^{\frac{1}{2}}$ und $y = x^{\frac{1}{3}}$?

4. Welche der angegebenen Punkte liegen auf dem Graphen zu (1) $y = \sqrt{x}$, (2) $y = \sqrt[3]{x}$?
$P_1(8|2)$; $P_2(9|3)$; $P_3(8|-2)$; $P_4(1{,}5|2{,}25)$; $P_5(0|0)$; $P_6(\frac{1}{8}|\frac{1}{2})$

6.9 Aufgaben zur Vertiefung

1. Näherungswerte für Quadratwurzeln können mithilfe des HERON-Verfahrens bestimmt werden. Die Grundidee basierte auf der geometrischen Veranschaulichung, dass $\sqrt{a}$ die Seitenlänge eines Quadrates mit dem Flächeninhalt a ist.
Hat man einen Näherungswert x_0 für die Seitenlänge, so muss die zweite Seitenlänge des Rechtecks $\frac{a}{x_0}$ sein, damit sich der Flächeninhalt a ergibt.

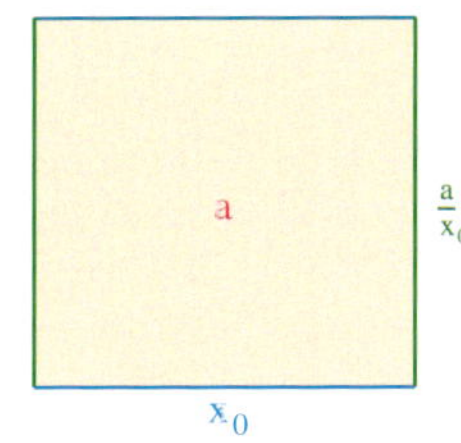

Der Mittelwert aus x_0 und $\frac{a}{x_0}$, also $\frac{1}{2}\left(x_0 + \frac{a}{x_0}\right)$ ist dann ein noch besserer Näherungswert für $\sqrt{a}$.
Ermittle so ausgehend von einem ganzzahligen Näherungswert einen verbesserten für $\sqrt{19}$ [$\sqrt{33}$]. Erzeuge anschließend daraus einen noch besseren Näherungswert.

2. a) $\sqrt[3]{a}$ kann geometrisch veranschaulicht werden als die Kantenlänge eines Würfels mit dem Volumen a.
Hat man einen Näherungswert x_0 für die Kantenlänge des Würfels, so kann man damit einen Quader mit quadratischer Grundfläche mit dem geforderten Volumen a erzeugen: Die quadratische Grundfläche hat die Seitenlänge x_0.
Die Höhe des Quaders ist dann $\frac{a}{x_0^2}$.
Begründe.
Ein noch besserer Näherungswert für $\sqrt[3]{a}$ ist dann der Mittelwert aus diesen drei Seitenlängen.
Folgere so folgende Formel:

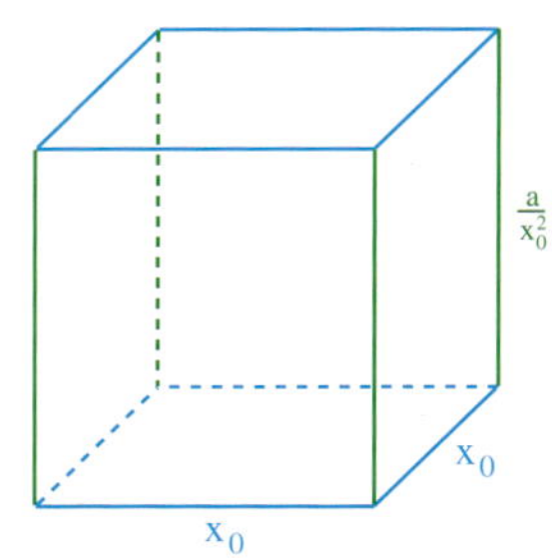

> Ist x_0 ein Näherungswert für $\sqrt[3]{a}$ mit $a > 0$, so ist $\frac{1}{3}\left(2x_0 + \frac{a}{x_0^2}\right)$ ein erheblich besserer Näherungswert.

b) Bestimme mithilfe der obigen Formel einen Näherungswert für $\sqrt[3]{4}$ [$\sqrt[3]{10}$], der in zwei Nachkommastellen mit dem exakten Wert übereinstimmt. Wie viele Schritte benötigst du?

TAB **c)** Allgemein gilt:

> Ist x_0 ein Näherungswert für $\sqrt[n]{a}$, so ist $\frac{1}{n}\left((n-1)x_0 + \frac{a}{x_0^{n-1}}\right)$ ein erheblich besserer Näherungswert.

Erstelle mit einem Tabellenkalkulations-Programm ein Rechenblatt zur Bestimmung von Näherungswerten für $\sqrt[n]{a}$.
Teste es an verschiedenen Beispielen.

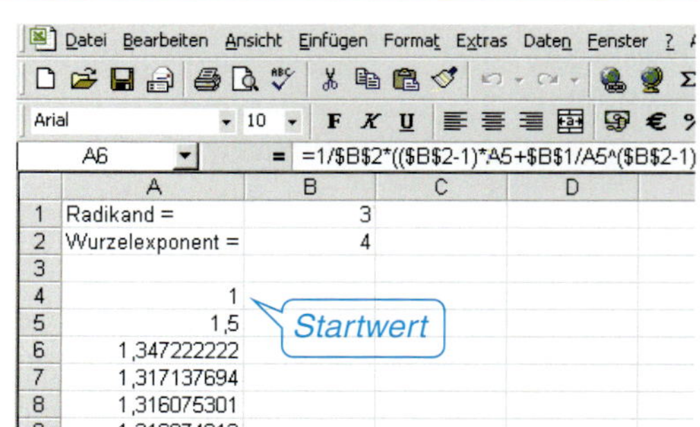

	A	B	C	D
1	Radikand =	3		
2	Wurzelexponent =	4		
3				
4	1			
5	1,5			
6	1,347222222			
7	1,317137694			
8	1,316075301			
9	1,316074013			

PLOT **3.** Für Potenzfunktionen mit der Gleichung $y = x^n$ mit ganzen Zahlen als Exponenten haben wir uns einen Überblick über die verschiedenen möglichen Fälle verschafft.
Betrachte nun Potenzfunktionen zu beliebigen rationalen Exponenten in der Definitionsmenge aller reellen Zahlen x mit $x > 0$.
Erstelle eine Übersicht über den Verlauf der Graphen in Abhängigkeit von den Exponenten.

Bist du fit?

1. Vereinfache durch Anwenden von Potenzgesetzen.

a) $(\sqrt{2})^5 \cdot (\sqrt{2})^{-3}$ **d)** $\sqrt{2^3} \cdot \sqrt{18^3}$ **g)** $a^{-2} \cdot a$ **j)** $x^{-3}x^2xx^5$

b) $(\sqrt{2})^5 : (\sqrt{2})^{-3}$ **e)** $(\sqrt{2})^{-3} \cdot (\sqrt{18})^{-3}$ **h)** $b^{-2} : b^{-3}$ **k)** $a^2ba^{-1}b^{-3}b^2$

c) $((\sqrt{2})^3)^4$ **f)** $\sqrt{2^0} \cdot x^0$ **i)** $x^{-4} \cdot y^{-4}$ **l)** $(b^{-3})^{-2}$

2. Eine 120 m lange Brücke besteht aus 5 m langen Einzelteilen. Jedes Teilstück dehnt sich bei einer Temperaturerhöhung um 1 Grad um $6 \cdot 10^{-5}$ m aus. Berechne den Längenunterschied der Brücke im Sommer (45 °C) und im Winter (–15 °C).

3. Vereinfache.

a) $(3^7 - 589)^{\frac{3}{2} - 1,5}$ **d)** $\left(r^{\frac{2}{5}} \cdot y^{-\frac{3}{2}}\right)^{-\frac{3}{4}}$ **g)** $(64ac^{-4}d^5 + 40a^3c^2d^{-2}) : (4a^3c^2d^{-1})$

b) $\frac{2x}{(x^3)^{\frac{1}{4}}}$ **e)** $\frac{(r^2 \cdot s^2)^{-2}}{(r \cdot s)^{-2}}$ **h)** $3 \cdot 2^{n+4} - 24 \cdot 2^{n+1}$

c) $(x^{-0,4}y^{-3,5})^{-0,1}$ **f)** $(-a^3)^2 + ((-a)^2)^3 + (-a^2)^3$ **i)** $\left(\frac{10a - 14b}{7x + 2y}\right) \cdot \left(\frac{21x + 6y}{5a - 7b}\right)^2$

4. Vereinfache.

a) $(\sqrt[3]{a^2})^6$ **c)** $\frac{\sqrt[4]{12r^3}}{\sqrt[4]{6s^2}} \cdot \frac{\sqrt[4]{20rs}}{\sqrt[4]{3r}}$ **e)** $\sqrt[x]{a^4} : \sqrt[2x]{a^{16}}$

b) $\sqrt[3]{2a^2} \cdot 7\sqrt[3]{4a^3} \cdot \frac{3}{4}\sqrt[3]{8a^4}$ **d)** $\sqrt[3]{20ab^2} \cdot \sqrt[3]{400a^2b^7}$ **f)** $(\sqrt{a^5} - \sqrt{a})^2 + 2a^3$

5. Zeichne den Graphen: **a)** $y = x^3 - 2$ **b)** $y = 0,5 \cdot x^{-2}$ **c)** $y = (x - 2)^{-3}$ **d)** $y = -0,4 \cdot x^4$

6. Notiere zu den Graphen mögliche Gleichungen von Potenzfunktionen.

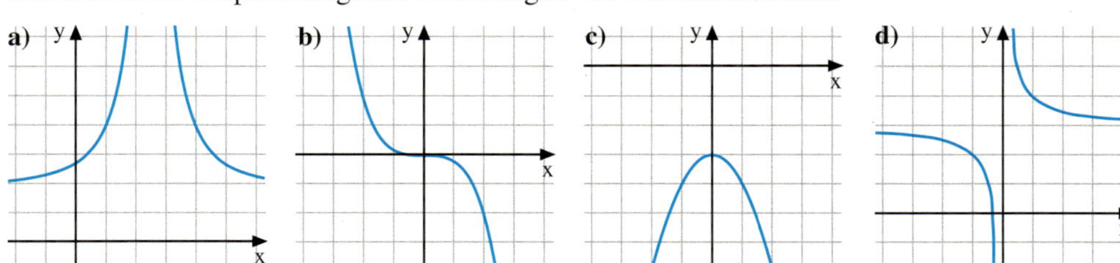

7. Bestimme die Lösungsmenge.

a) $x^3 = 64$ **d)** $\sqrt[3]{x} = -8$ **g)** $3 \cdot (x + 5)^4 = 48$ **j)** $\sqrt[4]{3 - x} = -2$

b) $3x^3 - 375 = 0$ **e)** $x^5 = 2^3$ **h)** $\sqrt[7]{x - 5} = 2$ **k)** $\sqrt[3]{4 - x} = 12$

c) $x^8 = 256$ **f)** $(c - 3)^3 = 8$ **i)** $\sqrt[5]{3x} = 3$ **l)** $4x^6 + 45 = 40$

8. An welchen Stellen steckt deiner Meinung nach ein Fehler? Oder glaubst du alles?

$$-1 = (-1)^3 = (-1)^{6:2} = (-1)^{6 \cdot \frac{1}{2}} = ((-1)^6)^{\frac{1}{2}} = 1^{0,5} = \sqrt{1} = 1$$

Projekt

Pythagoras

Vorschlag 1: Das Leben des Pythagoras

Wer war Pythagoras? Was hat er so den ganzen Tag gemacht? Womit hat er sein Geld verdient? Wo hat er gelebt? Wann hat er gelebt? War er verheiratet?
Fragen über Fragen, wisst ihr noch mehr?

Pythagoras, das griechische Allroundtalent von der Insel Samos, hat sich vor gut 2600 Jahren nicht nur mit Mathematik beschäftigt. Pythagoras interessierte sich auch für Musik, für Dichtkunst und für Religion.
Pythagoras gründete sogar eine Art mathematischer Glaubensgemeinschaft und die Mitglieder dieser Gemeinschaft nannten sich Pythagoreer.
Bei diesem Projekt sollt ihr euch näher mit dem Forscher Pythagoras befassen und einen Teil seines damaligen Wissens aufbereiten. Ihr könntet euch entweder der zentralen Satzgruppe des Pythagoras widmen oder den Zahlverhältnissen seiner Musiktheorie. Hier hilft vielleicht eure Musiklehrerin oder euer Musiklehrer.
Neben der Musik hat sich Pythagoras auch intensiv mit den reinen Zahlen beschäftigt, so sind für euch vielleicht die pythagoreischen Zahlentripel interessant.
Ihr könnt auch untersuchen, wie seine mathematischen Entdeckungen bzw. Erkennt-

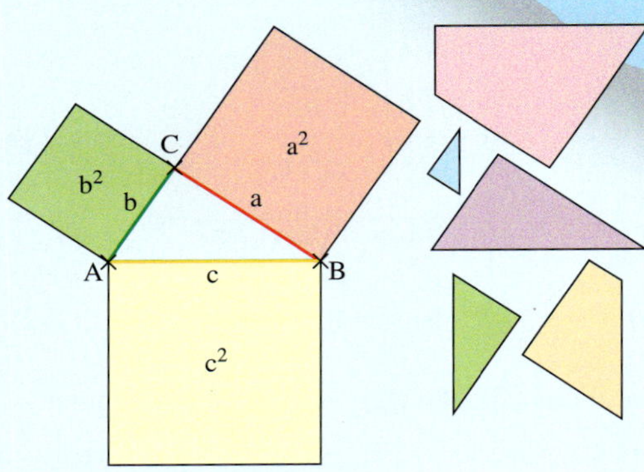

Vorschlag 2: Rund um den Satz des Pythagoras

Findet ihr weitere, schöne Erklärungen für die Richtigkeit des Satzes von Pythagoras?
Es gibt chinesische und indische Beweise.
Könnt ihr die Beweise so aufschreiben, dass sie auch eure Mitschüler verstehen?

Vorschlag 3: Pythagoras und seine Zahlen

„Alles ist Zahl.“ Pythagoras sieht in den Zahlen das eigentliche Geheimnis und die Bausteine der Welt. Jede der Grundzahlen hat ihre eigene Kraft und Bedeutung.
Mit welchen Zahlen beschäftigte sich Pythagoras noch?
Was ist das besondere an einem pythagoreischen Zahlentripel?
Wie viele gibt es davon?

nisse in der Technik Anwendung fanden. So wird der Satz des Pythagoras z.B. beim Vermessen angewendet.

Sich mit Pythagoras zu beschäftigen, lohnt sich wirklich. Der 20. Präsident der Vereinigten Staaten, J. Garfield, hat sich so intensiv damit beschäftigt, dass sogar ein Beweis nach ihm benannt wurde. Na, wenn das kein Ansporn ist.

Es wäre schön, wenn ihr eure pythagoreischen Ideen in einer kleinen Ausstellung im Schulgebäude zeigen könntet. Ihr könnt natürlich auch die Ergebnisse vor der Klasse präsentieren. Auch ein kleiner Artikel in der Lokalzeitung über ein besonders interessantes Abenteuer des Pythagoras ist denkbar. Hier hilft vielleicht eure Deutschlehrerin oder euer Deutschlehrer.

Wir haben hier für euch ein paar Ideen und Fragen rund um das Pythagorasprojekt vorbereitet, die ihr aufgreifen könnt.

Im Internet findet ihr das Projekt unter *www.elemente-der-mathematik.de*

Vorschlag 4:
Pythagoras und seine Musik

Pythagoras ordnete jedem Ton seine eigene Schwingungsfrequenz zu.
Ist das immer noch so?
Mit welchem Musikinstrument hat sich Pythagoras beschäftigt?

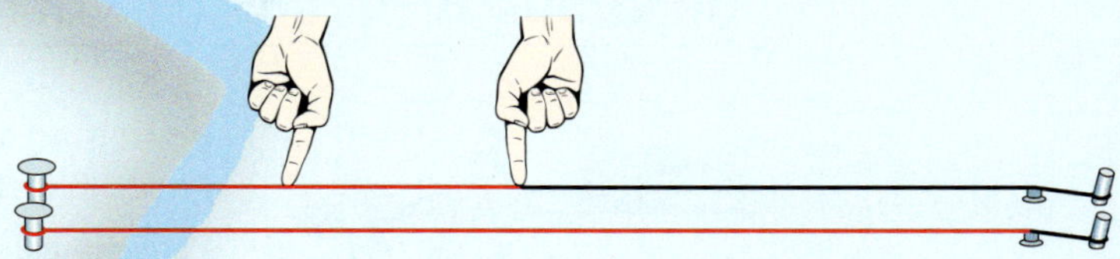

Vorschlag 5:
Die Seilspanner

Was sind denn Harpenodapten?
Was haben denn die ägyptischen Seilspanner gemacht?
Wird so ein Verfahren heute noch verwendet?
Beschreibe es.
Führe es selber durch.

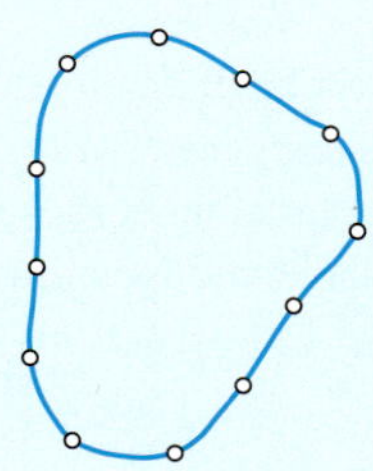

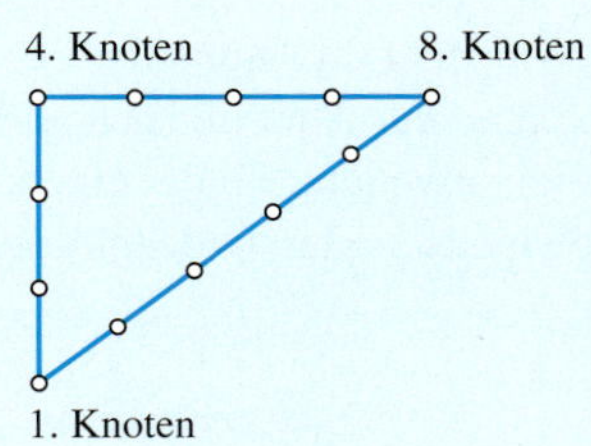

Vorschlag 6:
Anwendungen

Wofür kann man denn den Satz des Pythagoras gebrauchen?
Gibt es Einsatzmöglichkeiten außerhalb der Schule?
Wie weit ist es eigentlich bis zum Horizont?
Wie steckt man rechte Winkel im Gelände ab?

Projekt

Quadratisch, parablisch, gut!

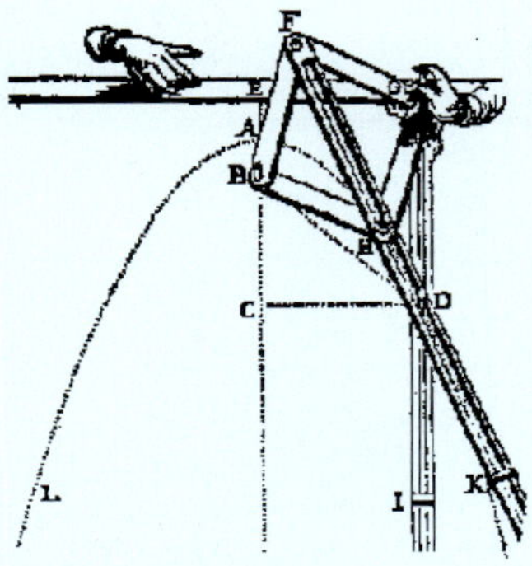

Vorschlag 1: Parabelkonstruktion

Parabeln habt ihr bisher nur durch die Anwendung einer Funktionsgleichung gezeichnet. Es geht aber auch ganz anders. Versucht herauszufinden, wie man Parabeln konstruieren kann. Wie kann man ein Parabelzeichengerät bauen? Auch lassen sich mit einem dynamischen Geometrie-System Parabeln erzeugen. Wisst ihr eigentlich, woher der Begriff *Parabel* kommt?

Quadratische Funktionen und damit Parabeln sowie quadratische Gleichungen habt ihr in diesem Schuljahr kennengelernt. In diesem Projekt soll nun alles, was mit Parabeln und quadratischen Funktionen zu tun hat, aus einem anderen Blickwinkel betrachtet werden. So kann man versuchen herauszubekommen, woher die Parabel ihren Namen hat. Wusstet ihr z. B., dass man eine Parabel auch mechanisch, geometrisch erzeugen kann? Man kann sogar ein Parabelzeichengerät, einen so genannten Parabelzirkel bauen. Ihr könnt auch herausfinden, was ein Parabelflug oder eine Wurfparabel ist. Selbst beim Kochen sind manche und beim Fernsehen sogar viele Leute auf Parabeln angewiesen. Parabeln können

Vorschlag 2: Parabeln in der Umwelt

Parabeln gibt es nicht nur in der Mathematik, sondern auch in eurer Umwelt. Stellt euch nur die vielen Springbrunnen vor. Wie bewegt sich denn der Wasserstrahl? Auch die Leute beim Brückenbauamt haben mit Parabeln zu tun. Und in der Kunst werden auch gerne Parabeln als Objekte verwendet. Findet eigene Beispiele, untersucht diese auf die Parabeleigenschaften und stellt die Funktionsgleichungen auf.

Vorschlag 3: Parabeln und Kunst

Eine andere Möglichkeit, sich mit Parabeln zu beschäftigen, ist die Kunst. So kannst du aus mehreren Parabeln Drehparabeln, Paraboloide herstellen oder Lampenschirme basteln. Auch ist es möglich, Bilder nur aus Parabeln zu gestalten.

Vorschlag 4: Paraboloide

Wisst ihr was Paraboloide sind? Man kann sich in der Umwelt umschauen und feststellen, dass Paraboloide überall vorkommen. Ihr kennt Paraboloide von den Satellitenschüsseln. Bei den Solarkochern wird das Brennpunktprinzip des Paraboloiden zum Kochen verwendet. Auch Solarkraftwerke verwenden manchmal Paraboloide. Paraboloide werden ferner als Reflektoren bei Taschenlampen verwendet. Was ist das Geheimnis dieser Paraboloiden?

auch in der Kunst eine Rolle spielen. Sogar beim Brückenbau findet man Parabeln.
Es wäre schön, wenn ihr eure quadratisch guten Parabelideen in einer kleinen Ausstellung im Schulgebäude zeigen könntet. Ihr könnt natürlich auch die Ergebnisse im Rahmen einer Vortragsrunde vor der Klasse präsentieren. Auch ein kleiner Artikel in der Lokalzeitung über besonders interessante Parabelobjekte oder eine Parabelbrücke in eurer Nähe ist denkbar. Hier hilft vielleicht eure Deutschlehrerin oder euer Deutschlehrer. Wir haben hier für euch ein paar Ideen und Fragen rund um das Parabelprojekt vorbereitet, die ihr aufgreifen könnt. Im Internet findet ihr das Projekt unter
www.elemente-der-mathematik.de

Vorschlag 5: Das Fallgesetz

Das Fallgesetz handelt von der Gesetzmäßigkeit, mit der ein Körper zur Erde fällt. Ein berühmter Italiener, Galileo Galilei, hat sich damit in Pisa beschäftigt. Wie wäre es, wenn ihr das Fallgesetz überprüft. Wie müsst ihr das anstellen? Wisst ihr, was eine Fallschnur ist?

Vorschlag 6: Die Wurfparabel

Könnt ihr ein Parabelschussgerät bauen, mit dem ihr Kugeln auf bestimmten Parabeln abschießen könnt. Wie kann man die Wurfweiten berechnen? Habt ihr auch schon einmal etwas vom Parabelflug gehört. Was haben der Parabelflug und die Wurfparabel gemeinsam? Was hat die Schwerelosigkeit mit der Wurfparabel zu tun?

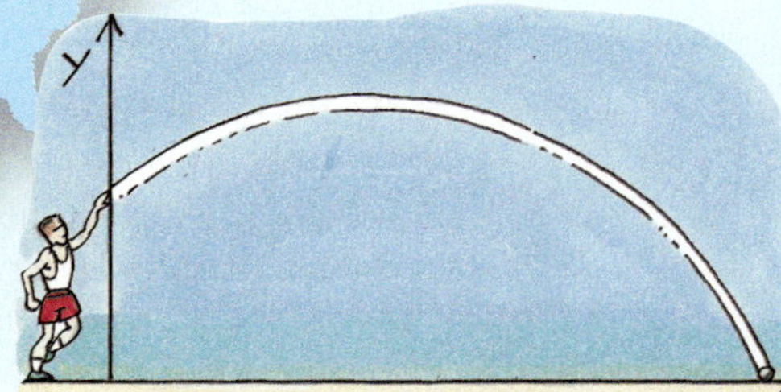

Bist du fit? – Lösungen

Seite 42

1. **a)** 9 **b)** 0,5 **c)** $\frac{8}{11}$ **d)** 200 **e)** 2,5

2. **a)** 7 cm **c)** 2,7 dm **e)** $\sqrt{150\text{ ha}} = \sqrt{1\,500\,000\text{ m}^2} = 500\sqrt{6}\text{ m} \approx 1225\text{ m}$
b) 13 cm **d)** $\sqrt{8}\text{ m} = 2\sqrt{2}\text{ m} \approx 2{,}83\text{ m}$

3. a: Kantenlänge des Würfels (in m); O: Größe der Oberfläche (in m^2)
$O = 6a^2 = 3$, mit $a > 0$, also $a = \sqrt{\frac{3}{6}} = \sqrt{\frac{1}{2}} = \frac{1}{2}\sqrt{2} \approx 0{,}71$
Volumen (in m^3): $a^3 = \left(\frac{1}{2}\sqrt{2}\right)^3 = \frac{1}{8} \cdot 2 \cdot \sqrt{2} = \frac{1}{4}\sqrt{2} \approx 0{,}354$
Ergebnis: Der Würfel hat eine Kantenlänge von ungefähr 71 cm und ein Volumen von ungefähr 354 dm^3.

4. **a)** Zum Beispiel mit Intervallschachtelung.
$2^2 < 7 < 3^2$, also liegt $\sqrt{7}$ im Intervall [2; 3]
$2{,}6^2 < 7 < 2{,}7^2$, also liegt $\sqrt{7}$ im Intervall [2,6; 2,7]
$2{,}64^2 < 7 < 2{,}65^2$, also liegt $\sqrt{7}$ im Intervall [2,64; 2,65]
$2{,}645^2 < 7 < 2{,}646^2$, also liegt $\sqrt{7}$ im Intervall [2,645; 2,646]

b) Da man Endnullen weglässt, hätte ein abbrechender Dezimalbruch für $\sqrt{7}$ die möglichen Endziffern 1, 2, ..., 9.
Beim Quadrieren erhält man die Endziffern 1, 4, 9, 6, 5, 6, 9, 4, 1.
Wir erhalten beim Quadrieren also nie die natürliche Zahl 7. $\sqrt{7}$ kann also kein abbrechender Dezimalbruch sein.

c) *Annahme:* $\sqrt{7} = \frac{m}{n}$, wobei $\frac{m}{n}$ ein gekürzter Bruch ist.
Der Nenner ist ungleich 1, da es keine natürliche Zahl gibt, deren Quadrat 7 ist: $2^2 = 4 < 7$ und $3^2 = 9 > 7$.
Also kann $\sqrt{7}$ keine natürliche Zahl sein und n ist somit ungleich 1.
Quadriert man beide Seiten der Gleichung, so ergibt sich $\frac{m}{n} \cdot \frac{m}{n} = 7$.
Da der Nenner $n \cdot n$ ungleich 1 ist und der Bruch bereits gekürzt ist, kann $\frac{m}{n} \cdot \frac{m}{n}$ nicht gleich der natürlichen Zahl 7 sein.
$\sqrt{7}$ ist nicht als gewöhnlicher Bruch darstellbar, also keine rationale Zahl, also irrational.

5. **a)** $3{,}4 = 3\frac{4}{10} = 3\frac{2}{5}$ **d)** $3{,}39 = 3\frac{39}{100}$ **g)** $\sqrt{4} = 2$ **j)** $3{,}\overline{04044} = 3\frac{4044}{99999} = 3\frac{1348}{33333}$
b) $3{,}\overline{4} = 3\frac{4}{9}$ **e)** $3{,}40 = 3\frac{40}{100} = 3\frac{4}{10} = 3\frac{2}{5}$ **h)** irrational **k)** $3{,}04 = 3\frac{4}{100} = 3\frac{1}{25}$
c) irrational **f)** irrational **i)** $3 \cdot \sqrt{4} = 3 \cdot 2 = 6$ **l)** $3{,}040 = 3\frac{40}{1000} = 3\frac{4}{100} = 3\frac{1}{25}$

6. Eine Zahl ist rational, wenn der Dezimalbruch abbrechend oder periodisch ist.
[Eine Zahl ist irrational, wenn der Dezimalbruch nichtabbrechend und nichtperiodisch ist.]

7. **a)** $L = \{-12{,}12\}$ **b)** $L = \{-1{,}3;\ 1{,}3\}$ **c)** $L = \{\ \}$ **d)** $L = \{0\}$

8. **a)** $D = \{x \in \mathbb{R} \mid x \geq 3\}$ **b)** $D = \mathbb{R}$ **c)** $D = \{x \in \mathbb{R} \mid |x| \leq 3\}$ **d)** $D = \{x \in \mathbb{R} \mid x > -1\}$

9. **a)** $\sqrt{20} \cdot \sqrt{5} = \sqrt{100} = 10$
b) $\sqrt{20} : \sqrt{5} = \sqrt{4} = 2$
c) $(\sqrt{20} + \sqrt{5})^2 = (\sqrt{20})^2 + 2\sqrt{20} \cdot \sqrt{5} + (\sqrt{5})^2 = 20 + 2\sqrt{100} + 5 = 20 + 2 \cdot 10 + 5 = 45$
d) $\sqrt{20} + \sqrt{5} = \sqrt{4 \cdot 5} + \sqrt{5} = \sqrt{4} \cdot \sqrt{5} + \sqrt{5} = 2\sqrt{5} + \sqrt{5} = 3\sqrt{5}$

10. **a)** $3 \cdot |a|$ **e)** $0{,}9 \cdot |x| \cdot y^2$ **i)** $3\sqrt{a} - 3 \cdot a \cdot \sqrt{a} = 3\sqrt{a}\,(1 - a)$ für $a \geq 0$
b) $5x$ für $x \geq 0$ **f)** x^6 für $x \geq 0$ **j)** $a + \sqrt{a}$ für $a \geq 0$
c) 6 **g)** $y\sqrt{y}$ für $y \geq 0$ **k)** $a + 2\sqrt{3ab} + 3b$ für $a \geq 0, b \geq 0$
d) $12uv$ für $u \geq 0, v \geq 0$ **h)** $\frac{13 \cdot |a|}{2 \cdot |b| \cdot |c|}$ für $b \neq 0, c \neq 0$ **l)** $\sqrt{(5 - z)^2} = |5 - z| = |z - 5|$

11. **a)** $2 \cdot \sqrt{3}$ **c)** $|a| \cdot \sqrt{5}$ **e)** $1{,}2 \cdot |x| \cdot \sqrt{y}$ für $y \geq 0$
b) $3 \cdot \sqrt{5}$ **d)** $13a^2 \cdot |b| \cdot \sqrt{c}$ für $c \geq 0$

Seite 42

12. a) $\frac{5}{\sqrt{3}} = \frac{5 \cdot \sqrt{3}}{\sqrt{3} \cdot \sqrt{3}} = \frac{5}{3}\sqrt{3}$

b) $\frac{6}{\sqrt{2}} = \frac{6 \cdot \sqrt{2}}{\sqrt{2} \cdot \sqrt{2}} = \frac{6 \cdot \sqrt{2}}{2} = 3\sqrt{2}$

c) $\frac{a}{\sqrt{z}} = \frac{a \cdot \sqrt{z}}{\sqrt{z} \cdot \sqrt{z}} = \frac{a}{z}\sqrt{z}$ für $z > 0$

d) $\frac{7}{4-\sqrt{2}} = \frac{7 \cdot (4+\sqrt{2})}{(4-\sqrt{2})(4+\sqrt{2})} = \frac{28+7\sqrt{2}}{16-2} = \frac{28+7\sqrt{2}}{14} = 2 + \frac{1}{2}\sqrt{2}$

e) $\frac{a}{b-\sqrt{c}} = \frac{a \cdot (b+\sqrt{c})}{(b-\sqrt{c})(b+\sqrt{c})} = \frac{ab + a\sqrt{c}}{b^2 - c}$ für $c \geq 0$ und $c \neq b$

f) $\frac{\sqrt{2}}{\sqrt{3}-\sqrt{5}} = \frac{\sqrt{2} \cdot (\sqrt{3}+\sqrt{5})}{(\sqrt{3}-\sqrt{5})(\sqrt{3}+\sqrt{5})} = \frac{\sqrt{6}+\sqrt{10}}{3-5} = -\frac{1}{2}\sqrt{6} - \frac{1}{2}\sqrt{10}$

13. a) $\sqrt{x^2+1} = 3$ | (Quadrieren beider Seiten)
$x^2 + 1 = 9$ | -1
$x^2 = 8$
$x = -\sqrt{8}$ oder $x = \sqrt{8}$
Die Probe zeigt: $-\sqrt{8}$ und $\sqrt{8}$ sind Lösungen der Wurzelgleichung, also $L = \{-\sqrt{8}; \sqrt{8}\}$.

b) $\sqrt{x^2+1} = 3x$ | (Quadrieren beider Seiten)
$x^2 + 1 = 9x^2$ | $-x^2$
$1 = 8x^2$ | $:8$
$\frac{1}{8} = x^2$
$x = -\frac{1}{\sqrt{8}}$ oder $x = \frac{1}{\sqrt{8}}$
Die Probe zeigt: $-\frac{1}{\sqrt{8}}$ ist nicht Lösung der Wurzelgleichung, also $L = \left\{\frac{1}{\sqrt{8}}\right\}$.

c) $x - \sqrt{17-2x} = 1$ | $-\sqrt{17-2x} - 1$
$x - 1 = \sqrt{17-2x}$ | (Quadrieren beider Seiten)
$x^2 - 2x + 1 = 17 - 2x$ | $-1 + 2x$
$x^2 = 16$
$x = -4$ oder $x = 4$
Die Probe zeigt: -4 ist nicht Lösung der Wurzelgleichung, also $L = \{4\}$.

Seite 70

1. a) $c = \sqrt{a^2 - b^2} = 100$ cm **b)** $b = \sqrt{c^2 + a^2} = 75$ cm **c)** $b = \sqrt{c^2 - a^2} = 39$ cm **d)** $r = \sqrt{s^2 - t^2} = 28$ cm

2. a) $h = \sqrt{s^2 - \left(\frac{g}{2}\right)^2} = 77$ cm; $A = \frac{g \cdot h}{2} = 2\,772$ cm²

b) $h = \frac{a}{2}\sqrt{3} = 13 \text{ cm} \cdot \sqrt{3} \approx 22{,}5$ cm; $A = \frac{a^2}{2} \cdot \sqrt{3} = 169 \cdot \sqrt{3} \text{ cm}^2 \approx 292{,}72 \text{ cm}^2$

3. a) $d = \sqrt{(2 \text{ cm})^2 + (2 \text{ cm})^2} = 2 \cdot \sqrt{2} \text{ cm} \approx 2{,}8$ cm
$e = \sqrt{d^2 + (2 \text{ cm})^2} = 2\sqrt{3} \text{ cm} \approx 3{,}5$ cm

b) $d = \sqrt{(3 \text{ cm})^2 + (3 \text{ cm})^2} = 3\sqrt{2} \text{ cm} \approx 4{,}2$ cm
$e = \sqrt{d^2 + (2 \text{ cm})^2} = \sqrt{22} \text{ cm} \approx 4{,}7$ cm

c) $d = \sqrt{(3 \text{ cm})^2 + (1 \text{ cm})^2} = \sqrt{10} \text{ cm} \approx 3{,}2$ cm
$e = \sqrt{d^2 + (1 \text{ cm})^2} = \sqrt{11} \text{ cm} \approx 3{,}3$ cm

4. $l = 4 \cdot \sqrt{(60 \text{ m})^2 + (\frac{3}{4} \cdot 120 \text{ m})^2} = 4 \cdot \sqrt{(60 \text{ m})^2 + (90 \text{ m})^2} = 4 \cdot 30 \cdot \sqrt{13} \text{ m} \approx 432{,}67 \text{ m} \approx 433$ m

5. a) $s = \sqrt{(3{,}50 \text{ m})^2 + (3{,}50 \text{ m})^2} = 3{,}5 \cdot \sqrt{2} \text{ m} \approx 4{,}95$ m

b) $K = 2 \cdot s \cdot 60 \text{ m} \cdot 36 \frac{€}{\text{m}^2} \cdot 1{,}19 \approx 25\,446 € \approx 25\,400 €$

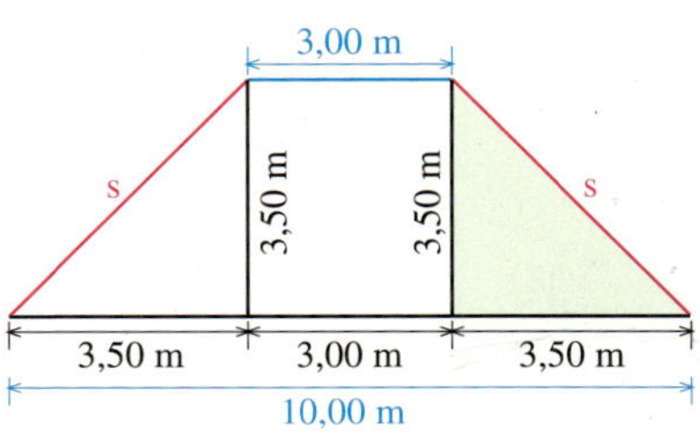

Seite 70

6. Es gibt teilweise mehrere Möglichkeiten, die fehlenden Größen mit dem Satz des Pythagoras, dem Kathetensatz oder dem Höhensatz zu berechnen.

a) $c = \frac{b^2}{q} = 9\text{ cm}$

$p = c - q = 5\text{ cm}$

$a = \sqrt{c^2 - b^2} = 3 \cdot \sqrt{5}\text{ cm} \approx 6{,}7\text{ cm}$

$h = \sqrt{b^2 - q^2} = 2 \cdot \sqrt{5}\text{ cm} \approx 4{,}5\text{ cm}$

$A = \frac{a \cdot b}{2} = \frac{c \cdot h}{2} = 9 \cdot \sqrt{5}\text{ cm}^2 \approx 20{,}12\text{ cm}^2$

b) $c = p + q = 7\text{ cm}$

$a = \sqrt{c \cdot p} = \sqrt{21}\text{ cm} \approx 4{,}6\text{ cm}$

$b = \sqrt{c \cdot q} = 2 \cdot \sqrt{7}\text{ cm} \approx 5{,}3\text{ cm}$

$h = \sqrt{p \cdot q} = 2 \cdot \sqrt{3}\text{ cm} \approx 3{,}5\text{ cm}$

$A = \frac{a \cdot b}{2} = \frac{c \cdot h}{2} = 7 \cdot \sqrt{3}\text{ cm}^2 \approx 12{,}12\text{ cm}^2$

7. *Kathetensatz – Konstruktion*

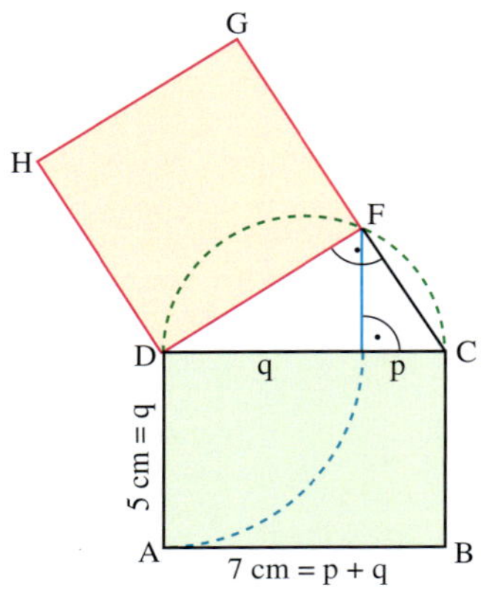

Höhensatz – Konstruktion

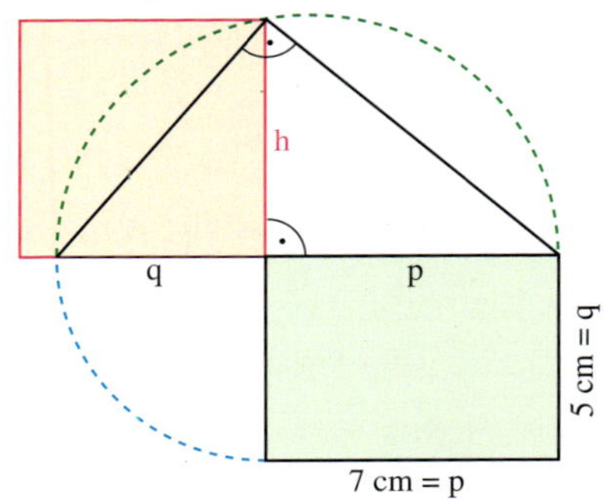

Seite 116

1. A ist ähnlich zu H; Ähnlichkeitsfaktor 1
A ist ähnlich zu I; Ähnlichkeitsfaktor 2
B ist ähnlich zu E; Ähnlichkeitsfaktor $\frac{1}{2}$
B ist ähnlich zu F; Ähnlichkeitsfaktor $\frac{3}{4}$
E ist ähnlich zu B; Ähnlichkeitsfaktor 2
E ist ähnlich zu F; Ähnlichkeitsfaktor $\frac{3}{2}$
F ist ähnlich zu B; Ähnlichkeitsfaktor $\frac{4}{3}$
F ist ähnlich zu E; Ähnlichkeitsfaktor $\frac{2}{3}$
H ist ähnlich zu A; Ähnlichkeitsfaktor 1
H ist ähnlich zu I; Ähnlichkeitsfaktor 2
I ist ähnlich zu A; Ähnlichkeitsfaktor $\frac{1}{2}$
I ist ähnlich zu H; Ähnlichkeitsfaktor $\frac{1}{2}$

2.

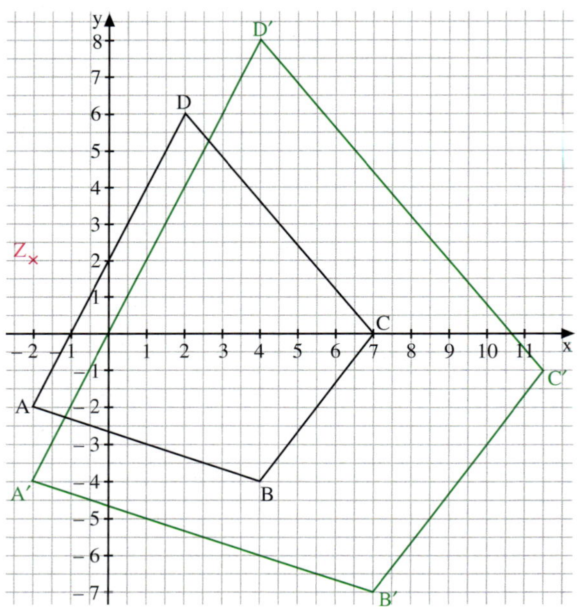

3. **a)** $Z(2 \mid -2)$; $k = 3$ **b)** $Z(-1 \mid -2)$; $k = \frac{1}{2}$

Seite 116

4. a)

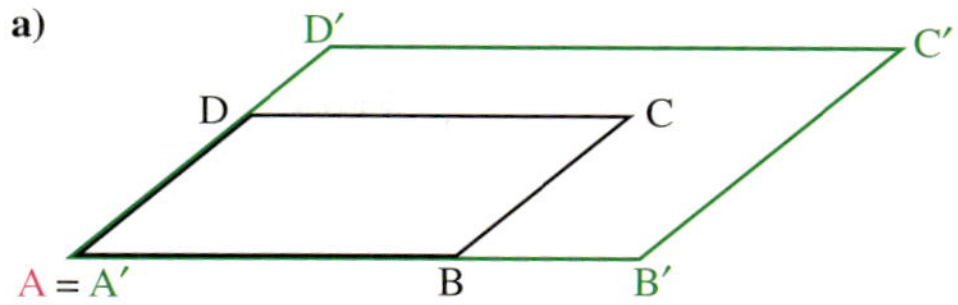

[a)]

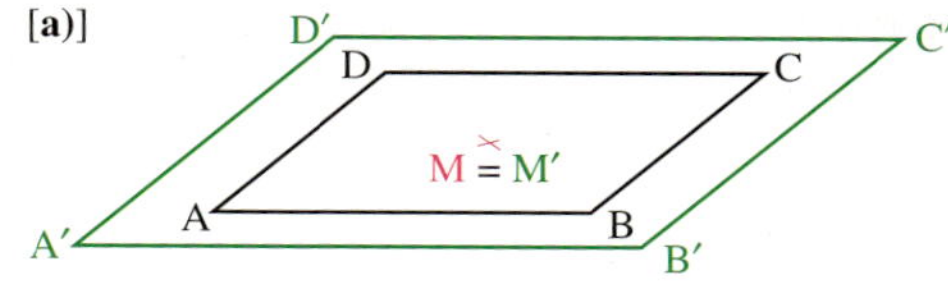

b)

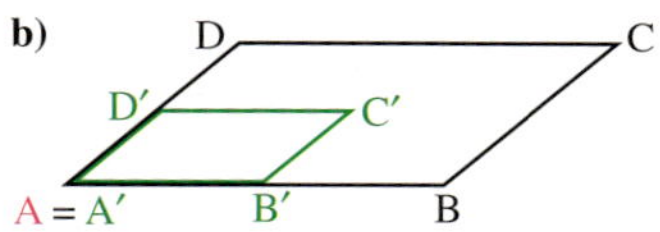

[b)]

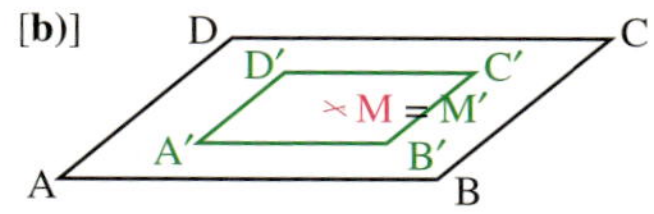

5. a) $a_2 = 9{,}6$ cm; $c_2 = 3{,}2$ cm **b)** $b_2 = 5{,}75$ dm; $c_1 = 2{,}16$ dm **c)** $a_1 = 12{,}32$ km; $b_1 = 5{,}46$ km

6. $x = |DE| = \frac{|CD|}{|BC|} \cdot |AB| = 75{,}25$ m

7. $h = \frac{12{,}75 \text{ m}}{1{,}56 \text{ m}} \cdot 1{,}30 \text{ m} = 10{,}625 \text{ m} \approx 10{,}63 \approx 11$ m

8. Mit dem 1. Strahlensatz erhält man:

$\frac{x}{2{,}10 \text{ m}} = \frac{1{,}60 \text{ m}}{4{,}00 \text{ m}}$

$x = 0{,}84$ m

$h = 1{,}40 \text{ m} + 0{,}84 \text{ m} = 2{,}24$ m

Der Schrank dürfte nur 2,24 m hoch sein. Er passt also nicht.

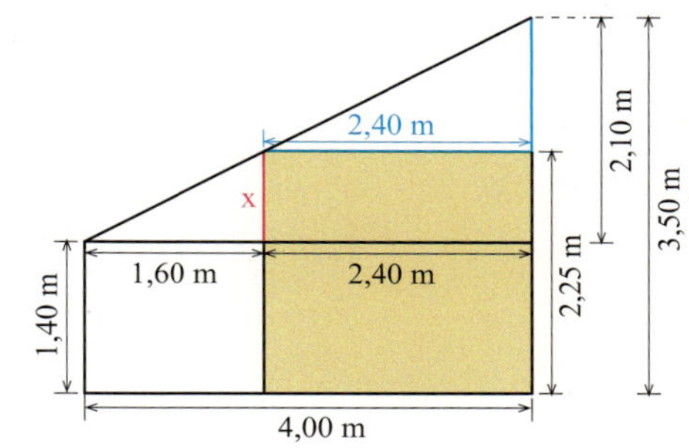

Seite 142

1. a)

Zeit (in s)	Anzahl der Schüler	relative Häufigkeit
35 – 38	4	$\frac{4}{27} \approx 15$ %
39 – 42	6	$\frac{6}{27} \approx 22$ %
43 – 46	9	$\frac{9}{27} \approx 33$ %
47 – 50	5	$\frac{5}{27} \approx 19$ %
51 – 54	3	$\frac{3}{27} \approx 11$ %

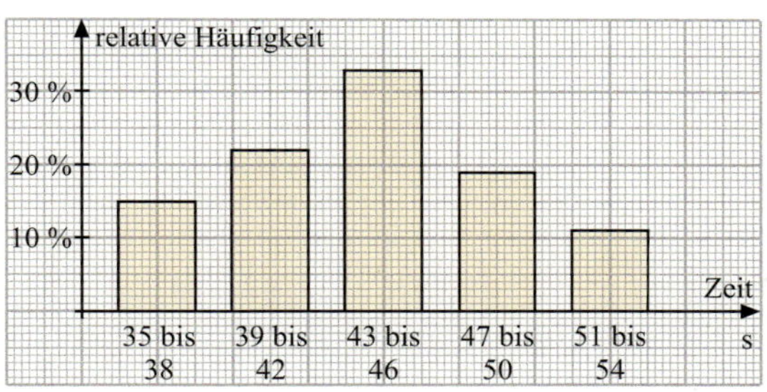

b) Praktischer Mittelwert:

$$\frac{4 \cdot 36{,}5 + 6 \cdot 40{,}5 + 9 \cdot 44{,}5 + 5 \cdot 48{,}5 + 3 \cdot 52{,}5}{27} = \frac{1\,189{,}5}{27} \approx 44$$

2.

Anzahl der Fahrräder	0	bis zu 1	bis zu 2	bis zu 3	bis zu 4	bis zu 5	bis zu 6
Anzahl der Elternhäuser	2	7	13	23	27	30	31
relative Häufigkeit	6,5 %	22,6 %	41,9 %	74,2 %	87,1 %	96,8 %	100 %

3. Arithmetisches Mittel (in ml):

$$\frac{2 \cdot 695 + 3 \cdot 696 + 5 \cdot 697 + 10 \cdot 698 + 15 \cdot 699 + 21 \cdot 700 + 20 \cdot 701 + 11 \cdot 702 + 5 \cdot 703 + 4 \cdot 704 + 2 \cdot 705}{98} = \frac{68\,611}{98} \approx 700{,}112$$

Der durchschnittliche Inhalt beträgt ungefähr 700,1 ml.
Die Spannweite beträgt 705 ml – 695 ml, also 10 ml.
Die durchschnittliche Abweichung vom arithmetischen Mittel beträgt (in ml):

$$\frac{2 \cdot 5{,}1 + 3 \cdot 4{,}1 + 5 \cdot 3{,}1 + 10 \cdot 2{,}1 + 15 \cdot 1{,}1 + 21 \cdot 0{,}1 + 20 \cdot 0{,}9 + 11 \cdot 1{,}9 + 5 \cdot 2{,}9 + 4 \cdot 3{,}9 + 2 \cdot 4{,}9}{98} = \frac{156{,}4}{98} \approx 1{,}6$$

Seite 142

4. Für die Zahl 13 erhält man:

2 2 3 4 ¦ 4 4 4 5 5 5 6 6 6 ¦ 7 8 9 12

↑ Median der unteren Hälfte: 4 — ↑ Median: 5 — ↑ Median der oberen Hälfte: 6,5

Für die Zahl 26 erhält man:

3 4 4 4 ¦ 4 4 5 5 5 6 7 8 9 ¦ 10 10 11 11

↑ Median der unteren Hälfte: 4 — ↑ Median: 5 — ↑ Median der oberen Hälfte: 9,5

Mit diesen Werten erhält man folgende Boxplots:

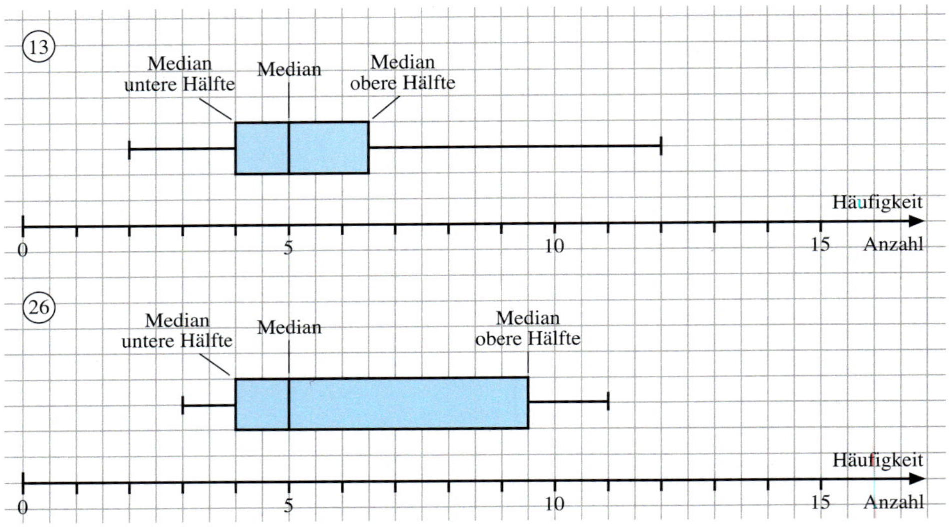

5. a) Es sieht so aus, als ob sich die Anzahl der brütenden Storchenpaare 2005 gegenüber 2004 etwa halbiert hat. Grund ist der Beginn der Achseneinteilung bei 3 000 ml und nicht bei 0.

b) *Beispiele (ohne Sockelbetrag):*

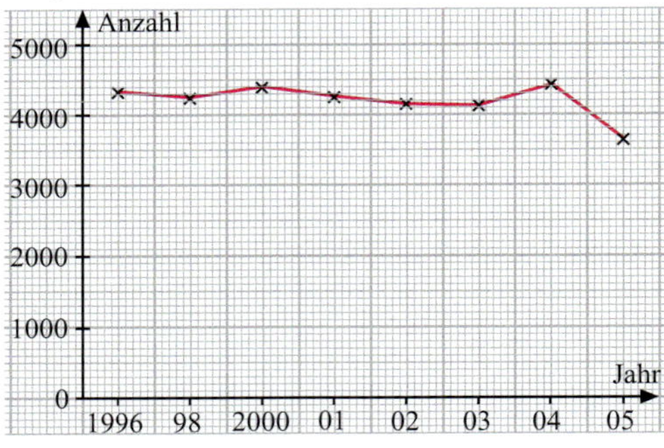

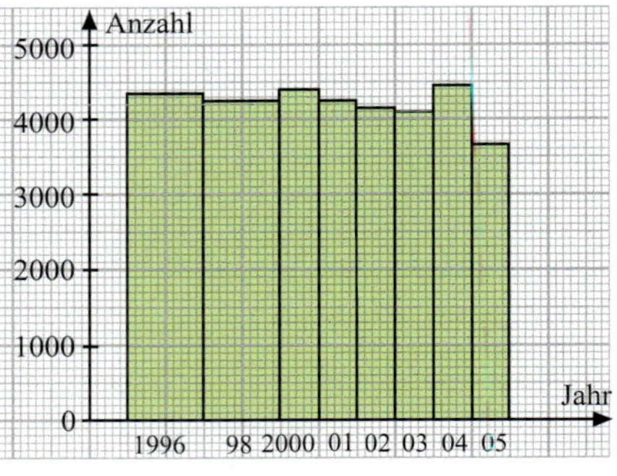

Seite 208

1. a) Um 1 nach links verschobene Normalparabel; Scheitelpunkt S(–1 | 0).

b) Um 2 nach unten verschobene Normalparabel; Scheitelpunkt S(0 | –2).

c) Um 1 nach links und um 4 nach unten verschobene Normalparabel; Scheitelpunkt S(–1 | –4).

d) Um 2 nach rechts verschobene Normalparabel; Scheitelpunkt S(2 | 0).

e) Um 2 nach rechts und um 3 nach oben verschobene Normalparabel; Scheitelpunkt S(2 | 3).

Seite 208

1. f) Gespiegelte, um 1 nach links und um 4 nach unten verschobene Normalparabel; Scheitelpunkt $S(-1 \mid 4)$.

g) Um 1 nach links und um 8 nach unten verschobene, mit dem Faktor 2 gestreckte Normalparabel; Scheitelpunkt $S(-1 \mid -8)$.

h) Gespiegelte, um 2 nach rechts und um 3 nach oben verschobene, mit dem Faktor $\frac{1}{2}$ gestauchte Normalparabel; Scheitelpunkt $S(2 \mid 3)$.

i) Gespiegelte, um 2 nach rechts und um 4 nach oben verschobene Normalparabel, Scheitelpunkt $S(2 \mid 4)$.

2. a) $f(x) = -x^2 + 4$ **b)** $f(x) = (x+1)^2 - 1$ **c)** $f(x) = \frac{1}{2}(x-1)^2 - 2$

3. a) $y = (x-9)^2 - 1$, Scheitelpunkt $S(9 \mid -1)$; nach oben geöffnete Parabel.
Der Graph fällt für $x \le 9$ und steigt für $x \ge 9$.

b) $y = -3(x+2)^2 + 192$; Scheitelpunkt $S(-2 \mid 192)$; nach unten geöffnete Parabel.
Der Graph steigt für $x \le -2$ und fällt für $x \ge -2$.

c) $y = -\frac{1}{2}(x-7)^2 + \frac{9}{2}$; Scheitelpunkt $S(7 \mid 4{,}5)$; nach unten geöffnete Parabel.
Der Graph steigt für $x \le 7$ und fällt für $x \ge 7$.

4. a) $L = \{-11; -1\}$ **b)** $L = \{4\}$ **c)** $L = \left\{-\frac{1}{4}; \frac{1}{2}\right\}$ **d)** $L = \{\ \}$ **e)** $L = \left\{-4\frac{1}{2}; \frac{2}{3}\right\}$ **f)** $L = \{-4; 6\}$

5. a) $f(x) = (x+1)^2 - 9$
(1) Nullstellen: $x_1 = -4$; $x_2 = 2$
(2) Scheitelpunkt $S(-1 \mid -9)$; tiefster Punkt (nach oben geöffnete Parabel)
(3) $Q_1(0 \mid -8)$; $Q_2(-2 \mid -8)$
(4) $x_1 = -1 - \sqrt{13} \approx x - 4{,}6$; $x_2 = -1 + \sqrt{13} \approx 2{,}6$

b) $f(x) = -(x+5)^2 + 4$
(1) Nullstellen: $x_1 = -7$; $x_2 = -3$
(2) Scheitelpunkt $S(-5 \mid 4)$; höchster Punkt (nach unten geöffnete Parabel)
(3) $Q_1(0 \mid -21)$; $Q_2(-10 \mid -21)$
(4) $x_1 = -5$

c) $f(x) = -4(x-2{,}5)^2$
(1) Nullstellen: $x_1 = 2{,}5$
(2) Scheitelpunkt $S(2{,}5 \mid 0)$; höchster Punkt (nach unten geöffnete Parabel)
(3) $Q_1(0 \mid -25)$; $Q_2(5 \mid -25)$
(4) Da S der höchste Punkt ist, sind alle Funktionswerte kleiner als 4.

6. Länge der kürzeren Seite (in cm): x; Länge der längeren Seite (in cm): $x + 5$
Gleichung: $x(x+5) = 300$; umgeformt: $x^2 + 5x - 300 = 0$
Lösungsmenge: $L = \{-20; 15\}$; -20 entfällt als Lösung, da Längen positiv sind.
Das Rechteck hat die Seitenlängen 15 cm und 20 cm.

7. Das Bild hat den Flächeninhalt $A_B = 20\text{ cm} \cdot 30\text{ cm} = 600\text{ cm}^2$.
Da dieses $100\,\% - 40\,\% = 60\,\%$ der Gesamtfläche sind, beträgt der Flächeninhalt der Gesamtfläche $A_G = 1\,000\text{ cm}^2$.
Der Flächeninhalt des Passepartouts beträgt $A_P = 400\text{ cm}^2$.
Für die Breite x (in cm) des Passepartouts hat die Gesamtfläche die Seitenlängen $30\text{ cm} + 2x$ und $20\text{ cm} + 2x$.
Damit erhält man: Gleichung: $(20 + 2x)(30 + 2x) = 1\,000$;
umgeformt: $x^2 + 25x - 100 = 0$
Lösungsmenge: $L = \left\{\frac{5}{2}(\sqrt{41} - 5); -\frac{5}{2}(\sqrt{41} + 5)\right\}$; $-\frac{5}{2}(\sqrt{41} + 5)$ entfällt als Lösung, da Längen positiv sind.
Das Passepartout hat die Breite $\frac{5}{2}(\sqrt{41} - 5)\text{ cm} \approx 3{,}5\text{ cm}$.

Bild zur Aufgabe 8:

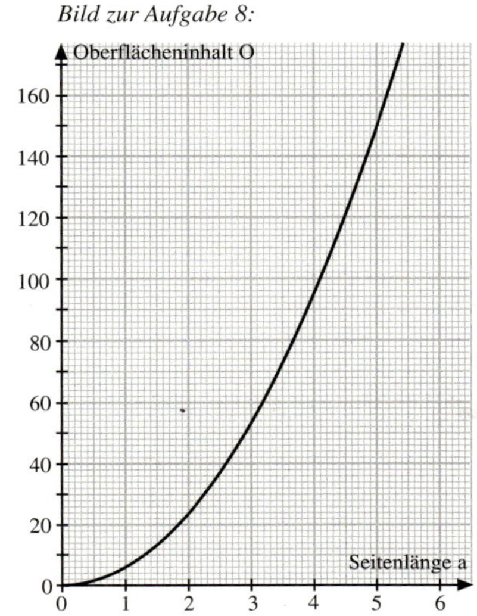

8. $f(a) = 6a^2$

9. Breite des Rechtecks (in m): x
Länge des Rechtecks (in m): $(300 - 2x) : 2 = 150 - x$
Gleichung:
$$\begin{aligned} y &= x(150 - x) \\ &= 150x - x^2 \\ &= -(x^2 - 150x) \\ &= -((x-75)^2 - 75^2) \\ &= -(x-75)^2 + 5625 \end{aligned}$$
Man erhält eine nach unten geöffnete Parabel mit dem Scheitelpunkt $S(75 \mid 5625)$.
Den größten Wert erhält man also für $x = 75$.

Ergebnis: Die Weide sollte 75 m lang und 75 m breit sein. Der Flächeninhalt beträgt dann $5\,625\text{ m}^2$.

Seite 259

1. **a)** $(\sqrt{2})^2 = 2$
b) $(\sqrt{2})^8 = 2^4 = 16$
c) $(\sqrt{2})^{12} = 2^6 = 64$
d) $\sqrt{36^3} = (\sqrt{36})^3 = 6^3 = 216$
e) $(\sqrt{36})^{-3} = 6^{-3} = \frac{1}{6^3} = \frac{1}{216}$
f) $\sqrt{1} \cdot 1 = 1 \cdot 1 = 1$
g) $a^{-2+1} = a^{-1} = \frac{1}{a}$ (für $a \neq 0$)
h) $b^{-2} \cdot b^3 = b$ (für $b \neq 0$)
i) $(xy)^{-4} = \frac{1}{(xy)^4} = \left(\frac{1}{xy}\right)^4$ (für $x \neq 0, y \neq 0$)
j) $x^{-3+2+1+5} = x^5$ (für $x \neq 0$)
k) $a^{2-1} \cdot b^{1-3+2} = a^1 \cdot b^0 = a$ (für $a \neq 0, b \neq 0$)
l) $b^{(-3)\cdot(-2)} = b^6$ (für $b \neq 0$)

2. Anzahl der Brückenteile: 120 m : 5 m = 24
Temperaturdifferenz: 60 Grad
Längenunterschied der Brücke: $6 \cdot 10^{-5}$ m $\cdot 60 \cdot 24 = 0{,}0864$ m $= 8{,}64$ cm

3. **a)** $(3^7 - 589)^0 = 1$
b) $2x \cdot x^{-\frac{3}{4}} = 2 \cdot x^{1-\frac{3}{4}} = 2x^{\frac{1}{4}} = 2\sqrt[4]{x}$ (für $x > 0$)
c) $x^{(-0{,}4)\cdot(-0{,}1)} \cdot y^{(-3{,}5)\cdot(-0{,}1)} = x^{0{,}04} \cdot y^{0{,}35}$ (für $x > 0, y > 0$)
d) $r^{-\frac{3}{10}} \cdot y^{\frac{9}{8}}$ (für $r > 0, y > 0$)
e) $\frac{r^{-4} s^{-4}}{r^{-2} s^{-2}} = r^{-2} s^{-2} = \frac{1}{r^2 s^2}$ (für $r \neq 0, s \neq 0$)
f) $a^6 + a^6 - a^6 = a^6$
g) $16a^{-2} c^{-6} d^6 + 10d^{-1}$ (für $a \neq 0, c \neq 0, d \neq 0$)
h) $3 \cdot 2^{n+4} - 24 \cdot 2^{n+1} = 2^n (3 \cdot 2^4 - 24 \cdot 2) = 2^n \cdot 0 = 0$
i) $\frac{126x + 36y}{5a - 7b}$ (für $7x + 2y \neq 0, 5a - 7b \neq 0$)

4. **a)** $\left(a^{\frac{2}{3}}\right)^6 = a^4$
b) $\frac{21}{4} \cdot \sqrt[3]{2a^2 \cdot 4a^3 \cdot 8a^4} = \frac{21}{4} \cdot \sqrt[3]{64a^9} = \frac{21}{4} \cdot 4a^3 = 21a^3$ (für $a \geq 0$)
c) $\sqrt[4]{\frac{12r^3 \cdot 20rs}{6s^2 \cdot 3r}} = \sqrt[4]{\frac{40r^3}{3s}}$ (für $r > 0, s > 0$)
d) $\sqrt[3]{20ab^2 \cdot 400a^2b^7} = \sqrt[3]{8 \cdot 1000 \cdot a^3b^9} = 2 \cdot 10 \cdot a \cdot b^3 = 20ab^3$ (für $a > 0, b > 0$)
e) $a^{\frac{4}{x}-\frac{16}{2x}} = a^{\frac{4}{x}-\frac{8}{x}} = a^{-\frac{4}{x}} = \frac{1}{\sqrt[x]{a^4}}$
f) $a^5 - 2a^3 + a + 2a^3 = a^5 + a = a(a^4 + 1)$ (für $a \geq 0$)

5. Graphen siehe Bild rechts.

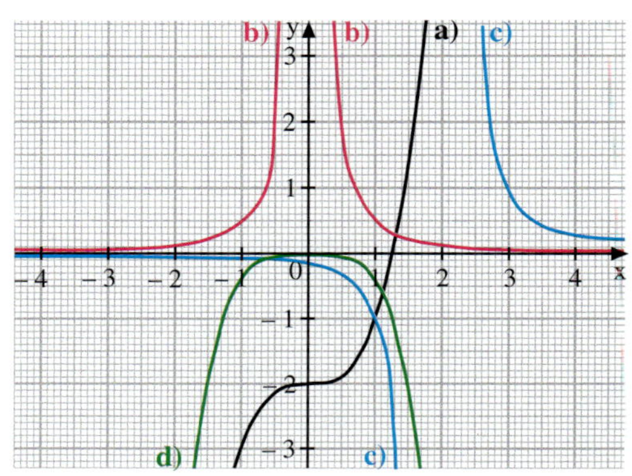

6. *Zum Beispiel:*
a) $y = 4(x - 2{,}5)^{-2} + 2$
b) $y = -\frac{1}{4}x^3$
c) $y = -x^2 - 3$
d) $y = \frac{1}{x} + 3$

7. **a)** $L = \{4\}$
b) $L = \{5\}$
c) $L = \{-2; 2\}$
d) $L = \{\ \}$
e) $L = \{2^{\frac{3}{5}}\} = \{\sqrt[5]{8}\}$
f) $L = \{5\}$
g) $L = \{-7; -3\}$
h) $L = \{133\}$
i) $L = \{81\}$
j) $L = \{\ \}$
k) $L = \{-1724\}$
l) $L = \{\ \}$

8. $a^{\frac{m}{n}}$ ist nur für $a > 0$ definiert.
Also ist z. B. die Gleichung $(-1)^3 = (-1)^{6:2}$ falsch.

Mengen, Zahlen, Funktionen

$a \in M$	a ist Element der Menge M, a gehört zu M
$\mathbb{N}$ [$\mathbb{N}^*$]	Menge der natürlichen Zahlen [ohne null]
$\mathbb{B}$ [$\mathbb{B}^*$]	Menge der Bruchzahlen [ohne null]
$\mathbb{Z}$	Menge der ganzen Zahlen
$\mathbb{Z}_+$ [$\mathbb{Z}_+^*$]	Menge der positiven ganzen Zahlen [ohne null]
$\mathbb{Z}_-$ [$\mathbb{Z}_-^*$]	Menge der negativen ganzen Zahlen [ohne null]
$\mathbb{Q}$ [$\mathbb{Q}^*$]	Menge der rationalen Zahlen [ohne null]
$\mathbb{Q}_+$ [$\mathbb{Q}_+^*$]	Menge der positiven rationalen Zahlen [ohne null]
$\mathbb{Q}_-$ [$\mathbb{Q}_-^*$]	Menge der negativen rationalen Zahlen [ohne null]
$\mathbb{R}$ [$\mathbb{R}^*$]	Menge der reellen Zahlen [ohne null]
$\mathbb{R}_+$ [$\mathbb{R}_+^*$]	Menge der positiven reellen Zahlen [ohne null]
$\mathbb{R}_-$ [$\mathbb{R}_-^*$]	Menge der negativen reellen Zahlen [ohne null]
$\{1, 2, 3\}$	Menge mit den Elementen 1, 2, 3
$\{\ \}$	leere Menge
$\lvert a \rvert$	Betrag von a
a^n	Potenz aus Basis a und Exponent n; a hoch n
$\sqrt{a}$	Quadratwurzel aus a ($a \geq 0$)
$\sqrt[3]{a}$	3-te Wurzel aus a ($a \geq 0$)
$f(x)$	Funktionsterm der Funktion f, Funktionswert der Funktion f an der Stelle x

Geometrie

AB	Verbindungsgerade durch die Punkte A und B; Gerade durch A und B
$\overline{AB}$	Verbindungsstrecke der Punkte A und B; Strecke mit den Endpunkten A und B
$\lvert AB \rvert$	Länge der Strecke $\overline{AB}$
$\overset{\vdash}{AB}$	Halbgerade mit dem Anfangspunkt A durch den Punkt B
$g \parallel h$	g ist parallel zu h
$g \nparallel h$	g ist nicht parallel zu h
$g \perp h$	g ist orthogonal zu h
$g \not\perp h$	g ist nicht orthogonal zu h
$F \cong G$	F ist kongruent zu G
$F \sim G$	F ist ähnlich zu G
$P(x \mid y)$	Punkt mit den Koordinaten x und y
ABC	Dreieck mit den Eckpunkten A, B und C
$ABCD$	Viereck mit den Eckpunkten A, B, C und D
$\sphericalangle ASB$	Winkel mit dem Scheitel S und den Schenkeln $\overset{\vdash}{SA}$ und $\overset{\vdash}{SB}$, der bei Linksdrehung von $\overset{\vdash}{SA}$ auf $\overset{\vdash}{SB}$ entsteht
h_a [h_b; h_c]	Höhe eines Dreiecks zur Seite a [Seite b; Seite c]
w_α [w_β; w_γ]	Länge der Abschnitte der Winkelhalbierenden im Dreieck
s_a [s_b; s_c]	Länge der Seitenhalbierenden eines Dreiecks

Stichwortverzeichnis

Abweichung, durchschnittliche 130
ähnlich 73, 90
Ähnlichkeitsfaktor 73
arithmetisches Mittel 117, 129
Assoziativgesetz 35

Basis 211
Binomische Formeln 44
Boxplot 127

Definitionsmenge 23
Dezimalbruch
– abbrechender 17
– periodischer 17
Diskriminante 188
durchschnittliche Abweichung 130

Euklid
– Höhensatz des 64, 95
– Kathetensatz des 64, 95
Exponent 211
– gerader 249
– negativer 254
– ungerader 249

Flächeninhalt
– eines Dreiecks 7
– eines Kreises 7
– eines Parallelogramms 7
– eines Rechtecks 7
– eines Trapezes 7

gleichartig 43
Gleichung
– quadratische 149
– reinquadratische 149
– gemischtquadratische 149
goldener Schnitt 195

Häufigkeitsverteilung 125
–, kumulierte 125
Hypotenuse 48
– nabschnitt 64

Intervall 15
– schachtelung 15
irrationale Zahlen 19

Kathete 48
Kommutativgesetz 35
Kreisgleichung 67 f.
kumuliert 125

Längenverhältnis 74
Linearfaktoren 199
Liniendiagramm 125

Median 117
Modalwert 117

Nullstelle 154
n-te Wurzel 234

Oberflächeninhalt
– eines Prismas 8
– eines Zylinders 8

Parabel 175
Potenz 211
Potenzfunktion 249
Potenzgesetze 221
praktischer Mittelwert 122
Pythagoras
– Kehrsatz des 61
– Satz des 48

Quadratfunktion 144
quadratische Ergänzung 162
quadratische Funktion 174, 185
Quadratwurzel 12
Quadratwurzelfunktion 205, 257

Radikand 12
Radizieren 12
Rechengesetze 34 f.
reelle Zahlen 20

Scheitelpunktform 161
Schwerpunkt 114
selbstähnlich 97
Spannweite 127, 130
Strahlensätze
– für Halbgeraden 100, 103
– für sich schneidende Geraden 101, 103
– Kehrsatz 113
Streckfaktor 82, 169
–, negativer 83
Streckung
– zentrische 82 f.
Streckzentrum 82

Term 43
Termumformung 43

umkehrbar 203
Umkehrfunktion 203

Vieta
–, Kehrsatz des Satzes von 196
–, Satz von 196
Volumen
– eines Prismas 8
– eines Zylinders 8

wertgleich 43
Wurzel
– funktion 256
– gesetze 27
– gleichung 39
–, n-te 234
–, Quadrat 12
Wurzelziehen 12
–, teilweises 28
–, partielles 28

Zahlen
– irrationale 19
– reelle 20
zentrische Streckung 82 f.